U0337664

普通高等教育"九五"国家级重点教材

全国普通高等学校优秀教材（一等奖）

煤矿开采学

（修订本）

徐永圻　主编

中国矿业大学出版社

·徐州·

内 容 提 要

本书全面系统地阐述了煤矿开采的基本原理及方法,概括了我国煤矿生产建设的最新成果、经验及可供借鉴的国外煤矿开采先进技术。内容包括采煤方法、准备方式及采区设计、开拓方式及矿井开采设计、矿井其他开采方法、露天开采等几大部分。

本书可作为煤炭高校采矿工程专业的教材,也可供从事煤矿开采的生产技术管理、科研、设计等部门技术人员参考。

图书在版编目(CIP)数据

煤矿开采学 / 徐永圻主编. — 修订本. — 徐州：
中国矿业大学出版社，2015.6(2021.1重印)
ISBN 978 - 7 - 5646 - 2722 - 5

Ⅰ. ①煤… Ⅱ. ①徐… Ⅲ. ①矿井—煤矿开采 Ⅳ.
①TD82

中国版本图书馆 CIP 数据核字(2015)第 134283 号

书　　　名	煤矿开采学
主　　　编	徐永圻
责任编辑	姜志方
出版发行	中国矿业大学出版社有限责任公司
	(江苏省徐州市解放南路　邮编221008)
营销热线	(0516)83884103　83885105
出版服务	(0516)83995789　83884920
网　　　址	http://www.cumtp.com　**E-mail**:cumtpvip@cumtp.com
印　　　刷	日照报业印刷有限公司
开　　　本	787 mm×1092 mm　1/16　**印张** 34.25　**字数** 850 千字
版次印次	2015 年 6 月第 4 版　2021 年 1 月第 2 次印刷
定　　　价	36.00 元

(图书出现印装质量问题,本社负责调换)

编撰审人员名单(第一版)

主　　编　徐永圻

副主编　（按分工为序）

沈通生　王庆康　刘吉昌　于润桥
何其敏

编　　者　（按姓氏笔画排列）

于润桥　王庆康　王悦汉　邓文福
刘吉昌　刘过兵　沈通生　邢中光
吕光华　汪理全　何其敏　海国治
张顶立　罗金泉　孟宪锐　徐永圻
姜学云　梁学勤

总审校　张先尘

编主审　陈冀飞　洪允和　张达贤

审　　校　（按姓氏笔画排列）

王　刚　刘永尊　朱淑伦　孙宝铮
乔福祥　陈冀飞　何国光　洪允和
胡德礼　张先尘　张达贤　唐祖章
蒋国安　韩可琦

编撰审人员名单（修订本）

主　编　徐永圻

副主编　（按分工为序）

　　　　沈通生　王庆康　刘吉昌　于润桥

　　　　何其敏

编　者　（按姓氏笔画排列）

　　　　于润桥　王小汀　王庆康　王悦汉

　　　　邓文福　刘吉昌　刘过兵　沈通生

　　　　邢中光　吕光华　汪理全　何其敏

　　　　海国治　张顶立　张恩强　罗金泉

　　　　孟宪锐　徐永圻　姜学云　梁学勤

总审校　张先尘

编主审　（按分工为序）

　　　　洪允和　王玉浚　才庆祥

审　校　（按姓氏笔画排列）

　　　　才庆祥　王玉浚　石平五　洪允和

　　　　靳钟铭　张先尘　蒋国安　韩可琦

　　　　谢广祥

计算机（AutoCAD）制图

　　　　中国矿业大学采矿软件中心　林在康　等

　　　　　　第二至第二十六章

　　　　冯　玲　第二十七至第三十章

　　　　图像出版处理　冯　玲

第一版前言

最近十多年来,我国煤矿生产技术面貌发生了很大变化,取得了很多新的成果及经验,原有教材已经不能适应发展的需要。另外,由于采煤学科及教学改革的发展,原有的"采煤学"教材,已划分为两门课程讲授,即《矿山压力及其控制》与《煤矿开采学》。

本书是全国统编教材,由七所煤炭高校的十多名教授、副教授在原教材《采煤学》和《煤矿地下开采方法》的基础上协作编写而成。

为了能适应各院校教学的要求,十所煤炭高校采煤教研室、采矿系的负责同志及一些老教师共30余人参加了本书编写提纲的讨论,这些院校是:中国矿业大学、阜新矿业学院、山西矿业学院、山东矿业学院、西安矿业学院、焦作矿业学院、淮南矿业学院、黑龙江矿业学院、湘潭矿业学院、河北煤炭建筑工程学院。

讨论中一致认为《煤矿开采学》编写的系统和内容分为采煤方法、准备方式、开拓方式三大部分是适宜的,是符合煤矿生产实际及发展规律的,是编写体系的一项重要改革;为了适应新编写体系的要求,在本书最前面应增加"煤矿开采的基本概念"一章;编写的内容应包括矿井、采区的常规开采设计;《矿井系统优化基础》是最近十多年来发展起来的一门学科,应单独设立新课,在本课程之后讲授;考虑到各院校所在地区及教学内容不尽相同,教材内容应能就具体地区的需要进行取舍;采矿工程专业的学生应有一定的露天开采知识,教材内容应与之相适应。另外,在编写提纲的讨论中,还对本书的编写提出了很多宝贵建议。在各院校大力支持、配合下,提纲经反复修改后基本定稿,编写人基本按提纲要求进行了编写。

由于各院校的教学计划、课程设置不尽相同,对统编教材编写增加了难度。如有些院校除本课程外,又分别设置了与本课程有关的必修课、指定选修课、选修课,如"露天开采基础"、"采煤工艺学"、"特殊开采"等。而有些院校则将上述内容均并入本课程中讲授,加上由于院校所在地区不同,教学内容也各有侧重。考虑到上述不平衡性,经会议讨论及有关上级领导同意,本门课编写学时数定为200学时,以供各院校在讲授时根据特点选用。

为了提高教材质量,中国统配煤矿总公司教育局煤炭工科高校采矿工程教材编审委员会专门组织会议对本书初稿进行了审校,特邀专家、教授十多人,做了认真、细致的审阅,并提出了很多宝贵的意见。为此,向所有参加提纲讨论会、初稿审稿会的同志表示衷心的感谢!

本书编写人员分工为:绪论由沈通生编写,第一章、第八章由邓文福编写,第二章、第四章由徐永圻编写,第三章由姜学云编写,第五章由王悦汉编写,第六章、第九章由邢中光编写,第七章、第八章(第四节)由张顶立、王庆康编写,第十章、第十一章、第十三章由徐永圻编写,第十二章由汪理全编写,第十四章由罗金泉、吕光华编写,第十四章(第六节)由孟宪锐编写,第十五章、第二十一章由吕光华编写,第十六章、第十七章、第十八章由沈通生、徐永圻编写,第十九章由刘吉昌编写,第二十章、第二十二章由海国治编写,第二十三章由于润桥编写,第二十四章由梁学勤编写,第二十五章、第十章(第三节)由刘过兵编写,第二十六章、第二十七章、第二十八章、第二十九章由何其敏编写。

　　本书各编主审人员分工为：第一编、第二编、第三编由陈冀飞主审，第四编由洪允和主审，第五编由张达贤主审。

　　为了满足教学的迫切需要，本书的编写时间比较仓促。受编写人员水平及编写时间限制，缺点和错误在所难免，恳切希望读者批评、指正。

编　者

修订本前言

《煤矿开采学》为原煤炭工业部"八五"规划教材，也是煤炭高校采矿工程专业的统编教材，于1993年由中国矿业大学出版社正式出版。本次出版修订本，旨在完善其科学体系，引入近五年来煤炭科学技术发展的新成果，增强其适用性；同时修改原书中存在的不足之处。该书修订本于1996年申请立项，1997年6月获国家教委批准为国家"九五"重点出版教材。1997年9月开始组织修订工作。编审人员基本未变。除对各章节内容进行修订以外，重新编写了两章。修订本第七章放顶煤采煤法由中国矿业大学张顶立副教授重新编写；新增的第二十四章由西安矿业学院张恩强副教授编写。第十四章和第十九章的修订工作分别由太原理工大学罗金泉教授和王小汀副教授完成。本书总审仍由张先尘教授担任；各编主审分别由中国矿业大学洪允和教授、王玉浚教授和才庆祥教授负责。

为确保"九五"国家级重点教材的出版质量，按国家教委规定，1998年4月，由煤炭工科高校采矿工程教材编审委员会组织召开了审稿会议，会议由副主任、山东矿业学院蒋国安教授主持，参加的委员有淮南工业学院谢广祥教授、西安矿业学院石平五教授、太原理工大学靳钟铭教授、中国矿业大学韩可琦教授、才庆祥教授。特邀中国矿业大学张先尘教授、洪允和教授、王玉浚教授参加了审稿会。

审稿会一致认为：《煤矿开采学》教材已在设置采矿工程专业的各院校普遍使用，其编写体系和基本内容得到了各使用单位的积极评价，因此修订编写工作的基础条件较好。修订工作得到各院校的高度重视，有关教师十分认真地将原教材在使用中发现的问题用书面形式及时反映给主编，修订中均作了认真的修改。审稿会按国家教委的要求，对书稿进行了全面审查和认真的讨论，充分肯定了这次修订中所做的大量工作，同时提出了十分重要的意见，使一些内容得到修正，提法更符合科学性和规范性的要求，并结合当前实际对若干章节内容分别进行了大量的补充、删减或调整。他们的严格审查对提高本书的质量起到了十分重要的作用。

本书修订各编主审人员分工为：第一编、第四编由洪允和主审，第二编、第三编由王玉浚主审，第五编由才庆祥主审。

编者在这里向各院校的有关教师，特别是任课教师及参加审稿的各位专家、教授表示衷心的感谢！

这次修订工作虽然做了很大的努力，但肯定仍存在不少缺点和问题，敬请读者一如既往地给予批评指正，以使本教材能不断完善。

编　者

目　次

第一编　采　煤　方　法

第二编　准备方式及采区设计

第三编　井田开拓及矿井开采设计

第四编　矿井其他开采方法

第五编　露天开采

第一编

采煤方法

第一章 煤矿开采的基本概念

第一节 煤田开发的概念

一、煤田和矿区

在地质历史发展过程中,同一地质时期形成并大致连续发育的含煤岩系分布区称为煤田。统一规划和开发的煤田或其一部分则称为矿区。

煤田范围很大,面积可达数百到数千平方千米,储量从数亿吨到成百上千亿吨。根据国民经济发展需要和行政区域的划分,利用地质构造、自然条件或煤田沉积的不连续,或按勘探时期的先后,往往将一个大煤田划归几个矿区来开发;比较小的煤田也可作为一个矿区开发;也有一个大矿区开发几个小煤田的情况。对于利用地质构造、自然条件或煤田沉积的不连续,或按勘探时期的先后命名的煤田,其煤田的含义已经改变,不是我们定义的煤田。

淮南矿区开发淮南煤田的三个区,三个区均分布在安徽省淮河两岸(图 1-1)。矿区的老区是舜耕山区和八公山区,两个区被鸭背埠横断层分开,分别由九龙岗矿、大通矿、李郢孜一矿、二矿和谢家集一、二、三矿以及新庄孜矿、毕家岗矿、李咀孜矿、孔集矿来开采(其中有些矿已采完报废);矿区的新区在淮河北岸,目前已开发的是潘谢区,潘集一、二、三矿和谢桥矿均已投产,张集矿正在建设之中,并计划建设潘四矿等其他矿井。

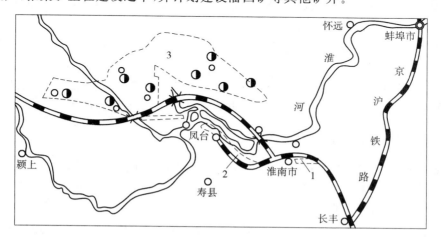

图 1-1 淮南煤田分布图

1——舜耕山区;2——八公山区;3——潘集—谢桥区

由此可知,一个矿区由很多个矿井(或露天矿)组成,以便有计划、有步骤、合理地开发整个矿区。为了配合矿井(或露天矿)的建设和生产,还要建设一系列的辅助企业、交通运输与民用事业,以及其他有关的企业和进行市政建设。因此,矿区开发之前应进行周密的规划,进行可行性研究,编制矿区总体设计,作为矿区开发和矿井建设的依据。

二、井田

划分给一个矿井(或露天矿)开采的那一部分煤田,谓之井田(矿田)。

每一个矿井的井田范围大小、矿井生产能力和服务年限的确定,是矿区总体设计中必须解决好的关键问题之一。

井田范围,是指井田沿煤层走向的长度和倾向的水平投影宽度。

煤田划分为井田,应根据矿区总体设计任务书的要求,结合煤层的赋存情况、地质构造、开采技术条件,保证各井田都有合理的尺寸和边界,使煤田的各部分都能得到合理开发。

根据目前开采技术水平,一般小型矿井井田走向长度不小于 1 500 m;中型矿井不小于 4 000 m;大型矿井不小于 7 000 m。

三、矿井生产能力和井型

矿井生产能力,一般是指矿井的设计生产能力,以"Mt/a"(或万 t/a,1 Mt/a=100 万 t/a)表示。有些生产矿井原来的生产能力需要改变,因而要对矿井各生产系统的能力重新核定,核定后的综合生产能力称核定生产能力。根据矿井生产能力不同,我国把矿井划分为大、中、小三种类型,称井型。

大型矿井:1.20 Mt/a、1.50 Mt/a、1.80 Mt/a、2.40 Mt/a、3.00 Mt/a、4.00 Mt/a、5.00 Mt/a 和 5.00 Mt/a 以上的矿井。3.00 Mt/a 及其以上的矿井又称特大型矿井。

中型矿井:0.45 Mt/a、0.60 Mt/a、0.90 Mt/a。

小型矿井:0.09 Mt/a、0.15 Mt/a、0.21 Mt/a 和 0.30 Mt/a。

我国国有重点煤矿多为大、中型矿井;地方国有煤矿多为中小型矿井;乡镇煤矿多是小煤窑,年产量多小于 0.03 Mt/a。

矿井年产量是矿井每年生产出来的煤炭数量,以万 t 或 Mt 表示。年产量,是指每年实际生产出来的煤炭量,其数值常常不同于矿井生产能力,而且每年的产量常不相等。

矿井井型大小,直接关系基建规模和投资多少,影响到矿井整个生产时期的技术经济面貌。正确地确定井型是矿区总体设计和矿井设计的一个重要问题。

四、露天开采与地下开采的概念

从敞露的地表直接采出有用矿物的方法,叫做露天开采。露天开采与地下开采在进入矿体的方式、生产组织、采掘运输工艺等方面截然不同,它需要先将覆盖在矿体之上的岩石或表土剥离掉,如图 1-2 所示。

当煤厚达到一定值,直接出露于地表,或其覆盖层较薄、开采煤层与覆盖层采剥量之比在经济上有利时,就可以考虑采用露天开采。

露天开采一般机械化程度高、产量大、劳动效率高、成本低、工作比较安全;但受气候条件影响较大,需采用大型设备和进行大量基建剥离,基建投资较大。因此,只能在覆盖层较

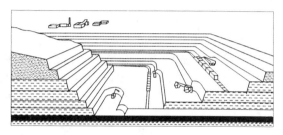

图 1-2　露天开采示意图

薄、煤层的厚度较大时采用。由于受资源条件的限制,我国露天开采产量比重比较小。

露天开采是采矿工业的发展方向之一。在具有露天开采条件的地区应贯彻"先露天后地下"的原则。凡煤田浅部有露天开采条件的,应根据经济合理剥采比并适当考虑发展可能划定露天开采的边界。所谓剥采比,即每采一吨煤需要剥离多少立方米的岩石量。最大经济合理剥采比,就是按该剥采比开采的煤炭成本不大于用地下开采的煤炭成本。它是确定露天煤矿开采境界的主要依据。根据我国目前露天煤矿的技术条件和实际经验,最大经济合理剥采比一般对褐煤为 $6\ m^3/t$ 左右,对烟煤为 $8\ m^3/t$ 左右。

煤矿地下开采,也称井工开采。它需要开凿一系列井巷(包括岩巷和煤巷)进入地下煤层,才能进行采煤。由于是地下作业,工作空间受限制,采掘工作地点不断移动和交替,并且受到地下的水、火、瓦斯、煤尘以及煤层围岩塌落等威胁。因此,地下开采比露天开采复杂和困难。

第二节　矿山井巷名称和井田内划分

一、矿山井巷名称

在煤矿地下开采中,为了提升、运输、通风、排水、动力供应等需要而开掘的井筒、巷道和硐室总称矿山井巷。矿山井巷种类很多,根据井巷的长轴线与水平面的关系,可以分为直立巷道、水平巷道和倾斜巷道三类,如图 1-3 所示。

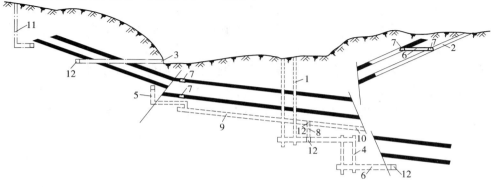

图 1-3　矿山井巷

1——立井;2——斜井;3——平硐;4——暗立井;5——溜井;6——石门;7——煤层平巷;

8——煤仓;9——上山;10——下山;11——风井;12——岩石平巷

（1）直立巷道

巷道的长轴线与水平面垂直，如立井、暗立井等。

立井，又称竖井，为直接与地面相通的直立巷道。专门或主要用于提升煤炭的叫做主井；主要用于提升矸石、下放设备器材、升降人员等辅助提升工作的叫做副井。生产中，还经常开掘一些专门或主要用来通风、排水、充填等工作的立井，则均按其主要任务命名，如通风井、排水井、充填井等。

暗立井，又称盲竖井、盲立井，为不与地面直接相通的直立巷道，其用途同立井。此外，还有一种专门用来溜放煤炭的暗立井，称为溜井。位于采区内部、高度不大、直径较小的溜井称之为溜煤眼。

（2）水平巷道

巷道的长轴线与水平面近似平行，如平硐、平巷、石门等。

平硐，直接与地面相通的水平巷道。它的作用类似立井，有主平硐、副平硐、排水平硐和通风平硐等。

平巷与大巷，与地面不直接相通的水平巷道，其长轴方向与煤层走向大致平行。平巷布置在煤层内的称为煤层平巷，布置在岩层中的称为岩石平巷。为开采水平服务的平巷常称为大巷，如运输大巷。直接为采煤工作面服务的煤层平巷，称为运输或回风平巷。

石门与煤门，与地面不直接相通的水平巷道，其长轴线与煤层直交或斜交的岩石平巷称为石门。为开采水平服务的石门称主要石门，为采区服务的石门称采区石门；在厚煤层内，与煤层走向直交或斜交的水平巷道，称为煤门。

（3）倾斜巷道

巷道的长轴线与水平面有一定夹角的巷道，如斜井、上山、下山、斜巷等。

斜井，与地面直接相通的倾斜巷道，其作用与立井和平硐相同。不与地面直接相通的斜井称为暗斜井或盲斜井，其作用与暗立井相同。

采（盘）区上山、下山，服务于一个采（盘）区的倾斜巷道，也称采（盘）区上山或下山。上山用于开采其开采水平以上的煤层；下山则用于开采其开采水平以下的煤层。安装输送机的上（下）山叫运输上（下）山或输送机上（下）山，其煤炭运输方向分别为由上向下或由下向上运至开采水平大巷；铺设轨道的上（下）山叫轨道上（下）山；用做通风和行人的上（下）山叫做通风、行人上（下）山；上（下）山可布置在煤层或岩层中。

主要上（下）山，服务于一个开采水平的倾斜巷道。主要适用于阶段内采用分段式划分的条件。同样可有主要运输上（下）山和主要轨道上（下）山。

斜巷，不直通地面且长度较短的倾斜巷道，用于行人、通风、运料等，此外，溜煤眼和联络巷有时也是倾斜巷道。

硐室，空间三个轴线长度相差不大且又不直通地面的地下巷道，如绞车房、变电所、煤仓等。

二、井田内划分

一个井田的范围相当大，其走向长度可达数千米到万余米，倾斜长度可达数千米。因此，必须将井田划分为若干个更小的部分，才能有规律地进行开采。

（一）井田划分为阶段和水平

在井田范围内,沿着煤层的倾向,按一定标高把煤层划分为若干个平行于走向的长条部分,每个长条部分称为一个阶段,如图 1-4 所示。阶段的走向长度,为井田在该处的走向全长。

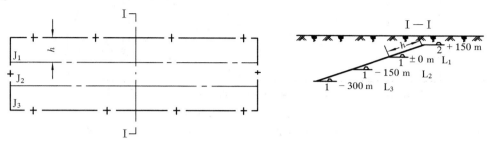

图 1-4　井田划分为阶段和水平

J_1,J_2,J_3——第一、第二、第三阶段;h——阶段斜长;L_1,L_2,L_3——第一、第二、第三水平

1——阶段运输大巷;2——阶段回风大巷

每个阶段均应有独立的运输和通风系统。如在阶段的下部边界开掘阶段运输大巷(兼进风),在阶段上部边界开掘阶段回风大巷,为整个阶段服务。上一阶段的运输大巷常作为下一阶段的回风大巷。

水平用标高(m)来表示,如图 1-4 中的 ±0 m、−150 m、−300 m 等。在矿井生产中,为说明水平位置、顺序,相应地称其为 ±0 m 水平、−150 m 水平、−300 m 水平等;或称为第一水平、第二水平、第三水平等。通常将设有井底车场、阶段运输大巷并且担负全阶段运输任务的水平,称为"开采水平",简称"水平"。

一般来说,阶段与水平的区别在于:阶段表示井田的一部分范围,水平是指布置大巷的某一标高水平面。但是,广义的水平不仅表示一个水平面,同时也是指一个范围,即包括所服务的相应阶段。

井田内水平和阶段的开采顺序,一般是先采上部水平和阶段,后采下部水平和阶段。这样做的优点,是建井时间短、生产安全条件好。

（二）阶段内的再划分

井田划分为阶段后,阶段内的范围仍然较大,通常要再划分,以适应开采技术的要求。

阶段内的划分(即为开采所需的阶段内的准备)一般有三种方式:采区式、分段式和带区式。

1. 采区式划分

在阶段范围内,沿走向把阶段划分为若干具有独立生产系统的块段,每一块段称为采区,在图 1-5 中,井田沿倾向划分为 3 个阶段,每个阶段又沿走向划分为 4 个采区。

采区的倾斜长度与阶段斜长相等。采区的走向长度一般为 500～2 000 m。采区的斜长一般为 600～1 000 m。在这样的斜长范围内,如采用走向长壁采煤法,也要沿煤层倾向将采区划分成若干个长条部分,每一块长条部分称为区段。如图 1-5 中 A,采区划分为三个区段,每个区段斜长布置一个采煤工作面,工作面沿走向推进。每个区段下部边界开掘区段运输平巷,上部边界开掘区段回风平巷;各区段平巷通过采区运输上山、轨道上山与开采水

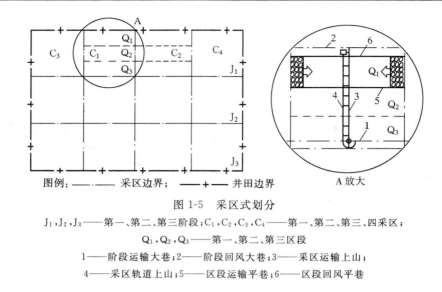

图 1-5　采区式划分

J_1,J_2,J_3——第一、第二、第三阶段；C_1,C_2,C_3,C_4——第一、第二、第三、四采区；
Q_1,Q_2,Q_3——第一、第二、第三区段
1——阶段运输大巷；2——阶段回风大巷；3——采区运输上山；
4——采区轨道上山；5——区段运输平巷；6——区段回风平巷

平大巷连接，构成生产系统。

2. 分段式划分

在阶段范围内不划分采区，而是沿倾向将煤层划分为若干平行于走向的长条带，每个长条带称为分段，每个分段斜长布置一个采煤工作面，这种划分称为分段式。采煤工作面沿走向由井田中央向井田边界连续推进，或者由井田边界向井田中央连续推进，如图 1-6 所示。

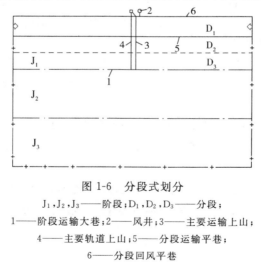

图 1-6　分段式划分

J_1,J_2,J_3——阶段；D_1,D_2,D_3——分段；
1——阶段运输大巷；2——风井；3——主要运输上山；
4——主要轨道上山；5——分段运输平巷；
6——分段回风平巷

各分段平巷通过主要上（下）山（运输、轨道）与开采水平大巷联系，构成生产系统。

分段式划分与采区式相比，减少了采区上（下）山及硐室工程量；采煤工作面可以连续推进，减少了搬家次数，生产系统简单。但是，分段式划分仅适用于地质构造条件简单、走向长度较小的井田。因此，分段式划分应用上受到严格的限制，在我国很少采用。

3. 带区式划分

在阶段内沿煤层走向划分为若干个具有独立生产系统的带区，带区内又划分成若干个

倾斜分带,每个分带布置一个采煤工作面,如图 1-7 所示。分带内,采煤工作面沿煤层倾向(仰斜或俯斜)推进,即由阶段的下部边界向上部边界或者由阶段的上部边界向下部边界推进。一般由 2～6 分带组成一个带区。

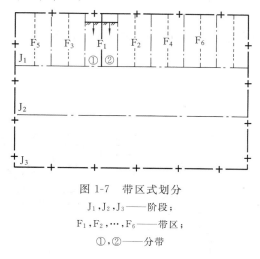

图 1-7　带区式划分

J_1,J_2,J_3——阶段;

F_1,F_2,…,F_6——带区;

①,②——分带

分带布置工作面适用于倾斜长壁采煤法,巷道布置系统简单,比采区式布置巷道掘进工程量少,但分带工作面两侧倾斜回采巷道(称分带巷道)掘进困难、辅助运输不便。目前,我国大量应用的还是采区式。在煤层倾角较小($<12°$)的条件下,带区式的应用正在扩大。

（三）井田直接划分为盘区或带区

开采倾角很小的近水平煤层,井田沿倾向的高差很小。这时,以前述方法很难划分成若干以一定标高为界的阶段,则可将井田直接划分为盘区或带区。通常,依煤层的延展方向布置大巷,在大巷两侧将井田划分成若干块段。划分为具有独立生产系统的块段,称为盘区或带区,如图 1-8 所示。盘区内巷道布置方式及生产系统与采区布置基本相同;划分为带区时,则与阶段内的带区式布置基本相同。

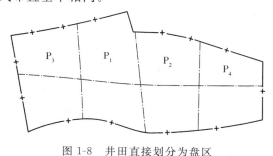

图 1-8　井田直接划分为盘区

P_1,P_2,P_3,P_4——第一、第二、第三、第四盘区

采区、盘(带)区的开采顺序一般采用前进式,即从井田中央块段到边界块段顺序开采。先开采井田中央井筒附近的采区或盘(带)区,以有利于减少初期工程量及初期投资,使矿井尽快投产。

第三节　矿井生产的基本概念

一、矿井生产系统

矿井的生产系统由于地质条件、井型和设备的不同而各有特点。现以图 1-9 为例,简要说明矿井生产系统的主要内容。

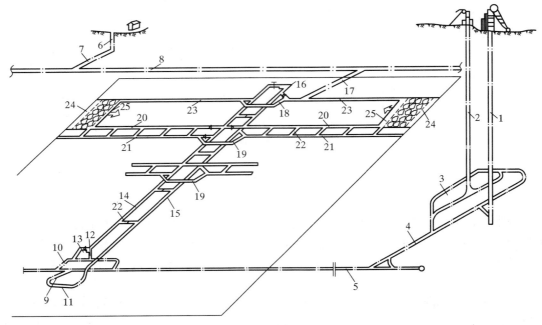

图 1-9　矿井生产系统示意图

1——主井;2——副井;3——井底车场;4——主要运输石门;5——运输大巷;6——风井;7——回风石门;
8——回风大巷;9——采区运输石门;10——采区下部车场底板绕道;11——采区下部材料车场;
12——采区煤仓;13——行人进风巷;14——运输上山;15——轨道上山;16——上山绞车房;
17——采区回风石门;18——采区上部车场;19——采区中部车场;20——区段运输平巷;
21——下区段回风平巷;22——联络巷;23——区段回风平巷;24——开切眼;25——采煤工作面

　　矿井巷道的开掘顺序如下:首先自地面开凿主井(1)、副井(2)进入地下;当井筒开凿到第一阶段下部边界开采水平标高时,即开凿井底车场(3)、主要运输石门(4),然后向井田两翼掘进开采水平阶段运输大巷(5);直到采区运输石门位置后,由运输大巷(5)开掘采区运输石门(9)通达煤层;到达预定位置后,开掘采区下部车场底板绕道(10)、采区下部材料车场(11);然后,沿煤层自下而上掘进采区运输上山(14)和轨道上山(15)。与此同时,自地面先后开掘风井(6)、回风石门(7)、回风大巷(8);到达预定位置后,向煤层开掘采区回风石门(17)、采区上部车场(18)、绞车房(16),与采区运输上山(14)及轨道上山(15)连通。当形成通风回路后,即可自采区上山向采区两翼掘进第一区段的区段运输平巷(20)、区段回风平巷(23)、下区段回风平巷(21),当这些巷道掘到采区边界后,即可掘进开切眼(24)形成采煤工作面。安装好机电设备和进行必需的准备工作后,即可开始采煤。采煤工作面(25)向采区上山后退回采,与此同时需要适时地开掘第二区段的区段运输平巷和开切眼,保证采煤工作面正常接替。

矿井主要生产系统如下：

（一）运煤系统

从采煤工作面(25)破落下的煤炭，经区段运输巷(20)、采区运输上山(14)到采区煤仓(12)，在采区下部车场(10)内装车，经开采水平运输大巷(5)、主要运输石门(4)，运到井底车场(3)，由主井(1)提升到地面。

（二）通风系统

新鲜风流从地面经副井(2)进入井下，经井底车场(3)、主要运输石门(4)、运输大巷(5)、采区下部材料车场(11)、采区轨道上山(15)、中部车场(19)、区段运输巷(20)进入采煤工作面(25)。清洗工作面后，污风经区段回风巷(23)、采区回风石门(17)、回风大巷(8)、回风石门(7)，从风井(6)排入大气。

（三）运料排矸系统

采煤工作面所需材料和设备，用矿车由副井(2)下放到井底车场(3)，经主要运输石门(4)、运输大巷(5)、采区运输石门(9)、采区下部材料车场(11)，由采区轨道上山(15)提升到区段回风平巷(23)，再运至采煤工作面(25)。采煤工作面回收的材料、设备和掘进工作面运出的矸石，用矿车经由与运料系统相反的方向运至地面。

（四）排水系统

排水系统一般与进风风流方向相反，由采煤工作面，经由区段运输平巷、采区上山、采区下部车场、开采水平运输大巷、主要运输石门等巷道一侧的水沟，自流到井底车场水仓，再由水泵房的排水泵通过副井的排水管道排至地面。

二、矿井开拓、采区准备和工作面准备

图1-9所示的巷道系统，按其作用和服务的范围不同，可将矿山井巷分为开拓巷道、准备巷道和回采巷道三种类型。

一般说来，为全矿井、一个水平或若干采区服务的巷道，如井筒、井底车场、主要石门、运输大巷和回风大巷(或总回风道)、主要风井，称为开拓巷道。开拓巷道是从地面到采区的通路，这些通路在一个较长时期内为全矿井或阶段服务，服务年限一般在 $10\sim30$ a 以上。

为一个采区或数个区段服务的巷道，如采区上(下)山、采区车场、采区硐室称为准备巷道。准备巷道是在采区范围内从已开掘好的开拓巷道起到达区段的通路。这些通路在一定时期内为全采区服务，服务年限一般在 $3\sim5$ a 以上。

仅为采煤工作面生产服务的巷道，如区段运输平巷、区段回风平巷、开切眼(形成初始采场的巷道)叫做回采巷道。回采巷道服务年限较短，一般在 $0.5\sim1.0$ a 左右。

开拓巷道的作用在于形成新的或扩展原有的阶段或开采水平，为构成矿井完整的生产系统奠定基础。准备巷道的作用在于准备新的采区，以便构成采区的生产系统。回采巷道的作用在于切割出新的采煤工作面并进行生产。开拓、准备、回采是矿井生产建设中紧密相关的三个主要程序，解决好三者之间的关系，对于保证矿井正常生产运营具有重要意义。

复习思考题

1. 说明煤田和矿区开发的概念。
2. 绘图表示并说明下列井巷名称:(1) 立井、暗立井;(2) 斜井、暗斜井;(3) 平硐、岩石平巷、石门;(4) 采区上山、采区下山。
3. 绘图说明阶段和水平的概念。
4. 阶段内的再划分有哪几种方式,各适用于何种条件?
5. 绘图说明矿井的主要生产系统。

第二章　采煤方法的概念和分类

第一节　采煤方法的概念

任何一种采煤方法,均包括采煤系统和采煤工艺两项主要内容。要正确理解"采煤方法"的涵义,必须首先了解下列基本概念。

采场——用来直接大量采取煤炭的场所,称为采场。

采煤工作面——在采场内进行回采的煤壁,称为采煤工作面(也称回采工作面)。实际工作中,采煤工作面与采场是同义语。

回采工作——在采场内,为采取煤炭所进行的一系列工作,称为回采工作。回采工作可分为基本工序和辅助工序。把煤从整体煤层中破落下来,称为煤的破落,简称破煤。把破落下来的煤炭装入采场中的运输工具内,称为装煤。煤炭运出采场的工序,称为运煤。煤的破、装、运是回采工作中的基本工序。为了使基本工序顺利进行,必须保持采场内有足够的工作空间,这就要用支架来维护采场,这项工序称为工作面支护。煤炭采出后,被废弃的空间称为采空区。为了减轻矿山压力对采场的作用,以保证回采工作顺利进行,在大多数情况下,必须处理采空区的顶板,这项工作称为采空区处理。此外,通常还需要进行移置输送机、采煤设备等工序。除了基本工序以外的这些工序,统称为辅助工序。

采煤工艺——由于煤层的自然条件和采用的机械不同,完成回采工作各工序的方法也就不同,并且在进行的顺序、时间和空间上必须有规律地加以安排和配合。这种在采煤工作面内按照一定顺序完成各项工序的方法及其配合,称为采煤工艺。在一定时间内,按照一定的顺序完成回采工作各项工序的过程,称为采煤工艺过程。

采煤系统——回采巷道的掘进一般是超前于回采工作进行的。它们之间在时间上的配合以及在空间上的相互位置关系,称为回采巷道布置系统,也即采煤系统。

采煤方法——根据不同的矿山地质及技术条件,可有不同的采煤系统与采煤工艺相配合,从而构成多种多样的采煤方法。如在不同的地质及技术条件下,可以采用长壁采煤法、柱式采煤法或其他采煤法,而长壁与柱式采煤法在采煤系统与采煤工艺方面差别很大。由此可以认为:采煤方法就是采煤系统与采煤工艺的综合及其在时间和空间上的相互配合。但两者又是互相影响和制约的。采煤工艺是最活跃的因素,采煤工艺的改革,要求采煤系统随之改变,而采煤系统的改变也会要求采煤工艺做相应的改革。事实上,许多种采煤方法正是在这种相互推动的过程中得到改进和发展,甚至创造了新的采煤方法。

第二节　采煤方法的分类及应用概况

我国煤层赋存条件多样。开采技术条件各异,因而促进了采煤方法的多样化发展。我国使用的采煤方法很多,是世界上采煤方法种类最多的国家。

我国常用的几种主要采煤方法及其特征如表 2-1 所示。

表 2-1　　　　　　　　　　　　我国常用的主要采煤方法及其特征

序号	采煤方法	体系	整层与分层	推进方向	采空区处理	采煤工艺	适应煤层基本条件
1	单一走向长壁采煤法	壁式	整层	走向	垮落	综、普、炮采	薄及中厚煤层为主
2	单一倾斜长壁采煤法	壁式	整层	倾斜	垮落	综、普、炮采	缓斜薄及中厚煤层
3	刀柱式采煤法	壁式	整层	走向或倾斜	刀柱	普、炮采	同上、顶板坚硬
4	大采高一次采全厚采煤法	壁式	整层	走向或倾斜	垮落	综采	缓斜厚煤层（<5 m）
5	放顶煤采煤法	壁式	整层	走向	垮落	综采	缓斜厚煤层（>5 m）
6	倾斜分层长壁采煤法	壁式	分层	走向为主	垮落为主	综、普、炮采	缓斜、倾斜厚及特厚煤层为主
7	水平分层、斜切分层下行垮落采煤法	壁式	分层	走向	垮落	炮采	急斜厚煤层
8	水平分段放顶煤采煤法	壁式	分段	走向	垮落	综采为主	急斜特厚煤层
9	掩护支架采煤法	壁式	整层	走向	垮落	炮采	急斜厚煤层为主
10	水力采煤法	柱式	整层	走向或倾斜	垮落	水采	不稳定煤层急斜煤层
11	柱式体系采煤法（传统的）	柱式	整层		垮落	炮采	非正规条件回收煤柱

采煤方法分类方法很多,一般可按下列特征进行分类,见图 2-1。

一、壁式体系采煤法

一般以长工作面采煤为其主要标志,产量约占我国国有重点煤矿的 95% 以上。

随着煤层厚度及倾角的不同,开采技术和采煤方法会有所区别。对于薄及中厚煤层,一般都是按煤层全厚一次采出,即整层开采;对于厚煤层,可把它分为若干中等厚度(2～3 m)的分层进行开采,即分层开采,也可采用放顶煤整层开采。无论整层开采或分层开采,依据不同倾角、按采煤工作面推进方向,又可分为走向长壁开采和倾斜长壁开采两种类型。上述每一类型的采煤方法在用于不同的矿山地质条件及技术条件时,又有很多种变化。

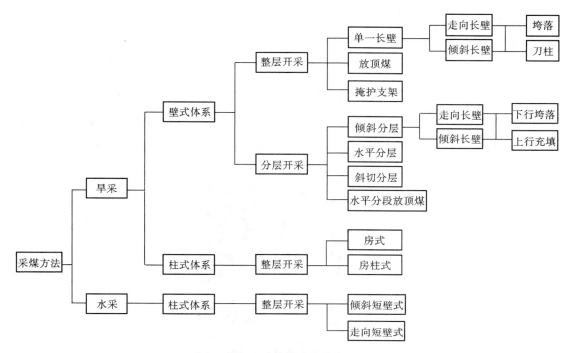

图 2-1　采煤方法分类

（一）薄及中厚煤层单一长壁采煤方法

图 2-2(a)所示为单一走向长壁垮落采煤法示意图。所谓"单一"，即表示整层开采；"垮落"表示采空区处理是采用垮落的方法。由于绝大多数单一长壁采煤法均用垮落法处理采空区，故一般可简称为单一走向长壁采煤法。首先将采（盘）区划分为区段，在区段内布置回采巷道（区段平巷、开切眼），采煤工作面呈倾斜布置，沿走向推进，上下回采巷道基本上是水平的，且与采（盘）区上山相连。

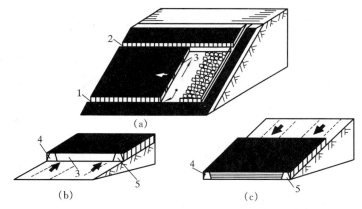

图 2-2　单一长壁采煤法示意图

(a) 走向长壁；(b) 倾斜长壁（仰斜）；(c) 倾斜长壁（俯斜）

1,2——区段运输和回风平巷；3——采煤工作面；

4,5——分带运输和回风斜巷

对于倾斜长壁采煤法,首先将井田或阶段划分为带区及分带,在分带内布置回采巷道(分带斜巷、开切眼),采煤工作面呈水平布置,沿倾向推进,两侧的回采巷道是倾斜的,并通过联络巷直接与大巷相连。采煤工作面向上推进称仰斜长壁[图 2-2(b)],向下推进称俯斜长壁[图 2-2(c)]。为了便于顺利开采,煤层倾角不宜超过 12°。

当煤层顶板极为坚硬时,若采用强制放顶(或注水软化顶板)垮落法处理采空区有困难,有时可采用煤柱支撑法(刀柱法),称单一长壁刀柱式采煤法,如图 2-3 所示。采煤工作面每推进一定距离,留下一定宽度的煤柱(即刀柱)支撑顶板。但这种方法工作面搬迁频繁,不利于机械化采煤,资源的采出率较低,是在特定条件下的一种采煤方法。

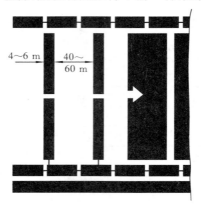

图 2-3　刀柱式采煤法示意图

当开采急斜煤层时,为了便于生产和安全,工作面可呈俯伪斜布置,仍沿走向推进,则称为单一伪斜走向长壁采煤法。另外,近十年来在缓斜厚煤层(<5 m)中成功采用大采高一次采全厚的采煤法,也属于单一长壁采煤法的一种。

单一长壁采煤法是我国采用最为普遍的一种采煤方法。

（二）厚煤层分层开采的采煤方法

开采厚煤层及特厚煤层时,利用上述的整层采煤法来开采将会遇到困难,在技术上较复杂。煤层厚度超过 5 m,采场空间支护技术和装备目前尚无法合理解决。因此,为了克服整层开采的困难,可把厚煤层分为若干中等厚度的分层来开采。根据煤层赋存条件及开采技术不同,分层采煤法又可以分为倾斜分层、水平分层、斜切分层三种,分别如图 2-4(a)、(b)、(c)所示。

倾斜分层——将煤层划分成若干个与煤层层面相平行的分层,见图 2-4(a)。工作面沿走向或倾向推进。

水平分层——将煤层划分成若干个与水平面相平行的分层,见图 2-4(b)。工作面一般沿走向推进。

斜切分层——将煤层划分成若干个与水平面成一定角度的分层,见图 2-4(c)。工作面沿走向推进。

各分层的回采有下行式和上行式两种顺序。先采上部分层,然后依次回采下部分层的方式称为下行式;先回采最下分层,然后依次回采上部分层的方式称为上行式。

回采顺序与处理采空区的方法有极为密切的关系。当用下行式回采顺序时,可采用垮

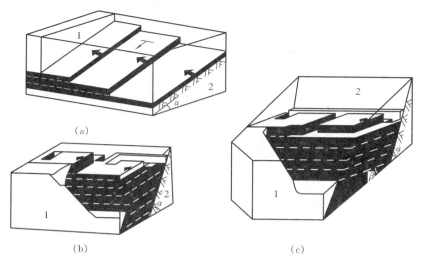

图 2-4 厚煤层开采分层方法
(a) 倾斜分层；(b) 水平分层；(c) 斜切分层
1——顶板；2——底板；α——煤层倾角；β——分层与水平夹角

落或充填法来处理采空区；采用上行式回采顺序时，则一般采用充填法。

不同的分层方法、回采顺序以及采空区处理方法的综合应用，可以演变出各式各样的分层采煤方法。但是，在实际工作中一般采用的主要有倾斜分层下行垮落采煤法、倾斜分层上行充填采煤法、水平或斜切分层下行垮落采煤法。

分层采煤法是当前我国在厚煤层中采用的主要采煤方法，产量占国有重点煤矿总产量的 25% 以上。最常用的是倾斜分层，产量占 24.79%；顶板管理主要采用垮落法，充填法仅占 1% 左右。这种分层方法多用于开采缓斜、倾斜厚及特厚煤层，有时也可用于倾角较小的急斜厚煤层。开采急斜厚煤层时，过去常用的水平（或斜切）分层采煤法已部分为掩护支架采煤法所替代（采用较少，产量仅占 0.30%）；急斜特厚煤层条件下，近几年来已在水平分层采煤法基础上成功地采用了水平分段综放顶煤采煤法，煤厚一般 25 m 以上，分段高度可为 10~12 m，分段底部采高约 3 m，放顶煤高度 7~9 m，取得了显著效果。

（三）厚煤层整层开采的采煤方法

随着生产技术的发展，在厚煤层开采中整层开采有了较大发展，产量比重达到14.75%。如近几年来，由于综合机械化采煤技术装备的发展、大采高支架的应用，为 5 m 以下的缓斜厚煤层采用大采高一次采全厚的单一长壁采煤法创造了条件，并已得到一定的发展，产量比重已达 2.44%。

在缓倾斜、厚度为 5.0 m 以上的厚煤层条件下，特别是厚度变化较大的特厚煤层，采用了综采放顶煤采煤法，产量比重约占 12.29%。

在急斜厚煤层条件下，可利用煤层倾角较大的特点，使工作面俯斜布置，依靠重力下放工作面支架，为有效地进行顶板管理创造了条件，在煤层赋存较稳定的条件下，成功采用了掩护支架采煤法，实现了整层开采，并获得了较广泛的应用，产量比重为 0.77%，约为急斜煤层产量的 1/4。

从总的情况来看，目前厚煤层整层开采所占比重较分层开采为小。

壁式体系采煤法为机械化采煤创造了条件。按工艺方式不同,长壁工作面可有综合机械化采煤、普通机械化采煤和爆破采煤三种工艺方式,产量比重分别占 47.18%、23.35% 和 28.42%。机械化采煤的比重呈逐年上升趋势。

综上所述,可以看出,壁式体系采煤法一般具有下列主要特点:

① 通常具有较长的采煤工作面,我国一般为 120～180 m,但也有较短的(80～120 m),或更长的(180～240 m)。先进采煤国家的工作面长度多在 200 m 以上。

② 在采煤工作面两端至少各有一条巷道,用于通风和运输。

③ 随采煤工作面推进,应有计划地处理采空区。

④ 采下的煤沿平行于采煤工作面的方向运出采场。

我国、原苏联、波兰、德国、英国、法国和日本等广泛采用壁式体系采煤法;美国、澳大利亚等国家近年来也在发展壁式体系采煤法。

二、柱式体系采煤法

柱式体系采煤法以短工作面采煤为其主要标志,我国国有重点煤矿中采用这类采煤法的产量比重在 5% 以内。

我国柱式体系采煤法在地方煤矿应用较多。在国有重点煤矿,大多用于开采条件不正规、回收巷道煤柱或机械化水平较低的矿井。近年来,我国引进了美国的一些配套设备,以提高机械化程度,进行正规开采。这种高度机械化的柱式体系采煤法作为长壁开采的一种补充手段,在我国也会有一定应用。

柱式体系采煤法包括房式采煤法、房柱式采煤法。根据不同的矿山地质条件和技术条件,每类采煤方法又有多种变化。图 2-5 所示为房柱式采煤法。

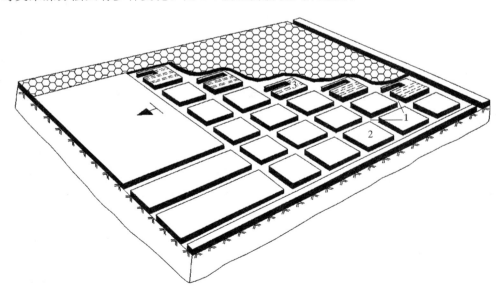

图 2-5 房柱式采煤法示意图

1——房;2——煤柱;3——采柱

房式及房柱式采煤法的实质是在煤层内开掘一系列宽为 5～7 m 的煤房,开煤房时用短工作面向前推进,煤房间用联络巷相连以构成生产系统,并形成近似于矩形的煤柱,煤柱宽度由数米至 20 多米不等。煤柱可根据条件留下不采,或在煤房采完后再将煤柱按要求尽可能采出,前者称为房式采煤法,后者称为房柱式采煤法。由于房式采煤法与房柱式采煤法巷道布置基本相似,因此在美国将这两种方法统称为房柱式采煤法,前者称为这种采煤方法的"部分回采"方式,后者称为"全部回采"方式。

典型房柱式采煤法的基本特点是采用短工作面推进,将煤柱作为暂时或永久的支撑物,采用连续采煤机、梭车(或万向接长机)、锚杆机等配套设备进行采煤。开采时的矿山压力显现较壁式体系长壁采煤法和缓。因此,随着工作面(房)推进,可只用较简单的支架(锚杆)支护顶板,用于防止顶板岩石垮落。由于采用锚杆支护,增大了工作面空间,为机械化采煤创造了有利条件。此外,由于采用同类机械采房和采柱,提高了采煤的灵活性。

柱式体系采煤法在美国、澳大利亚、加拿大、印度、南非等国有广泛应用。

柱式体系采煤法的主要特点:

① 一般工作面长度不大但数目较多,采房和回收煤柱设备合一。

② 矿山压力显现较弱,在生产过程中支架和处理采空区工作比较简单,有时还可以不处理采空区。

③ 采场内煤的运输方向是垂直于工作面的,采煤配套设备均能自行行走,灵活性强。

④ 工作面通风条件较壁式采煤法差,采出率也较低。

机械化的柱式采煤法,使用条件较严格,其发展受到一定限制。一般用于埋藏较浅的近水平薄及中厚煤层,并要求顶板较好、瓦斯涌出量少。

壁式采煤法较柱式采煤法煤炭损失少,回采连续性强、单产高,采煤系统较简单,对地质条件适应性较强,但采煤工艺装备比较复杂。在我国的地质和开采技术条件下,主要适宜采用壁式体系采煤法。

另外,我国从 20 世纪 50 年代起采用水力采煤,这种方法实质也属于柱式体系采煤法,只是用高压水射流作为动力落煤和运输,其系统单一,在一定条件下也可获得较好效果。

从我国采煤方法应用情况来看,缓斜煤层各种采煤方法产量比重达 87.39%(煤层倾角 <12°的为 57.32%),倾斜煤层为 8.88%,急斜煤层为 3.73%。因此,缓斜煤层各种长壁采煤法是本编叙述的重点内容。

复习思考题

1. 采煤方法的涵义是什么?
2. 简述壁式体系和柱式体系采煤法的基本特征及其适用性。
3. 采煤方法分类的依据是什么?
4. 我国常用的采煤方法有哪几种?其中应用比重高的有几种?

第三章 单一走向长壁采煤法采煤工艺

目前,我国长壁采煤工作面采用炮采、普采和综采三种采煤工艺方式。

爆破采煤工艺,简称"炮采",其特点是爆破落煤,爆破及人工装煤,机械化运煤,用单体支柱支护工作空间顶板。随着技术装备的发展,我国炮采工艺经历了三个主要发展阶段:新中国成立初期改革采煤方法,推行长壁采煤工艺,工作面采用拆移式刮板输送机运煤、木支柱支护顶板,生产效率很低,工作极为繁重,劳动条件差;20世纪60年代中期开始,采用能力较大、能整体前移的可弯曲刮板输送机运煤,用摩擦式金属支柱和铰接顶梁支护顶板,使工作面单产和效率有较大提高,劳动强度有所降低;进入80年代,炮采工作面的装备和技术手段更新速度加快,用防炮崩单体液压支柱代替摩擦式金属支柱,工作空间顶板得到有效控制,生产更加安全,支护工作效率提高,而且工作面输送机装上铲煤板和可移动挡煤板,使80%～90%的煤在爆破和推移输送机时自行装入输送机,同时工作面采用大功率或双速刮板输送机运煤和毫秒爆破技术,进一步提高了生产效率。

普通机械化采煤工艺,简称"普采",其特点是用采煤机械同时完成落煤和装煤工序,而运煤、顶板支护和采空区处理与炮采工艺基本相同。20世纪50年代,曾采用深截式采煤机(截深为1.5～1.6 m)落煤和装煤、拆移式刮板输送机运煤、木支柱支护顶板。由于顶板悬露面积大且得不到及时支护,单产和效率低,安全生产条件差,这种技术装备已被淘汰。60年代以来,普遍采用了浅截式(截深0.6～1.0 m)采煤机械。按照技术装备的发展,我国浅截式普采经历了三个发展阶段。60年代初采用浅截式采煤机械、整体移置的可弯曲刮板输送机、摩擦式金属支柱和铰接顶梁相配套的采煤机组,使普采单产和效率有较大提高,安全生产有所改善。这种第一代浅截式普采设备目前在国有重点煤矿已被淘汰,在某些地方煤矿仍在使用。70年代后期采用第二代普采装备,即对第一代浅截式普采设备进行技术更新,提高配套水平,主要是采用了单体液压支柱管理顶板,使普采生产出现了新的面貌。80年代中期开始,对第二代普采设备实行进一步更新换代,即第三代普采,采用了无链牵引双滚筒采煤机,双速、侧卸、封底式刮板输送机以及"Ⅱ"形长钢梁支护顶板等新设备和新工艺,使普采的单产、效率和效益又上了一个新台阶。

综合机械化采煤工艺,简称"综采",即破煤、装煤、运煤、支护、顶板管理五个主要生产工序全部实现机械化,因此综采是目前最先进的采煤工艺。世界先进的煤炭生产国,凡以长壁为主的都已全部或大部分实现综合机械化采煤。

我国国有重点煤矿的机械化采煤发展较快,采煤机械化的程度已经超过70%,其中综采程度达50%左右。地方煤矿的机械化采煤也有了一定发展。

第一节 爆破采煤工艺

爆破采煤的工艺过程包括钻眼、爆破落煤和装煤、人工装煤、刮板输送机运煤、移置输送机、人工支护和回柱放顶等主要工序。

一、爆破落煤

爆破落煤,由钻眼、装药、填炮泥、连炮线及爆破等工序组成。要求保证规定进度,工作面平直,不留顶煤和底煤,不破坏顶板,不崩倒支柱和不崩翻工作面输送机,尽量降低炸药和雷管消耗。因此,要根据煤层的硬度、厚度、节理和裂隙的发育状况及顶板条件,正确确定钻眼爆破参数,包括炮眼排列、角度、深度、装药量、一次起爆的炮眼数量以及爆破次序等。

一般常用的炮眼布置有以下三种:

① 单排眼[图 3-1(a)],一般用于薄煤层或煤质软、节理发育的煤层。

② 双排眼[图 3-1(b)],其布置形式有对眼、三花眼和三角眼等,一般适用于采高较小的中厚煤层。煤质中硬时可用对眼,煤质软时可用三花眼,煤层上部煤质软或顶板较破碎时可用三角眼。

③ 三排眼[图 3-1(c)],亦称五花眼,用于煤质坚硬或采高较大的中厚煤层。

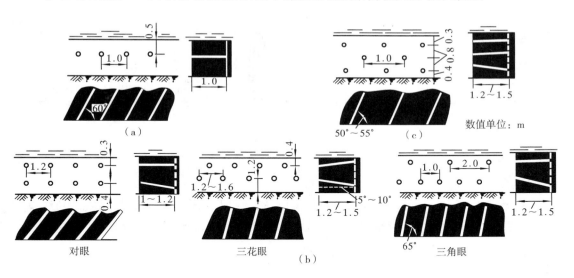

图 3-1 炮眼布置图
(a) 单排眼;(b) 双排眼;(c) 三排眼

炮眼角度应满足下列要求:

① 炮眼与煤壁的水平夹角一般为 50°～80°,软煤取大值,硬煤取小值。为了不崩倒支架,应使水平方向的最小抵抗线朝向两柱之间的空当;

② 顶眼在垂直面上向顶板方向仰起 5°～10°,要视煤质软硬和煤层粘顶情况而定,应保证不破坏顶板的完整性;

③ 底眼在垂直面上向底板方向保持 10°～20° 的俯角,眼底接近底板,以不丢底煤和不崩翻输送机为原则。

炮眼深度根据每次的进度而定。一般每次进度有 0.8 m、1.0 m、1.2 m 三种,与单体支架顶梁长度相适应。每个炮眼的装药量根据煤质软硬、炮眼位置和深度以及爆破次序而定,通常为 150～600 g。

爆破采用串联法连线,一般将可弯曲刮板输送机移近煤壁。每次起爆的炮眼数目,应根据顶板稳定性、输送机启动及运输能力、工作面安全情况而定。条件好时,可同时起爆数十个眼;如果条件差,顶板不稳定,每次只能爆破几个眼,甚至采用留煤垛间隔爆破的办法。

近年来推广毫秒爆破,使炮采工艺发生了深刻变化。毫秒爆破一次多发炮,顶板震动次数减少,爆破产生的地震波因互相干扰而抵消,从而减轻了对顶板的震动,有利于顶板管理;同时毫秒爆破有利于提高爆破装煤率、缩短爆破时间、提高炮采工作面的单产和效率。

二、装煤与运煤

(一) 爆破装煤

炮采工作面大多采用 SGW—40(或 44)型可弯曲刮板输送机运煤,在摩擦式金属支柱或单体液压支柱及铰接顶梁所构成的悬臂支架掩护下,输送机贴近煤壁,有利于爆破装煤,如图 3-2 所示,爆破装煤率可达 31%～37%。

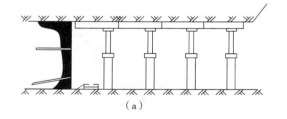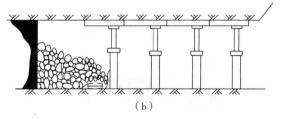

（a）　　　　　　　　　　　　　　　　（b）

图 3-2　爆破装煤

(二) 人工装煤

炮采工作面人工装煤量主要由两部分构成:输送机与新煤壁之间松散煤安息角线以下的煤(图 3-2);崩落或撒落到输送机采空侧的煤。因此,浅进度可减少煤壁处人工装煤量;提高爆破技术水平,也可以减少人工装煤量。

(三) 机械装煤

人工装煤是炮采工作面各工序中的薄弱环节,为此我国各矿区研制了多种装煤机械。目前使用最多的是在输送机煤壁侧装上铲煤板,爆破后部分煤自行装入输送机,然后工人用锹将部分煤扒入输送机,余下的部分底部松散煤靠大推力千斤顶的推移用铲煤板将其装入输送机。

图 3-3 为兖州矿区北宿矿工作面爆破落煤、机械装煤作业布置图。其主要特点是:在输送机的煤壁侧装上铲煤板(6)和在输送机的采空侧装上挡煤板(4)。挡煤板(4)靠其底座(5)上的支撑杆(7)支撑,通过操纵手柄可使支撑杆(7)带动挡煤板竖起或向采空侧放倒。工作面装备 SQD 型双伸缩切顶墩柱(1),切顶墩柱通过大推力千斤顶(3)的收缩实现自行前移,

并可在推移输送机时铲装煤。钻眼和装药时将挡煤板(4)放倒,爆破时将挡煤板立起,防止煤被崩过而撒落入采空侧,可使 60％以上的煤自行装入输送机,余下的煤在大推力千斤顶(3)的推动下被铲煤板铲入输送机。

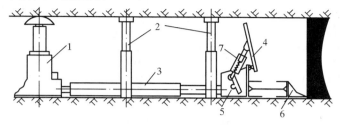

图 3-3　兖州北宿矿炮采工作面机械装煤作业布置图

1——SQD 双伸缩切顶墩柱;2——单体液压支柱;3——千斤顶;4——挡煤板;

5——挡煤板底座;6——铲煤板;7——支撑杆

工作面运煤是炮采工作面实现机械化的唯一工序。输送机移置器多为液压式推移千斤顶,其布置如图 3-4(a)所示。工作面内每 6 m 设 1 台千斤顶,输送机机头、机尾各设 3 台千斤顶。某些装备水平较低的炮采工作面,可使用电钻改装的机械移置器[图 3-4(b)]。移置输送机时,应从工作面的一端向另一端依次推移,以防输送机机槽拱起而损坏。

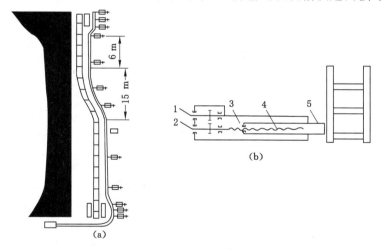

图 3-4　移置输送机示意图

(a) 液压千斤顶移置输送机;(b) 利用改装的电钻移置输送机

1,2——轴;3——螺母;4——丝杆;5——套筒

三、炮采工作面支护和采空区处理

(一) 炮采工作面支护

目前,我国部分炮采工作面仍有采用金属摩擦支柱和铰接顶梁支护的。国有重点煤矿及部分地方煤矿已采用单体液压支柱,其布置形式主要有正悬臂齐梁直线柱[图 3-5(a)]和正悬臂错梁三角柱[图 3-5(b)]两种,但后者现在采用较少。落煤时,爆深应与铰接顶梁长度相等。最小控顶距时应有 3 排支柱,以保证有足够的工作空间;最大控顶距时一般不宜超

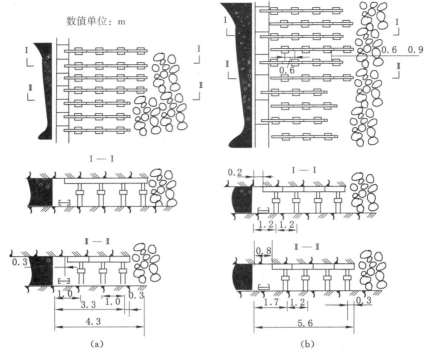

图 3-5 炮采工作面使用单体液压支柱和铰接顶梁的支架布置形式
(a) 正悬臂齐梁直线柱布置;(b) 正悬臂错梁三角柱布置

过 5 排支柱。通常推进一或两排柱放一次顶,即三四排或三五排控顶。在有周期来压的工作面中,当工作空间达到最大控顶距时,为了加强对放顶处顶板的支撑作用,回柱之前常在放顶排处另外架设一些加强支架,称为工作面的特种支架。特种支架的形式很多,有丛柱、密集支柱、木垛、斜撑支架(图 3-6)以及切顶墩柱(图 3-3)等。

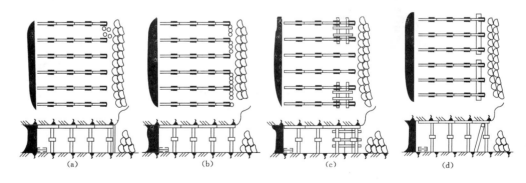

图 3-6 炮采工作面各种特种支架形式
(a) 丛柱;(b) 密集支柱;(c) 木垛;(d) 斜撑支架

(二) 采空区处理

随着采煤工作面不断向前推进,顶板悬露面积越来越大,为了工作面的安全和正常生产,就需要及时对采空区进行处理。由于顶板特征、煤层厚度和保护地表的特殊要求等条件不同,采空区有多种处理方法,但最常用的是全部垮落法。

全部垮落法,通常适用于直接顶易于垮落或具有中等稳定性的顶板。其方法是,当工作面从开切眼推进一定距离后,主动撤除采煤工作空间以外的支架,使直接顶自然垮落。以后随着工作面推进,每隔一定距离就按预定计划回柱放顶。这样,不仅可以及时减少工作面的控顶面积,而且由于顶板垮落后破碎岩石体积膨胀而充填采空区,从而减轻工作面压力和防止对工作面产生不良影响。其主要工序是配合工作面推进定期进行回柱放顶工作。

如图3-7所示,当工作面推进1次或2次之后,工作空间达到允许的最大宽度,即最大控顶距,应及时回柱放顶,使工作空间只保留回采工作所需要的最小宽度,即最小控顶距。如果不放顶,工作面继续向前推进,就会使顶板悬露过宽而顶板压力过大、占用支柱和顶梁过多。最小控顶距一般为3排支柱,最大控顶距为4排或5排支柱。最大控顶距与最小控顶距之差即为放顶步距。

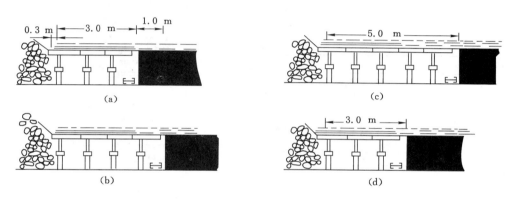

图3-7　全部垮落法回柱放顶工序

(a)最小控顶距时支架形式;(b)第一次推进后支架形式;

(c)放顶前(最大控顶距)支架形式;(d)放顶后恢复到最小控顶状态

当工作面使用木支柱时,采用回柱绞车回撤支柱。当工作面使用金属摩擦支柱或单体液压支柱时,通常用人工回柱,有时支柱钻底或被垮落碎矸埋住,则需辅以拔柱器。回柱应按由下而上、由采空区向煤壁方向的顺序进行,并应遵守《煤矿安全规程》的各项规定,以保证回柱放顶工作的安全。

采用全部垮落法处理采空区简单可靠、费用少,所以,凡是条件合适时均应尽可能采用这种方法。我国开采薄及中厚煤层和大部分厚煤层时,几乎都采用全部垮落法。

第二节　普通机械化采煤工艺

一、普通机械化采煤工艺过程实例

图3-8为一个单滚筒采煤机普采工作面布置图,工作面长度为140 m,煤层厚度2.1 m,煤层倾角6°～8°,煤层普氏系数 $f=1.5$,顶板中等稳定,采用全部垮落法处理采空区。工作面采用设备如表3-1所示。

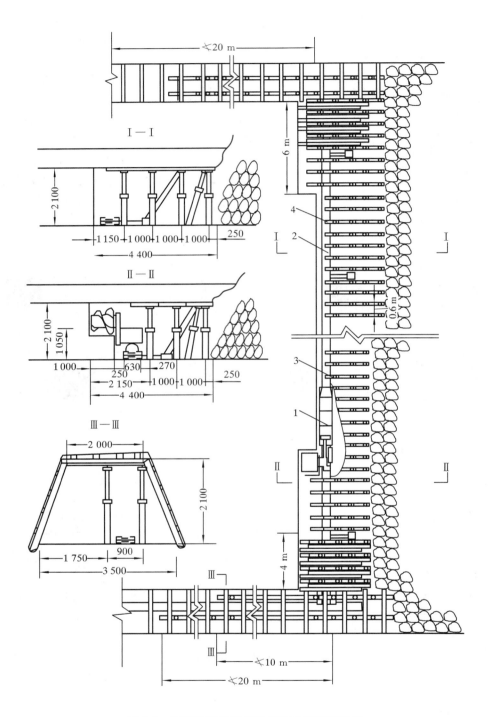

图 3-8 某矿单滚筒采煤机普采工作面布置图

1——MDY—150 型采煤机;2——SGB—630/150 型刮板输送机;

3——DZ—22 型单体液压支柱;4——HDJA—1000 铰接顶梁

表 3-1 　　　　　　　　　　　　某矿普采工作面主要设备

序号	设备名称	型号	数量	序号	设备名称	型号	数量
1	采煤机	MDY—150	1	6	水泵	PB—120/45	1
2	输送机	SGB—630/150	1	7	绞车	JD—11.4	2
3	乳化液泵站	XRB—2B	1	8	支柱	DZ—22	1 000
4	输送机移置器	YQ—1000C/1000	25	9	铰接顶梁	HDJA—1000	1 000
5	煤电钻	MZ—1.2	2				

每班开始生产时,MDY—150型采煤机自工作面下切口开始割煤,滚筒截深为1 m,滚筒直径为1.25 m。采煤机向上运行时升起摇臂,滚筒沿顶板割煤,并利用滚筒螺旋及弧形挡煤板装煤。工人随机挂梁,托住刚暴露的顶板,梁距0.6 m(如图3-8所示)。

采煤机运行至工作面上切口后,翻转弧形挡煤板,将摇臂降下,开始自上而下运行,滚筒割底煤并装余煤。采煤机下行时负荷较小,牵引速度较快。滞后采煤机10~15 m,依次开动千斤顶推移输送机,与此同时,输送机机槽上的铲煤板清理输送机道上的浮煤。推移完输送机后,开始支设单体液压支柱。支柱间的柱距,即沿煤壁方向的距离为0.6 m;排距,即垂直于煤壁方向的距离,等于滚筒截深(1.0 m)。

当采煤机割底煤至工作面下切口时,支设好下端头处的支架,移直输送机,采用直接推入法进刀,使采煤机滚筒进入新的位置,以便重新割煤(图3-9)。

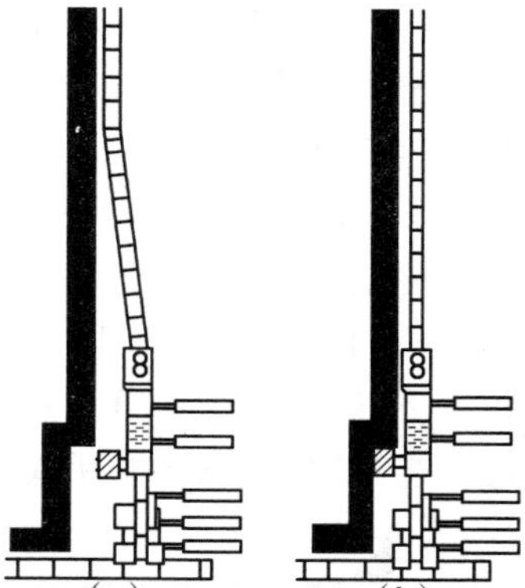

工作面下切口长4 m,当采煤机运行至工作面下部终点位置时,其滚筒恰好到达切口位置,于是开动5台千斤顶(输送机机头处3台,中部槽处2台),将输送机机头连同采煤机一起推入新的位置,待输送机移成一条直线时,采煤机也进刀完毕。

采煤机完整地割完一刀煤,并且相应完成推移输送机、支架和进刀工序后,工作面由原来的3排柱控顶变为4排柱控顶。为了有效控制顶板,要回掉1排柱,让采空区顶板自行垮落,重新恢复工作面3排柱控顶,同时检修有关设备。

图 3-9　直接推入法进刀方式
(a) 推入切口前;(b) 推入切口后

割煤和回柱期间,乳化液泵站始终向工作面供液,以保证推移输送机和支设、回撤液压支柱工作正常进行。

普采工作面这一采煤工艺全过程称为一个循环。该实例完成一个循环为8 h。

二、普采工作面单滚筒采煤机工作方式

(一)滚筒的位置和旋转方向

普采工作面单滚筒采煤机的滚筒一般位于机体靠近输送机平巷一端(图3-8),这样可缩短工作面下切口的长度,使煤流尽量不通过机体下方,有利于工作面技术管理。

滚筒的旋转方向对采煤机运行中的稳定性、装煤效果、煤尘产生量及安全生产影响很大。单滚筒采煤机的滚筒旋转方向与工作面方向有关。当我们面向回风平巷站在工作面时,若煤壁在右手方向,则为右工作面;反之为左工作面。右工作面的单滚筒采煤机应安装

左螺旋滚筒,割煤时滚筒逆时针旋转;左工作面安装右螺旋滚筒,割煤时顺时针旋转(如图3-10)。这样的滚筒旋转方向,有利于采煤机稳定运行。当采煤机上行割顶煤时,其滚筒截齿自上而下运行,煤体对截齿的反力是向上的,但因滚筒的上方是顶板,无自由面,故煤体反力不会引起机器振动。当机器下行割底煤时,煤体反力向下,也不会引起振动,并且下行时负荷小,也不容易产生"啃底"现象。这样的转向还有利于装煤,产生煤尘少,煤块不抛向司机位置。

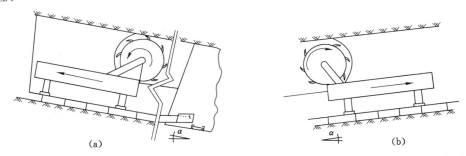

图 3-10 单滚筒采煤机的滚筒旋转方向

(a) 右工作面,使用左螺旋滚筒,逆时针旋转;(b) 左工作面,使用右螺旋滚筒,顺时针旋转

(二) 采煤机的割煤方式

普采工作面的生产是以采煤机为中心的。采煤机割煤以及与其他工序的合理配合,称为采煤机割煤方式。采煤机割煤方式选择是否合理,直接关系到工作面产量和效率的提高。

1. 双向割煤、往返一刀

该割煤方式的工艺过程如本节实例(图3-8)所述,一般中厚煤层单滚筒采煤机普采工作面采用这种割煤方式。当煤层倾角较大时,为了补偿输送机下滑量,推移输送机必须从工作面下端开始,为此可采用下行割顶煤、随机挂梁,上行割底煤、清浮煤、推移输送机和支柱的工艺顺序,如图3-11所示。

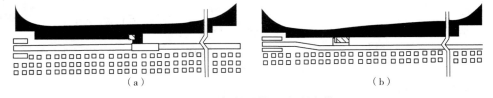

图 3-11 下行割顶煤、上行割底煤

(a) 采煤机下行割顶煤、随机挂梁;(b) 采煤机上行割底煤、清浮煤、推移输送机和支柱

双向割煤,往返一刀割煤方式适应性强,在煤层粘顶、厚度变化较大的工作面均可采用,无须人工清浮煤。但割顶煤时无立柱控顶(即只挂上顶梁而无立柱支撑)时间长,不利于控顶;实行分段作业时,工人的工作量不均衡,工时不能充分利用。

2. "∞"字形割煤、往返一刀

此方式如图3-12所示,其特点是在工作面中部输送机设弯曲段,其过程为:在图(a)状态采煤机从工作面中部向上牵引,滚筒逐步升高,其割煤轨迹为 A—B—C;在图(b)状态采煤机割至上平巷后,滚筒割煤轨迹改为 C—D—E—A,同时全工作面输送机移直;在图(c)状态滚筒割煤轨迹为 A—E—B—F,工作面上端开始移输送机;在图(d)状态滚筒割煤轨迹为

F—G—A,全工作面煤壁割直,而输送机机槽在工作面中部出现弯曲段,回复到图(a)状态。

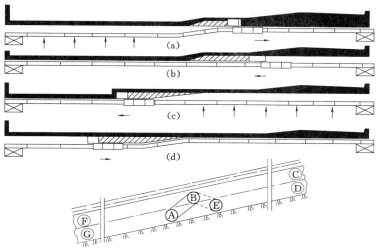

图 3-12　单滚筒采煤机"∞"字形割煤方式

这种割煤方式可以克服工作面一端无立柱控顶时间过长、工人的工作量不均衡等缺点,并且割煤过程中采煤机自行进刀,无须另外安排进刀时间,在中厚煤层单滚筒采煤机普采工作面中常采用。

3. 单向割煤、往返一刀

单向割煤、往返一刀割煤方式(图 3-13)的工艺过程为:采煤机自工作面下(或上)切口向上(或下)沿底割煤,随机清理顶煤、挂梁,必要时可打临时支柱。采煤机割至上(或下)切口后,翻转弧形挡煤板,快速下(或上)行装煤及清理输送机道丢失的底煤,并随机推移输送机、支设单体支柱,直至工作面下(或上)切口。

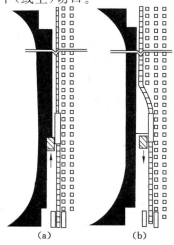

图 3-13　单向割煤、往返一刀割煤方式

(a)上行割煤、挂梁;

(b)下行装煤、推移输送机和支柱

这种割煤方式适用于采高1.5 m以下的较薄煤层、滚筒直径接近采高、顶板较稳定、煤层粘顶性强、割煤后顶煤不能及时垮落等条件。

4. 双向割煤、往返两刀

双向割煤、往返两刀割煤方式又称穿梭割煤(图3-14)。首先采煤机自下切口沿底上行割煤,随机挂梁和推移输送机,并同时铲装浮煤、支柱,待采煤机割至上切口后,翻转弧形挡煤板,下行重复同样工艺过程。当煤层厚度大于滚筒直径时,挂梁前要处理顶煤。该方式主要用于煤层较薄并且煤层厚度和滚筒直径相近的普采工作面。

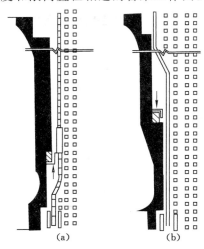

图 3-14　双向割煤、往返两刀

(a) 上行割煤、挂梁、推移输送机和支柱;

(b) 下行重复上行时工序

普采工作面使用双滚筒采煤机时,一般也采用双向割煤往返两刀的割煤方式。这种方式在综采工作面普遍采用,在下节详细叙述。

(三) 单滚筒采煤机的进刀方式

滚筒采煤机每割一刀煤之前,必须使其滚筒进入煤体,这一过程称之为进刀。滚筒采煤机以输送机机槽为轨道,沿工作面运行割煤,其自身无进刀能力,只有与推移输送机工序相结合才能进刀。因此,进刀方式的实质是采煤机运行与推移输送机的配合关系。单滚筒采煤机的进刀方式主要有三种:

① 直接推入(图3-9),其过程如本节实例所述。

② "∞"字形割煤时(图3-12)采煤机沿工作面中部输送机弯曲段运行自行进刀,没有单独进刀过程,有利于端头作业和顶板支护。

③ 斜切进刀。斜切进刀可分为割三角煤和留三角煤两种方式。

现以采煤机上行割顶煤、下行割底煤的割煤方式为例。

割三角煤进刀过程(图3-15)为:在图(a)状态采煤机割底煤至工作面下端部;由图(b)状态采煤机反向沿输送机弯曲段运行,直至完全进入输送机直线段,当其滚筒沿顶板斜切进入煤壁达到规定截深时便停止运行;从图(c)状态推移输送机机头及弯曲段,使其成一直线;至图(d)状态采煤机反向沿顶板割三角煤直至工作面下端部;到图(e)状态采煤机进刀完毕,上行正式割煤,开始时滚筒沿底板割煤,割至斜切终点位置时,改为滚筒沿顶板割煤。这种进刀方式有利于工作面端头管理,输送机保持成一条直线,但比较费时,采煤机要在工作面端部20～25 m行程内往返一次,并要等待移机头和重新支护端头支架。

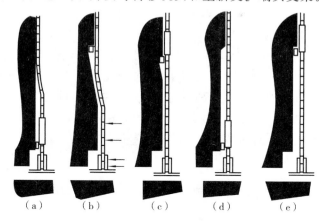

图 3-15　割三角煤进刀

(a) 割至下端部;(b) 上行斜切;

(c) 移直输送机;(d) 下行沿顶割三角煤;

(e) 上行正式割煤

留三角煤进刀(图3-16)的过程为:在图(a)状态采煤机割煤至工作面下端头后,反向上行沿输送机弯曲段割三角底煤(上刀留下的),割至输送机直线段时改为割顶煤直至工作面上切口;到图(b)状态推移机头和弯曲段,将输送机移直,在工作面下端部留下三角煤;至图(c)状态采煤机下行割底煤至三角煤处改为割顶煤直至工作面下端部;再到图(d)状态随机自上而下推移输送机至工作面下端部三角煤处,完成进刀全过程。这种进刀方式与割三角煤方式相比,采煤机无须在工作面端部往返斜切,进刀过程简单,移机头和端头支护与进刀互不干扰。但由于工作面端部煤壁不直,不易保障工程规格质量。普采工作面双滚筒采煤机的工作方式与综采工作面双滚筒采煤机工作方式相同。

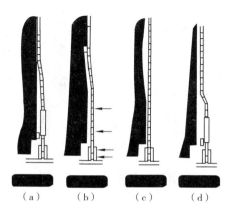

图 3-16　留三角煤进刀

(a) 进刀初始状态;(b) 上行割煤;

(c) 移直输送机;(d) 下行割煤,随机移输送机

三、普采工作面单体支架

普采工作面单体支架布置应与煤层赋存条件、顶底板性质相适应,并符合采煤机割煤特点,除确保回采空间作业安全外,还要力求减少支设工作量。

（一）支架布置方式

除少数顶板完整的普采工作面可使用戴帽点柱外,一般均采用单体液压支柱或摩擦式金属支柱与铰接顶梁组成的悬臂支架。按悬臂顶梁与支柱的关系,可分为正悬臂与倒悬臂两种,如图 3-17 所示。正悬臂支架悬臂的长段在立柱的煤壁侧,有利于支护输送机道上方顶板;短段在立柱的采空侧,故顶梁不易折损;倒悬臂支架则相反,由于其长段伸向采空区,立柱不易被碎矸石埋住,但易损坏顶梁。

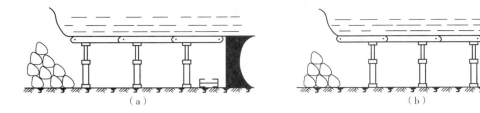

图 3-17　单体支架正悬臂和倒悬臂布置

（a）正悬臂布置；（b）倒悬臂布置

普采工作面支架布置,按梁的排列特点分为齐梁式和错梁式两种（图 3-18）。为了行人和工人作业方便,工作面支柱一般排成直线状,三角形排列已很少使用。因此,目前普采工作面支架布置方式主要有齐梁直线柱和错梁直线柱两种。

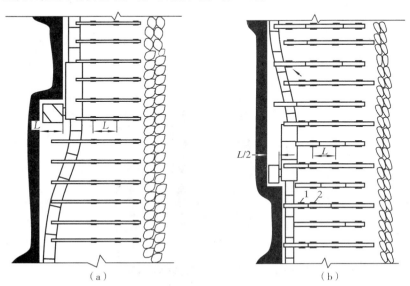

图 3-18　支架齐梁式和错梁式布置

（a）齐梁直线柱式布置；（b）错梁直线柱式布置

1——临时柱；2——正式柱

齐梁直线柱的布置特点是梁端沿煤壁方向相齐,支柱排成直线。根据截深与顶梁长度的关系,又可分为梁长等于截深和梁长等于截深的 2 倍两种。

梁长等于截深时,每割一刀煤沿工作面全部挂梁、支柱,一般全部为正悬臂支架。这种支架形式简单,规格质量容易掌握,放顶线整齐,工序较简单,便于组织和管理。当截深为 0.8 m 和 1.0 m 时,一般都采用这种布置方式。但这种布置方式由于截深大,每架支架都要挂梁和支柱,故割一刀煤需时较长。因此在煤层松软、顶板稳定性差的条件下不宜使用。

当顶梁长度是截深的 2 倍时,若全部采用正悬臂支架,则割两刀煤挂一次梁。割第一刀时每架支架打临时柱;割第二刀时,挂梁并将临时支柱改为永久支柱。因割第一刀时挂不上梁,输送机道控顶距太大,顶板易垮落,加之工人的工作量不均衡,故该方式使用较少。

错梁直线柱布置的特点是:截深为顶梁长度的一半;正倒悬臂支架相间;每割一刀煤间隔挂梁,顶梁向前交错;割第一刀煤时,支临时支柱,割第二刀煤时,临时支柱改为永久支柱,每割两刀煤工作面增加一排控顶距,该布置方式输送机道上方顶板悬露窄,支护及时;每割一刀煤挂梁、支柱数量少,工作量均衡;支柱成直线,行人、运料方便;在切顶线处支柱不易被埋住,因此为现场多用。但是,对切顶不利,倒悬梁易损坏。

普采工作面采空区处理方法的选择和使用的特种支架与炮采工作面相同,这里不再重复。当顶板较稳定、有利于切顶时,也可采用墩柱,参见图 3-3。

(二) 普采工作面端头支护

工作面上下端头是工作面和平巷的交会处,此处控顶面积大,设备和人员集中,又是人员、设备和材料出入工作面的交通口。因此,搞好工作面端头支护极为重要。

端头支护应满足以下要求:要有足够支护强度,保证工作面端部出口的安全;支架跨度要大,不影响输送机机头、机尾的正常运转,并要为维护和操纵设备人员留出足够活动空间;要能够保证机头、机尾的快速移置,缩短端头作业时间,提高开机率。

端头支护主要有下述几种:

① 单体支柱加铰接顶梁支护[图 3-19(a)]。为了在跨度大处固定顶梁铰接点,可采用双钩双楔梁,或将普通铰接顶梁反用,使楔钩朝上。

② 用 4～5 对长梁加单体支柱组成的迈步走向抬棚支护[图 3-19(b)]。

③ 用基本支架加走向迈步抬棚支护[图 3-19(c)]。

除机头、机尾处支护外,在工作面端部原平巷内可用顺向托梁加单体支柱或"十"字铰接顶梁加单体支柱支护。

四、普采工作面工艺参数分析

在普采工作面工艺设计中,除了合理选择支架布置方式外,还要正确确定工作面支护密度和排距、柱距。支护密度是控顶范围内单位面积顶板所支设的支柱数量。支护密度既是支护参数,又是确定生产组织管理方式和经济技术指标的重要参数。支护密度 n(棵/m²)可用下式表示:

$$n = \frac{P_t}{\eta R_t} \tag{3-1}$$

式中 P_t——工作面支护强度(《矿山压力及控制》一书中有详述),kPa;

R_t——支柱额定工作阻力(在矿压及矿机有关书中可查到),kN/棵;

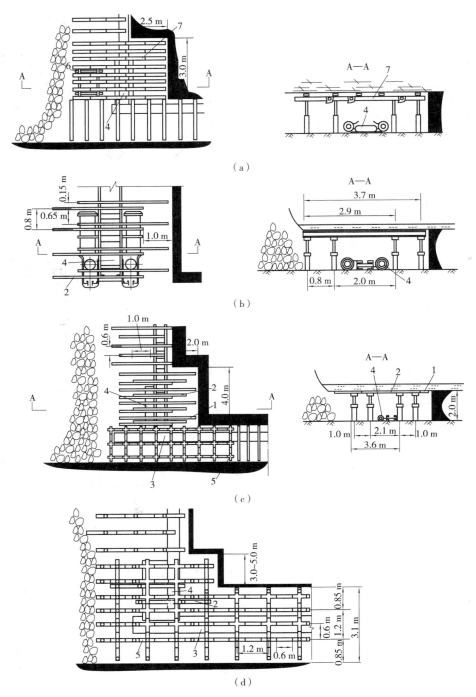

图 3-19 普采工作面端头支护

（a）双钩、双楔铰接梁支护；（b）迈步走向抬棚支护；（c）基本支架加走向迈步抬棚支护

1——基本架；2——抬棚长梁；3——转载机；4——输送机机头；5——"十"字铰接顶梁；

6——木垛；7——双钩双楔梁；8——绞车

η——支柱额定工作阻力实际利用系数。一般摩擦式金属支柱为 0.4～0.5，单体液压支柱为 0.85 左右。

在普采和炮采工作面，当排距小于 0.8 m 时，行人困难，会降低工人的工作效率。因此根据采煤机截深的不同，排距主要有三种规格：0.8 m、1.0 m、1.2 m。按照采煤作业的需要，最少需要 3 排柱，在工作面形成三条道：输送机道、人行道和堆放支柱、顶梁及其他材料的材料道。当排距小或工作面所需支护材料较多时，一条材料道不能满足需要，工作面最少就需要 4 排柱，即最小控顶距为 4 排。

工作面柱距可根据所需支护密度 n 和排距 b，求出柱距 a：

$$a = \frac{NS}{Nb + F} \qquad (3\text{-}2)$$

式中　N——工作面支柱排数；

　　　F——输送机道上方梁端至煤壁距离，m；

　　　S——每根支柱的支护面积，m^2。

S 是支护密度 n 的倒数，因此式（3-2）可改写为：

$$a = \frac{\eta R_t N}{(Nb + F)P_t} \qquad (3\text{-}3)$$

普采工作面端部切口对采煤机进刀、架设端头支架、操纵和维修设备以及出入人员、运送材料和设备均是有用的，也是工作面安全出口。切口的尺寸与平巷宽度、采煤机和输送机的结构特点以及工作面工艺方式有关。当平巷较宽、输送机机头和机尾的一部分可以布置在其内、采煤机的摇臂较长而没有切口也能进刀时，仍需有一定长度的切口，以保证能支设端头支架，并使其顺利前移。

通常，普采工作面的下切口长度为 3～4 m。若使用单滚筒采煤机，上切口长度视机身长度和采煤机牵引的终点位置而定，一般为 6～10 m；采用双滚筒采煤机、大宽度平巷，可以不开切口，切口实际被宽平巷所代替。普采工作面端部切口的深度，一般为截深的 2～3 倍。截深 0.8 m 和 1.0 m 时，切口深度应不小于 2 倍截深；截深 0.5 m 和 0.6 m 时，应大于 3 倍截深，以确保迈步式端头抬棚的顺利前移。

采煤机采用工作面端部斜切方式进刀时，斜切段长度与输送机机头（尾）布置的位置和长度、采煤机机身长度、输送机弯曲段长度等因素有关。当输送机机头（尾）完全布置在平巷时，斜切段长度等于采煤机机身长度加输送机弯曲段长度。输送机弯曲段长度与机槽尺寸、机槽间水平可转角度、每次推移步距（即采煤机滚筒截深）等参数有关。几种输送机弯曲段长度见表 3-2（表中 B 表示推移步距。）。

表 3-2　　　　　　　　　　几种国产输送机弯曲段可达最小长度

输送机型号	机槽尺寸（长×宽）/mm	槽间水平可转角/(°)	输送机弯曲段长度/m			
			$B=500$ mm	$B=600$ mm	$B=800$ mm	$B=1\,000$ mm
SGB—764/264	1 500×764	2	13.5	15.0	15.0	16.5
SGB—630/150	1 500×630	3	10.5	10.5	12.0	13.5
SGB—630/180	1 500×630	2	13.5	15.0	15.0	16.5
SGB—630/80	1 500×630	3	10.5	10.0	12.0	13.5

五、普采工作面的设备配套

（一）中厚煤层普采设备

我国已能成系列制造普采工作面设备，可根据不同地质条件和不同生产能力要求，对设备进行选型。中厚煤层采煤机有十几种机型可供选择，与之配套的普采工作面输送机也有五六个型号。但常用的中厚煤层普采工作面采煤机主要有1MG170（双滚筒）型和MDY—150（单滚筒）型，其与采煤工艺关系密切的参数如表3-3所列。中厚煤层普采工作面输送机使用较多的有SGB—630/150型和SGD—630/180型（表3-4）。

表3-3　　　　　　　　　　　　　　普采工作面采煤机参数

机　型	技　术　特　征					
	外形尺寸（长×宽×高）/mm	生产率/(t/h)	采高/m	滚筒直径/m	滚筒转速/(r/min)	截深/m
1MG170（双滚筒）	6 905×1 841×1 186	670	1.4～2.6 1.6～3.0	1.35 1.6	64～50	0.6
MDY—150（单滚筒）	4 046×1 572×1 070	585	1.3～2.5	1.25 1.4	63	0.6

机　型	技　术　特　征					
	最大牵引力/kN	牵引速度/(m/min)	功率/kW	质量/t	最小控顶距/mm	适用倾角/(°)	适用煤层坚固性系数(f)
1MG170（双滚筒）	206	0～9.33	170	28	1 915	0～30	2～3
MDY—150（双滚筒）	120	0～6	150	12.5	1 866	0～25	2～3

表3-4　　　　　　　　　　　　　　普采工作面刮板输送机参数

机　型	技　术　特　征			
	输送能力/(t/h)	中部槽尺寸（长×宽×高）/mm	电机功率/kW	出厂长度/m
SGB—630/150	250	1 500×630×190	2×75	200
SGD—630/180	350	1 500×630×220	2×90	150

机　型	技　术　特　征			
	刮板链速/(m/s)	刮板链规格/mm	刮板链破断拉力/kN	总质量/t
SGB—630/150	0.868	φ18×64	≥410	85.8
SGB—630/180	0.82	φ26×92	850	88.7

（二）普采工作面设备横向配套尺寸

在图3-20所示的普采工作面，通常把割一刀煤的全部工序完成以后，前排柱中心线至煤壁的距离称为输送机道宽度（D）；输送机道宽度加截深称为无立柱空间宽度（R）。很显然，输送机道宽度D取决于输送机机槽总宽度W，即图3-20中铲煤板宽度F、中部槽宽度

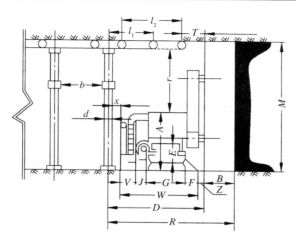

图 3-20　普采工作面设备横向配套尺寸

G、导轨宽度 J、电缆槽宽度 V 之和。

当煤壁不直或采煤机进入输送机弯曲段时,为避免滚筒截割铲煤板,应在煤壁和输送机铲煤板之间留有一个间隙 Z,一般 $Z=50\sim150$ mm;此外,输送机道宽度还应包括输送机电缆槽与前排支柱之间的空距 x,以保证在支柱向煤壁方向偏斜或输送机移设不直时,电缆及水管等不被挤坏,一般 $x=50\sim100$ mm;从前排柱中心线算起,还应包括支柱半径 $d/2$。这样无立柱空间宽度 R 为:

$$R=D+B=F+G+J+V+Z+x+\frac{d}{2}+B \tag{3-4}$$

式中　B——采煤机滚筒截深,mm;

　　　d——单体液压支柱缸体直径,mm。

影响无立柱空间宽度 R 的主要尺寸是输送机道宽度 D 和截深 B。而输送机道宽度 D 主要是由输送机机槽总宽度 W 决定的,而 W 值则取决于配套采煤机底托架的导向与支承部分的宽度和生产率。采煤机和输送机的生产率必须相匹配,并受机槽宽度的制约。因此,要保证普采工作面有一定生产能力,也必须相应保证普采工作面设备有一定的横向配套尺寸。

从控顶角度考虑,无立柱空间宽度 R 越小越好,但设备型号确定后,输送机道宽度已定,只有考虑改变截深 B。因此,在普采设备选型中,应根据煤层地质条件特别是顶板稳定性选择不同型号的设备和采煤机截深。

(三) 端面距(T)的确定

端面距(T)值是普采工作面能否管好输送机道上方顶板的关键因素之一。当设备型号确定后,T 值大小取决于顶梁长度、截深、单体支架的结构形式及尺寸。如图 3-20 所示,当采用正悬臂支架时,端面距 T 值可表示为:

$$T=D-l_1 \tag{3-5}$$

式中　l_1——支架前探梁长度,mm。

当支架为倒悬臂时,可能会出现两种情况:一是可以挂上一棵无立柱顶梁,如图 3-20 中所示 l_2;二是不能挂上无立柱顶梁。两种情况之端面距 T 值可分别表示为:

$$T_1 = D - l_1 - L \left.\right\}$$
$$T_2 = D - l_1$$

(3-6)

式中 T_1, T_2——表示采用倒悬臂支架时的端面距,mm;

L——顶梁长度,mm。

当煤壁易片帮时,片帮后增加了空顶宽度,有时在 $D<(L+l_1)$ 情况下,仍可挂上一棵无立柱顶梁,有利于顶板管理。

为了缩小端面距,管好输送机道上方顶板,特别是当顶板较破碎时有的矿采用活动短梁(图 3-21)。当端面距较大而又挂不上一根无立柱顶梁时,则可挂上一根短梁,割完下一刀煤挂上顶梁后,短梁又可取下,重新挂到新的梁端。

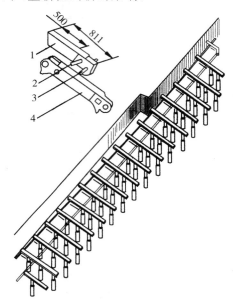

图 3-21 短梁结构及安设示意图
1——短梁;2——连接圆销;3——楔件;4——基本顶梁

(四)普采设备的最新发展

为了进一步提高普采工作面的单产、效率和效益,改善劳动条件,自 20 世纪 80 年代中期以来,又一次对普采设备进行了更新换代。主要内容是:

① 采用双滚筒无链牵引采煤机,一次采全高,随机挂梁、推移输送机和支架,以缩短作业循环时间,提高单产和效率,同时缩短输送机道上方顶板无立柱支护时间,改善顶板管理,取消牵引锚链,使工人能更方便和安全地工作。

② 采用封底式双速侧卸刮板输送机,使启动力矩增大、运行阻力减小,提高了运输能力。机槽封底、机头侧卸,可使机头处刮板链不带回头煤,加之底链与底板不接触,大大减小了输送机下滑的可能性。侧卸式机头布置在运输巷内,使采煤机滚筒能充分割至工作面端部,可以不开或开很小的切口即可。

③ 采用"Ⅱ"形长钢梁对梁布置或与铰接顶梁混合支护方式,改善了输送机道顶板支护,大大减少了端面距,进而减小了顶板事故,提高了开机率(如图 3-22 所示)。

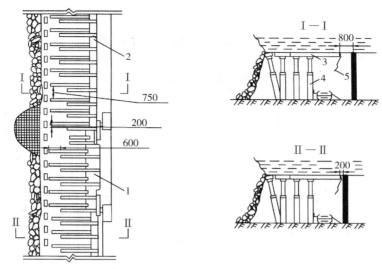

图 3-22　第三代普采设备

（用"Ⅱ"形长钢梁交替迈步对棚支护顶板）

1——双滚筒无链牵引采煤机；2——封底式双速侧卸刮板输送机；

3——"Ⅱ"形长钢梁对棚；4——单体液压支柱；5——金属网

④ 运输平巷布置转载机和可伸缩带式输送机并随工作面的推进而前移,减少了生产准备时间。

根据肥城查庄矿的实践证明,新的第三代普采设备与第二代普采设备相比,在条件相同的情况下,煤炭产量可提高 46%,生产效率可提高 26%。

第三节　综合机械化采煤工艺

综合机械化采煤工作面(简称综采工作面)设备布置通常如图 3-23 所示。

一、综采工作面双滚筒采煤机工作方式

（一）滚筒的转向和位置

当我们面向煤壁站在综采工作面时,通常采煤机的右滚筒应为右螺旋,割煤时顺时针旋转;左滚筒应为左螺旋,割煤时逆时针旋转。采煤机正常工作时,一般其前端的滚筒沿顶板割煤,后端滚筒沿底板割煤。这种布置方式的特点是司机操作安全,煤尘少,装煤效果好,如图 3-24(a)所示。在某些特殊条件下,例如煤层中部含硬夹矸时,可使用左螺旋的右滚筒,逆时针旋转;左滚筒则为右螺旋,顺时针旋转[图 3-24(b)]。运行中,前滚筒割底煤,后滚筒割顶煤,在下部采空的情况下,中部硬夹矸易被后滚筒破落下来。

有一些型号的薄煤层采煤机滚筒与机体在一条轴线上,前滚筒割出底煤以便机体通过,因此也采用"前底后顶"式布置[图 3-24(c)]。有时,过地质构造也需要采用"前底后顶"式,后滚筒割顶煤后,立即移支架,以防顶煤或碎矸垮落[图 3-24(d)]。

（二）综采工作面双滚筒采煤机的割煤方式

综采工作面采煤机的割煤方式是综合考虑顶板管理、移架与进刀方式、端头支护等因素

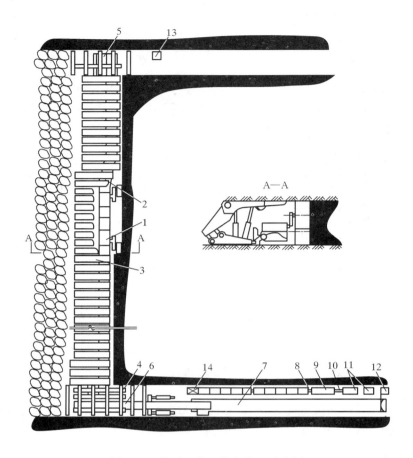

图 3-23　综采工作面设备布置示意图

1——采煤机；2——刮板输送机；3——液压支架；4——下端头支架；5——上端头支架；6——转载机；
7——可伸缩带式输送机；8——配电箱；9——乳化液泵站；10——设备列车；11——移动变电站；
12——喷雾泵站；13——液压安全绞车；14——集中控制台

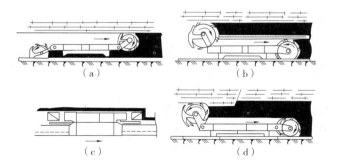

图 3-24　综采工作面采煤机滚筒的转向和位置

（a）"前顶后底"、"右顺左逆"；（b）"前底后顶"、"右逆左顺"；
（c）薄煤层"前底后顶"（俯视图）；（d）"前底后顶"、"右顺左逆"

确定的,主要有如下两种:

(1) 往返一次割两刀。这种割煤方式也叫做"穿梭割煤",多用于煤层赋存稳定、倾角较缓的综采工作面,工作面为端部进刀。

(2) 往返一次割一刀,即单向割煤,工作面中间或端部进刀。该方式适用于:顶板稳定性差的综采工作面;煤层倾角大、不能自上而下移架,或输送机易下滑、只能自下而上推移的综采工作面;采高大而滚筒直径小、采煤机不能一次采全高的综采工作面;采煤机装煤效果差、需单独牵引装煤行程的综采工作面;割煤时产生煤尘多、降尘效果差,移架工不能在采煤机的回风平巷一端工作的综采工作面。

(三) 综采工作面采煤机的进刀方式

1. 直接推入法进刀

其过程与单滚筒采煤机直接推入法进刀相同。因该方式需提前开出工作面端部切口,而且大功率采煤机和重型输送机机头(尾)叠加在一起,推移困难,因而很少采用。

2. 工作面端部斜切进刀

该方式又分为割三角煤(图 3-25)和留三角煤两种。割三角煤方法进刀过程如下:

① 当采煤机割至工作面端头时,其后的输送机机槽已移近煤壁,采煤机机身处尚留有一段下部煤[图 3-25(a)]。

② 调换滚筒位置,前滚筒降下、后滚筒升起并沿输送机弯曲段反向割入煤壁,直至输送机直线段为止。然后将输送机移直[图 3-25(b)]。

③ 再调换两个滚筒上下位置,重新返回割煤至输送机机头处[图 3-25(c)]。

④ 将三角煤割掉,煤壁割直后,再次调换上下滚筒,返程正常割煤[图 3-25(d)]。

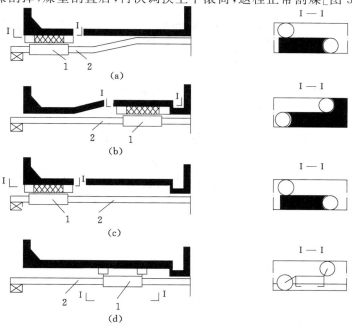

图 3-25　工作面端部割三角煤斜切进刀

(a) 起始位置;(b) 斜切并移直输送机;(c) 割三角煤;(d) 开始正常割煤

1——综采工作面双滚筒采煤机;2——刮板输送机

留三角煤进刀法与单滚筒采煤机留三角煤进刀法(见图 3-16)相似,不再赘述。

综采工作面斜切进刀要求运输及回风平巷有足够宽度,工作面输送机机头(尾)尽量伸向平巷内,以保证采煤机滚筒能割至平巷的内侧帮,并尽量采用侧卸式机头。若平巷过窄,则需辅以人工开切口方能进刀,这就难以发挥综采设备的生产潜力。

3. 综采工作面中部斜切进刀

图 3-26 是综采工作面中部斜切进刀示意图,其特点是输送机弯曲段在工作面中部,操作过程为:

① 采煤机割煤至工作面左端。

② 空牵引至工作面中部,并沿输送机弯曲段斜切进刀,继续割煤至工作面右端。

③ 移直输送机,采煤机空牵引至工作面中部。

④ 采煤机自工作面中部开始割煤至工作面左端,工作面右半段输送机移近煤壁,恢复初始状态。

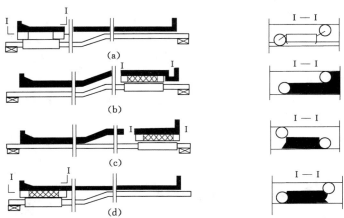

图 3-26 综采工作面中部斜切进刀

(a) 采煤机割煤至工作面左端部;(b) 返回中部斜切;(c) 移直输送机,采煤机割右半段;

(d) 输送机右半段移近煤壁,采煤机重新割左半段

端部斜切进刀时,工作面端头作业时间较长,采煤机要长时间等待推移机头和移端头支架,影响有效割煤时间。而采用中部斜切进刀方式可以提高开机率,它适用于:较短的综采工作面,采煤机具有较高的空牵引速度;工作面端头空间狭小,不便于采煤机在端头停留并维修保养;采煤机装煤效果较差的综采工作面。但是采用该方式的工作面工程规格质量不易保证。

4. 滚筒钻入法进刀

滚筒钻入法进刀(图 3-27)的过程如下:

① 采煤机割煤至工作面端部距终点位置 3～5 m 时停止牵引,但滚筒继续旋转。

② 开动千斤顶推移支承采煤机的输送机机槽。

③ 滚筒边钻进煤壁边上下或左右摇动,直至达到额定截深并移直输送机。

④ 采煤机割煤至工作面端头,可以正常割煤。

钻入法进刀要求采煤机滚筒端面必须布置截齿和排煤口,滚筒不用挡煤板。若用门式

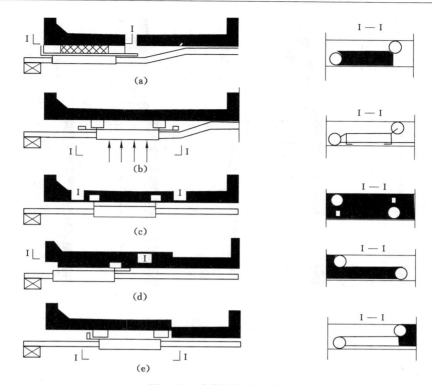

图 3-27 采煤机钻入法进刀

（a）停止牵引，滚筒继续旋转；（b）推移机槽；（c）钻进煤壁，移直输送机；（d）向端部牵引；（e）正常割煤

挡煤板，钻入前需将其打开，并对输送机机槽、推移千斤顶、采煤机强度和稳定性都有特殊要求，采高较大时不宜采用。

二、综采工作面液压支架的移架方式

（一）移架方式

我国采用较多的移架方式有三种：

① 单架依次顺序式，又称单架连续式，见图 3-28（a）。支架沿采煤机牵引方向依次前移，移动步距等于截深，支架移成一条直线。该方式操作简单，容易保证规格质量，能适应不稳定顶板，应用比较多。

② 分组间隔交错式，见图 3-28（b）和（c）。该方式移架速度快，适用于顶板较稳定的高产综采工作面。

③ 成组整体依次顺序式，见图 3-28（d）和（e）。该方式按顺序每次移一组，每组两三架，一般由大流量电液阀成组控制，适用煤层地质条件好、采煤机快速牵引割煤的综采工作面。

我国采用较多的分段式移架属于依次顺序式。

（二）移架方式对移架速度的影响

移架速度取决于泵站流量及阀组和管路的乳化液通过能力、支架所处状态及操作方便程度、人员操作技术水平等因素。而当这些因素相同时，决定移架速度的关键因素则是移架方式。支架的移架速度可用下式表示：

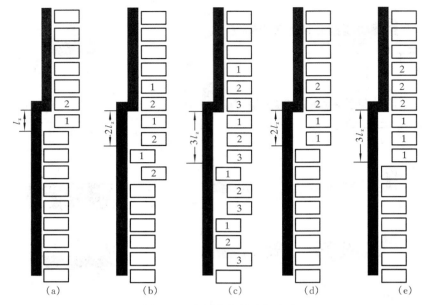

图 3-28　液压支架的移架方式

(a) 单架依次顺序式；(b)，(c) 分组间隔交错式 ；(d)，(e) 成组整体依次顺序式

$$t_z = t_e + Nt_d$$

$$v_z = \frac{Nl_z}{t_z} = \frac{Nl_z}{t_e + Nt_d} \tag{3-7}$$

式中　l_z——一架支架的宽度，m；

　　　t_z——移设一架支架或一组支架的总时间，min；

　　　t_e——移设一架支架的操作调整时间 min；

　　　t_d——移设一架支架的供液时间，min；

　　　v_z——移架速度，m/min；

　　　N——采用分组间隔交错式和成组整体依次顺序式移架方式时，表示同时移动的架数；分段依次顺序移架时，表示所分段数。

　　实测表明，移架中操作调整时间约占移架总时间的 $60\%\sim70\%$。当泵站流量不变时，同时前移的支架数增加到 N，供液时间也相应增加，但调整操作时间 t_e 仍等于单架的调整操作时间，由于 t_e 远大于 t_d，故移架速度可加快。

　　若同时前移的支架数增加到 N，泵站流量也增加到 N 倍，则多架支架同时前移时的供液时间也没有增加，故可使移架速度进一步提高。兖矿集团南屯矿综采工作面采用分段移架，同时移架的段数与乳化液泵站开动的台数相一致，大大加快了移架速度，并保证了支架移架后的额定初撑力，这是该矿综采工作面单产实现高产的关键技术措施之一。

　　（三）移架方式对顶板管理的影响

　　选择移架方式不仅要考虑移架速度，还要考虑对顶板管理的影响。一般说来，单架依次顺序移架虽然速度慢，但卸载面积小，顶板下沉量比后两种小得多，适于稳定性差的顶板。即使顶板稳定性好，采用后两种移架方式时，同时前移的支架数 N 也不宜大于 3，以防顶板情况恶化。由于顶板状况多变，还要依照以下具体情况考虑移架方式：

① 依次顺序移架时沿工作面支架工作阻力分布如图 3-29 所示。在采煤机工作范围内移架,虽可防止伪顶垮落,但割煤和移架同时进行,悬顶面积剧增,下沉速度加快,有可能出现顶板失控。这种情况下,采煤和移架要保持合理距离。

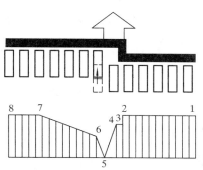

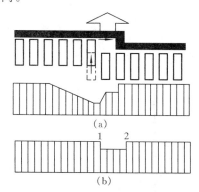

图 3-29　依次顺序移架时沿工作面的支架阻力分布

1~2 恒阻;2~3 割煤位置;

3~4 割煤处与移架处距离;

4~5~6 移架;6~7 增阻;7~8 恒阻

图 3-30　卸载与不卸载移架支架
阻力沿工作面分布

(a) 卸载移架;(b) 不卸载移架

② 在某些特定顶板条件下,尽管设备和顶板条件完全相同,依次顺序式移架需要经过较长时间支架才能达到额定工作阻力,而分组间隔交错式移架则能较快地达到额定工作阻力,矿压显现比前者缓和。

③ 与单向、双向割煤相适应的单向、双向移架,对顶板管理效果影响很大。单向移架时,先移的支架先达到额定工作阻力,支架阻力沿煤壁方向分布大致相同,有利于顶板管理;双向移架时,工作面端部支架短时间内两次移动,长时间处于初撑状态,不利于顶板管理。

④ 全卸载与带载移架对顶板管理影响较大(图 3-30)。不卸载或部分卸载移架时,有利于控制顶板,应尽量采用。

⑤ 采用分段依次顺序式移架时,由于段与段之间的接合部位在时间与空间上交叉,导致顶板下沉量叠加,容易造成顶板破碎、煤壁片帮和倒架。

三、综采工作面工序配合方式

综采工作面割煤、移架、推移输送机三个主要工序按照不同顺序有以下两种配合方式,即及时支护方式(图 3-31)和滞后支护方式。

(一) 及时支护方式

采煤机割煤后,支架依次或分组随采煤机立即前移、支护顶板,输送机随移架逐段移向煤壁,推移步距等于采煤机截深。这种支护方式,推移输送机后,在支架底座前端与输送机之间要富余一个截深的宽度,工作空间大,有利于行人、运料和通风;若煤壁容易片帮时,可先于割煤进行移架,支护新暴露出来的顶板。但这种支护方式增

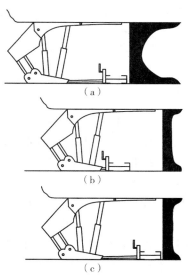

图 3-31　及时支护方式

(a) 割煤;(b) 移架;(c) 推移输送机

大了工作面控顶宽度,不利于控制顶板。为此,有的综采工作面支架和输送机采用插底式和半插底式配合方式,如图 3-32 所示。

插底式支架[图 3-32(a)]在前移时,将底座前段插入输送机机槽下方,推移输送机后,底座前端与机槽相接,控顶距减少了一个截深的宽度,适用于稳定性差的顶板。但是,其过风断面小,行人、运料不便,同时增加机槽高度,不利于装煤。为克服插底式支架装煤困难的缺点,又研制了半插底式支架[图 3-32(b)],机槽向煤壁倾斜。

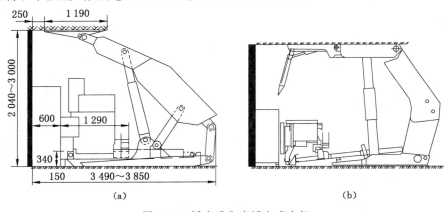

图 3-32 插底式和半插底式支架

(a) 全插底式支架;(b) 半插底式支架(移架状态)

(二) 滞后支护方式

割煤后输送机首先逐段移向煤壁,支架随输送机前移,二者移动步距相同。这种配合方式在底座前端和机槽之间没有一个截深富余量,比较能适应周期压力大及直接顶稳定性好的顶板,但对直接顶稳定性差的顶板适应性差。为了克服该缺点,在某些综采工作面支架装有护帮板,前滚筒割过后将护帮板伸平,护住直接顶,随后推移输送机、移架。

无论是及时支护或滞后支护方式,均由设备的结构尺寸决定,使用中不能随意改动。

四、综采工作面端头作业

(一) 综采工作面端头支护方式

综采工作面端头支护方式主要有以下三种:

① 单体支柱加长梁组成的迈步抬棚,与普采工作面的该方式端头支护[图 3-19(b)]相同。该方式适应性强,有利于排头液压支架的稳定,但支设麻烦、费工费时。

② 自移式端头支架(图 3-33)。移动速度快,但对平巷条件适应性差。

③ 用工作面液压支架支护端头(图 3-34),适用于煤层倾角较小的综采工作面,通常在机头(尾)处要滞后于工作面中间支架一个截深。

(二) 综采工作面平巷相对位置与端头作业

综采工作面平巷布置应有利于运输设备运转和维护,有利于煤流在端头处转载和采煤机实现无人工切口端部进刀,并便于人员进出和材料运送,为端头顶板支护创造良好条件。图 3-35 为一个综采工作面下端头剖面图。平巷卧底掘进,工作面输送机机头与机槽坡度一致,机头与转载机机尾有合理搭接高度,为输送机提供了良好运转条件。当采煤机牵引至终

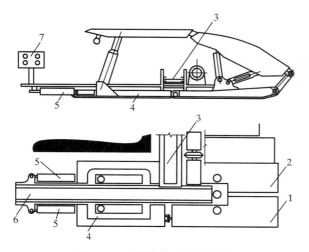

图 3-33 支撑掩护式端头支架

1,2——端头支架掩护梁;3——工作面输送机机头;

4——滑板;5——推移千斤顶;

6——转载机机尾;7——液压控制阀组

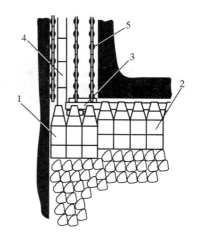

图 3-34 用中间支架支护端头

1——端头处支架;2——中间支架;

3——工作面输送机机头;4——转载机机尾;

5——平巷超前支护

点位置时,其滚筒正好割至 D_m 和 A_m 点,端部无须开人工切口。平巷下帮有足够宽度供人员通过。可见综采工作面平巷卧底掘进有利于端头管理。根据不同的设备结构尺寸和矿山压力作用,运输平巷净宽为 $4\sim5$ m 时,可满足端头管理的要求,回风平巷宽度则可适当窄些。

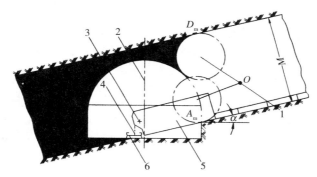

图 3-35 综采工作面下平巷设备布置及与煤层的关系

1——采煤机摇臂回转中心;2——平巷中心线;3——机头链轮中心;

4——转载机中心线;5——输送机机头;6——转载机

为避免卧底掘进时破岩困难及留顶煤,某些综采工作面平巷沿煤层顶板掘进,当煤层厚度大于平巷高度时,在综采工作面端部一定长度内留有三角形底煤(图3-36)。为保证搭接高度,就要抬高输送机机头和机尾,这很不利于端头支护和输送机运行。此时,可采取以下补救措施:

① 下卧转载机机尾,减少机头抬高量。

② 随工作面推进,超前下卧平巷底煤。但是这些措施都比较费工费时。当机头不得不抬高时,应保证机槽有一段合理竖直弯曲段长度,以免损坏输送机(见图3-36)。

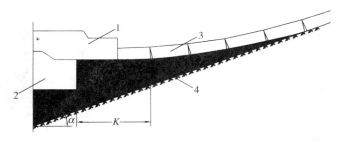

图 3-36 综采工作面端部底煤留设方法
1——输送机机头；2——运输平巷；3——机槽；4——底煤

五、综采设备的配套参数

（一）综采设备的尺寸配套关系

（1）采煤机的几何尺寸如图 3-37 所示，采用不同高度的底托架，采煤机可以获得几种不同的机面高度，以适应不同的采高范围。采煤机的采高可用式（3-8）计算，式中参数均可在产品说明书中查到。

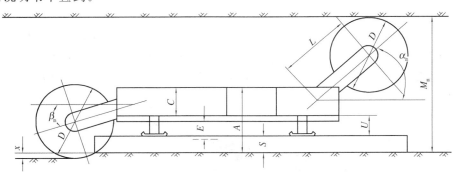

图 3-37 采煤机几何尺寸

A——机面高度；C——机体厚度；D——滚筒直径；E——过煤高度；S——机槽高度；L——摇臂长；

U——底托架高；x——最大下切量；α_{m}，β_{m}——摇臂向上及向下的最大摆角

$$M_{\mathrm{m}} = A - \frac{C}{2} + L\sin\alpha_{\mathrm{m}} + \frac{D}{2} \tag{3-8}$$

式中 M_{m}——采煤机最大采高，m；

α_{m}——摇臂向上的最大摆角，(°)；

A——机面高度，m；

C——机身厚度，m；

L——摇臂长度，m；

D——滚筒直径，m。

为适应煤层厚度的变化，采煤机最大与最小采高之比应为 $1.6 \sim 2.0$。

（2）采高与支架高度关系可按下式计算：

$$\left.\begin{array}{l} H_{\mathrm{m}} = M_{\mathrm{m}} - S_1 + h \\ H_{\mathrm{min}} = M_{\mathrm{min}} - S_2 - a \end{array}\right\} \tag{3-9}$$

式中 H_m,H_{min}——支架最大、最小支撑高度;

S_1,S_2——分别为前后柱处顶板最大下沉量;

h——支架支撑高度富余量,一般 $h=200$ mm 左右;

a——支柱伸缩余量,一般以 $a=50$ mm。

(3)支架最小支撑高度 H_{min}、滚筒直径 D 二者关系可用式(3-10)表示。式中,滚筒采煤机最小采高就等于滚筒直径 D。

$$H_{min}=D-S_2-a \tag{3-10}$$

(4)支架支撑高度 H 与采煤机机面高度 A 之间关系如图 3-38 所示。当采煤机处于支架最小支撑高度 H_{min} 情况下,其机面至支架顶梁底面仍要保持一个过机富余高度 Y 值,通常 $Y \geqslant 200$ mm,Y 可用下式表示:

$$Y=H_{min}-(A+\delta) \tag{3-11}$$

式中 δ——顶梁厚度。

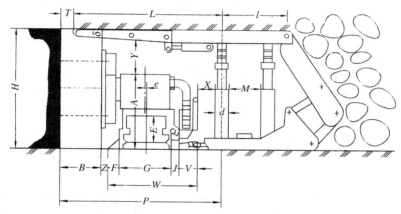

图 3-38 综采工作面设备配套尺寸

若机面高度 A 过大,超过了支架最小支撑高度,煤层变薄时支架可能降不下来,采煤机就必须截割岩石;若 A 值过小,则导致采煤机底托架与输送机机槽间的过煤高度 E 值过小,煤流通过困难。

(5)采煤机的下切量,即采煤机滚筒能割入底板的深度(图 3-37)。下切量的大小表示采煤机对底板平整性以及对输送机机槽歪斜的适应能力。工作面推进中,如果遇有底板鼓起或浮煤垫起而使输送机机槽向采空侧倾斜时,由于采煤机具有下切能力,仍能割至底板。同时,下切能力也是采煤机过地质构造、仰或俯斜开采以及将底板割成平缓平面所必需的。采煤机的最大下切量 x 可按下式计算:

$$x=A-\frac{C}{2}-L \sin \beta_m-\frac{D}{2} \tag{3-12}$$

式中 β_m——摇臂向下的最大摆角。

计算出的值应为负数,表示割至机槽底面以下的深度;若是正值,则表示机器不能下切,通常,$x=150 \sim 300$ mm。

(6)采煤机底托架高度 U 影响到最大采高 M_m、机面高度 A、过煤高度 E 和下切深度。U 可用式(3-13)表示(式中 S 为输送机机槽高度):

$$U = M_{\mathrm{m}} - \left(\frac{C}{2} + L \sin \alpha_{\mathrm{m}} + \frac{D}{2} + S \right) \tag{3-13}$$

通常,采煤机说明书中,列有几种机面高度或底托架高度,以供用户选择。

（7）摇臂升角 α 是影响采高的重要参数之一,升角增大,采高增大。但升角 α 过大时（图3-37）,会使滚筒中心至机身端部的水平距离过小,从而使较多的割落煤不是在机身端部以外装入机槽,而是在机身的煤壁侧装入机槽,导致装煤效果差,较多的煤落在机面上,操作不安全。

（二）综采工作面设备横向配套尺寸

综采工作面的输送机道宽度就是割煤并移架后从支架前柱中心线至煤壁的距离,因此综采工作面输送机道宽度就是无立柱控顶宽度 R。及时支护时综采工作面输送机道宽度应包括一个截深的宽度（图 3-38）。为了减小输送机道宽度,以利顶板管理,同时保证铲煤板与煤壁间的间隙 Z,以及采煤机电缆拖移装置能对准输送机电缆槽,采煤机机身中心线相对于输送机机槽中心线向煤壁偏移一距离 e,其值随机而定。

根据安全规程的规定,人行道宽度 $M \geqslant 700$ mm,人行道的位置可在前后柱之间（图 3-38）,也可在前柱与输送机之间,因设备而异。

支架顶梁梁端与煤壁之间必须保留一定端面距,以防机槽不平直或斜切进刀时滚筒割梁端。端面距 T 值与采高有关,一般 $T = 150 \sim 350$ mm,采高小时取下限,大时取上限。

移架千斤顶的行程应比采煤机截深大 $100 \sim 200$ mm,以保证在支架与输送机不垂直时也能移机、拉架够一个截深。

（三）综采工作面设备的选择与生产能力配套

1. 采煤机的选型与生产能力

采煤机是综采生产的中心设备,在综采设备选型中首先要选好采煤机。国内外制造的采煤机均已成系列,选型的主要依据是煤层采高、煤层截割的难易程度（即普氏系数 f 和截割阻力系数 A）、地质构造发育程度。主要应确定的参数是采高、牵引速度、电机功率,这三个参数决定着采煤机的生产能力,其余参数均与这三个主要参数成一定比例关系。当然,选型中还应根据所开采煤层的特性,综合考虑其他的参数,在机型基本确定的情况下,订货时还可以向厂家提出特殊要求,例如滚筒直径、截深、底托架高度等参数,厂家均可按用户要求提供。此外,采煤机的可靠性是至关重要的,要根据煤层地质条件和各制造厂的现有产品认真论证。

2. 综采工作面输送机的选型与生产能力

综采工作面输送机选型应符合以下原则:

① 输送机的结构尺寸应与所选采煤机有严密配套关系,确保采煤机能以输送机为轨道往返运行割煤。

② 机槽及其所属部件的强度应与所选采煤机的质量及运行特点相适应。

③ 运输能力与采煤机割煤能力相适应,保证采煤机与输送机二者都能充分发挥生产潜力。

④ 输送机结构尺寸与液压支架的结构尺寸配套合理。

输送机的运输能力与铺设长度、电机功率、煤层倾角、机槽和刮板链的结构特点等因素有关。确定其运输能力时,不能照搬产品说明书数字,应当进行实测,从而依据输送机的实际运输能力确定出采煤机合理牵引速度,使输送机既不过载又能充分发挥运输潜力。根据输送机运输能力确定采煤机牵引速度 v_c,可用下式:

$$v_c = \frac{Q_y}{K \cdot 60MB\gamma C}$$

(3-14)

式中　M,B,γ——工作面采高、截深和煤的密度;

　　　Q_y——输送机实际运输能力,t/h;

　　　K——考虑到输送机运转条件差且多变所加的系数,一般 $K=1.1\sim1.15$;

　　　C——工作面采出率,$C=0.95\sim0.97$。

3. 液压支架移架方式与综采工作面生产能力相适应

液压支架的性能应达到:有效支护顶板;能快速移设。移架速度是液压支架生产能力的体现,但设备定型后,单架移架速度对采煤机牵引速度的适应性有限,一般是通过选择合理移架方式而适应顶板特性和综采工作面生产能力的要求。通常有以下做法:

① 顶板稳定性好时,单架依次顺序式移架,采煤机割至工作面端头时,利用采煤机反向操作和斜切进刀的时间移架工将移架滞后的距离赶上来。这种方式省人力,有利于控顶,又不影响生产。

② 顶板稳定性差的综采工作面,移架工对支架分段管理,采煤机割至哪一段范围,就由该段移架工移架,使移架和割煤的距离不超过一定值,但同时移架的段数不应超过三段。也可以实行全工作面分组交错随机移架。

4. 平巷、上(下)山运输系统以及采区车场能力都要和综采工作面生产能力相适应

整个采区运输系统,只要有一个环节不适应,即会引起停产或降低生产能力。

5. 综采工作面生产能力要和供风量一致

综采工作面风速不允许超过 4 m/s,采高和架型一定时,其过风断面也是定值,因此综采工作面所能达到的供风量是有限的,采煤机割煤时工作面风流中瓦斯含量不能超过《煤矿安全规程》的规定。在瓦斯涌出量较大的综采工作面,应按瓦斯涌出速度合理确定采煤机割煤牵引速度,使工作面保持均衡生产。由于割煤过快,常造成瓦斯超限而停机、断断续续割煤,这对于生产和安全均是不利的。

第四节　其他条件下机采的工艺特点

薄煤层(采高小于 1.3 m)、大倾角煤层(倾斜煤层)、大采高煤层(采高大于 3.5 m)以及赋存不太规则的煤层,由于条件特殊,其机采工艺各有特点。

一、薄煤层机采的特点

我国国有重点煤矿薄煤层可采储量所占比重为 18.40%,其产量比重只占 7.32%(1996年),而薄煤层的机采产量比重更低。因此要特别重视薄煤层机采。

(一)薄煤层滚筒采煤机采煤的特点

薄煤层采煤机的机身应当矮一些,要有足够的功率,通常功率不应低于 $100\sim200$ kW;机身应尽可能短,以适应煤层的波状起伏;要有足够的过煤和过机空间高度;尽可能实现工作面不用人工切口进刀;有较强破岩、过地质构造能力;结构简单、可靠,便于维护和安装。

根据这些要求,薄煤层采煤机分为骑输送机式和爬底板式两类(图 3-39)。骑输送机式采煤机由输送机机槽支承和导向[图 3-39(a)],只能用于开采厚度大于 $0.8\sim0.9$ m 煤层,因为当电动机功率为 100 kW 时,其高度 $h=350$ mm,过煤空间高度 h 为 $160\sim200$ mm,过机空间富余高度 Y 为 $90\sim200$ mm,输送机中部槽高度为 $180\sim200$ mm,因此最小高度为 0.8 m。爬底板式采煤机机身位于滚筒开出的输送机道内[图 3-39(b)],机面高度低,当采高相同时与骑输送机式相比过煤空间高,电机功率可以增大,具有较大生产能力,并且工作面过风断面大、工作安全,可用于开采 $0.6\sim0.8$ m 的薄煤层。但是,爬底式采煤机装煤效果差,结构较复杂,在输送机导向管及铲煤板上均有支承点和导向点,采煤机在煤壁侧也要设支承点。

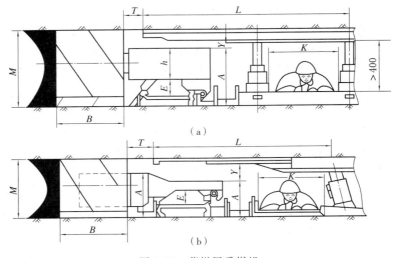

图 3-39 薄煤层采煤机

(a)骑输送机式;(b)爬底板式

薄煤层采煤机的滚筒转向是正向对滚的,即左滚筒用右螺旋叶片、顺时针旋转,右滚筒则相反(图 3-40),防止摇臂挡煤,以提高装煤效果。爬底板式采煤机前滚筒割底煤,以便于机身通过;后滚筒割顶煤,因煤量少,可用输送机铲煤板装煤。

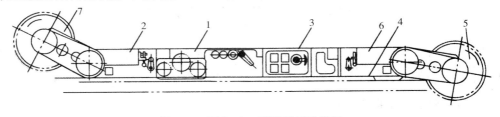

图 3-40 BM—100 型薄煤层采煤机

1——牵引部;2,6——左右截割部;3——电动机;4——底托架;5,7——左右滚筒

薄煤层工作面矿压显现相对缓和,故支架工作阻力和初撑力相对较低;支架在最低状态时,必须保证顶梁下面有高 400 mm、宽 600 mm 的人行道(图 3-39);支架调高范围大,伸缩比要达到 $2.5\sim3.0$ 左右;顶梁和底座的厚度小,但应有足够强度,且底座一般为分体式结构,便于排矸;为减小控顶距,一般为滞后支护式;通常为单向或双向邻架控制,以保证安全

和减小劳动强度。

薄煤层机采面一般使用轻型、边双链、矮机身可弯曲刮板输送机。

无论是骑输送机式还是爬底板式采煤机,均要保持机采面"三股道"控顶距,即人行道、输送机道和割煤道,以最大限度地缩小控顶距。

(二)刨煤机采煤的特点

刨煤机采煤(图 3-41)是利用带刨刀的煤刨沿工作面往复落煤和装煤,煤刨靠工作面输送机导向。刨煤机结构简单可靠,便于维修;截深小(一般为 5~10 cm),只刨落煤壁压酥区表层,故刨落单位煤量能耗少;刨落煤的块度大,煤粉及煤尘量少,劳动条件好;司机不必跟机作业,可在平巷内操作,移架和移输送机工人的工作位置相对固定,劳动强度小。因此,刨煤机对于开采薄煤层是一种有效的落煤和装煤机械。

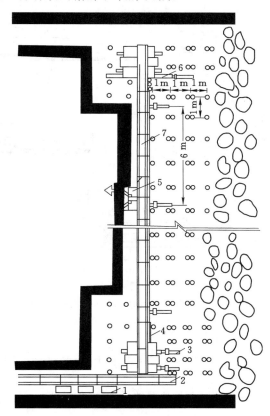

图 3-41　刨煤机普采工作面布置

1——电控设备;2——平巷输送机;3——千斤顶;

4——刨链;5——煤刨;6——防滑梁;7——工作面输送机

刨煤机类型很多,目前国内外使用的主要是静力刨,即刨刀靠锚链拉力对煤体施以静压力破煤。静力刨按其结构特点主要分为三类:

(1)拖钩刨[图 3-42(a)、(b)],煤刨 1 与掌板 3 连在一起,以保持刨煤时的稳定性。掌板压在输送机机槽下方,由牵引链 2 带动往复运行落煤和装煤。煤刨通过后,靠千斤顶 4 将输送机推进一个刨深 h。

拖钩刨的刨体宽度 c 大于刨深 h,因而煤刨经过时输送机机槽被推向采空侧一个宽度 c,煤刨过后机槽在千斤顶作用下又重新移向煤壁。另外,煤刨经过时机槽被掌板抬起,煤刨过后又落下。机槽的后让和上下游动,使整个刨煤机产生很大的摩擦阻力,落煤和装煤功率仅占其总功率的 30% 左右,机槽、掌板也极易磨损。

(2) 滑行刨[图 3-42(c)、(d)],是为克服拖钩刨的缺点而发展起来的。其特点是取消了掌板,用滑架 5 来支承煤刨并导向,机槽不再后让和上下游动,运行阻力大为减小,机械效率提高了。滑行刨的主要缺点是结构较为复杂,输送机道需加宽,稳定性不如拖钩刨。

(3) 拖钩—滑行刨[图 3-42(e)]的结构特点与拖钩刨相似,煤刨由掌板支承,稳定性好。为了减小摩擦阻力,在输送机机槽下面装有与每节机槽长度相同的滑板,使掌板在滑板上滑动,可降低能耗、扩大使用范围。

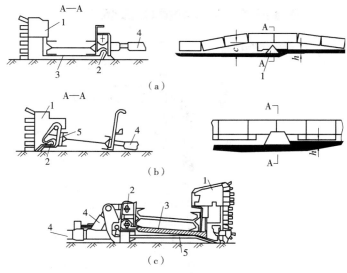

图 3-42 刨煤机类型

(a)、(b) 拖钩刨;(c)、(d) 滑行刨;(e) 拖钩—滑行刨

1——煤刨;2——牵引链;3——掌板;4——千斤顶;5——滑架;6——滑板

刨煤机可用于普采工作面,也可以用于综采工作面,其工作面的布置方式和滚筒采煤机工作面基本相同。

刨煤机的生产能力取决于煤刨的刨煤能力和刨煤方法。煤刨的刨煤能力可用下式表示:

$$Q_b = 3\ 600 M v_b h \gamma C K \tag{3-15}$$

式中　Q_b——煤刨的刨煤能力,t/h;

　　　M——煤层厚度,m;

　　　γ——煤的密度,m³/t;

　　　C——采出率;

　　　v_b——煤刨的刨速,m/s;

　　　h——煤刨的刨深,m(h 值与煤体抗压强度 σ_y 有关,当 $\sigma_y > 20$ MPa 时,取 $h = 0.04 \sim$
　　　　　0.06 m;$\sigma_y < 20$ MPa 时,取 $h = 0.05 \sim 0.15$ m);

K——刨煤机的日开机率。

刨煤机的刨煤方法是指煤刨的运行速度和输送机刮板链的链速之间的相对关系。按照煤刨和刮板链的速度关系,目前有三种刨煤法:

(1) 普通刨煤法,即煤刨的速度 v_b 小于输送机的链速 v_L,两者速度不变。该刨煤法在煤刨下行时,需要较大的装载截面,输送机能力相同时煤刨生产能力最低。

(2) 组合刨煤法,链速不变,煤刨上行速度大于或等于链速,下行时小于链速。这种刨煤方法输送机装载量较均衡,其他条件相同时煤刨生产能力较大。

(3) 超速刨煤法,煤刨速度大于链速,且两者保持不变。该刨煤法适合于高速刨煤机,其生产能力最大。

随着刨煤机技术的发展,刨煤机对煤层地质条件的适应性也不断提高。其使用效果较好的地质条件是:

① 软及中硬以下的脆性煤,当节理裂隙较发育时刨煤效果尤为显著。大功率滑行刨和拖钩—滑行刨可用于开采中硬以上煤层。

② 要求顶板中等稳定以上,底板平整。拖钩刨要求底板中硬以上,其余两类刨煤机可用于较软底板条件下。

③ 断层落差要小于 0.3~0.5 m;硬结核含量少、块度小,夹矸位置不影响刨煤。

④ 适用于采高 1.4 m 以下的薄煤层。采高超过 1.4 m 时,要求煤不粘顶,顶煤可自行垮落。

⑤ 煤层倾角 15° 以下,超过 15° 时要设全工作面锚固装置。

由于刨煤机使用条件较严格,目前我国应用还比较少。

二、大采高综采的工艺特点

我国很多矿区的主采煤层厚度均在 3.5~5 m 左右。这类煤层若采用分层综采,则采高较小,影响经济效益。若采用放顶煤综采,则煤层又较薄,不太适宜。于是 20 世纪 80 年代以来出现了一批大采高综采工作面。采高大于 3.5 m 时,支架稳定性差,煤壁易片帮,管理难度大。

由于支架的支撑高度大,支架各部件的连接销轴与孔之间存在轴向和径向间隙,即使在水平煤层的工作条件下,支架也会产生歪斜、扭转甚至倒架。经计算和实际测量,当支架高度为 4.5 m、水平放置时,立柱横向偏斜角可达 3.4°,顶梁横向偏移距离为 300~400 mm;当支架向前或后倾斜 ±1° 时,梁端距变化 ±70 mm;若采煤机向煤壁侧倾斜 6°,端面距将增加到 800 mm,容易发生冒顶事故;若采煤机向采空侧倾斜 6°,滚筒就要割支架顶梁。而如果煤层有倾角以及底板不平,支架更容易歪斜、倾倒,从而导致顶梁互相挤压,支架难前移,或顶梁间距过大而发生漏矸现象。为防止以上现象发生,除设备结构上进一步完善外,在采煤工艺上也应采取以下相应措施:

① 支架工作状态是否正常主要是由采煤机司机操作割煤质量决定的,因此应加强采煤机司机的训练和检查指导,将底板割平。

② 把煤壁采直,并防止输送机下滑,使支架垂直煤壁前移,架间保持平衡,防止邻架间前梁和尾端相互推挤,并严格控制支架高度和采高,使之不超高。

③ 移架时,顶梁不脱离顶板,但又要防止过切带压移架,以防碎矸垮落和支架后倾;发

现小的歪斜时立即调整,以防进一步恶化。

④ 工作面出现断层等地质构造时,也要制定相应技术措施,保证工作面的工程质量。

大采高综采工作面容易出现煤壁大面积片帮,片帮后端面距加大,顶板失去煤壁支撑,常常造成冒顶事故。大面积、大深度片帮也是周期来压的显现。大采高综采工作面片帮程度是不同的,有的基本不片帮;有的虽片帮,但靠支架的护帮板和伸缩梁就可以解决问题;也有的片帮严重,特别是周期来压时,靠支架自身机构护不住煤帮,需采取下列特殊措施:

① 改变工作面推进方向。由于煤层节理面方向的原因,有的综采工作面在同一煤层中采煤,推进方向不同时,片帮程度不同,月产量可相差 30% 以上。

② 用木锚杆或薄壁钢管锚杆加固煤帮,煤帮上锚杆布置的密度、深度依据煤层特点和片帮严重程度而定。

③ 用聚氨酯或其他化学树脂固结煤壁,增加煤体强度。目前,主要使用的方法有药包法和注入法两种:

药包法是用两种体积成一定比例的液体树脂,分别装在互相套在一起的塑料袋中,药卷外径 43 mm、长 300 mm、重 500 g。施工时,将药卷装入直径为 50 mm 的钻孔中,每米钻孔长度装 1.5～2 个药卷,然后用锚杆将药卷弄破,使两种液体树脂混合,用木塞将孔口封住。两种树脂混合后,迅速产生化学反应并发泡,充满钻孔,不仅将锚杆与煤体固结在一起,而且可将周围煤岩的层理、裂隙粘固。该法也可以用于巷道掘进中加固围岩。

注入法是用两台齿轮泵分别吸入两种树脂浆液(一般是多异氰酸酯及多元醇聚醚),通过三通接头注入注浆管混合器中混合,然后经封孔器进入孔中。可将泵站放在工作面,也可放在平巷内利用长距离高压软管输入。压注系统原理如图 3-43 所示。

大采高综采工作面端头管理困难,因此运输及回风巷最好沿底留顶掘进,这样有利于端头管理。但有些厚煤层顶煤留不住,因此常常采用沿顶留底的方法掘进平巷,在工作面端部留下较厚的底煤,使端头管理困难。为了有利于端头管理,应按下述原则留设底煤:自工作面中部底板过渡到端部底煤高度应有一段缓和的曲面(如图 3-36 所示),使支架和输送机机槽都能适应,否则会发生倒架、挤架、损坏输送机等事故;在工作面端部输送机机头位置沿煤壁方向应有一段 3～4 m 长的水平底面(图 3-36 中 K 所示长度),以便于输送机机头的锚固和排头支架的稳定。

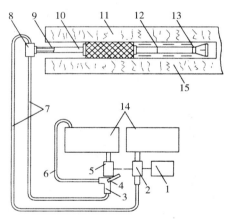

图 3-43 聚氨酯压注系统原理

1——动力设备;2、5——压注泵;3——逆止阀;
4——三通阀;6——循环软管;7——高压软管;
8——三通接头;9——搅拌器;10——钢管;
11——密封器;12——辅助器;13——逆止阀;
14——多异氰酸酯和多元醇聚醚容器;15——煤体

三、大倾角机采面的工艺特点

在干燥条件下,金属对金属的摩擦因数为 0.23～0.30,其相应的摩擦角为 13°～17°;在潮湿条件下,其摩擦因数要降低,因此,以输送机为导向和支承的采煤机,在煤层倾角大于

12°时必须设防滑装置。

煤层底板对金属的摩擦因数一般为 0.35～0.40,相对应的摩擦角为 18°～20°。由于工作面常有淋水以及降尘洒水,可使摩擦因数进一步降低,致使煤层倾角在 12°时输送机和支架就有可能由于自重引起下滑。

综上所述,倾角 12°以下煤层是机采的最有利条件,设备不会因自重而下滑。生产中出现的倒架、歪架以及输送机上下窜动等问题可以通过工艺措施加以解决;当煤层倾角大于12°时,工作面设备一般应加防滑装置,并采取相应的工艺措施。

（一）防止输送机下滑

输送机下滑是机采面最常见的、影响生产的严重问题。输送机下滑往往牵动支架下滑,损坏拉架移输送机千斤顶,使输送机机头与转载机机尾不能正常搭接,煤滞留于工作面端头,导致工作面条件恶化。输送机下滑主要有下列原因:

① 重力原因引起下滑,当煤层倾角达到 12°～18°时,就有可能因自重而下滑。

② 推移不当,次数过多地从工作面某端开始推移。

③ 输送机机头与转载机机尾搭接不当,导致输送机底链反向带煤,或者底板没割平或移输送机时过多浮煤及硬矸进入底槽,导致底链与底板摩擦阻力过大,均能引起输送机下窜。

多数情况则是这几种因素综合作用的结果。根据现场观测,煤层倾角 5°～8°时也有下滑现象。

防止输送机下滑应采取以下措施:

① 防止煤、矸等进入底槽,以减小底链运行阻力。

② 工作面适当伪斜,伪斜角随煤层倾角的增加而增加。当煤层倾角为 8°～10°时,工作面与平巷成 92°～93°角,即当工作面长 150 m 时,下平巷比上平巷超前 5～8 m 左右为宜。调整合适时,输送机推移的上移量和下滑量相抵消。一般伪斜角不宜过大,否则会造成输送机上窜和煤壁片帮加剧。

③ 严格把握移输送机顺序。下滑严重时可采取双向割煤、单向移输送机,或单向割煤、从工作面下端开始移输送机。

④ 用单体液压支柱顶住机头(尾),推移时,将先移完的机头(尾)锚固后,用单体支柱斜支在底座下侧,然后再继续推移。

⑤ 在移输送机时,不能同时松开机头和机尾的锚固装置,移完后应立即锚固,必要时在机头(尾)架底梁上用单体液压支柱加强锚固。

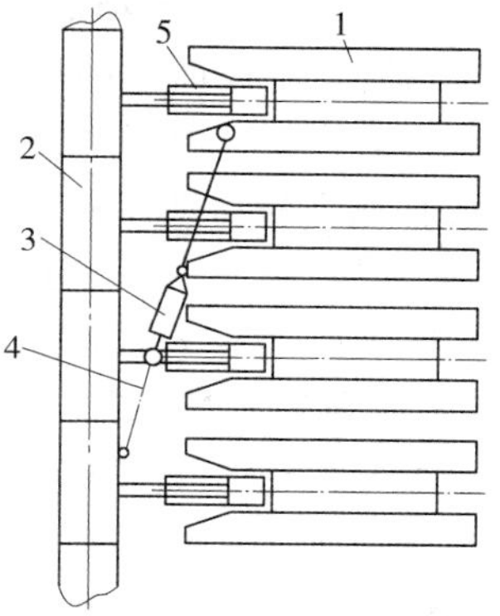

⑥ 煤层倾角大于 18°时,安装防滑千斤顶。防滑千

图 3-44　输送机防滑装置

1——底座;2——输送机;
3——防滑千斤顶;4——链条

斤顶的安装形式多样,图 3-44 所示便是其中一种。每隔 6 m 于支架底座装设一个拉曳锚固千斤顶锚固机槽。推移输送机时,千斤顶处于拉紧状态,但推移千斤顶推力大,仍能使输送机前移但不下滑,移架时防滑千斤顶松开,移架后仍处于拉紧状态。安装专门防滑千斤顶,会增加操作工序、降低移架速度,应尽量不用。

（二）液压支架防倒防滑

煤层倾角较大时，液压支架的稳定性问题通常表现有以下几种情况：

① 由于煤层倾角较大，支架重力沿煤层倾向的分力大于支架底座和底板间的摩擦力，便可产生侧向移动，如图 3-45 所示。

② 随煤层倾角增大，支架重力的作用线超出支架底座宽度边缘时便会倾倒。此外，煤层倾角较大时，顶板移动方向偏离煤层顶底板的法线方向，也会使支架倾倒。

③ 支架前后端下滑特性不同以及垮落矸石沿底板的下冲作用，也会使支架在煤层平面内移动。

④ 支架顶底所受力的合力偏心产生力矩而使支架倾倒。

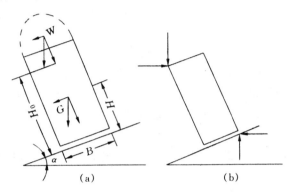

图 3-45　支架侧向稳定性
(a) 支架侧向倾倒；(b) 支架偏心受载

防止支架失稳应采取以下措施：

① 始终自工作面下部向上移架，以防采空区滚动矸石冲击支架尾部。

② 为防止新移设支架处于初撑力阶段与顶底板的摩擦力小可能产生下滑，应采取间隔移架，并使支架保持适当迎山角，以抵消顶板下沉时的水平位移量。

③ 要严防输送机下滑牵动支架下滑。工作面下端头排头支架的稳定是稳定中间支架的关键因素之一，要采取特殊支护措施，确保排头支架的稳定。

煤层倾角较大时，支架一般要增设防滑装置。防滑装置的形式较多，图 3-46 所示为其中的一种：在靠近上下平巷处分别设标准支架作为防滑和锚固用，各支架用导轨—滑槽连在一起，互为导向和防滑，同时用防倒千斤顶将支架互相拉在一起，用于防倒和一旦倒架时扶架。一般支架为三架一组，互相导向。移架时不使用拉架—推移输送机千斤顶，而是先由左右两架将中间支架推出，待中间支架撑紧之后再移上架，最后移下架。支架组与组之间的移设顺序由下向上。其端头支架一般水平装设于上下平巷内，并有可靠锚固装置。

（三）采煤机防滑

《煤矿安全规程》规定，煤层倾角大于 16° 时，链牵引采煤机必须设置安全绞车，除防止断链和下滑外，还可为采煤机上行割煤时提供缠绕力、增加割煤的牵引力。无链牵引采煤机装备有可靠的制动器，可用于 40°～54° 以上煤层而无须其他防滑装置。有的轻型采煤机装有简易防滑杆（图 3-47）。当煤层倾角较小时，虽不会出现由自重而引起的下滑现象，但可能出现大块煤矸或物料在输送机刮板链带动下推动采煤机下滑，因此新型采煤机牵引部都

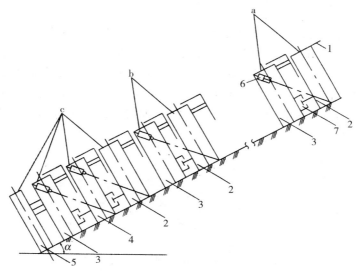

图 3-46　大倾角时支架防倒防滑装置

a——上平巷处一组防倒防滑千斤顶;b,c——下平巷处两组锚固支架;

1——侧顶梁;2——高基准架;3——低基准架;4——中间支架;5——二柱支架;

6——防倒千斤顶;7——导向装置

具有下滑闭锁性能。

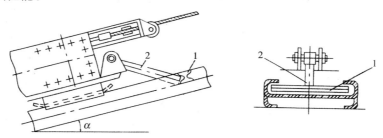

图 3-47　采煤机防滑杆

1——输送机刮板;2——防滑杆

四、综采工作面调斜和旋转工艺

为了适应地质条件局部变化,综采工作面常需调斜。综采工作面调斜的实质,是小角度的旋转。能够熟练地调斜,就为工作面大角度旋转奠定了技术基础。通常,调斜的位置在工作面折向布置时位于平巷的拐点附近。有时为了多采出边角煤,在采区边界、工作面停采线附近往往也需要调斜,其过程大致如下。

（一）确定调斜方案

首先,确定调斜的具体地点,应选择在煤层稳定、不受邻近工作面采动影响、地质构造少、无老巷的块段,以保证调斜期间顶板好管理。其次,是旋转中心的选择,较为理想的是以工作面机头端为中心旋转机尾端,以保证调斜期间运输畅通。如果必须以机尾端为旋转中心,则应采取相应措施,保证运输畅通。

(二) 调斜期间的预板管理

调斜中,旋转中心处的机头(尾)处支架无推进度,支架要反复支撑顶板,容易破坏顶板的完整性,使顶板维护困难。由于旋转中心无推进度,调斜中极易出现输送机和支架下滑、上窜、挤架、散架等问题。为此,可将旋转中心由工作面的机头(尾)处移至工作面外面。如图 3-48 所示,图(a)表示旋转中心位于机头(尾),称为实旋转中心;图(b)和(c)表示旋转中心位于工作面以外,称虚旋转中心,保证工作面调斜时各处都有推进度。调斜期间顶板管理和正常推进时相同。

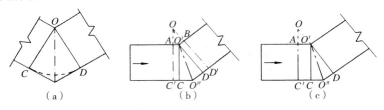

图 3-48　综采工作面调斜时旋转中心
(a) 实旋转中心;(b),(c) 虚旋转中心

(三) 调斜的工艺

为管好顶板、快速调斜,每调斜一个角度需一组"长"、"短"刀穿插割煤,以保证推进度小的地方支架的移动次数也相应减少,以有利于控顶(图 3-49)。"长"刀,即工作面全长割煤,如图中 m'_1—m_1;"短"刀,即采煤机割煤距离短于工作面长度,如 m'_2—m_2 等。其调斜工艺要点如下:

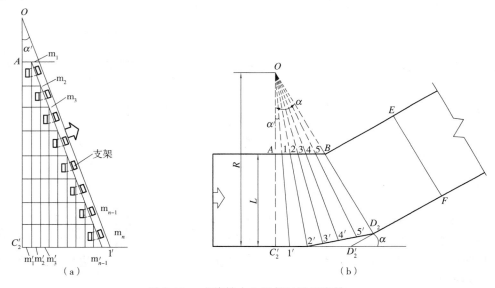

图 3-49　虚旋转中心调斜时进刀安排
(a) 每循环进刀及支架调向示意图;(b) 每循环旋转的角度

① 为防止输送机下滑、上窜,应严格掌握推移和调直输送机的顺序,割煤方式与移输送机顺序相适应。

② 割短刀时支架的移架方向保持不变,待割"长"刀时,将输送机沿全工作面调直并割

齐煤壁,全工作面支架排成直线,为下一转角(图 3-49 中角 α')打好基础。

③ 若工作面小端为运输巷,则运煤基本不受影响。若大端为运输巷,则应采取特殊措施保证运输系统畅通。

通常,综采工作面旋转角度较小时称为调斜,而大于 45°时,称为综采工作面旋转。综采工作面旋转式采煤的主要目的在于增加工作面推进长度,减少搬家次数。旋转式采煤要注意以下问题:

① 旋转式采煤时,综采工作面单产、效率、效益都要降低,并且旋转 180°时通常需时 6～8 个月,因此要和其他方案进行详细比较后方可采用。

② 旋转区域地质条件要好,特别是旋转中心应选在地质情况清楚、无地质构造和采动影响的地方,煤层厚度不宜超过 2.5 m,倾角应在 12°以下,顶板稳定,工作面无淋水。

③ 设备可靠性强,支架转向性能好,输送机在旋转期间无须更换机槽,保证旋转期间设备无须大修。

④ 综采队人员操作熟练,组织管理水平高。

具体旋转工艺和工作面调斜大致相同。

第五节 采煤工艺方式的选择

由于我国国情和煤田地质条件的复杂性,因而决定了我国煤矿技术装备是多层次的,在一个相当长的时期内必将是综采、普采、炮采三种工艺方式并存。

一、适于采用综采工艺的条件

就目前煤矿地下开采技术发展趋势看,综采是采煤工艺的重要发展方向,它具有高产、高效、安全、低耗以及劳动条件好、劳动强度小的优点。1996 年底时我国就有 72 个综采队年产量达 1.00 Mt 以上。有的年产量 3.00 Mt 以上的矿井,只要一个综采工作面生产就可以保证矿井年产量。

但是,综采设备价格昂贵,综采生产优势的发挥有赖于全矿井良好的生产系统、较好的煤层赋存条件以及较高的操作和管理水平。根据我国综采生产的经验和目前的技术水平,综采适用于以下条件:煤层地质条件较好、构造少,上综采后能很快获得高产、高效,如表 3-5 所示;某些地质条件特殊,但上综采后仍有把握取得较好的经济效益,如表 3-6 所示。

表 3-5 　　　　　　　　　　　　　　优先装备综采的条件

序号	使用条件	井型 /(Mt/a)	煤层厚度 /m	煤层倾角 /(°)	地质构造	基本顶 (级别)	直接顶 (类型)	备注
1	中厚煤层	>1.20	1.3～3.5	<15	比较简单	ⅠⅡⅢ	1,2,3	大型矿井
2	厚煤层开采	>1.20	>5	<15	比较简单	ⅠⅡⅢ	1,2,3	大型矿井
3	厚煤层一次采全高	>1.20	1.3～4.0	<15	比较简单	ⅠⅡⅢ	1,2,3	大型矿井
4	经济型综采	>0.60	3.0 以下	<25	比较简单	ⅠⅡⅢ	1,2,3	中型矿井

表 3-6 可以装备综采的特殊条件

序号	使用条件	井型/(Mt/a)	煤层厚度/m	煤层倾角/(°)	地质构造	基本顶（级别）	直接顶（类型）
1	厚煤层一次采全高	>1.20	4.0～4.5	<15	简单	Ⅰ Ⅱ Ⅲ	1,2,3
2	坚硬难冒顶板	>1.20	中厚煤层	<15	简单	Ⅲ Ⅳ	3,4
3	薄煤层	>0.60	>1.1～1.3	<15	简单	Ⅰ Ⅱ Ⅲ	1,2,3
4	急斜特厚煤层放顶煤	>45	>15	>45	简单	Ⅰ Ⅱ Ⅲ	1,2,3

二、适合普采工艺的条件

普采设备价格便宜，一套普采设备的投资只相当于一套综采设备的 1/4，而产量可达到综采产量的 1/3～1/2。汾西矿业集团的普采队年产量最高达 0.67 Mt。普采对地质变化的适应性比综采强，工作面搬迁容易。对推进距离短、形状不规则、小断层和褶曲较发育的工作面，综采的优势难以发挥，而采用普采则可取得较好的效果。

与综采相比，普采操作技术较易掌握，组织生产比较容易。因此，普采是我国中小型矿井发展采煤机械化的重点。

炮采工艺的主要优点是技术装备投资少，适应性强，操作技术容易掌握，生产技术管理比较简单，是我国目前采用仍然较多的一种采煤工艺。但是，由于炮采单产和效率低、劳动条件差，根据我国的技术政策，凡条件适于机采的炮采工作面，特别在国有重点煤矿都要逐步改造成为普采工作面。

第六节　采煤工艺的特殊技术措施

当采煤工作面遇到地质构造、旧巷道时，为了保证矿井产量和生产安全，应采取严密的技术安全措施。

一、采煤工作面过地质构造的技术措施

地质构造复杂时，应采取综合治理的方法：

① 地质构造过分发育的块段，采用炮采工艺，炮采对地质变化的适应能力较强。

② 在工作面布置时将断层留在区段煤柱内，或虽然工作面内有断层，但与工作面交角不宜太小，以减少对工作面的影响范围。

③ 采用调斜的方法，改变工作面的推进方向，躲开地质变化带。

④ 工作面推进中，发现了未知的、工作面难以通过的地质构造时，可将工作面甩掉一部分，其余部分继续推进，过后再对接为整面。

⑤ 遇到较大地质构造时，需要做各种比较，以权衡利弊，若强行通过地质构造代价太大，则应搬迁工作面。

（一）采煤工作面过断层

采煤工作面遇到各种地质构造时将会影响生产，对综采生产影响尤为严重。综采工作面过断层的方法取决于断层的落差、煤层厚度、支架最大最小高度、采煤机破岩能力等因素。

主要有以下几种方法：

① 落差小于煤层厚度和支架最小支撑高度之差，综采工作面过断层时不必挑顶或下切，可直接通过断层。

② 若断层落差大于二者之差，可用采煤机截割顶底板岩石通过断层。当顶底板岩层坚硬、采煤机截割不动时，则可采用爆破方法挑顶或下切穿过断层。

根据我国的技术水平和生产实践，断层落差相当于煤层厚度时，工作面是可以通过的。图 3-50 所示为综采工作面顺利通过与工作面斜交角 20°、断层落差等于采高（3.0 m）的情况，其仰斜角不超过 15°～16°。但是，落差过大时，割岩量太大，容易损坏设备，而且煤质变差、不能维持正常生产，不如另搬新面。今后，随着采煤机功率加大、破岩能力增强，断层落差超过煤层厚度时，有时也可以采取硬过的方式。

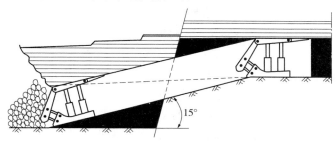

图 3-50　综采工作面仰斜通过断层

综采工作面过断层时，应采取以下技术措施：

（1）为了减少断层在工作面内的暴露范围，遇断层时应适当调整工作面方向。当围岩为中等稳定以上条件时，工作面与断层走向夹角应不小于 20°～30°；围岩不稳定时，此夹角应增至 30°～45°。但调整工作面方向，会引起工作面长度变化，需增减工作面支架数，或增加三角煤损失。

（2）应按断层性质、落差及顶底板岩层硬度等因素确定采用挑顶和下切或同时挑顶及下切，做到既有利于维护顶板又减少破岩量。

（3）当岩石普氏系数 $f < 4$ 时，可用采煤机直接割岩，牵引速度应减小；滚筒能变速的采煤机，滚筒用低速旋转。若用爆破处理岩石，对附近的液压支柱要加以保护。

（4）过断层时要预先逐步减小采高，以减小破岩量和增加支架的稳定性，但是支柱要留有足够的伸缩余量，以防压死支架。

（5）当断层地段需要下切或留底进行侧斜回采时，应使顶底板形成平缓的侧斜变化，以使支架和输送机机槽处于良好的工作状态。

（6）断层附近可采取以下支护措施：

① 断层处先架设倾斜梁、倾斜棚或斜交梁，采取间隔移架，先移的支架顶梁托住倾斜梁后再移邻架。

② 可在煤壁上预先掘梁窝架设超前梁或超前走向棚（图 3-51）。

③ 尽量采取带压移架方式，以防松动顶板，并缩小割煤和移架间距；片帮较深时采取超前支护，减少控顶面积。

④ 顶板冒空处应架设木垛或用其他材料充填，对破碎地带的顶板可用锚杆或向钻孔内

注入化学胶结性溶液,以固结顶板。

⑤ 沿断层开岩巷,巷道顶板用普通锚杆支护,两帮用木锚杆支护,沿断层开巷时巷道的宽度与高度必须与综采工作面尺寸相适应,以利于工作面从断层的一盘逐步过渡到另一盘,尽快恢复正常开采。

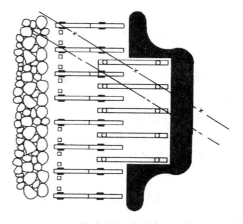

图 3-51 超前走向棚支护断层顶板

(二)综采工作面过其他地质构造

1. 过陷落柱

陷落柱在某些矿区十分发育,是由含煤地层深部石灰岩溶洞塌陷而形成的。陷落柱在煤层中呈隐伏状态,内部充填各种破碎岩石,其长轴可达 8～200 m,周围伴生小断层,并使地层起伏,影响范围可达 8～20m。

对陷落柱首先应加强地质预测,其分布较多集中在背斜轴附近。区段巷掘出后,安设无线电坑透仪进行透测,发现疑点打钻再探,确定尺寸大小、方位及影响范围,进而制定出相应的技术措施。对面积较大的陷落柱,一般采用绕过的方法。但是,这种方法比较麻烦,影响工作面布置,遗留大量边角煤,增加了综采工作面设备的拆迁次数,因此只适用于面积大的陷落柱;当工作面遇到直径小于 30 m 的陷落柱时,视陷落柱的岩性,一般可以采用硬过的方法,其步骤如下:

① 采用控制爆破、采煤机清矸的方法。

② 在工作面陷落柱范围内降低采高,所降低的高度以工作面能通过的最小高度为限,做到既减少采矸量又使支架不会被压死。

③ 陷落柱地段与工作面正常地段之间,保持一段采高逐渐变化的长度,以使支架和输送机能够适应。

④ 陷落柱两侧的工作面正常地段,可提前移架;陷落柱范围内适当滞后移架,用铁管或木板梁一端插入岩壁、另一端搭在支架前梁上的方法进行特殊支护,采煤机清矸后要立即移架,以防漏矸。采煤机清矸时,应当采用小步距、多循环的方法,以减少顶板的暴露面积。

2. 过褶曲带

机采面过褶曲带的方法比较简单。当采区内有大褶曲时,应使工作面的推进方向垂直于背、向斜轴,使工作面内沿煤壁方向没有大的起伏,有利于液压支架处于良好工作条件。通常,小的褶曲带主要表现为煤层局部变薄、变厚、变倾角等,但煤层及顶底板并不十分破碎。因此,可用采煤机适当下切或留底、割顶,使顶底板形成缓和的曲面,以便于设备通过。

(三)综采工作面通过旧巷道

工作面通过本煤层旧巷道时,首先应将旧巷内的支架修好,加密支柱或架设抬棚,最好采用单体液压支柱。当矿压显现不强烈、旧巷围岩较稳定时,工作面可直接通过,巷道内支架顶梁逐渐进入工作面液压支架顶梁上方,巷道支架的支柱可逐渐回出。当矿压显现强烈时,应先将工作面调成与旧巷斜交(图 3-52),逐渐通过,在巷道与工作面交叉处架设木垛,同时加强工作面内支护。

工作面过石门时,要在石门口处填满矸石,或加木垛支护并铺上木板,使液压支架能顺利通过。

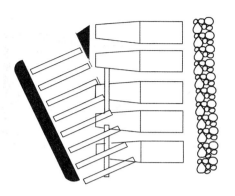

图 3-52　工作面过空巷

二、综采工作面的拆迁和安装

综采工作面收尾时的拆迁和开始时的安装，是一项工作量很大的工作。综采工作面的拆迁和安装要尽量做到时间短、省工时、省材料、费用低、不损坏设备、作业安全。

（一）综采工作面设备拆除

1. 拆除期间的顶板控制

国内外综采设备拆除期间的顶板控制主要有三种方法：金属网加木板梁、金属网加钢丝绳、金属网加钢丝绳加锚杆，分别如图 3-53 中(a)、(b)、(c)所示。三种方法操作过程大致相同：在综采工作面距停采线 10～15 m 时，随工作面的推进铺设双层金属顶网，直到停采线为止，并将金属网连成互相搭接 0.3 m 的鱼鳞状。当顶板稳定性差时，要用锚杆将金属网锚固在顶板上[图 3-53(c)]。在距停采线 6～8 m 时，若用木板控顶，则沿工作面煤壁方向在金属网和支架顶梁之间铺设木板梁，其间距与截深相同，其长度为 2 倍支架宽度，并相互交错放置[图 3-53(a)]；若用钢丝绳，则在支架前梁端双层网下沿煤壁方向铺设钢丝绳，沿工作面推进方向每割一刀煤铺一条[图 3-53(b)、(c)]，钢丝绳的两端固定在工作面两端的木板梁或锚杆上，若固定在木板梁上则应打好锚固柱。在距煤壁停采位置 3 m 时（以支架能转 90°方向为原则），不再移架，架设与工作面煤壁垂直的木棚子，并用单层网或用小板、竹笆之类材料背好煤壁，必要时用锚杆加固煤壁。在支架停止前移后，为了能继续割 2～3 刀煤，可将推移千斤顶加上一节加长段，以便继续前移输送机，至煤壁到达停采位置为止。

用木板控顶，放置木板梁时需降架，操作不方便，安全性差，并且采煤机要停止割煤，木材消耗量大，因此一般只用于顶板较稳定、支架尺寸小、设备质量轻的综采工作面；用钢丝绳管理顶板省材料，可利用废旧钢丝绳，劳动强度小，操作安全，煤产量降低较少，适用于顶板稳定性较差、吨位较大的重型综采设备工作面。当顶板稳定性差、拆迁时矿压显现强烈时，可辅以锚杆加固顶板和煤壁。

2. 综采设备的拆除方法

综采设备的拆除顺序，一般是先拆输送机的机头或机尾，继之拆采煤机和输送机机槽。这些工作在支架掩护下进行，设备的尺寸和质量相对较小，拆除容易。

拆除支架时，首先应在回风巷与工作面交接出口处进行刷大和挑高，并牢固支护，架设好提吊架，以便提吊拆除的设备装平板车外运，也可以在回风巷与工作面交接处挖掘装卸地槽，这样设备无须提吊就可直接拖入平板车外运。若用提吊法装车，可用绞车—滑轮、电葫芦、悬挂液压千斤顶或液压支架自身提吊等多种方法。拆除支架时，一般是先将前探梁降下或拆除，然后用绞车拉支架向前移、调转 90°方向，由回风巷绞车沿底板拖至出口处吊装上平板车外运。当底板较软时，亦可将输送机拆掉机头、机尾和挡煤板等侧边附件，在机槽上设置滑板，支架在绞车拉力下前移上滑板、调向 90°，然后连同滑板一起被绞车拉至出口处，装平板车外运。

支架的拆除顺序依据顶板和运输条件而定，多为后退式，即从工作面的运输巷端退向回

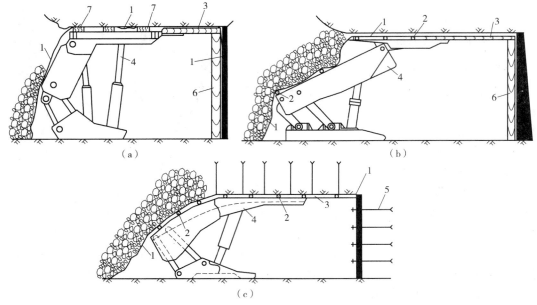

图 3-53　综采工作面设备拆除期间的顶板控制

(a) 金属网加木板；(b) 金属网加钢丝绳；(c) 金属网加钢丝绳加锚杆

1——金属网；2——钢丝绳；3——棚梁；4——自移支架；5——锚杆；6——贴帮柱；7——木板梁

风巷端(装平板车端)拆除，这样的拆除顺序有利于控顶；若运输巷设有轨道，顶板条件好，可由回风巷端向运输巷端拆除，即前进式；或由工作面两端向中间前进拆除，以加快拆除速度。在拆除过程中，可以依次顺序拆除，也可以间隔抽架，这取决于哪种方式对顶板管理有利并能加快速度。

拆除中要加强对零部件的管理，防止损坏和丢失零部件，严格按操作规程作业，对各种设备的零部件、油管、阀组等要仔细清点、记录、包装，防止沾上煤粉而污染零部件，并将各种设备的零部件缚在其主机上一起外运，以便在新工作面重新安装使用。工作面拆除完毕，应尽量回收支护材料，降低工作面搬迁费用。

(二) 综采工作面的安装

1. 开切眼断面的扩大及支护形式

通常，为了减小开切眼的变形量和保证顶板完整性，在设备安装之前开切眼是以小断面掘通的，因此设备安装时一般要重新扩大开切眼断面。如果顶板稳定、压力较小时，可一次先扩完，然后安装设备；反之，如果顶板破碎、压力较大时，可分段扩面，边扩面边安装，即将工作面分成 30～50 m 的几段，扩完一段安装一段。但是这样做会降低安装速度和出现窝工现象。一般只用于顶板压力大、安装时间较长的重型综采设备工作面。开切眼支护视顶板情况可采用与工作面推进方向一致的棚子加铺顶网支护或采用锚杆加顶网支护。

2. 综采设备的组装

依据井巷条件及设备尺寸的大小，综采设备可以在地面工业场地、井下巷道、工作面组装三种方式。地面组装效率高、质量好，组装后还可以进行整套设备的联合试运转，以确保井下安装完成后设备能正常运转，并可按照井下安装顺序在地面将设备排列好，能提高井下安装的速度和效率。老矿井巷道系统复杂、断面小，运输系统不能满足整体运输综采设备的要求，只好将设备解体后下井，在工作面与回风平巷交接处设临时组装硐室，将设备组装好后再运入工作面安装。

3. 综采设备运进工作面的方法

可用绞车将设备拖入工作面，即在工作面的两端头出口处各设置 1 台小绞车，首先用绞车将支架沿底板拖至安装地点，再用两台绞车转向、对位和调正。该方法简单易行，国内多用。若底板松软时，则应铺设轨道，在轨道上设置导向滑板，支架稳放在滑板上用绞车拖运，进入工作面后再入位，其布置如图 3-54 所示。也可以用工作面输送机将支架运入工作面，做法是先安装输送机，但不安装采空侧的附件和机尾传动装置，在机槽上设滑板，把支架放置于滑板上，由刮板链带动滑板至工作面安装处对位调正。这种方法所需设备少，导向可靠，转向容易，安装速度快。我国某些矿区采用单轨吊车将综采设备运入工作面。开切眼扩大断面后，将轨道用锚杆固定在顶板上，也可把轨道架在棚梁上，安装单轨吊车（如图 3-55 所示）。该方法速度快、效率高，但装设顶板轨道比较麻烦，国外使用较多。

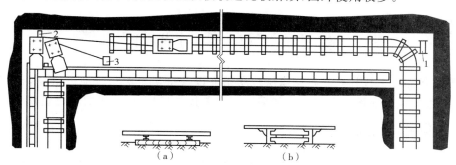

图 3-54　用绞车拖运支架

（a）输送机滑板；（b）轨道滑板

1,2,3——小绞车

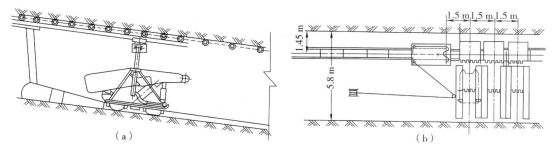

图 3-55　用单轨吊车向工作面运输支架

（a）吊运支架；（b）安装支架

4. 综采工作面的安装顺序

综采工作面设备安装顺序可分为前进式和后退式两种。前进式安装系指支架的安装顺序与运送方向一致，支架的运输路线始终在已安装好支架的掩护下，支架运进时要架尾朝前，便于调向入位。前进式安装可采用分段扩面铺轨道、分段安装的方式，也可采用边扩面、边铺轨、边安装的方式[图 3-56（a）]。后退式安装，一般开切眼一次扩好，并铺好轨道，或直接在底板拖运,然后由里往外倒退式安装支架,支架安装完毕再铺设工作面输送机,最后安装采煤机[图3-56(b)]。该方式适用于顶板条件好、安装时间短的轻型支架。无论是前进式还是后退式安装都应当注意:首先根据转载机与带式输送机的中心线位置确定出工作面输送机机头位置;根据机头位置确定排头支架的中心位置,进而预先测量出每架支架的精确中心点,保证支架定位准确,便于支架与输送机机槽准确连接;支架入位后要立即装好前探梁和各阀组,管路与乳化液泵站接通,升柱支护顶板。

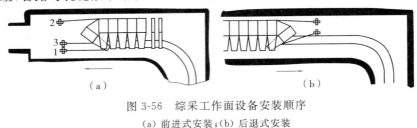

图 3-56　综采工作面设备安装顺序
(a) 前进式安装;(b) 后退式安装
1,2,3——小绞车

第七节　采煤工作面工艺设计

采煤工作面工艺设计就是根据煤层地质条件以及全矿生产系统能力、技术和组织管理水平,合理选择工作面设备及其参数和采煤工艺参数,编制采煤工作面作业规程。

一、确定机采工作面开机率

按照采煤机是否运行以及运行状态如何,机采工作面每日作业时间可按图3-57所列项目分解。

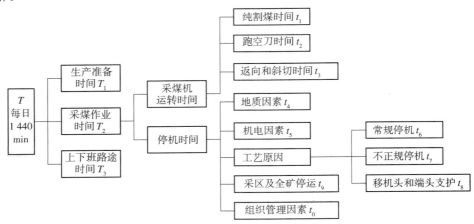

图 3-57　综采工作面每日作业时间分解图

采煤机日开机率 K 就是采煤机运转时间占每日时间的百分比,它综合反映机采面的地质条件、管理水平、设备使用情况和采区各生产系统的可靠性。美国综采工作面的平均日开机率为52%;我国有些综采工作面日开机率也可达50%以上。根据1993年实测,我国平均为28.75%左右,说明我国综采工作面仍有很大生产潜力。综采工作面日开机率可表示为:

$$K = \frac{t_1 + t_2 + t_3}{T} \times 100\% \tag{3-16}$$

式中　t_1——采煤机纯割煤时间,min;

　　　t_2——采煤机跑空刀时间,min;

　　　t_3——采煤机在工作面端头反向操作和进刀时间,min;

　　　T——全日,1 440 min。

采煤班开机率可表示为:

$$K = \frac{t_1 + t_2 + t_3}{T_2} \times 100\%$$

式中　T_2——采煤作业时间,min。

对于地质条件差、设备可靠性及配套水平较低的工作面,采煤班开机率有利于考核准备班工程质量和生产班综合管理水平。

在多数情况下,采煤机跑空刀和在工作面端头反向操作和进刀时间较短,因此班开机率 K 可粗略表示为班纯割煤时间 t_1 与班作业时间 T_2 之比。

提高开机率的途径有:提高工作面的检修速度和质量,减少路途时间损失,增加采煤机作业时间;提高采区及全矿生产系统可靠性,降低生产系统事故率;缩短工作面端头移输送机机头(尾)和端头支架时间,使其不影响采煤机端头作业;提高操作和维修水平,降低机电和顶板事故;加强组织管理,使各工种、各班组之间工作协调,不影响采煤机运转;合理确定工作面参数,最大限度发挥设备效能。

二、机采面的生产能力

当采煤机为单向割煤、往返一刀时,割一刀煤的总时间 t_d 为:

$$t_d = (L - l)\left(\frac{1}{v_c} + \frac{1}{v_k}\right) + t_3 \tag{3-17}$$

当采煤机双向割煤、往返两刀时,t_d 为:

$$t_d = (L - l)\frac{1}{v_c} + t_3 \tag{3-18}$$

式中　L——工作面长度,m;

　　　l——工作面端部采煤机斜切进刀长度,m;

　　　v_c——采煤机割煤时牵引速度,m/min;

　　　v_k——采煤机反向空牵引或清浮煤、割底煤时的牵引速度,m/min;

　　　t_3——采煤机反向操作和进刀所需时间,min(不同进刀方式 t_3 值不同)。

机采面日生产能力 Q_r 为:

$$Q_r = NLMB\gamma C = LMB\gamma C \frac{TK}{(L - l)\left(\dfrac{1}{v_c} + \dfrac{1}{v_k}\right) + t_3} \tag{3-19}$$

式中　N——每日割煤刀数;

　　　K——采煤机日开机率,%;

　　　其余符号同前。

当双向割煤时,则无 $1/v_k$ 项,仍可用该式计算日产量。

三、确定工作面的合理长度

合理的工作面长度是实现高产、高效的重要条件。在一定范围内加长工作面长度,有利于提高产量、效率和效益,并能降低巷道掘进率。但是,工作面长度受设备、煤层地质条件及瓦斯涌出量等因素约束;同时工作面长度增大,生产技术管理的难度也增大。因此,超过一定长度范围,工作面单产、效率、效益以及安全生产条件等都会下降。

（一）影响工作面长度的技术因素

设备条件是影响工作面长度的主要因素之一。我国制造的工作面输送机大都按 $150\sim200$ m 的铺设长度设计的,只要质量可靠,使用中加强技术管理,工作面长度在 $150\sim180$ m 左右,一般都能适应。

煤层地质条件是影响工作面长度的又一重要因素。较大地质构造往往限制工作面长度;小构造使割煤和支护变得困难,工作面愈长,含小构造可能性增多,工作面推进度下降,支护愈加困难。薄煤层、倾角大的煤层,运料、行人、操作等均很困难;采高大时,技术管理和操作难度加大;顶板过于破碎或过于坚硬,顶板管理趋于复杂。这些因素,都会影响工作面长度的选择。

根据技术分析和目前我国煤矿实践经验,缓斜煤层综采工作面长度 L 的合理取值范围是:当煤层采高小于 1.3 m 时,$L=120\sim150$ m;采高 $1.3\sim3.5$ m 时,$L=150\sim240$ m;采高 $3.5\sim4.5$ m 时,$L=120\sim180$ m。普采工作面采高一般不超过 2.5 m,采高 $1.3\sim2.5$ m 时,$L=120\sim180$ m。煤层地质条件差、矿井技术管理水平低,可取下限值。倾角大于 $25°$、采高和缓斜煤层相同时,应适当缩短工作面长度。炮采工作面长度应视装备水平和地质条件而定,当工作面装备双速大功率可弯曲刮板输送机、单体液压支柱时,在地质条件相同情况下炮采工作面长度应与机采面相同。但在机械化程度较高的矿井,炮采工作面多为回收边角煤,不宜过长。

通风能力对工作面长度的影响取决于工作面瓦斯涌出量。在低瓦斯矿井,工作面长度不受通风能力限制。在高瓦斯矿井,工作面的通风能力则是限制工作面长度的重要因素。通风能力所允许的工作面长度可用式(3-20)计算:

$$L=\frac{60vMSC_{\mathrm{f}}}{q_{\mathrm{b}}BPN} \tag{3-20}$$

式中　v——工作面内允许的最大风速,$v=4$ m/s;

　　　S——工作面最小控顶距,m;

　　　C_{f}——风流收缩系数,可取 $0.9\sim0.95$;

　　　q_{b}——昼夜产煤 1 t 所需风量,$\mathrm{m^3/min}$;

　　　B——循环进度,即机采面采煤机截深,m;

　　　P——煤层生产率,即单位面积上出煤量,$P=M\gamma C$,$\mathrm{t/m^2}$;

　　　N——昼夜循环数,即每日割煤刀数。

（二）影响工作面长度的经济因素分析

采用优化设计的方法,可求出单产和效率最高、效益最好的工作面长度。根据工作面日产量 Q_{r} 和工作面长度 L 之间的关系式,用数学分析法也可以分析出经济上最佳的工作面长度。由式(3-19),有

$$Q_r = \frac{TK}{(L-l)\left(\dfrac{1}{v_c} + \dfrac{1}{v_k}\right) + t_3} LMB\gamma C$$

取 L 为变量,对一具体工作面,其他参数基本是常数,于是该式可简化为

$$Q_r = \frac{AL}{L+B} \tag{3-21}$$

每日割煤刀数 N 可表示为

$$N = \frac{KT}{t_d} = \frac{TK}{(L-l)\left(\dfrac{1}{v_c} + \dfrac{1}{v_k}\right) + t_3} = \frac{A'}{L+B'} \tag{3-22}$$

工作面中工人数目可分为随工作面长度变化
而变化的人员数 e 和与工作面长度变化无关的固
定人数 f 两部分,故出勤总人数 D 可表示为 $D = eL + f$,工作面的效率 P 可表示为

$$P = \frac{Q_r}{eL+f} \tag{3-23}$$

对于某一具体工作面,可测定和统计出各参
数,然后以工作面长度 L 为自变量,将各参数分别
代入以上各式,并可作出 $Q_r = f(L)$、$N = f(L)$、$P = f(L)$ 三条曲线,如图 3-58 所示。可见,产量、效
率、日割煤刀数的增加都只是在工作面一定长度范
围内,超过这个范围反而会下降。

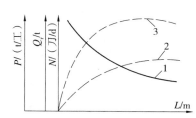

图 3-58　工作面长度与产量、效率和
日割煤刀数的关系

1——$N = f(L)$;2——$Q_r = f(L)$;
3——$P = f(L)$

四、采煤工作面作业规程的内容及编制步骤

采煤工作面投产之前必须编制作业规程。作业规程的内容一般包括:

① 工作面的位置、范围、与相邻工作面的关系及地面概况等一般情况。

② 地质情况,包括可采储量、煤层厚度和倾角、顶底板岩性、地质构造、水文情况等。

③ 采煤方法有关内容,包括巷道及工作面布置图、有关参数、机械设备、工艺方式、各生
产系统。

④ 绘制循环图表、劳动组织和技术经济图表。

⑤ 安全技术措施。

作业规程中大部分内容在有关章节中均已叙述,现主要介绍循环图表的编制方法。

采煤工作面中的有序循环作业是指采煤工作面在规定时间内保质、保量、安全地完成
采、装、运、支、处这样一个采煤全过程,对于普采工作面以放顶为标志、综采工作面是以移架
为标志。循环方式有一日单循环、多循环两种。

国内外实践表明,采煤工作面实现正规循环作业是煤矿生产中一项行之有效的科学管
理方法。它可以使采煤工作面中的各工序在时间上和空间上合理配合、设备有效利用,劳动
力组织和调配得更为合理,从而使工作面高产、稳产和高效。工作面中的正规循环作业有时
会由于种种因素而不能按计划完成,但一般循环完成率不得低于80%。编制采煤工作面循
环作业图,首先应确定工作面的作业形式,也就是一昼夜内工作面中采煤工作与准备工作在

时间上的配合关系。其方式通常有以下四种。

（一）"两采一准"或"边采边准"

即将一昼夜划为三个班。两采一准是指两个采煤班、一个准备班,在采煤班内进行"落、装、运、支、移(输送机)"等工序,准备班进行回柱放顶、检修设备、推移转载机及伸(或缩)运输巷带式输送机等工作(图3-59),一日完成一个循环。边采边准是指三个采煤班,每班设备检修等准备工作约占2h,采煤、放顶平行作业,一日完成三个循环。这两种方式比较适合普采工作面,管理水平高、顶板易垮落时更适合于后者。

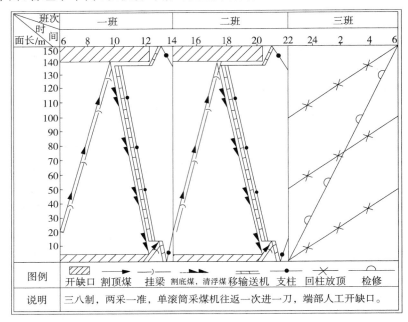

图 3-59 普采工作面正规循环作业图示例

（二）"两班半采煤、半班准备"

综采生产割煤和移架平行作业,无须单独回柱放顶时间,因此准备班工作量较小,主要是检修设备、更换易损零部件、前移转载机、缩短输送机胶带、回收运输和回风巷支架、平巷超前支护等工作。在条件较差的综采工作面,加固煤壁、扶正支架、整理工作面端头等工作也在准备班进行。但这些工作量可以平行进行,一般用半个班可以完成,另半班可以进行采煤作业,如图3-60所示。

（三）"三班采煤、一班准备"

即四六工作制,每班6h工作。这已在一些综采工作面实施,并逐步推广。这种工作制度应与全矿工作制度相协调。

（四）"四班交叉"作业

即每日分为四个班,每班首尾2h是两班工人共同工作,因此可以把工作量大的工序集中在人员较多的交叉时间内进行。该方式多用于炮采工作面,如图3-61所示。

循环作业方式形式很多,应根据各工作面的地质条件、设备及作业人员特点因地制宜地编制作业循环图。

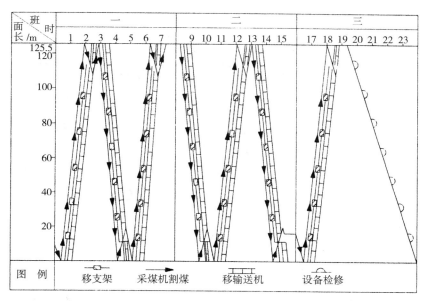

图 3-60　综采工作面作业循环图示例

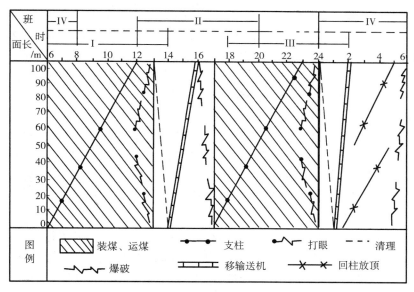

图 3-61　炮采工作面"四班交叉"作业循环图示例

　　为了使各工序在时间和空间上充分配合,要处理好主要工序与次要工序的关系,保证主要工序顺利进行,尽量增加出煤时间。其他辅助工序尽可能与采煤平行进行,注意空间上的合理配合,保证作业安全。根据上述要求,可排出工艺流程图(图 3-62)作为编制循环图的基础。

五、采煤工作面劳动组织形式的选择

　　采煤工作面的劳动组织是以循环作业为基础的,但是劳动组织形式也会直接影响到循

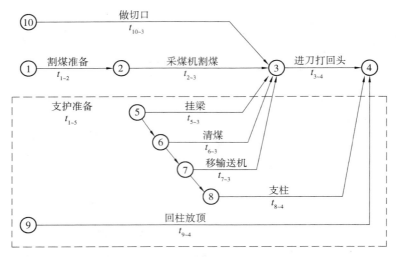

图 3-62　普采工作面"三班出煤"工艺流程图

环的完成情况,从而影响工作面的产量和效率。长壁采煤工作面的组织形式主要有三种。

（一）分段作业

这种组织形式一般是采用综合工种,即将工作面按长度划分为若干段,每段由一个采煤小组负责,小组内的工人均为综合工种,共同完成该段内的所有工作。这种劳动组织形式的优点是:便于劳动力的搭配和培养一职多能;工人熟悉工作地点的情况,有利于安全作业。这种劳动组织形式在我国应用广泛,既适用于炮采工作面也适用于日进多刀的综采工作面。刨煤机工作面全部采用这种劳动组织形式。

（二）追机作业

该组织形式一般是将工作面的工人按专业分为若干组,随着采煤机割煤,各专业组跟随采煤机及时完成各项工作。这种劳动组织形式的优点是工种单一,便于实行工种岗位责任制,工作效率高。其缺点是分工过细,跟机作业时劳动强度大,而当采煤机停止割煤时,又可能造成窝工、形成忙闲不均。普采工作面和综采工作面均可以采用这种形式。

（三）分段接力追机作业

该组织形式是上述两种劳动组织形式的综合。通常的做法是:将工作面分为若干小段,工人分为若干小组,每个工作小组在一小段内实行综合工种,完成一小段工作后再向前追机,完成另一小段的工作。这样,各小组轮流接力追机前进,既可以减轻劳动强度又能充分利用工时,必要时还可以集中力量处理事故。这种组织形式在普采工作面和综采工作面均可采用。

复习思考题

1. 简述我国采煤工艺的发展过程。

2. 长壁采煤法有哪几种主要采煤工艺？说明它们的主要特点及相互关系。

3. 爆破采煤工艺由哪些主要采煤工序组成？

4. 简述爆破落煤的主要操作过程、炮眼布置形式及其适用条件。

5. 绘图说明炮采工作面单体支架布置形式,并解释以下名词:正悬臂支架、排距、柱距、最大和最小控顶距、放顶步距、全部垮落法处理采空区。

6. 说明近年来炮采工艺技术发展的新成果及提高炮采工艺单产和效率的途径。

7. 简述普通机械化采煤的工艺过程及其适用条件。

8. 使用单滚筒采煤机割煤时怎样确定滚筒的转向? 怎样选择割煤的方式?

9. 普采工作面单滚筒采煤机割煤、移输送机、进刀三个工序之间有什么联系? 怎样确定三者的最优配合形式?

10. 普采工作面单体支架有哪几种布置方式? 怎样选择?

11. 普采工作面端头支架的特点是什么? 有哪几种形式?

12. 怎样确定普采工作面支柱密度、排距、柱距、采煤机滚筒截深、工作面两端切口长度和深度?

13. 试分析普采工作面采用单双滚筒采煤机对产量、效率和顶板管理的影响。

14. 综采采用双滚筒采煤机割煤时怎样确定滚筒的位置和转向?

15. 说明综采双滚筒采煤机的割煤、进刀方式及其适用条件。

16. 综采工作面有哪几种移架方式? 不同移架方式对工作面整体移架速度和顶板管理有什么影响?

17. 移架与移输送机顺序不同对综采生产和顶板管理有什么影响?

18. 综采工作面端头支护方式有哪几种? 各适用于什么条件?

19. 综采工作面设备之间有哪些主要配套几何尺寸? 它们对综采生产及顶板管理有何影响?

20. 试分析影响综采工作面生产能力的各种因素及其相互关系。

21. 薄煤层机采面设备有哪些特点?

22. 简述刨煤机采煤的特点及刨煤机类型。

23. 简述大采高、大倾角综采的工艺特点及煤壁防片帮、设备防下滑的措施。

24. 简述炮采、普采、综采工艺的选择依据。

25. 简述采煤工作面过断层的技术措施。

26. 简述综采工作面设备拆除、安装时期的顶板控制方法以及安装、拆除工艺过程。

27. 简述机采工作面开机率的概念和计算方法。

28. 在进行机采面工艺设计时怎样概算工作面生产能力?

29. 试分析工作面的合理长度及影响合理长度的技术因素。

30. 熟悉并掌握工作面作业规程的内容和编制方法。

第四章 单一走向长壁采煤法采煤系统

第一节 示 例

单一走向长壁采煤法主要用于缓斜、倾斜薄及中厚煤层或缓斜 3.5～5.0 m 厚煤层,其采煤系统比较简单。急斜煤层应用较少(见本编第八章)。为了对采区的生产系统有一个完整的了解,现以示例进行说明,如图 4-1 所示。

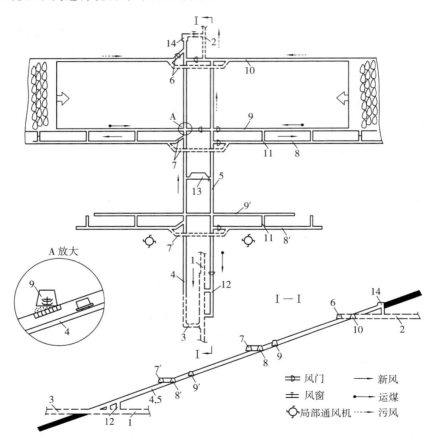

图 4-1 单一煤层采区巷道布置

1——采区运输石门;2——采区回风石门;3——采区下部车场;4——轨道上山;5——运输上山;
6——上部车场;7,7′——中部车场;8,8′,10——区段回风巷;9,9′——区段运输巷;
11——联络巷;12——采区煤仓;13——采区变电所;14——绞车房

该采区开采一层煤,为薄或中厚煤层,煤层埋藏平稳,地质构造简单,瓦斯涌出量小,采区沿倾斜划分为三个区段,普通机械化采煤,采区走向长 1 200 m。

采准工作的顺序是:在采区运输石门(1)接近煤层处,开掘采区下部车场(3)。由下部车场向上,沿煤层分别开掘轨道上山(4)和运输上山(5),两条上山相距 20 m,至采区上部边界后,以采区上部车场(6)与采区回风石门(2)连通,形成通风系统。此后,为了准备出第一区段的采煤工作面,在上山附近第一区段下部掘中部车场(7),并用双巷掘进的方法掘进两翼的第二区段回风巷(8)和第一区段的运输巷(9),其倾斜间距一般 8~15 m(薄煤层取下限),即为区段煤柱(上区段采后,以维护下区段回风平巷)。回风巷(8)超前运输巷(9)约 100~150 m 掘进,沿走向每隔 80~100 m 掘联络巷(11)沟通两巷,回风巷(8)和运输巷(9)掘到采区边界后再掘出开切眼。与此同时,在采区上部边界,从上部车场(6)向两翼开掘第一区段的回风巷(10)。在掘进上述各巷道的过程中,还要开掘采区煤仓(12)、变电所(13)和绞车房(14)。

当上述巷道和硐室的规格质量经验收合格后,再安装所需要的机电设备,形成一个完整的采区生产系统,便可交工投产。

随着第一区段的回采,应及时开掘第二区段的中部车场(7′)、回风巷(8′)、运输巷(9′)和开切眼,准备出第二区段的采煤工作面,以保证工作面的正常生产接替。同理,在第二区段回采时,准备出第三区段的有关巷道。这种先采第一区段,再采第二区段,从上向下的顺序开采,称为区段下行式开采顺序。

采区的生产系统,按图 4-1 所示加以说明。

一、运煤系统

在运输上山和运输巷内均铺设有刮板输送机。其运煤路线为:工作面运出的煤炭,经运输巷、运输上山到采区煤仓上口,通过采区煤仓在采区运输石门装车外运。

最下一个区段工作面运出的煤,则由区段运输巷至运输上山,在运输上山铺设 1 台短刮板输送机,向上运至煤仓上口。

二、运料排矸系统

运料排矸采用 600 mm 轨距的矿车和平板车。物料自下部车场(3),经轨道上山到上部车场(6),然后经回风巷(10)送至采煤工作面。区段回风巷(8,8′)和运输巷(9,9′)所需的物料,自轨道上山(4)经中部车场(7,7′)送入。

掘进巷道时所出的煤和矸石,利用矿车从各平巷运出,经轨道上山运至下部车场。

三、通风系统

采煤工作面所需的新鲜风流,从采区运输石门进入,经下部车场、轨道上山、中部车场(7),分成两翼经平巷(8)、联络眼(11)、运输巷(9)到达工作面。从工作面出来的污风,经回风巷(10),右翼直接进入采区回风石门,左翼侧需经车场绕道(6)进入采区回风石门。

掘进工作面所需的新鲜风流,从轨道上山经中部车场(7′)分两翼送至平巷(8′)。在平巷内由局部通风机送往掘进工作面,污风流则从运输巷(9′)经运输上山回入采区回风石门。

采区绞车房和变电所需要的新风是由轨道上山直接供给的。采区绞车房的回风是经联络小巷处的调节风窗回入采区回风石门;变电所的回风是经输送机上山进入回风石门;煤仓不通风,煤仓上口、上山刮板输送机机头硐室的新风直接由石门(1)通过联络巷中的调节风窗供给。

为使风流能按上述路线流通,在相应地点需设置风门。

四、供电系统

高压电缆由井底中央变电所经大巷、采区运输石门、下部车场、运输上山至采区变电所。经降压后的低压电由低压电缆分别引向回采和掘进工作面附近的配电点以及上山输送机、绞车房等用电地点。

五、压气和安全用水系统

掘进岩巷时所用的压气,采掘工作面、平巷以及上山输送机转载点所需的防尘喷雾用水,分别由地面(或井下)压气机房和地面储水池(或井下小水泵)以专用管路送至采区用气用水地点。

由示例可见,为使采区具备完整的生产系统,必须开掘以下几种类型的巷道:

① 直接为采煤工作面服务的回采巷道——开切眼和区段平巷。其中,区段运输巷,也称为输送机巷,简称机巷;区段回风巷,也称区段轨道巷,简称风巷或轨巷。

② 为各区段服务的准备巷道——上山巷道。其中,用做运煤的称运煤上山,也称运输上山、输送机上山;铺设轨道用做辅助运输(运送设备、材料、矸石等)的称为轨道上山。除此之外,有时还需要增设专用的通风行人上山。

③ 联结区段平巷(大巷)和采区上山,作为运输转载用的准备巷道——采区上、中、下部车场。

④ 安装机械电气设备用的准备巷道——绞车房、变电所等采区硐室。

⑤ 附属于上述各类巷道的一些联络巷道。

上述巷道在每个采区内都是不可缺少的,对于不同类型的采区,只是需要根据煤层的地质条件和生产技术装备不同,将其合理地加以布置而已,有的还可能需要增加某些巷道。

第二节　采煤系统分析

一、区段的参数

区段的参数包括区段斜长和压段走向长度。

区段斜长为采煤工作面长度、区段煤柱宽度及区段上下两平巷宽度之和。采煤工作面长度一般为 $120\sim180$ m,对于薄煤层可略短一些,对于综采一般应不小于 150 m;区段煤柱宽度一般为 $8\sim15$ m,薄煤层时取下限;区段平巷宽度对于普采约为 $2.5\sim3.0$ m,对于综采约为 $4.0\sim4.5$ m。

区段走向长度即采区走向长度。如图 4-1 所示,采区采用双翼开采时,区段或采区一翼走向长度即为采煤工作面连续推进长度,对于普采一般不小于 500 m;对于综采由于采煤工作面搬迁困难,一般不小于 $1\,000$ m。

区段参数的确定还与采区准备等很多因素有关,可参见第十三章第三节有关内容。

二、区段平巷的坡度和方向

区段的回风巷、运输巷,这些巷道虽称为平巷,实际上并不是绝对水平的。在实际工作中为了便于排水和有利于矿车运输,它们都是按照一定坡度(0.5%～1.0%)布置和掘进的。但由于坡度很小,所以除在巷道施工方面需加以注明外,一般在进行巷道系统的布置和分析时,都以水平巷道对待。

（一）普通机械化采煤的区段平巷布置

在区段回风巷中,为便于运送设备、材料,普遍铺设轨道,采用矿车和平板车运输。

区段运输巷中,有时安设了多台刮板输送机串联运输,1台刮板输送机长一般100～150 m;产量较大的普采工作面,在靠近工作面的一段设置1台刮板输送机,以适应工作面在推进过程中经常缩减输送机长度的需要,而刮板输送机后面连接1台带式输送机。为适应底板起伏不平,以铺设吊挂式带式输送机为好;产量大的普采工作面也可采用转载机和可伸缩带式输送机运输。

在区段回风巷内铺设轨道用矿车运输时,要求巷道基本水平,只保持一定流水坡度,允许巷道有一定弯曲;运输巷中铺设输送机时,对于巷道坡度变化可有一定适应性,但要求巷道必须直,既使采用可弯曲的刮板输送机也要尽量保持直线铺设,才能很好发挥效能。区段平巷由于与采煤工作面紧密联结,故要求必须沿煤层开掘,如果煤层沿走向的起伏变化小,上述不同运输设备对巷道布置的要求则比较容易满足。但是实际上煤层沿走向几百米的范围内,常常有起伏变化。为此必须根据煤层底板等高线的变化布置和开掘区段平巷。

以图 4-2 为例,在煤层底板等高线上从 E 点掘区段平巷到 A 点,如果按腰线掘进平巷,沿煤层就成为与底板等高线同样弯曲的巷道,这时可铺设轨道使用矿车运输,而不适宜铺设输送机。为了适应输送机取直的需要,如果从 A 点按中线掘进巷道,即如图中虚线 $ABCDE$ 所示,这时巷道的起伏变化将会很大,有的地方甚至高出 1.0 m 或低下 1.2 m,并且在垂直

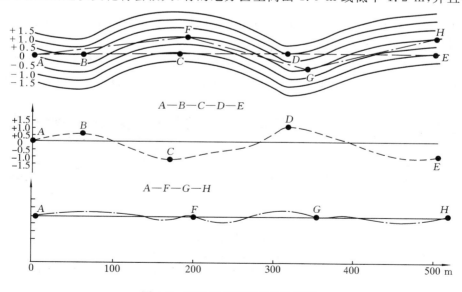

图 4-2　区段平巷坡度变化示意图

面上呈弯曲状,则不完全适于输送机的运转。所以,在实际生产中,常选取几个主要的转折点,同时考虑每台输送机有适当的长度,取折线布置,如图中点画线 AFGH 所示。这就是在现场巷道实测平面图上经常见到的区段回风巷呈弯曲状,区段运输巷呈折线形状,如图 4-3 所示。对于走向变化较大的区段运输巷,铺设带式输送机有困难,只得采用多台刮板输送机串联运输。这种情况下,生产能力小,可靠性较低,采煤工作面的生产能力受到较大影响[图 4-3(a)]。

由此可见,轨道巷沿煤层走向掘进时,只要及时地给出腰线,就比较容易掌握掘进巷道的方向和位置。而输送机巷在掘进前就需掌握煤层变化的实际情况,确定转折地点,以便按中线掘进,掘进中的定向工作比较困难。因此,上区段的输送机巷常与下区段的轨道回风巷同时掘进,且轨道回风巷超前一段距离,用以探明煤层变化,为输送机巷定向创造条件;同时,输送机巷低洼处的积水,可通过联络巷由区段轨道巷排出。

(二)综合机械化采煤的区段平巷布置

在运输巷内,为适应产量大的需要均设置了转载机和带式输送机,同时为减少增减支架的麻烦,要求工作面长度等长,因此对区段上下两平巷均应力求做到直线且互相平行布置。

区段平巷采用直线或局部折线布置时,需注意采取措施解决巷道内局部地段的积水问题。必要时需设置专门小水泵排除积水。

三、区段平巷的单巷布置和双巷布置

在普通机械化采煤时,由于采煤工作面可以不等长布置,采用双巷布置时通常区段轨道平巷超前区段运输平巷沿腰线掘进(参见图 4-1),既可探明煤层变化情况又便于辅助运输及排水。同时在瓦斯含量较大、一翼走向长度较长的采区,采用双巷掘进有利于掘进通风和安全;其主要缺点是提前开掘下区段轨道平巷,虽有区段煤柱护巷,但维护常比较困难,且增加了联络巷的掘进费用及相应的密闭费用。区段煤柱可以在下区段回采时采出一部分,如图 4-3(a)所示。

采用双巷布置时,从回采顺序要求来看,宜上区段采煤工作面结束后立即转到下区段进行回采,以减少轨道巷的维护时间。

当瓦斯含量不大、煤层埋藏较稳定、涌水量不大时,一般常采用单巷布置[见图 4-3 (b)]。只要加强掘进通风管理,减少风筒漏风,单孔掘进长度一般可达 1 000 m 以上。

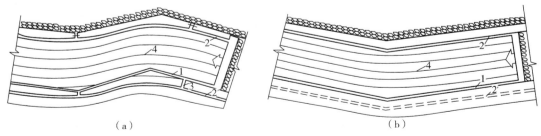

(a) (b)

图 4-3 区段平巷的坡度及方向

(a)炮采、普通机械化采煤;(b)综合机械化采煤

1——区段运输巷;2(2′)——区段回风(轨道)巷;3——联络巷;4——煤层底板等高线

在综合机械化采煤时,采用单巷布置,区段运输巷中的一侧需设置转载机和带式输送机;另一侧设置泵站和移动变电站等电气设备,故巷道断面较大,一般达 12 m² 以上。由于产量大、通风量大,区段回风巷断面基本与运输巷相同或不小于 12 m²。由于巷道断面较大,不利于巷道掘进和维护,要求平巷采用强度较高的支护材料。根据围岩条件可采用梯形金属支架或 U 型钢拱形可缩性支架。条件适宜时,也可采用锚杆支护。

采用双巷布置时,可减小巷道断面,将带式输送机和电气等其他设备分别布置在两条巷道内,如图 4-4(a)所示。输送机巷随采随弃,电气设备平巷加以维护,作为下一区段的回风巷。其缺点是,配电点至用电设备的输电电缆需穿过联络巷,当配电点移过一个联络巷的距离时,需将输电电缆和油管等也要从原来的联络巷倒到下一个联络巷中去。这就需要进行移置和重新拆接电缆和油管等工作,给生产、维修带来不便。

同时,由于综采要求工作面等长布置,下区段轨道巷也要求沿中线掘进,采用双巷布置在普通机械化采煤时的一些优点已基本消失(如区段轨道巷可起探煤作用、便于区段排水等),仅可对区段运输巷的积水起到疏导作用;另外,下区段轨道巷的断面仍应保证下区段综采时通风要求,有时不得不重新扩巷。因此,只要平巷维护条件许可,一般大多采用单巷布置方式,如图 4-4(c)所示。

在低瓦斯矿井,煤层倾角小于 10°、允许采用下行风的条件,也可采用将配电点及变电站布置在区段上部平巷中,这种布置方法又称为分巷布置法。区段上部平巷进风,区段运输巷回风,如图 4-4(b)所示。但是,应注意对瓦斯和煤尘的管理工作,以保证安全生产。这样布置也可以减小巷道断面。

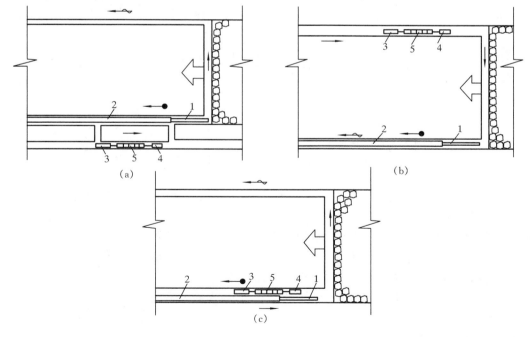

图 4-4　综采区段平巷布置图

(a) 双巷布置;(b) 单巷布置(设备分巷布置);(c) 单巷布置(电气设备设在区段运输巷)

1——转载机;2——带式输送机;3——变电站;4——泵站;5——配电点

必须指出,平巷断面较小时,采煤工作面采煤机进刀困难,往往需要开切口,给采煤工艺带来不便。

对于瓦斯含量很大的矿井,有的需要在工作面回采前预先抽采瓦斯;有的工作面后方采空区瓦斯涌出量很大,也需要加强通风和排放采空区瓦斯。在这种情况下,区段回风巷可采用双巷布置,如图4-5所示。阳泉煤业集团将靠近采空区的一条回风巷主要用来排放瓦斯,称为瓦斯尾巷。

四、单工作面布置和双工作面布置

双工作面布置如图4-6所示,俗称对拉工作面布置。对拉工作面的实质,是利用三条区段平巷准备出两个采煤工作面。其生产系统为:中间的区段平巷铺设输送机作为区段运输巷,这时,上工作面的煤炭向下运到中间运输巷,下工作面的煤炭则向上运到中间运输巷,由此集中运送到采区上山。由于下工作面的煤炭是向上运送,因此下工作面的长度应根据煤层倾角的大小及工作面输送机的能力而定。随着煤层倾角增大,下工作面的长度应比上工作面短一些。上下两条区段平巷内铺设轨道,分别为上下两个工作面运送材料及设备等服务。

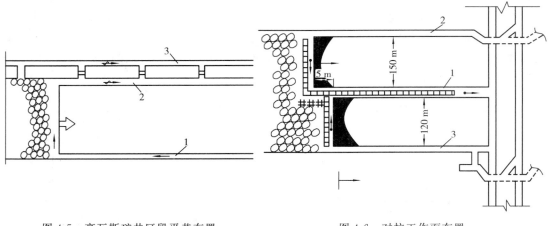

图 4-5 高瓦斯矿井区段平巷布置　　　　　　图 4-6 对拉工作面布置
1——区段运输巷;2——区段回风巷;3——瓦斯尾巷　　1——中间运输巷;2——上轨道巷;3——下轨道巷

对拉工作面的通风方式主要有以下两种:第一种是由中间的区段运输巷进风,分别清洗上下工作面之后,由上下区段平巷回风,或者从上下平巷进风、中间平巷回风。无论哪一种都有一个工作面是下行风。所以,只适用于煤层倾角不大的情况。第二种是由下部区段轨道巷及中间区段运输巷进风,而集中由上部轨道巷回风,称为串联掺新的通风方式。可根据煤层倾角和瓦斯情况,按有关规定选择合适的通风路线。

上下工作面之间一般有错距,通常不超过 5 m,用木垛加强维护,错距不允许过大,否则中间运输巷维护困难。上下工作面上部或下部工作面均可超前。当工作面有淋水时,一般采用下部工作面超前的方式。

对拉工作面的明显优点是可以减少区段平巷的掘进量和相应的维护量,提高采出率。由于上下两个工作面同采并共用一条运输巷,可以减少设备,使生产集中;便于统一管理采煤工作面生产,避免窝工,提高效率,因而取得了良好效果。

对拉工作面一般适合于非综采、倾角小于15°、顶板中等稳定以上、瓦斯含量不大等条件下使用。

五、回采顺序

工作面回采顺序一般有:后退式、前进式、往复式和旋转式等几种。回采顺序不同,区段平巷布置也不同。

工作面向采区运煤上山方向推进的回采顺序,称后退式,如图 4-7(a)所示,是我国最常用的一种回采顺序。

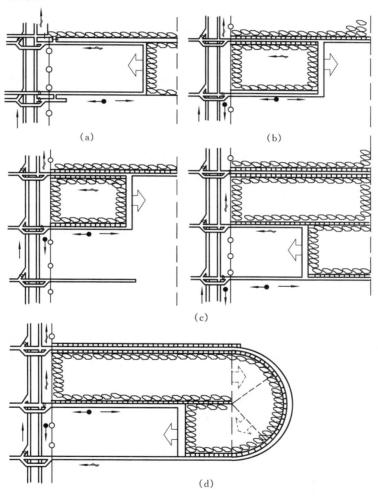

图 4-7 工作面回采顺序
(a)后退式;(b)前进式;(c)往复式;(d)旋转式

工作面背向采区运煤上山方向推进的回采顺序,称前进式,如图 4-7(b)所示,其区段平巷不需预先掘出,只需随工作面推进在采空区中留出,即所谓沿空留巷。沿空留巷前进式采煤的优点是可减少平巷掘进的工程量,可提高采出率;但是,巷道必须采取有效支护手段和防漏风。由于区段平巷不预先掘出,煤层赋存条件不明,一般宜在地质构造简单时使用。这种方式目前在我国采用较少。

往复式回采如图 4-7(c)所示,实质是前两种回采方式的结合,兼有上述两种方式的优缺点。主要特点是在上区段回采结束时采煤工作面设备可直接搬迁到其下面的工作面,可缩短设备搬运的距离,节省搬迁时间,这对综采是一个很有利的因素。我国应用综采较多的矿区,如开滦、阳泉、鸡西等应用较多。在采区边界布置有边界上山时则应用更为有利。

旋转往复式回采如图 4-7(d)所示。它实际是使采煤工作面旋转 180°,并与往复式回采相结合,实现工作面不搬迁而连续回采。我国鸡西、阳泉等矿区的一些综采工作面曾试用过这种回采方式。但是,我国综采设备上井大修周期一般不超过两年,因此采用旋转往复式,一般只宜旋转一次。只有提高综采设备可靠性、加强设备维护,才能允许多次旋转往复。旋转式回采时边角煤损失较多,影响资源回收;回采技术操作及管理较复杂,旋转时产量、效率较低等,这些也是我国应用较少的一个原因。

前进式、往复式在国外应用较多,我国近年来随着综采和沿空留巷护巷技术的发展,逐步开始应用并取得了一定效果,在今后还需不断改进和完善。

六、区段无煤柱护巷

区段无煤柱护巷有沿空留巷和沿空掘巷两种方法。

采用区段无煤柱护巷,使区段平巷沿采空区布置,可避开或削弱固定支承压力的影响,能改善巷道维护状态,减少煤炭损失,技术经济效益显著。

(一) 沿空留巷

它一般适用于开采缓斜和倾斜、厚度在 2 m 以下的薄及中厚煤层。这种方法与留煤柱时相比,不仅可减少区段煤柱损失,而且可大量减少平巷掘进工程量。

沿空留巷时区段平巷的布置主要有三种:前进式沿空留巷、后退式沿空留巷和往复式沿空留巷[图 4-7(b)、(c)]。

前进式沿空留巷:工作面前进式回采,沿采空区留出平巷。

后退式沿空留巷:先掘出区段运输巷到采区边界,工作面后退式回采,回采后再沿空留出平巷作为下区段回风巷。这种方式可克服前进式回采时前方煤层赋存情况不明和留巷影响工作面端头采煤等缺点,但要增加平巷的掘进工程量。

我国目前采用后退式沿空留巷比较多。为了减少沿空留巷的维护时间,在回采顺序上要求上区段回采结束后立即转入下区段回采。

(二) 沿空掘巷

沿空掘巷,即沿着已采工作面的采空区边缘掘进区段平巷。这种方法利用采空区边缘压力较小的特点,沿着上覆岩层已垮落稳定的采空区边缘进行掘进,有利于区段平巷在掘进和生产期间的维护。它多用于开采缓斜、倾斜、厚度较大的中厚煤层或厚煤层。

沿空掘巷虽然没有减少区段平巷的数目,但是不留或少留煤柱,可减少煤炭损失和区段平巷之间的联络巷道,特别是可减少巷道维修工程量甚至基本上不用维修,对巷道支护要求也不太严格,易于推广。

在采用沿空掘巷时,需要根据煤层和顶板条件,通过观测和试验确定沿空巷道的位置和掘进与回采的间隔时间,在布置和掘进巷道时还需要采取一些措施。

　　沿空掘巷时的区段平巷布置与回采顺序有关,沿空掘巷时采煤工作面接替有两种方式:区段跳采接替和区段依次接替,如图4-8所示。

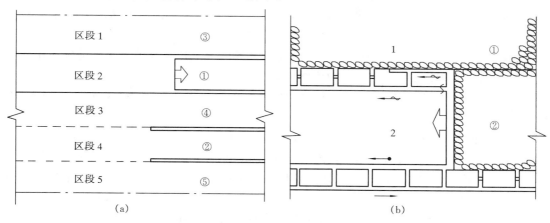

图4-8　沿空掘巷采煤工作面接替方式和区段平巷布置

(a) 区段跳采接替;(b) 区段依次接替

　　区段跳采接替时,工作面的回采顺序如图4-8(a)所示。由于在采空区上覆岩层尚未垮落稳定之前不能进行沿空掘巷,因此工作面接替要采用跳采方式。图中2区段在回采,4区段正在煤体中掘进上下两平巷,1、3、5区段将采用沿空掘巷。其回采顺序为2→4→1→3→5。采区内仅有一个采煤工作面生产时,有时也可在采区左、右翼进行跳采。与区段依次回采相比,跳采方式巷道掘进工程量少,在采区内区段数目较多时布置较方便,故采用较普遍。跳采方式的主要缺点是生产系统分散,相邻区段采空后回采中间区段时,出现"孤岛"现象,矿山压力显现强烈,在深部煤层开采时易出现冲击地压。

　　区段依次接替时[图4-8(b)],区段平巷采用双巷布置,为使下区段轨道平巷避开较大支承压力的影响,要留设区段煤柱。由于区段煤柱最终要回收,为便于巷道维护,煤柱尺寸可以较大(25～30 m)。下区段工作面回采时,在区段煤柱上部超前采煤工作面沿采空区掘巷,并隔一定距离通过联络巷与区段轨道巷相通。沿空掘进的巷道主要用做工作面通风,运料仍利用原轨道巷,在轨道巷近工作面处设风帘挡风。这种方式主要适合于采区内区段数较少或由于矿山压力较大等原因不宜进行跳采时使用。其主要缺点是增加平巷及联络巷的掘进工程量。

　　按具体的巷道位置,沿空掘巷有完全沿空掘巷和留窄小煤柱沿空掘巷两种,如图4-9所示。沿空巷道位置的确定,主要考虑便于掘进施工等因素。当沿空掘进巷道受采空区矸石窜入的影响比较严重、掘进施工困难时,可采用留2～3 m窄小煤柱的布置方法。一般情况下,以完全沿空掘巷为好。

图4-9　沿空掘巷的巷道位置

(a) 完全沿空掘巷;(b) 留窄小煤柱的沿空掘巷

沿空巷道必须在采空区顶板岩石活动稳定后开始掘进,否则受移动支承压力的剧烈影响,巷道掘进时就需要维修,甚至难以维护。因此,掌握好掘进滞后于回采的间隔时间是十分重要的。一般情况下,这一间隔时间应不小于 3 个月,通常为 4～6 个月,个别情况下要求8～10 个月。坚硬顶板比软顶板需要的间隔时间长一些。

沿采空区掘进巷道要比沿煤层掘进巷道施工困难,主要是需要采取一些措施防止采空区矸石窜入巷道和防止冒顶事故。通常需要考虑采取以下措施:

① 尽量减少掘进时的空顶面积,爆破前支架跟到掘进工作面顶头,爆破后及时打上临时支柱。

② 适当缩小每次爆破的进度,并减少炮眼个数和装药量。

③ 巷道支架适当加密,并用木板或荆条等材料刹好顶帮。

④ 完全沿空掘巷时,如原有巷道为木棚支护,其下帮棚腿不要撤掉,并钉上荆笆或木板等,使之起挡矸作用。

由于沿空掘巷的巷道受压较小,对支护要求不如沿空留巷严格,一般梯形金属支架、木支架均可用,故在国内应用广泛。

七、采场通风方式和回采巷道布置

采场通风方式的选择与回采顺序、通风能力和巷道布置有关。特别是高瓦斯矿井、高温矿井需要风量大,通风方式是否合理成为影响工作面正常生产的重要因素。在这种情况下,对工作面通风应满足如下原则要求:

① 工作面有足够风量并符合《煤矿安全规程》要求,特别要防止工作面上隅角积聚瓦斯。

② 沿空留巷时的巷旁应采取防漏风措施。

③ 风流应尽量单向顺流,少折返逆流,系统简单,风路短。

④ 根据通风要求,进回风巷应有足够的断面和数目。

采场通风方式有 U、Z、Y、H、W 形等几种,见图 4-10 所示。

(一) U 形通风[图 4-10(a)]

在区内后退回采方式中,这种通风方式具有风流系统简单、漏风小等优点,但风流线路长、变化大。当前进式回采用这种通风方式时,漏风量较大。这种通风方式,如果瓦斯不太大,工作面通风能满足要求,既可采用。目前,这种通风方式在我国用得比较普遍。当瓦斯较大、除回风巷外还设有瓦斯尾巷时,如图 4-5 所示,则称为 U＋L 形通风。

(二) Z 形通风[图 4-10(b)]

由于进风流与回风流的方向相同,所以也可称为顺流通风方式。当采区边界有回风上山时,采用这种通风方式配合沿空留巷可使区段内的风流路线短且长度稳定,漏风量小,通风效果比 U 形方式好。

(三) Y 形通风[图 4-10(c)]

当采煤工作面产量大和瓦斯涌出量大时,采用这种方式可以稀释回风流中的瓦斯。对于综采工作面,上下平巷均进新鲜风流有利于上下平巷安装机电设备,可防止工作面上隅角积聚瓦斯及保证足够的风量。这种方式也要求设有边界回风上山;当无边界上山、区段回风巷设在上平巷进风巷的上部(留设区段煤柱护巷)时,则称为偏 Y 形通风(即图 4-5 中将巷 2

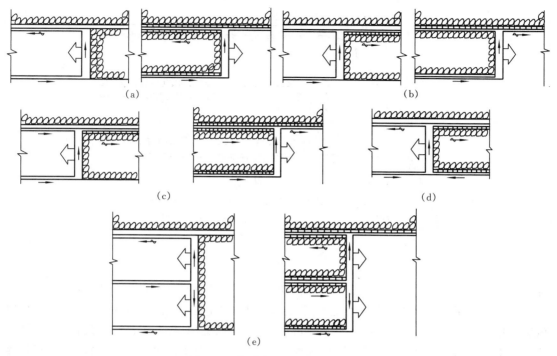

图 4-10　各种类型通风方式示意图

(a) U 形通风方式；(b) Z 形通风方式；(c) Y 形通风方式；(d) H 形通风方式；(e) W 形通风方式

改为进风时)。

(四) H 形通风[图 4-10(d)]

与 Y 形通风的区别在于工作面两侧的区段运输、回风巷均进风或回风,增加了风量,有利于进一步稀释瓦斯。这种方式通风系统较复杂,区段运输巷、回风巷均要先掘后留,掘进、维护工程量较大,故较少采用。

(五) W 形通风[图 4-10(e)]

当采用对拉工作面时,可用上下平巷同时进风(或回风)和中间平巷回风(或进风)的方式。采用 W 形通风方式有利于满足上下工作面同采,实现集中生产的要求。这种通风方式的主要特点是不用设置第二条风道;若上下端平巷进风,在该巷中回撤、安装、维修采煤设备等有良好环境;同时,易于稀释工作面瓦斯,使上隅角瓦斯不易积聚,排炮烟、煤尘速度快。

上述各种通风方式应根据工作面产量、风量要求等具体条件进行选择。

八、受构造影响时区段平巷的布置

在实际条件下,不少采区均有断层存在,从而影响区段平巷布置。图 4-11 为采区内断层较多时区段平巷布置示例。

在图中,采区煤层倾角较小,一翼走向长为 800~1 000 m,有多条断层将采区切割成不规则自然块段,图示为采区的一部分。F_1 断层落差 4~5 m,F_8 断层落差 4 m,F_{10} 断层落差 2~7 m,采区边界 F_{12} 断层落差为 10 m。采用单一走向长壁采煤法综采工艺。为减少断层的影响,利用断层切割的自然块段划分区段。区段平巷沿断层折线定向、分段取直平行布

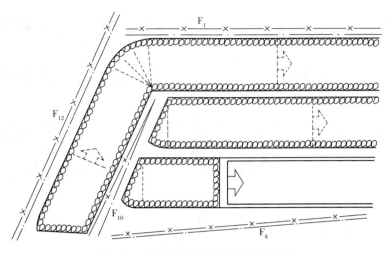

图 4-11　受构造影响时的区段平巷布置

置。有的开切眼沿断层布置,回采工作的初期进行扇形调向回采。折线布置使工作面伪斜向上或向下回采。这种布置既能增加综采工作面连续推进长度、减少综采搬迁次数、减少边角煤的损失、增加采区的可采储量,而且可以扩大综采的适用范围、提高技术经济效益,同时结合回采巷道布置采用必要的探巷,可提前搞清采区内的地质情况,能为巷道的合理布置提供可靠依据,保证综采采区正常生产,为在复杂地质条件下使用综合机械化采煤创造条件。

当区段内遇到陷落柱时,应根据陷落柱的分布范围合理布置区段平巷。若区段内局部有陷落柱,可采用绕过的方法,陷落柱前方另开一短工作面切眼,缩短工作面长度,沿陷落柱边缘重新掘进一段区段平巷,待工作面推过陷落柱后再将两个短工作面对接为一长工作面,如图 4-12(a)和(b)所示;当区段内陷落柱范围较大时,则必须跳过陷落柱重新布置开切眼,如图 4-12(c)所示。

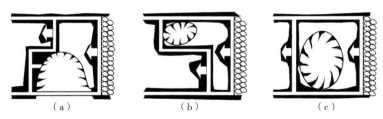

（a）　　　　　　　　（b）　　　　　　　　（c）

图 4-12　遇陷落柱时的区段平巷布置

第三节　单一走向长壁采煤法的应用

单一走向长壁采煤法是我国采煤方法中应用最多的一种。

这种采煤方法主要适用于顶板易于垮落的缓斜、倾斜薄及中厚煤层。近年来其应用范围有扩大的趋势。

对于顶板极坚硬的薄及中厚煤层,过去长期采用刀柱式采煤法,其工艺落后、效率低。

20 世纪 80 年代中期以来,大同等矿区成功地采用了高阻力液压支架进行强制放顶或注水软化顶板,扩大了单一长壁垮落采煤法的适用范围并取得了良好的技术经济效果,从而逐步代替了刀柱式采煤法。

对于厚度为 3.5～5.0 m 的缓斜厚煤层,20 世纪 80 年代末期以来采用了新的综采设备,成功地实现了大采高一次采全厚。邢台东庞矿采高可达 4.7 m。西山、徐州、义马、铁法等矿区也相继应用成功。这种方法防止了过去丢弃相当厚度的顶煤或底煤(过去有的矿煤厚四米多,只采三米多),提高了资源的采出率;同时与分层开采比较,简化了巷道布置,节省了铺网工序,提高了效益。生产实践表明,过大的采高也造成了许多不利因素。采高越大,支架质量越大(如采高 4.5 m,每架支架重约 17.5 t;采高 5 m 时,则为 22 t)且支护阻力呈非线性变化,煤壁发生片帮的频率及范围增大。显然,既增加设备投资和搬迁困难,又会增加工艺的难度。因此,国内目前认为采高最好不超过 4.5 m,最大不超过 5.0 m。

因此,只要条件许可,可推广应用大采高一次采全厚的单一走向长壁综合机械化采煤法;若条件不适宜,则这种情况下宜采用一般综合机械化分层开采。

复习思考题

1. 绘图说明单一走向长壁采煤法的采区巷道布置、掘进顺序和生产系统。
2. 不同采煤工艺对区段平巷的坡度和方向各有什么要求?
3. 说明区段平巷单巷布置和双巷布置的特点及应用。
4. 说明单工作面布置和双工作面布置的特点及应用。
5. 绘图说明采煤工作面回采顺序的几种方式及应用。
6. 绘图说明采场通风的几种方式及其适用条件。
7. 受构造影响时区段平巷布置的特点有哪些?

第五章 倾斜分层走向长壁下行垮落采煤法

目前,倾斜分层采煤法在我国开采缓斜和倾斜厚煤层应用得非常广泛。倾斜分层的各分层,可采用类似于开采缓斜、倾斜薄及中厚煤层时所采用的采煤工艺进行回采。第一分层回采后,下分层是在垮落的岩石下进行回采,为保证下分层采煤工作面的安全,上分层必须铺设人工假顶或形成再生顶板。

同一区段内上下分层工作面可以在保持一定错距的条件下,同时进行回采,称之为"分层同采";也可以在区段内采完一个分层后,经过一定时间,待顶板垮落基本稳定后,再掘进下分层平巷,然后进行回采,称之为"分层分采"。

第一节 示 例

一、采区巷道布置

图 5-1 表示分层同采时走向长壁下行垮落采煤法的一种巷道布置系统。如图所示,将厚煤层分为 3 个分层,采区沿倾斜划分为 3～5 个区段。由于上下分层同采,开掘有供各分层共用的区段运输集中平巷和区段轨道回风集中平巷。

由于在厚煤层中巷道维护较困难,尤其是服务年限长的巷道更是如此。图 5-1 中运输大巷(1)和回风大巷(2)都布置在底板岩层中。采区运输上山(4)、轨道上山(5)和区段运输集中平巷(10)也布置在底板岩层中,并用联络石门和溜煤眼与各分层平巷联系。

二、巷道掘进顺序

当运输大巷和回风大巷的掘进工作面超过采区沿走向的中央位置一定距离后,即可开始采区的准备工作。首先,在采区沿走向的中部位置,由运输大巷(1)开掘采区下部车场(3),并由此在底板岩层中掘进轨道上山(5)和运输上山(4),一般距煤层底板约 10～15 m。两者沿走向相距 20～25 m。两条上山掘至采区上部边界后,轨道上山以上部平车场(6)与回风大巷(2)相通,而运输上山则直接与回风大巷(2)相连接,形成通风回路。然后,在第一区段下部掘进中部车场的甩车场(7)、区段回风石门(8),并由此向采区边界掘进区段集中平巷(9 和 10)。区段集中轨道平巷(9)沿下区段顶分层回风平巷位置开掘。在巷 10 和巷 9 中分别每隔一定距离(按一部刮板输送机的长度,即 100～150 m)掘溜煤眼(12)和联络眼(11),以备与分层运输平巷相通。当巷 10 和巷 9 掘至采区边界附近时,由近边界的一个溜煤眼和联络巷进入煤层上分层,并开始掘上分层第一区段的超前分层运输平巷(14)和开切眼。与此同时,在第一区段上部,利用阶段回风大巷(2)兼做区段回风集中平巷,并由此每隔一定间距(通常为 150～200 m)掘回风小石门(13)与分层回风平巷相连通。同样,从靠近采区边界的回风小石门掘上分层的超前回风平巷(15)与开切眼相连通。这样第一区段上分层的采煤工作面就准备完毕。

在掘进上述巷道的过程中,要将下部的采区煤仓(19)、采区变电所(16)、绞车房(17)、区段溜煤眼(18)等硐室及有关的联络巷道掘完,并完善各车场。各巷道及硐室的规格质量经检查合格后,即可安装机电设备移交生产。

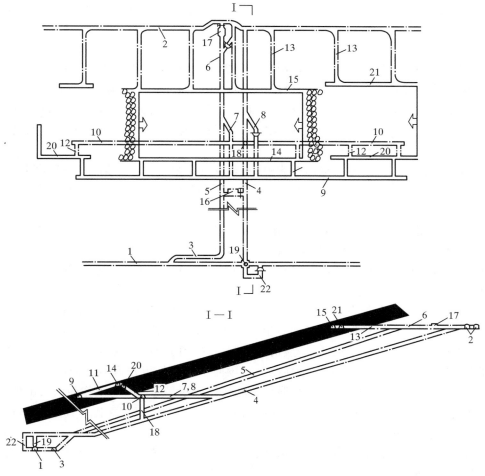

图 5-1　倾斜分层走向长壁下行垮落采煤法分层同采采区巷道布置

1——岩石运输大巷;2——岩石回风大巷;3——采区下部车场;4——运输上山;5——轨道上山;
6——采区上部车场;7——甩车场;8——区段回风石门;9——区段轨道集中平巷;
10——区段运输集中平巷;11——联络斜巷;12——溜煤眼;13——回风小石门;14——上分层运输平巷;
15——上分层回风平巷;16——采区变电所;17——绞车房;18——区段溜煤眼;19——采区煤仓;
20——中分层运输平巷;21——中分层回风平巷;22——行人联络巷

在工作面投产后,随着工作面的推进应继续掘进上分层工作面的超前运输和回风平巷。其超前距离要求保持有两个溜煤眼与分层运输平巷相通,以及在工作面采过一个区段回风石门前,超前回风平巷已与下一个区段回风石门相连通。待上分层工作面采过靠边界的第一个溜煤眼后,便可滞后一定时间由联络眼(11)在假顶下面掘进第二分层同一区段的超前运输平巷(20)和开切眼,从区段回风石门掘进第二分层工作面的超前回风平巷(21)。同样,在第二分层采过后,可按相同的方式掘进第三分层的超前平巷及开切眼。从而实现厚煤层在同一区段内几个分层同时回采的系统。

采区内各区段的开采顺序也是自上而下。因此,第一区段回采结束前,应及时准备出第二区段的有关巷道。

三、生产系统

(一) 运煤系统

在工作面和分层运输平巷内铺设刮板输送机,在区段运输集中平巷和运输上山内安设吊挂式带式输送机。其运煤路线为:分层工作面→分层区段超前运输平巷(14)(或20)→溜煤眼(12)→区段运输集中平巷(10)→区段溜煤眼(18)→运输上山(4)→采区煤仓(19)→大巷装车外运。在平巷(10)与车场(7)的交汇处,需抬高输送机以便矿车从其下方通过。

(二) 材料运输系统

采煤工作面所需的材料运输路线为:材料和设备自采区下部车场(3)→轨道上山(5)→上部车场(6)→回风大巷(2)→回风小石门(13)→区段超前回风平巷(15)(或21)送至分层工作面。

区段分层超前运输平巷(14和20)掘进时所需的材料,自轨道上山(5)→中部车场(7)→轨道集中平巷(9)→联络斜巷(11)运至掘进工作面。

区段运输集中平巷(10)所需的材料,由轨道上山(5)经中部甩车场(7)运入。

(三) 排矸系统及掘进出煤系统

由于区段集中平巷设在底板岩层中,并相应地要开掘许多岩石溜煤眼和联络石门,故采区内有较多的矸石需要外运。为了不使生产期间的出煤与排矸相互干扰,以及不因岩石掘进工程进展缓慢而影响生产准备,一般情况下同一区段内的岩石巷道应尽量在区段准备期间,即在该区段投产前全部掘完。这样在该区段回采期间不再排矸石。分层超前运输平巷(14及20)在掘进时所出的煤,经溜煤眼(12)和运输集中平巷(10)与工作面回采出煤一道运出。分层回风平巷(15和21)超前掘进时所出的煤在装入矿车后,经上部车场(6)、轨道上山(5)至下部车场(3)运出。

准备第二区段工作面时所出的煤和矸石,一律装矿车经轨道上山和下部车场运出。

(四) 通风系统

采区内采掘地点及其他工作地点的通风路线(见图5-1)为:新鲜风流由运输大巷(1)→下部车场(3)→轨道上山(5)→中部车场(7)→运输集中平巷(10)和轨道集中平巷(9)→联络斜巷(11)[有两个溜眼(12)与分层运输平巷(14)相通,其中一个溜煤眼可进风]→分层运输平巷(14)(或20)→采煤工作面。污风由采煤工作面→分层回风平巷(15)(或21)→回风小石门(13)→经回风大巷(2)排入大气。

当上区段底分层与下区段顶分层工作面同采时,上下区段必须独立通风,通风系统如图5-2所示。在甩车场(7)靠近回风平巷处打上风门,在区段回风石门(8)处撤掉风门,在联络巷(11)处打上密闭,在(8)与区段平巷(10)交汇处应设有风桥或在施工时将(8)略为抬高,擦区段平巷(10)顶部而过。溜煤眼(12)同时用来运煤及进风时,应将其分隔(用木板隔开),使通风与溜煤互不干扰,同时风速不得超过规定。

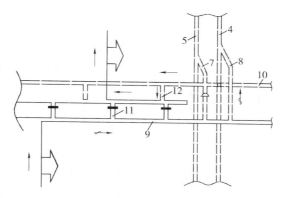

图 5-2　上下区段同采时的通风系统

（图注同图 5-1）

第二节　采煤系统分析

一、区段分层平巷的布置

开采厚煤层时,各分层平巷的相互位置对于巷道的使用和维护状况影响较大。分层平巷主要有以下三种基本布置形式。

（一）倾斜式布置

这种布置方式中各分层平巷是按 25°～35°角呈斜坡式布置,一般适用于倾角小于 15°～20°的煤层。上区段的分层运输平巷与下区段的分层回风平巷之间常留有区段煤柱,煤柱尺寸视煤层厚度、倾角、煤质松软程度等因素而定,一般情况下煤柱宽度不小于 15 m,或更大些。倾斜式布置又有内错式与外错式之分。内错式布置就是将下分层平巷置于上分层平巷内侧,即处于上分层采空区下方,形成正梯形的区段煤柱。各分层平巷内错半个至一个巷道宽度,如图 5-3（a）所示。这时,下分层巷道处于上分层顶板垮落后形成的应力降低区内,比较容易维护,并且沿假顶掘进,方向容易掌握。其问题是区段煤柱愈到下面愈大,工作面则愈到下面愈短,特别是当分层层数较多时,这一问题更为突出。外错式布置就是将下分层平巷置于上分层平巷的外侧,处于上分层煤柱的下面,形成倒梯形的区段煤柱,如图 5-3（b）所示。此时,下分层巷道处于固定支承压力范围内,维护困难,并且在下分层工作面的上下出口处没有人工假顶,采煤和支护均较困难。这种方式上部分层的区段煤柱尺寸大,而愈到下部分层,工作面长度则愈长。故这种分层外错式布置采用较少。

图 5-3　分层平巷布置

（a）倾斜内错式；（b）倾斜外错式；（c）水平式；（d）垂直式

1——上区段分层运输平巷；2——下区段分层回风平巷

倾斜式布置有利于从分层运输平巷往下溜煤。

（二）水平式布置

各分层平巷布置在同一水平标高上，区段煤柱呈平行四边形，如图 5-3(c)所示。这种布置方式对于材料运输、行人和通风都比较方便，分层运输平巷处于上分层采空区下面，压力小，易于维护。但分层回风平巷正好处于区段煤柱下，受到固定支承压力的作用，维护比较困难。对于区段煤柱尺寸，应注意使上下区段分层平巷间的垂距不小于 5 m，因此一般用于倾角大于 20°～25°的煤层，否则区段煤柱太大。

（三）垂直式布置

各分层平巷沿铅垂方向呈重叠式布置，区段煤柱呈近似矩形，如图 5-3(d)所示。这种布置方式在煤层倾角小于 8°～10°，特别是在近水平厚煤层条件下，可减小区段煤柱尺寸，分层平巷受支承压力的影响也较小，易于维护。同时，下分层平巷沿上分层平巷铺设的假顶掘进，容易掌握方向。

二、区段集中平巷的布置

倾斜分层走向长壁下行垮落工作面的巷道布置系统，和单一走向长壁工作面基本相同，即在采煤工作面上端有回风平巷，下端有运输平巷。为了减少这些巷道的维护量（即减少巷道维护长度及缩短维护时间）和改善维护条件，并保证上下分层同采时有完善的生产系统，常需要布置区段集中平巷。区段集中平巷包括区段轨道（回风）集中平巷及区段运输集中平巷。采用区段集中平巷具有以下优点：

① 可为超前采煤工作面掘进分层平巷和多头掘进提供条件，并缩短区段的准备时间，有利于采掘接替。

② 可以实现上下分层工作面同采，有利于增加采区产量和合理集中生产。

③ 第二分层以下各分层的运输平巷均是在上部分层的采空区下方掘进，矿山压力小，易于维护。由于分层平巷为超前掘进，而且随采煤工作面推进而报废，其维护长度及维护时间短，维护费用低。

④ 各分层工作面采出的煤均可利用集中运输平巷运输，系统简单，占用设备少，管理集中。

（一）区段集中平巷的布置方式

区段集中平巷的布置方式一般有两种。

1. 一煤一岩集中巷布置方式

这种布置方式如图 5-1 所示。区段轨道集中平巷 9 布置在煤层中，超前于区段运输集中平巷 10 掘进，可先探清煤层变化情况，为区段岩石运输集中平巷掘进定向。区段轨道集中平巷一般沿煤层顶板挂腰线掘进，它不但用做上区段各分层采煤工作面进风、行人、排水以及分层超前运输平巷掘进头运送材料的通道，它还可作为下区段顶分层的回风平巷。在上区段工作面回采期间，为使轨道集中平巷不致被回采形成的支承压力压垮，在上区段分层平巷与轨道集中平巷之间必须留设宽度足够的煤柱。

区段运输集中平巷内往往安装有运输能力较大的吊挂式带式输送机，为该区段所有的分层工作面服务。采完上区段后，及时拆除带式输送机并铺设轨道，作为下区段的回风集中平巷。

由于轨道集中平巷维护时间长,并且要经受上区段各分层及下区段顶分层回采所形成的支承压力的影响,因此这种布置方式维护较困难。

2."机轨合一"的集中巷布置方式

"机轨合一"的布置方式即是将区段轨道集中平巷及运输集中平巷合并为一条巷道,通常布置在底板岩层中。图 5-4 为"机轨合一"集中平巷的一种布置形式示意图。

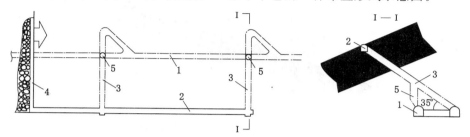

图 5-4　"机轨合一"区段集中平巷

1——机轨合一区段岩石运输集中平巷;2——分层超前运输平巷;

3——机(溜槽)轨合一联络斜巷;4——采煤工作面;5——溜煤眼

在图示的"机轨合一"区段集中平巷中,沿巷道上帮(上位煤岩层方向)铺设输送机,沿巷道另一帮铺设轨道。

"机轨合一"巷的布置方式省去了一条区段集中平巷和部分联络石门,掘进和维护工程量较少。若将巷道选在适当的位置,可以免受采动影响,便于维护;设备集中布置在一条巷道内,可以充分利用巷道断面,带式输送机的安装和拆卸可以利用同一巷道中的轨道运送,比较方便。

"机轨合一"布置的缺点是:巷道的跨度和断面较大,因掘进时没有煤巷定向,巷道层位不好控制,掘进施工比较困难,进度较慢;运煤和运料在同一巷道内,管理复杂;当上下区段需要同时开采时,通风问题较难解决;在集中平巷与区段溜煤眼及采区中部车场联结处,设备和线路的布置比较复杂,需合理解决输送机与轨道的平面交叉问题。

在采用"机轨合一"集中平巷的矿井中,为解决通风问题,常在区段走向的边界位置附近掘一条岩石斜巷,将区段运输和回风集中平巷连通,其中设调节风门,以使巷道处于正常通风状态,同时也利于下分层巷道掘进时的通风及上下区段同采时构成完善的通风系统。

"机轨合一"巷布置方式适用于煤质松软、底板岩层较稳定、涌水量不大、采掘机械化水平较高的情况。有的矿区由于煤层极易自燃,综采工作面也采用区段集中巷布置。为了使综采工作面长度保持一定,集中平巷和分层平巷均挂中线按设计方位掘进,无须先掘煤层轨道平巷为集中平巷定向。当分层平巷使用吊挂式带式输送机时,分层平巷与集中平巷之间的联络斜巷间距可加大至 $200\sim400$ m,以减少联络巷道的掘进工程量。采用综采时,由于工作面单产高,一般分层依次回采,这种情况下区段集中平巷除主要用做煤炭及材料运输外,还起通风、采空区灌浆和防灭火等作用。下分层工作面的区段平巷也可通过集中平巷在上分层采空区下方的应力降低区内掘进。

(二) 区段岩石集中平巷的位置

区段运输集中平巷一般布置在煤层底板较稳定的岩层中,并注意选择适当的位置,使其处于受采动影响较小的区域,以便于维护和减少维修费用。

根据上部煤层开采后底板岩层内应力重新分布的状况（见图5-5），区段集中巷应布置在应力升高区以外。

通常巷道的合理位置应符合两个要求：

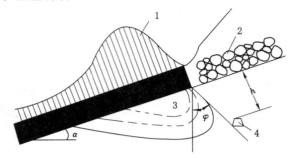

图5-5　区段岩石集中平巷位置的选择

1——煤体上方应力分布；2——采空区；3——底板岩层中应力升高区；4——区段集中平巷

① 巷道与煤层底板之间的垂直距离 h 应不小于一定数值。显然，h 愈大，位于底板岩层中的巷道就愈能避开支承压力的影响。但是集中巷与区段分层平巷间联络巷道的长度也将随之增大，使岩巷工程量增加，故 h 值不宜过大。

② 应将巷道布置在压力传递影响角 φ 以外。由图5-5可见，仅根据 h 值还不能完全保证巷道不处于底板应力升高区域内，还必须使之处于压力传递影响角之外。

影响 h 和 φ 值的主要因素是：支承压力的大小、煤层底板岩层性质和地质构造。支承压力愈大，h 和 φ 值亦将愈大。而支承压力的大小，则受开采深度、煤层厚度、倾角、顶底板岩层性质、煤柱尺寸和煤的硬度等因素的影响。当底板岩石较坚硬时，支承压力在煤层底板岩层中传递的深度较小，同时围岩本身抵抗变形的能力也较强，这时 h 和 φ 值都较小。因此，集中巷应选在比较坚硬的稳定底板岩层中，一般以布置在底板的砂岩或石灰岩层中为宜。同时还要注意水和地质构造对集中巷的影响。

根据我国一些矿区的经验，最小的 h 值一般为 $8\sim12$ m，影响角 φ 值视煤层倾角和底板岩性，介于 $25°\sim55°$ 之间，如图5-6所示。

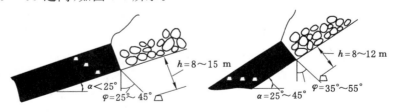

图5-6　区段岩石集中平巷的合理位置

（三）分层平巷与集中平巷间的联系方式

区段集中平巷与分层平巷间的联系方式，主要根据其用途、煤层倾角、分层平巷的布置形式及用途、掘进工程量的大小、采区巷道布置全局的合理性等因素而定。一般有石门、斜巷和立眼联系三种方式。

石门联系的优点是：掘进施工、运料和人员行走方便。主要缺点是：石门用做运煤时，不能实现煤炭重力运输，石门中要铺设输送机，多占用设备；当煤层倾角较小时，石门长度较长，掘进工程量大。因此，在倾角适宜的缓斜厚煤层中，最好在区段运输平巷处采用斜巷联系，倾角为30°～35°左右，可实现煤炭重力运输；而在区段回风平巷处尽可能用石门联系，以利于行人和运料[见图5-1和图5-7(a)]，此时区段分层运输平巷采用倾斜布置，分层回风平巷采用水平布置。

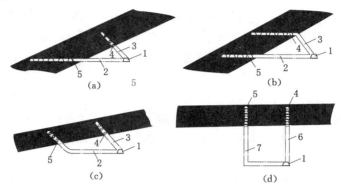

图 5-7　分层平巷与集中平巷的联系方式

1——区段集中平巷；2——联络石门；3——运煤斜巷；4——分层运输平巷；

5——分层回风平巷；6——溜煤立眼；7——联络运料斜巷

　　当煤层的倾角较大，区段分层运输和回风平巷均为水平布置时，可采用石(煤)门与溜眼相结合的形式联系分层运输平巷与集中平巷，采用石门联系分层回风平巷与集中平巷的布置见图5-7(b)。当煤层倾角较小、分层运输和回风平巷均为倾斜式布置时，可采用倾斜溜眼重力运煤，采用石门和斜巷相结合的方式联系分层回风平巷与集中平巷的布置见图5-7(c)。当煤层倾角很小或为近水平、分层平巷为垂直布置时，采用溜眼重力运煤，而运送材料、设备及行人仍采用斜巷联系(斜巷平行于煤层走向)，如图5-7(d)所示。

　　在实际选择联络巷的形式时，往往根据其用途、煤层倾角、地质条件、采区巷道布置的总体合理性等因素进行综合考虑，将前述的几种基本联系方式组合应用。

　　(四) 上下分层同采时采煤工作面的合理错距

　　在同一区段内上下分层同采时，采煤工作面之间应保持一定的错距。错距的大小取决于上分层采过后顶板垮落及稳定的状况。下分层工作面必须在上分层采空区的顶板垮落基本稳定后才能超前掘进及回采，以保证生产安全。所以通常下分层采煤工作面滞后时间不少于三四个月。直接顶厚度较小而基本顶十分坚硬时，由于基本顶周期来压较强烈，上下分层工作面的开采应间隔较长的时间和距离；相反，若直接顶厚度较大且松软易冒，而基本顶又不十分坚硬时，可适当缩短错距和间隔时间。至于第二分层以下各分层工作面的错距，由于上覆岩层是已松散的岩体，易于稳定，其错距也可适当缩短。在技术上可能的条件下缩短上下分层采煤工作面错距有明显优点，可增加同采工作面个数，也可避免假顶因时间过久而腐烂。

　　有些矿区由于煤层自然发火危险较大，在采空区采取黄泥灌浆的措施，这种情况下上下分层工作面间隔时间及错距应适当加大，上分层工作面采后要进行灌浆，然后进行脱水，脱水后才能进行下分层工作面超前平巷的掘进及采煤准备工作。

　　当应用再生顶板时，由于再生顶板的形成通常需要半年到一年以上的时间，故上下工作面的错距更大,实际上往往只能分层逐次回采。

三、无区段集中平巷的布置

无区段集中平巷的布置即分层分采的巷道布置方式。分层分采的特点是每一分层的区段平巷都是单独准备的,没有共用的区段集中平巷。分层平巷不是利用集中平巷随采煤工作面超前掘进,而是当上一分层采完并待顶板垮落基本稳定后,在假顶(或再生顶板)下面一次沿全长掘出下一分层的平巷。工作面的运输和通风则利用其直通采区上山的分层平巷实现,无须开掘集中平巷和联络巷道。

无区段集中平巷布置方式的优点是,准备及生产系统简单,取消了岩石区段集中平巷及联络巷等岩石工程,有利于减少掘进率和加快掘进速度;同时为有利于形成再生顶板,下分层的准备工作要等上分层工作面采完、垮落岩层基本稳定之后才进行。

这种布置方式在工作面单产较低的情况下存在以下缺点:

(1)不能实现同区段内上下分层同采,开采强度低,区段和工作面的增产潜力小。同时,相邻上下分层也不能及时接替。

(2)为减少采动对分层巷道的影响,上下相邻区段的采煤工作面也往往难以接替(否则要留设尺寸较大的区段煤柱),因而常实行两翼倒替或区段间隔回采(跳采),当采区内有两个以上采煤工作面时,就会导致多区段同采,生产分散,工作面及区段平巷设备搬迁距离远;而且当煤层倾角较大时,又不宜采用区段跳采。

(3)各区段平巷均沿全长一次掘出,维护长度大,维护时间长,维护费用高。

(4)同区段上下分层的回采间隔时间长,假顶可能腐烂,对下分层采煤工作面顶板管理不利。由于区段和采区的实际生产时间持续很长,增加了煤炭自燃的危险。

应该指出,随着采掘机械化水平提高,特别是广泛使用综采的情况下,由于工作面单产高,一个生产采区一般布置一个综采工作面即可满足采区生产能力的要求,不存在开采强度低的问题。同时综采工作面推进速度较快,使分层巷道维护时间较短,加之近年来巷道维护技术的发展,使分层巷道维护困难的问题基本得到解决,即一般不再需要分层同采。因此,近年来随着综采工艺的推广应用,以及防灭火技术的发展,无区段集中平巷的分层分采方式得到较大的发展。

四、跨上山回采时的巷道布置

当采区上山布置在底板岩层中时,上部煤层中的采煤工作面可以跨越上山回采,使上山处于采空区下方的应力降低区内,如图 5-8 所示。在采煤工作面接近上山前后的一段距离内,上山受移动支承压力的影响较大,而跨越上山一定距离之后则可使上山长期处于稳定状态。

不同的跨上山回采顺序,以及是否保留区段煤柱,对上山巷道的压力分布和维护状况影响较大。为使上山在跨采过程中维护良好,应注意以下几点:

(1)将上山布置在煤层底板比较坚固稳定的岩层中,与上部煤层的法线距离一般应大于 10 m。

(2)当上山两翼均布置有后退式工作面时,跨采的工作面必须在另一翼的工作面还远离上山时就跨越上山,以免采区上山同时受到两侧采动的影响。

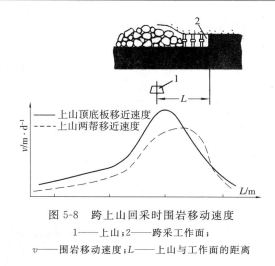

图 5-8　跨上山回采时围岩移动速度

1——上山；2——跨采工作面；

v——围岩移动速度；L——上山与工作面的距离

（3）跨采工作面跨越上山后的停采线与上山间的水平距离一般应大于 20 m。

（4）跨上山回采时应不留设区段煤柱，否则在区段煤柱的下方，采区上山将受到很大的固定支承压力的作用，难以维护。

根据有无区段集中巷，跨上山开采的巷道布置形式亦不同。在有区段集中岩石巷道时，可利用区段集中巷和联络巷在跨采的不同时期，构成采煤工作面的生产系统。以图 5-1 中左侧的采煤工作面为例，跨越上山前的生产系统如本章第一节中所述。跨过上山后工作面的生产系统则如图 5-9 所示（图中巷道名称与图 5-1 相同），其运煤、通风、材料运输和行人均通过联络巷、区段集中巷、采区上山形成完整的系统。在这种情况下，工作面在上山的右翼存在煤炭反向运输的问题。跨采工作面可跨过上山一段距离后停采，然后在另一翼另布置采煤工作面后退回采，也可以在跨过上山后连续向采区边界推进。如采取这种推进方式，

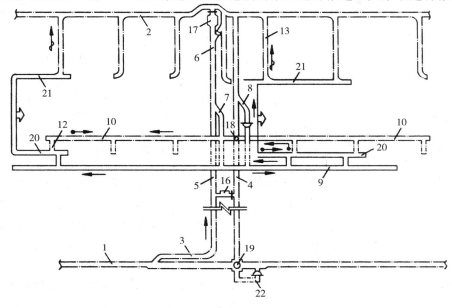

图 5-9　跨采工作面跨越上山后的生产系统

则上下分层平巷与集中平巷间的最后一个联络巷必需布置在采区边界附近的工作面停采线位置上。

在没有区段岩石集中巷时，则必须在采区另一翼布置边界上山，才能实现跨上山连续回采，如图 5-10 所示。工作面跨越上山前，其生产系统与普通分层分采的分层工作面相同；跨过上山后，则利用前方的上山构成新的生产系统。

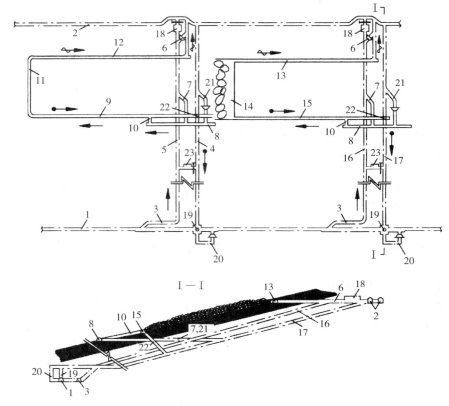

图 5-10　无区段岩石集中巷时的跨采工作面生产系统

1——岩石运输大巷；2——岩石回风大巷；3——下部车场；4——运输上山；5——轨道上山；
6——上部车场；7——中部车场；8——下区段顶分层回风巷；9，15——分层运输巷；10——联络巷；
11——第二分层工作面开切眼；12，13——分层回风巷；14——第一分层跨采工作面；
16——边界轨道上山；17——边界运输上山；18——绞车房；19——采区煤仓；
20——行人联络斜巷；21——区段回风石门；22——溜煤眼；23——采区变电所

跨上山连续回采有利于改善上山的围岩应力状态，使上山长期处于应力降低区内，便于维护，并可加大采煤工作面的走向推进长度。所以，现在的许多综采工作面都采用了跨上山回采方式，以加大采煤工作面连续推进的距离，减少搬迁次数及搬迁费用，充分发挥综采设备的效益。同时，跨上山开采也有利于实现无煤柱开采，提高煤炭采出率，减少煤炭自然发火的危险。

采用跨多上山连续回采，通常不设区段集中巷，各组上山间的走向距离以 500～800 m 为宜。距离过小则上山数量多，岩石掘进工程量大，不经济；上山距离过大则因煤层平巷太长，会造成运输及巷道维护的困难。若设岩石区段集中巷，则分组上山间距应加大。

五、无煤柱护巷时的巷道布置

上下区段分层平巷间一般都留有护巷煤柱,并起隔离采空区的作用。但在厚煤层中留煤柱,不仅煤损大,且留下自然发火的隐患。同时,由于煤柱上支承压力的作用,有时即使留设较宽的煤柱,区段巷道的维护仍很困难。因此,不少厚煤层采区采用了无煤柱护巷的方式,即区段间不留煤柱,采用沿空掘巷或沿空留巷的方法,沿着上区段采空区边缘掘进下区段的分层平巷,或保留上区段的分层运输巷用做下区段的分层回风巷。

沿空留巷时,由于分层平巷要经受上下区段分层工作面的多次采动影响,加之平巷位于厚煤层中,维护十分困难,维护成本较高,因此,目前只用于开采薄及中厚煤层。在厚煤层顶分层,只要妥善解决留巷的支护及巷旁充填等技术环节,也可在煤层结构简单、顶板中等稳定、倾角小于15°的低瓦斯矿井中采用沿空留巷,而中下分层的沿空留巷尚处于试验阶段。

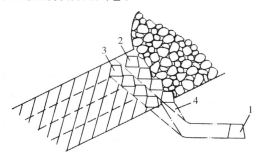

图 5-11 沿空掘巷示意图
1——区段集中运输巷;2——分层运输巷;
3——分层回风巷;4——联络斜巷

沿空掘巷一般是恢复上区段的溜煤斜巷,各分层再依次沿空掘巷。当溜煤斜巷难以恢复时,则按下区段分层回风巷的位置,另掘新的联络巷,如图 5-11 所示。

目前,沿空掘巷主要用于顶板中等稳定及以下的缓斜煤层。在分层分采时,为了保证有足够的掘进滞后时间,使上分层工作面采空区内的垮落岩石稳定后再沿空掘巷准备下分层或下区段。因此,上下相邻分层及上下相邻区段接替的工作面必须实行两翼倒替或区段间隔回采(跳采);当采用区段集中巷时,沿空掘巷则较为有利,特别是"机轨合一巷",可利用区段集中巷尾随上区段工作面沿空掘进下区段的分层平巷,而不实行跳采。

第三节 采煤工艺特点

由于采用分层开采,使得厚煤层倾斜分层走向长壁采煤法的采煤工艺比普通的薄及中厚煤层走向长壁采煤法具有某些特点。

一、顶分层采煤工艺的特点

顶分层采煤工作面的顶板是煤层的原生顶板,其采煤工艺与中厚煤层长壁采煤法基本相同,只是增加了要为下部分层铺设假顶或形成再生顶板的工作。

(一)人工假顶

我国煤矿中采用的人工假顶,主要有以下几种。

1. 竹笆或荆笆假顶

我国有些矿区就地取材采用竹笆或荆笆等材料作为人工假顶的材料,取得了较好的控顶效果和技术经济效果。

竹笆是用竹片或细竹竿经铁丝编织而成的笆片,宽约 0.7~1.0 m,长约 2.2~2.4 m。

荆笆是用荆条交织编成的笆片。竹笆或荆笆的铺设见图 5-12。在铺设笆片前，应在工作面底板的煤体中先挖底梁槽，放入底梁，然后将笆片铺在底梁上。底梁的方向应与工作面成大于 45°～60° 的交角（也可垂直摆放），以便在下分层回采时能及时用顶梁托住从煤壁中暴露出来的底梁，保持假顶的完整性。底梁材料有圆木、半圆木或厚木板。也可用笆棍、粗荆条、细竹竿束代替。

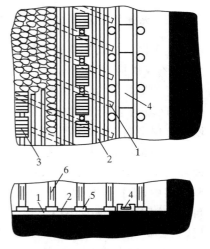

笆片一般沿工作面倾斜由下而上铺设，笆片之间相互搭接，搭接处用铁丝联结，接头要固定在底梁上以防笆片滑落。

当垮落在采空区中的矸石具有较好的胶结性能时，可不用底梁而改铺双层笆片，其中一层笆片垂直于工作面铺设，另一层则平行于工作面铺设。铺笆工序在推移过工作面输送机后在输送机原来位置铺设，然后回柱放顶。

图 5-12　竹（荆）笆假顶的铺设

1——底梁；2——笆片；3——小笆片；
4——输送机；5——柱鞋；6——支柱

竹笆或荆笆假顶只能使用一次，故每一分层（最下部一个分层除外）都需铺设假顶。这种假顶的整体性较差，强度较低，假顶下允许的悬顶面积较小，故不适用于综采工作面，通常只在炮采或普通机采工作面使用。

2. 金属网假顶

金属网假顶一般是用 12～14 号镀锌铁丝编织而成，为加强网边的抗拉强度，常用 8～10 号铁丝织成网边。常见的网孔形状有正方形、菱形及蜂窝形等，见图 5-13。网孔尺寸一般为 20 mm×20 mm 或 25 mm×25 mm。生产实践表明，菱形网在承力性能、延展性等方面的指标均比用相同直径的铁丝编制而成的经纬网优越，目前正得到日益广泛的应用。

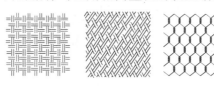

图 5-13　金属网网孔形状

由于金属网具有较高的强度，只要保证连网不出现网兜，也可不铺设底梁。金属网假顶柔性大、体积小、质量轻，便于运输及在工作面铺设，且强度高、耐腐蚀、使用寿命长、铺设一次可服务几个分层。因此，目前在分层工作面得到了广泛应用。

过去在炮采及普采工作面，都是采用铺底网的方式，即在落煤、移设工作面输送机后，架设支柱之前，在原输送机道上铺金属网，金属网长边平行于工作面，网片长边间搭接宽度为 200～300 mm，网片短边对接。搭接处用 14 号或 16 号铁丝连网，每隔一孔连一扣，连好网后再打柱及回柱放顶。这种铺网方式的缺点是：由于支柱支设在金属网上，尽管在支柱下垫上木墩，在回柱时也常常把金属网拉坏，破坏了假顶的完整性，给下分层回采带来困难。同时，铺底网只是解决了下分层回采时的人工假顶问题，而不能为本分层的顶板管理服务。20 世纪 60 年代中期，我国一些煤矿试验了铺顶网（图 5-14），即在上分层回采时将金属网铺设在工作面支架的顶部，然后在放顶线处随回柱放顶将金属网放落在底板上，成为下分层的假顶。与铺底网方式相比，铺顶网具有以下突出优点：

（1）有利于改善工作面顶板管理。在铺底网时必须把采落的煤全部装净后才能在底板上铺网,而在铺顶网时只需在装出一部分煤后就可挂网,并及时支护,缩短了顶板悬露时间,减少了冒顶事故。同时在顶板较破碎的情况下,顶网可有效地防止局部漏顶。这样,铺一次网可同时为上下分层的顶板管理服务。

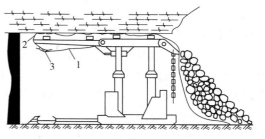

图 5-14　工作面铺顶网示意图

1——新挂网；2——原顶网；3——网接头

(2)可提高原煤质量和支柱回收率。工作面放顶时,由于有整体性金属网的掩护,将采空区与工作空间隔开,阻挡了采空区矸石向工作面窜入,既保证了回柱工作的安全,又可使支柱不致被垮落矸石压埋,提高支柱回收率,减少混入原煤的矸石,提高原煤质量。

(3)可提高煤炭采出率。铺顶网后工作面的浮煤均位于金属网下,不会与顶板矸石混杂。在下分层开采时,这些浮煤可一并采出。

(4)可简化采煤工艺,提高效率。在单体支架工作面铺底网时,为了及时支护,在落煤后需先设临时支柱,待煤装净后再撤掉临时支柱,铺底网,然后支设永久支柱,工序复杂,且翻打支柱时易引起冒顶事故。而铺顶网时不须临时支柱,在采落的煤装出一部分后即可挂网和支护,工序简单。

在综采和普采工作面,铺网经常用挂顶网方式,即在割煤后紧跟着将金属网卷沿平行于工作面的方向展开,用铁丝与原先的金属网连成一体,见图 5-14。金属网网长 10 m,宽 1.0～1.2 m。金属网长边搭接,短边对接。长边用 12 号或 14 号铁丝的单丝或双丝每隔0.08 m 或 0.1 m 连一扣,连好网后,移液压支架或挂梁打柱。有时工作面采用较大的搭接宽度,使搭接宽度为网卷宽度的一半,事实上形成鱼鳞状双层顶网,取得了较好的顶板管理效果。

目前,许多矿区用菱形金属网代替经纬金属网,取得了很好的技术经济效果。菱形网尺寸根据综采架子而定,开滦唐山矿采用长度为 3 m,宽为 1.6 m 的菱形网。网的布置有齐头式和交错式两种。网与网纵向连接要求搭接 50～150 mm。采用 8 号铅丝卷成螺旋套旋扣连网,螺旋套长 300 mm,要求各螺旋套之间搭接半卷,至少对接无间隙。这样,连接处强度基本与网片近似。菱形网的横向连网采用 5 mm 盘条冷拔成的穿条,其长度为网宽的 1/2或等宽,为防止穿条窜动要在一端弯成钩。

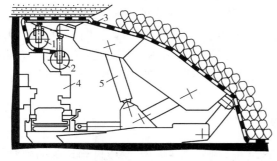

图 5-15　液压支架机械化铺顶网示意图

1——网卷 1；2——网卷 2；3——金属网；

4——采煤机；5——支架

近年来,综采工作面利用液压支架机械化铺设金属网工艺有了很大发展。机械化铺网主要有两种方式,一种是机械化铺设顶网,一般是在液压支架的前探梁或顶梁下装有安装金属网卷的托架,如图 5-15 所示。将网卷装在托架上,金属网从托梁前端绕过后被紧压在顶板上,当支架前移时,网卷自行展开,一卷网铺完后再换装上新网卷,并将新网的网边与旧网的网边联结。连网工作在支架托梁下方手工进行,铺设的顶网长边垂直于工作面方向。网卷 2 为架间网,其宽度与支架宽度相等。网卷 1 为架中网,其宽度比网卷 2 窄 0.5 m 左右,两网互相搭接。这种方式的主要缺点为连网必须在近煤壁的托梁下方手工进行,连网效率较低。由于网在近煤壁处下垂,当采高较低时,托梁下方没有足够的空间安置金属网卷,或金属网卷有碍于采煤机顺利通过;另一种机械化铺网方式是利用液压支架铺底网。支架后端掩护梁下(有的支架则在支架底座前端)安设有架间网及架中网的网卷托架,前后排网卷交错间隔安放,网片长边搭接 150~200 mm,短边搭接 500 mm 左右,支架前移时,网卷在底板上自行展开,见图 5-16 及图 5-17。连网工作在掩护梁下进行,与采煤工作互不干扰。现在有的国产支架上设计了机械压扣式连网机构,可取消手工连网,实现铺连网全套机械化。

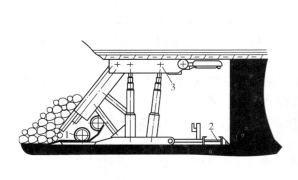

图 5-16　液压支架机械化铺底网　　　　　　图 5-17　铺底网示意图
1——网卷;2——输送机;3——支架　　　　　　1——架中网;2——架间网

3. 塑料网假顶

煤矿的塑料网假顶是用聚丙烯树脂制成的塑料带编织而成。我国生产的塑料带宽度为 13~16 mm,厚度为 0.8~0.9 mm,每根网带的拉断力为 2 990 kN,破断延伸率小于 25%。塑料网网片尺寸通常为 5.6 m×0.9 m 或 2.0 m×0.9 m,网孔为 15 mm 左右大小的井字孔或 25 mm×50 mm 的六角形孔,后者网孔不易变形。塑料网具有无味、无毒、阻燃、抗静电、质量轻、体积小、柔性大、耐腐蚀等优良性能,在 100 ℃内可保持稳定的物理力学特性,是一种理想的人工假顶材料。在我国一些煤矿使用塑料网假顶的实践表明,由于塑料网的质量只有相同面积的金属网的 1/5 左右,且具有良好的工艺性能,使用塑料网后可显著降低铺连网工作的劳动强度,提高效率,可避免铺设金属网时金属丝扎、挂工人手脚等事故,且由于塑料网抗拉强度高、使用寿命长,减少了下分层补网的工作量。塑料网的缺点是,抗剪能力差,远不如 12 号铅丝;同时,由于延伸率太大,采下分层时极易形成网兜。目前,塑料网成本较高,因而尚难以迅速推广。

塑料网假顶的铺设方法基本上与金属网假顶相同。

(二)再生顶板

如果煤层的顶板为页岩或含泥质成分较高的岩层,顶分层开采后,采空区中垮落的破碎岩石在上覆岩层的压力作用下,再加上顶分层回采时向采空区内注水或灌浆,经过一段时间后能重新胶结成为具有一定稳定性和强度的再生顶板。下分层即可在再生顶板下直接回采,不必铺设人工假顶。再生顶板形成的时间与岩层的特征、含水性、顶板压力大小等因素有关,一般至少需要 4～6 个月,有的甚至一年的时间。上下分层采煤工作面的滞后时间应大于上述时间。

我国有些矿井,煤层顶板具有良好的再生性能。再生顶板下的分层工作面采煤工艺与中厚煤层走向长壁采煤法相同,只是增加了向采空区注水或灌黄泥浆的工作。再生顶板取消了铺设假顶的工作,提高了劳动生产率,降低了采煤成本,改善了下分层的安全条件。故在条件适宜时,应充分利用再生顶板。国外有的矿井采取向采空区浇灌化学胶结剂的方法以促进再生顶板形成。

在使用假顶的工作面,为了改善下分层的开采条件,有时也在顶分层开采时采取注水等措施,以促使顶板尽可能胶结。

采用再生顶板不能实行分层同采,上下分层接替时间长,形成的再生顶板不好时,维护比较困难。

如果煤层中含有厚度大于 0.5 m 的夹石层,且分布较稳定,位置对分层也较合适,也可利用它作为分层假顶,称作天然假顶。

二、假顶下采煤的工艺特点

（一）假顶下的支护及顶网管理

在假顶或再生顶板下回采时,其顶板为已垮落的岩石,故基本顶的周期来压不明显,顶板压力较顶分层小。其顶板管理的关键在于如何管好破碎顶板以及防止漏矸。所以,应采用浅截式采煤机并做到及时支护。在单体支架工作面,一般采用正倒悬臂错梁齐柱方式,割煤后及时挂梁进行支护。当工作面片帮严重时,为防止顶网下沉冒顶,可提前在煤壁预掏梁窝,挂上铰接顶梁、打贴帮柱进行超前支护。我国有的煤矿采用Ⅱ型钢焊成的箱形长梁做顶梁,配合 DZ—22 型单体液压支柱架设的对棚,取得了较好的支护效果。过去我国煤矿大量使用的金属铰接顶梁,是由 4 块扁钢焊成的箱形结构,梁体焊缝多,组焊时各块扁钢易焊偏、焊穿或漏焊,使顶梁的受力情况不好,在使用中易产生扭曲变形或因焊缝开裂而损坏。目前,Ⅱ型钢已成为制造顶梁的专用型钢,用Ⅱ型钢焊制而成的Ⅱ型钢梁只有两条焊缝,易于焊接及保证加工质量,顶梁成型较好,焊缝分布在梁体中性面上受力小,结构合理,梁体截面惯性矩比原有的箱形顶梁小,受力时不易开裂、变形及损坏。采用Ⅱ形长钢梁组成的对棚在工作面交替迈步前移护顶,这种钢梁对金属网假顶有较好的整体支护性能,能及时支护裸露后的顶板,有时甚至可不设贴帮柱,也不至于发生漏顶。在移梁时有相邻顶梁支护顶板,较好地解决了中下分层顶网下沉及出现网兜等问题。由于顶梁可无级迈步,解决了双滚筒采煤机斜切进刀时的顶板支护,并能适应片帮空顶时的支护需要,有效地控制了顶板。对于综采,要选用合适的架型和作业方式。假顶下宜选用掩护式或支撑掩护式支架。采煤机采过后,应追机擦顶带压移架,以免在煤壁处出现网兜。若出现煤壁片帮严重或假顶破损严重且再生顶板胶结不好的情况,应采用超前移架方式,即先超前移架,再割煤、移输送机,以便及时支护。发现金属网有破损时要及时补网。采煤机割煤时,滚筒距顶网不应小于100 mm,以免割破顶网。

（二）假顶下的放顶工艺

由于人工假顶或再生顶板易下沉,放顶时通常采用无密集支柱放顶。由于金属网假顶被连成整体,假顶在工作面放顶线处下落时对工作面支架的牵动力较大,会造成支架倾斜、歪扭,甚至支架被大面积推倒而冒顶的事故。因此,在单体支架工作面应注意加强支架的稳定性,一般可沿放顶线在最后一排支架下支设单排或双排抬棚,或打斜撑柱,以抵抗金属网下落时对支架产生的水平推力。同时放顶时也可用木料斜撑顶网,使其缓慢下沉到底板。沿放顶线倒悬臂铰接顶梁的梁头容易挂破顶网,在放顶前应先用戴帽点柱将其替换。

初次放顶时应特别注意加强对顶网的管理,开帮进度不宜太大,工作面可架设适量的木垛、抬棚、斜撑柱等以增大支架的稳定性。为防止金属网对支架产生过大的牵制力,可先在底板上加铺一层底网,然后沿放顶线将顶网剪断,使顶网沿放顶线呈自然下垂状态。

（三）分层采高的控制

由于煤层厚度经常发生变化,而人工假顶或再生顶板的下沉量较大,在机采分层工作面应特别重视采高控制,要保证底分层有足够的采高,以免给底分层的开采造成困难。一些矿井控制分层采高的做法是在第一分层开采时,在开切眼、工作面及上下平巷中每隔 30～50 m 向底煤中打钻孔探煤厚,然后根据探明的煤层全厚决定分层层数和分层采高。以后在每一分层回采时,都要如顶分层回采时那样探清余煤厚度,以便随时调整和控制分层采高。

根据我国目前的技术条件,较合适的分层厚度普采为 2 m 左右,最大不超过 2.4 m;综采工作面分层厚度 3 m 左右,一般不超过 3.2 m。

三、适用条件及评价

倾斜分层下行垮落采煤法有效地解决了缓斜及倾斜厚煤层开采时的顶板支护和采空区处理问题,有利于在此类煤层条件下实现安全生产,提高资源采出率及获取较好的采煤工作面技术经济指标。目前,这种采煤方法在我国已具有成熟的采煤工艺、巷道布置及工作面技术管理等方面的经验。用于分层工作面的采煤、运输和支护设备在近年来已有了较大发展,新型假顶材料的研制、假顶和再生顶板的管理技术、分层开采时的通风及防灭火技术均取得了显著的进展。因此,这种采煤方法目前已成为我国开采缓斜及倾斜厚煤层的主要方法。一些矿应用这一采煤方法成功地开采了厚度达 15 m 的煤层;有的矿井采用倾斜分层金属网假顶下行垮落采煤法连续开采了 12～15 个分层,开采总厚度达 25～30 m。这种采煤法主要适用于煤层顶板不是十分坚硬、易于垮落、直接顶具有一定厚度的缓斜及倾斜厚煤层。

这种采煤方法的主要缺点是铺设假顶工作量大,巷道维护较困难,生产的组织管理工作较复杂,在开采易自燃煤层时,自燃问题比较严重,需采取特殊措施等。但是,随着生产技术的发展,上述问题已不同程度得到了解决。

复习思考题

1. 绘图说明倾斜分层走向长壁下行垮落采煤法的采区巷道布置、掘进顺序及生产系统。

2. 区段布置分层平巷方式有几种? 说明其应用。

3. 采用区段集中平巷布置时,说明布置方式的类型及应用,以及集中平巷的位置如何确定?

4. 区段无集中平巷时的布置特点有哪些? 与有集中平巷布置时比较有哪些优缺点并说明其使用条件。

5. 无区段和上山煤柱时采区巷道布置的特点及应用条件有哪些?

6. 说明倾斜分层走向长壁下行垮落采煤方法的工艺特点。

第六章 倾斜长壁采煤法

倾斜长壁采煤法与走向长壁采煤法相比,主要是采煤工作面布置及回采方向不同,并且取消了采(盘)区上(下)山巷道。

1975年,我国开始采用倾斜长壁采煤法。实践证明,在一定的地质开采技术条件下,技术经济效益比较显著。目前已有100多个矿井采用倾斜长壁采煤法,有的矿井已全部采用倾斜长壁采煤法,如松藻打通一矿、西山东曲矿、潞安漳村矿、神华集团大柳塔矿等。多数矿井则根据地质条件分别在某一个区域采用倾斜长壁采煤法,在另一个区域采用走向长壁采煤法,也有矿井在同一区域内采用倾斜长壁和走向长壁相结合的布置方式。

第一节 示 例

倾斜长壁采煤法可分为单一倾斜长壁采煤法及倾斜分层倾斜长壁下行垮落采煤法;按推进方向不同又可分为仰斜长壁和俯斜长壁两种。

一、单一倾斜长壁采煤法采煤系统

单一倾斜长壁采煤法巷道布置十分简单,图6-1所示为一俯斜长壁普采工作面。

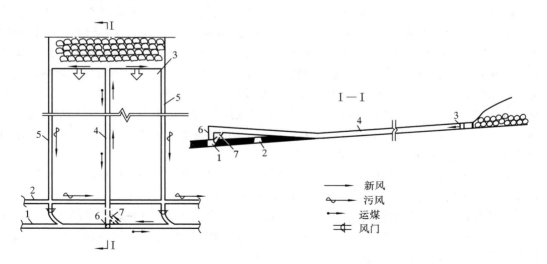

图6-1 单一倾斜长壁采煤法巷道布置

1——运输大巷;2——回风大巷(总回风巷);3——采煤工作面;4——分带运输斜巷;

5——分带回风斜巷;6——带区煤仓;7——进风行人斜巷

自运输大巷(1)开掘带区下部车场和进风行人斜巷(7),掘进分带运输巷(4)至上部边界。由于大巷(1)在煤层中开掘,为了形成一定的煤仓高度,分带运输斜巷(4)在接近煤仓处应向上抬起,进入煤层顶板。同时,自大巷(1)沿煤层倾斜向上掘进分带回风斜巷(5)。该巷与回风大巷(2)相交,掘进到上部边界后,开掘开切眼,即可进行回采。

采煤工作面长度为 120~150 m,工作面俯斜连续推进长度可达 1 000 m 或以上。在运输斜巷(4)中可铺设带式输送机,在工作面附近设 1 台刮板输送机或转载机;运料斜巷(5)铺设轨道,一般用多台小绞车串联运送材料。小绞车体积小,可不设绞车硐室,将小绞车设于巷道一侧即可。在转运处巷道宜设一段平坡。

煤的运输系统为:自工作面(3)→运输斜巷(4)→带区煤仓(6)→运输大巷(1)外运。

通风系统为:运输大巷(1)→进风行人斜巷(7)→运输斜巷(4)→采煤工作面(3)→回风运料斜巷(5)→回风大巷(2)排出。

两个分带共用一个煤仓,组成一个带区。

二、倾斜分层倾斜长壁下行垮落采煤法采煤系统

示例条件为:煤层平均厚度为 7.0 m,平均倾角 7°。煤层划分为三个分层开采,俯斜工作面长度为 120~180 m,采用普通机械化采煤,上下分层同采。

巷道布置及生产系统如图 6-2 所示。相邻分带组成一个带区,一面两巷,合用一个煤仓,但相邻分带不同采。

在分带两侧距煤层底板 10~15 m 处,从运输大巷(1)沿煤层倾斜向上开掘分带岩石集中运输巷(4)和分带岩石集中回风轨道平巷(5)。分带岩石运输集中巷(4)(机轨合一巷)作为各分层的集中运煤和进风巷,它与带式输送机运输大巷有带区煤仓(15)连接,与轨道运输大巷有进风运料斜巷(14)连接。在分带岩石集中运输巷内,每隔 120~150 m 开一小段岩石运输联络平巷(10),自该运输平巷向煤层开一对方向相反的进风运输斜巷(8)(各服务于一个分带),斜巷坡度为 30°,斜巷与分带煤层(超前)运输巷(6)联系;分带岩石集中轨道回风巷(5)与回风大巷(3)直接相连,与轨道运输大巷用运料斜巷(19)联系。在分带岩石集中轨道回风巷(5)内,可采用无极绳运输物料。每隔 120~150 m 开掘一小段岩石运料回风联络平巷(11),自平巷(11)向煤层开掘一对方向相反的运料回风斜巷(9),坡度为 25°~30°,斜巷与分带煤层(超前)运料回风斜巷连接。各分带煤层分层巷道重叠布置。在掘进分带岩石集中巷时,需要有一条顶分层分带煤层巷一次掘至边界,作为配风及探煤巷,其他各分层分带煤层巷均为超前采煤工作面掘进。

运输系统:自采煤工作面(17)→分层分带运输巷(6)→运输斜巷(8)→岩石运输联络平巷(10)→分带岩石集中运输巷(4)→带区煤仓(15)→运输大巷(1)。

材料与设备运输为从运料斜巷(19)→分带岩石集中轨道巷(5)→运料联络平巷(11)→回风运料斜巷(9)→分层分带轨道回风斜巷(7)→工作面(17)。另外,部分物料可由轨道大巷(2)、进风(运料)斜巷(14)进入机轨合一巷(4)。

通风系统:新风由大巷(1,2)→进风运料斜巷(14)→分带岩石集中运输巷(4)→岩石运输联络平巷(10)→进风运料斜巷(8)→分层分带运输巷(6)→工作面(17)→分层分带回风巷(7)→回风运料斜巷(9)→运料联络平巷(11)→岩石集中回风轨道巷(5)→回风大巷(3)。

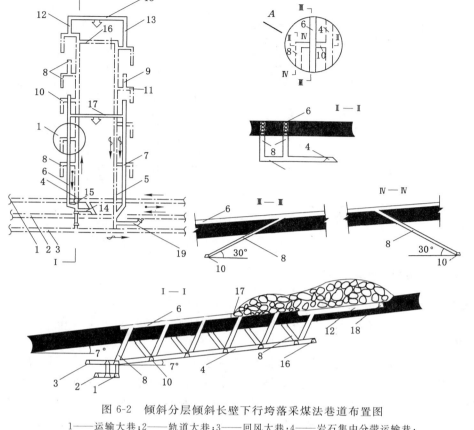

图 6-2　倾斜分层倾斜长壁下行垮落采煤法巷道布置图

1——运输大巷；2——轨道大巷；3——回风大巷；4——岩石集中分带运输巷；
5——岩石集中分带回风轨道巷；6——煤层分带运输巷；7——煤层分带回风巷；8——进风运输斜巷；
9——回风运料斜巷；10——岩石运输联络平巷；11——岩石运料联络平巷；12——中分层分带运输巷；
13——中分层分带运料回风巷；14——进风(运料)斜巷；15——带区煤仓；16——联络巷；
17——上分层工作面；18——中分层工作面；19——运料斜巷

第二节　采煤系统分析

一、仰斜开采与俯斜开采

图 6-3 为倾斜长壁采煤法仰斜与俯斜开采示意图，图中注释同图 6-1 注释。

一般情况下，在顶板较稳定、煤质较硬、顶板淋水较大或煤层易自燃，需在采空区进行注浆时，宜采用仰斜开采；当煤层厚度和煤层倾角较大，煤质松软容易片帮或瓦斯含量较大时，宜采用俯斜开采。有时由于回风大巷位置不同，也影响采用仰斜或俯斜开采的选择，应通过技术经济分析比较后确定。

对于倾角较小或近水平煤层、进回风大巷并列布置、煤层条件又无特殊要求时，可采用仰斜和俯斜开采相结合的方式，采煤工作面均向大巷方向以后退式推进，即运输大巷以上部分采用俯斜开采，以下部分采用仰斜开采。这样，对于运输、通风和巷道维护均比较有利。

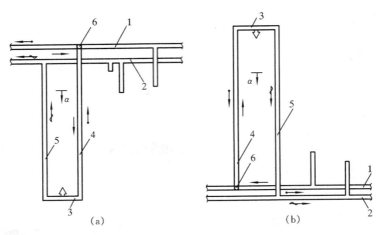

图 6-3　仰斜与俯斜开采

(a) 仰斜开采；(b) 俯斜开采

二、单工作面和对拉工作面

倾斜长壁采煤法工作面可以采用单工作面布置也可以采用对拉工作面布置。单工作面布置时，每个工作面有两条回采巷道，见图 6-2。对拉工作面布置是两个工作面布置三条回采巷道，其中运输巷为两个工作面共用，见图 6-1。

由于工作面近似沿煤层走向呈水平状布置，不存在走向长壁时向下运煤和向上拉煤的问题，两个工作面可以等长布置。工作面风流不存在上行与下行问题，两个工作面的通风状况都同样良好。由于对拉工作面减少了一条运煤巷道和有关联络巷道，降低了巷道掘进工程量，节省了一套运输设备，相对来说生产比较集中。所以，顶板较好的薄及中厚煤层，特别是采用炮采和普通机械化采煤工艺时，一般采用对拉工作面可取得较好的技术经济效果。综采工作面开采强度大，不采用分带对拉布置形式。

三、前进式、后退式和混合式回采顺序

采煤工作面自大巷附近向上（下）部边界推进的，称为前进式回采，反之称为后退式回采，两者结合称往复式回采。

前进式、后退式、往复式回采顺序及其优缺点比较与走向长壁采煤法基本相同。目前我国多采用后退式回采顺序。

在薄及中厚煤层条件下，当上部边界设有总回风巷时，则为往复式回采创造了有利的条件，如图 6-4 所示。这种布置方式既可以实现仰斜和俯斜相结合方式开采，又可以克服或减轻前进式回采的缺点，并有利于工作面搬迁。图中 (a) 为设分带煤柱，(b) 为无煤柱护巷，其选择原则与走向长壁布置相同。

四、分带斜巷布置及其联系方式

厚煤层采用分层同采时，则必须设置分带集中斜巷。不少矿井根据煤层赋存条件、巷道服务年限、生产能力等因素采用了分层分采不设分带集中斜巷的布置方式，减少了岩石巷道和联络巷道工程量。具体到某个工作面是否设分带集中斜巷，其原则与走向长壁采煤法确

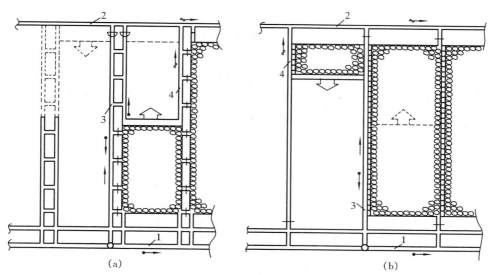

图 6-4　上部边界设总回风巷时的前进式和往复式回采

(a) 设分带煤柱；(b) 分带间无煤柱

1——运输大巷；2——回风大巷；3——分带运输巷；4——分带回风巷

定是否设区段集中巷时基本相同。但应当指出：在特定条件下，如运输大巷以上带区(上山带区)要求采用仰斜开采或大巷以下带区(下山带区)要求采用俯斜开采时，由于厚煤层前进式回采沿空留巷技术目前尚处于试验阶段，因此不论分层是否同采，一般均采用设置分带集中斜巷的布置方式。

由于这种采煤方法适用于倾角较小的条件，分带集中斜巷与分层斜巷之间的联系方式多用斜巷联系，用于溜煤的也可采用立眼联系并另设进风、行人斜巷。当分带间无煤柱时，相邻两分带可以共用联络斜巷及立眼。

五、生产系统

倾斜长壁采煤法取消了采(盘)区上(下)山，分带斜巷通过联络巷直接与运输大巷相连。运输系统少了一个环节，但分带斜巷一般都很长，辅助运输比较困难。当前我国不少矿井根据运输能力和煤层倾角采用了多台小绞车串联和无极绳运输方式。这种辅助运输方式人工操作，劳动强度较大，事故也较多，与采煤和运煤机械化的水平不相适应，影响了倾斜长壁采煤法技术潜力的发挥和经济效益的进一步改进。当前在我国只有少数矿井根据条件分别试验和采用了单轨吊、卡轨车、齿轨车和无轨胶轮机车运输。这些较为先进的辅助运输设备，系统简单，运输量较大，运距较长且比较安全。为了提高效率，实现安全生产，应迅速提高辅助运输机械化水平，研制出适合我国国情的新型辅助运输设备。

根据采煤工作面产量、瓦斯涌出量及分带巷道布置等因素，倾斜长壁采煤法的采场通风方式也可有 U、Z、Y、W、H 形等几种，可根据不同条件选用。

如煤层倾角较大($\geqslant 10°$)，瓦斯涌出量又较大时，为避免分带斜巷污风下行，总回风巷设置在上部边界为宜。采用分带集中巷布置时，要解决分带超前斜巷及联络斜巷的局部污风下行问题，则应采取如加强通风与通风检查措施，防止局部瓦斯积聚。

第三节 采煤工艺特点

在近水平煤层中,不论工作面采用仰斜推进还是俯斜推进,其工艺过程和走向长壁采煤法相似。但随着煤层倾角的增大,工作面矿山压力显现规律及采煤工艺又有一些特点,若仍采用和走向长壁采煤法相同的设备,就会带来一定的困难。

一、矿压显现及支护特点

对于仰斜工作面,由于倾角的影响,顶板将产生向采空区方向的分力(沿层面方向),如图 6-5(a)所示。在此分力作用下,顶板的悬臂岩层将向采空区方向移动,使顶板岩层受拉力作用。因此,它更容易出现裂隙和加剧破碎,并有将支柱推向采空区侧的趋势。

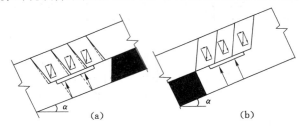

图 6-5 倾斜长壁工作面直接顶板稳定状态
(a)仰斜工作面;(b)俯斜工作面

对于俯斜工作面[图 6-5(b)],沿顶板岩层的分力指向煤壁侧,顶板岩层受压力作用,使顶板裂隙有密合的趋势,有利于顶板保持连续性和稳定性。

由图 6-5 中可以看出,倾角 α 越大,仰斜工作面的顶板越不稳定,而在俯斜工作面的顶板越稳定。

对于仰斜工作面,采空区顶板垮落矸石基本上涌向采空区,这时支架的主要作用是支撑顶板,如图 6-6 所示。因此,可选用支撑式或支撑掩护式支架。当倾角大于 12°左右时,为防止支架向采空区侧倾斜,支柱应斜向煤壁 6°左右,并加强复位装置或设置复位千斤顶,以确保支柱与煤壁的正确位置关系。煤层倾角较大时,工作面长度不能过大,否则由于煤壁片帮造成煤量过多,输送机难以启动。煤层厚度增加时,需采取防片帮措施。如打锚杆控制煤壁片帮,液压支架应设防片帮装置等。仰斜开采移架困难,当倾角较大时,可采用全工作面小移量多次移的方法,同时优先采用大拉力推移千斤顶的液压支架。倾角较大时,垛式支架有向后倾倒的现象且移架困难。支撑掩护式支架则可加大掩护梁坡度,使托梁受力作用方向趋向底座内,对支架工作有利,稳定性较好。鸡西城子河矿开采 37 号煤层,坡度在 18°时,采用 ZY2B 型支撑掩护式支架,稳定性能良好。

对俯斜工作面,采空区顶板垮落的矸石可能会直接涌入工作空间,这样支架的作用除支撑顶板外,还要防止破碎矸石涌入。因此,根据具体情况可选用支撑掩护式或掩护式支架。由于碎石作用在掩护梁上,其载荷有时较大,所以,掩护梁应具有良好的掩护性和承载性能。为防止顶板岩石垮落时直接冲击掩护梁,可增加顶梁的后臂长度,如图 6-6(b)所示。掩护式支架容易前倾,在移架过程中当倾角较大,采高大于 2.0 m,降架高度大于 300 mm 时,经

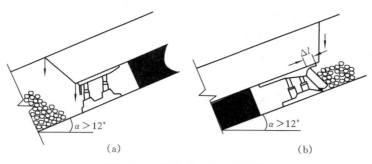

图 6-6　支架维护工作空间状况

（a）仰斜工作面；（b）俯斜工作面

常出现支架向煤壁倾倒现象。为此，移架时严格控制降架高度不大于 150 mm，并收缩支架的平衡千斤顶，拱起顶梁的尾部，使之带压擦顶移架，以有效地防止支架倾倒。

二、采煤工艺特点

仰斜开采时，水可以自动流向采空区。工作面无积水，劳动条件好，机械设备不易受潮，装煤效果好。当煤层倾角小于 10°左右时，采煤机及输送机工作稳定性尚好。如倾角较大，采煤机在自重影响下，截煤时偏离煤壁而减少了截深；输送机也会因采下的煤滚向溜槽下侧，易造成断链事故。为此，要采取一些措施，如减少截深、采用中心链式输送机、下部设三脚架把输送机调平、加强采煤机的导向定位装置等。在煤层夹矸较多时，滚筒切割反弹力较大，使采煤机受震动和滚筒易"割飘"，导向管在煤壁侧磨损严重。当倾角大于 17°时，采煤机机体常向采空区一侧转动，甚至出现翻倒现象。仰斜开采的工作面布置如图 6-7 所示。

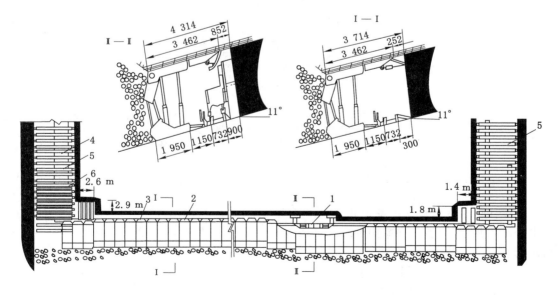

图 6-7　仰斜开采综采工作面布置图

1——采煤机；2——输送机；3——液压支架；4——转载机；5——工字钢支架；6——木支架

在俯斜开采时,随着煤层倾角的加大,采煤机和输送机的事故也会增加,装煤率降低。由于采煤机的重心偏向滚筒,俯斜开采将加剧机组的不稳定,易出现机组掉道或断牵引链的事故,并且采煤机机身两侧导向装置磨损严重。鸡西矿区小恒山矿通过采取加高滚筒滑靴的措施,在煤层倾角 17°左右时,仍取得了较好的效果。

俯斜开采最大的问题是装煤困难。城子河矿开采倾角 20°左右的煤层,采取下述措施较好地解决了装煤困难的问题。最初,该矿选用采煤机的滚筒是相向旋转的,滚筒螺旋叶片升角小、装煤率低、牵引负荷大、安全阀经常开启,无法正常割煤。为此,将采煤机两滚筒对换位置,改为背向旋转,且割底煤滚筒用弧形挡煤板,70％的煤能靠采煤机装入输送机,30％的煤由铲煤板装入输送机。但这种方法使采煤机负荷加大。为此,应适当降低割煤速度。当倾角大于 22°时,采煤机机身下滑,滚筒钻入煤壁,煤装不进输送机中,经试验采取把输送机靠煤壁侧先吊起来,使溜槽倾斜度保持在 13°~15°左右,采煤机割底煤时卧底,使底板始终保持台阶状,采煤机可正常工作。工艺特点如图 6-8 所示。其中,图(a)为采煤机处于正常割煤状态,割底形成台阶;图(b)为利用支架及绳套吊起输送机,然后推移输送机进入下一个台阶;图(c)为割完一刀移输送机后,进入正常割煤。

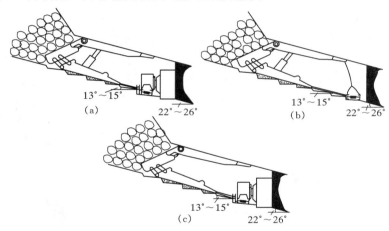

图 6-8　倾角较大时俯斜开采特点

第四节　适用条件及评价

一、倾斜长壁采煤法的评价

根据倾斜长壁采煤法的巷道布置及采煤工艺特点,以及国内外一些矿井实践中获得的技术经济效果,可以看出在矿山地质条件适宜的煤层中,采用倾斜长壁采煤法比走向长壁采煤法具有以下优点:

(1)巷道布置简单,巷道掘进和维护费用低、投产快。与走向长壁采区巷道布置相比,这种方法减少了一些准备巷道,相应地可以缩短矿井建设期。当井底车场和少量的大巷工程完毕后,就可以很快地准备出采煤工作面投入生产。在生产期间,由于减少了巷道工程量,工作面接续也比较容易掌握;同时,还减少了巷道维护工程量和维护费用。

(2)运输系统简单,占用设备少,运输费用低。工作面出煤经分带斜巷运输直达运输大巷,运输环节少,系统简单。

（3）由于倾斜长壁工作面的回采巷道既可以沿煤层掘进,又可以保持固定方向,故可使采煤工作面长度保持等长,从而减少了因工作面长度的变化给生产带来的不利影响,对综合机械化采煤非常有利。另外,也便于布置对拉工作面,有利于普采工作面的集中生产。

（4）通风路线短,风流方向转折变化少,同时使巷道交岔点和风桥等通风构筑物也相应减少。

（5）对某些地质条件的适应性较强。当煤层的地质构造,如倾斜和斜交断层比较发育时,布置倾斜长壁工作面可减少断层对开采的影响,可保证工作面的有效推进长度;当煤层顶板淋水较大或采空区采用注浆防火时,仰斜开采有利于疏干工作面,创造良好的工作环境;当瓦斯涌出量较大时,俯斜开采有利于减少工作面瓦斯含量。

（6）技术经济效果比较显著。国内外实践表明,在工作面单产、巷道掘进率、采出率、劳动生产率和吨煤成本等几项指标方面,都有显著提高或改善。

存在的主要问题是:长距离的倾斜巷道使掘进及辅助运输、行人比较困难;现有设备都是按走向长壁工作面的回采条件设计和制造的,不能完全适应倾斜长壁工作面生产的要求;大巷装车点较多,特别是当工作面单产低,同采工作面个数较多时,这一问题更加突出;有时存在着污风下行的问题。

上述问题采取措施后可以逐步得到克服,例如,采用先进的辅助运输设备,改进现有工作面设备以适应倾斜推进和较大倾角时的需要,加强对瓦斯的检查等。

二、倾斜长壁采煤法的适用条件

是否布置成倾斜长壁工作面主要考虑煤层倾角的大小,其次考虑地质构造特点,着重于断层的分布规律并保证工作面有足够的连续推进长度。具体有下列几个方面:

（1）按目前的设备条件,倾斜长壁采煤法主要适用于倾角在12°以下的煤层。应作为推广应用的重点。

（2）当对采煤工作面设备采取有效的技术措施后,可应用于12°～17°的煤层。当煤层倾角在20°左右时,现只有少数矿井应用,总的也有待于改进。

（3）对于倾斜和斜交断层较多的区域,能大致划分成较为规则分带的情况下,可采用倾斜长壁采煤法或伪斜长壁采煤法。

其他因素对采用倾斜长壁采煤法的影响较小。必要时,要进行技术经济比较,最后确定采煤方法。

复习思考题

1. 试述倾斜长壁采煤方法的主要特点,说明其优缺点及使用条件。为什么说煤层倾角是影响采用这种方法的最主要因素?
2. 试分析仰斜和俯斜开采的特点及使用条件。
3. 绘图说明倾斜分层倾斜长壁分层同采时的巷道布置图,说明掘进顺序、运输和通风系统。
4. 倾斜长壁采煤方法的改进方向和发展趋势是什么?

第七章　放顶煤采煤法

放顶煤采煤法由来已久。法国、苏联、南斯拉夫等国家于20世纪40年代末50年代初即开始应用放顶煤采煤法。1957年苏联研制出KTУ型放顶煤支架,并在库兹巴斯煤田的托姆乌辛斯矿使用。1963年,法国研制出"香蕉"形放顶煤支架,并于1964年用于法国布朗齐矿区的达尔西矿,试验取得了成功。之后,英国、法国、南斯拉夫、匈牙利等国家都相继引进了这一技术。综放开采曾一度成为东欧地区厚煤层开采的主要方法,但是,由于各种原因,欧洲使用综放开采技术并没有取得很好的技术经济指标。80年代中期以后,国外放顶煤开采有所萎缩,目前只有极少数矿井仍在使用。

我国20世纪50年代初曾在开滦、大同、峰峰和鹤壁等矿区采用放顶煤采煤法。在1982年引进了综采放顶煤技术,并于1984年在沈阳蒲河矿开始工业性试验。由于这种采煤方法具有掘进率低、效率高、适应性强及易于实现高产等明显的优势,在我国得到了迅速发展,已成为厚煤层开采最为有效的方法之一,同时也是矿井实现高产高效的重要途径。目前,一个综放面年产已达3.00 Mt以上,月产已超过0.30 Mt,工效达145 t/工,工作面采出率80%以上,并且吨煤成本增收节支10～20元。80年代末90年代初,我国综采放顶煤已走在世界前列,并已向国外输出综放开采的成套技术。

第一节　基本特点及类型

放顶煤采煤法的实质就是在厚煤层中,沿煤层(或分段)底部布置一个采高2～3 m的长壁工作面,用常规方法进行回采,利用矿山压力的作用或辅以人工松动方法,使支架上方的顶煤破碎成散体后由支架后方(或上方)放出,并经由刮板输送机运出工作面,如图7-1所示。综合机械化放顶煤工艺过程如下(见图7-1):在沿煤层(或分段)底部布置的综采工作面中,采煤机(1)割煤后,液压支架(3)及时支护并移到新的位置,推移工作面前部输送机(2)至煤帮。此后,操作后部输送机专用千斤顶,将后部输送机(4)相应前移。这样,采过1～3刀后,按规定的放煤工艺要求,打开放煤窗口,放出已松碎的煤炭,待放出煤炭中的矸石含量超过一定限度后,及时关闭放煤口。完成上述采放全部工序为一个采煤工艺循环。

依据煤层赋存条件的不同,放顶煤长壁采煤法可分为如图7-2所示的三种主要类型。

(一)一次采全厚放顶煤开采

沿煤层底板布置机采工作面,如图7-2(a)所示,一次采出煤层的全部厚度。这种方法一般适用于厚度6～12 m的缓斜厚煤层,是我国目前使用的主要方法。

(二)预采顶分层网下放顶煤开采

首先沿煤层顶板布置一个普通长壁工作面(顶分层开采),而后沿煤层底板布置放顶煤工作面,将两个工作面之间的顶煤放出,如图7-2(b)所示。这种方法一般适用于厚度大于

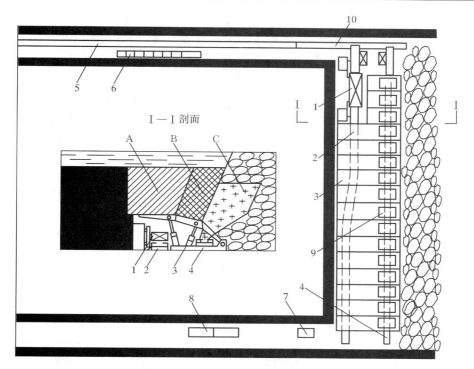

图 7-1　综采放顶煤工作面设备布置

1——采煤机；2——前输送机；3——放顶煤液压支架；4——后输送机；5——平巷带式输送机；

6——配电设备；7——安全绞车；8——泵站；9——放煤窗口；10——转载破碎机；

A——不充分破碎煤体；B——较充分破碎煤体；C——待放出煤体

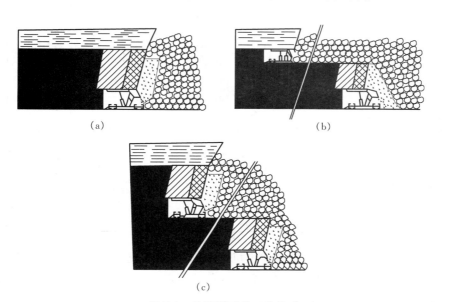

图 7-2　放顶煤开采工艺类型

（a）一次采全厚放顶煤；（b）预采顶分层网下放顶煤；（c）倾斜分段放顶煤

12 m、直接顶板坚硬或煤层瓦斯含量高,需要预先抽采瓦斯的缓斜煤层。某些矿区由于已形成的开采条件,需在顶分层已采的条件下进行放顶煤开采,如兖州鲍店矿、徐州三河尖矿等已成功地进行了下分层放顶煤开采,并且取得了较好的效果。

(三) 倾斜分段放顶煤开采

当煤层厚度超过 15～20 m 以上时,可自煤层顶板至底板将煤层分成 8～10 m 的分段,依次进行放顶煤开采,如图 7-2 中(c)所示。这种方法一般适用于厚度大于 15 m 的缓斜煤层。南斯拉夫维林基煤矿曾用此法开采厚度为 80～150 m 的褐煤层。目前我国尚无应用先例。

第二节 放顶煤开采支护设备

综采放顶煤的显著标志是在综合机械化采煤设备中使用了放顶煤液压支架,因此液压支架作为综放开采的关键设备,关系到综采放顶煤的成败。我国自采用综放开采技术以来,已先后研制出高、中、低位系列 30 多种形式的放顶煤支架。各类支架的典型技术特征如表 7-1 所列。

表 7-1　　　　　　　　我国部分放顶煤支架的技术特征

分类	支架型号	工作阻力 (初撑力) /kN	支护强度 /MPa	推输送机力 (拉架力) /kN	外形长 /m	结构特点	放煤口尺寸 /m	碎煤机构	质量 /t	使用地点
高位单输送机	FYD4400—26/32	4 315(2 925)	0.55～0.89		4.2	单铰放煤槽	1.9×0.9	破煤筋	13.3	平顶山
	YFY2000—16/26	1 960(1 254)	0.52～0.71	157.6(325)	3.55		1.2×0.8		7.7	辽源
	ZFD4000—17/33	4 000(1 623)	0.763	270(480)	5.38		2.03×0.82		17	潞安
中位双输送机	ZFS4400—16/26	4 400(4 000)	0.81	120(362)	5.7	单铰	1.7～0;9 0.9×0.7	摆动放煤插板	14.2	阳泉
	FYS3000—19/28	2 940(2 522)	1.67-0.75	157(382)	4.9				11	乌鲁木齐
	ZFS4500—16/26	4 312(3 920)	2.85	157(324)	3.26				13.3	沈阳
	ZFS4400—19/28	4 260(4 400)	0.55	308(483)	5.17				12	郑州
	BC4800—20/30	4 704(3 920)	0.88	182(462)	5.0				16.2	抚顺
低位双输送机	ZFS2560—14/24	2 560(1 932)	0.61～0.62	121(260)	3.3	中四连杆	插板式无脊背	摆动尾梁	6.5	豫西
	ZFS4000—14/28	3 921(2 508)	0.66～0.72	304(480)	3.83				11.2	沈阳
	FY2800—14/28	2 746(1 961)	0.50～0.52	123(254)	4.51				9.2	窑街
	FZ3000—15/30	2 940(2 509)	0.44～0.50	158(331)	5.63				11.1	鹤壁
	ZFS5200—17/32	5 200(4 552)	0.76	155(395)	4.46				18	兖州
	BC6000—14.2/28	5 880(4 704)	0.71～0.78						16	晋城

依据与支架配套的输送机台数和放煤机构的不同,综放支架可分为单输送机高位、双输送机中位和双输送机低位放顶煤支架。各类支架均有其最佳的适用条件,但目前普遍认为,低位放顶煤支架具有较好的发展前景。

一、单输送机高位放顶煤支架

这类支架有 FYD4400—26/32、YFY2000—16/26、ZFD4000—17/33 等型号,图 7-3 为

YFY2000—16/26型放顶煤支架,适用于急斜特厚煤层及缓斜软煤层。该支架的特点是短托梁加内伸缩梁及侧护板;其优点是稳定性好,运输系统及工作面端头维护简单,便于管理;缺点是通风断面小、煤尘量大,受运输能力限制,采放不能平行作业。潞安漳村煤矿应用了ZFD4000—17/33型高位支架,将插底改为非插底,并对原推移输送机、移架程序做了改革,在煤层较软的条件下,实现了工作面单产2.00 Mt/a。

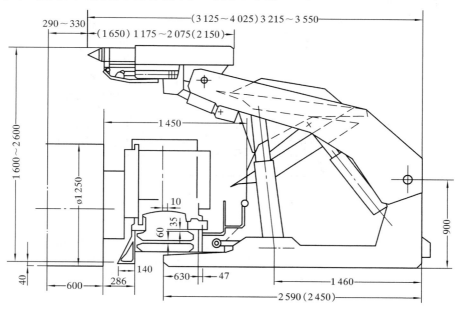

图7-3　YFY3000—16/26型放顶煤支架

二、双输送机中位放顶煤支架

这类支架型号见表7-1,其中FYS3000—19/28型放顶煤支架(如图7-4所示)是当前应用较多、分布较广的一种放顶煤支架。其优点是支架稳定性及密封性能好,后部输送机放煤空间较大;但该支架后铰点较高,易增加煤损,而且煤尘较大,端头部分维护较复杂。阳泉矿区用这类支架中的ZFS4400—16/26型开采15号煤层(普氏系数 $f=2.5\sim2.7$),取得了很好的效果,工作面月产煤达0.15 Mt以上。

三、双输送机低位放顶煤支架

这类支架顶梁较长,主要型号见表7-1,其中FZ3000—15/30型放顶煤支架如图7-5所示。一般有铰接前梁与手套式伸缩梁,支护强度在0.44~0.72 MPa之间,适用于急斜特厚煤层及缓斜中厚煤层。

双输送机低位放顶煤支架的主要优点是顶梁较长,可提高顶煤的冒放性,放煤时煤尘小且采出率较高;但这种支架的稳定性较差,在矿压显现剧烈及煤层倾角较大时,应考虑其稳定性。

经过改造后的四连杆支架强度大、稳定性好,用于25°以下工作面时可靠性高。ZFS5200—17/32型利用内四连杆来提高支架的侧向稳定性,该型支架在兖州矿区得到应用,工作面年产 3.00 Mt 以上。

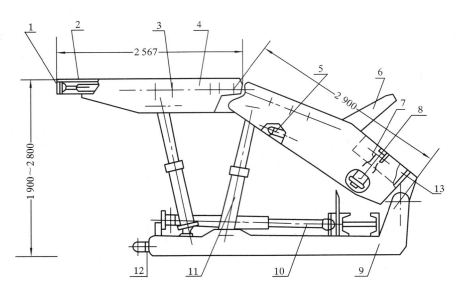

图 7-4　FYS3000—19/28 型放顶煤支架

1——伸缩梁;2——伸缩梁千斤顶;3——侧推千斤顶;4——顶梁;5.——摆杆千斤顶;

6——摆动杆;7——掩护梁;8——放煤千斤顶;9——底座;10——后输送机千斤顶;

11——立柱;12——推移千斤顶及框架;13——放煤板

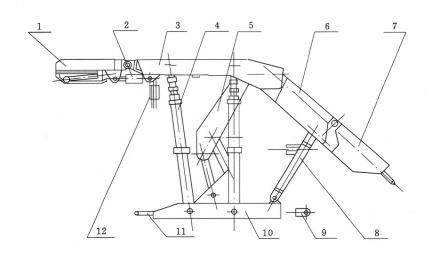

图 7-5　FZ3000—15/30 型放顶煤支架

1——前梁;2——前梁千斤顶;3——顶梁;4——支柱;5——上连杆;6——掩护梁;7——摆动尾梁;

8——支撑板;9——移后部千斤顶;10——底座;11——推杆;12——操纵阀

第三节 矿压显现特点及顶煤破碎机理

放顶煤开采工艺的应用,使采场上覆岩层活动规律及结构特点发生了较大的变化,由此造成矿压显现及支架受载的变化,并与分层开采具有较大差别。

放顶煤开采是集机械破煤和矿压破煤于一体的开采方法,因此顶煤的破碎过程及其效果是确定放顶煤工艺参数以及综放开采适应性的重要依据。

一、岩层活动及矿压显现特点

放顶煤开采时,由于煤层一次采出厚度的增大,直接顶的垮落高度成倍增加,可达煤层采出厚度的 2.0～2.5 倍,其中 1.0～1.2 倍范围内的直接顶为不规则垮落带,而在上位直接顶中则可形成某种临时性"小结构",其活动可对采场造成明显影响。

综放采场上方仍可形成稳定的"砌体梁"式基本顶结构,如图 7-6 所示,但其形成的位置远离采场。由于直接顶垮落高度较大,在某些条件下,上位直接顶中可形成"半拱"式小结构,并与其上的"砌体梁"结构相结合,共同构成综放开采覆岩结构的基本形式。因而采场矿压显现不仅取决于上覆岩层的活动,更主要地取决于顶煤及直接顶的刚度。由于松软顶煤的参与,缓和了支架与基本顶之间的相互作用,因而支架阻力通常不大于分层开采的支架阻力。这也是综放开采矿压显现的主要特点之一。

图 7-6 综放工作面顶板结构

需要指出,上位直接顶中"半拱"式结构的失稳可对采场造成来压,即直接顶来压。由于岩层的分层垮落特性,几乎所有综放工作面都不同程度地出现直接顶的初次来压,而是否出现直接顶周期来压则取决于两种结构的相互作用关系。与分层开采相比,基本顶初次来压步距增大,一般可达 50 m 以上;而由于应力集中程度的提高和顶板超前破坏范围的增大,基本顶周期来压步距相对减小,约为其初次来压步距的三分之一。

二、顶煤破碎机理

综放开采时,实现顶煤的有效破碎和顺利放出是放顶煤工作的核心问题,而顶煤的有效破碎又是顶煤顺利放出的前提,同时也是支架选型及确定放顶煤工艺的依据。

煤层的采出必然造成煤壁前方的应力集中,即形成支承压力。随工作面的继续推进,顶煤又先后承受顶板和支架的作用。顶煤破碎是支承压力、顶板活动(回转)及支架支撑共同作用的结果。其中支承压力对顶煤具有预破坏作用,是顶煤实现破碎的关键;顶板回转对顶煤的再破坏作用使顶煤进一步破碎,但它是以支承压力的破煤作用为前提;而支架仅对下位

2~3 m 范围的顶煤作用较为明显。上述顶煤破坏过程实验室模拟结果可由图 7-7 示出。

支架反复支撑的实质是对顶煤多次加载和卸载,使顶煤内的应力发生周期性的变化,形成交变应力作用促使顶煤破坏的发展。

支架对顶煤反复支撑的次数 n 与顶梁长度 L 和截深 B 有关,其关系式为:

$$L = nB \tag{7-1}$$

式中,取 $B=0.6$ m; $n=3\sim7$。顶煤强度小或层节理发育时,应取小值,顶梁宜短;相反,取大值,顶梁宜长。顶梁长度过短,对顶煤破碎不利;而顶梁过长,将使顶煤破碎加剧,易出现架前或架上冒空现象,并增大煤炭损失。

据顶煤的变形和破坏发展规律,沿推进方向可将顶煤分为如图 7-8 所示的四个破坏区,依次为完

图 7-7 顶煤破坏过程

整区 A、破坏发展区 B、裂隙发育区 C 和垮落破碎区 D。各区的破坏特征和范围与实测结果是非常吻合的,如表 7-2 所示。需要指出,当煤层及开采条件发生变化时,各区的范围将有所不同。

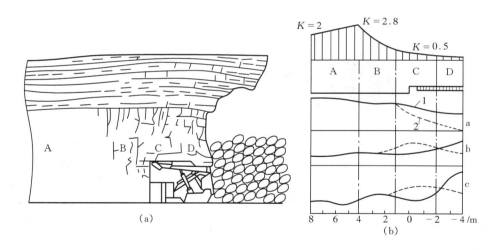

图 7-8 顶煤破坏分区
(a) 实测结果;(b) 理论分析结果
A——完整区;B——破坏发展区;C——裂隙发育区;D——垮落破碎区;
a——变形分布;b——拉伸破坏分布;c——剪切破坏分布;
1—— $p=0.5$ MPa;2—— $p=0$;K——支承压力峰值系数

由于工作面的移动特性,顶煤将顺次经过以上四个区,破坏逐渐发展,直到完全破碎而由放煤口放出。

表 7-2　　　　　　　　　　　　　顶煤破坏分区范围和特征

破坏分区		完整区	破坏发展区	裂隙发育区	垮落破碎区
区域范围	计算值/m	+8~+4	+4~+1.0	+1.0~-2.2	-2.2~
	潞安王庄矿4309面实测值/m	+8~+4	+4~0	0~-2.0	-2~
	韩城象山矿放顶煤工作面实测值/m	+8~+3	+3~+1.4	+1.4~-2.4	-2.4~
破坏特征		尚未发生强度破坏	煤体已破坏,裂隙扩展,水平变形大于垂直变形,但仍具有相对的完整性	支架的支撑和卸载作用使顶煤中的裂隙进一步发育,表现为裂隙密度的增加和裂缝的增大	顶煤逐渐进入完全破坏,"假塑性结构"失稳,顶煤丧失其连续性

第四节　放顶煤工艺特点

　　放顶煤开采的生产效率和煤炭采出率一方面取决于顶煤的垮落是否充分,另一方面则取决于是否能将垮落下来的顶煤尽可能多地顺利放出。因此可以说,在顶煤冒放性较好的条件下,顶煤的采出率及放顶煤效果取决于合理的放顶煤工艺参数的确定。而欲确定合理的放顶煤工艺,则需首先认识顶煤破碎后的运动及放出规律。

一、顶煤放出规律

　　根据放矿理论,矿石从采场内是按近似椭球体形状流出来的,即原来所占的空间为一旋转椭球体,如图 7-9 所示。在放矿过程中形成的椭球体称为放出椭球体(1),停止扩展而最终形成的椭球体称为松动椭球体(3),放矿后形成放出漏斗(2)和移动漏斗(4)。

　　如果放顶煤高度为 h,则放出椭球体(1)长轴为 $2a$,近似于 h,短轴为 $2b_1$。高度为 h 的水平煤岩分界面将下降为一漏斗面(2),由于下降时煤岩的滚动,漏斗面实际上是由一定厚度的混矸层组成,最大直径近似于 $4b_1$。生产实践表明,放出椭球体短轴与长轴的关系式如下:

$$b_1 = \frac{1}{2}(0.25 \sim 0.3)h \qquad (7-2)$$

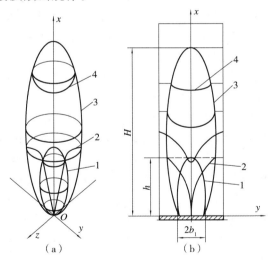

图 7-9　放矿椭球体的概念
1——放出椭球体;2——放出漏斗;
3——松动椭球体;4——移动漏斗

　　从理论上讲,放出椭球体表面上的颗粒将大体上同时到达放煤口。放煤的同时,放出椭球体周围的煤岩也将向放煤口移动,充填放煤留下的空间,且与放出椭球体相似,为一松动椭球体,其高度 H 为

$$H = (2.2 \sim 2.6)h \qquad (7-3)$$

由于工作面支架上的放煤口互相邻近,放煤时放煤口间距 l 直接影响放煤效果,见图 7-10。图中(a)和(b),其 $l>2b_1$,此时,当第 2 个放煤口放煤时,不会因已放过第 1 放煤口而发生混矸现象,但放煤口之间有脊背煤损(图中阴影部分),l 越大,脊背煤损越大;图中(c),即 $l<2b_1$ 时,如放煤高度仍为 h,必将有一部分矸石混入放出的煤中(图中双线阴影部分),但脊背煤损明显降低。因此,在一定放煤高度条件下,合理确定放煤口间距是十分重要的。

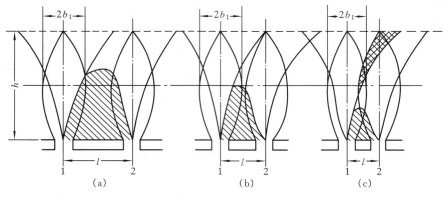

图 7-10　放煤口间距 l 与放煤效果的关系

(a),(b) $l>2b_1$;(c) $l<2b_1$

由于松散碎煤范围有限,放出体前方的煤体破碎尚不充分,后方为采空区已垮落的矸石,上方为顶板岩石。这样,椭球体长轴将向采空区偏斜,其偏斜角与顶煤垮落角大致相等,如图 7-11 所示。当采空区直接顶呈大块垮落、流动性差时,松动体不能充分发育,可以呈条带状放出。从图中还可看出,a 区的煤暂时放不出来,为停滞区,b 区为死角区,这部分煤不能放出。c 和 d 部分极不稳定,可以被放出,但已混矸。若放煤口前方顶煤也已充分破碎,如图中虚线所示,则可完全符合椭球体的放出规律。

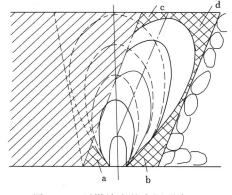

图 7-11　顶煤放出的实际形态

值得注意的是顶板垮落的性能,当直接顶较稳定不随放煤而运动时,放出体的顶部将出现球缺现象。但若直接顶在顶煤放空后垮落时,将给支架带来冲击载荷,因而直接顶的稳定性是重要的。

当放煤高度与放煤口直径的比值 $h/d<2\sim3$ 时,已不再遵循椭球体的放出规律。由实验可知,放出体基本上按漏斗流出。若顶煤厚度过小,将形成类似伪顶的不规则垮落,因此,一般顶煤厚度不应小于 $2\sim3$ m。另外,当粒度过小、湿度过大时,顶煤将难以顺利地连续放出。

二、放顶煤工艺

放顶煤工艺主要包括初(末)采放煤工艺、放煤步距、放煤方式和端头放煤等几个问题。

（一）初采和末采放煤工艺

在我国推行放顶煤开采的初期，为防止顶板垮落对采煤工作面造成的威胁，通常采取初采推进 10～20 m 不放顶煤，但实践证明这个措施的实际意义并不大。事实上，目前在大多数综放工作面，推出切眼后即做到及时放煤，这不仅有效地提高了煤炭的采出率，而且对顶煤的垮落也是有利的。

应用放顶煤开采的初期，通常在工作面收作前提前 20 m 左右铺双层网停止放煤，或将沿底板的工作面向上爬至沿顶板时再收作，这样造成了大量的煤炭损失。为此，近年来在综放开采的实践中普遍缩小了不放顶煤的范围，一般可提前 10 m 左右停止放顶煤并铺顶网，但应注意解决好两个方面的问题：一是使撤架空间处于稳定的顶板条件之下，即选择合理的停采线位置；二是有效地防止后方矸石的窜入，即矸石应能够压住金属网。

（二）放煤步距

在采煤工作面的推进方向上，两次放顶煤之间的推进距离称为循环放煤步距。确定循环放煤步距的原则是：应使放出范围内的顶煤能够充分破碎和松散，并做到提高采出率，降低含矸率。

确定放煤步距时，首先应保证放煤口上方能够充满已松散的顶煤。若放煤步距太大，则上部的矸石首先到达放煤口，在采空区侧将留有较大的三角煤放不出来；若步距太小，则后方矸石易混入窗口，影响煤质，并容易误认为煤已放尽，停止放煤，造成上部顶煤的丢失。放煤过程中不能保证既不混矸又不丢煤，合理的放煤步距只是把煤炭采出率和混矸率控制在一定范围内。

不同放煤步距下的混矸状况如图 7-12 所示。由此可以看出，放煤步距的大小应与顶煤的厚度有关：顶煤厚度较小时，通常以一采一放较为合理；顶煤厚度较大时，则放煤步距可适当增大，可采用两采一放或三采一放。应当指出，放煤步距还应与顶板垮落和运动特点及顶煤的破碎程度等结合考虑。

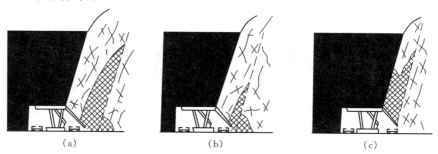

（a） （b） （c）

图 7-12　不同放煤步距下的煤矸运动状态
（a）大放煤步距；（b）合理放煤步距；（c）小放煤步距

（三）放煤方式

放煤方式不仅对工作面煤炭采出率、含矸率影响较大，同时还会影响到总的放煤速度、正规循环的完成以及工作面能否高产。放煤方式主要包括放煤顺序和一次顶煤的放出量，并由此组成不同的放顶煤方式。

（1）多轮、分段、顺序、等量放煤。将工作面分成 2～3 个段，段内同时开启相邻两个放煤口，每次放出 1/3～1/2 的顶煤量，按顺序循环放煤，将该段的顶煤全部放完，然后再进行下一段的放煤,或是各段同时进行。

(2) 单轮、多口、顺序、不等量放煤。从工作面一端开启 4 个放煤口,分别开启面积为:1、1/2、1/3 和 1/4。当第一个放煤口放完并关闭后,按顺序向前继续开启放煤口,但仍保持开启面积的顺序和大小不变。由于这种方式的放煤量较难控制,因此在实际中已较少应用。

(3) 多轮、间隔、顺序、等量放煤。放煤顺序按 1 号、3 号、5 号等单号放煤口顺序放煤,一次放出顶煤量的 1/3～1/2,然后再按 2 号、4 号、6 号等双号放煤口顺序放煤,这样反复进行两、三轮,将煤放完,尽量使顶煤保持均匀下降,以减少混矸,提高采出率。

(4) 单轮、间隔、多口放煤,如图 7-13 所示。先放 1 号、3 号、5 号等单号支架上的煤,见一定矸后关闭放煤口,留下较大的脊背煤;滞后一段距离放双号支架上的煤,将留下的脊背煤中放出一个椭球体。实践证明,这种方式丢煤少,混矸少,又易于实现高产高效,是一种较好的放煤方式。

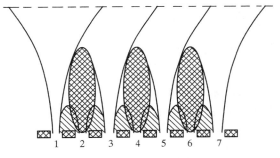

图 7-13　单轮间隔多口放煤

我国综放工作面目前普遍采用双输送机低位放顶煤支架,基本消除了脊背煤的损失,考虑到实际放煤过程中的可操作性,目前普遍采用双轮顺序和单轮间隔的放煤方式,同时在工作面范围内实行分段平行作业。

(四) 端头放煤

端头放顶煤工艺是我国目前尚未完全解决的问题。为了维护工作面两端出口处的顶煤稳定性,普遍采用工作面两端各留 2～4 架不放顶煤,这不仅降低了煤炭的采出率,而且也没有彻底改善端头的维护状况。基于此,兖州鲍店煤矿与郑州煤矿机械厂合作,研制了 ZTF5400—22/32 端头放顶煤支架并取得了成功,可使工作面煤炭采出率提高 2%～3%。目前该支架及工艺已在兖州矿区推广应用。

第五节　采煤系统分析

一、回采巷道布置

潞安漳村煤矿 1303 综放工作面的巷道布置如图 7-14 所示,该工作面采用综放开采 3 号煤层,煤层厚度为 5.33～7.29 m,倾角 3°～6°。其特点是上下平巷和回风上山均沿底板且布置在煤层中,系统简单,掘进工程量小。其采煤工作面的运煤和通风系统如图中所示。实行综放开采后,瓦斯涌出量相对增大,因此在高瓦斯综放面普遍实行 U+L 型通风,即采用三巷布置方式,其中沿煤层顶板布置的抽采瓦斯巷相对回风平巷内错 10～15 m。

为了减少煤层厚度的损失,采煤工作面开切眼也应沿煤层底板布置。由此,上下区段平巷也应位于煤层底板上,否则除给运煤、通风和设备安装带来不便外,还将在工作面和巷道连接处增加三角煤损失。

在我国应用放顶煤采煤法的初期,多采用留设 15～20 m 区段煤柱的护巷方法,严重影响了采区煤炭的采出率。兖州矿区已普遍实行了综放开采的无煤柱护巷技术,而徐州矿区

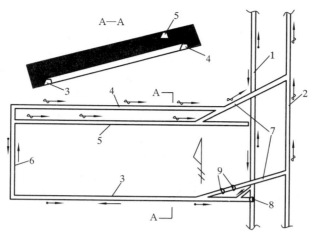

图 7-14　综放工作面回采巷道布置及生产系统

1——采区运输上山;2——煤层回风上山;3——运输平巷;4——回风平巷;5——抽采瓦斯巷;

6——开切眼;7——联络斜巷;8——煤仓;9——风门

则采用留小煤柱护巷的方法,均取得了满意的效果。

综放面沿空巷道的矿压显现主要表现为超前支承压力影响范围大、巷道变形量大,如兖州鲍店煤矿 1306 综放面轨道巷的超前影响范围达 160 m 以上,距工作面 20 m 处巷道变形量达 800 mm 以上;其次是巷道矿压显现具有明显的周期性,这是由于受工作面内顶板活动的影响所致。

目前对综放面沿空巷道的矿压控制措施主要是选择合理的巷道位置,并对巷道进行超前锚杆注浆联合加固。这已在某些矿区取得了较好的效果。

二、工作面长度及推进长度

放顶煤工作面长度的确定应主要考虑顶煤破碎、顶煤放出和减少煤炭损失等三个因素的影响。

顶煤破碎主要取决于支承压力及顶板活动的作用,由工作面长度对支承压力及矿压显现的影响分析可知,工作面长度不得低于 80 m,但工作面长度大于 200 m 以后,其变化趋于缓和。

合理的工作面长度应是在一个生产班内能将工作面内的顶煤全部放完。据此原则,工作面长度可由下式表示:

$$l = n\frac{T}{t}B\eta \tag{7-4}$$

式中　l——工作面长度,m;

　　　n——同时放煤支架数;

　　　T——每班工作时间,min;

　　　t——每架支架放煤所需时间;min;

　　　B——支架宽度,m;

　　　η——每班工作时间利用率。

上式中 T、B、η 可视为常数，t 与顶煤厚度有关，随着放煤量增多，其值也增大。参数 n 取决于放煤效果和输送机的能力，目前一般应小于 3。以阳泉一矿 8603 工作面条件为例，煤层厚度 6.5 m，顶煤厚度 4 m，平均每架放煤时间 $t=5\sim7$ min，取 $n=2$，$B=1.5$ m，$T\cdot\eta=300$ min，计算得出 $l=135\sim190$ m。若煤层厚度 10 m，顶煤厚度 7.2 m，$t=8\sim10$ min 时，则计算得出 $l=96\sim120$ m。

由于目前综放工作面的区段煤柱及端头放煤问题尚未得到完全解决，从减少煤炭损失考虑，适当加大工作面长度，可以相对减少这部分损失所占的比例。

综上所述，综放工作面的长度一般不应小于 80 m，并且以 130~200 m 较为合理。在设备可靠性和技术熟练程度较高的前提下，还可使工作面长度继续增大。目前兖州矿区综放工作面的长度多在 200 m 以上，1997 年时东滩煤矿已实现综放工作面年产 4.00 Mt。

综采放顶煤工作面的连续推进长度一般不宜小于 800~1 000 m。除考虑工作面搬迁因素外，还应考虑减少工作面初、末采时煤炭损失所占的比例。工作面连续推进距离越长，煤损会越小。事实上，目前兖州矿区综放工作面的连续推进长度多在 2 000 m 左右。

三、煤炭采出率

煤炭采出率是评价放顶煤采煤法的主要指标之一，与采煤系统参数密切相关。国家规定：厚及特厚煤层的采区煤炭采出率不得低于 75%。采区内的煤炭损失可分为工作面外和工作面内的两部分。根据阳泉矿区对综放工作面煤炭损失的统计和分析，各部分煤炭损失的构成如下：

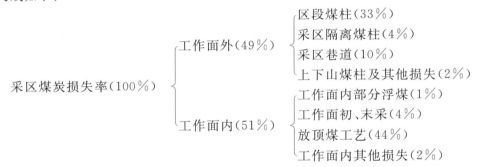

可见，放顶煤工艺造成的煤炭损失占采区总煤损的 44%，居第一位，其次是区段煤柱损失，占 33%。因此最大限度地提高面内顶煤采出率，以及取消区段煤柱实行无煤柱护巷将是提高煤炭采出率的主要技术途径。

（一）工作面内煤炭损失分析

放顶煤工作面的煤炭损失主要包括以下几种。

1. 初采损失率

为了促使直接顶及时垮落，自切眼开始就应及时放出顶煤，但在某些顶板条件下，为防止支架受冲击而控制顶煤放出量。即使不采取人为留顶煤，切眼上方铺设金属网时仍然难以使顶煤全部放出。

2. 末采损失率

为了安全撤出综采设备，通常采取提前铺网或向顶板爬坡的工作面收作方式，但无论采取何种方式，都不可避免地造成部分煤炭损失。

3. 端头损失率

为了维护工作面两端出口,两端不放顶煤造成的损失。可见,这部分损失随顶煤厚度的增加而增大,随工作面长度的增加而相对减小。

4. 采煤工艺损失率

通常,下部机采工作面的煤炭损失率不超过 5%,采煤工艺的煤炭损失率主要是由放顶煤工艺造成的。

（二）放煤工艺损失率分析

进入放煤循环时,顶煤处在顶板矸石的覆盖和包围状态,即待放出煤体的上方和后方均为矸石。打开放煤口,煤矸便依一定的规律流向放煤口,因此放顶煤的初期为纯煤放出阶段;随放煤量的增加,逐渐进入煤矸混放阶段,并且矸石的含量也逐渐增大。当瞬时混矸率为 100% 时仍不能放出的顶煤即为不能放出的顶煤;当瞬时混矸率小于 100% 时,只要不关闭放煤口便可放出的顶煤为有条件可放出顶煤;其中瞬时混矸率为 100% 与截止混矸率之间可放出的顶煤为有条件放出但不能回收的顶煤,而在截止混矸率之下可以放出的顶煤为可回收顶煤,如图 7-15 所示。纯煤放出阶段、有条件可回收和有条件不能回收顶煤在整个放煤过程中所占的比例取决于初始煤矸界面与放煤口的位置、界面运动规律、截止混矸率的大小和垮落煤岩体的块度对比及流动特性等。

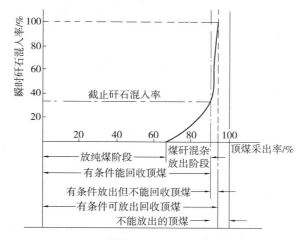

图 7-15　放顶煤工艺过程对采出率的影响

由此可见,在特定的煤层条件下,顶煤采出率达到一定程度后,若再继续提高采出率,只能以牺牲煤质为代价,即提高采出率和降低含矸率是两个相互矛盾的指标要求。但即使不惜煤质恶化（允许较高的混矸率）,顶煤的采出率也不可能达到 100%,即顶煤损失不仅具有可控制性,更具有必然性和控制的局限性。这就是综放工艺对煤炭损失影响的基本特征。

因此,提高顶煤的采出率应做到尽可能增加纯煤放出阶段所占的比例,其原则是使煤矸分界面均匀地向放煤口收缩,使上方矸石和后方矸石同时到达放煤口,其措施主要包括支架选型、放煤工艺及其采放比的控制等。同时还要加强放顶煤的生产管理,增大洗选能力,允许较多的矸石放出。

此外,积极推行无煤柱护巷及实现端头放顶煤,也是提高煤炭采出率的重要途径。

第六节 适用条件及评价

近年来,放顶煤开采技术在我国得到了迅速发展,出现了潞安、兖州、阳泉等以放顶煤开采为主的高产高效矿区,许多重要指标已达到世界领先水平,代表了我国厚煤层开采的发展方向。与厚煤层的其他采煤方法相比,放顶煤采煤法主要具有以下优点:

(1) 单产高。工作面内具有多个出煤点,而且在工作面内可实行分段平行作业,即在不同地段采煤和放煤同时进行,因而易于实现高产。如兖州东滩煤矿综放工作面最高日产17 kt,最高月产已达 0.37 Mt,年产 4.10 Mt 以上,这在采用分层开采时是难以达到的。事实上,目前我国的高产工作面也多为综采放顶煤工作面。

(2) 效率高。由于放顶煤工作面的一次采出厚度大,生产集中,放煤工艺劳动量小以及出煤点增多等原因,其生产效率和经济效益大幅度提高,目前许多综放工作面的效率达到100 t/工以上。

(3) 成本低。放顶煤采煤法比分层开采减少了分层数目和铺网工序,由此节省了铺网费用。此外,其他材料、电力消耗、工资费用等也都相应减少。

(4) 巷道掘进量小。掘进率和巷道维护费用减少,便于采掘接替。如兖州东滩煤矿采用综放开采技术后,煤巷掘进率减少 50%,岩巷掘进率则减少了 70% 以上。

(5) 减少了搬家倒面次数,节省了采煤工作面的安装和搬迁费用。根据煤层厚度的不同,可减少 1~3 次工作面的安装和搬迁。

(6) 对煤层厚度变化及地质构造的适应性强。

除上述一些优点外,放顶煤采煤法尚存在以下一些问题和不足,有待于在实践中逐步得到解决:

(1) 煤损多。在目前的技术水平条件下,放顶煤开采的工作面煤炭采出率一般比分层开采低 10% 左右,即使采用了无煤柱护巷技术,初采和末采损失和工艺损失仍将存在,故煤损较多。

(2) 易发火。由于煤损较多,在回采期间采空区就可能发生自燃。因此,有效地防止自燃是放顶煤开采成败的又一关键。实践表明,除黄泥灌浆、提高工作面推进速度外,再及时喷注阻化剂,向采空区注入氮气,能有效地阻止采空区发火。抚顺煤科分院研制的制氮机已在许多矿区的综放工作面得到应用。但这将增加辅助工艺过程及费用。

(3) 煤尘大。在放顶煤工作面,采煤机割煤、支架操作时的架间漏煤及放煤均为粉尘的来源。高位放煤时放煤工序产生的粉尘较大,顶煤破碎严重时架间漏煤产生的粉尘也对工作面产生严重影响。但在低位放煤时,工作面粉尘,尤其是呼吸性粉尘的主要来源仍然是采煤机割煤。因此除在放煤窗口设喷雾装置外,还可采用煤体预注水湿润煤层的方法,并尽可能应用低位放顶煤支架。近年来,兖州矿区鲍店煤矿和东滩煤矿先后试验了负压二次降尘和机载泵高压喷雾降尘,均取得了满意的效果。若配合煤体预注水,可有效地解决综放工作面的粉尘问题。

(4) 瓦斯易积聚。与分层开采相比,放顶煤开采的产量集中,瓦斯散发面大,采空区高度大,易于积聚。特别在高瓦斯矿井,瓦斯涌出量会更大。顶板垮落时,使采空区的瓦斯涌入工作面,易超限。目前,较为有效的防治措施有:

① 瓦斯抽采,必要时可预采顶分层进行抽采。

② 改变通风系统,将"U"形通风改为"U+L"形通风。

③ 合理配风,保证风量,同时加强监测手段及生产技术管理,严格防止瓦斯事故的发生。

目前,综放开采瓦斯治理所面临的主要问题是:瓦斯抽采技术及效果的提高、上隅角瓦斯积聚的治理及可靠的瓦斯监测手段。

放顶煤采煤法虽然有明显的经济效益,但由于放顶煤是利用矿山压力破煤,因而对煤层的可放性及其赋存条件具有一定的要求,其适用条件概括如下:

(1)煤层厚度。一般认为一次采出的煤层厚度以 6~10 m 为佳。顶煤厚度过小易发生超前冒顶,增大含矸率;煤层太厚破坏不充分,会降低采出率。预采顶分层综放开采时,最小厚度为 7~8 m。

(2)煤层硬度。顶煤破碎主要依靠顶板岩层的压力,其次是支架的反复支撑作用。因此,放顶煤开采时,煤的普氏系数一般应小于 3。若煤层层理、节理发育,可适当增大,但一次开采的厚度也不宜过大。

(3)煤层倾角。缓斜煤层采用放顶煤开采时,煤层倾角不宜过大,否则支架的倒滑问题会给开采造成困难。石炭井乌兰矿在 25°~30°的煤层中试验放顶煤开采已获得成功。

(4)煤层结构。煤层中含有坚硬夹矸会影响顶煤的放落;或者因放落大块夹矸堵住放煤口。因此,每一夹矸层厚度不宜超过 0.5 m,其普氏系数也应小于 3。顶煤中夹矸层厚度占煤层厚度的比例也不宜超过 10%~15%。

(5)顶板条件。直接顶应具有随顶煤下落的特性,其垮落高度不宜小于煤层厚度的 1.0~1.2 倍,基本顶悬露面积不宜过大,以免受冲击。

(6)地质构造。地质破坏较严重、构造复杂、断层较多和使用分层长壁综采较困难的地段、上(下)山煤柱等,使用放顶煤开采比使用其他方法能取得较好的效益。

(7)自然发火、瓦斯及水文地质条件。对于自然发火期短、瓦斯量大以及水文地质条件复杂的煤层,先要调查清楚,并有相应措施后才能采用放顶煤开采。

复习思考题

1. 试述放顶煤采煤法的主要工艺过程。

2. 综采放顶煤采煤方法主要有哪几种类型,各有何特点?

3. 简述综采放顶煤支架的主要形式和分类依据,以及不同架型的主要优缺点。

4. 综放工作面岩层活动及矿压显现有何特点?

5. 试述顶煤破碎机理、破坏分区及其含义。

6. 综采放顶煤工艺的含义及主要内容是什么?

7. 综放采区的巷道布置有何特点?在确定采区主要参数时应考虑哪些因素?

8. 影响顶煤采出率的主要因素是什么?为什么说顶煤的损失是可以控制的,但也是不可避免的?

9. 简述综采放顶煤技术的主要优缺点。

10. 试分析综采放顶煤技术对厚煤层开采的适应性。

第八章　急斜煤层采煤法

我国开采急斜煤层的产量比重不大。由于开采急斜煤层有一些特殊困难,在采煤机械化和改善生产技术经济指标方面都还存在不少问题。

急斜煤层采煤的主要特点如下:

(1)采煤工作面采下的煤块能自动下滑,从而简化了工作面的装运工作,但下滑的煤块和矸石容易冲倒支架,砸伤人员,给生产带来不安全因素。

(2)急斜煤层顶板压力垂直作用于支架或煤柱上的分力比缓斜煤层要小,而沿倾斜作用的分力要大,煤层顶底板都有可能沿倾向滑动,支架稳定性差,因而增加了回采和支护工作的复杂性。

(3)采煤工作面的行人、运料、落煤、支护、采空区处理等各项工序的操作都比较困难,增加了机械化采煤的难度。

为了克服这些困难,采用了多种多样的采煤工作面的布置形式和推进方向,因而构成了各种各样的采煤方法。

(4)采区中一组上山眼的布置可如图8-1所示,以溜煤眼代替缓斜煤层中的运输上山,而以运料眼代替轨道上山;为了安全,分段设行人眼;出矸时还需另设溜矸眼。

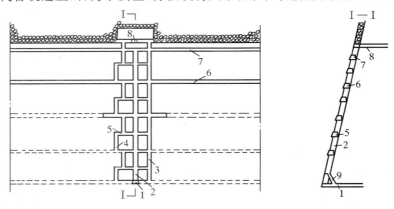

图 8-1　上山眼布置

1——采区运输石门;2——采区溜煤眼;3——运料眼;4——行人眼;5——联络巷;6——区段运输平巷;
7——区段回风平巷;8——采区回风石门;9——采区煤仓

(5)一般说来,急斜煤层都经历过强烈的地质变动,地质构造较复杂,围岩条件较差;再加上采煤工作面推进速度慢,采出率较低。因而,采区走向长度比缓斜煤层要小。

急斜煤层的采煤工程图纸一般采用立面投影图或层面图。

第一节 急斜煤层走向长壁采煤法

一、倒台阶采煤法

台阶式采煤法是开采急斜薄及中厚煤层的一种走向长壁采煤法,其主要特点是采煤工作面呈台阶状布置。

（一）采煤系统

倒台阶采煤法的采煤工作面呈倒台阶形,如图 8-2 所示。工人在各台阶下分组作业,既可避免上方采落煤块的伤害,又能充分利用工作面全长进行多点作业。

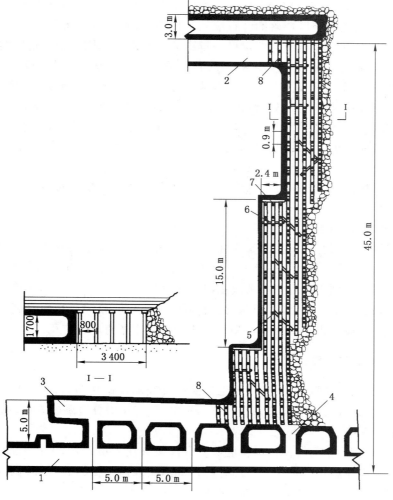

图 8-2　倒台阶采煤法

1——区段运输巷;2——区段回风巷;3——超前辅助平巷;4——溜煤小眼;

5——溜煤护身板;6——脚手板;7——支架背板;8——超前加强支架

为了通风、溜煤和行人安全,在区段运输巷上方 4～5 m 处,开一条超前辅助平巷(3),两者之间每隔 5～6 m 用联络眼贯通。为了溜煤方便,联络眼上端做成漏斗形。该区段运输巷作为下区段回风巷。

工作面长度较短,一般为 40～50 m,工作面沿倾斜分为 2～3 个台阶,台阶长度一般为 10～20 m,上下台阶的错距为 2～3 m。为了通风和行人方便及临时贮存煤炭,最下面的台阶与上一台阶错距应加宽到 5～6 m,台阶长度缩短为 8～10 m。

(二)采煤工艺

倒台阶工作面一般采用风镐落煤,每个台阶上配备 1 台风镐,由 2～3 名采煤工进行落煤和支架工作。

倒台阶工作面一般采用木支架。为了保证支架的稳定性,应采用平行与工作面的一梁三柱或两柱的对接棚子,后者应用较多。棚距一般为 0.8～0.9 m,柱距为 0.8～0,9 m,一般取 0.8 m。为避免采空区垮落的矸石滚入工作面,必须支设密集支柱隔离采空区。台阶面每向前推进 0.8～0.9 m,应立即架设一排支架。底板不坚固有滑脱危险时,支架应设底梁。为了防止煤块砸人或滚入采空区,沿工作面适当地点应设溜煤护身板,每个阶檐处要刹好背板以防阶檐煤壁塌落伤人。工人操作地点应设置脚手板以保证安全和便于操作。

采空区一般用全部垮落法处理(也可采用充填法处理采空区,称为倒台阶矸石充填采煤法),工作面控顶距一般不超过 4～6 排支柱,各台阶错开一定距离放顶。回柱工作多采用回柱绞车进行,回柱绞车设在回风巷内,通过钢丝绳沿工作面自下而上将支柱拉倒。支柱回收较困难。

工作面一般为两班采煤,每班推进 0.8～0.9 m,另一班放顶,每日一循环,循环进度为 1.6～1.8 m。

(三)评价及适用条件

倒台阶采煤法是我国 20 世纪 50 年代开采急斜薄及中厚煤层常用的一种采煤方法,具有巷道布置、通风系统简单,掘进率低,采出率高,对地质条件变化适应性较强等优点。但是,这种采煤方法不利于实现采煤机械化,劳动强度大,劳动生产率低,顶板管理工作量大,坑木消耗大,在台阶上隅角处容易积聚瓦斯等缺点。因此,目前应用越来越少,只在煤层赋存条件变化较大,厚度小于 2 m 的急斜薄及中厚煤层中还有少量应用。

二、俯为斜走向长壁采煤法

这种采煤方法的主要特点是:采煤工作面成直线形按俯伪斜方向布置,沿走向推进;用分段水平密集切顶柱挡矸和隔离采空区与回采空间;工作面分段爆破落煤,煤炭自溜运输。

(一)采煤系统

采煤系统如图 8-3 所示。为了满足煤炭自溜又方便人员行走,工作面伪倾斜角度一般为 30°～35°,工作面斜长可达 80～90 m。为了溜煤、通风、行人和溜煤眼掘进工作的方便,工作面下部的溜煤眼不少于 3 个,掘成漏斗状,并铺有溜槽。

(二)采煤工艺

1. 工作面初采

工作面初采由开切眼与区段回风巷交接处开始,按工作面伪倾角要求自上而下推进,工作面长度逐渐增大,如图 8-4 所示。为便于初采时工作面出煤和人员通行,开切眼沿伪斜方

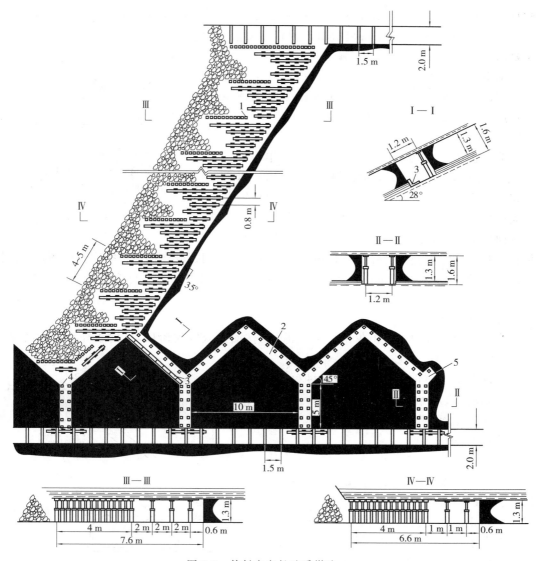

图 8-3　伪斜走向长壁采煤法

1——密集支柱;2——"人"字形溜煤眼;3——单边钢板溜槽;4——戴帽点柱;5——超前掘进工作面

向布置。随着工作面向下推进,开切眼自上而下逐段报废。当工作面下端距回风巷 4 m 时,开始支设分段密集支柱。当第一分段密集支柱长度达到 5 m 而直接顶仍不垮落时,采用强制放顶措施。随着工作面的继续推进,不断增设新的分段密集支柱。当工作面煤壁到达图 8-4 中 6 所示位置时,初采工作结束。

2. 工作面正常回采

工作面用爆破落煤,自下而上分段爆破。支护采用金属支柱和铰接顶梁。支护形式采用倒悬臂齐梁齐柱布置,柱距 0.8 m,排距 1.0 m,金属支柱架设应采取防倒措施。沿煤层倾向每隔 4～5 m 设置一排密集支柱,每排密集支柱沿走向长 4 m,上铺竹笆或荆片。密集支柱随工作面推进,前添后回,支柱间距一般不超过 0.3 m,放顶前后始终保持 13～15 根戴帽点柱。相邻两排密集支柱沿煤层走向保持有1. 0～1.5 m错距。密集支柱除起切断顶板作用外，主要用于挡矸。

采空区采用全部垮落法处理。当回风巷下方采空区出现大面积悬顶时，除采用人工强制放顶外，可将上区段采空区垮落矸石放入本区段采空区。

分段密集支柱的长度与顶板性质、工作面采高、采空区垮落矸石的安息角、煤层瓦斯涌出量以及相邻两排密集支柱的间距等因素有关。分段密集支柱过长，工作面控顶增大，顶板压力随之增大，造成回柱困难，而且在密集支柱下方的"三角区"也

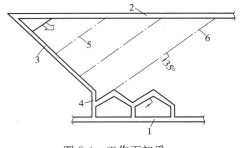

图 8-4　工作面初采

1——区段运输巷；2——区段回风巷；
3——开切眼；4——溜煤行人眼；
5——调整中的工作面煤壁；
6——调整好的工作面煤整

易积聚瓦斯。分段密集支柱长度过短则不能有效地起到挡矸作用。根据广旺能源发展集团公司旺苍矿的经验，在顶板中等稳定的条件下，分段密集支柱的走向长度以4.0 m为宜，最长不宜超过5.0 m。

3.工作面收尾

当工作面上端推进到距收作眼4 m时，工作面进入收尾阶段，这时工作面长度逐渐缩短，如图8-5所示。

为满足工作面收尾时的通风、运料和行人需要，收作眼应始终保持畅通。为此，在收作眼靠工作面一侧应设保护煤柱，其尺寸为宽4 m、倾斜长5 m。

（三）评价及适用条件

这种采煤方法的主要优点是：工作面沿俯伪斜直线布置，减少了煤、矸的下滑速度，有利于防止冲倒支架和砸伤人员，改善了工作面安全生产条件；同时因工作面伪斜直线布置，改善了工作面顶底板受力状况，相对增加了稳定性，不会出现大面积推底和顶板拉裂现象；在区段垂高相同条件下，工作面有效利用率比台阶采煤法高，为提高单产、改善工作面近煤壁处的通风状况及实现机

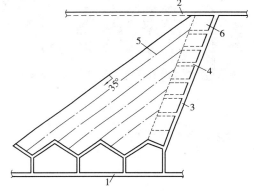

图 8-5　工作面收尾

1——区段运输巷；2——区段回风巷；3——收作眼；
4——联络巷；5——收尾中的工作面煤壁；
6——收作眼煤柱

械化采煤提供了条件；分段走向密集支柱除切顶外，主要起挡矸作用，拦截采空区矸石，在工作空间与顶板垮落区之间形成一个自然充填带，使基本顶来压滞后较远，减缓了基本顶来压的作用，减少了工作面支柱的损耗量及维修工作量。

芙蓉巡场矿采用这种采煤方法的结果表明，在相同地质条件下，比台阶采煤法单产、回采工效高。使用这种采煤方法的其他矿井，也取得了较好的技术经济效果。开滦马家沟矿采用这种采煤方法时，成功地使用了单体液压支柱，生产、安全条件进一步得到改善。

这种采煤方法存在的主要问题是：工作面支回柱工作量仍很大，工人操作还不够方便；

分段密集支柱下方的"三角区"通风条件较差,易积聚瓦斯;煤层顶板有淋水时,劳动环境比较差。

伪斜走向长壁采煤法适用于倾角 40°以上,顶板中等稳定,煤壁易片帮,工作面采高不超过 2.0 m 的低瓦斯煤层,或不宜使用伪倾斜柔性掩护支架采煤法的不稳定急斜薄及中厚煤层。它是目前开采地质条件较复杂的急斜薄及中厚煤层的一种较好的方法,将逐步取代台阶式采煤法而在全国得到推广与应用。

三、机采工艺走向长壁采煤法

急斜煤层用走向长壁采煤,由于倾角大,给工作面顶板管理、设备运行等带来了一系列困难,所以机械化采煤至今仍处于工业性试验阶段。

在落煤机械化方面,我国曾试验过钢丝绳煤锯、刨煤机和滚筒采煤机;为解决支护机械化,近年来开始试验综采液压支架和气垛(气囊)支架。

（一）钢丝绳锯走向长壁采煤法

钢丝绳锯采煤法的工作面长度一般为 10～30 m,其工作面布置如图 8-6 所示。

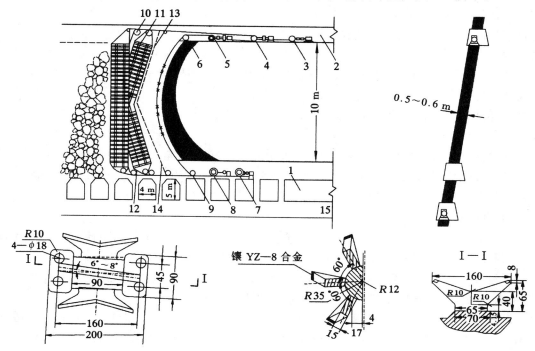

图 8-6　气垛支护的钢丝绳锯采煤工作面布置图

1——辅巷;2——回风巷;3——牵引绞车;4——移垛绞车;5——煤锯绞车;6——导向轮;7——移垛绞车;
8——煤锯绞车;9——导向轮;10——滑轮;11——第一次移垛后的位置;12——第二次移垛后位置;
13——第三次移垛后的位置;14——第四次移垛后位置;15——运输巷

钢丝绳锯是一条装有锯齿的钢丝绳,用它沿工作面往复运动掏槽,并靠地压和煤的自重完成落煤工作。

锯绳长 5～7 m,每隔 1～1.5 m 装有一个锯齿。锯绳两端与牵引钢丝绳联结。牵引钢丝绳缠绕在上下平巷的两台同步慢速绞车上。绞车带动牵引绳,通过导向轮使锯绳紧压工作面煤壁,做上下往复运动,锯齿就在煤壁上拉出一条沟槽。随着沟槽的加深,其两帮的煤在地压和自重的作用下,自行脱落、破碎,沿工作面下滑,经溜煤眼到区段运输巷的输送机上运出。

随着工作面前进要不断移动工作面上下端的导向滑轮,拉紧钢丝绳使锯齿紧压在煤壁上。工作面推进一定距离后,移动绞车,然后继续回采。

采过的空间一般不进行支护。每隔一定距离留宽2~3 m的煤柱(即刀柱)管理顶板。为此,要在工作面前方每隔一定距离(一般20~30 m)预先开好一个切眼。这项工作可用钻孔机来完成。

这种采煤方法,工人可以不进入工作面,只在平巷内开动绞车和移动导向轮。若应用成功,能减轻工人的劳动强度,提高工效,节约坑木。但由于顶板管理问题较难解决,使得采出率低,煤质无法保证,断绳也不好处理,因此,应用受到很大限制。仅适用于开采厚度小于2 m,赋存稳定,煤层无粘顶粘底现象,煤质松软,顶底板岩层稳定的急斜煤层。

急斜煤层采煤工作面支护和采空区处理是繁重而困难的工序。为了改善这方面的工作,近年来国内外试用了一种气垛支架,其结构外貌如图8-7所示。

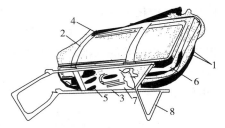

图 8-7　气垛支架结构外貌
1——橡胶囊;2——橡胶联结带;
3——滑架;4——涂胶保护片;5——进气阀;
6——管接头;7——配气器;8——托架

气垛支架是由几个具有弹性的加固橡胶囊组成。橡胶囊充入压缩空气之后,因体积膨胀、高度增加使其紧贴于煤层顶底板之间而具有一定的初撑力。而且其承载能力能随顶底板岩层的移近而增加。当以压缩空气向气囊内充气至0.3~0.5 MPa时,气垛的初撑力一般可达200 kPa以上。

气垛支架在使用初期是用来代替木垛的,近年来已开始在全工作面中使用。广东省曲仁矿区和广东煤研所等单位研制试验了与钢丝绳锯配合使用的气垛支架。

试验中采用了依靠钢丝绳悬吊单排气垛并以绞车牵引钢丝绳移置气垛的机械化支护方式,气垛在采煤工作面的布置情况和移动方式如图8-6所示。

根据煤层顶底板岩性可以采用单排或双排气垛。在一排气垛中还可以根据顶板的情况分成上、中、下几个气垛组。各组分别附设压气供气管。当设置双排气垛时,可使两排气垛交替支撑和前移,既可起到控顶作用,又可隔离采空区使工作面不间断地连续推进。

气垛支架的优点是:具有较强的支撑力;装卸和拆移比较方便,单独使用时移动一个气垛约需10 min,仅是移设一个木垛所需劳动量的1/5;并能借助绳索和手柄远距离卸载,工作安全可靠;气垛的使用年限不少于2 a,能节约大量坑木。

气垛支架的主要缺点是:卸载时需1.5~2.0 min,时间较长;与普通支架配合使用时,因普通支架间距小,使气垛移设不方便,有时需要重新翻打支柱;气垛本身的密封问题尚未很好解决,其结构也需进一步改进。气垛支架的试验为改善我国急斜薄煤层工作面支护和顶板管理条件开辟了一条新路。

（二）普通机械化走向长壁采煤法

资兴宇字矿在煤层平均厚 1.8 m、倾角平均 47°的工作面中使用了普通机械化采煤，取得了较好的技术经济效果。其工作面布置如图 8-8 所示。

工作面装备为单滚筒采煤机、可弯曲刮板输送机及金属支柱。

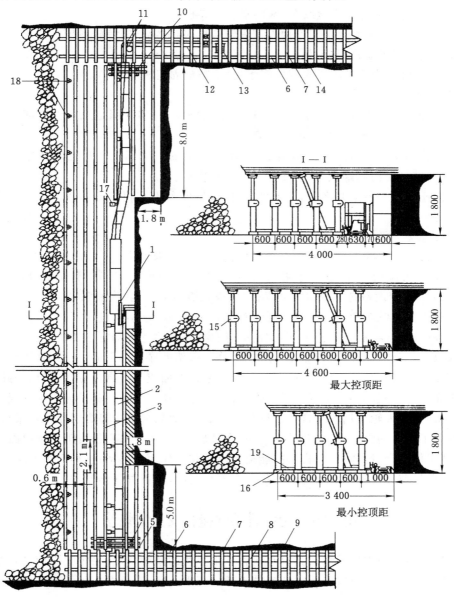

图 8-8　普通机械化采煤工作面层面布置图

1——采煤机；2——工作面输送机；3——工作面支架；4——输送机机头固定柱；5——工作面端头抬棚；

6——超前抬棚；7——巷道支架；8——运输巷输送机；9——运输巷；10——输送机尾固定柱；

11——钢丝绳导向滑轮；12——采煤机防滑钢丝绳；13——防滑绞车；14——回风巷；

15——金属支柱；16——木底梁；17——移输送机千斤顶；18——丛柱；19——防滑横板

在大倾角煤层中成功地使用普通机组采煤的关键是妥善地解决好采煤机、输送机和支架的防滑问题。

防止采煤机下滑的主要措施有：

① 将采煤机改为锚链牵引并保证额定牵引力。

② 在上平巷安装防滑安全绞车，辅助牵引采煤机。

③ 在45°左右的急斜煤层工作面设刮板输送机时，采煤机安装防滑杆。

工作面输送机的防滑措施是：

① 机头和机尾均焊有防滑固定柱底座，打牢防滑固定柱。

② 在上平巷安设防滑绞车。

③ 在移置输送机时必须遵守先移上后移下的顺序，先移并固定工作面上部的机尾，再移中部槽。中部槽应分段增加临时柱固定。

防止工作面支架下滑的主要措施是：采用带底梁的一梁三柱平行工作面棚子，梁头对接；两排柱间铺设防滑脚踏板，以便于人员上下和作业。

从目前应用的一些矿井来看，效果良好，但煤层倾角不宜超过50°，煤厚应小于2 m，顶板中等稳定。

（三）综合机械化走向长壁采煤法

北京大台矿曾试验了全部充填综合机械化走向长壁采煤法。

工作面按伪倾斜布置与下平巷夹角成70°。工作面长50 m，走向长450 m，采高1.44 m。综采配套设备包括双滚筒采煤机、支撑式液压支架、乳化液泵等。

采煤机由液压绞车牵引沿导轨运行。首先在工作面下端斜切一刀，随后单向上行割煤，一般是前滚筒割底煤，后滚筒割顶煤，割落的煤自溜至运输巷由刮板输送机运出。

采煤机导轨与液压支架铰接，用千斤顶推移。移架顺序是自下而上逐架移置。

工作面采用矸石自溜充填法管理顶板，矸石来自地面或井下掘进工作面，用侧卸式矿车运至工作面上平巷充填到采空区。随工作面向前推进，在上平巷要移设天轮架和天轮，以便进行下一次割煤，天轮架用绞车移架。试验结果表明：急斜薄及中厚煤层使用综采机组采煤能显著降低工人劳动强度，提高劳动生产率；在液压支架下工作，不易发生冒顶事故，安全可靠；能提高工作面产量，降低材料消耗；能提高煤质和工作面采出率；这种采煤方法是今后的发展方向，但目前在设备研制及应用上仍存在不少问题，有待进一步改进。

第二节 伪倾斜柔性掩护支架采煤法

伪倾斜柔性掩护支架采煤法具有走向长壁采煤法的某些特点，采煤工作面是直线形，按伪倾斜方向布置，沿走向推进，用柔性掩护支架隔离采空区，工人在掩护支架下进行采煤。

一、采煤系统

如图8-9所示，该采煤方法区段高度取决于煤层倾角大小、沿倾斜变化情况以及采煤技术条件。目前实际使用的一般在30 m左右，若煤层沿倾斜赋存稳定，构造简单，区段高度可加大到的40～60 m。在区段范围内，区段运输巷和回风巷掘到边界后，距采区边界5 m处掘进一对斜巷，两巷相距5～8 m，并沿倾斜每隔10～15 m用联络巷贯通。斜巷贯通回风巷后,在回风巷中安装掩护支架。利用这两条斜巷逐步把水平铺设的掩护支架下放到与水平面成 $25°\sim30°$ 夹角的伪倾斜位置,即形成了伪倾斜采煤工作面。然后在掩护支架下进行正常回采工作。

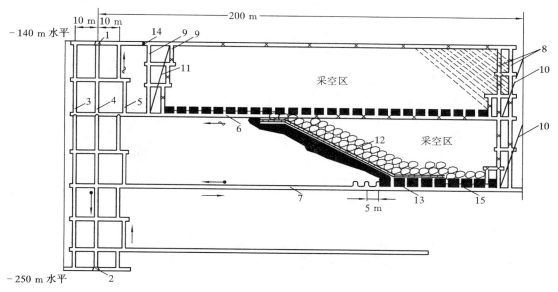

图 8-9　伪倾斜柔性掩护支架采煤法巷道布置

1——采区回风石门;2——采区运输石门;3——运料眼;4——溜煤眼;5——行人眼;6——区段回风巷;
7——区段运输巷;8——初采斜巷;9——收作眼;10——架尾移动轨迹线;11——架头移动轨迹线;
12——采煤工作面;13——溜煤小眼;14——永久封闭墙;15——小眼临时封闭

　　正常回采过程中,不断在回风巷中接长支架,同时在工作面下端掩护支架放平地点拆除一段支架。为保证工作面的运煤和通风,随着工作面的推进,在区段运输巷内沿走向每隔 5～6 m 掘进溜煤小眼。工作面采下的煤,沿工作面铺设的搪瓷溜槽,经溜煤小眼到区段运输巷的输送机。为了使溜煤、通风和行人互不干扰,同时维持的溜煤小眼应不少于三个。当工作面推进到采区上山眼附近时,在该处开掘一对收作眼,逐步将掩护支架下放成水平位置,然后全部回收。

　　回采时,新鲜风流自采区运输石门进入,经行人眼到区段运输巷,再经溜煤小眼到采煤工作面;回风从工作面经回风巷到采区回风石门排出。支架材料可由运输石门运进,经采区运料眼提到区段回风巷,再用运料小车运到支架安装地点。

二、掩护支架的结构

　　平板型掩护支架是使用最早和最广的一种,主要由钢梁及钢丝绳构成。钢梁可用矿用工字钢、U 型钢或旧钢轨。钢梁的长度比煤层厚度小 0.2～0.4 m,以利于支架下放。为了便于运输,每根钢梁的长度不宜超过 3.0～3.2 m。钢梁的规格应根据支架的宽度(即相应的煤层厚度)选用不同型号。钢丝绳可用直径为 25～35 mm 的旧钢丝绳。为了便于安装和拆卸,可将钢丝绳加工成 20～30 m 一段,两端做好封头,以防松捻。掩护支架上钢丝绳的根数,根据支架宽度确定。根据开滦赵各庄和淮南大通矿的经验,架宽在 3 m 以下时用 2～

3 根,架宽在 3 m 以上时用 4～5 根。掩护支架的结构如图 8-10 所示。

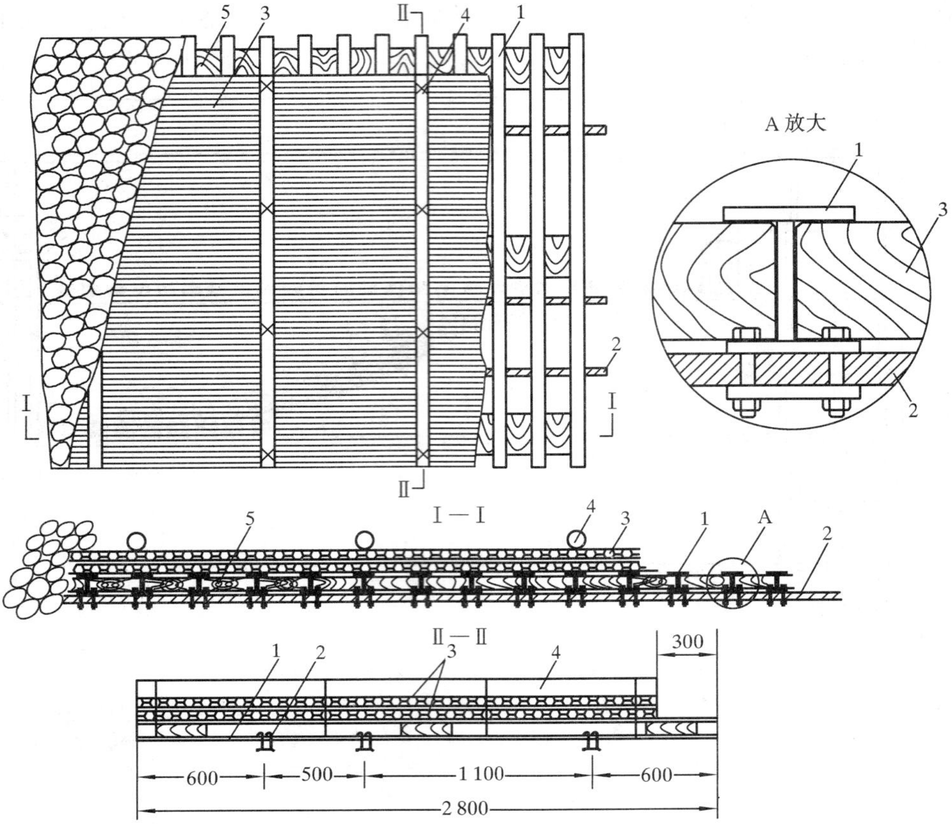

图 8-10　柔性掩护支架结构

1——钢梁;2——钢丝绳;3——竹笆;4——压木;5——撑木

钢梁垂直于煤层顶底板并放在钢丝绳上,沿走向每米布置 4～5 根。钢梁之间夹以方木或荆条捆,使钢梁保持 200～300 mm 的间距,然后用螺栓和夹板将钢梁和钢丝绳连接成为一个整体。夹板用 60 mm×12 mm 的扁铁。螺帽用直径为 12～16 mm 的圆钢做成;螺栓的长度根据钢丝绳直径大小,使能将钢丝绳夹紧,螺杆外露于螺帽不超过 3～5 m 为准。钢梁上面交错铺设 2～3 层竹笆(或金属网与荆笆)并用铁丝与钢梁连紧,以隔离采空区的矸石。竹笆的宽度应比钢梁的长度稍短,以避免支架下放时,竹笆挂住顶底板矸石被拉开而发生漏矸现象。

三、回采工作

可将回采工作分为三个阶段,即准备回采、正常回采和收尾。

(一) 准备回采

主要是在回风巷内安装掩护支架,并逐步下放支架使工作面成伪斜工作面,为正常回采做准备。安装支架前,应先将回风巷扩大到煤层顶底板,并从初采斜巷以外 5 m 处开始挖地沟。地沟呈倒梯形断面如图 8-11 所示。地沟挖好一段后,即可安装掩护支架。其一端紧靠顶板并垫高,使梁有 3°～5°的倾斜,便于连接钢梁和钢丝绳,而且也有利于支架下放改为伪倾斜时转动方便。钢梁从初采斜巷以外 3～5 m 处就开始铺设。钢丝绳和钢梁用螺栓和夹板连接好一段距离后,就可以在钢梁上铺竹笆。随着铺梁,不断地挖地沟并接长钢丝绳。钢丝绳接头处的搭接长度应不小于 2 m,并要用 5 个绳卡夹紧。防止支架受力后,绳头滑脱,连接钢梁和钢丝绳时,应注意将绳拉紧,各条钢丝绳的拉紧程度要力求一致。掩护支架安装超过一段距离后,将平巷的支架拆除,使上面的煤柱自行垮落或爆破崩落,使掩护支架上面有 2～3 m 厚的煤、矸垫层,用以保护掩护支架。为了防止支架在下放过程中下滑,应使煤和矸石垮落点距伪斜工作面上部拐点的距离经常保持在 5 m 以上。支架安装长度超过 15 m,并冒好矸石垫层以后,即可调整支架下放,使支架的尾端(安装支架的一端为支架头部)由水平状态逐步调斜下放,支架与水平面成 25°～30°的夹角。在支架下放到工作面下端时,再调整回水平位置,如图 8-12 所示。

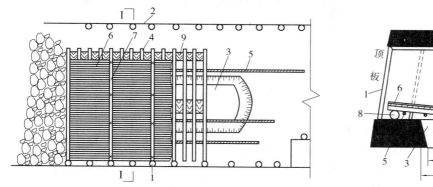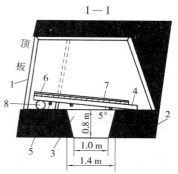

图 8-11　掩护支架安装

1——顶板;2——底板;3——地沟;4——钢梁;5——钢丝绳;

6——竹笆;7——压木;8——垫木;9——撑木

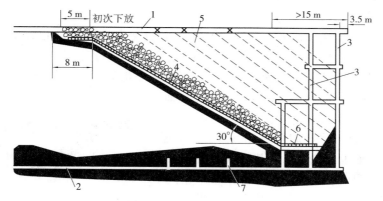

图 8-12　掩护支架的调斜

1——区段回风巷;2——区段运输巷;3——初采斜巷;4——掩护支架;

5——支架移动轨迹线;6——支架放平位置;7——溜煤小眼

（二）正常回采

在正常回采阶段,除了在掩护支架下采煤外,同时要在回风巷接长支架,并在工作面下端支架放平位置拆除一段支架。掩护支架下采煤包括钻眼、装药、爆破、铺溜槽出煤及调整支架等项工作。炮眼布置根据架宽和煤的硬度来定。在架宽为 2 m 或 2 m 以下时,仅布置单排地沟眼即可,眼距 0.5～0.6 m,眼深为 1.2～1.6 m;架宽为 2～3 m 时,打双排地沟眼,眼距和眼深同上,排距为 0.4～0.5 m,如图 8-13 所示;架宽在 3.0 m 以上,顶底板侧煤质又较硬时,应增加帮眼,帮眼的水平位置是架子下放后的位置,炮眼深度以不超出支架的两端为限。

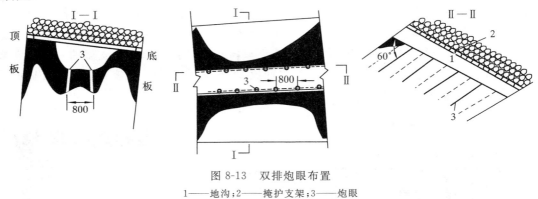

图 8-13　双排炮眼布置
1——地沟;2——掩护支架;3——炮眼

工作面爆破之后,自下而上铺设溜槽,煤装入溜槽自溜到下部运输巷中。

随着出煤,掩护支架自动下落,应随时注意调整,使掩护支架落到预定位置。一般用点柱控制掩护支架,使它在工作面中保持平直。钢梁应垂直顶底板,并根据煤层的倾角不同而保持 2°～5° 的仰角(当煤层倾角为 90° 时仰角为 0°,当煤层倾角为 60° 时仰角为 5°)。煤出清后,支架整体沿走向推进一定距离,一般为 0.8～0.9 m。然后拆除溜槽,再进行下一个循环的钻眼爆破、出煤调架工作。

架子下放的方式与爆破煤的顺序有关,我国各矿区曾采用以下两种方式。

1. 工作面全长一次爆破

全工作面一次爆破[见图 8-14(a)所示]后,掩护支架由原来的 ab 位置变到 $a'b'$ 的位置。淮南矿区各矿大都应用这种方式。其主要优点是爆破出煤后掩护支架可以全工作面同步向下滑移到新位置,掩护支架不会受拉变形。缺点是钻眼出煤不能平行作业,工时利用差,影响工作面单产的提高,有时还造成碎煤堵塞工作面。

2. 工作面分段爆破

开滦马家沟、赵各庄等矿采用自下而上分段爆破的方式。工作面上下段可以交替钻眼爆破出煤,使工作面的工时利用比较合理。缺点是放架时形成了如图 8-14(b)所示的情况,下段爆破出煤之后,掩护支架将由 ab 变成 $acde$ 的位置,架子受拉易变形损坏。

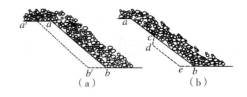

图 8-14　架子下放时长度的变化

在工作面回采的同时,同样要在回风巷中不断接长掩护支架,以便连续回采。

随着工作面向前推进,要及时拆除掩护支架下端的一段支架。拆除支架的方法如图 8-15 所示。

在工作面下端掩护支架放平处,将巷道断面扩大,露出钢梁两端,并及时打上点柱托住

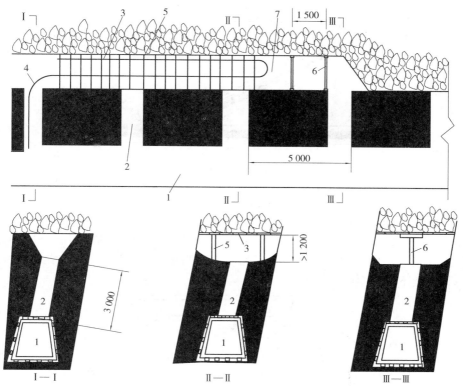

图 8-15　掩护支架回收

1——区段运输巷；2——溜煤眼；3——钢梁；4——钢丝绳；

5——点柱；6——放顶点柱；7——架子放平处

钢梁，应使支架下面的空间保持有 1.2 m 以上的高度，以便于拆架时工人进行操作。卸掉螺栓，将钢丝绳经过小眼拉到运输巷内，然后拆除点柱，回收钢梁。将回收的钢丝绳和钢梁经采区运料眼运回支架安装地点，重复使用。

（三）收尾

当工作面推到区段停采线前，在停采线靠工作面一侧掘进两条收作眼，两眼相距 8～10 m，并沿倾斜每隔 5 m 用联络巷连通。支架安装到收作眼处，不再继续接长，然后利用收作眼将支架前端逐渐下放，即逐渐减小工作面的伪倾斜角度，并拆除上端多出的一段支架，最后使支架下放到回收支架处的水平位置。用上述拆除支架的办法，把支架全部拆除，如图 8-16 所示。在拆除支架过程中应始终保持掩护支架落平部分与区段运输巷不少于 3 个溜煤眼相通，以满足通风、行人和回收掩护支架的需要。但最多不超过 5 个溜煤小跟，避免压力过大给拆除掩护支架造成困难。

四、改进支架结构，扩大使用范围

为了扩大这种采煤方法的使用范围，我国开采急斜煤层的一些矿井，多年来结合本矿区煤层地质及技术条件，因地制宜地试验制造了多种结构形式的掩护支架。

（一）"八"字形掩护支架

当煤层厚度为 1.3～1.6 m 时，由于掩护支架下地沟断面小，操作不方便，而且工作面

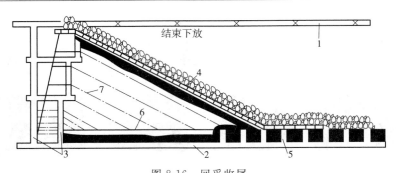

图 8-16　回采收尾

1——区段回风巷；2——区段运输巷；3——收作眼；4——掩护支架；
5——溜煤眼；6——支架放平位置；7——支架移动轨迹线

通风情况不良，因此不能采用平板形支架，而改用"八"字形支架，其结构如图 8-17 所示。为防止支架切入底板，支架底脚呈斜面。"八"字形支架高度可在 0.3～0.5 m 范围内变化，以便增大掩护支架下工作空间的高度。

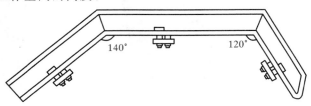

图 8-17　八字形掩护支架

（二）"＜"形掩护支架

当煤层倾角小于 60°时，为了增加掩护支架下的工作空间及便于支架向下移动，有些矿井试验了"＜"形掩护支架，其结构如图 8-18 所示。

试验情况表明，"＜"形掩护支架可以用来开采 55°～60°的急斜煤层。支架的肢长比（上肢和下肢的长度之比）、肢间夹角和支架的跨度都影响支架的下滑性能。尤其是肢长比更为重要，肢长比过大时，支架头重脚轻，易于切入底板；肢长比过小时容易窜矸，而且工作空间小，操作不便。根据试验情况，初步认为煤层倾角在 55°左右时，肢长比应采用 1：1 为宜，肢间夹角可用 140°，支架的跨度可比煤层厚度小 0.5～1.0 m。支架的工作角度（即下肢与水平面的夹角）应保持在 65°～80°之间，防止支架出现啃底或后仰的现象。

（三）单腿支撑式掩护支架

当煤层倾角为 45°～60°时，为使支架能顺利下放而不切入底板，淮南李郢孜一矿试验了单腿支撑式掩护支架，其结构如图 8-19 所示。

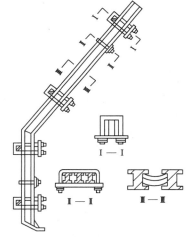

图 8-18　"＜"形掩护支架

掩护支架由"〔"形（或称扁"八"字形）钢梁和连接这些钢梁的走向钢梁组成，在伪斜工作面中每隔 1 m 在掩护支架下打一根金属支柱，金属支柱与

水平面的交角为 $75°\sim80°$。

掩护支架采用迈步式下放,其下放过程如图 8-20 所示。工作面地沟眼偏煤层底板布置,爆破后先出底板一侧的煤,然后用爆破或风镐放落顶板一侧煤帮。当支架顶端 C 失去支撑时,在自重和采空区矸石推力的作用下,金属支柱 OA 以下支点 O 为圆心,顶起支架转动一个角度,直到支架顶端靠到煤帮上,达到 C' 位置,支架下端点 D 和金属支柱接触于 D'点。再去掉金属支柱,使支架落到底板上,即图中 EF 位置。C' 点下放到 E 点时,基本上沿铅直方向,但 D' 点下落到 F 点时,受采空区矸石推力影响,会偏离铅直方向。最后,适当地调整支架顶端 E 到 E' 位置,使支架的仰角和下放前一致,并再打上点柱,从而完成了一次迈步式下放。下放步距 $0.5\sim0.8$ m。

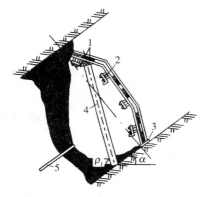

图 8-19　单腿支撑式掩护支架

1——走向钢梁;2——$\phi25$ mm 钢丝绳;

3——滑橇板;4——单腿;5——炮眼

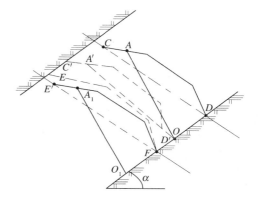

图 8-20　单腿支撑式掩护支架下放示意

试验结果表明,这种支架下放性能良好,下放过程中不仅不啃底,而且能克服较小的底板凸起变化。这种单腿支撑式掩护支架适用于开采厚度 $1.45\sim4.6$ m,倾角在 $40°$以上,产状赋存较稳定的煤层。

(四)"7"字形掩护支架

为了在厚度小于 1.3 m 的煤层中使用伪倾斜柔性掩护支架采煤法,重庆中梁山煤矿试验了"7"字形钢木混合结构的柔性掩护支架,用于开采厚度为 $0.7\sim1.3$ m 的急斜煤层,支架结构如图 8-21 所示。

"7"字形掩护支架的结构是由木梁排成的平板形结构和木梁下工作空间内每隔 0.7 m(5 根木梁)安装一根"7"字形的钢梁,木梁之间以及木梁与"7"字形钢梁之间,用 U 形螺栓将其与钢丝绳联合成一个柔性整体,并在其上铺设两层笆网片,"7"字形钢梁起支撑及导向作用。工作面可用爆破或风镐落煤,在伪斜工作面中沿底板一侧的煤必须采净,使"7"字形钢梁的腿紧贴底板向下滑行,防止钢脚离开底板发生"跷脚"。

五、改进巷道布置减少支架安装和拆除次数

为了减少支架的安装、拆除次数,以节省人力和减少材料消耗,有些矿井改进了巷道布置,增加区段高度,加长了工作面长度,用伪斜上山或溜煤眼把工作面分段,如图 8-22 和图8-23 所示。

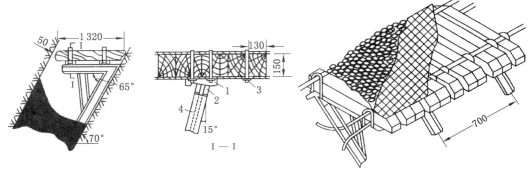

图 8-21　"7"字形掩护支架

1——钢梁楔块；2——钢梁；3——U 形螺栓；4——钢梁腿

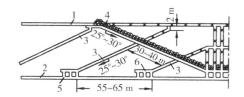

图 8-22　伪斜上山工作面分段出煤

1——区段回风巷；2——区段运输巷；3——伪斜上山；

4——工作面；5——溜煤小眼；6——联络巷

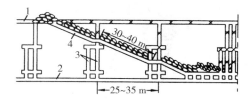

图 8-23　溜煤眼工作面分段出煤

1——区段回风巷；2——区段运输巷；

3——溜煤眼；4——工作面

上段工作面超前下段工作面 1～2 m。采煤工作面分段钻眼爆破出煤，各段工作面采出的煤分别沿各自的伪斜上山（或溜煤眼）运到区段运输巷。伪斜上山可用梯形棚子支护，分为 2 个隔间，一侧铺溜槽运煤，一侧行人通风，这种布置方式不仅减少了支架的安装、拆除次数，而且减少了运输设备，减少了区段间的煤柱，提高了采区采出率。

有的矿井在不改变原来区段高度和巷道布置的情况下，成功地把掩护支架连续下放两个区段，甚至三个区段，也达到了减少支架安装和拆除次数的目的。

六、评价及适用条件

伪倾斜柔性掩护支架采煤法将工作面倾角变缓，工作面较长，从而具有缓斜、倾斜煤层走向长壁采煤法巷道布置和生产系统简单、掘进率低的一系列优点；这种采煤方法利用掩护支架把工作空间与采空区隔开，大大简化了复杂繁重的顶板管理工作，为安全生产和三班出煤创造了良好条件；工作面煤炭自溜运输，减轻了繁重的攉煤劳动。由于上述三个基本优点，这种采煤方法的技术经济效果明显高于其他急斜煤层采煤方法（综采放顶煤除外），是我国开采急倾斜煤层的一种主要方法。

这种采煤方法存在的主要问题是：掩护支架的结构固定而不能调宽，对煤层厚度、倾角等产状变化的适应性较差，今后应设计可以伸缩和调整的液压掩护支架；采煤工艺尚待实现机械化，工作面基本上是单点出煤，限制了这种采煤方法各项技术经济指标的进一步提高；在含有夹石的煤层中使用这种方法无法排除矸石，降低了煤质；工作面煤尘大，工作环境较差。

伪倾斜柔性掩护支架采煤方法一般适用于开采倾角大于 60°,厚度为 2～6 m,埋藏稳定,煤厚变化不大的急斜厚煤层。

第三节　水平分层及斜切分层采煤法

水平分层采煤法是把急斜厚煤层划分成若干个与水平面相平行的分层,每个分层厚度为 2～3 m,并在每个分层内布置回采巷道,形成采煤工作面,然后依次地进行回采,采煤工作面沿走向推进,如图 8-24(a)所示。

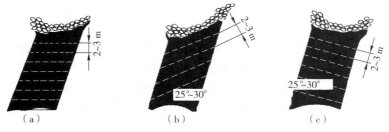

图 8-24　水平分层和斜切分层
(a)水平分层;(b)正斜切分层;(c)倒斜切分层

水平分层采煤法的分层间的开采顺序及采空区处理方法,有下行垮落法和上行(下行)充填法。我国煤矿应用的主要是下行垮落法。

斜切分层采煤法的分层方法是分层面与水平面成 25°～30°的夹角[见图 8-24(b)(c)],以利于分层工作面的运煤工作。

20 世纪五六十年代水平分层和斜切分层采煤法曾是我国开采急斜厚及特厚煤层的主要方法,但目前应用很少。

由于这两种采煤方法有很多相似之处,现以水平分层采煤法为主,加以说明。

一、采煤系统

图 8-25 是煤层厚度小于 10 m 的水平分层下行垮落采煤法的采区巷道布置系统。

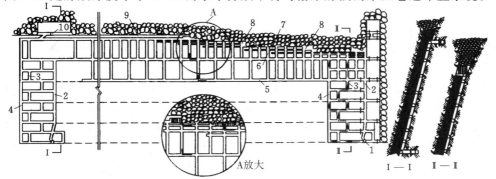

图 8-25　水平分层下行垮落采煤法采区巷道布置系统
1——采区运输石门;2——采区溜煤眼;3——采区行人眼;4——采区运料眼;5——区段运输巷;
6——溜煤眼;7——分层平巷;8——分层采煤工作面;9——区段回风巷;10——回风石门

采区沿倾斜划分为 5～6 个区段,区段高度一般为 15～20 m,区段内分层数目为 5～7 个分层。分层厚度取决于工作面支架的高度,一般为 2.2～3.0 m。

在第一区段范围内,同时掘进区段运输和回风巷。为了便于这些巷道的掘进,沿走向每隔 20～30 m,掘一联络眼,贯通这两条平巷。当区段平巷掘到采区边界,并与相邻采区的回风石门连通,形成通风系统后,从采区溜煤眼开始沿走向每隔 5～6 m,由区段运输巷向上开掘溜煤小眼与区段回风巷连通,溜煤小眼掘出 2 个以后,即可在区段回风巷与第一个溜煤小眼交叉的地点开煤门,作为第一分层采煤工作面的开切眼,从此开始第一分层的回采工作。采煤工作面的长度就是煤层沿水平方向上的厚度,工作面沿走向向采区边界推进。第一区段的区段回风巷兼做第一分层的分层平巷,供回采时运料及回风用。为了减少煤柱损失,回采也可以直接从采区溜煤眼开始,推向下一个采区。随着第一分层采煤工作面向前推进,应及时掘出前方的溜煤小眼,以保证在分层采煤工作面的控顶距离内,始终保持 2 个溜煤眼,分别作溜煤和通风之用。在第一分层回采的同时,应及时掘进第二分层的分层平巷及开切眼,待第一分层工作面向前推进 20～30 m 后,开始第二分层的回采工作。按上述方法,依次准备以下各分层的采煤工作面。一个区段内,可以安排 5～7 个分层同时回采。上分层采煤工作面应保持超前于下分层采煤工作面 20～30 m 的距离,以免互相干扰,并便于通风。

由上述可知,这种采煤方法除了预先掘进的区段运输巷、回风巷及联络眼外,在各分层回采的同时,还要及时地掘进溜煤小眼和分层平巷,保证各分层回采工作顺利进行。

采煤工作面采出的煤,经溜煤小眼,溜到区段运输巷的输送机上,再经采区溜煤眼,下放到采区运输石门装车外运。工作面所需坑木、材料,由采区的回风石门或运输石门运入,经分层平巷,运到各分层工作面;新鲜风流经采区运输石门、采区行人眼及运料眼到区段运输巷,进入各分层工作面;各分层工作面的回风,经各分层平巷汇集到区段回风巷,由回风石门排出。各分层采煤工作面的通风是串联掺新方式。在各分层采煤工作面中,距分层平巷较远的地方,主要靠扩散通风,有时辅以局部通风机。由于各分层工作面不断向前推进,区段内溜煤小眼的作用经常变换,有时用做溜煤,有时用做通风、行人或运料。为了保证各分层工作面的通风,应在适当地点设置临时通风设施,如挂风障,并随时改变其位置。

当煤层厚度大于 10 m 时,为解决分层工作面的通风困难,分层平巷可采用双巷布置,即各分层分别沿煤层顶板和底板掘进分层平巷,其布置如图 8-26 所示。

二、采煤工艺

落煤一般采用爆破法或风镐。由于工作面较短,采落的煤一般用人工装入工作面附近的溜煤小眼内;如果煤层厚度较大,人工装煤距离长,也可以把分层平巷及溜煤小眼布置在煤层中间。

支护可用金属支柱或木支柱,柱距排距各为 1 m 左右。工作面一般采用 5～7 排控顶。回采时,必须铺设假顶,假顶材料可用金属网、木板、竹笆、荆笆等。金属网比较坚固,铺设一次可多次复用,直到区段内各分层采完。铺设假顶时,先要铺梁。采用金属支架时,可将金属顶梁垂直工作面铺在煤底上,前后梁铰接在一起;也可采用挂顶网的办法,即在工作面落煤后架设支架前,立即沿工作面贴着煤顶挂 1～2 层金属网,然后在金属网下面架设支架。

对于采空区的处理,一般采用全部垮落法。

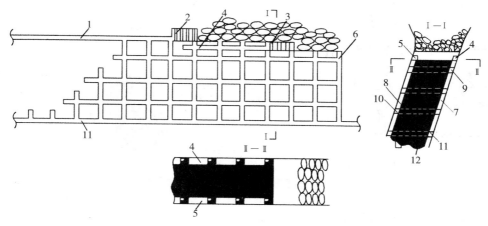

图 8-26　水平分层双分层平巷布置

1——区段回风巷;2——第一分层工作面;3——第二分层工作面;4——沿底分层超前平巷;

5——沿顶分层超前平巷;6——第三分层工作面开切眼;7——沿底板的溜煤眼;

8——沿顶板的溜煤眼;9——沿底板的联络平巷兼作分层平巷;

10——沿顶板的联络平巷兼作分层平巷;11——区段运输巷;12——斜煤门

三、评价及适用条件

水平分层下行垮落采煤法能适应煤层厚度、倾角变化,工作比较安全,采出率高。缺点是巷道布置及通风系统复杂,回采工序多,掘进率高,通风、运料困难,工作面装煤劳动强度大,坑木材料消耗量大,机械化程度低,技术经济指标一般较低。因此,在埋藏稳定的急斜厚煤层中,这种采煤方法已逐渐被伪斜柔性掩护支架采煤法所代替,但在一些不稳定的急斜厚煤层中仍有使用。

当煤层厚度较大,如大于 10 m 左右时,水平分层采煤工作面内人工装煤距小眼太远,劳动强度大、效率低,这时可以采用斜切分层的方法,使分层工作面向溜煤小眼方向倾斜 $25°\sim30°$ 角,利用搪瓷溜槽溜煤,以降低劳动强度。但这时工作面通风将更为困难,为解决这一问题,分层平巷也可双巷布置。斜切分层由于工作面斜度较大,长度又短,不利于金属网假顶的放网工作。

第四节　水平分段放顶煤采煤法

在急斜特厚煤层中,水平分段放顶煤采煤法类似于水平分层采煤法,其差别是按一定高度划分为分段,在分段底部采用水平分层采煤法的落煤方法(机采或炮采),分段上部的煤炭由采场后方放出运走。这样,各段依次自上而下使用放顶煤采煤工艺进行回采。

一、采煤系统

如图 8-27 所示。煤层平均厚度 22 m,倾角 $37°\sim85°$(平均 55°),$f=0.82\sim1.2$,密度 1.4 t/m³。在 $+1\ 700$ m 水平至 $+1\ 650$ m 水平之间划分为 5 个分段,分段高为 10 m。第一分段为 $+1\ 690$ m 水平,回风和运输巷分别沿煤层顶底板布置,工作面的净长度约 20 m。

通风系统:主井(1)和副井(2)→$+1\ 650$ m 大巷(3)→$+1\ 650$ m 石门(5)→进风斜巷

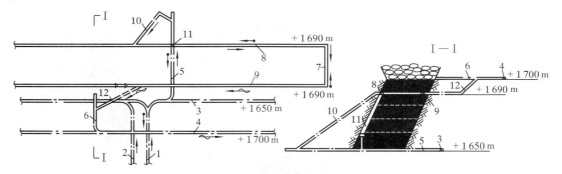

图 8-27 水平分段放顶煤采煤法巷道布置

1——主斜井;2——副斜井;3——+1 650 m 运输大巷;4——+1 700 m 回风大巷;

5——+1 650 m 运输石门;6——+1 700 m 回风石门;7——开切眼;8——运输巷;9——回风巷;

10——进风斜巷;11——溜煤眼;12——回风斜巷

(10)→运输巷(8)→工作面(7)→回风平巷(9)→回风(材料)斜巷(12)→+1 700 m 石门(6)→+1 700 m 大巷(4)→风井。

运输系统:工作面前部和后部输送机→运输巷(8)→溜煤眼(11)→+1 650 m 石门(5)→+1 650 m 大巷(3)→主井(1)。

它的特点是分段高度大。10 m 的分段高度相当于四个水平分层的高度。由此,巷道掘进工程量小,费用低;减少铺网工作量及其费用。

二、综采放顶煤采煤工艺特点

急斜煤层综采放顶煤的采煤工艺过程及其参数选择的原则与缓斜煤层放顶煤采煤法基本相同。由于在急斜煤层中水平分段放顶煤工作面的长度受煤层厚度限制,根据我国的煤层条件,一般在 60 m 以下。由此,对采煤设备有一些特殊要求,主要是要求适用于短工作面的短机身采煤机及其与之相配套使用的输送机。液压支架的形式并无差异,只是根据采场压力显现特征,可适当减小工作阻力及其质量。我国生产有 MGD150—NW 型采煤机,为无链牵引采煤机,包括滚筒在内,全长只有 3 m。它的摇臂出轴位于机身中部,能自由回转 270°。与短机身采煤机配套使用的 SGD—730/90W 型工作面刮板输送机的特点是:机头和机尾短而矮;在机头和机尾的侧帮上也设有齿轨,从而使采煤机能直接开到机头或机尾上部,滚筒能割透端部,进入巷道。这样,采煤机可从巷道入刀,不需专开切口。

工作面布置如图 8-28 所示。采煤工艺过程为:割爆、移架、推移输送机和放顶煤。一般割煤进刀量为 0.5 m。放煤自底板向顶板方向依次进行,放煤方式与缓斜放顶煤时大体相同,可以采用多轮顺序或单轮间隔顺序放煤。顶煤高度较大、顶煤裂碎不充分时,一般用多轮放煤。为了发挥综采设备效能,一般工作面长度宜大于 25 m。

三、滑移支架放顶煤采煤工艺特点

滑移支架放顶煤是指工作面装备有滑移顶梁支架进行机采或炮采的一种水平分段放顶煤采煤法。如图 8-29 所示,煤层厚度平均为 56.5 m,倾角 45°,工作面长度 74 m,分段高度 6 m,其中采高 2 m,放煤高度 4 m。

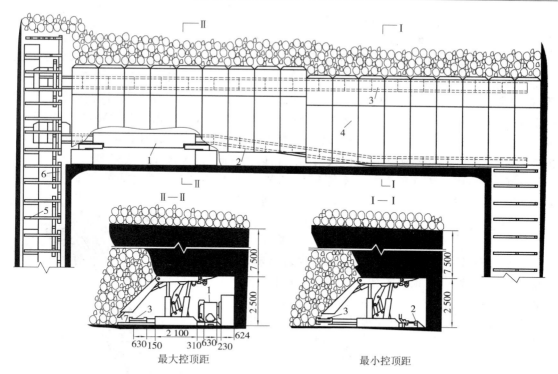

图 8-28　水平分段综采放顶煤工作面布置图

1——采煤机；2——前部输送机；3——后部输送机；4——液压支架；

5——运输巷输送机；6——端头支护；7——放煤窗口

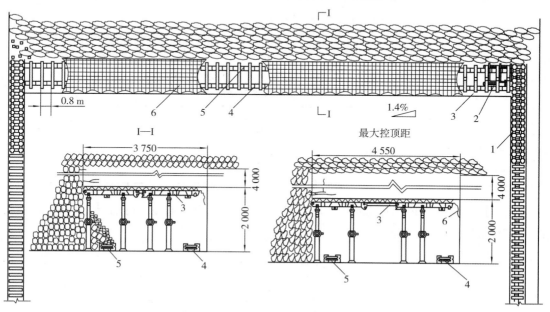

图 8-29　滑移支架放顶煤工作面布置图

1——十字铰接顶梁；2——抬棚；3——滑移顶梁液压支架；4——前输送机；

5——后输送机；6——金属网假顶

滑移支架一般以主辅两架作为一组,在采煤工作面推进后,其辅架卸载后可沿主架顶梁前探至一个进尺,在辅架支设好后,又可以辅架为主使主架前移,从而实现迈步式前进。

采煤工艺过程为:落煤(爆破或采煤机割煤)开帮,一次进尺 0.6～0.8 m,清煤后立即挂网,伸探梁,一般网长 10 m,宽 0.9 m,网的长边平行煤壁;移前输送机,至煤壁;移前节支架,提腿滑移前梁,再支撑立柱;提后梁的前柱,移后输送机;提后梁的后柱,滑移后梁,再支撑立柱;这样开帮 2～3 次后,放出顶煤,由后输送机运出。放煤时将支架靠采空区侧的网剪成一个约 1 m² 的放煤口,使顶煤顺利落入后输送机内。同时,放煤的网口一般不超过三个,按多轮或单轮间隔顺序,从运输巷底板向回风巷顶板方向,依次将顶煤放完。

必须指出,由于滑移顶梁支架反复支撑、卸载,支架始终处于初撑力状态,架间又无定位装置,稳定性较差,一般只宜在顶压不大、倾角很小的条件下使用。

四、矿压显现特点

水平分段放顶煤开采的矿压显现及围岩运动,决定了顶板的破碎、冒顶及支架受载,同时也引起上覆岩层以至地表的移动。通过窑街二矿、辽源梅河口矿和乌鲁木齐六道湾矿等急斜综放面的大量矿压观测,其矿压显现和顶煤放出具有以下特点:

(1)急斜综放面仍有明显的周期来压,且来压的强度大小相间,说明工作面上覆围岩中具有两种不同结构的形成和失稳,即基本顶岩块间的铰接结构和直接顶中的拱结构,如图8-30所示。

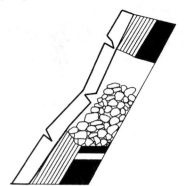

图 8-30　急斜煤层水平分段
综放工作面围岩结构

(2)急斜放顶煤工作面的支架载荷普遍较低,并且随分段高度的增加支架载荷减小(见表8-1),这是由于采高增大后采场上方拱壳结构的稳定性提高,失稳的范围减小所致。

表 8-1　　　　　　　　　　　　急斜水平分段高度对支架受载的影响

工 作 面	放高/采高/m	实测初撑力/(kN/架)	实测加权限力/(kN/架)	实测最大阻力/(kN/架)
大段高工作面	30～45/2.5	988.9	723	1 555
试验综放面	7.5/2.5	1 414	1 502	1 820

(3)由于顶板垮落后的滑移特性,水平分段工作面方向上的载荷分布是不同的,苇湖梁矿的实测结果见表8-2所列。

表 8-2　　　　　　　　　　　　工作面长度方向的载荷分布

测 站	实测支架初撑力/(kN/架)	实测支架平均载荷/(kN/架)	实测支架最大载荷/(kN/架)
靠顶板侧	359.6	428	800
中 部	270.7	337	669
靠底板侧	280	295	644

由表可见,靠顶板侧支架的平均载荷分别为中部和底板侧的 1.27 倍和 1.45 倍,而靠顶板侧支架最大载荷分别为中部和底板侧的 1.2 倍和 1.24 倍。六道湾煤矿滑移支架放顶煤试验面实测活柱下缩量和支柱插底量也反映出靠顶板侧矿压显现相对剧烈。由此说明矿压显现受顶板活动的影响,并且倾角愈小影响愈明显。

（4）由于支架直接支撑着范围较大的塑性层,支架对围岩的控制作用受到很大限制,不可能通过支架性能的改变去影响顶板的活动规律,而只可能加强对端面的有效控制。

（5）在实体煤中开采第一分段时,在上方未采动的顶煤上的载荷值为最大,在以下分段开采中,顶煤上的载荷将减小。这是由于在第一分段开采时,基本顶没有产生位移,直接顶垮落的矸石将全部作用在顶煤上,从而在以后的分段中,基本顶下沉将对碎矸起夹持作用,从而使载荷减小。

（6）由上述可以认为,靠垮落碎矸产生的载荷,不足以使顶煤裂碎。对于中硬以上的煤（如 $f = 2 \sim 3$）,有时放煤困难,需辅以人工松动。

（7）靠近煤层底板的煤不能放出,造成"死煤三角"损失,见图 8-31 中阴影线所示。其边界一边为煤层底板,一边为放煤漏斗边界线,上部为分段煤岩边界线。经近似计算认为:当煤层倾角大于 55°时,此部分损失较少,45°左右或以下时损失严重。另外与分段高度、工作面长度等也有

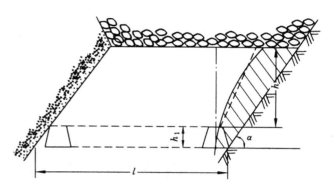

图 8-31　急斜水平分段放顶煤"死煤三角"煤炭损失

关,工作面过短,分段高度越大,损失也越大。放煤顺序由底板向顶板方向进行,也有利于减少三角煤的损失。

（8）由于上分段遗留的煤,有时可通过下分段放出一部分,减少了分段放煤的损失,有利于提高采出率。

五、评价

1986 年以来,相继在窑街、靖远、辽源和乌鲁木齐等矿区进行了急斜特厚煤层放顶煤采煤方法的试验和推广应用,取得了较好的技术经济效果:放顶煤采煤法的单产比其他采煤法约高 1～3 倍以上,采煤工艺可实现综合机械化,便于集中生产和科学管理;工作面的效率可达 15～18 t/工,比水平分层高 4～5 倍;成本低,减少搬家倒面次数和减少铺网工序,减少很多工作量并节省了大量费用;掘进率低,简化了采区内的巷道布置系统,减少了采区准备工程量和巷道维护工程量。

综上所述,对急斜特厚煤层,放顶煤采煤法的技术经济效果明显较好,是当前值得推广的一种方法。一般认为,工作面长度为 9～15 m 时,可采用滑移支架炮采放顶煤采煤法;工作面长度在 15～25 m 之间时,可采用滑移支架普采放顶煤采煤法;工作面长度大于 25 m 时,可采用综采放顶煤采煤法。

第五节　仓储采煤法

仓储采煤法是我国较早用于开采急斜薄及中厚煤层的一种方法。20世纪50年代末和60年代初,在北票、北京等矿区就已应用。此后,在开滦、六枝、乌鲁木齐、攀枝花等矿区也曾相继采用。

仓储采煤法的主要特点是,利用急斜煤层倾角大、煤炭可以自溜的特点,将采落的松散煤炭暂时储存在仓房内,然后有计划地将煤炭放出。根据仓房布置和采煤工作面推进方向不同,仓储采煤法主要有下列两种,即倾斜条带仓储采煤法和伪斜走向长壁仓储采煤法。前者工作面沿仰斜方向推进,后者沿煤层走向推进。倾斜条带仓储采煤法如图8-32所示。

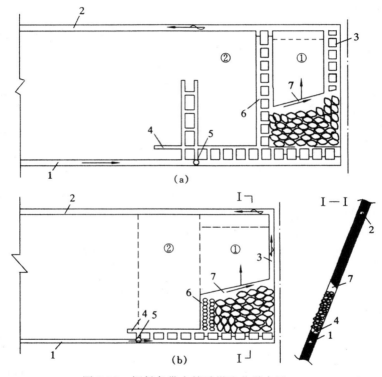

图 8-32　倾斜条带仓储采煤法巷道布置
(a) 仓房间留煤柱布置;(b) 仓房间不留煤柱布置;
①——1号仓库;②——2号仓房;
1——区段运输巷;2——区段回风巷;3——回风眼;4——辅助平巷;
5——溜煤小眼;6——行人进风眼;7——采煤工作面

在区段范围内沿走向以一定宽度,划分成若干仓房,每个仓房内有一个沿走向布置、仰斜推进的采煤工作面,采落的煤暂时储存在工作面下面的采空区内,临时支撑顶底板。

仓房的宽度主要取决于顶板允许暴露的面积和时间,并与区段高度和采煤工作面推进速度有关。一般以保持仓房在放煤过程中顶底板不发生塌落为原则。仓房高度一般为15~30 m,区段高度一般为40~60 m。当煤层顶板稳定性好,允许暴露面积大时,可取大值。

　　根据仓房沿走向的隔离方式不同,这种采煤方法的巷道布置有两种形式:一种是仓房之间留煤柱的布置形式,如图8-32(a)所示;另一种是仓房之间不留煤柱,如图8-32(b)所示。使用前一种布置方式时,沿走向每隔一定距离开掘两条上山眼贯通区段运输和回风巷,用作工作面的进风和行人。在回采过程中沿倾斜每隔6 m用联络巷将上山眼与仓房工作面贯通。当相邻仓房回采时,用此上山眼回风和运料。仓房间的煤柱宽度一般为2.5～3.0 m。使用后一种布置方式,可以只在采区边界处开一条上山眼,作为回采第一仓房时回风用。随着工作面向上推进加打密集支柱(或框形棚)形成工作面的进风眼,并作为下一仓房的回风眼使用。密集支柱用来代替煤柱隔离仓房。前一种布置方式巷道掘进量大,煤炭损失多。但后一种布置方式坑木消耗量大,而且煤层厚度不能太大。

　　采煤工作面一般使用爆破落煤。由于工人是站在碎煤上向上方煤壁钻眼,为了防止煤壁片帮伤人,应使煤壁与水平面成70°～80°的伪斜。在煤质较松软时,还应支设临时支柱或打木锚杆。爆破后,煤体松散膨胀,为了保持工作面有一定的工作空间和通风断面,每次爆破后,需要将碎煤放出一部分(放出煤量一般为爆破后松散煤体的25%～30%左右),其余大量碎煤,暂时存放在工作面下方的采空区内。

　　采煤工作面推进到距区段回风巷4～5 m处,将工作面拉平停止回采,留作区段回风巷的临时护巷煤柱。这一煤柱有时不需钻眼爆破,即可在放仓前自行崩落,但是作为下一仓房回风用的上山眼,必须与回风巷贯通并加以支护。

　　第一仓房回采结束后,可依次在相邻的第二、第三等仓房内回采。为了保证仓房中回采工作的顺利进行,通常不应放出相邻仓房中的存煤,而应在间隔有一个储煤仓房的仓房中放煤以免互相干扰。

　　从各矿的使用经验和这种采煤方法的工艺特点来看,该采煤方法具有工艺过程简单,取消了在急斜条件下支设与回撤支架的繁重劳动,操作技术易于掌握,坑木消耗量较少,产量容易调整等优点。但也存在着使用条件要求比较严格,采出率往往较低以及煤质不易保证等缺点。

　　这种采煤方法的适用条件是,顶板稳定且能暴露较大面积而不垮落,底板平整稳固不易滑脱,煤层倾角在50°以上;煤厚1～3 m,煤质较坚硬,层理、节理不太发育,不易自燃;煤层瓦斯含量不大和无淋水等。

复习思考题

1. 急斜煤层开采有哪些主要特点?
2. 我国急斜煤层采煤法有哪几种? 各适用于何种条件?
3. 绘图说明伪斜走向长壁采煤法的采煤系统、工艺特点和主要优缺点。
4. 绘图说明伪斜柔性掩护支架采煤法回采工作的三个阶段。
5. 我国柔性掩护支架的结构形式有几种? 各适用于何种条件?
6. 试述水平分段放顶煤采煤方法的主要优缺点及其对急斜厚煤层开采的意义。
7. 滑移支架放顶煤开采的工艺特点是什么? 所面临的主要技术难题有哪些?
8. 急斜水平分段放顶煤开采时顶煤破碎有何特点?

第九章 柱式体系采煤法

柱式体系采煤法有两种基本类型,即房式采煤法和房柱式采煤法。根据地质和技术条件的不同,每类采煤法又有很多变化。

柱式体系采煤法的实质是在煤层内开掘一系列宽为5～7 m的煤房,煤房间用联络巷相连,形成近似于长条形或块状的煤柱,煤柱宽度由数米至20多米不等。采煤在煤房中进行。煤柱可根据条件留下不采,或在煤房采完后,再将煤柱按要求尽可能采出。留下煤柱不采的称为房式采煤法,既采煤房又采煤柱的称为房柱式采煤法。

20世纪80年代以前,美国和澳大利亚主要采用这种柱式体系采煤法。但近年来,壁式采煤法在迅速增加,出现了长壁工作面采煤,巷道仍是采用柱式采煤法的多巷布置系统,利用煤房采出一部分煤,同时为长壁工作面准备出两侧平巷。这种柱式与壁式相结合的采煤法,在美国和澳大利亚有较大的发展。

第一节 柱式体系采煤工艺

按落煤方式的不同,采煤工艺大致可分为两大类:一类为传统的爆破落煤工艺;一类为连续采煤机采煤的工艺。目前美国和澳大利亚一般采用后者。

连续采煤机采煤工艺系统按运煤方式的不同,又可分为两种:一种是连续采煤机—梭车—转载破碎机—带式输送机工艺系统;另一种是连续采煤机—桥式转载机—万向接长机—带式输送机工艺系统。前者是间断运输工艺系统,后者是连续运输工艺系统。

一、连续采煤机—梭车工艺系统

这种系统主要用于中厚煤层,有时也用于厚度较大的薄煤层,其工艺系统如图9-1所示。

连续采煤机主要有横滚筒和纵螺旋两大类。在中厚煤层中使用的都是横滚筒。如乔伊(JOY)12CM型,就属这一

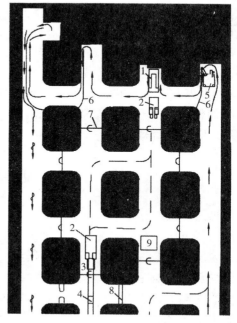

图 9-1　连续采煤机—梭车工艺系统
1——连续采煤机;2——梭车;3——转载破碎机;
4——带式输送机;5——锚杆机;6——纵向风障;
7——风帘;8——风墙;9——电源中心

类。滚筒宽度 2.9～3.2 m,采煤机长 9～10 m,同时完成割煤与装煤工作。梭车容量一般为 7～16 t,车高 0.7～1.6 m,车长 8.0 m 左右,车宽 2.7～3.3 m,自重 11～18 t。为了将煤匀速送入带式输送机,在输送机前面设置了转载破碎机,以利梭车快速卸载,并破碎大块煤。锚杆机是系统中的重要设备,大多为拖电缆胶轮自行式(也有简易手提的),打锚杆也是作业中耗时较多的一道工序,采煤机与锚杆机轮流进入煤房作业。先采煤到一定进度(例如 6 m),采煤机退出至另一煤房采煤,锚杆机进入进行支护。

这种工艺系统与传统工艺系统相比,机械化程度高,大大减少了作业人员。一般采用三班作业制,每班配备 7～9 人,工效较高。

二、连续采煤机—输送机工艺系统

该系统是将采煤机采落的煤通过多台输送机转运至带式输送机上,如图 9-2 所示。

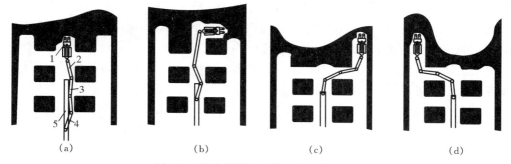

图 9-2　连续采煤机—输送机工艺系统
1——桥式转载机;2～4——万向接长机;5——带式输送机

这种系统主要用于薄煤层,在中厚煤层的使用也呈上升趋势。这种连续运输系统克服了梭车间断运输产生的影响,且有利于在薄煤层中应用。

鸡西小恒山煤矿采用的就是这种工艺系统。所用采煤机为 MK—22 型,采用纵向螺旋滚筒,滚筒长 1.2 m,一般可钻进 1.1 m。两滚筒一上一下(前上后下)向左(向右)摆动割煤,最大摆动角度为 90°,不挑顶,不卧底。其割煤方式如图 9-3 所示。

连续运输设备是由 1 台桥式转载机和 3 台万向接长机(自行输送机、互相铰接)、1 台特低型带式输送机组成。

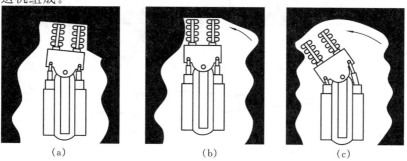

图 9-3　MK—22 型采煤机割煤方式
(a)采煤机向右割煤;(b)采煤机依枢轴转,向左清浮煤;(c)采煤机向左割煤,然后回中位,割完一刀

由于薄煤层巷道低,条件较差,为方便运送人员、设备和材料及清扫浮煤,设 1 台铲车。

连续采煤机采煤后,若顶板不太稳固,可先用金属支柱临时支护,永久支护采用金属锚杆或树脂锚杆,边打锚杆边回撤临时支柱。1 台采煤机配备 2 台顶板锚杆机,进行顶板钻眼和安装锚杆。

第二节 采煤方法特点

一、房式采煤法

这种采煤方法的特点是只采煤房不回收煤柱,用房间煤柱支承上覆岩层。

图 9-4 为美国某矿井采用连续采煤机—梭车工艺系统的房式采煤方法。主巷由 5 条巷道组成,盘区准备巷为 3 条,在盘区巷两侧布置煤房,形成区段。盘区一翼前进,另一翼后退。采取较大的煤柱(60 m)维护主巷。区段由 6 个房同时推进,房宽 7 m,煤柱尺寸为 8 m×8 m,区段间煤柱宽为 8 m。因受地质构造影响,房长约 220 m。

房式采煤法根据煤柱尺寸和形状还可分为很多种形式,如长条式、切块式等。但其基本布置方式相似。房式采煤法主要适用于顶板稳定、坚硬的条件,根据顶板性质来确定房和柱

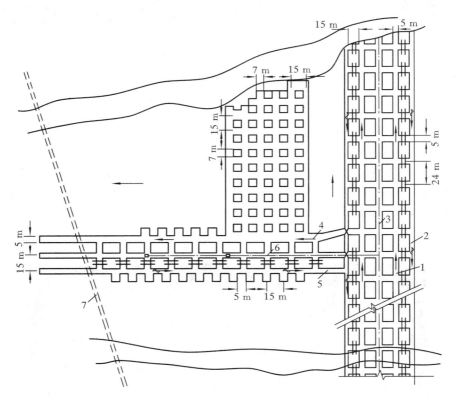

图 9-4 房式采煤法

1——进风大巷;2——回风大巷;3——运输大巷;4——盘区进风巷;
5——盘区回风巷;6——盘区运输巷;7——地质破坏不可采区

的尺寸,采出率可达 $50\%\sim60\%$ 。

当为保护地面建筑物采用房式采煤法时,留设的煤柱尺寸不宜太小。

西山西曲矿回收高压输电铁塔下的煤柱,采用于房式采煤法。该矿为低瓦斯矿井,近水平煤层,平均厚度 2.2 m,采用 LN—800 连续采煤机及其配套的 10SC22—40B 型梭车,TD$_1$—45 型锚杆机等设备。煤房宽度 5 m,房间煤柱宽为 15 m。采煤工作在区段内三个煤房中交替进行,其布置如图 9-5 所示。

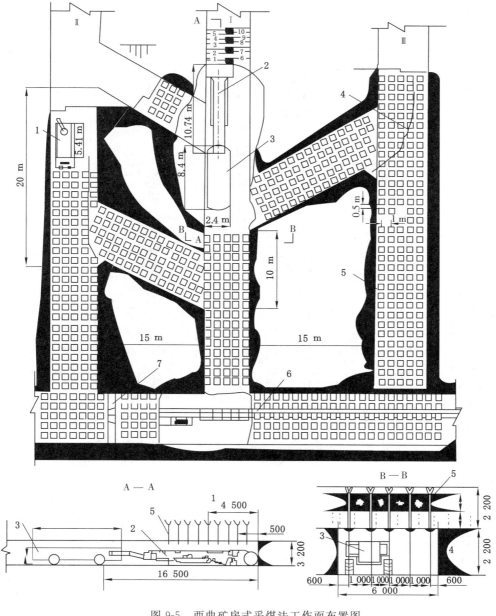

图 9-5　西曲矿房式采煤法工作面布置图

1——锚杆机;2——LN—800 连续采煤机;3——梭车;4——风障;

5——锚杆;6——刮板输送机;7——临时密闭

二、房柱式采煤法

这种方法的特点是房间留设不同形状的煤柱,采完煤房后有计划地回收这些煤柱。

（一）切块式房柱式采煤法

通常把 4～5 个以上煤房组成一组同时掘进,煤房宽 5～6 m,煤房中心距为 20～30 m,每隔一定距离用联络巷贯通,形成方块或矩形煤柱。煤房掘进到预定长度后,即可回收煤柱。图 9-6 为一典型切块式房柱式采煤法布置方式。

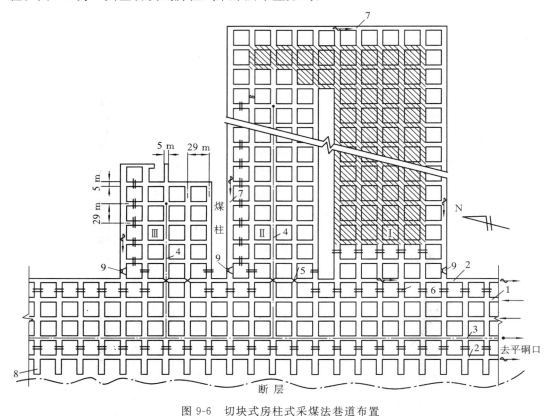

图 9-6　切块式房柱式采煤法巷道布置

Ⅰ——已采完盘区;Ⅱ——回收煤柱盘区;Ⅲ——采房盘区

1——进风大巷;2——回风大巷;3——主带式输送机巷;4——盘区运输巷;5——风桥;
6——风墙;7——回风巷;8——堆放矸石的独头巷;9——调节风门

图中主巷由 5 条巷道组成,中间 3 条进风,两边各 1 条回风。采用带式输送机运煤。主巷一侧的独头短巷用来堆放矸石,以便矸石不外运;在主巷另一侧布置盘区,盘区内不再布置盘区准备巷道,直接多房推进然后返回回收煤柱。盘区由 5 条煤房组成,房宽 5 m,留方形煤柱,房与房中心距为 29 m。盘区间留设 24 m 长条形煤柱。该煤柱也可在后退回收煤柱时采出。煤柱回收方式因工艺方式、煤柱尺寸和围岩条件的不同而异,主要有袋翼式和外进式两种。

1. 袋翼式

袋翼式是使用连续采煤机采煤时的一种常用方式。这种方式是在煤柱中采出 2～3 条通道作为回收煤柱时的通路(袋),然后回收其两翼留下的煤(翼),通道的顶板仍用锚杆支护。通道不少于2条,以便连续采煤机、锚杆机轮流进入通道进行采煤工作。当穿过煤柱的通道打通时,连续采煤机斜过来对着留下的侧翼煤柱采煤,侧翼采煤时不再支护,边采边退出,然后顶板垮落。为了安全,在回收侧翼煤柱前,在通道中近采空区一侧打一排支柱,如图9-7所示。图中数字表示连续采煤机在煤柱中的采煤顺序,当进至16后,采煤机转至另外的房(柱)内工作。

2. 外进式

当煤柱宽10~12 m左右时,可直接在房内向两侧煤柱进刀,如图9-8所示。

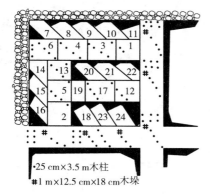

•25 cm×3.5 m木柱
#1 m×12.5 cm×18 cm木垛

图9-7　袋翼式回收煤柱

注:进至16后,采煤机转至另外房(柱)内工作。

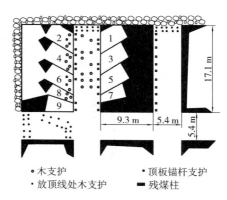

● 木支护　　　　　● 顶板锚杆支护
● 放顶线处木支护　■ 残煤柱

图9-8　外进式回收煤柱

(二)"汪格维里"采煤法(以澳大利亚一个煤层名命名)

在盘区准备巷道一侧或两侧布置长条形房柱,如图9-9所示。长条形房柱宽约15 m,

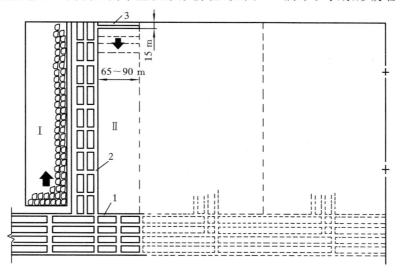

图9-9　"汪格维里"采煤法巷道布置

1——大巷;2——盘区准备巷;3——长条形房柱(15 m)

长约 65～95 m。条形房柱内先采房,房宽 6 m,到边界后,后退回出 9 m 宽的煤柱。盘区准备巷道长度按地质条件和带式输送机长度确定。长条房柱间的回采顺序一般用后退式。两侧布置时,也可以一侧前进式,另一侧后退式。

鸡西小恒山煤矿根据这种采煤法的布置规律,结合 $10_{下}$ 层的赋存特点做了适当变化,采取了如下布置方式及回采顺序,见图 9-10 和图 9-11。

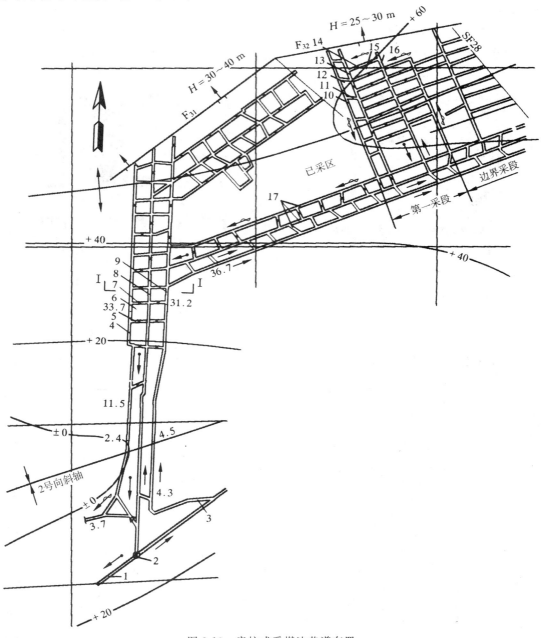

图 9-10　房柱式采煤法巷道布置

1——运输大巷;2——煤仓;3——采区车场;4——回风巷;5——联络巷;6——巷间煤柱;
7——密闭;8——带式输送机巷;9——材料巷;10——采段回风巷;11——联络巷;12——巷间煤柱;
13——采段回风巷辅巷;14——瓦斯尾巷;15——护巷煤柱;16——回采中巷;17——区段巷

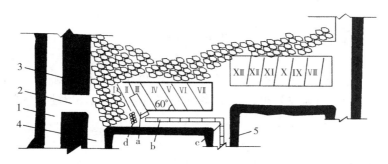

图 9-11　回采顺序

a——连续采煤机;b,c——转载机和万向接长机;d——排柱;Ⅰ,Ⅱ,……——煤垛;
1——采段回风巷;2——联络巷;3——巷间煤柱;4——采段回风巷辅巷;5——回采中巷

自运输大巷起,沿煤层倾向,开掘 3 条准备巷道,中间为带式输送机巷,一侧为材料巷,另一侧为回风巷。每隔 20~25 m 开联络巷,巷宽 4.5~6.0 m,巷间煤柱尺寸为 14~15 m 或 10~25 m。准备巷道两侧的煤层沿倾斜划分为若干区段。在区段中央,大致顺走向开掘区段巷道。区段巷道两侧的煤房,沿走向划分为若干采段。采段中央自区段巷道向边界开一条回采中巷,将采段分为左右两翼。在第一个采段的一侧边界开两条巷道,一为采段回风巷,一为其辅巷,并与回采中巷用瓦斯尾巷相通。另一侧边界在回采过程中留出下一采段的回风巷,下一采段不再开掘辅巷。回采中巷两侧煤体被划分为若干长条,每一长条内包括一条煤房和一条待采煤柱。所有巷道断面均为矩形,宽度为 4.5~6.0 m,高度与煤层厚度相同。用树脂锚固的金属锚杆和波形钢带支护,锚杆长度 1.2~1.6 m,间距 0.8 m,矩形或对角布置。

小恒山矿采用这种采煤法,平均月产量为 16 270 t,最高月产量为 21 475 t,平均效率 13.256 t/工。比相同地质条件下长壁普采的指标要好。

第三节　适用条件及评价

柱式体系采煤法在美国、澳大利亚、加拿大、印度和南非等国广泛应用。目前在美国的地下开采中。这种采煤方法的产量约占 50%。澳大利亚使用房柱式采煤法所占的比重也较大。我国已引进多套连续采煤机配套设备,在鸡西、大同、西山、黄陵矿区和神府大柳塔等矿使用。

柱式体系采煤法有以下优点:

① 设备投资少,一套柱式机械化采煤设备的价格为长壁综采的 1/5~1/4(均以 20 世纪 80 年代中期进口价格计算)。

② 采掘可实现合一,建设期短,出煤快。

③ 设备运转灵活,搬迁快。

④ 巷道压力小,便于维护,支护简单,可用锚杆支护顶板;由于大部分为煤层巷道,故矸石量很少;矸石可在井下处理不外运,有利于环境保护。

⑤ 当地面要保护农田水利设施和建筑物时,采用房式采煤法有时可使总的吨煤成本

降低。

⑥ 全员效率较高,特别是中小型矿井更为明显。

主要缺点:

① 采区采出率低,一般为50%～60%左右,回收煤柱时可提高到70%～75%左右。

② 通风条件差,进回风并列布置,通风构筑物多,漏风大,采房及回收煤柱时,出现多头串联通风。

适用条件如下:

① 开采深度较浅,一般不宜超过300～500 m。

② 顶板较稳定的薄及中厚煤层。

③ 倾角在10°以下,最好为近水平煤层,煤层赋存稳定,起伏变化小,地质构造简单。

④ 底板较平整,不太软,且顶板无淋水。

⑤ 低瓦斯煤层,且不易自然发火。

我国有一部分煤田的地质条件较适合采用柱式体系采煤法,特别在平硐开拓的中小型矿井中,应用较为有利。一些矿井出于"三下"严重压煤的实际情况,如条件适宜,可以采用柱式采煤法。但采用柱式体系采煤法必须解决相应的配套设备并改进布置,尽量提高采出率。

复习思考题

1. 柱式体系采煤方法的特点是什么?

2. 柱式体系采煤方法的主要类型及其区别是什么?

3. 柱式体系采煤方法的适用条件是什么?

4. 为什么柱式体系采煤方法在我国国有重点煤矿应用较少?

5. 分析柱式体系采煤法在我国的发展前景。

第十章 采煤方法的选择及发展

第一节 选择采煤方法的原则及影响因素分析

一、选择采煤方法的原则

采煤工作是煤矿井下生产的中心环节。采煤方法的选择是否合理直接影响整个矿井的生产安全和各项技术经济指标。选择采煤方法应当结合具体的矿山地质和技术条件，所选择的采煤方法必须符合安全、经济、煤炭采出率高的基本原则。

（一）生产安全

安全是煤矿企业生产中的头等大事，安全为了生产，生产必须安全。应当充分利用先进技术和提高科学管理水平，以保证井下生产安全，不断改善劳动条件。对于所选择的采煤方法，应仔细检查采煤工艺的各个工序以及采煤系统的各生产环节，务使其符合《煤矿安全规程》的各项规定。

一般应该做到以下几个方面：

（1）合理布置巷道，保证巷道维护状态良好，满足采掘接替要求，建立妥善的通风、运输、行人以及防火、防尘、防瓦斯积聚、防水和处理各种灾害事故的系统和措施，并尽量创造良好的工作条件。

（2）正确确定和安排采煤工艺过程，切实防止冒顶、片帮、支架倾倒、机械事故以及避免其他可能危及人身安全和正常生产的各种事故发生。

（3）认真编制采煤工作面作业规程，制定完整、合理的安全技术措施，并建立制度以保证实施。

（二）经济合理

经济效果是评价采煤方法好坏的一个重要依据。通常适合于某一具体条件的采煤方法可以列出许多种，而每一种采煤方法的主要经济指标（如产量、效率、材料和动力消耗、巷道掘进量和维护量等）是不相同的，甚至相当悬殊。因此，在选择采煤方法时不仅要列出几种方案进行技术分析，而且在经济效益上要进行比较，最后确定经济上合理的方案。一般应当符合以下五个方面的要求。

（1）采煤工作面单产高。提高工作面产量，是实现矿井稳产、高产，提高采区和整个矿井各项技术经济指标的中心环节。提高工作面产量，主要应当提高工作面机械化程度，尽可能加大回采进度和合理加大工作面长度，加强生产的组织管理。

（2）劳动效率高。为了提高劳动效率，必须不断提高职工素质，改善经营管理。同时要选择合理的采煤工艺和劳动组织，采用先进的技术装备，努力实现机械化或综合机械化。

（3）材料消耗少。减少采煤工作面的各种材料消耗,特别是要减少坑木、钢材以及炸药、雷管等的消耗,为此必须加强管理,注意材料回收复用,正确确定钻眼爆破方法。

（4）煤炭质量好。要求煤炭的含矸率和灰分低,注意改进采煤工艺和支护设计,尽量防止矸石或岩粉混入煤中。

（5）成本低。成本是经济技术效果的综合反映。努力提高工作面单产和劳动效率,降低材料消耗,保证煤炭质量,是降低煤炭生产成本的主要途径;正确布置巷道,减少巷道掘进和维护工作量,加强生产管理,合理使用劳力,认真组织工作面正规循环作业,也是降低成本的重要手段。

（三）煤炭采出率高

减少煤炭损失,提高煤炭采出率,充分利用煤炭资源,是国家对煤矿企业的一项重要技术政策。同时减少煤炭损失,也是防止煤的自燃、减少井下火灾、保持和延长采煤工作面和采区的开采期限、降低掘进率、保证正常生产的重要措施。

上述三方面的要求是密切联系、互相制约的,应当综合考虑,力求得到充分满足。

二、选择采煤方法的影响因素

为了满足上述基本原则,在选择和设计采煤方法时,必须充分考虑下列地质因素和技术经济因素。

（一）地质因素

直接影响采煤方法选择的主要地质因素有以下五个方面。

（1）煤层倾角。煤层倾角是影响采煤方法选择的重要因素。倾角的变化不仅直接影响采煤工作面的落煤方法、运煤方式、采场支护和采空区处理等的选择,而且也直接影响巷道布置、运输、通风及采煤方法各种参数的确定。

（2）煤层厚度。煤层厚度的变化也是影响采煤方法选择的重要因素,应根据煤层厚度选择不同的采煤方法。薄及中厚煤层通常为一次采全厚,厚及特厚煤层可以采用分层开采的方法,也可用大采高或放顶煤采煤法。此外,煤层厚度也影响到采空区处理方法的选择,如煤层厚度特别大,易自燃,可考虑采用充填采空区的处理方法。

（3）煤层及围岩的特征。煤层的软硬及其结构特征（含夹矸的情况等）、围岩的稳定性等,都直接影响到采煤机械、采煤工艺以及采空区处理方法的选择。煤层及围岩性质还直接影响到巷道布置及其维护方法,也影响到采区中各种参数的确定。

（4）煤层的地质构造情况。埋藏条件稳定的煤层有利于选用综采;埋藏条件不稳定、煤层构造较复杂宜用普采;多走向断层时,宜采用走向长壁;多倾斜断层时,宜采用倾斜长壁。因此,在选择采煤方法之前,应当充分掌握开采范围内的地质构造情况,以便正确地选择相应的采煤方法。

（5）煤层的含水性、瓦斯涌出量及煤的自燃情况。煤层及围岩含水量大时,需要在采煤之前预先疏干,或在采煤过程中布置排水及疏水系统。煤层含瓦斯量大时,要布置预抽瓦斯的巷道,同时,采煤工作面通风应采取一定的措施。煤层的自燃性及发火期直接影响巷道布置、巷道维护方法和采煤工作面推进方向,决定着是否需要采取防火灌浆措施或选用充填采煤法。所有这些在选择采煤方法时,均应当充分加以考虑。

（二）技术发展及装备水平的影响

技术发展及装备水平也会影响到采煤方法的选择，其中主要是机械装备水平以及生产中的设备供应条件。例如，采用综采设备使采煤工艺带来很大变化，它影响巷道布置及其生产系统。但是，综采的应用有时受设备供应条件的限制。又如钢材供应不足，则影响支护手段的改革，影响沿空留巷及往复式开采的进一步推广。再有，在急斜煤层采煤法及特厚煤层水砂充填采煤法中，目前采煤机械化程度比较低，所以暂时仍只能应用一些老的采煤方法，待将来采煤机械化发展后，必然导致新采煤方法的应用和发展。

（三）管理水平因素

管理水平及职工素质有时对选择采煤方法产生一定影响。在管理水平较差的条件下，一些难度较大的开采技术和工艺，如大采高一次采全厚综采及大倾角综采等，应有计划地逐步推广，先易后难，掌握其规律及经验，并对职工进行技术培训，条件成熟后再推广应用。

三、我国煤层赋存条件

目前，全国国有重点煤矿，薄、中厚、厚煤层的可采储量比重分别为 18.4％、33.9％ 和 47.7％。各省薄煤层可采储量中，比重最高的省为四川省（40.02％）及贵州省（32.83％）；中厚煤层为四川省（57.32％）、安徽省（51.15％）；厚煤层为甘肃省（93.96％）、新疆维吾尔自治区（70.14％）、宁夏回族自治区（65.06％）。

缓斜、倾斜、急斜煤层可采储量比重分别为 86.3％、10.1％ 和 3.6％；缓斜煤层可采储量中比重最高的省为山西省（100％，绝大部分为近水平）、陕西省（98.71％）；倾斜煤层为四川省（29.45％）、东北、内蒙古地区（26.24％）；急斜煤层为新疆维吾尔自治区（83.80％）、北京市（35.92％）。

第二节 采煤方法工艺技术的发展

采煤方法工艺技术在煤矿生产中占有极为重要的地位。一个煤矿企业生产指标的优劣，除资源条件外，主要决定于所采用的工艺技术的适用性和先进性。

一、采煤技术发展及我国高产高效矿井建设概况

壁式体系可实现连续采煤，具有单产高、工效高、采出率高及适应性强等优点。20 世纪 80 年代以来，美国、澳大利亚等国发展应用了壁式体系采煤技术，一个矿井一个综采工作面生产，年产达 3.00 Mt/a 以上，矿井全员工效可达 70～100 t/工以上，一跃达到世界领先地位。美国煤层优越的赋存条件及壁式开采技术的发展，使得矿井平均全员工效已由十多年前的 10 t/工左右，提高到 25 t/工以上，是西欧国家的 3 倍；澳大利亚的情况基本与美国相似。

总的来看，在世界范围内，壁式体系呈发展趋势。我国煤层赋存条件多样，开采条件较复杂，主体将发展以壁式体系综采为主的不同类型的长壁式开采技术。

我国综采总体水平不高，平均每套年产约 0.70 Mt，差距较大。改进装备及技术，提高综采总体水平，提高单产，缩小低产队和高产队的差距，是当前的重要任务。到 20 世纪末，计划有 100 对矿井达到一井一面或一井二面的高产高效水平。

研究高产高效矿井建设的最佳模式及配套适用技术是当前一项重要任务。高产高效矿井建设是煤矿开采技术发展及提高经济效益的主导方向。我国国情不同,且开采煤层的地质条件具有多样性和复杂性。应根据不同的地质开采条件、经济条件,建设不同层次、不同类型的高产高效矿井,建立综合的评价体系及指标,以高效益为目标提高各类矿井的综合开采效益,各层次高产高效矿井的部级标准如表 10-1 所列。

表 10-1　　　　　　　　　　各层次高产高效矿井的标准(部级)

矿井年产量/(Mt/a)	采煤工艺	平均工作面个数	矿井原煤生产人员效率/(t/工)
≥3.00	综　采	二面或三面	8
2.00～3.00	综　采	一面或二面	7～8
1.00～2.00	综采或普采	一面或二面	5～7
0.40～1.00	普　采	一面或二面	4～5
0.20～0.40	炮　采	一面或二面	2～4

表中效率指标达到部级的 80%,为省级高产高效矿井的标准。若综采工作面年产达1.50 Mt 以上,全员效率达 10t/工以上,综采程度 100%,综掘程度 50% 以上,安全生产及质量标准化达到部级标准,则可命名为部级特级高产高效矿井。兖州矿业集团公司、潞安矿区的几个矿井及神华集团大柳塔矿等均为特级高产高效矿井,已达到国际先进水平。

二、长壁综采的高产高效工艺技术

世界上以长壁开采为主的主要产煤国综采程度均达到 80% 以上,有的接近 100%。我国国有重点煤矿矿井缓斜煤层可采储量及产量比重均在 85% 左右,但综采程度尚不到50%。长壁综采是今后发展的主要方向。

(一) 缓斜中厚煤层单一长壁综采

1. 美国日产万吨以上的高产高效综采

当今长壁综采水平最高的美国,技术上是我国赶超世界先进水平的主要目标。1994 年美国高产高效综采工作面平均长度达 237 m(我国一般为 150～180 m),最大为 333 m。工作面连续推进长度平均为 2 470 m(我国一般为 800～1 000m),最大为 4 418 m。采用大功率、高强度、高可靠性的综采成套设备,要求能保证连续生产 7.00 Mt 原煤不出问题。

采煤机总功率最大已达 1 492 kW,采用电牵引、无链牵引,牵引速度最高达23 m/min,截深最大为 1.12 m。采煤机操作普遍采用遥控方式。目前美国有三个长壁综采工作面用智能采煤机,可根据预先设定的顶煤厚度,自动调整滚筒高度,自动调整牵引速度和测定采煤机位置;工作面刮板输送机功率最大为 1 790 kW,小时输送能力一般在 1 000 t/h 以上,最高达 3 500t/h。全部采用封闭式溜槽,其槽宽大多为 800～900 mm,最宽为 1 200 mm。刮板输送机采用双中心链,直径为 34.38 mm,最大为 42 mm。下端头转载方式大多为跨越式。最新的工作面输送机已配备了由电子控制的自动紧链装置,能及时自动调整链条张力和监测链环状况。

液压支架多采用高工作阻力整体顶梁两柱掩护式,工作阻力一般为 6 000 kN 以上,最高为 9 800 kN,初撑力为工作阻力的 70%～85%。采用电液控制系统,具有遥控功能,以实现快速牵引时跟机移架。推移步距一般为 1 m,移架速度可达 17 架/min,架体宽度已采用 1.6 m、1.7 m、1.8 m、2.0 m,进一步缩短了移架时间。

工作面供电电压已由 950 V 提高到 2 300 V、3 300 V,有 9 个矿井已达 4 160 V。

美国这种机电一体化的综采装备,继续向大功率化、重型化、智能化、高可靠性化方向发展,日产可达 20~30 kt,有的甚至更高。

美国多为近水平中厚煤层,工作面两端平巷为 3~4 巷并列布置,巷宽 5~6 m,掘进采用连续采煤机配套设备和锚杆支护。采区内柱式体系与壁式体系相结合,分别进行掘进(采房)和工作面回采。

2. 引进国外装备日产万吨以上高产高效综采

我国晋城、兖州、神府等矿区已引进国外日产万吨的有关综采装备,结合国情配套应用。

兖州矿业集团公司南屯矿引进了日本 MCL.E600—DR102102 型电牵引双滚筒采煤机、英国 AFC3×375 kW 刮板输送机,配套采用国产 SZY560—1.75/3—6 型液压支架。综采工作面煤层厚度 3.0~3.3 m,倾角 2°~6°,工作面长度 219 m。采煤机功率 680 kW,截割深度 1 m,牵引速度 10 m/min,刮板输送机能力 2 000 t/h,移架时间最快为 8~10 s/架,装备总功率到 3 197 kW,电压 3 300 V。使用表明,若进一步完善配套设施,还有发展的潜力。

神华集团大柳塔矿引进国外大功率综采设备,最高日产达 17 kt,矿井全员工效达 14.88 t/工。

3. 国产装备日产 7 000t 高产高效综采

结合我国国情,在综采工作面电压不升级(1 140 V)的情况下,已成功研制并应用了日产 7 000 t 的综采配套设备。

MG2×400—W 型采煤机功率 2×400 kW,是国内功率最大的采煤机。采用液压双调速,销轨齿轮无牵引,割煤牵引速度 6~8 m/min,调机速度 12~15 m/min。截割深度有 630 mm、800 mm、1 000 mm 三种;

SGZ880/(2—3)×400 型刮板输送机功率 800~1 200 kW,采用交叉侧卸机头,双速电机,双级行星齿轮传动箱结构。封底重叠 880 mm 宽中部槽,调机速度能力 1 500 t/h,铺设长度 250 m,中部槽过煤量为 3.00 Mt。

ZZ4400/17/35 支撑掩护式液压支架采用大流量手动操纵快速移架系统,移架时间 10~12 s(移架速度 5~6 架/min),能满足采煤机 8 m/min 以上牵引速度要求。

在铁法晓南矿试用,工作面长 204 m,煤层厚度 2.9~3.8 m,采高 3.2~3.3 m,最高日产水平已达 9 206 t。实际生产表明,不仅达到了原设计的能力及要求,若经全矿运输系统配套完善后,具有日产万吨的潜力。

目前采煤机又以电牵引代替液压牵引,进一步提高了牵引速度和工作的可靠性,总功率达 880 kW。液压支架采用邻架电液控制,移架速度可提高到约 7 架/min。

(二)缓斜薄煤层单一长壁综采

我国有 77 个国有重点矿区赋存有 765 个薄煤层,占可采总量的 18.4%。但薄煤层开采机械化程度较低,采高低,工作条件差,设备移动、维修困难。煤层厚度变化、断层等构造的影响比对中厚煤层开采要困难得多。

发展大功率、高可靠性薄煤层采煤机、刨煤机是一个趋势。只有大功率,才会有更高的可靠性与更广的适应性。国外薄煤层采煤机总装机功率已超过 500 kW,刨煤机总装机功率

已超过 $2×400$ kW。我国正研制的 MG200/450—WD 型采煤机装机功率为 450 kW；刨煤机最大功率为 $2×200$ kW；国外刨煤机刨链规格最大为令 $\phi38\sim137$，而国内最大为 $\phi34×126$，尚有差距。制约我国薄煤层采煤机发展的一个主要因素是：主电机功率与机面高度的矛盾较难解决，研制适用于薄煤层采煤机使用的体积小、功率大的电机是当务之急。

我国薄煤层采煤工作面输送机的设计长度一般仅为 $150\sim200$ m，而国外普遍为 250 m，有的达 300 m 以上，差距较大。

（三）缓斜厚煤层倾斜分层长壁综采

我国缓斜厚煤层储量丰富，从厚煤层中采出的产量占国有重点煤矿的 40% 以上，主要采用倾斜分层长壁开采。近几年来，我国较广泛采用放顶煤开采，分层开采的比重有下降的趋势，但目前仍占主导地位。分层开采的装备与中厚煤层有通用性，特点是：顶分层需增设铺网工艺及有关装备；中下分层需在网下进行开采。缓斜厚煤层采用分层综采在中国、前苏联等国得到广泛应用。我国以往历年 1.00 Mt/a 的综采队，其中约 2/3 是采用分层开采获得的，采高 3 m 左右。晋城古书院矿综采队在顶分层单产达 1.80 Mt/a。开滦唐山矿综采队在中下分层网下综采连续多年年产超过 1.00 Mt。潞安王庄矿也曾有 0.18 Mt/月的记录。这些在 80 年代装备条件下的单产记录及我国研制的自动铺连网液压支架、菱形网的应用等均在当时已达到国际先进水平。

为了使分层长壁综采工作面达到日产万吨的水平，晋城古书院矿在顶分层（倾角小于 $10°$，采高 2.8 m）开采时，引进了德国 EDW—450/1000L 双滚筒电牵引采煤机、EKF1000—H280 型刮板输送机，配套采用国产 ZZP4400—17/35 液压支架。电压为 1 140 V 和 3 300 V 两个等级。在试用中，最高日产达 12 729 t，最高月产达 0.213 9 Mt。

（四）缓斜厚煤层一次采全厚大采高长壁综采

缓斜厚煤层（煤厚大于 3.5 m，一般小于 5.0 m）大采高支架综采在国内外广泛得到发展，前苏联、德国、波兰等国发展较早。国外研制的掩护式支架结构高度已达 7 m，采煤机最大采高已达到 5.4 m。我国引进德国 G320—23/45 型和国产 BY—320—23/45 和 BY—360—25/50 型液压支架分别在开滦范各庄矿、林南仓矿和邢台东庞矿取得了明显效果。

邢台东庞矿 1986 年在煤厚 $4.3\sim4.8$ m，倾角 $13°$ 条件下，就开始采用 BYA—320—23/45 型掩护式支架及其配套的 4.5 m 大采高综采设备，并取得了成功。然后进一步应用采高 $4.7\sim4.8$ m 的综采设备，回采工效 56.6 t/工，最高日产达 12 516 t，单产与工效分别比同一煤层条件下的分层综采高出 $1.18\sim2.62$ 倍和 $0.58\sim1.2$ 倍。国内外大采高支架一般应用效果比不上高产的中厚煤层（采高 3 m 左右），但在一些良好地质条件下，开采 $3.5\sim5.0$ m 厚的较硬煤层时，比其他采煤方法还是经济的，采出率也较高。

我国大采高综采产量约占井工的 2.44%。国内外大采高支架主要特点是支护强度大，一般为 $0.7\sim1.3$ MPa；装有防片帮和及时支护装置；多装有伸缩梁（或挑梁）及护帮板；有些采用插腿式底座，加大架宽，加强侧护装置；液压支架多采用四连杆机构、四柱支撑掩护式，强度大，稳定性增强。

随着采高增大，支架的质量、阻力及煤壁片帮深度并不随采高呈线性关系增加，一般超过 5.0 m 以上则急剧增加。在目前行之有效的装备条件下，一般认为采高限在 5.0 m，实际使用中，以采高不超过 4.5 m 为好。因此这种采煤方法是缓斜 $3.5\sim5.0$ m 煤层的一个重要发展方向。今后进一步完善支架结构及强度，防止顶梁焊缝开裂和四连杆变形，防止千斤顶严重损坏等措施,提高可靠性。

(五) 缓斜厚煤层放顶煤长壁综采

放顶煤长壁综采适用于煤厚 5.0 m 以上,最早应用地欧洲,如法国、南斯拉夫、罗马尼亚、前苏联、匈牙利、西班牙等国。20 世纪 80 年代初我国才开始试验,引进国外放顶煤液压支架,并结合我国条件,不断改进研制。90 年代以来,有很大的发展。

兖州矿业集团公司东滩煤矿曾创年产 4.00 Mt 纪录。直接经济效益显著,与分层开采相比,吨煤成本降低 10~20 元,出现了潞安、兖州、阳泉等以放顶煤开采为主的大型高产高效矿区。

我国研制了 30 余种放顶煤液压支架架型。并对矿压显现规律、顶煤碎裂规律及可放性、放煤规律等进行了大量的研究,对生产起到了重要指导作用。我国在架型结构功能、参数、理论研究及使用效果等方面居国际领先水平。

我国厚煤层储量大,加快完善与发展放顶煤综采具有重要现实意义。针对目前尚存在的问题,国家已将提高采出率(目前比分层开采低 10% 以上)、防尘、防火、防瓦斯积聚等问题列为攻关项目,为今后推广应用,扩大效益创造条件。

(六) 各类综采工作面高产高效综采设备保障系统

国内外控制冒顶倒架事故和提高综采装备可靠性的主要途径有:装备大功率、高可靠性的设备,以高昂的初始投资换取较高的初始可靠性;采用保障系统通过可靠的仪器显示"支架—围岩"动态状态,确定冒顶事故的即时监控指标;加强对采面三机一架的状态监测、及时维护、保证完好。

我国综采工作面生产地质条件复杂多样,购买外国强力设备投资太大,而且也要求有保障系统维持它们的完好状况。目前使用量大面广的国产设备相对故障率较高,建立综采设备保障系统是实现高产高效的重要途径。

影响开机率的事故中,"支架—围岩"系统事故率占 28% 左右,采面机械事故率占 24% 左右,全矿其他运输事故占 27% 左右。提高开机率,就要对"支架—围岩"系统及采运设备进行监控。如采煤工作面机械润滑和传动系统跟踪监测及失效预报、综采工作面顶板和机械设备监测技术等已在一定矿区推广应用,今后仍需不断完善与发展。

今后提高综采工作面三机可靠性的途径有:

① 通过电液控制阀操纵支架和改善"支架—围岩"系统控制,进一步完善液压信息、支架位态、顶板状态信息的自动采集系统。

② 乳化液泵站及液压系统的健康诊断。

③ 行走设备(如采掘机械)在线与离线相结合的"油—磨屑"监测和温度、电信号的监测。

④ 带式输送机的安全监控和全面状态监控。

第三节　采煤方法的发展方向

选用合适的采煤方法,并使之不断完善和发展,对提高矿井生产水平和经济效益、改变矿井技术面貌有决定性的意义,继续做好这方面的工作,是今后煤矿开采技术发展的重要方面。

（1）对缓斜、倾斜煤层长壁式开采，关键是不断改进采煤工艺，根本的出路在于推行机械化。要多层次地、因地制宜地应用和发展先进的、适用的机械化采煤技术。

发展综合机械化采煤工艺是我国赶超世界先进水平的主要方面。今后要巩固现有综采的成果，努力提高操作技术和管理水平，提高设备可靠性、设备利用率及工时利用率，提高工作面单产水平和经济效益，同时，要有步骤、有重点地研制困难条件下（三硬、三软、大倾角、大采高）的综采技术和装备，逐步扩大综采的应用范围。

以使用单体液压支柱支护为主要特征的机械化采煤工艺在当前仍不失为一种较先进的技术。许多煤矿使用的经验表明，它具有投资较少、单产和效率较高、生产较安全等优点，对我国煤矿有广泛的适应性，仍应继续推广应用，并配合墩柱应用，改善其顶板管理。

（2）走向长壁开采技术简单，应用成熟，具有广泛的适应性，是我国开采缓斜、倾斜煤层应用最广的方法。要结合矿井煤层开采条件和采煤工艺的发展，改进巷道布置，优化采区系统和参数，为集中、稳产、高效、安全生产创造良好条件。

倾斜长壁开采系统简单、工程量少，在倾角12°以下的煤层中应用，能取得良好的技术经济效果，应该大力推广，有条件的地区还可试用到倾角较大的煤层。

作为倾斜长壁的一种变形，伪斜长壁用于斜交断层切割的块段也是适宜的。

（3）缓斜、倾斜厚煤层开采在我国煤矿生产中占有相当大的比重，合理地开采这类煤层可以采用不同的技术途径。

倾斜分层下行垮落采煤法是比较成熟的采煤方法，已在不同矿井的各分层成功地实现了机械化、综合机械化采煤，今后仍将较广泛采用，并应进一步推广和改进机械化采煤工艺，研究分层采高的控制、假顶材料选择，减少岩石巷道的掘进，改进巷道布置。

大采高综采一次采全厚可以简化巷道布置，减少巷道掘进和维护，节约假顶材料。在煤层倾角不大、煤和顶底板岩性适宜的矿井可以重点应用和推广，并要继续改进设备，完善工艺。

缓斜厚煤层放顶煤采煤法近几年发展较快，在工作面采高不加大的情况下，可大大增加一次开采的厚度；用于开采特厚煤层，可以简化巷道布置，降低巷道掘进率，提高采煤工效，降低吨煤生产费用。要进一步研究提高煤炭采出率，防止自燃和瓦斯积聚等措施保证工作面的正常、安全生产。

（4）无煤柱护巷技术在我国得到日益广泛的应用。在缓斜薄及中厚煤层的开采中可以推广沿空留巷或沿空掘巷，配合受采动影响巷道的支护改革和巷旁充填技术的发展，可以扩大沿空留巷的应用范围，进而为采用往复式回采、Z形回采提供有效的技术手段。

实践表明，取消上山（石门）煤柱、增加工作面推进长度可取得良好的技术经济效果，有条件的矿区可以推广。

（5）急斜煤层的产量在我国煤炭总产量中所占比重不大，但分布很广。急斜采煤方法类型很多，在应用条件和效果方面都有比较大的局限性。

伪斜柔性掩护支架采煤法是我国特有的一种方法，在层厚变化不大的厚及中厚煤层中应用，可取得较好的技术经济效果，今后要进一步实现回采的机械化，改进支架结构，向液压化发展，并改进巷道布置和参数，减少巷道掘进率。

水平分段放顶煤采煤法为开采急斜特厚煤层提供了高效安全的机械化采煤方法。这种采煤方法单产和工效高、工艺简单、掘进巷道少、吨煤费用低，有条件的矿井应积极推广。

薄及中厚煤层台阶式采煤法采出率较高,但单产、工效和成本等指标不够理想,安全性较差。而伪斜走向长壁采煤法较好地克服了上述的缺点,应大力推广。

(6)建筑物下、铁路下、水体下呆滞煤量的开采日益成为我国煤矿开采的紧迫问题,我国有长期使用水砂充填的经验和成熟的技术,尽管近年来充填采煤法的应用范围和产量均在减少,但在解决"三下"采煤问题中会有更广泛的应用,充填方法(如风力充填等)也会有所发展。

针对"三下"采煤的条件和要求,采用煤柱支撑法开采也是可行的,应该总结和推广这方面的经验,发展这方面的技术。

(7)我国水力采煤技术日臻成熟,单纯从采煤方法角度看,在倾角10°以上、煤层中等厚度以上、顶底板中等稳定或稳定且瓦斯含量低的煤层,使用水力采煤能取得良好的技术经济效果,条件适宜的矿井,经论证可以选用。今后要继续改进工艺和设备,改善通风和生产条件,提高煤炭采出率。

(8)以应用连续采煤机为特征的柱式体系采煤法可用在煤层赋存不深、围岩较稳定、倾角平缓、不易自燃的低瓦斯矿井,但需提高操作技术和管理水平,加强设备的维护,充分发挥设备效能,改善技术经济效果。

(9)采煤工艺是采煤方法的核心,改善采煤工艺既依赖于回采设备(尤其是支护、采煤设备)的改进,又有赖于工作人员素质的提高。要改进现有的综采设备,研制高产高效及在困难条件下应用的综采设备,加强职工的培训,提高操作技术和管理水平。

(10)采煤方法是一个发展着的系统,采煤工艺的改进必将促进回采巷道布置的改革,而巷道布置的改进又能为充分发挥回采效能提供良好的条件。要用系统发展的观点分析采煤方法的参数及其组合,发展采煤方法选择及设计的优化方法,把采煤方法的研究和完善提高到一个新水平。

第四节 无人工作面采煤方法

无人工作面采煤的含义是,工人不在采煤工作面内采煤,而是在回采巷道或其他安全地点操纵和控制工作面的机械设备,完成采煤、装运煤、顶板管理等工序。

无人工作面采煤是世界煤炭科学技术开发研究的主要方向之一,具有安全性好、效率高等显著效果。因此,世界上各主要产煤国都十分重视发展这项技术。目前在国内外,虽然在某些方面已取得了一定进展,但由于矿井地质、开采技术条件的复杂性,这一技术基本上仍处于试验阶段,还需要进行大量的科学研究工作。

无人工作面采煤的方法较多。首先按在开采过程中是否改变煤的聚集状态,可分为两类:改变煤的聚集状态的称为化学法采煤,如煤的地下气化、地下液化、油母页岩的地下分馏等;不改变煤的聚集状态的称为机械法采煤,如各种机械采煤、水力采煤等。

采用各种机械化无人工作面采煤,关键是在工人不进入工作面的条件下,如何将煤破落、装运出工作面,并进行顶板管理。其基本途径有两个方面:

① 在矿井中遥控工作面设备,实现无人采煤,如对综采工作面的设备进行遥控采煤。

② 在巷道中直接控制采煤设备,动力装置不进入工作面,实现无人采煤。目前从国内外实践来看,在矿井中实行对设备遥控困难较大,而目前较为成熟的无人工作面采煤,一般

是在巷道中直接控制采煤设备,如水力采煤时的水枪,各种采煤机械如螺旋钻机、刮刨机、锯煤机等。

螺旋钻机无人采煤也是一种较为成熟的方法。它也在巷道中工作,利用螺旋钻杆钻入煤层采煤,并通过螺旋钻杆将采落的煤装运出工作面。钻杆每节长 1.2～1.9 m,可以不断接长或拆除,钻孔深可达 35～60 m。钻头直径一般小于煤厚 50～100 mm,一般适用于薄煤层或极薄煤层。图 10-1 为双轴螺旋钻机在回采平巷中工作。目前国外已广泛采用三轴螺旋钻机采煤,采煤时钻孔之间(最窄处)留有厚度不小于 0.2～0.5 m 的小煤柱以临时支撑顶板。

刨煤机采煤时,动力装置在巷道中,也为无人采煤创造了条件。煤层倾角小时,可带刮斗运煤,因而称刮刨机。其顶板管理一般是采用刀柱法,用煤柱支撑顶板;为了提高采出率及避免工作面频繁搬迁,也可以采用有支护的顶板管理,如设有可移动的气垛支架,如图 10-2 所示。每排两组相邻的支架用钢丝绳相连,钢丝绳绕在管式导向器的绳轮上,通过移动导向器来实现气垛的移动。

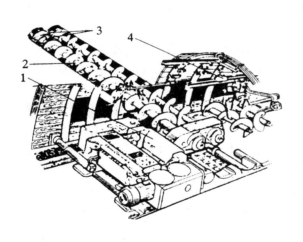

图 10-1　双轴螺旋钻机采煤

1——螺旋钻机;2——分节式螺旋钻杆;

3——钻头;4——单轨吊车

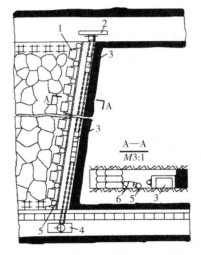

图 10-2　刮刨机气垛支架无人采煤面

1——气垛支架;2——刮刨机尾轮;

3——刮刨机;4——传动站;5——导向器;6——绳轮

顶板管理也可以随工作面推进,采用留设永久性支架的方法来进行。如可采用由两个楔块组成的楔形支架,用支架安装机把支架从回风平巷运到工作面进行安装,安装时采煤工作停止。支架可用木材或混凝土制造,在工作面成排布置,不再撤回,永久留于采空区内。

图 10-3 所示为螺旋钻机—刮刨机联合无人采煤系统。螺旋钻机采出部分煤炭并使煤体松动。钻孔间的煤柱尺寸应保证使顶板缓慢平稳地下沉而又不致使煤柱整体破坏。当顶板下沉量达煤厚的 35%～40% 时,刮刨机可高效率地采出钻孔之间的煤柱。

发展无人工作面采煤具有重要意义,它首先可为某些无法采用综合机械化采煤的煤层、矿山压力大、有冲击地压或有煤与瓦斯突出危险的煤层,厚度在 0.7 m 以下的极薄煤层,由于地质构造变动及起伏较大的煤层的安全、高效采煤提供了一个新的途径。随着生产技术的不断发展,无人采煤技术必将进一步完善与发展。

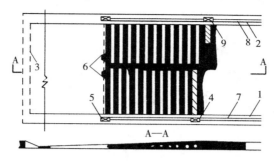

图 10-3 螺旋钻机—刮刨机联合采煤

1——运输平巷;2——回风平巷;3——开切眼;4,7——运输平巷钻机及输送机;

5——刨煤机牵引站;6——刮斗刨;8,9——回风平巷钻机及输送机

复习思考题

1. 说明选择采煤方法的原则有哪些?

2. 说明选择采煤方法的影响因素有哪些?

3. 简述采煤方法的发展方向。

4. 何谓无人工作面采煤方法?

5. 常用且较成熟的无人工作面采煤方法有几种? 简述其基本特点及适用性。

第二编

准备方式及采区设计

第十一章 准备方式的类型及其选择

第一节 准备方式的概念及分类

为了采煤，必须在已有开拓巷道的基础上，再开掘一系列准备巷道与回采巷道，构成完整的采准系统，以便人员通行、煤炭运输、材料设备运送、通风、排水和动力供应等正常进行。准备巷道包括采（盘）区上（下）山，区段石门或斜巷、采（盘）区车场，煤层群开采时的区段集中平巷等。

在一定的地质开采技术条件下，怎样去布置准备巷道以及在什么范围内布置，可以有多种方式。准备巷道的布置方式称准备方式。合理的准备方式一般要在技术可行的多种准备方式中进行技术经济分析比较后，才能确定。

准备方式是否适当，直接关系着工作面和矿井的生产效果。正确合理的准备方式应遵循以下几项原则：

① 有利于矿井合理集中生产，使采准巷道系统有合理的生产能力和增产潜力。

② 保证具备完善的生产系统，有利于充分发挥机电设备的效能，并为采用新技术、发展综合机械化和自动化创造条件。

③ 力求在技术和经济上合理，尽量简化巷道系统，减少巷道掘进和维护工程量，减少设备占用台数和生产费用，便于采掘正常衔接。

④ 煤炭损失少，有利于提高采出率。

⑤ 安全生产条件好，符合《煤矿安全规程》的有关规定。

准备方式种类很多，可根据不同特点进行分类。

一、按煤层赋存条件——采区式、盘区式与带区式准备

除近水平煤层以外，井田一般按一定标高划分成若干个阶段。阶段内可有采区式、分段式及带区式三种准备方式。分段式准备只用于走向尺寸很小的井田，目前，我国大多采用采区式准备，即在阶段内沿走向划分成若干生产系统相互独立的采区；倾角在12°以下的煤层也可不划分采区，采用在大巷两侧直接布置工作面的带区式准备。带区式准备时，可以是相邻两个分带组成一个采准系统，同采或不同采，合用一个带区煤仓；也可由多个分带（如4～6个）组成一个采准系统，开掘为多分带服务的准备巷道，如带区运煤平巷及煤仓、带区运料斜巷等。

在近水平煤层中，由于煤层没有明显的走向，井田内标高差别小，很难沿一定走向、一定标高划分成阶段，因而将井田直接划分为盘区（或分带）。由于倾角很小，盘区内的准备也有其一定特点，可有上（下）山盘区与石门盘区等不同准备方式。

上山盘区准备方式与上山采区准备方式基本相同。由于倾角较小,上山与区段巷道一般用倾斜或垂直巷道联系。

石门盘区准备方式的主要特点是倾角很小时,可以将盘区运输上山改为盘区运输石门,机车直接进入盘区石门进行装车,取消了上山胶带运煤的运输环节,简化了生产系统。

近水平煤层井田直接划分为带区时,其准备方式与阶段内带区式准备基本相同。

综上所述并结合我国应用情况,准备的基本方式可归纳为采区式、盘区式及带区式三种。采区式应用最为广泛;盘区式准备应用有一定局限性且与采区式准备有不少相似之处;带区式准备相对较简单,因此本编内容以阐述采区式准备为主。

三种基本准备方式中,还可按其他特点进行分类。

二、按开采方式——上山采(盘)区与下山采(盘)区准备

当煤层倾角较小(一般小于 16°)时,可利用开采水平大巷来分别开采上、下山采区。开采水平标高以下的采区称下山采区,采区内布置采区下山等准备巷道,采出的煤通过下山由下往上运至开采水平,反之则称为上山采区。当煤层倾角较大时,采用下山开采,掘进、运输、通风、排水等困难较大,一般只开采上山采区。

近水平煤层条件下,大巷照例布置在井田中部,向两侧发展布置盘区。按煤层倾斜趋向,分别划分为上山盘区或下山盘区。

同样,带区式准备时,开采水平可分别开采上山式带区及下山式带区。

三、按采区上(下)山的布置——单翼采区、双翼采区与跨多上山采区准备

图 11-1 所示为几种采区准备方式。

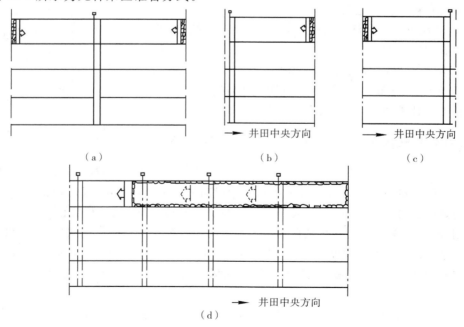

（a）   （b）   （c）

（d）

图 11-1 采区准备的几种形式

（a）双翼采区；（b）单翼采区前上山；（c）单翼采区后上山；（d）跨多上山采区

双翼采区是应用最广泛的一种准备方式。其特点是采区上（下）山布置在采区中部，为采区两翼服务，相对减少了上山及车场的掘进工程量。

当采区受自然条件（如断层）及开采条件（如留有保护地面设施的煤柱）影响，走向长度较短时，可将上（下）山布置在采区一侧边界，此时采区只有一翼，称为单翼采区。上（下）山布置在采区近井田边界方向一侧称前上（下）山单翼采区；反之称后上（下）山单翼采区。采用前上（下）山时，煤炭运输有折返现象，增加了运输工作量，但工作面可跨过上山连续推进。如何选择要根据具体情况来定。如采区一侧边界为保护煤柱，则可将上（下）山布置在煤柱内，以减少煤炭损失。

跨多上山（前上山）采区准备是近几年随着机械化采煤、特别是综采的发展而产生的一种布置方式。上山一般布置在煤层底板岩层中，沿走向每 $500\sim1\,000$ m（一台带式输送机长度）布置一组上山。采煤工作面可跨几组上山连续推进，以减少工作面搬迁。这种由若干个单翼采区组成的大采区的准备方式，一般应用于地质构造较简单的条件下。连续推进几组上山要视地质开采条件确定。条件好时，也可在井田一翼连续推进。目前应用的多是跨前上山连续推进的准备方式，即采区和工作面都是由井田中部向井田边界推进。由井田边界向井田中部的跨后上山连续推进的准备方式则比较少见。总的来说，这种方式初期工程量大，占用设备较多，目前尚未广泛应用。

同样，石门盘区准备时，也有双翼和单翼盘区之分，但更多的是双翼盘区；也有跨多石门盘区准备。

四、按煤层群开采时的联系——单层准备与联合准备

单层准备即各煤层独立布置自己的准备巷道，生产系统互相独立。

联合准备即几个煤层组成一个统一的采准系统。准备巷道一般为几个煤层共用，集中成为一个采区。

联合准备又可分为集中上山联合准备和集中平巷联合准备两种基本形式，一般情况下后者包含了前者。

集中平巷联合准备方式与厚煤层采用分层同采集中平巷布置方式基本相同，只不过前者是近距离煤层的集中，后者是厚煤层各分层的集中。

煤层群相邻分带组成带区时，其分带准备同样也可有分带单层准备与分带集中斜巷联合准备。

综上所述，准备方式分类如图 11-2 所示。按其不同组合，可有数十种准备方式。例如，准备方式全称可按图中箭头方向所示，可有上山双翼采区集中上山联合准备方式、上山单翼盘区集中平巷准备方式等。

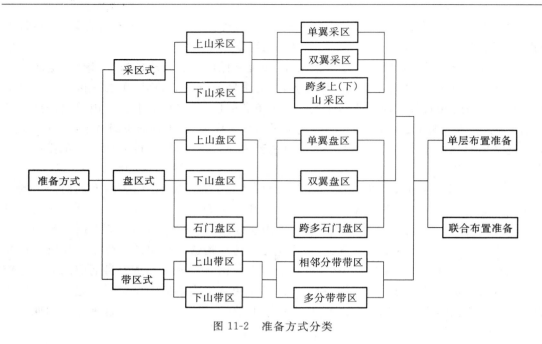

图 11-2　准备方式分类

第二节　采区式准备

煤层群开采时,由开采水平大巷每隔一定距离(采区走向长)开掘采区石门,为各煤层服务。主要根据各煤层的间距不同,采区式准备方式有下列几种。

一、煤层群单层准备方式

采区石门贯穿的各煤层均独立布置采区上山、装车站和车场(图 11-3),即按煤层各自布置采区,采区石门贯穿若干采区。

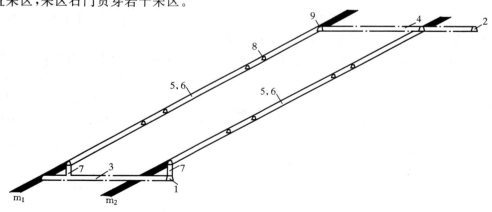

图 11-3　煤层群单层准备

1——运输大巷;2——回风大巷;3——采区运输石门;4——采区回风石门;

5——运煤上山;6轨道上山;7——采区煤仓;8——区段运输巷;9——区段回风巷

单一薄及中厚煤层采区准备较简单,要解决的主要问题是:合理确定采区走向长度,沿煤层合理布置上山,合理划分区段及选择采区车场形式等,其系统参见图4-1。

对于单一厚煤层,除上述内容外,还要合理确定采区上山的层位,即煤层上山或岩石上山,一般大多用后者,其系统参见图5-1。

由于一对上山只为一层煤服务,上述两种方式均称为单层准备方式。

二、采区多煤层联合准备方式

图11-4为煤层群采用采区集中上山的一种联合准备方式。上层煤为中厚煤层,采用单一走向长壁采煤法。采煤系统采用区段平巷单巷布置;下层煤为厚煤层,采用倾斜分层走向

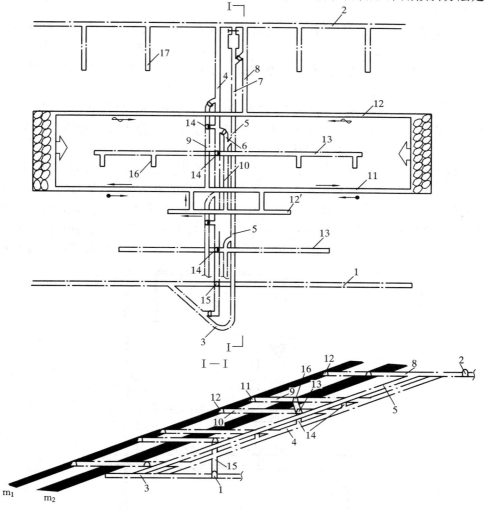

图 11-4 集中上山联合准备方式

1——运输大巷;2——回风大巷;3——采区下部车场;4——运输上山;5——轨道上山;
6——中部车场;7——上部车场;8——采区回风石门;9——区段运输石门;10——区段轨道石门;
11——m_1 区段运输平巷;12,12′——m_1 区段回风平巷;13——m_2 区段岩石集中运输平巷;14——溜煤眼;
15——采区煤仓;16——联络斜巷;17——联络小石门

长壁下行垮落采煤法。采煤系统采用分层同采"机轨合一"集中巷布置。两层煤共用一组上山，但不共用区段集中平巷。

采准工作由大巷(1)开掘采区下部车场(3)，向上开掘采区岩石集中运输上山(4)、采区集中轨道上山(5)，与回风大巷(2)贯通，形成通风系统后，在第1区段上部开掘采区回风石门(8)，在第1区段下部开掘区段运输石门(9)与区段轨道石门(10)，分别与上层煤贯通，在上层煤分别开掘区段运输平巷(11)、区段回风平巷(12)至采区边界时开掘开切眼，形成工作面即可进行回采。掘进过程中同时开掘中部车场(6)、上部车场(7)及采区各种硐室。

在上层煤回采的同时，掘进下层煤的区段岩石集中运输平巷(13)及其联系巷道，为下层煤生产做好准备。

生产系统如图 11-4 所示。

(1) 运煤系统。上层煤工作面采出的煤由区段运输平巷(11)、区段运输石门(9)、溜煤眼(14)运至采区运输上山(4)、采区煤仓(15)，由大巷(1)运至井底。

(2) 运料系统。材料设备则由大巷经轨道上山、采区上部车场至采区回风石门(8)、轨道平巷(12)至工作面。

(3) 通风系统。新鲜风流由大巷(1)至采区轨道上山(5)、区段轨道石门(10)至上层煤下区段轨道平巷(12′)，由联络巷至区段运输平巷(11)，冲洗工作面后由区段回风平巷(12)、采区回风石门(8)至回风大巷(2)排出。

下区段生产时，区段轨道石门(10)、上区段岩石集中运输平巷(13)作为回风用，因此要求轨道石门(10)也要与运输上山(4)相贯通。上区段生产时，在轨道石门(10)与运输上山(4)的连接处设风门；下区段生产时应将风门移设到轨道石门(10)与轨道上山(5)的连接处附近。或如图 11-5 所示，增加一小型回风石门(18)，实现上下区段过渡时期同采。

上下区段同采时，上区段已采到 m_2 下分层，通风系统同前，在轨道石门(10)中间设风

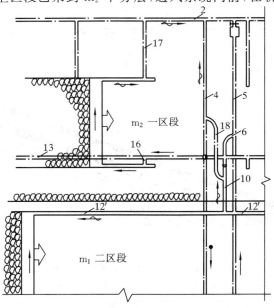

图 11-5　上下区段过渡时期同采时的通风系统
18——区段回风石门(其他符号注释见图 11-4)

门,使新风由中部车场(6)进入岩石运输集中平巷(13);下区段开采 m_1,工作面污风由回风巷(12′)排出,经轨道石门(10),进入区段回风石门(18),排至回风上山(4)。回风石门(18)与集中巷(13)的连接处需设风桥,或两巷不在一个平面内,擦顶而过。

三、煤层群分组集中采区联合准备方式

主要按层间距大小将煤层群分成若干组,每个组内采用集中联合准备,而各个组由于组间距较大,则不采用联合准备。采区石门贯穿若干组煤层。图 11-6 为两个分组的准备方式示意图。这种方式实际是上述两种准备方式的结合应用。

这种方式也可理解为煤层群内有若干独立的采区,每个采区均为联合准备。

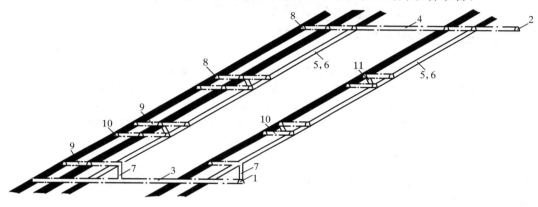

图 11-6 煤层群分组集中采区联合准备
1——运输大巷;2——回风大巷;3——采区运输石门;4——采区回风石门;5——运煤上山;6——轨道上山;
7——采区煤仓;8——区段平巷;9——区段运煤石门;10——区段轨道石门;11——溜煤眼

四、示例

开滦范各庄矿井的全部可采煤层有自 m_5 到 m_{12} 共 7 层煤,倾角 $11°\sim15°$,除 m_7 和 m_{12} 是厚煤层采用倾斜分层走向长壁下行垮落采煤法外,其余薄及中厚煤层均采用单一走向长壁采煤法。其层间距见表 11-1。

表 11-1　　　　　　　　　　　　范各庄矿煤层特征表

煤层名称 (俗　称)	平均厚度 /m	顶板岩石性质	底板岩石性质	层间距离 /m	备　注
m_5(5 槽)	1.28	深灰色页岩	深灰色页岩		局部可采
m_7(7 槽)	3.70	砂质页岩	致密页岩	30～43	
m_8(8 槽)	0.89	致密页岩	页岩、砂岩	0.5～12	
m_9(9 槽)	2.55	深灰色至黑色页岩	页岩、砂质页岩	8～10	局部可采
m_{11}(11 槽)	0.90	灰色致密页岩	页岩、砂质页岩	12～14	
m_{12a}(12 槽)	3.54	深灰色页岩	深灰色页岩	10～17	
m_{12b}(12 槽半)	1.48	砂质页岩、砂岩	砂质页岩、页岩	17	局部可采

该矿南三采区采用集中上山、分组集中平巷联合准备,如图 11-7 所示。其巷道布置特点为:采区输送机集中上山和轨道上山布置在 m_{12b} 底板岩层内,通风上山布置在 m_{12b} 中。上组煤集中平巷(16,17)布置在 m_9 中,为开采 m_5、m_7、m_9 服务,下组煤集中轨巷(18)布置在 m_{12b} 中,集中运输平巷(19)布置在底板岩层中,为开采 m_{11}、m_{12} 服务。区段集中平巷与各煤层间以 35° 的双斜巷联系,一条溜煤,一条运料和行人。在运料斜巷内设有小绞车和简易的架空人车。

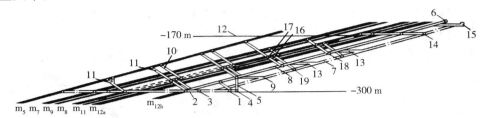

图 11-7　集中上山、分组集中平巷采区联合准备(斜巷联系)

1——运输大巷;2——南三石门;3——下部车场;4——装车站;5——采区煤仓;6——总回风巷;7——轨道上山;
8——输送机上山;9——通风上山;10——溜煤斜眼;11——材料斜巷;12——冲积层煤柱线;13——中部车场;
14——上部车场;15——绞车房;16——上组煤内的区段集中运输平巷;17——上组煤内的区段集中轨道平巷;
18——下组煤内的区段集中轨道平巷;19——下组煤内的区段集中运输平巷

采区的走向长度为 1 000～1 200 m,倾斜长度为 700～800 m,划分为 5 个区段开采,采区设计生产能力为 0.90 Mt/a,服务年限 8～10 a。

这种联合准备方式,由于煤层倾角小,采用 35°双斜巷联系较采用双石门联系的工程量节约 70%,减少了投资和设备。但溜煤斜巷总长度达 130 m,即使分段,每段长度也有 60～70 m,因煤流重力加速度大,对斜巷破坏很大,且斜巷受工作面超前压力和煤柱集中压力的影响,损坏严重,维修较困难。倾角 35°的斜巷,行人不便,大型设备运输困难,回风下行。双斜巷断面小、坡度大,不适应综采、综掘及新型辅助运输设备的应用。

此形式主要适用于普采和炮采工作面的缓斜近距离煤层群。

淮南新庄孜矿某采区内有 8 层煤,可采煤层 5 层,煤层倾角 24°～26°,除 C_{13}、B_{11b} 为厚煤层外,其他为薄及中厚煤层,煤层厚度及间距如表 11-2 所示。

表 11-2　　　　　　　　　　　　　煤层厚度、间距

煤层编号	B_{10}	B_{11a}	B_{11b}	C_{13}	C_{14}
平均厚度/m	0.74	0.8	4.9	6.3	0.92
层间距离/m		25.1	1.7	77.5	19.2

顶底板一般为砂页岩及页岩。瓦斯含量较大,各煤层均有自燃及煤尘爆炸危险。

工作面采用炮采工艺,同采工作面数为 4 个。

该采区的巷道准备系统(图 11-8)有如下特点:

轨道上山布置在距 B_{10} 煤层 15～18 m 的底板岩层内,为各煤层运料、回风服务。由于 C_{13} 距 B_{11b} 间距较远(水平距离达 170 m),为减少联络巷岩石工程量,设两条溜煤上山,分别布置在 C 组煤和 B_{10}～B_{11b} 组煤底板岩层内,距煤层 15～20 m,坡度 30°,形成运料、回风采

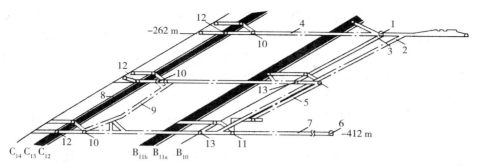

图 11-8　集中上山、分组集中平巷采区联合准备（石门及溜眼联系）

1——总回风巷；2——轨道上山；3——回风上山；4——回风石门；5——B_{10}溜煤上山；6——运输大巷；

7——采区石门；8——C_{13}通风上山；9——C_{13}溜煤上山；10——C_{13}运输集中巷；

11——B_{10}运输集中巷；12——C_{13}轨道集中巷；13——B_{10}轨道集中巷

区大联合，出煤、进风分组小联合。这种方式现场称之为"分组集中大联合采区"准备方式。从生产系统完整性来看，这种方式实质仍然是集中联合为一个大采区。

区段集中运输平巷同溜煤上山一样，分别布置在距 C 组和 B_{11b} 组煤层 15～20 m 的底板岩层中，每隔 80～100 m 用平石门及溜煤眼与各煤层平巷相连。为解决掘进运料、排矸及生产期间处理矸石，在 C_{13} 煤层和 B_{10} 煤层内分别布置轨道集中平巷，形成独立的运料排矸系统。轨道集中平巷与运输集中平巷平行掘进，一方面起探清煤层变化的作用，又可为运输集中平巷取直定向。

生产实践表明，这种采区准备方式的优点是：采掘顺序比较灵活，同组煤层和 B、C 两组煤层上下区段均可实现同时回采，能布置较多的工作面，采区生产能力较大，而且也有利于厚薄煤层配采和采区稳产；采区轨道上山、回风上山及上、中、下部车场均为两组煤层服务，两组煤层分别设置溜煤上山和区段共用平巷等，使采区巷道掘进的总工程量及其费用相对减少；充分利用了煤层倾角（24°～26°）较大的特点，将运煤上山开掘成 30°倾角的底板岩石溜煤上山，减少了运输设备，节省了运输费用；C_{13} 煤层布置通风上山，较好地解决了初期巷道施工的通风问题，缩短了采区的准备时间，有利于采区的正常接替。

这种准备方式，主要适用于单产较低、同采工作面较多的采区。

五、缓斜、倾斜煤层采区准备方式的选择

采区准备方式的选择主要取决于层间距及技术装备条件。

普通机械化采煤条件下，当层间距较小（如小于 20～30 m），各煤层可采用共用集中上山的联合准备；当层间距进一步减少（如 10～15 m）时，可进一步采用共用区段集中平巷的联合准备方式。这是 20 世纪 60 年代以来，不断总结经验，改革发展的结果。上述经验参数可供参考。由于影响选择准备方式的因素较多，在具体选择时应根据条件，进行经济技术比较后确定。联合准备的主要优点是：

（1）在采区内可适当布置较多的工作面同时生产，有利于提高采区生产能力，减少矿井同时生产采区数目，生产集中。与同样多的工作面数分散布置相比可减少辅助生产环节、设备和人员，提高劳动生产率。

（2）各煤层共用一组集中上山比单一煤层布置巷道要减少一组至几组上山。采区上山一般较多布置在煤层底板岩层中，掘进费高一些，但维护费用大量减少，并为生产创造了良好条件。当各煤层共用一条区段集中平巷，各煤层内的区段平巷采取超前采煤工作面掘进的方法，随采随掘，且采后报废，巷道的维护时间大大缩短，因而使区段平巷的维护费用大大降低。

（3）可提高采出率、降低煤炭损失。在单层开采时，由于每个煤层都要布置上山，并在其两侧留设煤柱，煤柱一般至少要留60～80m宽，故增加了煤炭损失。联合准备的采区上山如布置在底板岩层中，则可不留保护煤柱，或者只在布置上山的下部一层煤中留设。

此外，在采区段岩石集中平巷时，由于改善了区段巷道的维护条件，采区走向长度可以增加，相对地减少了采区边界煤柱损失，并且为取消区段煤柱进行沿空掘巷创造了条件，这样又可以大量降低煤炭损失。

（4）联合准备时的集中上山和集中平巷，可布置在比较坚固稳定的岩层中，可按设计的坡度和方向施工，巷道规格质量易于保证，也便于高效能运输设备的采用、安装和运转。

联合准备的缺点，主要是岩石巷道的掘进工程量大，准备新采区的时间较长，巷道之间的联系和生产系统比较复杂，并且要求具有较高的生产管理水平。

20世纪70年代发展综采以来，采区准备又有单层化布置的趋势，这是由于：

（1）综采单产高，一般为普采的2～3倍以上，炮采的4～5倍以上，采区内不需要多个工作面同采，往往一个综采工作面就能达到采区生产能力；近期发展的大功率综采设备日产达万吨以上。

（2）综采推进度快，而岩巷掘进技术发展较慢，掘进速度低，掘进跟不上采煤。因此，要求尽量少开岩巷或不开岩巷。

（3）由于支护技术手段的改进，一般煤巷维护困难问题已逐步解决。

（4）由于综采生产能力大，平巷采用可伸缩带式输送机运输，输送能力大，铺设距离长。

所有这些，使得没有或很少有必要再来布置很多岩巷的联合准备采区。因此，一些开采及装备条件较好的矿区，如潞安集团一些矿井的厚煤层中已成功地采用了单层的全煤巷采准巷道布置方式。

就我国目前情况来看，大多数矿井采区上山仍布置在底板岩层中，因此集中上山的联合准备方式无论综采、普采用得仍较多。而集中平巷的联合准备方式在综采时的应用已日趋减少。

当区段平巷采用无煤柱沿空留巷时，通常不采用区段集中平巷准备。

六、急斜煤层采区式准备的特点

急斜煤层的矿井，采区巷道大多采用单层准备方式，即每个开采煤层单独布置一组采区上山眼，形成独立的通风、运输系统。

采区上山眼大多布置在煤层内，沿底板按倾斜方向掘进。上山眼数目至少要有三条，分别为采区溜煤眼、采区运料眼和采区行人眼，如图8-1所示。采区内有矸石运出时，还须增设采区溜矸眼；涌水量大时，还应专门布置泄水眼。

生产实践表明，在煤层内布置上山眼的方式有较多缺点，如运料眼断面小，运送物料困难，不利于提高采区生产能力和运输机械化；行人眼中风速大，煤尘飞扬，工人上下班体力消耗大;溜煤眼、溜矸眼容易堵塞,处理堵塞事故较困难。在地质条件变化大、上山眼不易保证匀直时,这些缺点就更突出。特别在厚煤层,上山眼布置在煤层中更难维护,不仅维修工程量大,也易影响正常生产,而且上山煤柱采出率低,煤损也将增大;另外,急斜煤层工作面单产低,同采工作面多,生产分散。为了克服上述缺点,近年来广泛应用集中上山的联合准备方式。把运料上山眼改为轨道运输的伪倾斜上山,并布置在底板岩层中,除运料外,还兼做排矸、行人、通风之用。把溜煤眼也布置在底板岩层中。

如图 11-9 所示,采区沿倾斜划分为两个区段。采区运输和回风石门贯穿全部煤层,在底板岩层中掘进采区运煤上山和轨道上山,并以区段石门贯穿所有煤层。运煤上山由运输石门向上掘进,连通区段石门。轨道上山按伪斜由区段石门(3)向上掘进,连通回风石门。回采上一区段各煤层时,区段石门(3)做运煤、进风用,物料设备由回风水平运进采区,经采区回风石门及各煤层的区段回风平巷运到采煤工作面,轨道上山可用做行人。回采下区段时,区段石门(3)及轨道上山(4)用做运料、回风、行人;下区段回采运煤由运煤石门(7)通达采区煤仓上口。

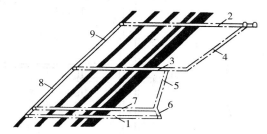

图 11-9　急斜煤层采区岩石上山联合准备
1——采区运输石门;2——采区回风石门;3——区段石门;
4——采区轨道上山;5——采区运煤上山;6——采区煤仓;
7——运煤石门;8——煤层进风眼;9——采煤工作面

根据开采急斜煤层群矿井的经验,对于煤层数目较多,层间距不大(小于 50～60 m)、工作面单产低、采区生产能力较大(大于 0.25～0.30 Mt/a),采用岩石轨道上山与煤层上山相结合的联合准备方式是比较适宜的。

第三节　盘区式准备

开采近水平煤层时,盘区准备有上(下)山盘区和石门盘区方式。同时也有单层准备盘区和联合准备盘区之分。

一、上(下)山盘区

（一）上(下)山盘区单层准备
开采近水平薄及中厚单一煤层可采用上(下)山盘区布置方式。
盘区上(下)山多沿煤层布置,上(下)山之间相距 15～20 m,两侧各留宽 20～30 m 的煤柱。运输上(下)山可采用刮板或带式输送机,也可以采用无极绳矿车运输。担负辅助运输的轨道上山一般采用无极绳运输。

为了便于无极绳轨道运输,中部车场处将铺设道岔的一段轨道上山调成平坡并与区段平巷顺向连接,即中部车场为顺向平车场的布置形式。

开采单一厚煤层时,盘区上(下)山一般布置在底板岩层中,用溜煤眼和斜巷与区段巷道相连,其特点与下面介绍的联合准备方式相似。

(二) 上山盘区集中上山联合准备

巷道布置和生产系统如图 11-10 所示。

盘区内开采两个煤层,自上而下为 m_1 和 m_2,厚度均为 $1.0\sim2.0$ m,层间距离 15 m 左

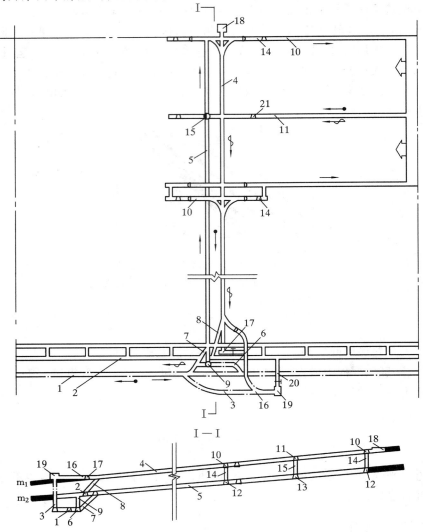

图 11-10 上山盘区集中上山联合准备

1——岩石运输大巷;2——总回风巷;3——盘区材料斜巷;4——盘区轨道上山;5——盘区运输上山;
6——下部车场;7——进风斜巷;8——回风斜巷;9——煤仓;10——m_1 区段进风巷;
11——m_1 区段运输巷;12——m_2 区段进风巷;13——m_2 区段运输巷;14——区段材料眼或斜巷;
15——区段溜煤眼;16——甩车道;17——无极绳绞车房;18——无极绳尾轮;
19——盘区材料斜巷绞车房;20——绞车房回风巷;21——下层煤回风眼

右,煤层平均倾角 5°,地质构造简单,低瓦斯矿井。

由于 m_1 和 m_2 两煤层间距不大,故进行盘区联合准备。盘区走向 1 200 m,为双翼开采,倾斜长 1 000 m,划分为 6 个区段,采用走向长壁采煤方法、对拉工作面布置。

巷道布置的特点是:水平运输大巷开在 m_2 煤层底板岩层中,当倾角很小时,可允许污风下行,总回风巷也可位于运输大巷一侧,并列布置,可开在 m_2 中。盘区上山沿煤层布置:运输上山布置在 m_2 中,轨道上山布置在 m_1 中;区段煤层平巷为单巷布置,两层有关巷道以溜煤眼和斜巷相联系,大巷与轨道上山之间开掘一条盘区材料斜巷。

盘区准备时,自岩石运输大巷(1)开掘盘区材料斜巷(3)和甩车道(16),进入 m_1 后,掘进盘区无极绳运输的轨道上山(4),同时从下部车场(6)开掘进风斜巷(7)和盘区煤仓(9),通达 m_2。沿 m_2 掘进盘区运输上山(5),并开掘回风斜巷(8)至 m_1。自轨道上山(4)分别开掘 m_1 一二区段的进风巷(10)和运输巷(11)。自运输上山(5)开掘 m_2 区段进风巷(12),并从区段进风巷(12)向上掘区段材料斜巷(14)与 m_1 区段进风巷(10)连通,开掘区段溜煤眼(15)通达运输上山。区段平巷掘至盘区边界后掘进工作面开切眼。

盘区的煤炭运输和通风系统如图中箭头所示。

二、石门盘区集中平巷联合准备

自水平大巷开掘石门作为盘区主要运煤巷道的盘区称石门盘区。石门盘区的区段平巷布置、层间联系等问题与上(下)山盘区基本相同。图 11-11 为开采近距离煤层群的石门盘区集中平巷联合准备的巷道布置。

盘区巷道的掘进程序是:自运输大巷(1)开掘盘区石门(3)(按 0.3‰ 坡度)、盘区轨道上山(4)(距煤层底板 10 m 左右)与回风大巷(2)连通。同时开掘车场绕道(19)和无极绳绞车房(20)。然后在区段上下边界位置,开掘盘区区段煤仓(8)、进风巷(9)和材料绕道(17),在距 m_3 8 m 左右于底板岩层中掘进区段运输集中巷(6)和区段轨道集中巷(7)。自区段集中巷每隔一定距离(100～150 m)分别掘进回风运料斜巷(11)、进风行人斜巷(10)和溜煤眼(12),穿透三个煤层。自盘区边界沿 m_1 掘进超前运输平巷(13)、回风平巷(14)和开切眼。与此同时开掘盘区其他的联络巷道和硐室。随着上部煤层工作面的开采,再随时掘进下部煤层或分层的超前运输平巷(15)和超前回风平巷(16)等。

(1)运煤系统。自工作面采出的煤炭,由煤层(或分层)运输平巷(13 或 15),经溜煤眼(12)到运输集中巷(6),运至区段煤仓(8),在盘区石门(3)内装车外运。

(2)运料系统。工作面所需的材料和设备由运输大巷(1)经车场绕道(19),通过无极绳运输的轨道上山(4)送至轨道集中巷(7),然后由回风运料斜巷(11)提到各煤层或分层的回风平巷(14 或 16),而运至工作面。

(3)通风系统。由运输大巷(1)来的新鲜风流,经盘区石门(3)、进风巷(9)进入运输集中巷(6),再经进风行人斜巷(10)到各煤层(或分层)超前运输平巷(13 或 15)冲洗工作面。自工作面出来的污风,由煤层(或分层)回风平巷(14 或 16)经回风运料斜巷(11)到轨道集中巷(7),再经轨道上山(4)到盘区回风大巷(2),通向风井,排至地面。

有关石门盘区的巷道布置,因具体条件不同也各有一些差别。

当采用对拉工作面布置时,如图 11-12 所示。

当煤层倾角很小、煤层稳定时,有的矿将区段岩石运输集中平巷布置在与石门同一水平

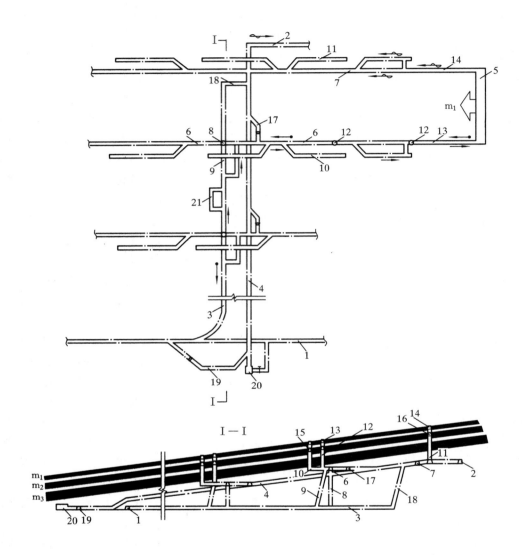

图 11-11　石门盘区集中平巷联合准备

1——岩石运输大巷;2——盘区回风大巷;3——盘区石门;4——盘区轨道上山;5——采煤工作面;
6——区段岩石运输集中平巷;7——区段岩石轨道集中平巷;8——区段煤仓;9——进风巷;
10——进风行人斜巷;11——回风运料斜巷;12——溜煤眼;13——m_1 运输平巷;
14——m_1 回风平巷;15——m_2 上分层运输平巷;16——m_2 上分层回风平巷;17——材料道;
18——盘区石门尽头回风斜巷;19——车场绕道;20——绞车房;21——变电所

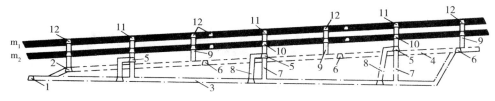

图 11-12 采用对拉工作面时巷道布置图

1——运输大巷；2——回风大巷；3——盘区石门；4——轨道上山；5——区段岩石运输集中巷；

6——区段岩石轨道集中巷；7——煤仓；8——进风行人斜巷；9——材料斜巷；10——溜煤眼；

11——煤层运输平巷；12——煤层回风平巷

的标高上，使电机车经盘区石门直接进入区段集中平巷内，在各溜煤眼下装车，如图 11-13 所示。这种布置方式具有运输系统简单、运输环节和设备少、有利于盘区施工准备等优点，但区段集中平巷的断面比较大，岩石工程量多。

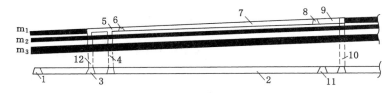

图 11-13 电机车进入区段集中平巷时的巷道布置

1——岩石运输大巷；2——盘区石门；3——区段岩石运输集中巷；4——进风行人斜巷；

5——进风联络巷；6——煤层运输平巷；7——采煤工作面；8——煤层回风平巷；

9——回风联络巷；10——回风运料斜巷；11——区段岩石轨道集中巷；12——溜煤眼

三、上山盘区与石门盘区的选择

石门盘区主要是改善了盘区上山的运输和维护条件，具有以下优点：

（1）将盘区上山的倾斜运输变为盘区石门的水平运输，给使用电机车创造了条件，简化了运输系统，减少了运输环节，运输能力大，而且不受运输长度的限制，运输费用低。

（2）采用盘区石门后，各工作面的煤运至溜煤眼，后又入区段煤仓可起到缓冲和调节运输的作用，加之石门中电机车运输又不易发生故障，几个煤仓即使同时装车也不互相干扰，有利于工作面连续生产。

（3）岩石巷道维护工作量小，维护费用低，有利于改善工作条件和降低煤柱损失。

石门盘区的主要问题是岩巷掘进工程量较大，掘进速度较慢，掘进费用较高。特别是在煤层倾角相对稍大、盘区倾斜长度大时，上部区段溜煤眼的高度也要随之增加（高度较大的溜煤眼，仅在下部一段设煤仓）。因此，它仅适用于倾角很缓的近水平煤层。

盘区巷道布置方式和类型的选择应根据煤层地质条件、盘区生产能力大小和技术装备水平，通过方案比较分析加以确定。

采用石门盘区时，应特别注意溜煤眼的高度不宜过大。根据窑街、阳泉矿区的经验认为，溜煤眼的高度不宜超过 50 m；西山、大同矿区的经验认为，溜煤眼的高度不宜超过 100 m。当煤层倾角变化比较大，采用石门盘区致使部分溜煤眼高度过大时，可采用石门与上山混合布置的方式,如图 11-14 所示。

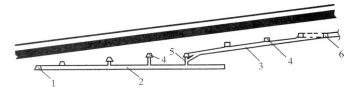

图 11-14　盘区石门与上山混合布置示意图

1——运输大巷;2——盘区石门;3——盘区上山;4——区段集中巷;5——煤仓;6——回风大巷

必须指出,近几年来近水平煤层大力发展倾斜长壁采煤法,采用带区式准备,盘区式准备已日趋减少。但在开采区域内走向断层较多或因留设备种煤柱,以及受地质构造等影响,使得倾斜长度偏短等条件下,仍宜采用盘区准备方式。

第四节　带区式准备

按带区准备巷道服务的范围不同,可有两种基本形式:相邻分带的带区准备与多分带的带区准备。

相邻分带组成的带区,准备的特点是:由相邻两个分带组成一个采准系统,同采或不同采,合用一个带区煤仓。各煤层(分层)可单独准备或采用集中斜巷联合准备,分别参见图 6-1 和图 6-2。相邻分带的这两种准备方式的选择与采区式区段的单独或集中准备的选择原则相同,这里不再赘述。这种准备方式生产系统简单,但大巷装车点多,分带斜巷与大巷的联络巷道及车场工程量较大。

多分带组成的带区,其准备方式的特点是:将阶段或井田按地质构造等因素,划分为一定范围的区域,在该区域内布置多个分带,一般在 4~6 个或以上,并组成一个统一的采准系统。如图 11-15 所示为 2 层煤、每层煤布置有 6 个分带。

由一个带区煤仓、一条带区集中运料斜巷与大巷联系。各煤层分带采用单层准备,即煤层群一般不设分带集中巷。这种方式要开掘为 6 个分带服务的带区运煤平巷与运料平巷,但少开了岩石巷道,提高了掘进速度,缩短了准备时间,特别在综采时,便于采掘衔接。但要留设保护煤层平巷的煤柱,围岩松软时应加强煤层平巷的维护,一般适用于薄及中厚煤层。带区的划分与井田地质构造条件密切相关。

在复杂地质构造条件下,可根据条件灵活布置,如图 11-16 所示。带区内有 5 个落差为 4~60 m、方向为倾斜的断层,根据断层分布情况,共划分了 5 个分带(Ⅰ~Ⅴ),分带斜巷尽可能与断层平行,以减少煤柱损失。5 个分带共用 1 个带区煤仓、1 条带区运输巷和轨道巷。

这种准备方式主要在煤层倾角 12° 以下,采用倾斜长壁采煤法时应用。有的现场将这种准备也称为采区(或盘区)式是不确切的,容易与前述的采区式、盘区式相混淆。

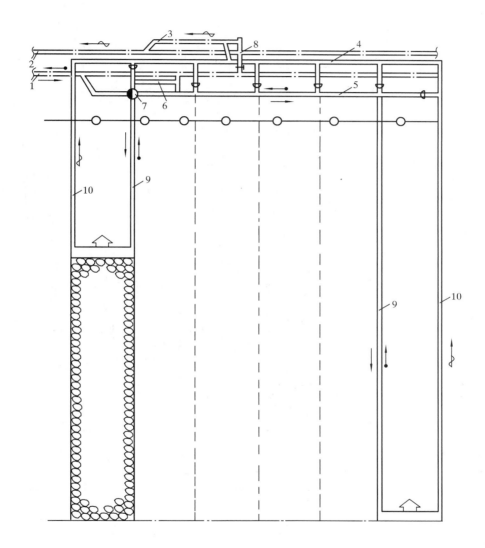

图 11-15 多分带的带区准备

1——运输大巷;2——回风大巷;3——带区运料斜巷;4——带区煤层运料平巷;5——带区煤层运煤平巷;
6——进风行人斜巷;7——带区煤仓;8——绞车房风道;9——分带运输斜巷;10——分带回风斜巷

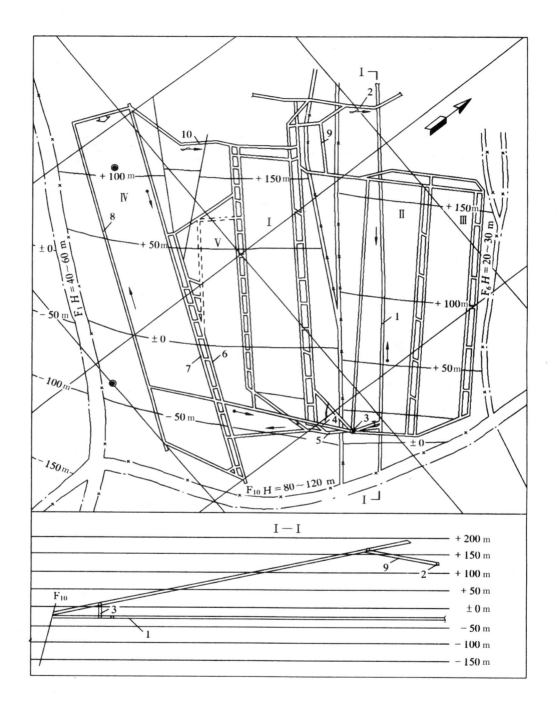

图 11-16　复杂条件下带区内分带的位置

1——运输石门；2——总回风巷；3——带区煤仓；4——带区运输平巷；5——带区轨道平巷；
6，7——分带运输斜巷；8——分带运料回风斜巷；9——回风斜石门

复习思考题

1. 说明准备方式的涵义、要求及分类。
2. 采区式准备方式的类型及应用。
3. 盘区式准备方式的类型及应用。
4. 带区式准备方式的类型及应用。
5. 试说明采区式和盘区式准备的异同点及如何选择应用。
6. 试说明采（盘）区式和带区式准备的区别及如何选择应用。

第十二章　煤层群的开采顺序

开采煤层群时,各煤层的开采顺序有下行式和上行式两种。先采上煤层(组)后采下煤层(组)称下行式开采顺序。反之,则称为上行式开采顺序。

合理的煤层开采顺序应该是:在考虑煤层采动影响关系的前提下,保证开采水平、采区、采煤工作面的正常接替,保证矿井持续稳产高产,最大限度地采出煤炭资源;减少巷道掘进及维护工作量,合理集中生产,充分发挥设备能力,提高技术经济效益;便于防治灾害,保证生产安全可靠。

第一节　缓斜及倾斜煤层群的开采顺序

开采缓斜及倾斜煤层群,通常都采用下行式开采顺序。因为先采上煤层后采下煤层,上层一般对下层没有什么影响或影响甚小,对下层的巷道维护和开采工作有利。但当煤层间距较近时,上层煤采后围岩和煤柱内所产生的支承压力有可能传递到下煤层中而产生应力增高区。为此,上煤层开采时应尽量不留煤柱或少留煤柱。必须留煤柱时,也要使下煤层的巷道布置在上煤层煤柱之外,躲开应力增高区。当煤层间距较小时,还要注意不要使上下煤层的同采工作面错距过小,以免上煤层顶板垮落对底板产生的动力冲击,影响到下煤层的开采工作。同时不要使下煤层回采后顶板岩石移动,波及上煤层的采煤工作面。这个最小距离 X_{min} 可按图 12-1 进行确定。

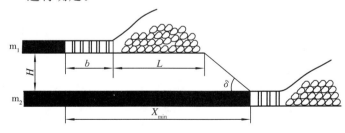

图 12-1　上下层工作面超前关系

$$X_{min} = H\cot\delta + L + b \tag{12-1}$$

式中　H——煤层间距,m;

　　　δ——岩石移动角,坚硬岩石为 $60°\sim70°$,软弱岩石为 $45°\sim55°$;

　　　L——考虑上层工作面顶板岩层垮落稳定及上下煤层工作面推进速度不均衡的安全距离,一般不小于 $20\sim25$ m;

　　　b——上部煤层采煤工作面的最大控顶距,m。

在特定的地质和开采条件下,由于某种原因,缓斜及倾斜煤层不得不采用上行式开采顺序。此时,煤层间距若不是很大,下煤层采后一般都会对上煤层产生影响和破坏,严重时,上煤层不能开采。因此,就有必要研究在什么情况下才能采用上行式开采顺序,以及相应采取的技术措施。

一、上行式开采的技术条件及判定方法

上下煤层层间距大小是影响上行开采的主要技术因素之一。因此,确定安全合理的上行开采的层间距是研究上行开采的首要问题。迄今为止,已积累了许多上行开采的实践经验及研究方法。

（一）比值判别法

当下部开采一个煤层时,用比值 K 的大小判别,即:

$$K = \frac{H}{M} \tag{12-2}$$

式中　H——上下煤层之间的垂距,m;

　　　M——下煤层采高,m。

我国上行开采的生产实践及研究证明,当比值 $K > 7.5$ 时,先采下部煤层一般可以不影响在上煤层内进行正常准备和回采。

当下部开采多个煤层时,用综合比值 K' 来判别,即:

$$K' = \frac{1}{\dfrac{1}{K_1} + \dfrac{1}{K_2} + \cdots + \dfrac{1}{K_n}} \tag{12-3}$$

式中　$K_1 = \dfrac{H_1}{M_2}, K_2 = \dfrac{H_2}{M_3}, \cdots, K_n = \dfrac{H_n}{M_{n+1}}$;

　　　$H_1, H_2, \cdots, H_n$——分别为 m_2、m_3、$\cdots$、m_{n+1} 至 m_1 煤层的垂距,m;

　　　$M_2, M_3, \cdots, M_{n+1}$——分别为下部各煤层的采高,m(见图 12-2)。

我国上行开采的实践及研究成果证明,综合比值 $K' > 6.3$ 时,可正常进行上行式开采。

（二）"三带"判别法

当上下煤层的层间距小于或等于下煤层的垮落带高度时,上煤层整体性将遭到严重破坏,无法进行上行开采。

当上下煤层间距小于或等于断裂带高度时,上煤层整体性只发生中等程度的破坏,采取一定安全措施后,可正常进行上行开采。

图 12-2　综合比值 K' 示意图

当上下煤层的层间距大于下煤层的断裂带高度时,上煤层只发生整体移动,整体性不受破坏,可正常进行上行开采。

上煤层的开采应在下煤层开采引起的岩层移动稳定之后进行。

不同倾角、不同岩性的岩层及其不同组合的覆岩,其移动及破坏规律不同。对于缓斜煤层,当煤层顶板覆岩内为坚硬、中硬、软弱、极软弱岩层或其互层时,垮落带最大高度 H_m 可按表 23-4 中的公式计算。

煤层顶板覆岩内为坚硬、中硬、软弱、极软弱岩层或其互层时,断裂带最大高度 H_{1i} 可按表 23-5 中的公式计算。

当上下两层煤的最小垂距 h 大于下煤层的垮落带高度 H_{xm} 时，上下煤层的断裂带最大高度可按上下煤层的厚度分别选用表 23-5 中的公式计算，取其中标高最高者作为两层煤的断裂带最大高度，见图 12-3。

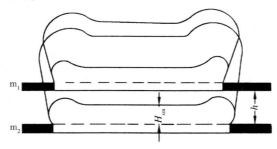

图 12-3　近距离煤层群断裂带高度计算（$h > H_{xm}$）

当下煤层的垮落带接触到或完全进入上煤层范围内时，上煤层的断裂带最大高度采用本煤层的厚度计算；下煤层的断裂带最大高度则应按上下煤层的综合开采厚度计算，取其中标高最高者作为两层煤的断裂带最大高度，见图 12-4。

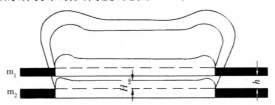

图 12-4　近距离煤层群断裂带高度计算（$h < H_{xm}$）

上下煤层的综合开采厚度 M_{z1-2} 可按下列公式计算：

$$M_{z1-2} = M_2 + (M_1 - \frac{h_{1-2}}{y_2}) \tag{12-4}$$

式中　　M_1——m_1 厚度，m；

$\quad\quad M_2$——m_2 厚度，m；

$\quad\quad h_{1-2}$——m_1 和 m_2 间的法线距离，m；

$\quad\quad y_2$——下煤层的冒高与采高之比。

如果上下煤层之间的距离很小时，则综合开采厚度为累计厚度：

$$M_{z1-2} = M_1 + M_2 \tag{12-5}$$

（三）围岩平衡法

上行开采破坏了采场上覆岩（煤）层的原始应力平衡状态，必然引起上覆岩（煤）层的横向及纵向变形与破坏。上覆岩（煤）层的横向及纵向离层变形产生大量采动裂隙，破坏煤层，但随时间延长，采动裂隙会重新闭合压实；而纵向剪切变形则表现为煤层发生台阶错动，破坏煤层整体性。后者是影响上行开采的最大障碍。控制岩层台阶错动，就是采场围岩力系平衡问题。

采场上覆岩体在垂直方向上可分为垮落带、断裂带及弯曲下沉带。从围岩平衡的观点，可以分为非平衡带（即垮落带）、部分平衡带（相当于断裂带的下位岩层）、平衡带（相当于断裂带的下位岩层之上的岩层）。沿走向可分为原始应力区 A、煤壁支撑区 B、离层区 C、重新压实区 D 及稳定区 E，见图 12-5。

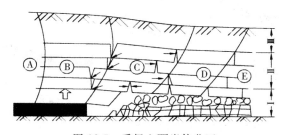

图 12-5　采场上覆岩体分区

Ⅰ——垮落带；Ⅱ——断裂带；Ⅲ——弯曲下沉带

断裂带的上位岩层形成"煤壁及上覆岩层—矸石"为支撑体系的岩层结构。一般，岩层自身可形成不发生台阶错动的平衡岩层结构。断裂带的下位岩层形成以"煤壁—支架—矸石"为支撑体系的岩层结构。这种岩层结构在支架参与下可获得平衡。采场上覆岩层中具有一定厚度而强度较高的岩层是控制采场上覆岩层移动的关键，这种起控制作用的岩层称为关键层。

在回采过程中，能够形成不发生台阶错动的平衡岩层结构的岩层称为平衡岩层。设从下煤层顶板至平衡岩层顶板的高度叫围岩平衡高度，则其上行开采的基本准则是：当采场上覆岩层中有坚硬岩层时，上煤层应位于距下煤层最近的平衡岩层之上；当采场上覆岩层均为软岩时，上煤层应位于断裂带内；上煤层的开采应在下煤层开采引起的岩层移动稳定之后进行；上行开采必要的层间距 H 可按下式估算：

$$H > \frac{M}{K_1 - 1} + h \tag{12-6}$$

式中　M——下煤层采高，m；

　　　K_1——岩石碎胀系数，$K_1 = 1.10 \sim 1.15$；

　　　h——平衡岩层本身厚度，按岩（煤）层柱状图确定。

二、采动影响的时空关系

图 12-6 是用典型曲线法表示的采场上覆岩（煤）层移动盆地的特点。由图 12-6(a)可知，下部边界影响区斜长 l_x 为：

$$l_x = H_0 [\cot(\alpha + \beta_0) + \cot \psi_1] \tag{12-7}$$

上部边界影响区斜长 l_s 为：

$$l_s = H_0 [\cot(\gamma_0 - \alpha) + \cot \psi_2] \tag{12-8}$$

沿走向可分为始采边界影响区、最大下沉区及停采边界影响区。始采边界和停采边界影响范围大致相同，由图 12-6(b)可知，走向边界影响区范围 $l_z = l_{\psi_3} + l_\delta$，即：

$$l_z = H_0 [\cot \psi_3 + \cot \delta_0] \tag{12-9}$$

在式(12-8)、式(12-9)及式(12-10)中：

　　　H_0——上下煤层间距，m；

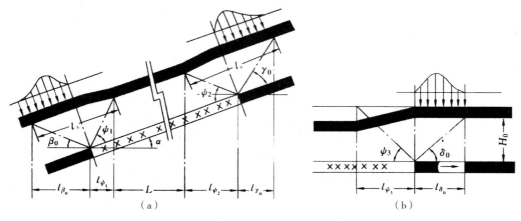

图 12-6　采场上覆岩(煤)层移动特点

α——煤层倾角,($^\circ$);

β_0,γ_0,δ_0——下部、上部、走向边界角,($^\circ$);

ψ_1,ψ_2,ψ_3——下部、上部、走向充分采动角,($^\circ$)。

边界角及充分采动角可根据覆岩性质按表 12-1 中的参数选取。

表 12-1　　　　　　　按覆岩性质区分的典型曲线法待定参数($\alpha<15^\circ$)

覆岩类型	覆 岩 性 质		边 界 角/($^\circ$)			充分采动角/($^\circ$)		
	主要岩性	平均紧固性系数	δ_0	γ_0	β_0	ψ_3	ψ_1	ψ_2
坚硬	大部分以中生代硬砂岩、硬石灰岩为主,其他为砂质页岩、页岩、辉绿岩	>6	60~65	60~65	$\delta_0-(0.7\sim0.8)\alpha$	55	$\psi_3-0.5\alpha$	$\psi_3+0.5\alpha$
中硬	大部分以中生代地层中硬砂岩、石灰岩、砂质页岩为主,其他为软砾岩、致密泥灰岩、铁矿石	3~6	55~60	55~60	$\delta-(0.6\sim0.7)\alpha$	60	$\psi_3-0.5\alpha$	$\psi_3+0.5\alpha$
软弱	大部分为新生代地层砂质页岩、页岩、泥灰岩及黏土、砂质黏土等松散层	<3	50~55	50~55	$\delta_0-(0.3\sim0.5)\alpha$	65	$\psi_3-0.5\alpha$	$\psi_3+0.5\alpha$

边界角及充分采动角,可根据覆岩性质,按表 12-1 中的参数选取。显然,上部、下部及边界影响区应力应变最大。当层间距较近时,对上煤层工作面布置及生产有一定影响。

采场上覆岩层及地表移动的延续时间应根据最大下沉点的下沉量与时间关系曲线和下沉速度曲线求得,见图 12-7。

下沉 10 mm 时为移动期开始的时间;连续六个月下沉值不超过 30 mm 时,可认为地表或覆岩移动期结束;从地表或覆岩移动开始到结束的整个时间称为地表或覆岩移动的延续时间;在移动过程的延续时间内,下沉速度大于 50 mm/月(1.7 mm/d)(煤层倾角小于 45°)或大于 30 mm/月(煤层倾角大于 45°)的时间称为活跃期。从地表或岩层移动期开始到活

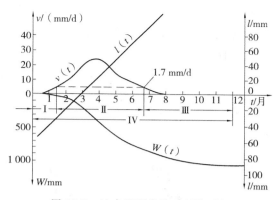

图 12-7　地表及覆岩移动延续时间

Ⅰ——初始期；Ⅱ——活跃期；Ⅲ——衰退期；Ⅳ——总移动期

跃期开始的阶段称为初始期。从活跃期结束至移动期结束的阶段称为衰退期。

三、上行开采的技术措施及应用条件

上行开采的一般技术措施：上煤层的开采必须在下煤层开采引起的岩层移动稳定之后进行；当层间距较小时，下煤层宜采用无煤柱护巷；应合理布置开采边界；同时应避免先在上煤层开掘巷道。

一般情况下，上行式开采为非正常开采顺序，只有在下列情况下才采用上行式开采。

（1）当上煤层顶板坚硬，煤质坚硬不易回采时，采用上行开采，可消除或减轻上煤层开采时发生的冲击地压和周期来压强度，也可解除地质构造应力之影响。

（2）当上煤层含水量大时，先采下煤层可疏干上煤层的含水。

（3）当上部为煤与瓦斯突出煤层时，下部又有可作为保护层开采的煤层，采用上行开采，可减轻或消除上煤层的煤与瓦斯突出的危险。

（4）上部为劣质、薄及不稳定煤层，开采困难，长期达不到设计能力。可先采下煤层或上下煤层搭配开采，以达到设计能力。

（5）建筑物下、水体下、铁路下采煤，有时需要先采下煤层，后采上煤层，以减轻对地表的影响。

（6）开采火区或积水区下压煤，有时需要采用上行式开采。

（7）上部煤层开采困难或投资很多，或下部煤质优良，从国民经济需要及企业效益出发，有时采用上行开采。

（8）复采采空区上部遗留的煤炭资源等。

第二节　急斜煤层群的开采顺序

开采急斜煤层群时，除顶板岩层垮落、移动之外，在一定条件下，底板岩层也可能移动、滑脱。如果煤层间距较近，不仅要考虑下煤层开采对上煤层的影响，而且必须考虑上煤层开采对下煤层的影响。

煤层开采引起的岩层移动对井下巷道及邻近煤层产生影响的范围，取决于岩层移动角。

　　急斜近距离煤层群大都也是采用下行式开采顺序。但当煤层倾角 α 大于底板岩层移动角 λ 时,开采上煤层造成底板岩层移动,也可能给相邻的下煤层开采带来困难,它们之间的关系见图 12-8。从图 12-8(a)可知:

$$h = H_1 - b\sin\alpha\,\frac{\sin\lambda}{\sin(\alpha-\lambda)} \tag{12-10}$$

式中　　b——安全岩柱宽度,视岩性取 $b=5\sim10$ m。

　　为了不使上煤层开采给下煤层开采带来不利影响,应按式(12-11)确定区段高度 h 值。

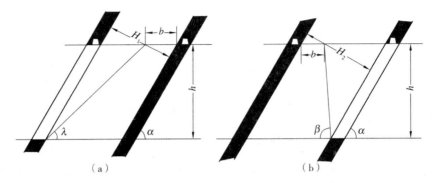

图 12-8　开采急斜煤层群时上下煤层互相影响

　　开采急斜煤层群时,同样有可能出现必须先采下煤层的情况,如煤层群中位于上面的一层煤或几层煤具有煤及瓦斯突出或冲击矿压危险时,就可能要先采下面的煤层,用上行式开采。为了判断下层煤开采后是否对相邻的上煤层有影响,可从图 12-8(b)中所示的关系得到下式:

$$h = H_2 - b\sin\alpha\,\frac{\sin\beta}{\sin(\alpha+\beta)} \tag{12-11}$$

　　故采用上行式开采顺序时,应按式(12-11)确定区段(或阶段)高度 h,才不致因采下煤层波及上煤层。

　　采用上行式顺序开采时,同一区段上煤层的开采同样要在下煤层开采引起的岩层移动基本稳定之后进行,使上煤层的采煤工作面处于岩石移动终止的范围内。

　　我国有些矿区开采急斜近距离煤层群时,由于在开采过程中,及时挑落上部的区段煤柱,使下部采空区得到上区段垮落矸石的充填,而使下区段采空区顶底板暂时没有垮落,因而在开采时对本区段相邻近距离煤层的影响较小。但是,随着充填矸石逐渐压实和下沉,上部回风巷的维护仍会产生困难。所以,在开采急斜近距离煤层群时,不论采用上行还是下行开采顺序,都要注意防止开采影响。我国一些矿区在开采急斜近距离煤层群时,根据不同情况分别采用了以下措施:

　　(1)在划分区段时,合理地减小区段垂高。

　　(2)同一区段内,上下煤层同采。

　　(3)如果两个煤层相距很近,可以只在一层煤中布置巷道,两层煤采用同一种采煤方法,而且上下层相错几米同步推进,也就是将两个近距离煤层当做一个含有夹矸的复合煤层一次采出。

（4）采用全部充填采空区的办法，减少顶底板岩层的移动程度。如重庆中梁山煤矿就是利用矿区地面采剥的大量页岩充填采空区，从而解决了急斜近距离煤层群开采时的顶底板管理和采动影响问题。

复习思考题

1. 如何确定煤层群的开采顺序？
2. 影响煤层群上行开采的主要因素有哪些？
3. 如何确定煤层群上行开采的可行性？
4. 试分析煤层群上行开采的机理及适用条件。
5. 如何确定缓斜和倾斜煤层群上下采煤工作面同采时的最小错距？
6. 如何确定开采急斜煤群时上下煤层的相互影响范围？采用哪些技术措施可避免此种影响？

第十三章 采(盘)区准备巷道布置及参数分析

第一节 煤层群区段集中平巷的布置及层间联系方式

煤层群采区采用集中平巷联合准备时,要设置区段集中平巷为区段内各煤层服务,通常用做上区段的运输集中平巷,在下区段回采时又作为区段回风(轨道)集中平巷。

区段集中平巷布置原则基本上与单一厚煤层分层同采时相同,但在煤层群条件下有一定的特点。

在联合准备的煤层群中,若有赋存条件较稳定、围岩条件较好的薄及中厚煤层,且位于煤层群的下部时,则可将集中平巷布置在该煤层中,以减少岩石巷道的工程量。

当联合准备的煤层群层数多、总厚度大、集中平巷服务期较长,而煤层的围岩条件较差时,可将集中运输平巷、集中轨道平巷均布置在煤层群底板岩层中,以减少巷道的维护工程量。很多情况下是将区段集中运输平巷布置在底板岩层中,而将区段轨道巷布置在煤层中。

根据煤层赋存条件和生产需要,煤层群区段集中平巷的布置方式大致有下列四种。

一、机轨分煤岩巷布置

将运输集中平巷布置在煤层底板岩层内,轨道集中平巷布置在煤层内,如图 13-1 所示。

这种方式比双岩巷布置少掘一条岩石平巷,掘进速度较快,可缩短区段准备时间。轨道集中平巷沿煤层超前掘进,可以探明煤层的变化情况,为掘进岩石运输集中平巷时取直定向创造了条件,在下区段投产时,还可以利用轨道集中平巷回风,便于上下区段同时回采。设置轨道集中平巷后,各煤层区段平巷超前掘进以及回采时期运送材料设备都比较方便。在煤层顶板含水较大的情况下,轨道集中平巷还可做泄水巷,不影响煤的运输。轨道集中平巷

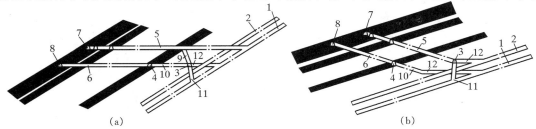

(a)   (b)

图 13-1 机轨分煤岩巷布置

(a) 石门联系方式;(b) 斜巷联系方式

1——运输上山;2——轨道上山;3——运输集中平巷;4——轨道集中平巷;5——层间运输联络石门(或斜巷);

6——层间轨道联络石门(或斜巷);7——上区段分层超前运输平巷;8——下区段分层超前回风(轨道)平巷;

9——层间溜煤眼;10——区段轨道石门(或斜巷);11——区段溜煤眼;12——中部甩车场

布置在煤层中，易受采动影响，维护比较困难，因此，可将其布置在围岩较好的薄及中厚煤层中。

设置区段集中平巷的目的，是为了减少煤层或分层区段平巷的维护时间，降低维护费用，也是为布置可靠的、能力较大的集中运输系统，减少设备台数。因此，在设有区段集中平巷时，必须每隔一定距离（通常是一台刮板输送机的长度，约 100～150 m）开掘联络巷道，以分段掘进各煤层采煤工作面的超前平巷，实现集中运输。各超前平巷随采随废，减少了维护时间和长度。

区段集中巷与超前平巷间的联系方式主要根据煤层倾角和区段平巷的布置形式确定，有石门、斜巷和立眼三种。

当煤层倾角比较大，各煤层平巷为水平布置时，常采用石门联系。即区段轨道集中巷与各煤层超前回风平巷以石门联系，区段运输集中巷通过溜煤眼和石门与各煤层超前运输巷联系，参看图 13-1(a)。这种联系方式施工方便，可以利用区段石门布置采区中部车场，辅助运输环节少，人员行走方便。但是，当煤层倾角较小时，石门很长，掘进工程量大，石门不容易维护，且石门铺设输送机运煤，占用设备较多，所以，它一般用于准备倾角大于 15°～20° 的煤层。

斜巷联系方式［如图 13-1(b)所示］适用于倾角较小，层间距离较大的煤层，以便减少掘进工程量。这种联系方式可以使煤炭自溜，少占用设备。但施工条件较差，辅助运输和行人不方便。特别是综合机械化采煤时，工作面设备的吨位重，体积大，通过斜巷运送比较困难。为便于行人和通风，工作面前方必须经常保持与两条斜巷连通。为了便于运料和溜煤，其斜巷的角度也可以各不相同，溜煤眼倾角应在 30° 以上。

采区集中上山与区段集中平巷之间的联系方式，主要根据运输需要确定，并与区段集中平巷和区段各煤层超前平巷的联系方式同时考虑和选定。

为便于轨道运输和中部车场的布置，轨道上山与轨道集中平巷之间多采用石门联系，如图 13-1(a)所示。这种联系方式优缺点如前所述，可改用斜巷联系，斜巷倾角 20°～25°，如图 13-1(b)所示［中部甩车场(12)落平后再连接斜巷(10)］，在斜巷(10)上部设有绞车。

为了便于煤炭运输，不论运输集中巷与区段平巷之间的联系方式如何，采区运输上山与运输集中巷之间都广泛采用溜煤眼的联系方式。当溜煤眼较长时则可以设为区段煤仓，以便充分发挥运输设备能力，保证生产的连续进行。

二、机轨双岩巷布置

运输集中平巷和轨道集中平巷均布置在煤层底板岩层中，如图 13-2 所示。

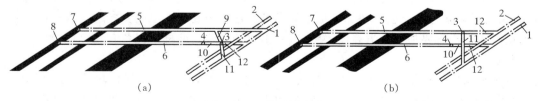

(a)　　　　　　　　　　　　　(b)

图 13-2　机轨双岩巷布置

(a) 双岩巷相同标高布置；(b) 双岩巷不同标高布置

(图中注释同图 13-1)

根据煤层底板岩层性质,将两条岩石集中巷选在不受采动影响、集中应力小的位置,以便于维护。双岩巷布置的突出优点是巷道压力小,可以大量减少维护费用,或者不用维护,使其长期处于良好状况。同时运输集中平巷、轨道集中巷与各煤层(或分层)超前平巷之间的联系比较方便。双岩巷布置有利于上下区段同时回采和提高采区生产能力。但双岩巷布置的岩石巷道掘进工程量大,掘进费用高,采区准备时间较长。必须是开采煤层数目多,或煤层厚度大,区段生产时间长,煤层巷道很难维护时才采用。

由图13-2可知,机轨双岩巷布置有两种方式。双岩巷相同标高布置的优点是两巷掘进及联系方便;而不同标高布置的好处是区段主运输和辅助运输系统互相干扰小。两者在我国均有应用。

三、机轨合一巷布置

这种布置方式是将带式输送机运输和轨道运输集中在一条断面较大的岩石巷道内,如图13-3所示。

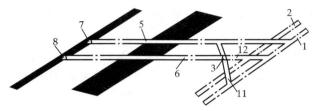

图13-3 机轨合一巷布置

(图中注释同图13-1)

机轨合一巷布置减少了一条巷道和一部分联络巷道,掘进和维护工程量较少;巷道选在适宜的位置,可以免受采动影响,节省维护费用;设备集中布置在一条巷道中,可以充分利用巷道断面,带式输送机的安装和拆卸可以利用同一巷道中的轨道运输,比较方便。但机轨合一巷的跨度和断面大,一般净断面为 9 m² 左右或以上,没有煤巷定向,巷道层位不好控制,因此施工相对比较困难,进度较慢;当上下区段需要同时回采时,通风问题较难解决,机轨合一巷与采区上山的连接处,以及与通往煤层超前平巷的联络巷道连接处,存在输送机和轨道交叉的问题,设备和线路的布置比较复杂。例如,将机轨合一巷的轨道布置在远离煤层一侧,且轨道上山比集中平巷层位低时,可通过中部车场直接与其连接,不需要穿越输送机。但采用区段石门与煤层超前平巷联系时,轨道要穿越输送机,对掘进煤层超前平巷的材料和设备运输不便;相反,当轨道布置在靠近煤层一侧时,集中巷与区段联络石门间的轨道直接连接,辅助运输在这段比较方便。可是中部车场通达集中巷的轨道则要穿越输送机,在相交处为抬高输送机就要加大巷道高度,交岔点施工比较复杂。两种情况各有利弊,可根据具体要求分别采用。

近水平煤层的机轨合一巷与煤层超前平巷一般采用垂直和斜巷混合联系,前者为了溜煤,后者为了运送设备、材料及行人通风,如图13-4所示。此时,在合一巷中,轨道应布置在外侧(靠近煤层底板一侧),以便矿车通过弯道进入联络斜巷(6)。

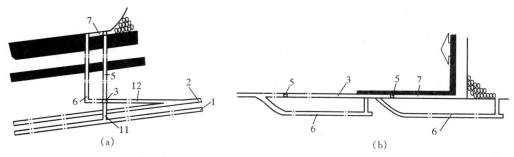

图 13-4　近水平煤层机轨合一巷及其联系方式
5——溜煤眼；6——联络斜巷；图中其余注释同图 13-1

四、机轨双煤巷布置

这种方式是将运输集中平巷和轨道集中平巷都布置在煤层中,如图 13-5 所示。机轨双煤巷布置,岩石工程量小,巷道掘进容易,速度快,费用低,可以缩短采区准备时间。同时双巷布置有利于上下区段同时回采,扩大采区生产能力。但在煤层内布置集中平巷,受采动影响大,特别是煤层(或分层)数目多,间距又较小时,集中平巷将受多次采动影响。加以集中平巷的服务期较长,维护工程量大,严重时会影响生产。在联合布置的采区内,若最下部有围岩较好的薄及中厚煤层,可以考虑采用双煤巷布置。

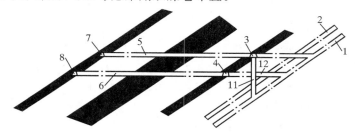

图 13-5　机轨双煤巷布置
(图中注释同图 13-1)

第二节　采(盘)区上(下)山布置

采区上山和采区下山的布置原则大体相同,下面主要就采区上山布置加以分析介绍。

一、采区上山的位置选择

采区上山的位置,有布置在煤层中或底板岩层中的问题;对于煤层群联合布置的采区,还有布置在煤层群的上部、中部或下部的问题。

（一）煤层上山
采区上山沿煤层布置时,掘进容易、费用低、速度快,联络巷道工程量少,生产系统较简单。其主要问题是煤层上山受工作面采动影响较大,生产期间上山的维护比较困难。改进

支护、加大煤柱尺寸可以改善上山维护,但会增加一定的煤炭损失。总的来看,条件合适应尽量采用煤层上山,特别在下列条件下:

(1) 开采薄或中厚煤层的单一煤层采区,采区服务年限短。

(2) 开采只有两个分层的单一厚煤层采区,煤层顶底板岩层比较稳固,煤质在中硬以上,上山不难维护。

(3) 煤层群联合准备的采区,下部有维护条件较好的薄及中厚煤层。

(4) 为部分煤层服务的、维护期限不长的专用于通风或运煤的上山。

采用煤层上山时,随着采煤工作面的推进,采区上山将出现未受采动影响、受采动影响和采动影响已稳定三个围岩变形期,如图 13-6 所示,其受采动影响的程度与煤柱尺寸大小和处于一侧采动还是两侧采动有关。

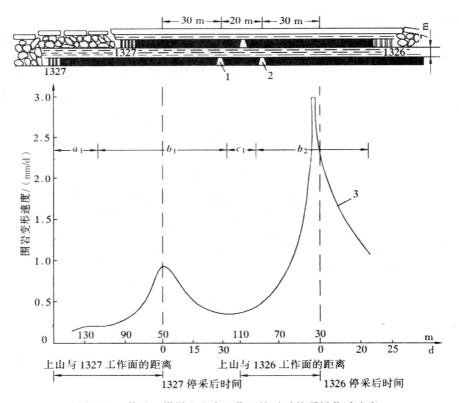

图 13-6 某矿一煤层上山在工作面接近时的顶板移近速度

1,2——煤层上山;3——上山 2 的围岩变形速度曲线

a_1——未受采动影响范围;b_1——一侧采动影响范围;

c_1——一侧采动影响稳定范围;b_2——两侧采动影响范围

布置在厚煤层内的采区上山,由于受两侧采动影响,维护往往相当困难。

为改善煤层上山的维护状况,可考虑采取以下一些措施:

(1) 为减轻上山受两侧采动的影响,应避免两翼工作面同时向上山接近。 为此,在选择工作面接替方式时,要恰当地安排工作面开采顺序。

(2) 上山煤柱的宽度愈大,所受的采动影响愈小。一般在薄及中厚煤层中,上山一侧的煤柱宽度至少要留 20～30 m;厚煤层上山煤柱至少要留 30～40 m。

(3) 上山宜采用可缩性金属支架或锚网支护。

(二) 岩石上山

对单一厚煤层采区和联合准备采区,在煤层上山维护条件困难的情况下,目前多将上山布置在煤层底板岩层中,其技术经济效果比较显著。巷道围岩较坚硬,同时上山离开了煤层一段距离,减小了受采动影响。为此要求岩石上山不仅要布置在比较稳固的岩层中,还要与煤层底板保持一定距离,距煤层愈远,受采动影响愈小,但也不宜太远,否则会增加过多的联络巷道工程量。一般条件下,视围岩性质,采区岩石上山与煤层底板间的法线距离为 10～15 m 比较合适。

(三) 上山的层位与坡度

联合布置的采区集中上山通常都布置在下部煤层或其底板岩层中。主要考虑因素是适应煤层下行开采顺序,减少煤柱损失和便于维护。否则,为了保护上山巷道,必须在其下部的煤层中留设宽度较大的煤柱,并且距上山愈远的下部煤层中,所要保留的煤柱尺寸愈大。

在下部煤层的底板岩层距涌水量特别大的岩层很近,不能布置巷道时(例如在华北、华东的某些矿井,煤系底板距奥陶纪石灰岩很近,开掘巷道有透水淹井的危险),只有考虑将采区上山布置在煤层群的中部。

采区上山的倾角一般与煤层倾角一致,当煤层沿倾向倾角有变化时,为便于使用,应使上山尽可能保持适当的固定坡度。另外在岩石中开掘的岩石上山有时为了适应带式输送机运煤(≯15°)或自溜运输的需要,可采取穿层布置。

二、采区上山数目及其相对位置

(一) 上山条数的确定

采区上山至少要有两条,即一条运输上山,一条轨道上山。随着生产的发展,常常需要增加上山数目,例如:

(1) 生产能力大的厚煤层采区,或煤层群集中联合准备采区。

(2) 生产能力较大、瓦斯涌出量也很大的采区,特别是下山采区。

(3) 生产能力较大,经常出现上下区段同时生产,需要简化通风系统的采区。

(4) 运输上山和轨道上山均布置在底板岩层中,需要探清煤层情况,或为提前掘进其他采区巷道的采区。

增设的上山一般专做通风用,也可兼做行人和辅助提升(临时)用。增设的上山特别是服务期不长的上山,多沿煤层布置,以便减少掘进费用,并起到探清煤层情况的作用。

(二) 上山布置类型

上山按其在煤层或岩层中布置的情况及数目,主要有以下五种类型。

1. 一岩一煤上山

当煤层群最下一层为维护条件较好的薄及中厚煤层时,可将轨道上山布置在该煤层中,运输上山布置在底板岩层中,如图 13-7(a)所示。这种布置可减少一些岩石上山工程量,适用于产量不大、瓦斯涌出量不大、服务期不太长的采区。

2. 两条岩石上山或两条煤层上山

在煤层底板岩层中布置两条岩石上山,如图 13-7(b)所示,它多用于煤层群最下一层为厚煤层,或开采单一厚煤层的采区,当煤层群的最下一层为薄煤层或煤线时,可将两条上山布置在该薄煤层中,如图 13-7(c)所示。两条岩石上山布置的应用,在瓦斯涌出量不大的联合准备采区中较为普遍,两条煤层上山也可以在单层准备时应用。

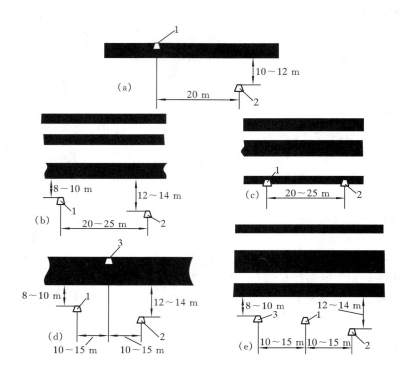

图 13-7　采区上山的位置
1——轨道上山;2——运输上山;3——通风、行人上山

3. 两岩一煤上山

为了进一步弄清地质构造和煤层情况,在煤层中增设一条通风行人上山,如图 13-7(d)所示。它一般是先掘煤层上山,为两条岩石上山导向。在生产中,煤层上山可用做通风与行人。

4. 三条岩石上山

在煤层底板中布置三条上山,如图 13-7(e)所示。它适用于开采煤层层数多、厚度大、储量丰富的采区,以及瓦斯大、通风系统复杂的采区。

(三) 上山间的位置关系

采区上山之间在层面上需要保持一定的距离。当采用两条岩石上山布置时,其间距一般取 20~25 m;采用三条岩石上山布置时,其间距可缩小到 10~15 m。上山间距过大,使上山间联络巷长度增大,若是煤层上山,还要相应地增大煤柱宽度。若上山间距过小,则不利于保证施工质量和上山维护,也不便于利用上山间的联络巷做采区机电硐室,而且中部车场的布置也会遇到困难。

采区上山之间在层面上的相互位置,既可以在同一层位上,也可使两条上山之间在层位上保持一定高差,如图 13-7。为便于运煤可把运输上山设在比轨道上山层位低 3～5 m 处;如果采区涌水量较大,为使运输上山不流水,同时也便于布置中部车场,则可将轨道上山布置在低于运输上山层位的位置;若适于布置上山的稳固的岩层厚度不大,使两条上山保持一定高差就会造成其中的一条处于软弱破碎的岩层中时,则需采用在同一层位布置上山的方式;当两条上山都布置在同一煤层中,而煤层厚度又大于上山断面高度时,一般都是轨道上山沿煤层顶板,运输上山沿煤层底板布置,以便于处理区段平巷与上山的交叉关系。

(四) 设置采区边界上山

采区中除了在中部设置一组上山外,有的矿在采区一侧或两侧边界,各设置了 1～2 条边界上山。

设置采区边界上山主要用于:

(1) 当采区瓦斯涌出量大,为采用 Z 形、Y 形等通风时,采区边界需设一条回风上山。

(2) 当采用往复式开采又无条件应用沿空留巷时,则可采用区段有煤柱护巷的往复式开采,这种情况下一般要求在采区一翼开掘两条上山,工程量较大。

开滦范各庄矿将原来走向较短的相邻两个采区合并,进行综采。两个采区的两对上山互为边界上山,进行往复式开采,获得了较好的效果。

三、采区上(下)山的运输

采区运煤上(下)山设备的生产能力应大于同时生产的工作面生产能力总和。在设计选择采区上(下)山的运输设备时,机采按工作面的设备能力计算,炮采按采区日产量乘以 1.5 的运输不均衡系数以及每班运煤时间为 5～6 h 计算。

开采缓斜及倾斜煤层的矿井,其上(下)山的运输设备应根据采区运输量、上(下)山角度和运输设备的性能,选用带式输送机、刮板输送机、自溜运输、绞车或无极绳运输。

带式输送机的生产能力大,运输可靠,运输费用较低,当采区生产能力大,上山倾斜角度在 15°(下山 17°)以下时可广泛采用。当煤层倾角稍大,采用岩石上(下)山时,可按带式输送机要求,调整上(下)山倾角。目前所用的 800 mm 和 1 000 mm 宽的矿用吊挂式带式输送机,其小时运输能力各为 350 t 和 630 t,每台运输机长度分别可达 300～500 m 以上。功率较大的,每台长度 500～1 000 m,小时能力可达 700～1 000 t 以上。新型适用于下山(斜井)由下向上运煤的带式输送机可在倾角 25°左右时运行,扩大了使用范围。

自溜运输设备简单,运输费用低,生产能力较大,但采区上山的倾角应大于 30°,因此多用于倾角大的煤层;对于开采倾角接近 25°左右的煤层,当采区上山布置在煤层底板岩层中,也可以适当加大上山的倾斜角度,而采用自溜运输,当自溜运输采用铁溜槽、铸石溜槽或混凝土溜槽铁板衬底时,采区上山的倾斜角度以 30°～35°为宜。采用搪瓷溜槽时,上山角度可以减小,由于要考虑搪瓷磨损后摩擦因数增大,倾角不宜小于 30°。重力自溜运煤上山巷中应分隔为两间,一间作为溜煤,一间作为行人、通风及处理堵塞事故,由于可靠性和安全条件较差,应用较少。

采区生产能力不大,采区上山长度较小时,可采用铸石溜槽上链式刮板输送机。上链式输送机是将刮板输送机的回空链架在溜槽上面,利用 15～44 kW 的电机驱动,使煤沿着刮板传动方向向下移动,此时向下运输的倾角一般为 18°～28°,每台使用长度为 150～300 m。

与一般的刮板输送机相比,它的优点是:运输能力较大,阻力小,耗电量低;事故少,易维修,槽高不撒煤;比下链式刮板输送机使用台数少,机头机尾也少;溜槽能用铸石代替,可节省钢材和资金。

采区上(下)山用绞车串车或无极绳牵引的矿车运煤,仅适用于工作面产量低、采区生产能力小、煤层倾角不大的采区。这时区段平巷也要相应地采用矿车运煤,即所谓"矿车进采区"的运输方式。由于其生产能力低、运输不连续,对工作面出煤的影响较大,故不适于机械化工作面生产的需要。地方煤矿有时采用这种方式。

采区辅助运输量相对于煤炭的运输来说是比较小的,例如矸石一般只占出煤量的 10%左右,而且货流不同,运送设备也有所区别。矸石要用矿车装运,某些设备或材料要用平板车运送,而人员需要乘专用的人车上下。目前,采区辅助运输一般采用绞车串车的运输方式。其他辅助设备及生产系统见第十四章。

采区内各巷道铺轨的轨距应与大巷铺轨轨距一致,即都采用 600 mm 轨距,或都采用900 mm 轨距,这样可使各运输环节的衔接方便、系统简单。特别应尽量避免大巷用900 mm轨距而采区内采用 600 mm 轨距的情况,因为这时不论采取什么措施都会使运输系统复杂化。

联系上山与平巷(大巷)的采区车场也是采区准备巷道的组成部分,将在第十四章中分析说明。

第三节　采　区　参　数

一、采区倾斜长度

采区沿倾斜一般划分成若干区段进行回采,划分区段时要合理地确定区段斜长和区段数目。通常,采区沿煤层倾向的长度在矿井开拓确定阶段高度时考虑。在大巷位置已定的情况下,采区斜长虽然因煤层倾角的变化,各采区可能不相同,但对于每一个采区来说基本上是已经确定的数值。

区段斜长内一般设置一个走向长壁采煤工作面,因此区段斜长就等于采煤工作面长度加上下区段平巷宽度和护巷煤柱的宽度。护巷煤柱的宽度根据矿山压力的大小和所采取的护巷方法分别为 0~15 m,厚煤层有煤柱护巷时区段煤柱宽度可达 20 m。

采区斜长除以区段斜长如为整数时,即可依此数值划分区段。但一般得不到整数,这就需要按与其相近的整数调整工作面长度,也就是要改变区段斜长,以适应沿采区斜长划分区段为整数的要求。由此可见,合理的采煤工作面长度不仅取决于工作面内部的生产技术条件,而且还受区段划分的影响。也说明合理的采煤工作面长度不应局限于某一数值,而应是一个合理范围,一般取 5 m 的整数倍。

英国、德国综采工作面长度均在 200 m 以上。考虑到我国目前的开采技术条件,工作面长度选取的参考数值见表 13-1,并与输送机配套长度相适应。

表 13-1　　　　　　　　　　　　　　　　采煤工作面长度的选取

煤　　层	采　煤　工　艺	工作面长度/m
缓斜中厚及厚煤层	综　采	150～240
	普　采	120～180
	炮　采	100～150
缓斜薄煤层	综　采	120～150
	普　采	100～120
	炮　采	80～100

联合准备采区内开采几个煤层时,由于各煤层的赋存条件和开采技术条件不同,可能采用不同的采煤工艺,因此各煤层的合理工作面长度可能不相同,这时应在分析各煤层的合理工作面长度的基础上,统筹考虑选定一个对采区内各煤层都比较合理的工作面长度。一般以采区内主要开采煤层为准,兼顾其他煤层,以便取得较高的采区产量和效率。采区同时有炮采和普采工作面,工作面长度的差别,其重要原因是运输设备不同。从发展的角度来看,最好在炮采工作面也装备与普采工作面相类似的运输设备,使工作面长度加大,以取得与普采工作面一致。

实际上,工作面长度和区段斜长在不同区段常常不是一个固定的数值。当遇到煤层倾角从某部分开始有较大的变化,或遇到有落差较大的走向断层时,区段的划分应考虑以地质变化或地质构造作为区段边界,以免影响采煤工作面的正常生产。

我国矿井实际的采区倾斜长度为 600～1 000 m,近水平煤层盘区的倾斜长度较大,可达 1 500 m 左右。

二、采区走向长度

采区走向长度是确定采区范围的一个重要参数,需要根据采区的煤层地质条件、开采机械化水平、采准巷道布置方式和可能取得的技术经济效果决定。

加大采区走向长度可以相对减少采区上(下)山、车场和硐室的掘进量;减少上(下)山煤柱和区间煤柱的损失;减少采煤工作面搬迁次数;增加采区储量和服务年限;有利于保持必需的工作面错距,增加同采工作面数目和采区生产能力;有利于采区和矿井的合理集中生产。但是加大到什么程度则要根据采区的具体条件加以分析确定。

(一) 地质因素

煤层的地质构造,如断层、褶曲以及煤层倾角或厚度的急剧变化等地质因素对采区走向长度有重要影响。采煤工作面通过这些地带,既困难又不安全。对于落差较大的断层,不仅采煤工作面无法通过,而且还要留有一定尺寸的保护煤柱,因此可利用这些地带作为采区边界,以减少回采工作的困难及煤柱的损失。地质构造对采区走向长度往往起决定性的作用。

如果需要在河流、湖泊或铁路下留设保安煤柱,也应尽量利用这些保安煤柱作为采区的边界。

当由于构造及留设保安煤柱等原因使采区走向长度较短时,为了保持采煤工作面有一定的连续推进长度,可在采区一侧布置上山,成为单翼采区。

煤层顶底板的岩性对采区走向长度也有影响。当煤层顶底板很破碎时,如果采区走向长度很大,又缺乏有效的支护手段或不宜布置区段岩石集中平巷时,则区段平巷的维护就很困难,这不仅增加了区段平巷的维护费用,而且可能由于维护状况不好而影响区段平巷的运输。在这种情况下,就要适当地缩短采区走向长度。

煤层的自燃性对于采区走向长度也有影响,在发火期短的煤层中布置采区其一翼不宜太长,否则对防灭火不利。

(二) 技术因素

技术上的因素主要考虑区段巷道的运输、掘进和供电等问题。

区段平巷铺设刮板输送机时,采区走向长度不能太大,一般为 1 000~1 200 m。这时采区一翼为 500~600 m,需要约 4~5 台输送机串联使用。生产时,如一台发生故障,就影响全部生产,因此串联台数不宜再多。区段平巷铺设带式输送机时,由于一台带式输送机长度可达 500~1 000 m,所以采区走向长度每翼可以达到 500~1 000 m,双翼采区的走向长度可达 1 000~2 000 m,甚至 2 000 m 以上。

区段平巷采用单巷掘进时,受掘进通风影响,采区一翼长度一般不宜超过 1 000 m,随着长距离掘进通风的解决,有的已达到 1 500 m。

采区变电所通常设置在采区上(下)山附近,因此确定采区走向长度时,必须考虑供电线路的长短。采区走向长度太大将使供电距离增加,电压降加大,会影响到工作面机电设备的启动。当供电电压为 660 V 时,采区一翼走向长度可达 700 m。

综合机械化开采时,平巷内设置可伸缩带式输送机,供电采用移动变电站,采区一翼长度可以达到 1 000 m 以上。

(三) 经济因素

在经济上,采区走向长度的变化将引起掘进费、维护费和运输费的变化。采区上(下)山、采区车场和硐室的掘进费和相应的机电设备安装费将随采区走向长度的增大而减少;区段平巷的维护费和运输费将随采区走向长度的增加而增大;而区段平巷的掘进费则与采区走向长度的变化无关。因此,在客观上必然存在着一个在经济上合理的采区走向长度。

如图 13-8 所示,以横坐标 x 表示采区走向长度,以纵坐标 y 表示生产每吨煤所需的各项费用,将采区走向长度与各项费用之间的关系用曲线来表示。曲线 1 表示随采区走向长度增大而减少的费用;曲线 2 表示随采区走向长度增大而增加的费用;曲线 3 表示与采区走向长度变化无关的费用。曲线 1、曲线 2 与曲线 3 的相加用曲线 4 来表示。从曲线 4 可以求出生产每吨煤总费用最低的采区走向长度值。

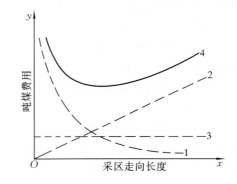

图 13-8　求经济上最合理的采区走向长度

目前,根据我国现场的实际情况,缓斜、倾斜煤层采区走向长度,普采、炮采双翼采区一般不小于 1 000~1 200 m。采用综合机械化采煤时,跨上山连续回采,采区走向长度不小于 1 000~1 200 m;不能跨上山连续回采,采区走向长度一般不少于 2 000 m。

近年来由于综合机械化采煤发展及单产的提高,采区生产能力逐渐增加,相应要求增大采区走向长度,扩大采区储量,以保证必要的采区服务年限,有利于采区和采煤工作面的正常接替,实现矿井稳产高产。

国外工作面连续推进长度有的达到 3 000 m 以上,在煤层中布置上山,单翼采区又有发展的趋势。

三、采区生产能力

采区生产能力的基础是采煤工作面生产能力,而采煤工作面的产量取决于煤层厚度、工作面长度及推进度。

一个采煤工作面产量 A_0 可由下式计算:

$$A_0 = Lv_0 M\gamma C_0$$

式中　L——采煤工作面长度,m;

　　　v_0——工作面推进度,m/a;

　　　M——煤层厚度或采高,m;

　　　γ——煤的密度,t/m³;

　　　C_0——采煤工作面采出率,一般取 0.93～0.97,薄煤层取高限,厚煤层取低限。

采煤工作面的年推进度:综采面可达 1 080～1 200 m 或以上;普采面不小于 600 m;炮采面 420～540 m。

采区的生产能力与采区内同采工作面的个数有关。为保证采区内的正常衔接,在一个采区中同时生产的采煤工作面个数一般为 1～2 个(少数可达 3 个)。

目前,我国缓斜煤层中的综采面的生产能力在采高大于 2 m 时,平均可达 0.80 Mt/a;综采采高为 1.1～2.0 m 时,可达 0.40～0.70 Mt/a。普采面能力约为 0.25～0.30 Mt/a,采区内可布置两个工作面同采。炮采工作面能力约为 0.10～0.20 Mt/a,急斜煤层炮采工作面能力约为 0.05～0.10 Mt/a,采区内可布置 2～3 个工作面同采,也有的达到 4 个。

采区煤层中最上一层若为薄煤层,虽然采区总储量较多,但采区初期生产能力受一定限制,达产时间相对较长,必须待薄煤层回采一定范围后,下部中厚或厚煤层才能开始回采。

采区生产能力 A_B 为:

$$A_B = k_1 k_2 \sum_{i=1}^{n} A_{0i}$$

式中　n——同时生产的采煤工作面数;

　　　k_1——采区掘进出煤系数,取为 1.1 左右;

　　　k_2——工作面之间出煤影响系数,$n=2$ 时取 0.95,$n=3$ 时取 0.9。

对 A_B 需按各环节通过能力进行验算。A_B 应由必要的采区上(下)山运输设备生产能力来保证,即

$$A_B \leqslant 300 \frac{T\eta_0}{K} A_n$$

式中　A_n——设备生产能力,t/h;

　　　K——产量不均衡系数,可取 1.2～1.3;

　　　T——日工作(出煤)时间,h;

　　　η_0——运输设备正常工作系数,可取 0.7～0.9。

A_B 应满足采区通风能力、风量和风速限制的要求。

$$A_B \leqslant \frac{300 \times 24 \times 60 vS}{cc_1}$$

式中　S——巷道净断面，m^2；

　　　v——巷道内允许的最大风速，m/s；

　　　c——日产吨煤的供风量，$m^3/(min \cdot t)$；

　　　c_1——风量备用系数（考虑产量及瓦斯涌出的不均衡性）。

A_B 还应符合采区正常接替和稳产的需要。

$$A_B \leqslant \frac{Z}{T_n}$$

式中　Z——采区可采储量，t；

　　　T_n——新采区准备时间，a。

至于采区车场的通过能力，一般不会限制采区生产能力。

采区的生产能力应根据地质条件、煤层生产能力、机械化程度和采区内工作面接替关系等因素确定。采用综合机械化采煤时，一般可为 0.80～1.00 Mt/a。采用大功率综采时，可达 2.00～3.00 Mt/a；采用普采时一般为 0.45～0.60 Mt/a；炮采一般为 0.30～0.60 Mt/a。

四、采区采出率及采区煤柱尺寸

（一）采区采出率

反映采区巷道布置效果的主要参数除上述外，还有巷道掘进率（m/万 t）、巷道维护率和采区采出率。巷道掘进率指标采区一般不单独统计计算；巷道维护率（m/万 t）也是全矿性的指标，只能在生产中进行统计，难以预先计算。因此这里仅简单介绍一下采区采出率的计算方法。

采出率是指工业储量中，设计或实际采出的那一部分储量，约占工业储量的比例，以百分数表示。采区采出率为：

$$采区采出率 = \frac{采区工业储量 - 开采损失}{采区工业储量} \times 100\%$$

采区开采过程中的煤炭损失主要有：工作面落煤损失，约占 3%～7%（厚煤层留煤皮时另加计算）；采区区段煤柱、上（下）山煤柱、采区隔离煤柱等各项煤柱损失，根据煤柱尺寸不同及考虑煤柱的回收情况分别加以计算。

为了提高采区采出率，在采区巷道布置中，应力求减少煤柱损失。首先是合理确定煤柱尺寸，或采取措施取消区段煤柱或上（下）山煤柱；其次是在必须留设煤柱时，尽量提高煤柱的回收率；再就是适当加大采区尺寸，相对减小采区隔离煤柱及上（下）山煤柱损失所占的比例。

（二）采区煤柱尺寸

为了使巷道保持良好状态，在煤层巷道旁需要留设一定尺寸的护巷煤柱。例如，大巷和上（下）山的保护煤柱、区段巷道等保护煤柱。无论哪一种采区煤柱都要承受较大的矿山压力。当矿山压力超过煤柱本身强度时就会引起煤柱的破裂，失去护巷作用。为此，采区煤柱必须具有一定的尺寸。

采区煤柱尺寸与煤柱上的矿山压力大小和煤体本身的强度有关。煤柱所受的矿山压力愈大，煤体本身强度愈小，采区煤柱的尺寸就应该愈大；反之采区煤柱尺寸应该减小。

　　煤柱上矿山压力的大小与煤层埋藏深度、顶底板岩性、煤层倾角、采空区的范围、顶板管理方法、邻近煤层开采情况等因素有关。煤层埋藏愈深矿山压力就愈大。煤层倾角愈大,顶板压力作用在煤柱上的垂直分力就愈小。两侧采空时,煤柱上所受的压力较一侧采空时要大得多。全部垮落法管理顶板时,煤柱上所受的压力较全部充填法管理顶板时要大。近距离煤层上部煤层已采空时,如果下部煤层的煤柱处在上部煤层的压力降低区内,则煤柱上的压力就会大大减轻;反之如果下部煤层的煤柱处在上部煤层的压力升高区内,则煤柱上的压力就会大大增加。

　　煤柱本身强度的大小主要取决于煤的物理力学性质、煤柱的形状、尺寸以及煤柱的保留期限。煤的物理力学性质主要是指煤的抗压强度。煤柱中的夹矸、节理、层理、孔隙性及煤层与顶板的接触状况等,对煤柱本身强度都有不同的影响。当煤柱面积相同时,其周长愈大强度愈小。因此,切割零散煤柱不仅承压面积小,而且增大了周长,强度显著降低。煤柱高度与其宽度的比值愈大,煤柱的强度就愈低。因此厚煤层煤柱的宽度,一般要比薄及中厚煤层为大。此外煤柱的强度还和煤柱的保留时间有关,煤柱保留时间延长,由于流变作用,其强度逐渐下降。

　　综上所述,采区煤柱尺寸与很多因素有关,而且各因素之间的关系很复杂。到目前为止,虽然有许多煤柱尺寸的计算方法。但是这些计算方法都不能全面和准确地反映所有因素对煤柱尺寸的影响。因此采区煤柱尺寸的确定,必须通过现场实际观测和总结大量现场实际资料来解决。

　　1. 大巷和上(下)山的保护煤柱尺寸

　　大巷和上(下)山开掘在煤层底板岩层中,只要有一定的岩柱厚度,其上部煤层就不必留保护煤柱。如在煤层中开掘时,一般按表 13-2 所列情况选取。

表 13-2　　　　　　　　　　　　　**护　巷　煤　柱　尺　寸**

巷道类别	薄及中厚煤层		厚　　煤　　层		备　　　　注
	巷道一侧	两巷之间	巷道一侧	两巷之间	
水　平　大　巷	30～40 m		40～50 m		煤层倾角较大时煤柱宽度可小些
采区上(下)山	20 m 左右	20 m 左右	30～40 m	20～25 m	

　　2. 有区段煤柱维护时的区段煤柱尺寸

　　在区段运输平巷和轨道平巷之间留设区段煤柱,对于一般煤质和围岩条件的近水平、缓斜及倾斜煤层,薄及中厚煤层不小于 8～15 m,厚煤层不小于 15～20 m。

　　3. 采区边界煤柱尺寸

　　采区边界煤柱的作用是:将两个相邻采区隔开,防止万一发生火灾、水害和瓦斯涌出时相互蔓延;避免从采空区大量漏风,影响正在生产的采区风量。采区边界煤柱一般留设宽度为 10 m 左右。

　　4. 断层煤柱尺寸

　　断层煤柱的尺寸大小取决于断层的断距、性质、含水情况,落差很大的断层,断层一侧的煤柱宽度不小于 30 m;落差较大的断层,断层一侧煤柱宽度一般为 10～15 m;落差较小的断层通常可以不留设断层煤柱。

复习思考题

1. 煤层群采用集中平巷联合准备时,区段集中平巷布置有几种方式? 说明其适用性。

2. 采区上山位置的选择应考虑哪些因素?

3. 如何确定采区上山数目及其相对位置?

4. 什么情况下可设置边界上山? 设置边界上山起何作用?

5. 采区上山布置与上山采用的运煤设备有何关系?

6. 已知采区倾斜长度的条件下,在划分区段时要考虑哪些因素?

7. 根据哪些因素确定采区走向长度?

8. 简述确定采区生产能力的方法及步骤。

9. 采区采出率的涵义是什么? 如何留设及确定采区煤柱尺寸?

第十四章 采区车场

采区上（下）山与区段平巷或阶段大巷连接处的一组巷道和硐室称为采区车场。采区车场的主要作用是在采区内运输方式改变或过渡的地方完成转载工作。采区车场的巷道包括甩车道、存车线及一些联络巷道，另外还有一些硐室，如煤仓、绞车房、变电所等。

采区车场按地点分有上部车场、中部车场和下部车场。由于地质条件与准备方式不同，车场形式及线路布置也不同，应根据采区地质、开采条件合理选择采区车场的形式。

采区车场施工设计最主要的是车场内轨道线路设计。轨道线路设计必须与采区运输方式和生产能力相适应；必须保证车场内调车方便、可靠；操作简单、安全；提高工作效率和尽可能减少车场的开掘及维护工作量。

在采区车场线路设计的基础上，根据线路布置要求，进一步设计车场巷道断面、交岔点及硐室，即构成完整的采区车场施工图设计。

图 14-1 为采区上、中、下部车场辅助提升线路布置的一种方式。为设计和绘图方便，单轨线路用单线表示，双轨线路用双线表示。

采区车场线路由甩车场（或平车场）线路、装车站和绕道线路所组成。在设计线路时，首先进行线路总布置，绘出草图，然后计算各线段和各连接点的尺寸，最后计算线路布置的总尺寸，作出线路布置的平面图和剖面图。

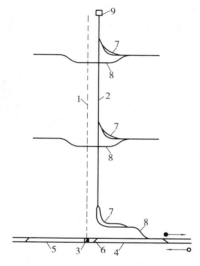

图 14-1　采区车场线路布置图

1——运输上山；2——轨道上山；3——采区煤仓；
4——空车存车线；5——重车存车线；6——道岔；
7——材料存车线；8——绕道；9——绞车房

第一节　轨道线路布置的基本概念

一、矿井轨道

（一）轨道

目前轨道运输是矿井运输的主要方式。矿井轨道由铺设在巷道底板上的道床、轨枕、钢轨和连接件等组成。

钢轨的型号（简称轨型）是以每米长度的质量（kg/m）表示。矿用钢轨有 11、15、18、24 等几种型号。使用时应根据运输设备类型、使用地点、行车速度和频繁程度等来考虑，一般可按表 14-1 选用。

表 14-1　　　　　　　　　　　　　　　　钢轨型号选择

使用地点	运输设备	钢轨型号/(kg/m)
运输大巷	10 t,14 t 电机车	24
	7 t,8 t 电机车	18
上下山	1.0 t,1.5 t 矿车	15
平巷	1.0 t 矿	11～15
	1.5 t 矿车	15

（二）道岔

道岔是使车辆由一条线路上转到另一条线路上的装置,道岔的结构如图 14-2 所示。它由尖轨、辙叉、转辙器、道岔曲轨(随轨)、护轮轨和基本轨所组成。

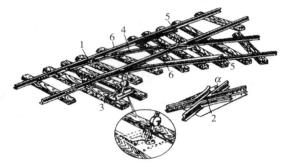

图 14-2　道岔结构

1——尖轨;2——辙叉;3——转辙器;4——道岔曲轨(随轨);5——护轮轨;6——道岔基本轨

在线路平面图中,道岔通常以单线表示(如图 14-3),道岔的主线与岔线的线段用粗线绘出。单线表示图虽不能表明道岔的结构及布置的实际图形,但能表明与线路设计有关的道岔参数,如道岔的外形尺寸(a、b)及辙叉角(α)等,从而简化了设计工作。

道岔有单开道岔、对称道岔及渡线道岔三种,如图 14-3 所示。其系列和主要尺寸可见《窄轨道岔线路联接手册》。标准道岔共有 615、618、624、918、924 五个系列。每一系列中按辙叉号码和曲线半径划分为很多型号,例如:DK615—4—12;DC624—3—12;DX918—5—2019 等。其符号含义是:

（1）DK、DC 和 DX 分别为“单开”、“对称”和“渡线”道岔的代号。

（2）615、618、624 和 918、924 数列中的“6”和“9”分别代表 600 mm 和 900 mm 轨距;“15”、“18”、“24”分别代表轨型。

（3）道岔名称中的第二段数字,即两短横线间的数字为辙叉号码(M);辙叉号码与撤叉角(α)的关系式为:

$$M = \frac{1}{2}\cot\frac{\alpha}{2} \tag{14-1}$$

单开道岔的辙叉号码有 2、3、4、5 和 6 号等几种,其相应的辙叉角分别为 28°04′20″、

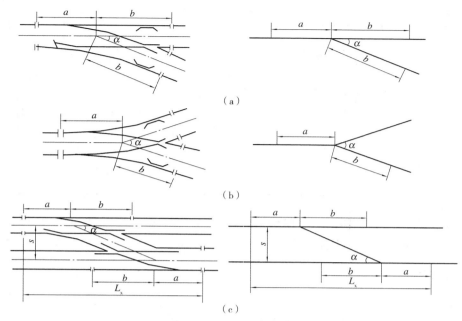

图 14-3 道岔的类别及单线表示图

(a) 单开道岔 (b) 对称道岔 (c) 渡线道岔

1——尖轨；2——辙叉

$18°55'30''$、$14°15'$、$11°25'16''$和 $9°31'38''$。标准道岔中，对称道岔的辙叉号码有 2 号、3 号两种；渡线道岔只有 4 号和 5 号两种。

（4）符号中的尾数。单开道岔和对称道岔的尾数代表道岔曲线半径，单位是 m。渡线道岔的尾数中，前两位数代表曲线半径，单位是 m；后两位数代表轨中心距，单位是 dm。

（5）单开道岔和渡线道岔有左向和右向之别。道岔手册中所列均为右向道岔，表示道岔岔线在进行方向（由 a 向 b）的右侧。左向道岔应在尾数末加"（左）"字。例如，轨距 600 mm，轨型 18 kg/m，4 号道岔，曲线半径为 12 m，双轨线路中心线间距 1 300 mm 左向渡线道岔，其名称为 DX618—4—1213（左）渡线道岔。

选用道岔时应从以下几方面考虑：

（1）与基本轨的轨距相适应。

（2）与基本轨的轨型相适应。有时也可选用比基本轨轨型高一级的型号，但不能选低一级的型号。

（3）与行驶车辆的类别相适应。多数标准道岔都能行驶电机车和矿车，少数标准道岔由于曲线半径过小（等于或小于 9 m）或辙叉角过大（等于或大于 $18°55'30''$），就只能允许行驶矿车，如 DK615—2—4 和 DK618—3—6 等。

（4）与车辆的行驶速度相适应。曲线半径越小，辙叉角越大，允许车辆行驶的速度就越小。如 DK615—2—4，DK618—2—4，DK918—3—9 等道岔，其上矿车的行驶速度不得超过 1.5 m/s。

原煤炭工业部颁布的采区车场标准设计中对道岔选型所作规定如表 14-2 所列。

表 14-2 道　岔　选　型　表

轨距 /mm	使 用 地 点			
	大巷及下部车场		上中部车场	
	钢轨/(kg/m)	道　岔	钢轨/(kg/m)	道　岔
600	18～24	相应轨型 4 号道岔	15	主提升相应轨型 4、5 号道岔。辅助提升用相应轨型的 3、4 号道岔
900	24	相应轨型 4、5 号道岔	18	辅助提升及材料车线用 3、4 号道岔

根据所采用的轨道类型、轨距、曲线半径、电机车类型、行车速度、行车密度、车辆运行方向、车辆集中控制程度及调车方式的要求,可选择电动的、弹簧的或手动的各种型号道岔。

二、轨道线路

(一) 轨距与线路中心距

轨距是指单轨线路上两条钢轨轨头内缘之间的距离。

目前我国矿井采用的标准轨距为 600 mm 和 900 mm 两种。1 t 固定式矿车、3 t 底卸式矿车及大巷采用带式输送机运输时的辅助运输矿车均采用 600 mm 轨距;3 t 固定式矿车和 5 t 底卸式矿车均采用 900 mm 轨距。

为了线路设计方便,设计图中线路都采用单线表示,即两根轨道的中心线作为线路标志。单轨线路用单线表示,双轨线路用双线表示。线路中心距是双轨线路两线路中心线之间的距离。如果以 B 表示矿车或机车的宽度,δ 表示两车内侧的距离,则线路中心距(S)可由下式表示:

$$S \geqslant B + \delta \tag{14-2}$$

《煤矿安全规程》规定:在双轨运输巷中(包括弯道)两条铁路中心线间的距离,必须使两列对开列车最突出部分之间的距离不小于 0.2 m;在采区装载点,两列列车车体的最突出部分之间的距离,不得小于 0.7 m;在矿车摘挂钩地点,两列列车车体最突出部分之间的距离,不得小于 1.0 m。

为了设计和施工方便,双轨线路有 1 200 mm、1 300 mm、1 400 mm、1 600 mm 和 1 900 mm 等几种标准中心距。一般情况下不选用非标准值。但在双轨曲线巷道(即弯道)中,由于车辆运行时发生外伸和内伸现象,线路中心距一般比直线巷道还要加宽一定数值,其值选取可参考表 14-3。

(二) 曲线线路(弯道)

1. 曲线半径和弯道转角

矿井轨道线路中,所采用的曲线都是圆曲线,即一段圆弧。在线路连接计算中,曲线半径是一个重要参数。曲线半径的确定与车辆行驶速度、车辆的轴距有关。曲线半径亦可参考表 14-4 选取。

表 14-3   线 路 中 心 距

设备类型及有关参数/mm			线路中心距/mm	
设 备 类 型	轨 距	车 宽	直 线 段	曲 线 段
机车或底卸式矿车	600	1 060	1 300	1 600
	600	1 200	1 600	1 900
	900	1 360	1 600	1 900
1 t 矿车、1.5 t 矿车 （人力、串车运输）	600	880	1 100	1 300
	600	970	1 200	1 400
1 t 矿车、1.5 t 矿车 （无极绳运输）	600	880	1 200	1 300
	600	970	1 200	1 400

表 14-4   曲线半径选用表

运 输 方 式	曲 线 半 径/m	
	600 mm 轨距	900 mm 轨距
机车运输	12、15 有时 20	15、20 有时 25、30
串车运输	6、9 有时 12	9、12 有时 15
人力辅助运输	4、6	9

    在机车行驶量比较少的弯道上，其曲线半径可采用表中数值的下限；在机车行驶频繁的弯道上，其曲线半径应采用表中数值的上限。

    在进行曲线线路连接计算时，通常巷道转角 δ 为已知，曲线半径 R 的选定由几何关系即可得出相应的切线长度 T 和曲线段弧长 K。

$$T = R\tan\frac{\delta}{2} \tag{14-3}$$

$$K = \frac{\pi R\delta}{180°} = R\frac{\delta}{57.3°} \tag{14-4}$$

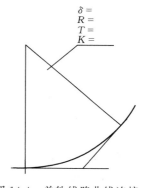

    连接点参数用 δ、R、T、K 表示，在设计图中各参数尺寸的标注应按统一规定进行集中标注，如图 14-4 所示。

2. 曲线线路的外轨抬高和轨距加宽

图 14-4 单轨线路曲线连接

    车辆在弯道上运行时，如果两根轨道仍在一个水平面上，由于离心力的作用，车轮轮缘就要向外挤压外轨，增加磨损和运行阻力，严重时将使车辆倾倒或出轨。为此，在曲线处应将外轨抬高一个值，外轨抬高值与曲线半径、轨距及车辆运行速度有关。一般抬高值，采用 900 mm 轨距时在 10～35 mm 之间；600 mm 轨距时在 5～25 mm 之间。运行速度越高，曲线半径越小，抬高值应越大。

    当车辆在弯道运行时，弯道轨距还应该加宽，不然也会发生车轮轮缘挤压钢轨的现象，增加阻力，甚至使轮缘被钢轨卡住或是被挤出钢轨面而掉道。因此，曲线段轨距应较直线段适当加宽。弯道轨距加宽值与曲线半径、车辆轴距大小有关，机车运输时，加宽值一般为 10～20 mm，曲线半径大取下限；串车运输时，一般取 5～10 mm。

为了适应外轨抬高和轨距加宽,在曲线与直线线路连接时,从直线段某一点开始,同时逐步进行抬高和加宽,到曲线起点处,使抬高和加宽值正好达到规定的数值,这段直线距离称为外轨抬高和轨距加宽的递增(递减)距离,一般取外轨抬高值的 $100\sim300$ 倍,即外轨抬高的坡度在 $1.0\%\sim0.33\%$ 之间。有时也可以在曲线起点处开始抬高和加宽,逐渐达到规定的数值。

外轨抬高和轨距加宽值很小,其本身对线路设计没有影响,只需在施工时注意即可。为了使曲线段进行抬高和加宽,有时还需设缓和线,例如异向曲线线路连接时就要考虑设置缓和线。

3. 曲线处巷道加宽及轨中心距加宽

在曲线处除需外轨抬高和轨距加宽外,由于车辆在曲线上运行会发生外伸和内伸现象,巷道也需加宽。如图 14-5 所示,轴距为 S_B、车长为 L 的车辆与半径为 R 的曲线内接。如果在直线段车辆所占的地段宽度为 B,则在弯道处,所占地段的宽度向外侧增加了 Δ_1,向内侧增加了 Δ_2(以影线表示)。

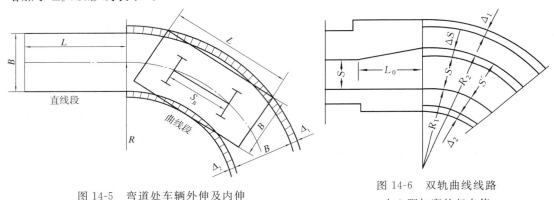

图 14-5　弯道处车辆外伸及内伸

图 14-6　双轨曲线线路
中心距加宽的起点值

原煤炭工业部颁发的标准巷道断面设计规定,机车运输的曲线巷道外侧加宽 200 mm,内侧加宽 100 mm。

双轨线路在曲线处由于同样的原因,线路中心距也要加宽。对于机车运输时,线路中心距加宽值可取 300 mm;1 t 矿车串车或人力运输时,一般可取 200 mm。

双轨线路的线路中心距以及相应巷道加宽的起点,也应从曲线起点以前的直线段开始,为使线路铺设及车辆运行方便,对于机车运输,此段长度 L_0 一般取 5 m(见图 14-6),对于1 t 矿车串车运输取 $2\sim2.5$ m。

对比较次要的巷道,车辆运行很少时,有时也可以不加宽线路中心距。

应当指出,直线与曲线之间的过渡线在设计图上均以直线绘出,但在施工时应把此线段稍加工成异向曲线,以便行车。

三、轨道线路连接计算

轨道线路连接包括平面和纵面的连接。线路平面连接即是将若干直线段线路按一定要求用道岔线路等连接起来,并计算出连接点的各个参数,以便确定线路的平面尺寸。纵剖面上的连接即是线路坡度设计,也应根据运行上的要求,经计算后确定。

（一）线路的平面连接

1. 单开道岔非平行线路连接

其特点是用单开道岔和一段曲线线路，把方向不同的两条直线线路连接起来，被连接的两条直线线路不在同一条巷道内，并且相互成一个角度，如图 14-7 所示。这种连接点应用十分广泛，连接点各参数计算如下：

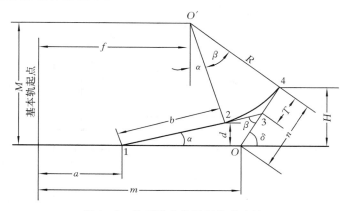

图 14-7　单开道岔非平行线路连接

$$\beta = \delta - \alpha \tag{14-5}$$

$$T = R\tan\frac{\beta}{2} \tag{14-6}$$

$$m = a + (b + T)\frac{\sin\beta}{\sin\delta} \tag{14-7}$$

$$d = b\sin\alpha \tag{14-8}$$

$$M = d + R\cos\alpha \tag{14-9}$$

$$H = M - R\cos\delta \tag{14-10}$$

$$n = \frac{H}{\sin\delta} \tag{14-11}$$

$$f = a + b\cos\alpha - R\sin\alpha \tag{14-12}$$

为了计算各参数，应先选出道岔，查出道岔 a、b、α 值，并确定 R、δ 值，这些是连接系统的基础数字。m、n 值表示连接点的轮廓尺寸，它是连接计算的主要参数，以其计算线路总平面布置尺寸，对施工也比较方便。

连接点设计也可采用平面布置的作图法，其步骤为：（参见图 14-7）在道岔主线上取点 1 的位置，并自点 1 作直线 1—3 与主线成 α 角（道岔角）。沿该线截取长度 b 得点 2。自点 2 作垂直于 b 的直线，使其等于曲线半径 R，得点 O' 为圆弧曲线的圆心。以 O' 为圆心，以 R 为半径作一段圆弧，使圆弧角为 $(\delta-\alpha)$ 即得点 4。自点 4 作切线与 1—3 线交于 3 点，直线 2—3、3—4 即为切线的长度。作出连接图形再按比例尺量出有关的参数。

作图法的优点是简便，计算工作量少，因而也常被采用。其主要缺点是有发生误差的可能，故要求作图尽可能精确。

为设计方便，简化线路连接计算，可根据设计已知条件，从原煤炭工业部编制的《窄轨道岔线路联接手册》中直接查出 m、n、H、T、K、M、f 的数值。

2．单开道岔平行线路连接

其特点是用单开道岔和一段曲线使单轨线路变为双轨线路，如图 14-8 所示。图中的 S 值即为线路中心距。为使线路中心距达到预定的值，在道岔岔线末端与曲线段之间应插入一直线段 c。这种连接点应用非常广泛。

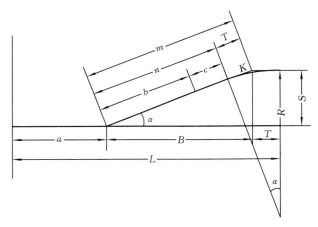

图 14-8　单开道岔平行线路连接

已知道岔参数 a、b、α，曲线半径 R 及线路中心距 S。连接点各参数计算如下：

$$B = S\cot \alpha \tag{14-13}$$

$$m = S\csc \alpha \quad 或 \quad m = \frac{S}{\sin \alpha} \tag{14-14}$$

$$T = R\tan \frac{\alpha}{2} \tag{14-15}$$

$$n = m - T \tag{14-16}$$

$$c = n - b \tag{14-17}$$

$$L = a + B + T \tag{14-18}$$

式中　L——连接点长度，是连接点的主要参数。

亦可根据设计已知条件，从《窄轨道岔线路联接手册》中直接查出各数值。

3．对称道岔平行线路连接

其特点基本上与单开道岔平行线路连接相同，如图 14-9 所示，其不同之处是用对称道岔来代替单开道岔，连接点各参数可按下列各式计算：

$$B = \frac{S}{2}\cot \frac{\alpha}{2} \tag{14-19}$$

$$T = R\tan \frac{\alpha}{4} \tag{14-20}$$

$$m = \frac{S}{2} \cdot \csc \frac{\alpha}{2} \quad 或 \quad m = \frac{\frac{S}{2}}{\sin \frac{\alpha}{2}} \tag{14-21}$$

$$n = m - T \tag{14-22}$$

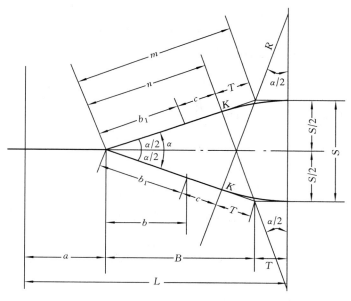

图 14-9　对称道岔线路连接

$$b_1 = \frac{b}{\cos \dfrac{\alpha}{2}} \tag{14-23}$$

$$c = n - b_1 \tag{14-24}$$

$$L = a + B + T \tag{14-25}$$

标准对称道岔只有 2 号、3 号道岔,因为岔角较大,连接长度 L 较单开道岔小。同时要注意,对称道岔 b 值为其岔线的投影长度,道岔岔线长度实际为 b_1 值,应进行换算。

4. 线路的平行移动

线路的平行移动,即轨道线路平移一个距离,为此其间必须有两个反向曲线才能把线路连接起来。为了使车辆在线路上正常运行,两个反向曲线之间需插入缓和直线段 c,如图重 4-10 所示。

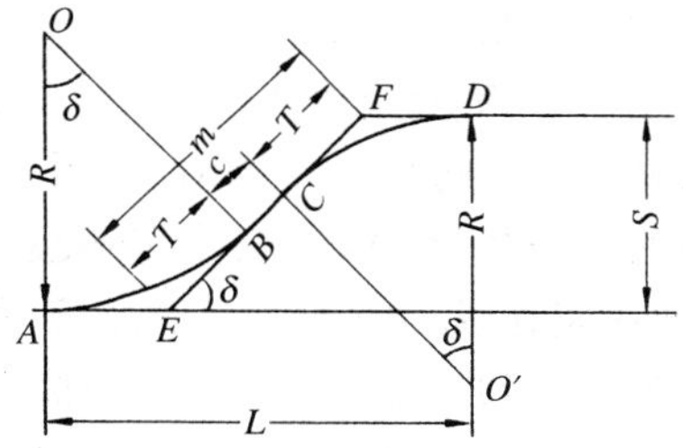

设计时,通常已知平移距离 S,选定曲线半径 R,其连接点各参数的计算步骤如下:

图 14-10　线路平行移动

(1) 确定缓和直线 c 的长度

异向曲线连接时,线路的外轨转为内轨,内轨转为外轨。为了使车辆在运行过程中不同时受异向曲线两根轨道外轨抬高的影响,应使车辆离开第一个曲线的外轨抬高递减直线段距离 X' 后,经过相当于一个轴距 S_B 的直线段距离,然后再转入另一个曲线的外轨抬高递增的直线段 X',则直线段 c 的最小长度应为:

$$c = S_B + 2X' \tag{14-26}$$

(2) 确定转角 δ

根据图 14-10 可列出:

$$R - R\cos\delta + c\sin\delta - R\cos\delta + R = S$$

$$2R\cos\delta - c\sin\delta = 2R - S \tag{14-27}$$

令 $2R - S = P$，将式（14-27）两边各除以 c，得

$$\frac{2R}{c}\cos\delta - \sin\delta = \frac{P}{c}$$

导入辅助角 β，使 $\tan\beta = \frac{2R}{c}$，$\beta = \arctan\frac{2R}{c}$。

用 $\tan\beta$ 代 $\frac{2R}{c}$，并将各项乘以 $\cos\beta$，得

$$\sin\beta\cos\delta - \sin\delta\cos\beta = \frac{P}{c}\cos\beta$$

$$\sin(\beta - \delta) = \frac{P}{c}\cos\beta$$

$$\delta = \beta - \arcsin\left(\frac{P}{c}\cos\beta\right) \tag{14-28}$$

但 δ 值不应大于 $90°$。

若 S 值允许有一定范围时，为简化设计，可设 δ 角为 $90°$ 或 $60°$、$45°$、$30°$ 等整数，由图 14-10 求出 c 值，满足式（14-26）即可，若不满足则调整 δ 角。

（3）确定连接点轮廓尺寸

连接系统长度　　$L = 2R\sin\delta + c\cos\delta$ (14-29)

连接点斜长度　　$m = \dfrac{S}{\sin\delta}$ (14-30)

（二）纵面线路的竖曲线连接和坡度

矿井轨道线路除了有平面线路外，还有斜面线路，如采区上（下）山、材料斜巷等，于是就有了平面与斜面线路如何连接的问题。另外，在平面线路中，线路在纵断面上都有坡度，完全水平的线路是很少的。

1. 纵面线路的竖曲线连接

线路由斜面过渡到平面时，为了避免线路以折线状突然拐到平面上，斜面线路与平面线路之间均需设置竖曲线，以使车辆运行平稳、可靠。所谓竖曲线，即线路在纵面方向上呈曲线状，如图 14-11 所示。图中 A 点称为竖曲线上端，C 点称为竖曲线下端点，或称为起坡点（落平点），B 点为斜面与平面的交点。β' 点为斜面线路与平面线路的夹角，即竖曲线转角，通常为已知。R_1 为竖曲线半径，由设计者选定。竖曲线切线 T' 及圆弧段长度 K' 可参照式（14-3）和式（14-4）计算。

竖曲线半径是采区车场设计中的一个参数。R_1 过大，一是使车场线路布置不紧凑，增加了车场巷道工程量，二是推后了摘挂钩点位置，增长了提升时间。尺寸过小，又会出现矿车变位太快，易使相邻两车厢上缘挤撞，造成矿车在竖曲线处车轮悬空而掉道。

在设计中，竖曲线 R_1 一般取下述值：

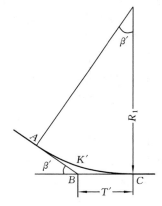

图 14-11　竖曲线

1.0 t、1.5 t 矿车	9 m、12 m、15 m;
3.0 t 矿车	12 m、15 m、20 m。

2. 线路纵断面坡度

所谓线路坡度,就是在线路纵断面上两点之间的高差与其水平距离的比值,用符号 i 表示。如图 14-12 所示,线路 AB 的长度为 L,点 A、B 的标高分别为 H_A、H_B,标高差 Δh 为 $H_B - H_A$,坡度角为 γ,则

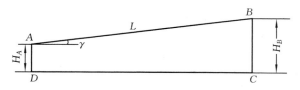

图 14-12　线路坡度计算

$$i = \tan \gamma = \frac{\Delta h}{L \cos \gamma} \times 100\% \tag{14-31}$$

当线路坡度很小时,$\cos \gamma \approx 1$,故

$$i = \frac{\Delta h}{L} \times 100\%$$

(1) 线路坡度的确定

对不同的运输方式,可选用不同的线路坡度。

大巷采用电机车运输时,重车向井底车场运行,空车向采区运行,为了充分发挥电机车效能,线路应按等阻力坡度设计,即重列车下行和空列车上行的阻力相等。通常电机车运输的线路向井底车场取 0.3%～0.5% 的坡度,以利于排水。

平巷中采用绞车串车或人力推车时,线路坡度原则上也可按等阻力坡度及流水坡度考虑,一般也为 0.3%～0.5%,有时略大一些。

矿车在坡道上利用其重力或惯性而运行,这种运行称作自动滚行。

车场线路中,有时采用自动滚行。在自动滚行中,主要是利用轨道的坡度控制速度。自动滚行的速度、线路长度与线路坡度和阻力系数之间的关系如下:

$$i = w + w_f + w_s + b_w \frac{a}{g} \tag{14-32}$$

或

$$i = w' + bw \frac{a}{g} \tag{14-33}$$

式中　i——线路坡度(下坡取正值,上坡取负值);

　　　w——矿车基本阻力系数;

　　　w_f——弯道附加阻力系数;

　　　w_s——道岔附加阻力系数;

　　　w'——矿车运行的总阻力系数,等于矿车运行的基本阻力系数与矿车所通过区段的所有附加阻力系数之和,即 $w' = w + w_f + w_s$;

　　　b_w——车轮系数;

　　　a——矿车运行加速度,m/s²;

g——重力加速度，$g = 9.81\ \text{m/s}^2$。

由上式，矿车在直线轨道上运行时，$w_f = w_s = 0$，其加速度为

$$a = (i - w')\frac{g}{b_w} \tag{14-34}$$

据运动学知：

$$v^2 = v_0^2 + 2al$$

则

$$v^2 = v_0^2 + \frac{2lg(i - w')}{b_w}$$

或

$$v = \sqrt{v_0^2 + \frac{2gl(i - w')}{b_w}}$$

式中　　v_0——瞬时初速度，m/s；

v——瞬时末速度，m/s；

l——线路长度，m。

为简化计算，车轮系数 b_w 值取 1，则矿车自动滚行的速度、线路长度与线路坡度和阻力系数的关系：

$$v = \sqrt{v_0^2 + 2gl(i - w')} \tag{14-35}$$

$$v_0 = \sqrt{v^2 - 2gl(i - w')} \tag{14-36}$$

$$a = g(i - w') \tag{14-37}$$

$$i = \frac{v^2 - v_0^2}{2gl} + w' \tag{14-38}$$

$$l = \frac{v^2 - v_0^2}{2g(i - w')} \tag{14-39}$$

由式(14-37)看出，轨道线路的坡度 i 与阻力系数 w' 之间的关系，决定了矿车的自动滚行状态。

当 $i > w'$ 时，$a > 0$，矿车加速运行；

当 $i < w'$ 时，$a < 0$，矿车减速运行；

当 $i = w'$ 时，$a = 0$，矿车等速运行。

(2) 矿车的阻力系数

矿车（或列车）在平直线段上运行的阻力系数称为矿车（或列车）的基本阻力系数。它的值取决于轴承类型、矿车自重、载重及轨道的表面状况，可参考表 14-5 选取。

表 14-5　　　　　　　　　　矿车运行的基本阻力系数

矿车载重量 /t	单　车		列　车	
	空　车（w_k）	重　车（w_z）	空列车（w_{kl}）	重列车（w_{zl}）
1.0	0.009 5	0.007 5	0.011 0	0.009 0
1.5	0.009 0	0.007 0	0.010 5	0.008 5
2.0	0.008 5	0.006 5	0.010 0	0.008 0
3.0	0.007 5	0.005 5	0.009 0	0.007 0
5.0	0.006 0	0.005 0	0.007 0	0.006 0

实践证明,由于矿车的新旧程度、铺轨质量、线路结构、线路维护、矿井温度与湿度等因素影响,矿车阻力系数各有不同,且经常发生变化;选用时可根据具体情况进行调整,最好经过实测确定。

矿车在弯道上运行时,除了基本阻力系数外,还需另加附加的阻力系数,可参考表 14-6 选用。

表 14-6　　　　　　　　　　矿车在曲线上运行时附加阻力系数

曲线半径 (R)/m	w_f	
	$k=1.0$	$k=1.5$
6	0.014 3	0.021 4
8	0.012 4	0.018 6
9	0.011 7	0.017 5
12	0.010 1	0.015 2
15	0.009 0	0.013 6
20	0.007 8	0.011 7
25	0.007 0	0.010 5
30	0.006 4	0.009 6
35	0.005 9	0.008 9

第二节　采区上部车场形式选择及线路布置

一、采区上部车场形式选择

按轨道上山与上部区段回风平巷(或回风石门)的连接方式不同,上部车场分为平车场、甩车场和转盘车场三类。

若轨道上山以水平的巷道与区段回风平巷(或石门)相连,绞车房布置在与回风巷同一水平的岩石中,则为上部平车场(图 14-13);若轨道上山以倾斜的甩车道与区段回风平巷(或石门)相连为采区上部甩车场(图 14-14);转盘车场的特点是轨道上山与区段回风平巷呈十字形相交,利用转盘调车,即矿车提至转盘上,将转盘旋转 90°,再将矿车送入区段回风平巷(图 14-15)。

采区上部平车场线路的特点是设置反向竖曲线,上山经反向竖曲线变平,然后设置平台,在平台上进行调运工作。根据提升方向与矿车在车场内运行方向来区分,平车场又可分为顺向和逆向车场两种形式。两种车场如何选择,主要根据轨道上山、绞车房及回风巷道的相对位置决定。当车场巷道直接与总回风巷联系时可采用顺向平车场。当煤层群联合布置采区,且有采区回风石门与各煤层回风巷及总回风巷相联系,可采用逆向平车场,有时也可采用顺向平车场。

对于煤层轨道上山,为减少岩石工程量,可采用甩车场,并具有通过能力大,调车方便,劳动量小等优点;其缺点是绞车房布置在回风巷标高以上,当上部为采空区或松软的风化带

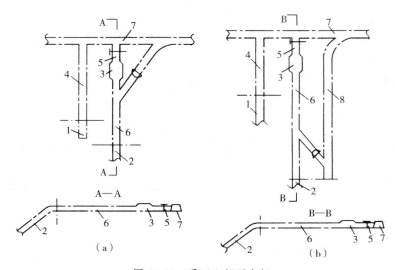

图 14-13　采区上部平车场

(a)顺向平车场;(b)逆向平车场

1——运输上山;2——轨道上山;3——绞车房;4——联络石门;
5——绞车房回风巷;6——平车场;7——总回风巷;8——采区回风石门

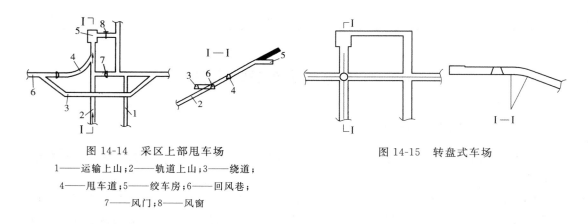

图 14-14　采区上部甩车场

1——运输上山;2——轨道上山;3——绕道;
4——甩车道;5——绞车房;6——回风巷;
7——风门;8——风窗

图 14-15　转盘式车场

时,绞车房维护比较困难,而且绞车房回风有一段下行风,通风条件较差。所以,当采区上部是采空区或为松软的风化带时,可选择平车场。此外,在煤层群联合布置时,回风石门较长,为便于与回风石门联系也多选用平车场,其他条件下,可选择甩车场。

为调车方便,减少人力推车,也可将逆向平车场设计成能自动滚行的小角度甩车场。

转盘式车场巷道工程量省,调车简单;但工人劳动强度大,车场通过能力小。小型矿井或能力小的采区可以使用。

二、顺向平车场

图 14-13(a)为顺向平车场。矿车或材料车经轨道上山提至平车场(6)的平台摘钩,然后沿着矿车行进方向进入总回风巷(7)(或石门),在运行过程中矿车不改变方向。

（一）顺向单轨平车场

图 14-16 中的 L_u 为安全过卷距离。由于轨道上山上部车场多使用游动天轮，并且停车摘钩（不停车时速度也很小），因此关于绳偏角、摘钩点钢丝绳仰角等因素不予考虑，L_u 值一般取 10～15 m。

图中 L_p 为停车线长度：

$$L_p = nL_m + L_{hm} \qquad (14\text{-}40)$$

式中 n——一钩的矿车数；

L_m——矿车的长度，m；

L_{hm}——富余长度，一般取 2 m。

（二）顺向双轨平车场（图 14-17）

其特点为在平坡段设有分车道岔，停车线为双轨。

停车线长度 L_p 为：

$$L_p = nL_m + L_{hm} + L'_d \qquad (14\text{-}41)$$

式中 L'_d——对称道岔线路连接长度。

图 14-17 中 L_{bc} 为变坡点至对称道岔基本轨起点距离。该段能容纳防跑车装置，一般可取 2 m。

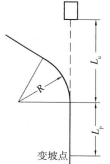

图 14-16 采区上部顺向单轨平车场线路布置图

三、逆向平车场

图 14-13(b) 为逆向平车场。矿车或材料车经轨道上山提至平车场的平台，待最末一个矿车拉过道岔后停车摘钩，再反向经道岔送至采区石门（8）（或平巷）。

图 14-18 为逆向平车场线路布置图。

设 L_d 为单开道岔长度，L_{bc} 为变坡点至单开道岔基本轨起点的距离，要求：

$$L_d + L_{bc} > 交岔点长度$$

采区上部甩车场与采区中部甩车场相同，将在第三节中详述。

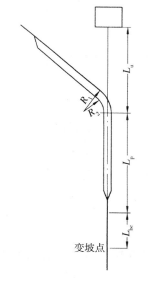

图 14-17 采区上部顺向双轨平车场线路布置图

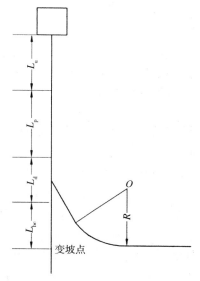

图 14-18 采区上部逆向平车场线路布置图

第三节　采区中部车场形式选择及线路布置

一、采区中部车场形式选择

采区中部车场一般为甩车场,无极绳运输时采用平车场。

采区中部甩车场根据所担负的任务不同有主提升甩车场和辅助提升甩车场两种。按照提升方式,甩车场可分为双钩提升甩车场和单钩提升甩车场两大类;按甩车场的甩车方向可分为单钩提升甩车场可分为单向甩车场和双向甩车场;按甩入地点不同,又分为绕道式、石门式和平巷式三种。

采区辅助运输的中部车场一般采用单钩甩车场。双翼采区轨道上山和运输上山沿同一层位布置时,为避免车场与运输上山交叉,必须开掘绕道,可采用甩入绕道的甩车场形式(图14-19)。当两翼同时开采,轨道上山运输量较大时可采用图14-20所示的双向甩车场(一侧甩入绕道,一侧甩入平巷),这对采区内因保护煤柱、地质构造或无煤区等影响而使两翼区段平巷不能布置在同一标高时,更为适宜。两侧甩车场间距应有利于交岔点支护。

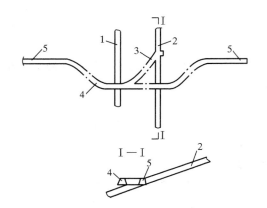

图14-19　甩入绕道的中部车场
1——运输上山;2——轨道上山;3——甩车道;
4——绕道;5——区段轨道平巷

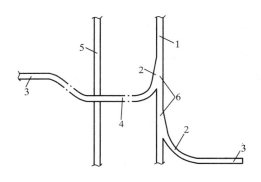

图14-20　双向甩车的中部车场
1——轨道上山;2——甩车道;3——区段轨道平巷;
4——绕道;5——运输上山;6——交岔点

当煤层群采用联合布置、轨道上山布置在下部煤层或煤层底板岩层内时,采区中部车场往往采用石门甩车形式,如图14-21所示。由轨道上山(2)提升上来的矿车,通过甩车道(6)甩入中部轨道石门(9)中,再进到区段轨道平巷。而各区段运输平巷(3)的煤,经运煤石门或溜煤眼(8)和区段溜煤眼(7)溜入运输上山(1)中。

甩车场内线路布置按甩车场斜面线路连接系统,有单道起坡甩车场和双道起坡甩车场两种,其基本形式如表14-7所示。

甩车场的形式是多种多样的,其线路设计虽有差异,但设计原则和方法基本相同,现以辅助提升的采区中部车场为例进行分析。

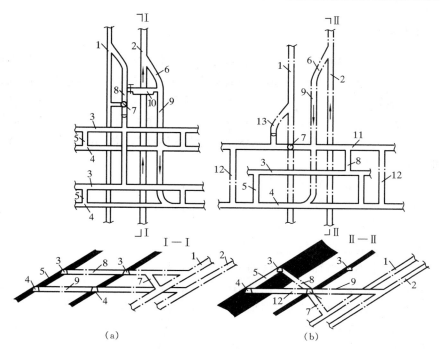

图 14-21 甩入石门的中部车场

1——运输上山;2——轨道上山;3——区段运输平巷;4——区段(或集中)轨道平巷;5——联络眼;
6——甩车道;7——区段溜煤眼;8——区段运输石门(或溜煤眼);9——区段轨道石门;
10——采区变电所;11——区段运煤集中平巷;12——联络石门;13——人行道

表 14-7   **甩车场斜面线路布置方式**

起坡类型	单 道 起 坡(1)		双 道 起 坡(2)	
布置方式	斜面线路一次回转方式	斜面线路二次回转方式	斜面线路一次回转方式	斜面线路二次回转方式
图示				
起坡类型	单 道 起 坡		双 道 起 坡	
优缺点	提升牵引角小,钢绳磨损小;工程量小。交岔点巷道不易维护;空、重车倒车时间长,推车劳动强度大,运量小	交岔点短,工程量小,易于维护;提升牵引角大,不利于操车,调车时间长,推车劳动量大	提升牵引角小,钢绳磨损小,操车方便,生产安全可靠;提升能力大,交岔点长,对开凿维护不利	提升能力大;交岔点短,便于维护;空间大,便于操车,提升牵引角大,操车技术要求高
适用条件	提升量小,用作辅助运输,围岩条件好的采区车场	提升量小,用作辅助运输,围岩条件差的采区车场	提升量大的车场,尤其适用于石门甩车场(甩入石门方向)	适用于提升量大的车场,绕道或平巷更有利

二、单道起坡甩车场

所谓单道起坡,即在斜面上只布置单轨线路,到平面后根据实际需要布置平面线路。

从上山利用道岔分出一股线路,道岔岔线后接一段曲线(或不接),这些线路铺设在斜面上,叫做斜面上的线路。如表 14-7 所示,C 点以下为平面上的线路。A 点到 C 点之间的线路,是从斜面到平面的过渡线路,即竖曲线。竖曲线的末端 C 叫做起坡点,即平面线路由此向斜面上起坡。由此可知,甩车场线路系统是一个"立体结构",既包括斜面上的线路,又包括平面上的线路和竖曲线。

根据斜面线路是否设置斜面曲线,单道起坡甩车场斜面线路有两种布置方式。

表 14-7 中(1)为斜面线路一次回转方式。甩车道岔岔线末端可直接与竖曲线 $\overset{\frown}{AC}$ 相接。由于斜面线路不设斜面曲线,线路只经过一次角度回转,故称为线路一次回转方式。回转角度即为道岔的辙叉角 α。斜面线路一次回转后,道岔岔线 OA 的倾角 β' 为伪倾斜角,称为一次伪倾斜角,竖曲线在一次伪倾斜角上起坡。

表 14-7 中(2)及图 14-22 为斜面线路二次回转方式。线路系统是从道岔岔线 b 段(OD)接以斜面曲线 $\overset{\frown}{DA}$,使线路的斜面回转角由一次回转角 α,进一步增大到二次回转后的 δ 角,在斜面曲线末端开始布置竖曲线 $\overset{\frown}{AC}$,竖曲线是在二次伪倾斜角 β' 上起坡。

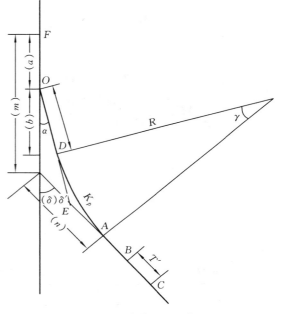

图 14-22 单道起坡系统

布置斜面曲线的目的是为了减少甩车场斜面交岔点的长度,以利交岔点的开掘和维护,并便于采用简易交岔点。但是斜面曲线转角 γ 不宜过大,以免加大矿车提升牵引角 θ。提升牵引角是矿车行进方向 N 和钢丝绳牵引方向(通过立滚)P 的夹角,如图 14-23 所示。由于有了此角,必然产生横向分力 F,角度越大,横向分力也越大,运输可靠性也越差,故在设计时,一般控制斜面线路二次回转后 δ 角的水平投影角 δ' 为 $30°\sim35°$(采区车场标准设计平面回转角为 $35°$)。控制其水平投影角为上述整数值,是为了简化平面线路设计,以便于作平面图。

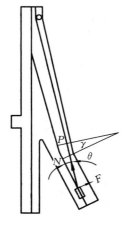

图 14-23 提升牵引角

为了绘出设计图纸,必须计算线路系统在平面上的尺寸和纵剖面图上甩车场的坡度和各点标高。平面图上标注尺寸时,仍可标注斜面真实尺寸,但需用括号括起来。

单道起坡甩车场斜面线路二次回转方式各项参数见图 14-22、图 14-24 及表 14-8。

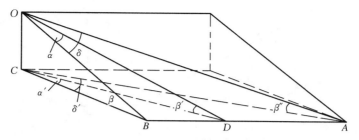

图 14-24 平面、层面、真倾角、伪倾角计算图

表 14-8   单道起坡系统甩车场斜面线路参数计算

项 目		计 算 公 式	注
斜面线路	二次斜面回转角	$\delta = \arctan(\cos\beta\tan\delta')$	
	一次斜面回转角	$\alpha' = \arctan\dfrac{\tan\alpha}{\cos\beta}$	
	二次伪倾斜角	$\beta'' = \arcsin(\sin\beta\cos\delta)$	a,b——道岔外形尺寸;
	一次伪倾斜角	$\beta' = \arcsin(\sin\beta\cos\alpha)$	α——道岔角;
	线路连接点轮廓尺寸	$n = \dfrac{R\cos\alpha + b\sin\alpha - R\cos\delta}{\sin\delta}$	β——轨道上山倾角; δ'——斜面线路二次回转角的水平投影角,一般为$30°\sim35°$,采区标准设计平面回转角为$35°$;
		$m = a + \left(b + R\tan\dfrac{\gamma}{2}\right)\dfrac{\sin\gamma}{\sin\delta}$	
	斜面曲线 转角	$\gamma = \delta - \alpha$	R——斜面曲线半径; R_1——竖曲线半径 竖曲线在一次伪斜角上起坡,各参数计算时以β'代β''
	切线	$T = R\cdot\tan\dfrac{\gamma}{2}$	
	弧长	$K = \dfrac{R\pi\gamma}{180°} = \dfrac{R\gamma}{57.3°}$	
竖曲线	竖曲线切线	$T' = R_1\tan\dfrac{\beta''}{2}$	
	竖曲线起终点高差	$h = R_1(1 - \cos\beta'')$	
	竖曲线水平投影	$l = R_1\sin\beta''$	
	竖曲线弧长	$K' = \dfrac{\pi R_1\beta''}{180°} = \dfrac{R_1\beta''}{57.3°}$	

一般竖曲线和斜面曲线是分开布置的,即竖曲线在斜面曲线之后,二者不重合。

线路连接系统平面图上各部分尺寸计算出来之后,还必须计算甩车场纵面图上各段的坡度和各控制点的标高。

设 O 点标高±0,则各点标高为:

D 点:$h_D = -h_{O-D} = -b\sin\beta\cos\alpha$

E 点:$h_E = -(h_D + h_{D-E}) = -(h_D + T\sin\beta\cos\alpha)$

A 点:$h_A = -(h_E + h_{E-A}) = -(h_E + T\sin\beta\cos\delta)$

C 点:$h_C = -(h_A + h_{A-C}) = -(h_A + T'\sin\beta\cos\delta)$

计算完毕,可绘制线路纵面变化图,即线路坡度图,如图 14-25 所示。

若已知起坡点 C 的标高,也可反算道岔岔心的标高。

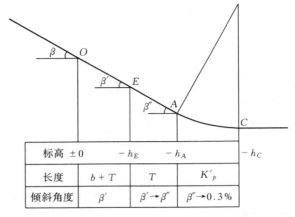

图 14-25 线路纵断面变化图

三、双道起坡甩车场

双道起坡的实质是在斜面上设两个道岔(甩车道岔和分车道岔)使线路在斜面上变为双轨,空车和重车线分别设置竖曲线起坡。落平后的双轨存车线长度约 2~3 钩的串车长度,再接单开道岔连接点,变为单轨。双轨存车线可设高低道,以便空重车自滑运行;运量小的辅助运输也可不设高低道。

第四节 采区下部车场形式选择及线路布置

采区下部车场由采区装车站和辅助提升下部车场组合而成。主要根据装车地点不同,采区下部车场可分为大巷装车式、石门装车式和绕道装车式三种。

一、大巷装车式采区下部车场

(一) 装车站线路

根据装车站所在位置不同,大巷装车站线路又可分为通过式和尽头式两种。通过式装车站既要考虑本采区的装车,又要考虑大巷车辆通过装车站进入邻近采区;尽头式车场位于大巷的尽头,仅为边界采区装车服务,没有其他采区的车辆通过,因而线路比较简单。

为便于调车和减少工程量,装车站一般采用折返式调车。调车方法有调度绞车调车和矿车自动滚行调车两种,一般采用前者,见图 14-26。

图 14-26(a)为通过式装车站线路布置。机车牵引空列车由井底车场驶来,进入装车站的空车存车线(4),机车摘钩,单独进入重车存车线(5)(不过煤仓),把已装满的重列车拉出,经渡线道岔(6)驶向井底车场。

空列车采用调度绞车牵引,整列车不摘钩装煤。调度绞车安设的位置有两种:一种是安设在重车线(5)的最前面;另一种是安设在煤仓的同侧,钢丝绳通过滑轮进行牵引。后者操作方便,且不用信号联系,调度绞车的开关只需一装车工人兼管,所以多被采用。不管哪一种位置,机车把重车拉出时,应把牵引钢丝绳也一起拉出,随列车尾部过渡线道岔(6),然后

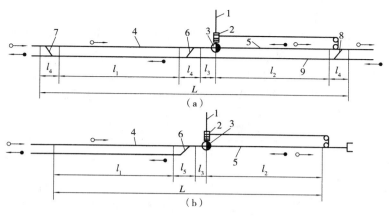

图 14-26　大巷装车站线路布置

（a）通过式；（b）尽头式

1——运输上山；2——调度绞车；3——煤仓；4——空车存车线；5——重车存车线；

6——装车点道岔；7,8——通过线渡线道岔；9——通过线

立即在不停车的情况下快速摘下钢丝绳钩头,再挂在空列车上。

在生产采区靠近井田边界方向的一侧,一个新采区正在进行准备,或者有时相邻采区同时进行生产。为此,需设渡线道岔(7 和 8)及通过线(9)。此时用于邻近采区的空列车由井底车场驶来,经过道岔(7)进入通过线(9),然后经道岔(8),驶向下一采区。列车绕过存车线而运行的这一段线路称为"通过线",这种装车站线路称为通过式。

对于井田边界的采区(或在石门内进行装车),可用图 14-26(b)所示的布置方式,称为"尽头式"。其调车方法与通过式完全相同。线路上不设渡线道岔,只在装车点附近设一单开道岔。但尽头式装车站须妥善解决独头巷道的通风问题。

装车站线路总长度 L 为：

通过式　　　　　　　　　　$L = l_1 + l_2 + l_3 + 3l_4$　　　　　　　　　　（14-42）

尽头式　　　　　　　　　　$L = l_1 + l_2 + l_3 + l_5$　　　　　　　　　　（14-43）

式中　L——车场线路长度,m；

l_1——空车存车线长度,m；

$$l_1 = L_e + nL_m + (3 \sim 5)$$

L_e——机车长,m；

n——一列车矿车个数；

L_m——矿车长度,m；

$(3 \sim 5)$——制动、安全距离,m；

l_2——重车线存车长度,$l_2 = nL_m$,m；

l_3——煤仓溜煤闸门至渡线道岔长度,m；

$$l_3 = L_e + 0.5L_m$$

l_4——渡线道岔长度,m；

l_5——单开道岔长度,m。

（二）辅助提升下部车场

采区的辅助提升下部车场是采区掘进出煤、出矸、进料等的转运站，是采区下部车场的组成部分。

大巷装车式下部车场的辅助提升车场多为绕道式。绕道位于大巷的顶板称为顶板绕道，位于大巷的底板称为底板绕道。绕道位置及选择见表 14-9 所列。

表 14-9　　　　　　　　　　　采区下部车场绕道与运输大巷关系

形　式	图　示[①]	适用条件	布　置　特　点
顶板绕道	(a)	$\beta = 18° \sim 25°$	轨道上山不变坡，直接设竖曲线落平
	(b)	$\beta > 25°$	为防止矿车变位太快运行不可靠，在接近下部车场处，可将上山上抬 $\Delta\beta$ 角，使起坡角达 25°
	(c)	$\beta = 12° \sim 17°$	为减少下部车场工程量，轨道上山提前下扎 $\Delta\beta$ 角，使起坡角达 25°
底板绕道	(d)	$\beta < 10° \sim 12°$	为减少下部车场工程量并形成底板绕道，轨道上山提前下扎 $\Delta\beta$ 角，使起坡角达 25°

① 图示中：1——运输大巷；2——材料绕道；β——煤层倾角；β_1——轨道上山起坡角。

轨道上山在接近下部车场时可以变坡，使轨道上山起坡角为 25°（为行车安全不超过 25°）。对于倾角小的煤层，轨道上山变坡才能形成底板绕道，见表 14-9 图（d）；轨道上山变坡有利于减少工程量，见表 14-9 图（c）和图（d）；对于倾角较大的煤层，轨道上山变坡有利于行车安全，见表 14-9 图（b）。

根据轨道上山起坡点至大巷的距离不同，绕道又可分为立式、卧式和斜式三种，距离远的采用立式，见图 14-27 和图 14-28。在满足存车线长度的情况下，尽量减少绕道工程量。

绕道出口方向可分为朝向井底车场及背向井底车场两种，如图 14-29 所示。为了便于调车、通风、行人，一般常用朝向井底车场方向布置。

大巷装车站通过线与存车线相对位置与绕道位置密切相关。为了不影响装车站调车，绕道线路出口应与通过线接轨。

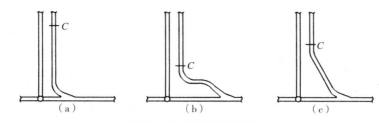

图 14-27 底板绕道形式

(a) 立式;(b) 卧式;(c) 斜式;C——起坡点位置

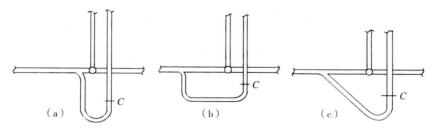

图 14-28 顶板绕道形式

(a) 立式;(b) 卧式;(c) 斜式;C——起坡点位置

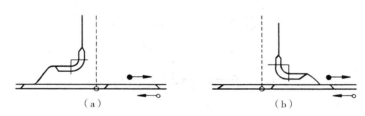

图 14-29 绕道出口方向

(a) 背向井底车场方向;(b) 朝向井底车场方向

1. **确定起坡点位置**

(1) 顶板绕道[图 14-30(a)]。

$$L_1 = \frac{h_2}{\sin\theta} + R_D \tan\frac{\beta_D}{2} \tag{14-44}$$

式中　L_1——大巷中心线至起坡点水平距离,m;

　　　h_2——运输大巷轨面至轨道上山轨面垂直距离,m;

　　　R_D——竖曲线半径,m;

　　　θ——上山变坡后的坡度角,(°);

　　　β_D——竖曲线转角,(°)。

$$L_2 = \left(\frac{h_1}{\sin\beta} - L_1 + R_D \tan\frac{\beta_D}{2}\right)\frac{\sin\beta}{\sin(\theta-\beta)} \tag{14-45}$$

式中　L_2——轨道上山变坡段长度,m;

　　　h_1——运输大巷中心线轨面水平至轨道上山变坡前轨面延长线的垂直距离,m;

　　　β——煤层倾角,(°);

　　　其他符号同前。

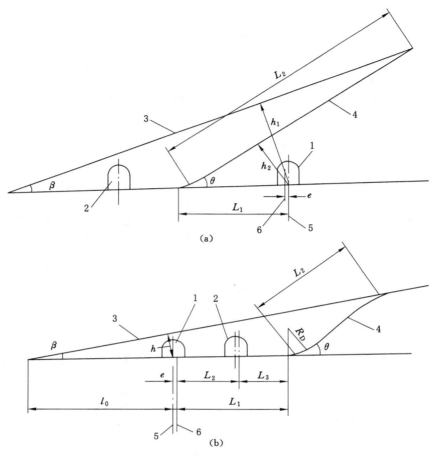

图 14-30　材料绕道车场起坡点位置计算图

（a）顶板绕道；（b）底板绕道

1——大巷；2——绕道；3——煤层底板；4——变坡后的轨道上山；5——大巷中心线；
6——大巷中距上山一侧的轨道中心线

（2）底板绕道［图 14-30（b）］。当运输大巷位于煤层底板岩层内，轨道上山沿煤层底板布置时，运输大巷轨面水平至轨道上山变坡前轨面延长线的垂直距离 h 为：

$$h = h_0 + h_a \tag{14-46}$$

式中　　h_0——运输大巷轨面水平至煤层底板垂直距离，m；

　　　　h_a——煤层底板至轨道上山轨面的高度，m。

轨道上山沿厚煤层顶板布置时 h 值为：

$$h = h_0 + M - H_e + h_a \tag{14-47}$$

式中　　M——煤层厚度，m；

　　　　H_e——上山掘进高度，m。

$$l_0 = \frac{h}{\sin \beta} \tag{14-48}$$

$$L_1 = e + L_F + L_3 \tag{14-49}$$

式中 L_3——起坡点至车场绕道轨道中心距离,m;

e——大巷中心线至大巷在上山一侧的轨道中心线间距,m;

L_F——绕道轨道中心线至大巷轨道中心线间距,m。

$$L_2 = \left(l_0 + L_1 + R_D \tan\frac{\beta_D}{2}\right)\frac{\sin\beta}{\sin(\theta - \beta)} \tag{14-50}$$

2. 绕道线路设计

(1) 顶板绕道式(图 14-31)

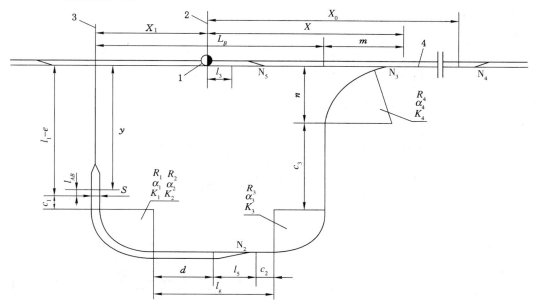

图 14-31　顶板绕道式车场线路计算图

1——煤仓;2——运输上山带式输送机中心线;3——轨道上山轨道中心线;4——大巷

设 $\alpha_3 = 90°$

L_1——低道起坡点距大巷中心线水平距离,m(该值按前述起坡点位置确定得出)。

l_{AB}——竖曲线高低道起坡点水平距离,一般为 $0\sim1.0$ m 左右;不设高低道为 0。

c_1——插入直线段,应大于一个矿车长度(竖曲线低道起坡点至曲线终点),一般取 2 ~3 m。

$$d = (L_e + nL_m) - c_1 - l_{AB} - K_1 \tag{14-51}$$

式中 K_1——内侧曲线弧长:$K_1 = \dfrac{\pi R_1 \alpha_1}{180°}$

$$L_g = d + l_5 + c_2 \tag{14-52}$$

式中 l_5——单开道岔平行线路连接长度;

c_2——插入直线段,一般不小于 2 m。

$$c_3 = R_1 + c_1 + L_1 - e - n - R_3 \tag{14-53}$$

c_3 值必须满足异向曲线连接时插入段长度的需要。

n 值见非平行线路连接计算。

绕道车场开口位置确定：

$$X = L_B + m - X_1 \tag{14-54}$$

式中 X_1——运输机上山中心线至轨道上山轨道中心线间距，m；

$$L_B = L_g + R_3 + R_1 + \frac{S}{2}$$

m——见单开道岔非平行线路连接计算。

当上山与大巷不垂直时，L_B、X_1 值均应换算为沿大巷方向的长度。

（2）底板绕道式（图 14-32）

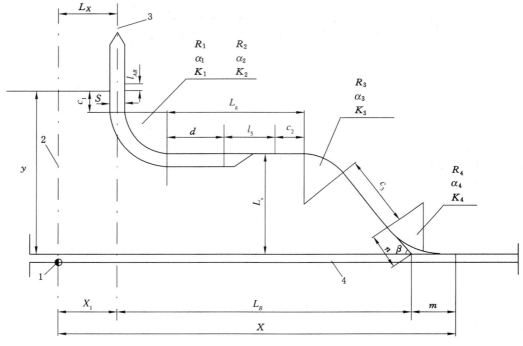

图 14-32　底板绕道式车场线路计算图

1——煤仓；2——运输上山带式输送机中心线；3——轨道上山轨道中心线；4——大巷

$$d = (L_e + nL_m) - c_1 - l_{AB} - K_1 \tag{14-55}$$

$$L_g = d + l_5 + c_2 \tag{14-56}$$

$$L_B = \left(c_3 + R_3 \tan \frac{\alpha_3}{2} + n\right)\cos \beta + L_g + R_3 \tan \frac{\alpha_3}{2} + R_1 + \frac{S}{2} \tag{14-57}$$

绕道开口位置确定：

$$X = L_B + m + X_1 \tag{14-58}$$

二、石门装车式采区下部车场

（一）采区石门装车站

在开采层间距较大的煤层群时，多用采区石门贯穿各煤组上山，当采区石门较长时，可采用石门装车站。线路布置决定于装车点数目，如石门内只有一个装车点时，装车站线路布置可采用尽头式[图 14-33(a)]。调车方法与前述相同。

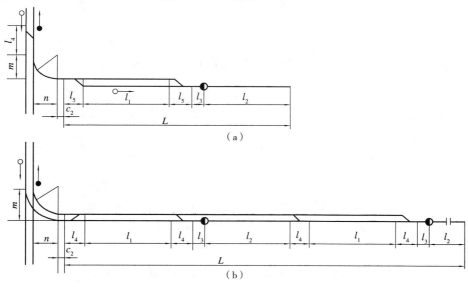

图 14-33 石门装车站线路布置图

(a) 一个装车点;(b) 两个装车点

装车站线路长度为:

$$L = l_1 + l_2 + l_3 + 2l_5 \tag{14-59}$$

如果石门内有两个(或两个以上)装车点,装车站线路可采用通过式加尽头式布置[图 14-33(b)]。

大巷进入石门,一般只设单轨线路;如果石门内装车点较多,且可能同时有两台机车运行,可以设双轨线路。

(二)辅助提升车场

当采用石门装车站时,其辅助提升车场见图 14-34。用于轨道上山距石门较近时:

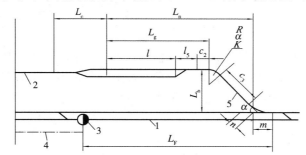

图 14-34 石门装车站辅助提升车场线路计算图

1——石门;2——轨道上山;3——煤仓;4——运输上山;5——辅助提升车场

$$L_g = l + c_2 + l_5 \tag{14-60}$$

式中 l ——车场存车线长度。

$$L_n = L_g + R \tan \frac{\alpha}{2} + \frac{L_B}{\tan \alpha} \tag{14-61}$$

$$c_3 = \frac{L_B}{\sin \alpha} - n - R \tan \frac{\alpha}{2} \tag{14-62}$$

当轨道上山距采区石门较远时,辅助车场可采用图 14-35 的形式。

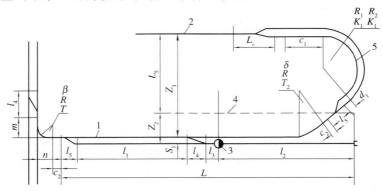

图 14-35　轨道上山距石门较远时的辅助提升车场

三、绕道装车式采区下部车场

在大型、特大型矿井中,如果采用大巷装车式车场影响大巷通过能力又没有条件设石门装车式车场时,可设置绕道式车场。倾斜长壁采煤法出现后,大巷装煤点增加,当大巷采用机车运输时更有必要采用绕道式车场。绕道式车场是将装车点设在另一条与大巷互相平行的巷道内。

第五节　采区硐室

采区硐室主要包括采区煤仓、采区绞车房及采区变电所等。

一、采区煤仓

设置一定容量的煤仓对于保证采掘工作面正常生产和高产、高效是十分必要的。它可以有效地提高工作面采掘设备的利用率,充分发挥运输系统的潜力,保证连续均衡生产。

采区煤仓分为井巷式煤仓和机械式水平煤仓。

（一）井巷式煤仓

1. 煤仓的形式及参数

井巷式煤仓按煤仓的中轴与水平面的夹角分为垂直煤仓和倾斜煤仓两种。垂直煤仓一般为圆形断面。圆形断面利用率高,不易形成死角,便于维护,施工方便,施工速度快。倾斜煤仓虽可适当增加煤仓的长度和容积,便于与上口及下口巷道连接,而且仓口结构简单,附加工程量少,并可减少煤炭的破碎度,但施工不方便。目前现场多采用垂直煤仓。垂直煤仓分为自由降落式、中心螺旋溜槽式和周边螺旋溜槽式。我国多采用自由降落式。

当由于巷道布置上的原因,煤仓上口与煤仓下口不在一个垂直面上时,可采用倾斜煤仓。倾斜煤仓可分为拱形断面和圆形断面。煤仓倾斜的角度,应保证煤炭顺利下滑,一般选用 $60°\sim70°$ 为好。倾斜煤仓的长度以不超过 30 m 为宜。

为便于布置和防止堵塞,圆形垂直煤仓以"短而粗"为好。但为了缩短煤仓高度而过于加大断面时,不仅施工比较困难,并且会降低有效的储煤容积,如图 14-36 所示。

图中煤仓的有效容积为 $V_1+V_2+V_3$,煤仓的无效容积 V_0,它与直径 D 成三次方的关系。从减少煤仓无效容积来看,随着断面加大,煤仓须有相应的高度。煤仓高度越大,无效容积相对越小。如果以煤仓有效容积不小于煤仓总容积的 90% 来计算,则煤仓高度不应小于直径的 3.5 倍。

从目前使用情况来看,圆形断面直径一般取 $2\sim5$ m,以 $4\sim5$ m 为最佳;倾斜煤仓拱形断面宽度、高度均以大于 2 m 为宜。煤仓过高易使煤压实而起拱,引起堵塞,一般不宜超过 30 m。

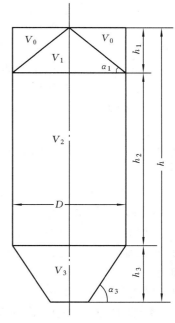

图 14-36 煤仓的有效容积

2. 煤仓容量

采区煤仓的容量取决于采区生产能力、装车站的通过能力及大巷运输能力等因素。

采区煤仓容量目前一般为 $50\sim500$ t。煤仓容量与采区生产能力的关系可参考表 14-10 进行选择。

表 14-10		煤仓容量与采区生产能力关系	
采区生产能力/(Mt/a)	0.30 以下	0.30~0.45	0.45~0.60	0.60~1.00 及以上
采区煤仓容量/t	50~100	100~150	150~250	250~500

合理的煤仓容量应在保证正常生产和运输的前提下,工程量最省。根据采区生产能力和大巷运输能力,以保证采区正常生产为原则,有以下几种确定采区煤仓容量的计算方法。

(1)按采煤机连续作业割一刀煤的产量计算

$$Q=Q_0+LMb\gamma C_0 k_t \tag{14-63}$$

式中　Q——采区煤仓容量,t;

　　　Q_0——防空仓漏风留煤量,一般取 $5\sim10$ t;

　　　L——工作面长度,m;

　　　M——采高,m;

　　　b——进刀深度,m;

　　　γ——煤的密度,t/m^3;

　　　C_0——工作面采出率;

　　　k_t——同时生产工作面系数(综采时 $k_t=1$;普采时 $k_t=1+0.25n_0$);

　　　n_0——采区内同时生产的工作面数目。

（2）按运输大巷列车间隔时间内采区高峰产量计算

$$Q = Q_0 + Q_h t_i a_d \qquad (14\text{-}64)$$

式中　t_i——列车进入采区装车站的间隔时间,一般取高限约 $20\sim30$ min;

　　　Q_h——采区高峰生产能力,t/h（高峰期的产量一般为平均产量的 $1.5\sim2.0$ 倍）;

　　　a_d——不均衡系数,机采取 $1.15\sim1.20$,炮采取 1.5。

（3）按采区高峰生产延续时间计算（$Q_h > Q_t$ 时）:

$$Q = Q_0 + (Q_h - Q_t) t_{hc} a_d \qquad (14\text{-}65)$$

式中　Q_t——采区装车站通过能力,t/h（合理的采区车场通过能力一般为平均产量的 1.0 ~1.3 倍）;

　　　t_{hc}——采区高峰生产延续时间,机采取 $1.0\sim1.5$ h,炮采取 $1.5\sim2.0$ h;

其余符号同前。

当采区上(下)山和大巷均采用带式输送机时,采区煤仓容量可按 $1\sim2$ h 采区高峰产量来确定。

国内外还有用电子计算机模拟的方法确定煤仓容量,以寻求合理经济的煤仓容量。

随着开采机械化程度的提高和采区集中生产的实现,为适应采区生产能力的提高,采区煤仓容量有相应增大的趋势。

3. 煤仓的结构及支护

煤仓的结构包括煤仓上部收口(1)、仓身(2)、下口漏斗及溜口闸门基础(3)、溜口和闸门装置(4),如图 14-37 所示。

（1）上部收口

煤仓上口的结构形式,当直径小于 3 m 时,与仓体断面一致,直径大于 3 m 时,为了保证仓上口安全与改善煤仓上口的受力情况,需要以混凝土将收口筑成圆台体。为防止大块煤、矸

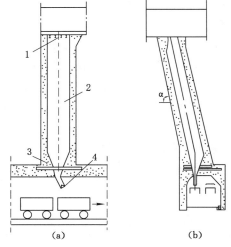

图 14-37　煤仓的结构

(a) 垂直煤仓;(b) 倾斜煤仓

1——上部收口;2——仓身;

3——下口漏斗及溜口闸门基础;4——溜口及闸门

石、废木料等进入煤仓,造成堵塞,可在收口处设铁箅。铁箅用旧钢轨或工字钢做成,箅孔大小约 200 mm。

在大块煤较多时,还可安设破碎机。煤仓上口应高出巷道底板,防止水流入仓内。

（2）仓身

当煤仓设在稳定坚固的岩层($f > 6$)中时,仓身可以不支护。在中硬以上的岩层中,仓身采用锚喷支护是一种快速、优质、安全、高效、低耗的支护方式。其余岩层中,煤仓仓身一般砌碹,壁厚 $300\sim400$ mm。

（3）下口漏斗及溜口闸门基础

不论围岩条件如何,煤仓下口都要用混凝土砌筑圆台体收口,收口斗仓一般为截圆锥形或四角锥形。为了防止煤仓堵塞,煤仓下口应尽量清除死角,下部收口处倾角不宜太小。垂直煤仓收口角度应大于 60°;倾斜煤仓底板收口处倾角应与煤仓倾角相同。为了从根本上

解决起拱堵仓问题,应改斜面圆台斗仓为曲面圆台斗仓。曲面斗仓有两个特点:其一,下口仓壁是变化的,从上缘开始,越往下角度越大(图14-38),当煤块由 A_1 截面流动到 A_2 截面时,虽然截面积减小,煤粒压紧,但仓壁倾角变大,使煤粒与仓壁间的摩擦力变小,垂直分力变大,流速加快,呈现均匀整体流动状态;其二,下口漏斗壁面的变化呈指数曲线的轨迹,令其截面收缩率等值,或近似等值,从而可实现均匀的连续流,实现煤的整体流动。很多矿井采用双曲线斗仓后,对防止堵仓较为有效。为了经久耐用,在收口处可采用铁屑混凝土浇灌或铺设密集旧钢轨。

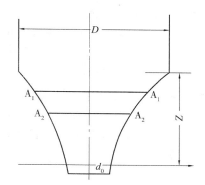

图 14-38 双曲线斗仓

D——煤仓直径;Z——斗仓高度;

A_1—A_1,A_2—A_2——截面;d_0——斗仓下口直径

为了大巷安全,煤仓与大巷连接处必须加强支护。一般应在煤仓下部收口处四周铺设数根钢梁,灌入混凝土,并与大巷支护连为一体。

煤仓溜口闸门处的有效尺寸一般有 500 mm×500 mm,700 mm×700 mm 和 800 mm×800 mm 等几种规格。大容量的煤仓,要求装车速度快,应选大型闸门或设计成双放煤口。

4. 煤位自动监测及煤仓堵塞事故防治

为了测定煤在煤仓中的位置,应设置专门的煤位自动监测装置。

煤位的测定,基本上有两种方法:一为连续测定法;二为极限测定法,井下主要采用第二种方法。当煤的位置超过极限时,可自动关闭装煤输送机;当煤的位置达到最低点时,可自动关闭溜口闸门,防止砸坏溜口、闸门及漏风。

有些矿区曾采用煤位载波信号或半导体煤位指示器来控制煤仓的装满程度;另外,煤位测定还可采用 γ 射线或超声波回波法等。

煤仓在使用中最主要的故障是发生堵塞事故。常见的堵塞现象有卡塞、结拱、黏附和棚盖等。要想使煤仓不发生堵塞,必须使煤仓的结构和选择的参数与所溜放的煤的性质和粒度组成相适应,以减少或消除在仓体下部发生堵塞的可能性。即便发生堵塞,也让堵塞发生在漏口附近,处理较容易,安全也有保证。为此应采取以下措施:

(1)选择合理的仓体结构形式。仓体直径在 4～5 m 以上时能防止仓体内的结拱,因此,不宜建瘦高形煤仓。仓体支护尽可能光滑平直、坚固耐用。

(2)改进斗仓和漏口的结构。根据煤的物理性质、粒度组成和含水率等因素的不同,采取不同的斗仓断面形式。对于颗粒为主或含水率低、黏结性小的原煤,仍可采用直线形角锥斗仓;对于含水量相对较大,有黏结性以及粉料为主的原煤,宜采用曲线形斗仓结构。尽量采用较大的漏口断面尺寸或双放煤口。

(3)增加辅助设施。如在仓体下部设置破拱帽(或嵌入体),采用弹性卸料口,在贮仓内设置高压水射流系统,在斗仓中设置空气炮或水炮装置或设置数圈压风管,在斗仓内外设置振动器,收口处设观察孔等。

井巷式煤仓存在岩石工程量大、工期长、费用高等缺点。随着机械化、自动化程度的提高,煤仓容量愈来愈大,特别是在缓斜或近水平煤层运输大巷沿煤层布置时,如若布置井巷式煤仓将增加许多岩石巷道或硐室,并人为地造成输送机煤流爬坡。20 世纪 70 年代以来,国外逐渐发展了机械式水平煤仓,弥补了井巷式煤仓的不足。

（二）机械式水平煤仓

机械式水平煤仓不需专门开凿井巷工程;可以拆装移设,重复安装使用,安全可靠、经济,易于实现自动化监控,近年来国内在新设计的矿井中开始采用。

机械式煤仓按其结构分为四种型式。

1. 列车式水平煤仓

列车式水平煤仓由可沿轨道移动的箱体、牵引设备和装卸煤设备组成。

箱体是由多个带车轮的车厢相连接成一组列车,底部有一条由若干密集滚轮托住的无动力带式输送机,它可以随煤仓的移动而移动。列车煤仓的每节车厢约长 3 m,宽度和高度根据容量不同而变化。不同容量的煤仓车厢容量和节数不同,一般容量为 200~600 t。列车每节车厢装 4 个车轮,车轮为双轮缘,骑在 24 kg/m 的轨道上。轨道用鱼尾板联结,并用槽钢轨枕稳固地装设在石子道床上。为防止漏煤,在车厢与底部胶带之间装有非金属材料的密封条,车厢节与节之间也装有这种密封。在胶带头尾滚筒下面和轴面上都装有清扫器,胶带尾部滚筒还装有张紧装置。

列车车厢两端由无极绳绞车钢丝绳牵引移动,列车行走时底部胶带同步随动,使胶带围绕头尾滚筒运行,并保持承载箱内存储的煤炭。

煤仓装卸设备有悬吊在巷道顶板下面、列车煤仓上面的给煤输送机;列车煤仓下面巷道底板上安装有输出输送机。这两台输送机与列车煤仓都设有固定连接,其中间留有必要的间隙,使列车煤仓可以自由运动。变化列车前后移动方向,就可实现煤仓的装载和卸载。列车煤仓的装载与卸载原理见图 14-39。

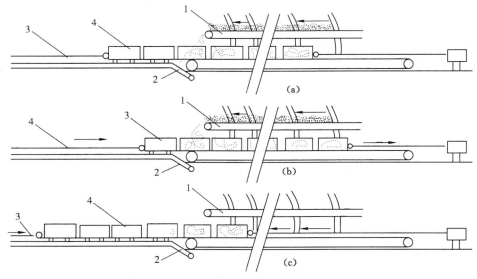

图 14-39　列车式水平煤仓工作原理

1——给煤输送机;2——输出输送机;3——牵引钢丝绳;4——可移动的箱体

　　当给煤机和输出输送机同时工作时,煤仓不动。来自给煤输送机的煤,经漏斗直接装在输出输送机上转载运走[如图14-39(a)所示];当给煤能力大于输出能力或输出输送机停止工作时,列车煤仓就按图14-39(b)所示方向牵引,将输入的多余部分煤储入煤仓;当输出输送机恢复运转时,列车煤仓就停止移动,给煤输送机的煤直接装在输出输送机上直接转载运走;若给煤输送机停止工作,而输出输送机运行时,列车煤仓按图14-39(c)所示方向移动,从而把所贮的煤卸到输出输送机上。

　　调整列车移动的速度即可调整煤仓吞吐煤流的速率。这种列车煤仓可手动,就地或远距离控制,也可装上各种传感器进行全自动化控制。在自动控制时,煤仓的存储和卸载可根据给煤和输出输送机的运行情况和煤仓内存煤量多少来进行。当出现任何传感器或给煤机构失效的事故时,控制系统也能检测出来,使煤仓安全运行,不致造成煤仓过满溢煤。

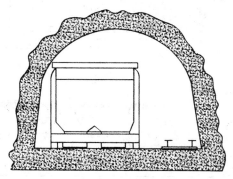

图14-40　底部移动式水平煤仓断面示意图

　　列车煤仓的优点是维护量小,操作方便和易于自动化,节省人力。其缺点是所需巷道断面较大,巷道维护困难,基本建设投资较高。

　　2. 底部移动式水平煤仓

　　煤仓顶部有给煤输送机,底部装有两套并列的刮板输送机,由两台低速大扭矩液压马达经变速箱驱动,通过调节其高压供液泵流使刮板链速可从 $0.05\sim1$ m/s 范围内无级调节。溜槽长 $1.5\sim2$ m,两侧面装设的高挡板一般形成 2 m $\times2$ m 的断面(图14-40),容量一般为 $50\sim300$ t,底部和侧帮挡板及卸载料斗均用耐磨抗腐蚀的材料制成。煤仓的装载与卸载原理见图14-41。当给煤输送机和输出输送机同时工作时,仓底刮板输送机停止不动,输入的煤直接从卸载漏斗向输出输送机转载[图14-41(a)];当输出输送机停止工作,或者给煤输送机能力大于输出输送机时,煤仓底部输送机开动,按图14-41(b)所示的方向运行,将煤储入煤仓;当输出输送机工作时而给煤输送机停止工作或给煤输送机的能力小于输出输送机能力时,煤仓底部输送机开动,按图14-41(c)所示方向运行,将煤仓的煤卸到输出输送机上运走。

　　底部移动式水平煤仓为装配式,运输维修都比较方便,易实现自动控制。虽然钢材消耗量大,装备费用较高,但由于技术比较成熟,应用较为广泛。

　　3. 静储式水平煤仓(图14-42)

　　静储式水平煤仓结构特点是沿巷道装设钢制桁架仓体,上部有一条进煤输送机,可以是带式输送机,也可以是槽板上带若干 10 cm 圆孔的刮板输送机,煤仓底板呈 V 字形,一侧装设可开闭的闸板门。闸板门由液压缸操作开闭进行调节控制,煤流从仓中靠重力溜下,通过

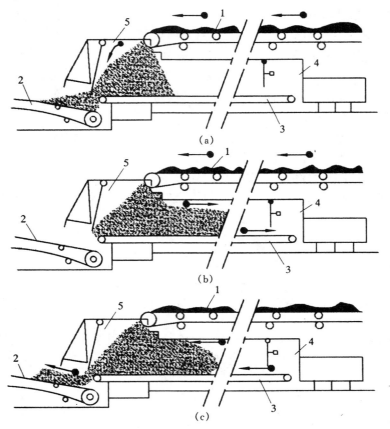

图 14-41　底部移动式水平煤仓的装载与卸载原理图

（a) 煤流直接转载；(b) 煤仓装载；(c) 煤仓卸载

1——给煤输送机；2——输出输送机；3——仓底输送机；4——煤仓箱体；5——卸载漏斗

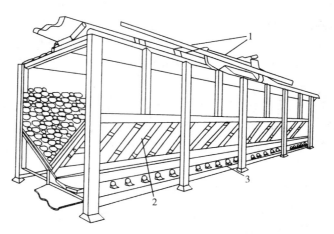

图 14-42　静储式水平煤仓示意图

1——给煤带式输送机及卸煤犁；2——液压闸门；3——输出带式输送机

闸板门卸入仓下的胶带或刮板输送机运走。这种煤仓由于存煤重载不压在运输移动部件上,故储存容量可以很大。当给煤输送机采用刮板输送机时,煤通过槽板上的小孔卸入煤仓中,装满后煤堵住小孔,自动向前一仓卸载,直到装满整个煤仓。用带式输送机时需用卸煤犁及传感器。当煤仓某一仓装满,煤位升高碰到传感器后,传感器发出信号使下一仓格液压闸门关闭,卸煤犁向前移动卸煤。煤仓卸载时,启动下部的返煤输送机,打开最后一个闸门卸煤,卸空后传感器发出信号,卸煤犁后退并打开后一个闸门卸煤。如此循环直到全部卸完。

静储式水平煤仓有以下优点:运动部件较其他型式煤仓少,因而维护量较小,寿命较长;容易实现自动化操作;煤仓分节可分别储存煤炭或矸石,实行煤矸分运;仓上给煤输送机和仓下输送机均易靠近,易维修。

4. 巷道式水平煤仓

巷道式水平煤仓是利用旧巷道或新掘巷道,其内安装输入、输出设备。巷道上部装设进煤带式输送机并带卸煤犁,或用槽板带孔的刮板输送机,可以在煤仓巷道内任一点卸煤。煤仓下面装设一台或两台刮板输送机。煤仓向输出输送机装载有两种方式:一种是在巷道底部一侧装设一台大运量刮板输送机,其上有一台单滚筒采煤机改装而成的装煤机运行。改装时将滚筒加长,滚筒一端固定在采煤机上,另一端在巷道一侧底板铺设的一根轨道上滑行,滚筒上焊接有螺旋形的装置。采煤机向前运行时,螺旋滚筒将煤装入刮板输送机,将煤仓的煤输出(图14-43),螺旋滚筒的运行速度用液压控制,可实现无级调节。另一种是不用装载机具(图14-44)而在巷道底两侧各装设一台输出刮板输送机。存储的煤炭沿煤仓两侧钢板自溜卸入这两台输送机中。两侧钢板的斜角和距下边的间隙应保证输送机可以充满又不致过量溢煤和压死。可以通过对输送机链速的无级调节来控制,调节输出煤量。

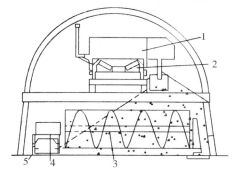

图14-43 有装煤机巷道式水平煤仓断面示意图
1——卸煤犁;2——给煤带式输送机;3——螺旋滚筒;
4——滚筒采煤机;5——输出刮板输送机

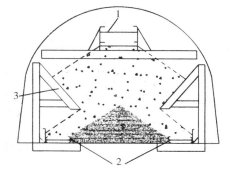

图14-44 无装煤机巷道式水平煤仓断面示意图
1——给煤刮板输送机;2——输出刮板输送机;
3——防过载侧向钢板

为提高煤仓的自动化程度,可通过微处理机编制的程序,分别对需要启动的输送机、卸煤犁和装载滚筒的移动进行控制。由装在煤仓内及移动机件上的各种传感器监测各种动作和参数,如装卸载模式、开停机状态、存储煤量和装卸煤率等,并传输到地面总调度室,进行图像和数字显示及数据处理、存储、打印。

巷道式水平煤仓的优点是:由于利用煤矿原有巷道和旧设备,所以投资少;与静储式水平煤仓相比没有活动的液压闸门等部件,构造简单,有的还不用装载机具,维修量小,运行可靠;结构框架基本上不承载,安装工作量小,每米长度巷道利用率高。

二、采区绞车房

采区绞车房主要依据绞车的型号及规格、基础尺寸、绞车房的服务年限和所处围岩性质等进行设计。采区绞车房设计的内容有以下五个方面:位置、通道、平面尺寸、高度、断面形状及支护等,分述如下。

(一) 绞车房的位置

绞车房的位置应选择在围岩稳定、无淋水、矿压小和易维护的地点;在满足绞车房施工、机械安装和提升运输要求的前提下,绞车房应尽量靠近变坡点,以减少巷道工程量;绞车房与邻近巷道间应有足够的岩柱,一般情况下不小于 10 m,以利绞车房的维护。

(二) 绞车房的通道

绞车房应有两个安全出口,即钢丝绳通道及绞车房的风道。

绳道的位置应使绳道中心与上山轨道中心线相重合。根据绞车最大件的运输要求,宽度一般为 2 000～2 500 mm,长度不应小于 5 m,绳道断面可与连接的巷道断面一致,以便于施工。尽量使绳道中的人行道位置与轨道上山一致。

按与绞车的相对位置,风道有右侧、左侧及后方等三种布置方式(图 14-45)。具体位置应根据巷道布置、车场形式、绞车房施工和通风情况来确定。

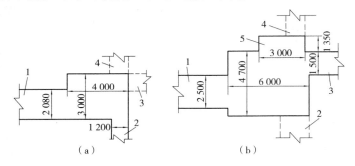

图 14-45 风道布置

(a) JT800×600—30 型绞车房;(b) JT1200×1000—30 型绞车房

1——钢丝绳通道;2——风道(布置方式之一);3——风道(布置方式之二);

4——风道(布置方式之三);5——电动机壁仓

(三) 绞车房的平面布置及尺寸

绞车房内的布置原则:在保证安全生产和易于检修的条件下尽可能布置紧凑,以减少硐室工程量。

绞车房的平面尺寸一般根据绞车基础尺寸和与四周硐壁的距离决定。绞车基础前面和右侧(司机操作台的右侧)与硐壁的距离要考虑能进出电动机;后面以能布置部分电气设备后尚能适应司机活动,并能从后面行人;左侧只考虑行人方便与安全,一般为 600～1 000 mm左右。

采区绞车房硐室断面主要尺寸见表 14-11 所列。

表 14-11   采区绞车房断面主要尺寸

绞车型号	宽 度/mm			高 度/mm			长 度/mm			断 面 形 状
	左 侧 人行道	右 侧 人行道	净宽	自地面 起壁高	拱高	净高	前面人 行道宽	后面人 行道宽	净长	
JT800×600—30	600	1 000	3 000	1 200	1 500	2 700	800	1 200	4 000	半圆拱
JT1200×1000—24	700	950	4 700	800	2 350	3 150	1 000	1 000	6 000	
JT1600×1200—30	700	1 050	5 800	1 200	2 900	4 100	1 200	1 560	7 600	
JT1600×900—20	850	1 020	6 400	900	3 200	4 100	1 200	1 560	7 600	

（四）绞车房的高度

绞车房高度的确定与绞车的规格型号及安装要求有关。绞车的安装方法有两种，一种设吊装梁，另一种是以三脚架进行安装。其高度一般在 3～4.5 m 左右。

（五）绞车房断面形状及支护

绞车房断面一般设计成半圆拱形，用全料石或混凝土拱料面墙砌筑。有条件的地方用锚喷支护。

三、采区变电所

采区变电所是采区供电的枢纽。由于低压输电的电压降较大，故合理地确定采区变电所的位置及尺寸是保证采区正常生产，减少工程费用的重要措施。

（一）采区变电所的位置及形式

采区变电所应设在岩层稳定、无淋水、矿压小及通风良好的地点，并位于采区用电负荷中心，一般设在采区上山附近。

采区变电所视其所在位置及上（下）山间煤（岩）柱的宽度等因素，可呈"一"、"∟"或"⊓"形布置。"一"形布置最简单，得到了广泛应用，"∟"形和"⊓"形是在硐室受到长度布置限制时采用。

当前，为适应机械化开采工作面电气设备总容量大幅度增加及采区尺寸相应扩大的需要，有的采用移动变电所，其位置一般在机巷下的轨巷（下区段的回风巷）中。当工作面推进 100～200 m 时变电所移动一次，这样的变电所称为移动式变电所。

（二）采区变电所的尺寸及支护

采区变电所的尺寸由硐室内设备的数量、规格、设备间距以及设备与墙壁间距等因素确定。

高压电气设备与低压电气设备宜分别集中在一侧布置，硐室宽度一般为 3.6 m，当电气设备较少时，也可混合布置在一侧，硐室宽度为 2.5～3 m 左右。如不需从后面进行检修的设备，可以靠墙安装。但一般多留出 0.3 m 的间隙。

采区变电所的高度，是根据人行高度、设备高度及吊挂电灯的高度要求确定。一般为 2.5～3.5 m，通道高度一般为 2.3～2.5 m。

采区变电所应采用不可燃材料支护，最好是采用锚喷支护。底板应采用 100 号混凝土铺底，并须高出邻近巷道 200～300 mm 和具有 0.3% 的坡度，以防矿井水流进变电所。

变电所硐室长度超过 6 m 时，必须在硐室两端各设一个出口。其通道在 5 m 范围内应采用不可燃材料支护。不运输设备的一个出口,断面可以减小。

　　硐室内一般不设电缆沟,电缆沿墙敷设(照明线沿墙拱顶敷设)。电缆穿过密闭门处,需要套管保护。

　　硐室与通道的连接处,必须装设向外开的防火栅栏两用门。

第六节　其他辅助运输方式的车场及轨道线路连接特点

　　煤矿的辅助运输主要是指材料、设备、人员和矸石的运输。矿井辅助运输是生产系统的一个重要组成部分,其车场与线路布置好坏将影响矿井的生产能力及效益。

　　矿井辅助运输系统过去一般都是在主要大巷采用电机车,上(下)山斜巷用绞车,其他地点多用小绞车或人拉肩扛的多段运输方式。随着矿井开采规模和深度的不断扩大,矿井生产集中化、机械化和设备重型化的发展,仅靠原来的辅助运输手段已不能很好地适应生产的需要。近年来发展起来的单轨吊车、卡轨车、齿轨车和无轨运输车等运输方式是新型的辅助运输方式。这些方式一般均具有运输能力较大,可在起伏不平的巷道中实现连续运输,有一定的爬坡能力,并能实现自动化控制与集装化运输等特点。

一、单轨吊车

(一)基本特征

　　以特殊的工字钢为轨道悬吊单轨吊车连续运行,机动灵活,爬坡能力较强。最大的优点是与巷道底板状态无关,可以在起伏不平的巷道中运行。但对巷道断面大小、支护稳定性及支架强度有严格的要求。

　　由于牵引动力不同,可分为钢丝绳绞车牵引、柴油机牵引和蓄电池电机牵引三种单轨吊车。钢丝绳绞车牵引的单轨吊适用于坡度小于$18°\sim25°$,运距在$1\,000\sim2\,000$ m以内,载重一般$6\sim9$ t,使用组合梁时可达$12\sim14$ t。一般作为单线运输,如需分支线运输时,只能设一个分岔点。由于钢丝绳阻力大,需设置托绳轮,因此效率较低,维修量较大。一般多用于采区上(下)山运输。对于需要进行多点直达运输的矿井则应选择柴油机或蓄电池电机牵引的单轨吊系统(图14-46)。由于是自牵引,其运距不受限制,并可利用手动或气动导轨道岔,实现多分支线运输。通过更换容器可做到一机多用,生产效率高,事故少,经济效益较好。其缺点是,柴油机废气污染、噪声大;蓄电池单轨吊无废气污染,但其缺点是自重大,提高牵引力受到限制,需设置充电硐室并经常充电等。

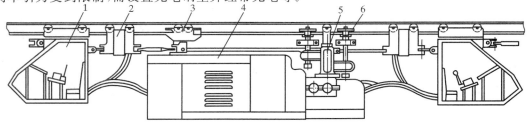

图14-46　柴油机牵引单轨吊车

1——驾驶室;2——制动吊车;3——承载吊车;4——车体;5——减速器;6——驱动轮

单轨吊车的轨道一般由Ⅰ140E型工字钢制成,分直轨与曲轨两种,国产直轨每节长有1.5 m和3 m两种;曲轨分为水平和垂直两类,水平曲轨曲率半径为4 m,弧长分别为1.42 m和3 m两种;垂直曲轨有曲率半径为10m的凹凸两种,基本上可满足运行的需要。

轨道的连接一般有搭接、法兰盘和吊耳三种方式(图14-47)。吊耳式用于直轨连接;法兰盘式用于曲轨和道岔同基本轨的连接;搭接式因高度较大,一般多用于地面轨道连接。

(a)　　　　　　　(b)　　　　　　　(c)

图14-47　单轨吊车轨道的连接方式

(a)搭接式;(b)法兰盘式;(c)吊耳式

轨道悬吊装置应满足安全、可靠运行的要求。悬吊方法可采用如下几种方式:

(1)直接悬吊于巷道支架顶梁上。

(2)在两架棚子顶梁之间设置纵梁作为悬吊梁。

(3)料石砌碹巷道预埋悬吊横梁。

(4)在巷道顶板上打锚杆悬吊法,要求锚杆锚固力不小于150 kN。

目前国产单轨吊道岔有两种,DDK型对称道岔和DDKZ型道岔(图14-48)。道岔可通过电动或手动进行操作。框架的四角分别装有吊耳用于悬吊道岔,道岔同其他轨相连采用法兰盘结构。

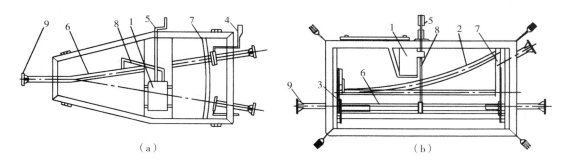

(a)　　　　　　　　　　　　　　　　(b)

图14-48　单轨吊道岔结构

(a)DDK型对称道岔;(b)DDKZ型道岔

1——转辙机;2——弯活动轨;3——活动轨间连杆;4——阻车器;5——手动装置;6——直活动轨;

7——导槽;8——连杆机构;9——固定轨及法兰盘

(二)车场及转载点的布置特点

当大巷和采区的辅助运输均采用单轨吊车时,整个辅助运输系统可不需转载而直接进入采区。此时,在采区下部可设一简单车场。运输量不大时,甚至可以不设车场。为调度方便,一般多采用材料绕道车场,即大巷至上山口处取平,由大巷进入车场绕道存车线,然后直接进入上山。这种布置方式具有使用方便,运行可靠等优点。根据运输大巷与煤层上(下)山的相对位置,避免上(下)山与大巷间联络巷出现较大倾角,造成单轨吊车运输能力下降,下部车场可采用底板绕道或顶板绕道式。

　　当大巷或上(下)山采用地轨矿车辅助运输,而采区或区段内采用单轨吊车辅助运输时,应在采区车场内设置转载站。单轨吊车的转载站一般布置比较简单,可以充分利用单轨吊本身所具有的起吊装置进行转载,其线路布置如图14-49。转载点的单轨吊车轨道直接布置在地轨轨道中线的上方,这样就可利用自身的起吊梁吊起矿车里的集装货物,并拖吊其进入上(下)山或区段巷道运至工作面。如单轨吊车本身无起吊装置,也可以利用单轨轨道的高低差进行起吊,如图14-50所示,在转载点将吊轨高度降低,使工人很容易地将货物吊挂到单轨吊上。然后单轨吊车前行,由于轨道逐渐升高,使货物自然脱离原车,从而实现转载。

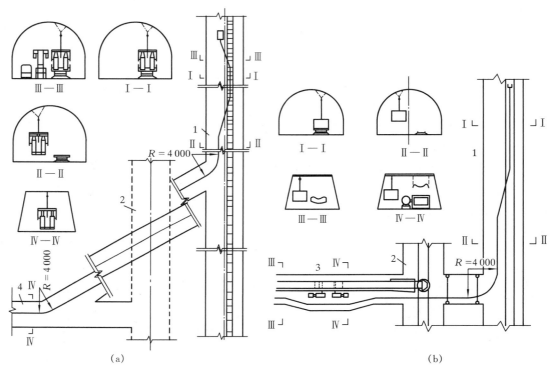

图 14-49　地轨车—单轨吊直接转载方式

(a)由上山进入区段轨道巷;(b)由上山进入区段运输巷

1——轨道上山;2——运输上山;3——区段运输巷;4——区段轨道巷

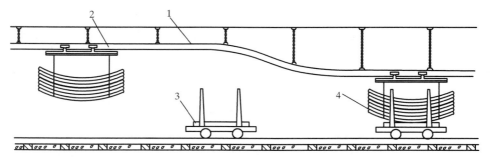

图 14-50　利用单轨高低差进行转载起吊示意图

1——单轨吊车轨道;2——单轨吊车;3——平板车;4——货物

以上两种方式简单可靠,不需其他辅助装置即可实现转载,效率较高。但是,需要增加巷道高度,只有在巷道坡度不太大时才适用。如条件不允许,也可采用专用设备进行转载工作,但这样将使操作复杂化,效率降低,因此应尽量少用。

（三）单轨吊运行所需巷道断面

对于仅有辅助运输设备的轨道运输巷(图 14-51),要求巷道最小高度 H 为:

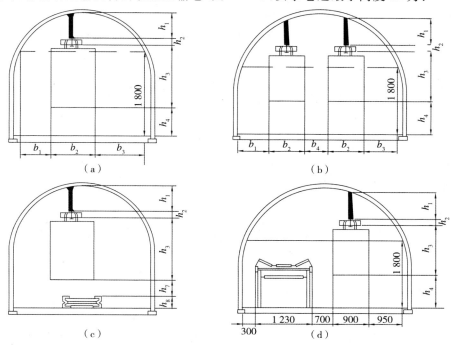

图 14-51　单轨吊车运行所需断面示意图

（a）单行单轨吊车；（b）双行单轨吊车；（c）单轨吊车与刮板输送机设在同一巷；
（d）单轨吊车与带式输送机设在同一巷

$$H \geqslant h_1 + h_2 + h_3 + h_4 \tag{14-66}$$

式中　h_1——吊轨顶面至巷道棚梁吊挂点的距离,约 300 mm;

　　　h_2——吊轨轨高,Ⅰ140E 轨道高 155 mm;

　　　h_3——单轨吊车本身高度,一般 1 100~1 300 mm;

　　　h_4——运输物件底或单轨吊车底至巷道底面的安全高度,一般斜巷时取 400~500 mm,平巷时取 200~300 mm。

当需要运送综采工作面液压支架时:

$$H \geqslant h_1 + h_2 + h_4 + h_5 + h_6 \tag{14-67}$$

式中　h_5——由于重载运输所需复合梁高度,一般取 200 mm;

　　　h_6——液压支架最小高度。

其他符号同前。

如需运送 ZY—35 支架,巷道最小净高为 2 255~2 855 mm。

值得指出的是,在选取巷道高度时还应留有充分的余量。这是因为巷道在整个服务期间,将会产生收缩变形,因此,必须充分考虑顶底板移近量。

单轨吊运行中摆动幅度较大,上下约 200 mm,左右各为 150 mm,摆角可达 15°,因此要求比其他类型矿车在所需巷道宽度上有所增加。巷道要求的最小宽度 B 为(见图 14-51):

$$B_{\text{单行}} = b_1 + b_2 + b_3 \tag{14-68}$$

$$B_{\text{双行}} = b_1 + 2b_2 + b_3 + b_4 \tag{14-69}$$

式中　$B_{\text{单行}}$——巷道 1.8 m 高处的宽度;

b_1——巷道不行人一侧机车距支架的距离,锚喷砌混凝土巷道为 350 mm,混凝土和金属支架巷道为 450 mm;

b_2——列车装货时的最大宽度;

b_3——巷道行人一侧机车距支架的安全距离,一般取 950 mm;

b_4——两列对开单轨吊的安全间隙,取 500 mm。

当巷道有其他运输设备时,其宽度可按图 14-51 中(c)和(d)选取。为充分利用拱形巷道上部空间大的特点,最好让单轨吊在胶带或刮板输送机上运行,如图 14-51 中(c)所示。这样可避免在交岔点处的相互影响,此时需要巷道的最小高度为:

$$H \geqslant h_1 + h_2 + h_3 + h_7 + h_8 \tag{14-70}$$

式中　h_7——单轨吊底距胶带或刮板输送机架顶的安全间距,一般取 400 mm;

h_8——带式输送机架或刮板输送机的高度。

其他符号同前。

二、卡轨车

(一) 基本特征

卡轨车除了一般行走的垂直车轮外,还在车架两侧下部装有为防止车轮脱轨的水平滑轮。水平滑轮卡在槽钢轨道的槽内或普通轻轨的轨腰处。卡轨车安全可靠,弯道半径小,对巷道起伏变化适应性强,巷道交岔点工程量小,机械化程度高,机械硐室小,它不受巷道支护条件的影响,不增加巷道支架负载,载重量大(为单轨吊的三倍);钢丝绳牵引时爬坡能力强(可达 45°),适用于复杂巷道断面内的物料和人员运送,以及生产能力大的采区。其缺点是对巷道的底鼓量有一定的要求。由于车体活动节点多,检修和维护工作量较大。

卡轨车有钢丝绳和柴油机两种牵引方式。钢丝绳牵引卡轨车方式,随着巷道转弯角度、次数及长度的增加,设备的驱动功率相应增大,导向装置和绳托辊相应复杂(图 14-52)。因此,适用于转弯少的单点重载运输。例如,采区上(下)山的辅助运输。

卡轨车系统的轨道一般多用槽钢组合而成,也可采用不对称异型钢轨。槽钢钢轨的组合方式分槽钢背相对和槽钢槽相对两种。轨枕多由槽钢或工字钢制作。每一轨道标准段长度分为 1 m、3 m、6 m 等多种。轨道标准段之间采用固定在轨道上的连接销(楔块)连接(图 14-53)。此种连接强度较高,且拆装方便。在弯道上多采用法兰盘连接方式。轨道接头的水平方向允许有小于 1°的差角,垂直方向允许有小于 5°~8°的差角。轨道段将由锚杆与底板固定,因而不需要碎石道床,锚杆的间距将根据巷道的坡度和机车牵引力的大小来确定。

卡轨车轨距有多种,可根据载重量和使用地点来选用不同的轨距,最大为 900 mm,最小仅 353 mm。线路中的弯道分平曲线和竖曲线两种。平曲线弯道标准段的每段转角为 7.5°,曲率半径多为 4 m 以上;竖曲线弯道半径的确定与普通窄轨铁路的确定方法相同。当

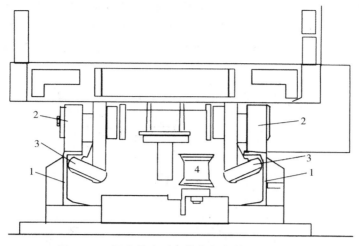

图 14-52 钢丝绳牵引卡轨车的卡轨滑轮结构

1——槽钢;2——车辆的车轮;3——车辆的卡轨轮;4——导向轮

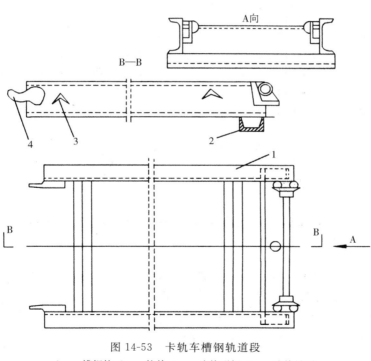

图 14-53 卡轨车槽钢轨道段

1——槽钢轨;2——轨枕;3——连接型钢;4——连接销耳

使用钢丝绳牵引的卡轨车时,平曲线弯道段需要设置一系列的导绳轮,这就增加了轨道的铺设费用,而且也加速了钢丝绳的磨损,因此钢丝绳牵引卡轨车系统应尽量避免弯道过多。

（二）车场及转载点的布置特点

当大巷和采区均采用卡轨车进行辅助运输时,由于不需要进行货物的转载,因此采区车场布置相对简单。采用自牵引卡轨车时,可进行直达多点运输,一般应在采区下部车场内设置一条供调度牵引车的复线。中上部车场则更简单,只需设置单开道岔及曲线弯道直接进入区段巷即可,其弯道曲率半径应符合所选运输设备的要求。图 14-54 为卡轨机车或齿轨机车的采区中部车场示意图,机车可直接通过上山与区段巷间的中部车场联络巷进入区段巷内。

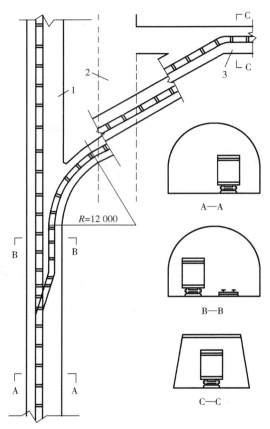

图 14-54　卡轨机车或齿轨机车的采区中部车场
1——轨道上山;2——运输上山;3——区段轨道巷

　　采用钢丝绳牵引卡轨车分段运输时,需在车场内设置牵引绳转换系统,车场的线路坡度应取平,在采区下部车场内一般设有绞车房。由于是无极绳牵引方式,因此无须大直径绞车,绞车房的尺寸也可相应减小。

　　当大巷采用普通电机车运输,上山采用专用卡轨车运输时,需设置转载站。转载站一般布置在采区下部车场内,如图 14-55 所示。大巷来的材料车采用顶车方式进入材料转载站,转载站内线路布置如图 14-56 所示。重 6 t 以下的材料可由移动吊车进行转载(Ⅰ—Ⅰ剖面),吊车由压缩空气或电力进

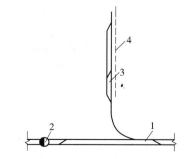

图 14-55　采区下部车场线路布置
1——大巷;2——煤仓;3——材料换装站;
4——卡轨轨中心线

行驱动,最大行程一般可达 120 m;重材料(如液压支架等)将由气动牵引装置进行平移转载(Ⅱ—Ⅱ剖面),该装置是通过压力汽缸的推杆使重载货物平移。这种换装站所需巷道断面较小,调车及转载方便,安全可靠。

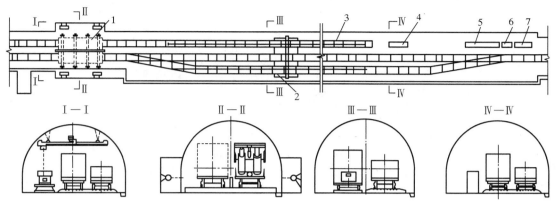

图 14-56　采区材料转载站布置(普通机车↔卡轨车)

1——重材料转载站;2——移动换装站;3——卡轨车轨道;4——紧绳装置;

5——液力绞车;6——控制台;7——泵站

当采区上(下)山采用钢丝绳牵引的卡轨车进行多点运输时,采区中部和上部车场一般均采用单侧甩车场布置,如图 14-57 所示。目前,国内外尚未能很好地解决绳牵引系统的甩调车技术和装备问题。这是由于牵引车在上(下)山轨道上不能通过道岔进入区段平巷,后面连接的制动车也只能通过第一组道岔而无法进入第二组道岔。为将材料车甩入车场重车线,可在材料车与制动车之间附加联杆车,也可在牵引车与制动车之间加挂两节人车用以代替联杆车。将材料车甩入第二组道岔内的重车线后进入空车线,连挂空车后再牵引列车进入上(下)山直轨(图 14-57)。另外,还应在采区上部车场内设置回绳轮锚固站,其中心线应与上(下)山轨道中心线相一致。

三、齿轨机车

(一) 基本特征

齿轨机车(或齿轨卡轨车)如图 14-58 所示,它是在普通钢轨中间加装一根顺长的牙条作为齿轨,在机车上增加 1~2 套驱动齿轮(及制动装置),在上下坡道时藉齿轮与机车内的驱动机构带动传动齿轮啮合而运行(增加牵引力或制动力)。行驶在起伏不平的巷道内,其区间坡度最大可达 14°。优

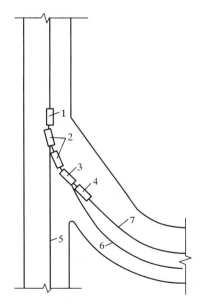

图 14-57　卡轨车采区中部单侧甩车
场线路布置与甩调车方式

1——牵引车;2——人车;3——制动车;

4——材料车;5——上(下)山直轨;

6——空车线;7——重车线

点是在近水平煤层矿井可实现一条龙直达运输;缺点是对轨道要求高,机车自重大,造价较一般机车高 1 倍多,用于采区内运输时,要求巷道弯曲半径较大($R \geqslant 10$ m)。

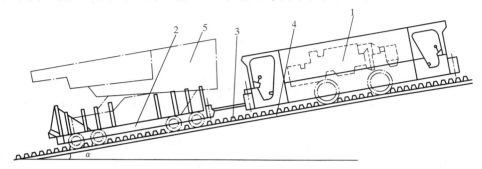

图 14-58 齿轨机车(齿轨卡轨机车)运输支架示意图
1——齿轨机车;2——重载平板车;3——齿轨;4——普通轨;5——支架

齿轨机车在线路坡度小于 3°运行时,其轨道与普通电机车轨道相同,齿轨机车靠轮子黏着钢轨运行。其轨距与普通轨轨距相同。当线路坡度大于 3°时,需铺设齿轨。齿轨与普通轨道之间的关系如图 14-59 所示。齿条可采用 3 cm 厚度的 45 号碳钢经切割加工而成。为了使机车顺利地进入齿轨段,需安装齿轨导入装置。当线路坡度超过 9.5°时,除需铺设齿轨外,为防止掉道,还需在齿轨两侧增设护轨,与齿轨车上的抓轨器配合,以保安全。

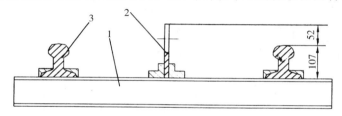

图 14-59 齿轨与普通轨道的关系
1——槽钢轨枕;2——齿条;3——普通轨

在坡道上($\geqslant 3°$)齿轨车的道岔一般有两种型式。一种是齿条连续道岔,这种道岔采用了道岔与齿条同时摆动拨道的结构。另一种是齿条断开道岔,拨道岔时齿条位置不动,此种道岔操作容易,结构也较为简单,多用于线路坡度不太大的地方。

齿轨机车轨道铺设质量要求较为严格,在 3°以上坡道时,一般均采用金属轨枕,如 11 号或 12 号工字钢或槽钢轨枕。为防止轨道窜动,每隔一定距离需用锚杆将轨枕与巷道底板锚固成一体。

(二)车场的布置特点

由于齿轨机车属于自牵引形式,因此采区车场布置十分简便,类似于自牵引卡轨车的车场形式。一般只需在采区下部车场内设有一段长度约 20 m 的调车储车线即可。当齿轨机车需要进入区段巷时,将通过道岔进入联络区段巷的弯道中,然后拐入区段巷内,如图 14-54 所示。

由于齿轨机车运输系统一般都是井底车场→大巷→采区→区段的一条龙直达运输,因此无需设立转载站。

（三）齿轨机车、卡轨车等地轨车辆运行所需巷道断面

这类机车的运行方式与传统运输设备基本相同,所不同的是轨道结构和动力源,这些对于运输间距与巷道断面影响不大。因此这些车辆运行中的间距确定方法与传统运输设备相同,可按《煤矿安全规程》规定的有关各项安全间距选取即可。巷道高度可根据需要选取,一般比单轨吊车运输时要求的高度低。

四、无轨胶轮运输车和轨道胶套轮机车

（一）基本特征

无轨胶轮车又称自行矿车,使用灵活不需要轨道,转载环节少,可一机多用,运输能力大,机动性强,安全可靠,初期投资低,可以直接在较硬的巷道底板上运行(比压大于 150 kPa),适合开采近水平煤层时的工作面搬家运输,以及与连续采煤机配合使用。无轨机车爬坡能力重载可达 $12°$,空载可达 $30°$,一般由柴油机或蓄电池作为动力。无轨运输可以大大提高全矿井效率,显著降低运输费用,但是它对巷道条件要求较高,特别是巷道断面尺寸要求较大。无轨运输一般在采区内不设车场和有关硐室。无轨运输被普遍认为是解决辅助运输问题较有希望的技术途径。

有轨胶套轮机车是在普通轨道运输的基础上,将机车的钢轮套上一个胶质套圈做轮缘面,这样可以显著增加车轮与钢轨间的黏着系数,同时加装新型制动闸,以有效地加大机车牵引能力和制动能力,可在 $5.7°$ 以下的坡道上运行。牵引动力一般为蓄电池提供,功率较小。由于结构紧凑,不需改装普通轨道,可以机动灵活地使用在沿煤层起伏不平的巷道中,是比较理想的掘进运输设备。

（二）无轨运输车运行所需巷道断面

无轨运输车车速一般为 $5\sim30$ km/h;车身较长,有时还需和拖车铰接,没有固定的轨道限制其运行轨迹,所以司机很难控制机车与巷道两帮的距离恰到好处。其安全运行距离应采用下列数值。对于主干巷道应留有宽度在 1.2 m 以上的人行道;另一侧宽度也不应小于 0.5 m;两辆对开车辆最突出部分之间的距离不小于 0.5 m(图 14-60)。采区巷道,间距可适当缩小,人行道宽度可按 $0.8\sim1.0$ m 留设;另一侧宽度可按 $0.3\sim0.5$ m 留设;在能保证行车不行人的巷道内,可以不设人行道。

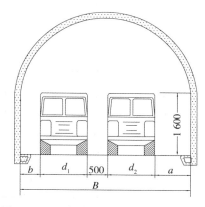

图 14-60 无轨胶轮运输所需巷道断面

在巷道转弯或交叉处的巷道宽度 B 应根据无轨运输车的转弯半径和运输间距来确定:

$$B \geqslant R_1 - R_2 + 1.2 + 0.5 \tag{14-71}$$

式中 R_1——机车转弯的外半径,m;

R_2——机车转弯的内半径,m。

另外,巷道宽度的确定还与车速有关,在不行人的巷道,其宽度如表 14-12 所列。

表 14-12　　　　　　　　　　**无行人巷道无轨运输时的巷道宽度要求**

车　速/(m/s)	2.25	2.25～3.6	>3.6	B 为胶轮车
巷　宽/m	B+0.6	B+1.2	B+1.5	最大宽度

五、选择与应用

目前国产不同类型辅助运输新设备的技术特征如表 14-13 所示。

表 14-13　　　　　　　　　　　　**国内辅助运输设备的技术特征**

类型	型　号	技　术　特　征							
		牵引动力方式	功率/kW	牵引速度/(m/s)	牵引力/kN	水平曲率半径/m	垂直曲率半径/m	最大爬坡/(°)	轨道类型
单轨吊	FND—20Y	柴油机	15	0～1.8	11.7	≥4	≥8	16	Ⅰ 140E 工字钢
	FND—40	柴油机	30	0～2.4	29.4	≥4	≥8	18	Ⅰ 140E 工字钢
	FND—90	柴油机	66	0～2	61.7	≥4	≥10	18	Ⅰ 140E 工字钢
	XTD—7	蓄电池	4.5	0.5～1.5	7	≥4	≥10	14.5	Ⅰ 140E 工字钢
	TXD—25	蓄电池	25	1.1	37	≥4	≥10	10	Ⅰ 140E 工字钢
卡轨车	KCY—6/900	钢绳液压绞车	100	0～2	60	≥4	≥15	20	18 号槽钢
	KCY—8/900	钢绳液压绞车	100	0～1.5	80	≥4	≥15	20	18 号槽钢
	F—1	钢绳液压绞车	170	0～1.5	90	≥4	≥15	25	18 号槽钢
	F—1A	钢绳液压绞车	170	0～3	100	4～7	≥15	25	11 号工字钢改制
	KJS—6/900	钢绳液压绞车	110/55	1.2～0.6	80/40	≥6	≥15	20	普通钢轨
	KSP—8/600	钢绳液压绞车	100	1.5	60	≥4	≥15	25	普通钢轨
	CZK—66	柴油机	66	0～3	卡轨段45	≥4	≥22	15	普通轨、齿条
齿轨车	JX—90	柴油机	66	黏着 0～44 齿轨 0～2.2	黏着 22 齿轨 60	≥10	23≥	10	普通轨、齿条
	KZB—8/900	柴油机	66	黏着 0～2.5 齿轨 0～2.0	黏着 14 齿轨 80	≥10	≥15	18	普通轨、齿条
胶套轮	JX20 FDJ	柴油机	17	2.0	18			5.7	普通钢轨
	SKJS/6	蓄电池	2×7.5	1.8	11			5.7	普通钢轨
无轨车	DZY—16 支架车	柴油机	66	1.03～1.94	53.92	≥6.3		12	
	CY—12 铲车	柴油机	66	0～5.0	58.8	≥5.7		18	
	YMC—4KB 运输车	柴油机	29.3	0～5.0	25	≥4.8		10	
	YMC—2KB 运输车	柴油机	15	0～3.97	22	≥4.4		12	

　　这些设备可按空间区分为架空式与落地式;按牵引方式区分为机车牵引和钢丝绳绞车牵引;按牵引动力可分为液压马达、内燃机和电动机三种;按运行方式可分为有轨运输和无轨运输。

　　在有底鼓现象或软底板的巷道中,宜选用单轨吊车。在需要重载运输的矿井中,只要底板条件允许,应优先考虑采用落地式的辅助运输方式。由于钢丝绳绞车牵引甩调车困难,运距不但受限制,而且不宜经常变化(需移动尾轮),因此一般多用在采区上(下)山。对于倾角较小,需进行多点直达运输的矿井则宜采用机车牵引方式,例如柴油机为动力的单轨吊、卡轨车和齿轨车等。由于无轨运输机动灵活,它的车身一般为铰接,可在起伏不平的巷道中自由驾驶,转弯半径小(3～6 m),运输品种不限,因此对于那些赋存较浅,倾角不大,采用平硐或12°以下斜井开拓的近水平煤层矿井,只要巷道及围岩条件具备,都可以考虑采用井上下一条龙的无轨运输方式。当巷道起伏变化比较大时,应优先考虑选用对巷道起伏适应性强的卡轨车或单轨吊车。齿轨机车在进入齿轨段时要有导入装置,因此机车在齿轨段要保证有一定的运行长度,所以齿轨车最适于煤层倾角变化不大,巷道底鼓量很小,需重载运输的盘区布置的大型矿井。由于胶套轮机车的胶轮比压有限,磨损严重,尚难负担重载运输。因此,多用于采区巷道准备时的辅助运输。

　　上述几种辅助运输设备各有特点和适用范围,在选型时,应根据矿井具体条件、巷道布置特点、巷道顶底板及支护情况以及设备的供应情况进行综合选型分析,求得整体经济效益最佳。

复习思考题

1. 试说明轨道道岔的组成、作用、基本形式及如何选用。

2. 试说明 DK615—4—12;DC624—3—12;DX918—5—2019 标准道岔的符号意义。

3. 指出弯道特征参数有哪些? 在设计图中应如何标注? 弯道半径如何选择?

4. 试说明弯道线路的外轨抬高,弯道的轨距、巷道、轨中心距加宽的理由,其值如何选取?

5. 试说明轨道线路连接点种类、特点,其参数如何计算?

6. 大巷采用电机车运输时,线路为什么要按等阻力坡度设计,其坡度通常是多少?

7. 试说明采区车场的含义、作用及组成。

8. 合理的采区车场轨道线路设计应符合哪些要求?

9. 试说明采区上、中、下部车场基本类型及如何选用?

10. 试分析单双道起坡甩车场的特点、斜面线路各参数和剖面各点标高计算。

11. 为什么说当大巷采用底卸式矿车时,采区装煤车场线路布置形式要与井底车场形式对应?

12. 试述采区煤仓基本形式、优缺点及如何选用?

13. 试分析影响采区煤仓容量的因素及确定方法。

14. 试述单轨吊车、齿轨车和无轨运输车等辅助运输系统的基本特征、车场布置特点及如何选择?

第十五章 采区设计的程序和内容

第一节 编制采区设计的依据、程序和步骤

一、采区设计的依据

要做好采区设计,起到正确指导生产的作用,必须要有正确的设计指导思想和充分可靠的设计依据。

采区设计必须贯彻执行党和国家对煤炭工业的技术发展方向和政策。如《煤炭工业技术政策》、《煤矿安全规程》、《煤矿设计规范》及上级机关对设计有关问题的批示等。

采区是组成矿井的基础,服务年限少则三四年,多则七八年,还有的达十余年。采区设计被批准后,在采区的施工及生产过程中,一般不能任意改变。因此,采区设计要为矿井合理集中生产和持续稳产、高产创造条件;尽量简化巷道系统,减少巷道掘进和维护工程量;有利于采用新技术,发展机械化和自动化;煤炭损失少,安全条件好等。

为了达到上述要求,在采区施工前进行完整的、全面的设计是十分必要的。采区设计的主要依据有:

(一)已批准的采区地质报告

地质报告主要包括地质说明书和附图两部分。

在采区地质说明书中,应有详细的采区地质特征,地质构造状况;煤层赋存条件和煤层稳定程度;矿井瓦斯等级;有无煤和瓦斯突出危险;自然发火期;水文地质特征;煤种和煤质以及国家对产品的要求;钻孔布置及各级储量的比例等。

图纸包括:采区井上下对照图、煤层底板等高线图、储量计算图、勘探线剖面图、钻孔柱状图、采掘工程平(立)面图等。

(二)根据矿井生产、接替和发展对所设计采区的要求

主要是生产矿井提出的对设计采区的生产能力、回采工艺方式、采准巷道布置及生产系统改革等要求,以适应生产技术不断发展的需要。

二、采区设计程序

采区设计一般是根据矿井设计和矿井改扩建设计以及生产技术要求,由矿主管单位提出设计任务书,报局批准,而后由矿或局的有关部门、单位根据批准的设计任务书进行设计。

采区设计通常分为两个阶段进行,即确定采区主要技术特征的采区方案设计和根据批准的方案设计而进行的采区单位工程施工图设计。

采区方案设计除了需要阐述采区范围、地质条件、煤层赋存状况、采区生产能力、采区储

量及服务年限等基本情况外,应着重论证和确定以下问题:采准巷道的布置方式及生产系统、采煤方法选择、采掘工作面的工艺及装备、采区参数、采区机电设备的选型与布置、安全技术措施等。

在进行具体采区方案设计时,应根据煤炭工业技术政策、地质和生产技术条件、设备供应状况,拟定数个技术上可行的方案,然后计算各方案相应的技术经济指标,通过对这些方案进行技术经济比较,选择出技术上和经济上合理的方案,为进一步进行采区施工图设计打下基础。

采区施工图设计是在采区方案设计被批准后进行的。在施工图设计中,主要是根据采区方案设计的要求,对采区某些单位工程,如采区巷道断面,采区上、中、下部车场,巷道交岔点及采区硐室等进行具体的设计,求出有关尺寸、工程量和材料消耗量,绘制出图纸和表格,以便进行施工前的准备工作及施工。

应该指出,采区方案设计和施工图设计是紧密联系的整体和局部的关系。采区方案设计中技术方案要通过单位工程来实现,在进行采区方案设计时应考虑施工图设计的可能性和合理性;但施工图设计要以批准的方案设计为依据,体现方案设计的技术要求。必要时,应根据实际情况的变化和施工的具体要求,本着实事求是的精神,进行适当的修改,并报上级批准,使设计更加完善、更加符合施工和生产的要求。

三、采区设计的步骤

应按下列步骤进行:

(1)认真学习党和国家有关煤矿生产、建设的方针政策,并了解局、矿对采区设计的具体要求和规定。

要按照具体条件,因地制宜同时又积极创造条件,提高采、掘、运机械化水平,提高采煤工作面单产;积极推广无煤柱护巷技术及巷旁支护技术,降低掘进率和降低煤炭损失;实现合理集中生产,提高劳动生产率。

(2)明确设计任务,掌握设计依据。根据矿井生产技术发展及生产衔接的需要,明确采区设计中重大问题的设计任务,如采准巷道布置及回采工艺的改革、采区生产能力的确定等主要技术原则。矿井地质部门应提出采区的地质说明书及附图,并应有分煤层和分等级的储量计算图。必要时设计人员需对储量进行核算,设计人员真正掌握设计依据,使设计建立在可靠的基础上。

(3)深入现场,调查研究。根据采区设计所需要解决的问题,确定调查的课题、内容、范围和方法。例如,调查原有采区的部署、巷道布置及生产系统、车场形式等;作为巷道布置方案设计时的借鉴;调查采煤、掘进、运输、提升等的生产能力,煤仓容量等数据,作为设备选型的参考;搜集巷道掘进、运输、提升、排水、通风和巷道维护等方面的技术经济指标,以便进行不同方案的技术经济比较。充分掌握第一手资料,使设计建立在客观实际的基础上。

(4)研究方案,编制设计。在进行实际调查研究的过程中,一定要注意汇集各有关单位对设计的具体要求及设想,根据设计条件提出几个可行方案,广泛征求意见,认真研究、修改和充实设计方案内容,在此基础上集中为两三个较合理的方案,进行技术经济比较,确定出采用的方案,正式编制设计。

(5)审批方案设计。将已完成的方案设计经有关单位会同审查后,由有关上级部门批准。

（6）进行施工图设计。根据已批准的方案设计，进行各单位工程的施工图设计。

第二节　采区设计的内容

采区设计编制的内容，包括采区设计说明书、采区设计图纸。

一、采区设计说明书

（1）采区设计说明书应说明：采区位置、境界、开采范围及与邻近采区的关系；可采煤层埋藏的最大垂深，有无小煤窑和采空区积水；与邻近采区有无压茬关系等。

（2）采区所采煤层的赋存情况（走向、倾斜、倾角及其变化规律、煤层厚度、层数、层间距离、夹矸层厚度及其分布，顶底板的岩石性质及其厚度等）及煤质。

瓦斯涌出情况及其变化规律，瓦斯涌出量及确定依据；煤尘爆炸性，煤层自然发火性及其发火期；地温情况等。

水文地质：井上、下水文地质条件；含水层、隔水层特征及发育情况、变化规律；矿井突水情况、静止水位和含水层水位变化；断层导水性；现生产区域最大及正常涌水量，邻近采区周围小窑涌水和积水情况等。

煤层及其顶底板的物理、力学性质等。

说明对地质资料进行审查的结果，包括资料的可靠性及存在的问题。

（3）确定采区生产能力，计算采区储量（工业储量、可采储量）和高级储量所占的比例，计算采区服务年限并确定同时生产的工作面数目。

（4）确定采区准备方式。区段和工作面划分、开采顺序，采掘工作面安排及其生产系统（包括运煤、通风运料、供电、排水、压气、充填和灌浆等）的确定。当有几个不同的采区巷道准备方案可供选择时，应该进行技术经济分析比较，择优选用。

（5）选择采煤方法和采掘工作面的机械装备。

（6）进行采区所需机电设备的选型计算，确定所需设备型号及数量，采区信号、通信与照明等。

（7）洒水、掘进供水、压气、充填和灌浆等管道的选择及其布置。

（8）采区风量的计算与分配。

（9）安全技术及组织措施：对预防水、火、瓦斯、煤尘、穿过较大断层等地质复杂地区提出原则意见，供编制回采与掘进工作面技术作业规程参考，并在施工中采取相应的措施。

（10）计算采区巷道掘进工程量。

（11）编制采区设计的主要技术经济指标：采区走向长度和倾斜长度、区段数目、可采煤层数目及煤层总厚度、煤层倾角、煤的密度、采煤方法、主采煤层顶板管理方法、采区工业储量和可采储量、机械化程度、采区生产能力、采区服务年限、采区回采率和掘进率，巷道总工程量、投产前的工程量。

二、采区设计图纸

设计图纸一般包括：

地质柱状图、采区井上下对照图、煤层底板等高线图、储量计算图及剖面图等应进行复印,作为采区设计的一部分。此外,还须有:

(1) 采区巷道布置平面及剖面图(比例:1∶1 000 或 1∶2 000);

(2) 采区采掘机械配备平面图(比例:1∶1 000 或 1∶2 000);也可以与(1)合并得到。

(3) 采煤工作面布置图(比例:1∶50 或 1∶200);

(4) 采区通风系统(最大、最小负压)示意图;

(5) 瓦斯抽放系统图(低瓦斯矿井不要此图);

(6) 采区管线布置图(包括防尘、洒水、灌浆管路布置等);

(7) 采区轨道运输系统图(比例:1∶1 000 或 1∶2 000);

(8) 采区供电系统图(比例:1∶1 000 或 1∶2 000);

(9) 避灾路线图;

(10) 采区车场图(比例:1∶200 或 1∶500);

(11) 采区巷道断面图(比例:1∶50 或 1∶20);

(12) 采区巷道交岔点图(比例:1∶50 或 1∶100);

(13) 采区硐室布置图(比例:1∶200)。

前 9 张图属方案设计附图,后 4 张图是施工图。以上仅是一般情况,具体设计时应根据情况适当增删。

采区设计的编制和实施是矿井生产技术管理工作的一项重要内容,一般由矿总工程师负责组织地质、采煤、掘进、通风、安全、机电、劳资、财务等部门共同完成。

随着系统工程及计算机在采矿设计中的应用及发展,一些部门对采区技术方案进行了优化设计,计算机辅助设计,取得了较好的效果,是设计改革的一个重要方向。

复习思考题

1. 编制采区设计的依据是什么?

2. 试述采区设计的步骤。

3. 简述采区设计应包括的内容。

第三编

井田开拓及矿井开采设计

第十六章　井田开拓的基本概念

第一节　煤田划分为井田

在煤田划分为井田时,要保证各井田有合理的尺寸和境界,使煤田各部分都能得到合理的开发。

一、划分的原则

(一) 井田范围、储量、煤层赋存及开采条件要与矿井生产能力相适应

对一个生产能力较大的矿井,尤其是机械化程度较高的现代化大型矿井,应要求井田有足够的储量和合理的服务年限。生产能力较小的矿井,储量可少些。矿井生产能力还要与煤层赋存条件、开采技术装备条件相适应,并要为矿井发展留有余地。随着开采技术的发展,根据当前技术水平划定井田范围,可能满足不了矿井长远发展的要求。因此,井田范围应适当划得大些,或在井田范围外留一备用区,暂不建井,以适应矿井将来发展的需要。对于煤层总厚度较大,开采条件好,为加快矿井建设和节约初期投资而建设的中小型矿井,更应如此。

(二) 保证井田有合理的尺寸

一般情况下,为便于合理安排井下生产,井田走向长度应大于倾斜长度。如井田走向长度过短,则难以保证矿井各个开采水平有足够的储量和合理的服务年限,造成矿井生产接替紧张;或者在这种情况下为保证开采水平有足够的服务年限使阶段(水平)高度加大,将给矿井生产带来困难。井田走向长度过长,又会给矿井通风、井下运输带来困难。因此,在矿井生产能力一定的情况下,井田走向长度过长或过短,都将降低矿井的经济效益。

我国煤矿生产实践表明,井田走向长度应达到:小型矿井不小于 1.5 km;中型矿井不小于 4.0 km;大型矿井不小于 7.0 km;特大型矿井可达 10.0～15.0 km。

(三) 充分利用自然等条件划分井田

例如,利用大断层作为井田边界,或在河流、国家铁路、城镇等下面进行开采存在问题较多或不够经济,需留设安全煤柱时,可以此作为井田边界。这样,既降低了煤柱损失,又减少了开采技术上的困难,示例见图 16-1。

在煤层倾角变化很大处,可以其作为井田边界,便于相邻矿井采用不同的采煤方法和采掘机械,简化生产管理。其他如大的褶曲构造也可作为井田边界。

在地形复杂的地区,如地表为沟谷、丘陵、山岭的地区,划定的井田范围和边界要便于选择合理的井筒位置及布置工业场地。对于煤层煤质、牌号变化较大的地区,如果需要,也可考虑依不同煤质、牌号按区域划分井田。

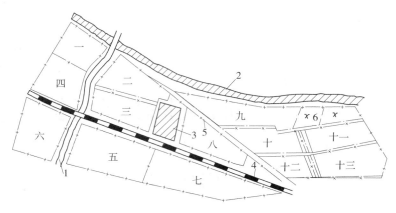

图 16-1　利用自然等条件作为井田边界

1——河流；2——煤层露头；3——城镇；4——铁路；5——大断层；6——小煤窑
一、二、三、四、五、六、七、八、九、十、十一、十二、十三——划分的矿井

（四）合理规划矿井开采范围，处理好相邻矿井之间的关系

划分井田边界时，通常把煤层倾角不大，沿倾斜延展很宽的煤田，分成浅部和深部两部分。一般应先浅后深，先易后难，分别开发建井，以节约初期投资，同时也能避免浅、深部矿井形成复杂的压茬关系，给开采带来困难。浅部矿井井型及范围可比深部矿井小。如煤层赋存浅、层（组）间距大、上下煤层（组）开采无采动影响，为加速矿区建设也可在煤田浅部分煤组同时建井，然后再在深部集中建井。

当需加大开发强度，必须在浅、深部同时建井或浅部已有矿井开发需在深部另建新井时，应考虑给浅部矿井的发展留有余地，不使浅部矿井过早地报废。

二、井田境界的划分方法

井田境界的划分方法有垂直划分、水平划分、按煤组划分及按自然条件形状划分几种。

（一）垂直划分

相邻矿井以某一垂直面为界，沿境界线各留井田边界煤柱，称为垂直划分。井田沿走向两端，一般采用沿倾斜线、勘探线或平行勘探线的垂直面划分。如图 16-2 所示，一、二矿之间及三矿左翼边界即是。近水平煤层井田无论是沿走向还是沿倾向，都采用垂直划分法，如图 16-3 所示。

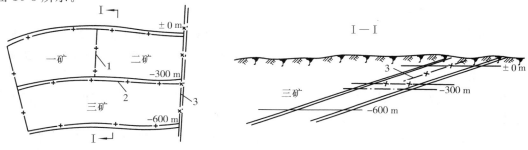

图 16-2　井田边界划分方法

1——垂直划分；2——水平划分；3——以断层为界

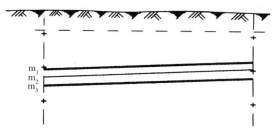

图 16-3 近水平煤层井田边界划分方法

（二）水平划分

以一定标高的水平面为界，即以一定标高的煤层底板等高线为界，并沿该煤层底板等高线留置边界煤柱，这种方法称作水平划分。如图 16-2 中，三矿井田上部及下部边界就是分别以－300 m 和－600 m 等高线为界的，这种方法多用于划分倾斜和急斜煤层以及倾角较大的缓斜煤层井田的上下部边界。

（三）按煤组划分

按煤层（组）间距的大小来划分矿界，即把煤层间距较小的相邻煤层划归一个矿开采，把层间距较大的煤层（组）划归另一个矿开采。这种方法一般用于煤层或煤组间距较大、煤层赋存浅的矿区，如图 16-4 中Ⅰ矿与Ⅱ矿即为按煤组划分矿界并且同时建井。

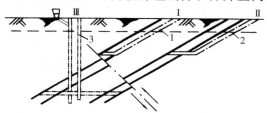

图 16-4 矿界划分及分组与集中建井
1,2——浅部分组建斜井；3——深部集中建立井

另外，矿界还可以按地质构造条件来划分，例如以断层为矿界，各矿沿断层线留置矿界煤柱。图 16-4 中，Ⅲ矿与Ⅰ、Ⅱ矿的矿界，图 16-2 中二、三矿右翼边界即是。

应当指出，无论用何种方法划分井田境界，都应力求做到井田境界整齐，避免犬牙交错，造成开采上的困难。

第二节 矿井储量、生产能力和服务年限

一、矿井储量

在划定的井田范围内，计算矿井开采煤层的储量，是进行矿井设计和生产建设的依据。

矿井储量可分为矿井地质储量、矿井工业储量和矿井可采储量。

矿井地质储量包括平衡表内储量和平衡表外储量。平衡表内储量是指在目前技术条件下煤层的主要质量指标（如灰分含量、发热量等）和经济技术指标（如煤层的厚度、赋存条件

等)都符合工业要求、可供开采的储量。平衡表外储量是指煤层的质量指标或经济技术指标不能满足当前的工业要求,目前暂不能开采,但今后可能利用和开采的储量。

矿井工业储量是指在井田范围内,经过地质勘探,煤层厚度和质量均合乎开采要求,地质构造比较清楚,目前即可供利用的可列入平衡表内的储量。

矿井工业储量是进行矿井设计的资源依据,一般即列入平衡表内的 A＋B＋C 级储量,不包括作为远景的 D 级储量。缺煤地区一些煤层赋存不稳定、构造较复杂的煤田,达到高级储量(A、B 级)的勘探工程量太大而井型又小,计算矿井工业储量(Z_c)时可包括一部分 D 级储量。为便于地方小煤矿发展,计算其工业储量时也包括一部分远景储量,均可取为 A＋B＋C＋0.5D。

矿井可采储量(Z)是矿井设计的可以采出的储量,故

$$Z = (Z_c - P)C$$

式中　P——保护工业场地、井筒、井田境界、河流、湖泊、建筑物等留置的永久煤柱损失量;

　　　C——采区采出率,厚煤层不低于 0.75;中厚煤层不低于 0.8;薄煤层不低于 0.85;地方小煤矿不低于 0.7(新井设计时可按上述数据选取)。

二、矿井生产能力

矿井生产能力是煤矿生产建设的重要指标,在一定程度上综合反映了矿井生产技术面貌,是井田开拓的一个主要参数,也是选择井田开拓方式的重要依据之一。

大型矿井的产量大、装备水平高、生产集中、效率高、服务年限长,能较长地供应煤炭,是我国煤炭工业的骨干。但大型井的初期工程量较大,施工技术要求较高,需要较多的设备,特别是现代化的先进设备和重型设备,建井工期较长,生产技术管理也比较复杂。小型矿井的初期工程量和基建投资比较少,施工技术要求不太高,技术装备比较简单,建井期短,能较快地达到设计能力。但生产比较分散、效率低,矿井服务年限较短,而且占地相对较多。我国煤炭工业执行"大、中、小并举"方针,大中小型矿井互为补充,都有很大的发展。随着生产矿井的改扩建及新建矿井的投产以及生产机械化、集中化的发展,我国国有重点煤矿的矿井平均年产量不断提高。

矿井生产能力是与井田划分紧密联系并相互适应的,是矿区总体设计应解决的重要原则问题。矿井生产能力主要根据矿井地质条件、煤层赋存情况、储量、开采条件、设备供应及国家需煤等因素确定。

对于储量丰富、地质构造简单、煤层生产能力大、开采技术条件好的矿区应建设大型矿井。当煤层赋存深、表土层很厚、冲积层含水丰富、井筒需用特殊方法施工时,为扩大井田开采范围,减少开凿井筒数目,节约建井工程量和降低吨煤投资,以建设大型井为宜。对煤层生产能力较大、地形地貌复杂的矿区,工业场地的选择和布置较难,为避免过多的地面工程,井田范围划得大些,也应设计大型矿井。

对于储量不很丰富,煤层生产能力不大;或储量较丰富,但多为薄煤层,开采条件较差;或地质构造比较复杂,以及煤层有煤和瓦斯突出危险,宜建设中小型矿井。

对于具体的矿井,应根据国家需要,结合地质和技术条件,开拓、准备和通风方式以及机械化水平等因素,在保证生产安全、技术经济合理的条件下,综合计算开采能力和各生产环节所能保证的能力,并根据矿井储量,验算矿井和水平服务年限是否能够达到规定的要求。

（1）开采能力。即按矿井开采条件所能保证的原煤生产能力，主要是同时正常生产的采区生产能力的总和。

在具体条件下，根据煤层赋存情况、顶底板岩石性质、所选用的采煤工艺和设备、相应的采煤工作面长度和推进度，可确定采煤工作面的生产能力。在此基础上，根据采区巷道布置类型、采煤工作面接替等因素，并结合采区运输、通风条件，可确定采区内同时生产的采煤工作面数目，从而确定采区生产能力。

为实现合理集中生产、减少初期工程量和基建投资，并能及早投产，一般以开采一个水平来保证矿井设计能力。因此，矿井内同时生产的采区个数，实际上就是一个水平内同时生产的采区个数。

矿井一般分为两翼，每翼有若干个采区。矿井投产后，两翼采区依次投产，逐步接替。一个正常生产的采区开始减产，便要有另一个采区开始接替，接替期间就形成两个采区同时生产。如有两个采区同时正常生产，便至少有一个采区准备接替，还可能有正在收尾的采区和新开拓的采区。这样，正在回采和掘进的采区就在三四个以上。如要 3 个采区同时正常生产，则同时回采和掘进的采区就更多，运输、通风管理复杂，采掘相互干扰，对矿井集中生产不利，故矿井每翼同时正常生产的采区数目一般不宜超过 2 个，两翼则不宜超过 4 个。目前不同生产能力矿井的同采采区个数可取下列数值：

矿井生产能力/（Mt/a）	0.60 以下	0.90,1.20	1.50,1.80	2.40,3.00
同采采区个数/个	1～2	2	2～3	3～4

（2）各生产环节的能力。主要是提升、运输和通风能力，大巷和井底车场通过能力。对新井设计来说，是根据矿井生产能力的需要选用合适的设备和设计大巷及井底车场，这些环节一般不成为限制生产能力的因素。但如设备供应条件限定，则有可能按限定的设备能力来确定矿井生产能力。新设计矿井的各生产环节都有 30%～50% 的储备能力，足以保证矿井开采的要求。当煤层条件较好，或因采用了新技术、新工艺，采煤工作面单产和采区生产能力有了大幅度的提高，增加矿井产量受到原有生产环节能力的限制时，则可进行矿井改建或扩建，改造生产环节，保证矿井有较高的综合生产能力。

（3）储量条件。矿井生产能力应与其储量相适应，以保证有足够的矿井和水平的服务年限。我国对各类井型的矿井和水平的设计服务年限要求参见表 16-1。

表 16-1　　　我国设计规范规定的各类井型的矿井和开采水平设计服务年限

井 型	矿井设计生产能力 /（M t/a）	矿井设计服务年限 /a	开采水平设计服务年限/a		
			开采 0°～25° 煤层的矿井	开采 25°～45° 煤层的矿井	开采 45°～90° 煤层的矿井
特大	≥6.00	80	40	—	—
	3.00～5.00	70	35	—	—
大	1.20,1.50,1.80,2.40	60	30	25	20
中	0.45,0.60,0.90	50	25	20	15
小	0.09,0.15,0.21,0.30	各省自定			

表 16-1 中列举的数值有一个较大的范围,井型较大时宜取大值,井型较小时可取小值。如井田深部境界以下尚有储量可供开发时,可取较小值。地方小煤矿的装备和设施比较简单,矿井服务年限可较短。

大型矿井第一水平服务年限应不低于 30 a。

(4) 安全生产条件。主要是指瓦斯、通风、水文地质等因素。矿井瓦斯涌出量大,所需风量大,通风能力可能成为限制矿井生产能力的因素。生产矿井也有不少因通风能力不足而改造通风系统,以满足矿井增产需要的例子。矿井涌水量很大时,为减少矿井排水的年限,可适当加大开采强度,缩短开采年限。

在上述四方面因素中,储量是基础,开采能力是关键,各生产环节能力应配套,安全生产条件必须保证。对开采能力预计过高,矿井投产后将长期达不到设计生产能力;对开采能力预计过低,矿井投产后会迅速突破设计生产能力,原有的生产系统环节能力、井田的尺寸和储量不能适应增产要求,又需进行矿井改建,还可能造成某些开采技术上的不合理,这是应当注意避免的。

三、矿井服务年限

在划定的井田范围内,当矿井生产能力 A 一定时,可计算出矿井的设计服务年限 P:

$$P = \frac{Z}{AK}$$

式中 K——矿井储量备用系数,矿井设计一般取 1.4,地质条件复杂的矿井及矿区总体设计可取 1.5,地方小煤矿可取 1.3。

我国第一个五年计划期间设计和建设的矿井没有考虑矿井储量备用系数,相当一部分矿井投产后出现下述情况:

(1) 矿井各生产环节有一定储备能力,矿井投产后迅速突破设计能力,提高了年产量。

(2) 矿井精查地质报告一般只能查找出落差大于 25 m 的断层,矿井投产后,新发现不少小断层,增加了断层煤柱损失。

(3) 有的矿井煤层经井巷揭露,实际的煤层露头风化带或小煤窑开采深度较设计资料为深,开采水平的上山部分可采斜长缩短,可采储量减少。

(4) 投产初期缺乏开采经验,采出率达不到规定的数值,增加了煤的损失。

由于上述原因,矿井的实际产量增加,矿井和水平的可采储量减少,矿井第一水平的服务年限大大缩短,投产不久,就要进行延深,对于矿井生产不利也不经济。因此,做出了应考虑储量备用系数的规定。

对于生产矿井,经过开采和生产地质工作,掌握了矿井地质变化规律,矿井产量计划已考虑了增产因素,根据矿井的具体情况,可以取较小的系数或不考虑储量备用系数。

矿井服务年限应与矿井的生产能力相适应。我国一些矿井的服务年限见表 16-2。

对于井型大的矿井,装备水平高,基建工程量大,基本建设投资多,吨煤投资(吨煤生产能力的投资)高。在矿井建设总投资中,矿建工程费用一般占 30%～50%,地面建筑费约占 10%～20%。这些都属于固定资产投资,为了发挥这些投资的效果,矿井的服务年限就应该长一些。还应该看到,煤矿生产建设是整个工业体系的一个环节,它和其他企业是密切联系的。井型大,为其服务的选煤厂、以煤为原料或燃料的企业建设规模相应增大,为使这些企业充分发挥作用,矿井服务年限也应该大一些。从保证矿区均衡生产来看,井型较大的矿井对保证矿区产量起骨干作用,其服务年限长一些也是有利的。小型矿井装备水平低,投资较少,服务年限相应短一些。对缺煤地区,为了最大限度供应煤炭,加大开发强度,矿井的服务年限可适当缩短。国外矿井设备更新的周期短,矿井服务年限有缩短的趋势,其大型矿井服务年限约为 40~50 a,见表 16-3。

表 16-2 我国部分大型矿井的设计服务年限

矿井名称	可采储量/亿 t	矿井设计生产能力/(Mt/a)	服务年限/a
兴隆庄	3.94	3.00	94
云 岗	6.2	2.70	183
燕子山	5.2	4.00	92
凤凰山	2.8	1.50	150
西 曲	4.0	3.00	97
芦 岭	1.38	1.50	66
大 兴	4.2	3.00	101
潘集一号	5.8	3.00	146

表 16-3 国外一些大型矿井的设计服务年限

国 别	矿井名称	可采储量/亿 t	矿井设计生产能力/(Mt/a)	服务年限/a
英 国	铠林莱	1.8	1.50	35
英 国	塞尔比	6.0	10.00	40
前苏联	多尔然	2.0	4.20	45
前苏联	红军矿	2.5	4.00	42
前苏联	萨兰斯卡亚	8.5	11.00	55
波 兰	皮雅斯特	—	7.20	71
德 国	瓦恩特矿	3.0	3.00	30
美 国	莫朗二号	0.73	2.20	25
美 国	莫朗三号	1.00	7.50	25
日 本	夕张新矿	0.81	1.50	43

近年来,我国对不同井型的矿井服务年限规定也有缩短的趋势,见表 16-1。但因国情不同,比国外仍长一些。

矿井生产能力和服务年限的关系,实质上就是矿井生产能力和矿井储量的关系。在圈定的井田范围内,矿井储量一定,井型越大,服务年限越短。井型越小,服务年限越长。如前所述,井型增大,基建投资、为全矿开采服务的基建费(如地面设施、井筒等)也增大,分摊到全矿每采吨煤的这部分基建费用则要增加。另一方面,由于生产能力增大和集中生产,提高了效率,一部分生产经营费(如矿井提升、运输、通风、排水及企业管理等费用)并不随产量增大成比例地增加,因此分摊到每(采)吨煤上的费用相对减少。这样,随生产能力和服务年限的变化,分摊到采出的每吨煤上的这两部分费用也发生变化,并相互消长,当矿井生产能力与服务年限为某数值时,可使吨煤的总费用最低,相近于这个数值范围,则是合理的矿井生产能力和服务年限。但由于与矿井生产能力有关的生产费用及其之间的关系难以查明,并由于生产技术的发展,新设备、新工艺的采用,各项费用与矿井生产能力的关系本身也在不断变化,故上述方法难以实际应用。在具体矿井设计中,为求得合理的矿井生产能力,往往提出几个方案进行技术经济比较,从中选择较合理的方案。

第三节 开拓方式的概念及分类

在一定的井田地质、开采技术条件下,矿井开拓巷道可有多种布置方式,开拓巷道的布置方式通称为开拓方式。合理的开拓方式,一般要在技术可行的多种开拓方式中进行技术经济分析比较后,才能确定。

一、井田开拓方式分类

井田开拓方式种类很多,一般可按下列特征分类。

(一) 按井筒(硐)形式

按井筒(硐)形式可分为立井开拓、斜井开拓、平硐开拓、综合开拓。

(二) 按开采水平数目

按开采水平数目可分为单水平开拓(井田内只设 1 个开采水平)、多水平开拓(井田内设 2 个及 2 个以上开采水平)。

(三) 按开采准备方式

按开采准备方式可分为上山式、上下山式及混合式。

(1) 上山式开采。开采水平只开采上山阶段,阶段内一般采用采区式准备。

(2) 上下山式开采。开采水平分别开采上山阶段及下山阶段,阶段内采用采区式准备或带区式准备;近水平煤层时,开采水平分别开采井田上山部分及下山部分,采用盘区式或带区式准备。

(3) 上山及上下山混合式开采。上述方式的结合应用。

(四) 按开采水平大巷布置方式

(1) 分煤层大巷,即在每个煤层设大巷。

(2) 集中大巷,在煤层群集中设置大巷,通过采区石门与各煤层联系。

(3) 分组集中大巷,即对煤层群分组,分组中设集中大巷。

根据我国常用的开拓方式,其分类可见图 16-5。

因此,立井开拓方式可有立井单水平上、下山式,立井多水平上、下山式,立井多水平上山式,立井多水平上山式及上、下山相结合的方式,如图 16-6 所示。

二、确定井田开拓方式的原则

井田开拓所要解决的问题是,在一定的矿山地质和开采技术条件下,根据矿区总体设计的原则规定,正确解决下列问题:

(1) 确定井筒的形式、数目及其配置,合理选择井筒及工业场地的位置。

(2) 合理地确定开采水平数目和位置。

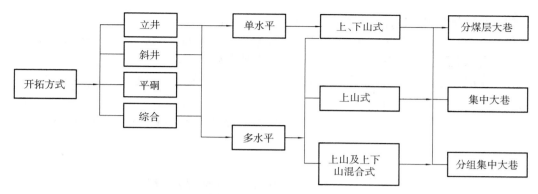

图 16-5　开拓方式分类

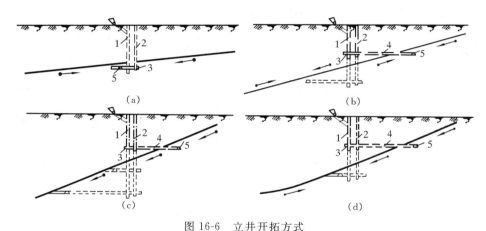

图 16-6　立井开拓方式

(a) 立井单水平上下山式；(b) 立井多水平上下山式；

(c) 立井多水平上山式；(d) 立井多水平上山及上下山式混合式

1——主井；2——副井；3——井底车场；4——主要石门；5——开采水平运输大巷

（3）布置大巷及井底车场。

（4）确定矿井开采程序，做好开采水平的接替。

（5）进行矿井开拓延深、深部开拓及技术改造。

应该指出，上述问题对整个矿井的开采有长远影响，它不仅关系到矿井的基本建设工程量、初期投资和建设速度，尤其重要的是矿井的生产条件和技术面貌。若这些问题解决不好，实施后，想要改变不合理的状况，需要重新进行较多的工程建设，耽误较长的时间。因此，在确定这些问题时，应根据国家的方针政策，针对该井田的地形、地质、水文、煤层赋存情况，结合井型大小、设备供应、施工技术等条件，综合分析，全面比较，确定合理的方案。在解决井田开拓问题时，应遵循以下原则：

（1）贯彻执行有关煤炭工业的技术政策，为多出煤、早出煤、出好煤、投资少、成本低、效率高创造条件。要使生产系统完善、有效、可靠，在保证生产可靠和安全的条件下减少开拓工程量，尤其是初期建设工程量，节约基建投资，加快矿井建设。

（2）合理集中开拓部署，简化生产系统，避免生产分散，为集中生产创造条件。

（3）合理开发国家资源，减少煤炭损失。

（4）必须贯彻执行有关煤矿安全生产的有关规定。要建立完善的通风系统，创造良好的生产条件，减少巷道维护量，使主要巷道经常保持良好状态。

（5）要适应当前国家的技术水平和设备供应情况，并为采用新技术、新工艺、发展采煤机械化、综合机械化、自动化创造条件。

（6）根据用户需要，应照顾到不同煤质、煤种的煤层分别开采，以及其他有益矿物的综合开采。

第四节　中国煤矿井田开拓概况及发展

一、中国煤矿井田开拓方式应用概况及发展

应用概况如表 16-4 所示，主要按国有重点煤矿（不包括露天矿）进行统计。

表 16-4　　　　　　　　　国有重点煤矿井田开拓方式（处—Mt/a，1995 年）

开拓系统	A/(Mt/a)				
	小型矿井 $A<0.45$	中型矿井 $0.45{\leqslant}A<1.20$	大型矿井 $1.20{\leqslant}A<3.00$	特大型矿井 $A{\geqslant}3.00$	国有重点煤矿 合　计
立井开拓	25—5.35	88—59.30	53—78.05	9—30.00	175—172.70
斜井开拓	145—30.65	59—37.02	30—43.50	3—10.00	237—121.17
平硐开拓	27—5.58	26—17.55	7—11.10	1—4.00	61—38.23
综合开拓	37—8.59	50—35.94	26—41.30	13—47.40	126—133.23
合　计	234—50.17	223—149.81	116—173.95	26—91.40	599—465.33

立井开拓在我国 20 世纪 50 年代，其能力、数量比重均占首位，分别占 61.5％ 和 63.2％。目前立井开拓主要在表土层较厚、含有流沙层、埋藏较深，或倾角较大地区采用，井型多为大型及特大型矿井。1995 年立井开拓其能力、数量比重分别占 37.11％ 和 29.22％。

50 年代我国的斜井开拓能力与数量比重较小，仅为 25.1％ 和 24.3％，在各开采方式中居第二位。带式输送机的发展，为矿井向运输连续化、大型化发展创造了重要条件，斜井开拓应用数量比重逐渐增加。1995 年斜井开拓的能力、数量比重已分别达 26.04％ 和 39.57％。

平硐开拓具有明显的优越性，只要条件合适，一直是我国推荐采用的一种重要形式。但由于受地形、地质条件限制，我国应用比例始终不高，50 年代其能力、数量比重分别占 8.6％ 和 7.7％。直到 1995 年也只占 8.22％ 和 10.18％，主要集中在西南地区及华北、西北部分地区。

综合开拓在 50 年代应用较少。随着矿井开拓延深、技术改造发展，其应用比重也呈发展趋势，特别是主斜井、副立井综合开拓在深部开采、技术改造矿井中得到较广泛的应用。1995 年综合开拓能力、数量比重已分别达 28.63％ 和 21.04％。

二、井田开拓的特征及有关参数

（一）各种开拓方式的井田特征

我国近水平煤层、缓斜煤层的矿井能力、数量比重分别占 79.54% 和 69.07%，各种开拓方式均获得广泛应用，但在表土层厚度、矿井平均开采深度等方面具有明显差异。立井开拓矿井，在不同井型条件下，其表土层平均厚度、平均开采深度均相应明显大于其他几种开拓方式，表示出立井开拓在这方面具有很强的适应性。我国国有重点煤矿平均开采深度已达 428.83 m，立井开拓平均开采深度则为 522.4 m，目前我国开采深度在 800 m 以上的矿井有 25 处，大多为立井开拓。全国重点煤矿表土层平均厚度为 25.30 m，而立井开拓平均表土层厚度为 75.84 m。

我国矿井井田尺寸在 20 世纪 50 年代一般偏小，特别是华东地区，由于南方缺煤，开采强度较大，大型矿井井田走向长度有的仅 3 000～5 000 m。最新统计表明，全国国有重点煤矿中，特大型、大、中、小型井田平均走向长度分别为 9.21 km、7.7 km、5.95 km、4.2 km，与设计规范规定基本一致。

（二）矿井生产能力

国有重点煤矿平均生产能力近几年有了很大提高，1977 年时平均为 0.530 8 Mt/a，1995 年提高到 0.776 8 Mt/a，提高了 34.6%。其中大型及特大型矿井，其能力、数量比重已分别达到 57.02% 和 23.21%，并有进一步发展的趋势。大型、特大型矿井具有明显的技术、经济优势，作为国有重点骨干企业，发展大型、特大型矿井的建设是一个重要方向。目前我国特大型矿井共有 26 处，平均生产能力 3.525 4 Mt/a。

结合矿井开拓方式来看：矿井平均生产能力以综合开拓为最高，平均为 1.057 4 Mt/a；其次为立井开拓，平均为 0.986 9 Mt/a；平硐、斜井平均分别为 0.626 7 Mt/a、0.511 3 Mt/a。特大型矿井数量也以综合开拓为最多，共 13 处；其次为立井开拓，9 处；斜井与平硐开拓的分别为 3 处和 1 处。

（三）开采水平设置及水平垂高

各种矿井开拓广泛采用单水平或多水平开拓。根据 438 处矿井（其中不包括片盘斜井）的统计，单水平开拓的矿井有 84 处（占 19.18%），其能力合计为 81.82 Mt/a（占 20.23%）。单水平大多在井田倾斜尺寸较小、倾角较小等条件采用。

20 世纪 50 年代，开采水平垂高一般 60～80 m，目前已提高到平均 179 m，并有进一步增加的趋势。根据对 310 处矿井的统计，大型矿井的水平垂高最大，平均为 193.71 m；而中、小型矿井平均垂高分别为 170.8 m 和 158.19 m。

（四）开采水平大巷布置

开采水平大巷布置方式有分煤层布置大巷、集中大巷、分组集中大巷等几种。国有重点煤矿大部分开采两组以上煤层。据对 468 处矿井统计，开采两组以上煤层的为 365 处，占 77.99%。我国分组集中布置大巷应用较为广泛。

近几年来，有在煤层中布置大巷的发展趋势，但大部分矿井大巷仍布置在底板岩层中。根据对 325 处矿井统计，有 275 处采用岩石大巷，42 处为煤层大巷，而只有 8 处为煤岩混合大巷。

特大型矿井大巷带式输送机发展较快，形成一条龙连续运输，一些大型矿井因地制宜，也采用机车与带式输送机混合运输。据对 449 处国有重点煤矿的统计,其中 57 处矿井为胶带运输,其生产能力占 17.84%,在特大型矿井中,有 7 处矿井为胶带运输,其生产能力占特大型矿井能力的 28.17%。

三、我国煤矿井田开拓的发展方向

随着科学技术的进步和煤炭生产发展的要求,井田开拓朝着生产集中化、矿井大型化、运输连续化、系统简单化方向发展,这将使煤矿的技术面貌发生根本性的变化。

（一）生产集中化

在现代化、高产高效矿井的建设过程中,将形成一批高产高效的一矿一井一面或两面的现代化矿井,降低开拓及生产巷道掘进率,简化生产系统,使矿井生产朝着高度集中、简单可靠的方向发展。

（二）矿井大型化

主要是增大矿井生产能力,以及相应加大水平垂高及采区尺寸等。我国西部的一些煤矿多为人为境界,邻近井田适合旧井田开发的,可以利用老井设施建设大型矿井;东部老矿区的一些煤矿,浅部分散开发,进入深部开采以后采用集中开发,可以加大开发强度,简化生产环节,大同、兖州、潞安、晋城、铁法等老矿区,神木府谷、离柳、乡宁、灵武等新矿区,都有条件建设 3.00 Mt/a 以上的特大型矿井。

（三）运输连续化

随着生产集中化和矿井大型化,设备功率和能力加大及日产万吨以上工作面出现,要求煤炭运输从工作面到地面(或井底)实现不间断、连续的带式输送机运输,以保证生产能力的充分发挥。因此,斜井开拓、主斜—副立井开拓将得到进一步的发展;并推广应用各种辅助运输设备,如卡轨车、齿轨车、单轨吊等,使辅助运输实现简单化和连续化。

复习思考题

1. 煤田划分为井田要考虑哪些主要因素?
2. 如何合理确定矿井的生产能力?
3. 确定矿井服务年限时为何要考虑储量备用系数?
4. 试述开拓方式分类及确定的原则。

第十七章　井田开拓方式

第一节　立 井 开 拓

立井开拓是我国广泛应用的方式。如图 17-1 所示为一立井多水平上山式开拓的示例。

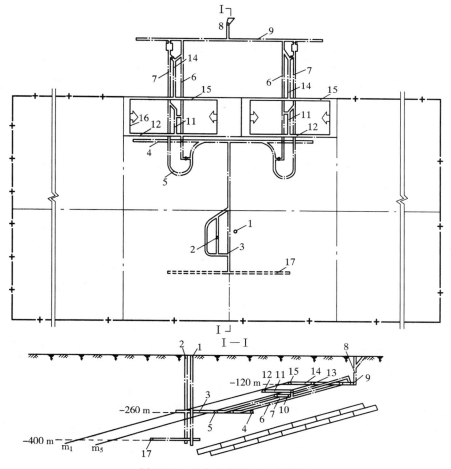

图 17-1　立井多水平上山式开拓

1——主井；2——副井；3——井底车场及主石门；4———260 m 运输大巷；5——采区下部车场；
6——采区运输上山；7——采区轨道上山；8——边界风井；9——总回风巷 ；10——m_5 区段运输平巷；
11——区段运输石门；12——m_1 区段运输平巷；13——m_5 区段回风平巷；14——区段回风石门；
15——m_1 区段回风平巷；16——采煤工作面；17———400 m 运输大巷

井田为缓斜煤层,开采两个煤层,煤层赋存较深。井田沿倾斜分为两个阶段,阶段下部标高分别为－260 m、－400 m,设两个开采水平;在阶段内沿走向再划分采区,图中是4个采区。其开掘顺序是,首先在井田中部开凿一对立井,主副井筒到－260 m第一水平后,开掘井底车场及主石门(3),然后在最下一层煤的底板岩层中开掘主要运输大巷(4)向两翼伸展,当其掘至各采区中部时,开掘采区下部车场(5)、采区运输上山(6)、采区轨道上山(7),与总回风巷(9)连通形成通风系统,再继续进行采区内巷道的掘进。为加快矿井建设及有利于矿井通风,井田上部边界的风井(8)、回风石门及总回风巷(9)常与大巷等同时开掘。此示例总回风巷布置在－120 m水平最下可采煤层的底板岩层中。

采区采用集中上山联合布置方式。从采区上山依次掘进各区段的中部车场及区段石门(11)、各煤层的区段运输平巷(10、12)、区段回风平巷(13、15)和各煤层的开切眼。采准巷道布置前已详述,此处从略。

井上下各生产系统基本建成,经试运转符合要求后,采区即可投产。随后,从中央向两翼各采区依次投产接替。采煤工作面出煤经区段运输平巷、区段石门、区段溜煤眼、采区运输上山、采区煤仓,在运输大巷装车,电机车牵引载煤列车至井底车场卸载后,由主井内安装的箕斗将原煤提至地面。掘进巷道所出之矸石,则用矿车装运至井底车场,由副井内安装的罐笼提至地面。井下所需之物料、设备,由矿车(或材料车、平板车)装载,经副井罐笼下放至井底车场,由电机车拉至采区,转运至使用地点。

矿井通风采用中央分列式(中央边界式),由副井进入的新鲜风流,经井底车场、主要运输大巷、采区车场、采区上山、区段运输平巷,清洗采煤工作面后的污风经区段回风平巷、区段回风石门、采区上山至总回风巷,再经回风石门,由边界风井排出地面。

井下涌水经大巷水沟流入井底车场,汇入水仓,由水泵房的水泵,经副井井筒的管道排至地面。

矿井开采以一个水平生产保证矿井产量。第一水平结束前,延深主、副井井筒至－400 m第二水平,进行第二水平及中央采区的开拓和准备。第一水平开始减产时,第二水平即投入生产,在两个水平生产过渡期间,以两个水平同时生产保证矿井产量。

当煤层倾角较小(如16°以下)时,井田内仍划分为两个阶段,则可采用立井单水平上下山开拓;当煤层倾角小于12°时,一般可采用带区式准备,见图17-2。

在井田中央从地面开凿主井(1)和副井(2),当掘至开采水平标高后,开掘井底车场(3)、主要运输大巷(4)、回风石门(5)、回风大巷(6),当阶段运输大巷向两翼开掘一定距离后,即可由大巷掘行人进风斜巷(12)、运料斜巷(11)进入煤层,并沿煤层掘分带运输巷(7)、煤仓(10)和分带回风巷(8)。最后沿煤层走向掘进开切眼即可进行回采。

由工作面采出的煤装入刮板输送机运至分带运输巷,经转载机至带式输送机运至煤仓,在运输大巷装车,由电机车牵引至井底车场,通过主井提至地面。工作面所需物料及设备经副井下放至井底车场,由电机车牵引至分带材料车场,经斜巷(11)由绞车提升至分带回风巷,然后运至采煤工作面。

新鲜风流自地面经副井、井底车场、运输大巷、行人进风斜巷,从分带运输巷分两股进入两个工作面。清洗采煤工作面后的污风,由各自的分带回风巷至总回风巷,再经回风石门进入主井排出地面。

这种开拓方式的生产系统比较简单,运输环节少,建井速度快,投产早,但其上山阶段的

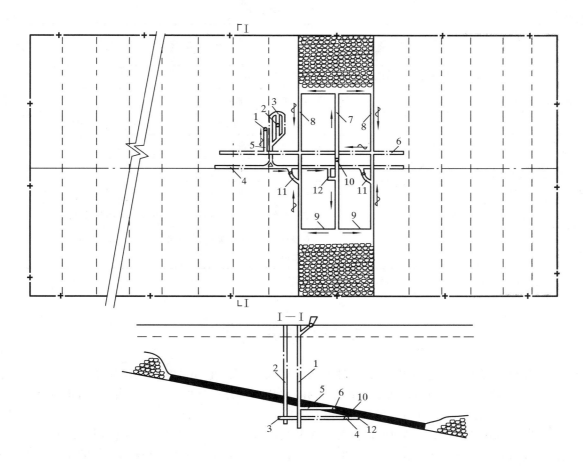

图 17-2　立井单水平上下山开拓(带区式准备)示意图

1——主井;2——副井;3——井底车场;4——运输大巷;5——回风石门;6——回风大巷;7——分带运输巷;
8——分带回风巷;9——采煤工作面;10——带区煤仓;11——运料斜巷;12——行人进风斜巷

分带风巷是下行风,应采取措施,防止分带回风巷中瓦斯积聚,保证安全生产。另外,示例中没有单独开凿回风井,而采用箕斗井兼作回风井。根据《煤矿安全规程》规定,箕斗提升井兼作回风井时,井上下装卸载装置及井塔必须采取密闭措施,并加强管理,漏风率不得超过15％,并应有可靠的降尘设施。箕斗提升井若兼作进风井时,箕斗提升井的风速不得超过 6 m/s,并应有可靠的降尘措施,保证粉尘浓度符合工业卫生标准。目前国内很少应用箕斗井进风。

采用立井开拓时,一般以一对立井(主井及副井)进行开拓,装备两个井筒。井筒断面根据提升容器尺寸、井筒内装备及通风要求确定。我国大中型煤矿立井的井筒装备参看表 17-1 所列。对于小型煤矿立井,根据其生产能力的大小和矸石量多少,主副井可各装一对单层单车(1 t)罐笼;或只装备一个井筒(双层单车或单层单车罐笼),实行混合提升,即提煤、提矸、下料、升降人员均用该套提升设备,故只能用于生产能力更小的矿井。

表 17-1　　　　　　　　　　　　　　　立井井筒装备

矿井生产能力 /（Mt/a）	主井井筒装备	副 井 井 筒 装 备
0.30	一对双层单车(1 t)罐笼	一对单层单车(1 t)罐笼
0.60	一对 6 t 箕斗	一对双层单车(1 t)罐笼
0.90	一对 9 t 箕斗	一对双层单车(1.5 t)罐笼
1.20	一对 12 t 箕斗	一对双层单车(3 t)罐笼
1.50	一对 16 t 箕斗	一对双层单车(3 t)罐笼
1.80	一对 16 t 箕斗	一对双层单车(3 t)罐笼,一个双层单车(3 t)罐笼带重锤
2.40	两对 12 t 箕斗	一对双层双车*(1.5 t)罐笼,一个双层单车(5 t)罐笼带重锤
3.00	两对 16 t 箕斗	一对双层双车(1.5 t)罐笼,一个双层单车(5 t)或双层双车(1.5 t)罐笼带重锤

* 双层双车也称为双层四车,即共两层,每层两车,共四车。

第二节　斜井开拓

斜井开拓在我国应用很广,有多种不同的形式。按斜井与井田内的划分方式的配合不同,可分为集中斜井(有的地方也称阶段斜井)和片盘斜井。集中斜井与立井一样,也有单水平、多水平和上山式、上下山式等多种开拓方式。

当井田划分为阶段开采时,称为集中斜井或阶段斜井。图 17-3 即是阶段斜井的基本形式。示例为斜井多水平上山开拓。井田为缓斜煤层,可采煤层 2 层,埋藏不深。井田沿倾斜划分为两个阶段,其阶段下部标高为－100 m、－280 m,设两个开采水平,每个上山阶段沿走向划分为 4 个采区。

在井田走向中部自地面向下开掘一对斜井,主斜井(1)、副斜井(2)均位于最下一个可采煤层的底板岩层中。当副斜井掘至＋80 m 回风水平后,开掘辅助车场(3)及总回风巷(4)。斜井达－100 m 第一水平后,开掘井底车场(6),并在最下部的可采煤层底板岩层中掘主要运输大巷(7),待其掘至采区中部后,掘采区车场(8)、采区运输上山(9)和轨道上山(10),并继续进行采区内巷道的掘进,其内容与立井多水平上山式开拓示例基本相同。为便于矿井通风,在井田上部边界另掘风井(5),并以石门与总回风巷相连。

首先让靠井田中部的采区投产,随后,从中部向两翼发展,各采区依次投产和接替。从采区运出的煤车在井底车场卸载,原煤由主井内安装的带式输送机运至地面。掘进巷道所出之矸石、井下所需之物料、设备,则由副井轨道串车提升和下放。由副井进入的新鲜风流,经井底车场、主要运输大巷至各采区,各采区污风经总回风巷 至风井排出地面。矿井各水平的接替与立井多水平上山式开拓示例所述的原则相同,不再赘述。

近水平煤层埋藏不深时,可采用斜井单水平开拓,自地面向下开掘穿岩的一对斜井至开采水平后,根据井田延展的主要方向布置开采水平大巷,在大巷两侧采用盘区式或带区式进行准备。

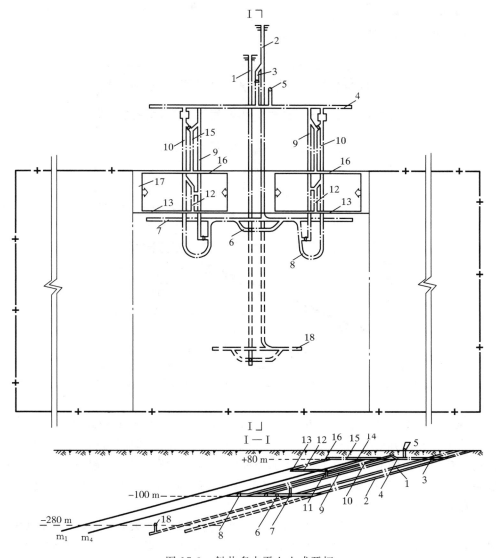

图 17-3　斜井多水平上山式开拓

1——主斜井；2——副斜井；3——+80 m 辅助车场；4——+80 m 总回风巷；5——边界风井；6——井底车场；

7———100 m 运输大巷；8——采区下部车场；9——采区运输上山；10——采区轨道上山；

11——m₄ 区段运输平巷；12——区段运输石门；13——m₁ 区段运输平巷；14——m₄ 区段回风平巷；

15——区段回风石门；16——m₁ 区段回风平巷；17——采煤工作面；18———280 m 运输大巷

片盘斜井开拓是最简单的开拓方式。典型的片盘斜井如图 17-4 所示，其井下部分有如一个下山采区。井田沿煤层倾向按标高划分为数个分段，每段相当于采区的一个区段，习惯上称为片盘，适于布置一个采煤工作面。自地面向下沿煤层开一对斜井，直至第一片盘下 20～30 m，在第一片盘上部开片盘甩车场及第一片盘回风巷，在第一片盘下部开片盘甩车场及片盘运输巷，然后，经平或斜石门掘进上煤层的超前平巷及开切眼，即可开始第一片盘的回采。采出煤炭及掘进出矸经片盘运输巷用矿车运至片盘甩车场，由主井提至地面。新鲜风流自主井进入,经片盘运输巷、斜石门、超前平巷,清洗采煤工作面后,经煤层回风巷、石门、片盘回风巷,由副井排出。

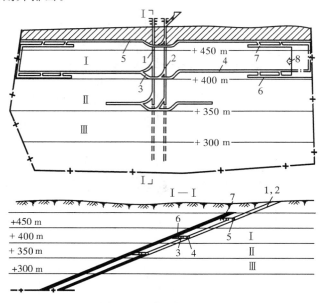

图 17-4 片盘斜井开拓

1——主斜井;2——副斜井;3——片盘车场;4——片盘运输平巷;5——片盘回风平巷;
6——上煤层超前运输平巷;7——上煤层超前回风巷;8——上煤层采煤工作面;Ⅰ,Ⅱ,Ⅲ——片盘序号

综上所述,片盘斜井的基本特点是井田沿倾斜划分片盘,每片盘整段回采,沿走向不分采区,从井田边界向井筒方向连续推进(回采)。由此又派生出其他特点:片盘内煤层的开采能力不大,每一片盘的服务年限不长,上下片盘生产接续频繁。因此一般设计以一对斜井开拓,装备一个井筒,采用单钩串车提升,井底车场可较简易。由于受开采能力和提升能力的限制,片盘斜井一般为小型矿井。

片盘斜井的井筒一般沿煤层真倾向向下掘进。煤层倾角较大时,为减小井筒倾角,也可沿煤层伪斜方向掘进,但这样保护井筒煤柱也要伪斜留设,使得工作面不好收作。当开采厚煤层或多煤层时,井筒也可布置在底板岩层中,而以片盘石门连通各煤层。当矿区浅部以片盘斜井群开发时,可以联合相距较近的几个片盘斜井,在地面以窄轨相互连接,共用一套地面工业设施。

采用斜井开拓时,一般以一对斜井进行开拓。根据矿井生产能力、井筒倾角大小不同,井筒装备也不一样。对生产能力小的小型斜井,可以只装备一个井筒,采用单钩串车提升;对中小型斜井,可以装备两个井筒,主井用双钩串车提升,副井用单钩串车提升,井筒倾角很缓时,可用无极绳提升;对中型斜井,主井可采用箕斗提升,有条件时,也可采用带式输送机,副井则采用串车提升;大型斜井的主井宜装备带式输送机,在其一侧应设检修用的轨道,副井可采用双钩串车提升;对生产能力很大的特大型斜井,主井应采用强力带式输送机或钢绳带式输送机;为减少通风阻力和解决辅助提升的不足,可以多打一两个斜井,装备两个副井。目前,在不少情况下,也采用斜井和立井结合的综合开拓方式。

斜井提升方式不同,对井筒倾角的要求也不同。采用串车提升时,井筒倾角不宜大于

25°。采用箕斗提升时,倾角过缓,箕斗装煤不满;倾角过大,井筒施工较困难,道床结构也较复杂,故一般取 25°~35°;为便于井上下车场的布置和施工时的通风,主副井筒的倾角最好大体一致。用一般带式输送机提升时,为防止原煤沿胶带下滑,井筒倾角不超过 17°;如井筒无淋水、且粉煤较多,井筒倾角亦可达 18°。采用新型适用于较大倾角的带式输送机,井筒倾角可达 25°。用无极绳提升的井筒,其倾角超过 10°,绳卡极易滑脱,且摘挂钩操作不便,为确保生产安全可靠,井筒倾角一般不大于 10°。

斜井开拓时,对井筒的通风也有不同的要求,主井用带式输送机运煤时,可兼作进风井,但风速不得超过 4 m/s 且不允许兼作回风井;箕斗提升时,井筒通风要求原则上与立井相同。

根据矿井地形、地质、煤层赋存情况和采用的提升方式的不同,斜井井筒可沿岩层、煤层或穿层布置。

沿煤层开斜井具有施工较易、掘进较快、初期投资较省、掘进出煤可满足建井期间用煤的需要且可获得补充地质资料等优点;但井筒维护比较困难,保护井筒的煤柱损失较大,当煤层有自然发火倾向时,对防火和处理井下火灾不利;如煤层沿倾向有波状起伏或断层切割,将造成井筒倾角急剧变化,不利于矿井提升。因此,一般只在开采煤层不厚、地质构造简单、围岩稳固、服务年限不长的小型矿井时,才考虑采用沿煤层斜井。

在一般情况下,斜井井筒应布置在煤层(组)下部稳定的底板岩层中,距煤层的法线距离一般不小于 15~20 m,井筒方向与煤层倾向基本一致。

当煤层倾角与要求的井筒倾角不一致时,可以采用穿层(岩)斜井。开采近水平煤层时,斜井从顶板穿入。如煤层倾角较大,可以采用底板穿岩斜井,如图 17-5 所示。

由于井筒倾角较煤层倾角小,虽然斜井开始位于煤系底板,而当井筒以原定坡度向下延深时,是逐步由煤组的底部穿向顶部,而且愈下愈远,不便于井底车场和大巷布置,保护井筒的煤柱损失也将增加,故这种斜井井筒终深应较小。当煤层倾角较大时,可以在煤组底板岩层内按伪斜方向布置斜井。由于井筒穿过各水平时逐步偏离井田中央,使上下水平两翼井田长度不均,可能给两翼配合生产增加困难。另外,也增加了井筒的长度。因此这种布置方式也较少采用。当煤层赋存不深,倾角不太大,井田沿煤层倾向尺寸小,因施工技术和装备条件等原因不便采用立井,而采用沿煤层布置斜井时,又受到井上下条件限制,这时可以采用反斜井,即井筒方向与煤层方向相反,如图 17-6 所示。这种方式和上述穿层斜井比较,井

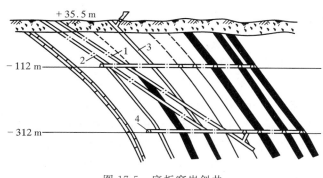

图 17-5　底板穿岩斜井

1——主井;2——副井;3——风井;4——大巷

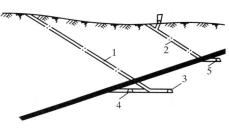

图 17-6　反斜井开拓

1——反斜井;2——回风斜井;3——井底车场;

4——运输大巷;5——回风大巷

筒到达煤层的距离较短，但如要向深部延深井筒，则它离下部煤层越来越远，井筒和石门的工程量都将增加。此时，虽然可用暗斜井开采其井田下部煤层，但又将增加提升的段数和运输环节，故这种布置方式不适于用在井田倾斜长度大的矿井。

第三节 平硐开拓

平硐开拓是最简单最有利的开拓方式。我国一些地形为山岭、丘陵的矿区比较广泛地采用平硐开拓。平硐开拓可有走向平硐、垂直走向平硐及阶梯平硐等方式。

采用平硐开拓时，一般以一条主平硐开拓井田，担负运煤、出矸、运料、通风、排水、敷设管缆及行人等任务；而在井田上部回风水平开回风平硐或回风井（斜井或立井）。当地形条件允许和生产建设所需要，且又不增加过多的工程量时，可以在主平硐、回风平硐之外，另掘排水、排矸等专用平硐。

图17-7是用垂直走向平硐开拓的示例。煤层赋存于山岭地区，地形复杂，井田范围内开采一层煤，煤层倾角近于水平，有波状起伏。

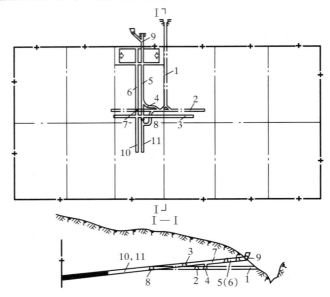

图 17-7 垂直走向平硐开拓

1——主平硐；2——主要运输大巷；3——副巷(后期回风巷)；4——盘区上山下部车场；
5——盘区轨道上山；6——盘区输送机上山；7——盘区煤仓；8——盘区下山上部车场；
9——盘区风井；10——盘区输送机下山；11——盘区轨道下山

沿煤层主要延展方向将井田分为两部分，每部分又分为 6 个盘区。在山坡下标高为 ＋800 m 选定的工业场地内，向井下开掘主平硐(1)，平硐掘至井田中间后，在煤层底板岩层内掘主要运输大巷(2)，平行于该大巷在煤层内掘其副巷(3)，二者掘至盘区中部，即可进行盘区准备。盘区采用上(下)山盘区布置方式，依次掘进盘区车场、盘区上山(或下山)、盘区中部车场、区段运输平巷、区段回风平巷和开切眼。为便于通风，盘区运输上山直通地面，并掘出风道，安装通风机。

靠近平硐的两个盘区首先投产,随后,将主要运输大巷及副巷逐渐向前延伸,其左右两侧的盘区依次准备、投产和接替,直至井田边界。

回采出的煤在盘区车场装车后,用电机车牵引经运输大巷、主平硐拉至地面。物料则用矿车装载,由电机车牵引送至用料盘区。

新鲜风流自平硐进入,经主要运输大巷入盘区上山,经区段运输巷后清洗工作面;污风经区段回风巷、盘区上山,由盘区风井排出地面。为保证风流畅通,应在适当地点构筑通风设施。下山盘区回风可由盘区下山,经联络风道、相对应的盘区上山、盘区风井排出地面。当其他上山盘区没有设置盘区风井的条件时,可由大巷进风,给盘区供给新风。盘区的污风可经副巷(相当于总回风巷)、原有的盘区上山、盘区风井排至地面。

井下涌水经大巷及平硐内的水沟流出硐外。

走向平硐是平硐开拓中应用比较广泛的方式,如图17-8所示。采用这种方式时,主平硐一般沿煤层底板岩层掘进。当开采煤层不厚、煤质较硬、围岩稳固时,主平硐也可沿煤层开掘。平硐的硐口部分可直接沿岩层走向掘进。当受地形限制,或平硐所在岩(煤)层露头风化剧烈、不利于巷道维护时,平硐硐口部分可斜交于煤层走向,待进入稳定岩(煤)层后,再改为沿煤层走向掘进。

采用走向平硐开拓时,待其掘过第一采区后,即可开掘石门进入煤层,进行采区准备。由于煤层和地形的侵蚀关系,能以走向平硐开拓者,其到达第一采区的距离一般较短。因此,这种方式的井巷工程量较少,投资省,施工容易,建井期短,出煤快。但走向平硐具有单翼生产的特点,同时生产的采区个数不宜过多,矿井的井型更要定得适当。

当煤层赋存于地形高差较大的山岭地区时,用一条主平硐开拓,则平硐水平以上的煤层垂高(斜长)过大,全部上山煤用下部主平硐开拓将造成上山运输、通风和巷道维护方面的困难,而且工人上下井所需的时间过长,初期工程量和基建投资大,工期长,生产费用也要增高。在这种情况下,如地形条件适宜,可以采用阶梯平硐开拓,如图17-9所示。煤层按标高划分为数个阶段,分别由各自独立的平硐来开拓。上平硐出的煤可以经专用的溜煤下山或下平硐的某一采区上山溜放至下平硐,集中外运;如上下平硐位置相近,地面工程地质条件较好,气候条件也不恶劣,则可由上平硐运出硐外,再从地面下放至下平硐,而后集中外运。如上下平硐地面运输易于解决,也可各自直接外运。采用阶梯平硐时,应注意上下平硐、前期和后期的生产建设关系,合理安排工业和民用建筑及设施,使初期和后期均能充分利用。

平硐的断面应能满足运输、通风、行人、敷设管缆的要求。在南方一些矿区,平硐穿过富

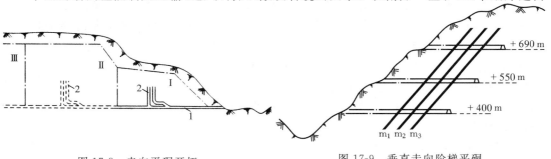

图 17-8　走向平硐开拓　　　　　图 17-9　垂直走向阶梯平硐

1——主平硐;2——盘区上山

含岩溶水的石灰岩层(如长兴组、茅口组石灰岩),为防止夏季暴雨、井下涌水量突然猛增,造成井下水灾,平硐的水沟断面应能满足矿井最大涌水量时的泄水要求。

为利于流水和行车,平硐的坡度一般取 0.3％～0.5％。一些地方小煤矿采用非标准矿车,矿车运行的阻力系数较大,为便于重车向外运行,平硐的坡度可以取更大的数值。

采用平硐开拓时,井下煤、矸列车可直接拉出硐外,在地面工业场地处理。生产能力大的平硐也可以在平硐内靠近硐口处设置硐口车场,并从硐口车场以斜井连通地面,井下煤车在硐口车场卸载,再经斜井以带式输送机运至地面煤仓,而矸石车仍经平硐运出硐外处理,物料仍经平硐运入。由于硐口车场只起转运煤的作用,其线路(巷道)和硐室都很简单。

第四节　井筒(硐)形式分析及选择

如前所述,平硐开拓是最简单最有利的方式。采用平硐开拓的优点是:井下出煤不需提升转载即可由平硐直接外运,因而运输环节和运输设备少、系统简单、费用低;平硐的地面工业建筑较简单,不需结构复杂的井架和绞车房;不需设井底车场,更无需在平硐内设水泵房、水仓等硐室,减少许多井巷工程量;平硐施工条件较好,掘进速度较快,可加快矿井建设;平硐无需排水设备,对预防井下水灾也较有利。因此,在地形条件合适、煤层赋存较高的山岭、丘陵或沟谷地区,只要上山部分煤的储量大致能满足同类井型的水平服务年限的要求时,都应采用平硐开拓。

斜井与立井相比,井筒掘进技术和施工设备比较简单,掘进速度快,地面工业建筑、井筒装备、井底车场及硐室都比立井简单,一般无需大型提升设备,同类井型的斜井提升绞车也较立井需用的绞车型号小,因而初期投资较少,建井期较短;在多水平开采时,斜井(不包括反斜井)的石门总长度较用立井开拓时为短,因而掘进石门的工程量和沿石门的运输工作量较少;延深斜井井筒的施工比较方便,对生产的干扰少;我国研制和使用新型强力带式输送机增加了斜井开拓的优越性,扩大了其应用范围。采用带式输送机斜井开拓时,可以布置中央采区,利用主副斜井兼作中央采区的上山,从而可节约初期建井工程量,加快矿井建设。胶带斜井可以同时为了几个水平提煤,这对上下水平过渡时期的提煤或多水平同时生产的提煤都是有利的。当矿井需增产而扩大提升能力时,更换胶带机也是比较容易的。

与立井相比,斜井的缺点是:在自然条件相同时,斜井要比立井长得多;围岩不稳固时,斜井井筒维护费用高;采用绞车提升时,提升速度较低、能力较小、钢丝绳磨损严重、动力消耗大、提升费用较高,当井田斜长较大时,采用多段绞车提升,转载环节多、系统复杂,更要多占用设备和人力;由于斜井较长,沿井筒敷设管路、电缆所需的管线长度较大,有条件时可采用钻孔下管路排水供电,但要为此留保安煤柱,增加煤柱损失;对生产能力特大的斜井,辅助提升的工作量很大,甚至需增开副斜井。另外,斜井的通风风路较长,对瓦斯涌出量大的大型矿井,斜井井筒断面小,通风阻力过大,可能满足不了通风的要求,不得不另开专用进风或回风的立井并兼做辅助提升;当表土为富含水的冲积层或流沙层时,斜井井筒掘进技术复杂,有时难以通过。

因此,当井田内煤层埋藏不深、表土层不厚、水文地质情况简单、井筒不需特殊法施工的缓斜和倾斜煤层,一般可采用斜井开拓。对采用串车或箕斗提升的斜井,一般以一段提升进行开采有利,也可采用两段开采,但不宜采用三段。随新型强力和适用于 25°倾角的带式输送机的发展,大型斜井的开采深度将大为增加,斜井应用的范围将更加广泛。

片盘斜井具有地面工业建筑和技术装备简单、井巷工程量少、初期投资省、建井期短、投产和达到设计能力的时间较快等优点。开采浅部时,生产系统简单,增产潜力较大,技术经济指标较好。其缺点是:井口分散,占地较多;随开采向深部发展,转入两段开采以后,矿井生产环节增多,生产能力下降,技术经济效果较差;由于井型小、服务年限不长,各井口生产接续频繁,对保证矿区均衡生产不利。故片盘斜井的适用条件是:煤层浅部、煤层露头发育良好;沿煤层倾向的褶曲和断层切割较少;倾角较小的薄及中厚煤层;表土层和煤层风化带的垂深一般不宜超过 20~30 m;水文地质条件简单。当地区需煤紧迫,地质勘探程度低,大型设备及器材供应受到限制,建井技术力量薄弱时,采用片盘斜井是有利的。**此外,如煤层**赋存不稳定、地质构造复杂、先建设生产勘探井时,也可采用片盘斜井开拓。

立井开拓的适应性很强,一般不受煤层倾角、厚度、瓦斯、水文等自然条件的限制。立井的井筒短、提升速度快、提升能力大,对辅助提升特别有利;对井型特大的矿井,可采用**大断**面的立井井筒,装备两套提升设备;井筒的断面很大,可满足大风量的要求;由于井筒短,通风阻力较小,对深井更为有利。其缺点与斜井优点相对应,不再赘述。因此,当井田的地形地质条件不利于采用平硐或斜井时,都可考虑采用立井开拓。对于煤层赋存较深、**表土层**厚,或水文情况比较复杂、井筒需用特殊法施工,或多水平开采急斜煤层的矿井,一般都应采用立井开拓。对于倾斜长度大的井田,采用立井多水平开拓能较合理地兼顾浅部和深部的开采,也是较为有利的。

第五节　综　合　开　拓

在某些具体条件下,采用单一的井筒形式开拓,在技术上有困难、经济上不合理,可以采用不同井筒形式进行综合开拓。

如前所述,斜井开拓具有许多优点,大型斜井以胶带斜井做主井,在技术上、经济上均很优越,但副斜井的辅助提升比较困难,通风也不利(特别是开采深部煤层时,斜井分段提升辅助环节多,能力小;而且通风路线长、阻力大、风量小,不能满足生产要求)。而立井作为副井能弥补这方面的不足,于是就可以斜井为主井、以立井为副井,采用主斜井—副立井的方式实现大型及特大型矿井的综合开拓。图 17-10 所示为我国淮南新庄孜矿大型斜井转入深部

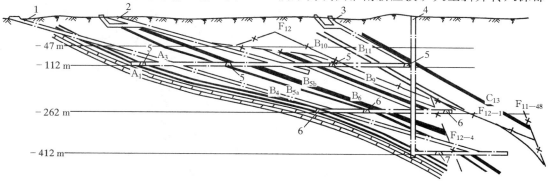

图 17-10　大型、特大型矿井斜井—立井综合开拓

1——主斜井(胶带斜井);2——副斜井;3——斜风井;4——新打副立井;5,6,7——水平运输大巷

开采后,瓦斯涌出量增加,为解决辅助提升和通风问题,在井田深部位置新打一立井,生产能力扩大至 2.40 Mt/a。我国一些生产矿井的改建和新井设计也考虑了这种方式。德国、英国、前苏联、日本一些大型矿井的设计或改建也采用了主斜井、副立井相结合的方式,可以认为,这是建设大型和特大型矿井值得注意的技术方向。国外部分装备大型胶带机的斜井主要特征参见表 17-2。

表 17-2　　　　　　　　　国外部分胶带大型斜井主要技术特征

国家	矿井名称	矿井生产能力/(Mt/a)	斜井特征			斜井带式输送机			
			斜长/m	提升高度/m	倾角	小时能力/(t/h)	胶带宽度/mm	运速/(m/s)	电机功率/kW
美国	皮博迪十号矿	5.00	530	110	16°	—	1 220	—	—
美国	韦巴希矿	3.30	815	244	17°30′	1 360	1 220	—	—
前苏联	拉斯帕特斯卡亚矿	7.50	1 269	—	11°20′	1 100	—	—	—
前苏联	萨兰斯卡亚深部矿	11.00	4 000	1 200	18°	2 225×2	—	—	—
英国	塞尔比矿	10.00	3 200	365	14°	2 000×2	1 220	4	2×2 000
英国	朗格内特联合矿	2.40	764	326	14°	800	1 220	3.05	1 470
前西德	路易森塔尔矿	1.50	5 620	733	11°52′	500	800	2.5	1 600
前西德	恩斯多夫矿	2.50	3 500	610	11°	—	—	—	—
日本国	三井三池矿	6.00	2 020	550	12°	1 300	1 200	—	2 180
日本国	太平洋钏路矿	2.50	3 420	406	5°~15°	900	1 050	2.9	1 700
日本国	夕张新矿	1.50	3 154	868	16°	780	960	25	2 800

由表 17-2 可知,斜井的应用范围在很大程度上扩大了。由于采用主斜井、副立井综合开拓,斜井的深度已相当深,改变了过去斜井主要用于开采煤田浅部的中小型矿井的状况。

采用平硐开拓只需开一条主平硐,其回风井筒可以采用平硐、斜井或立井。对于某些瓦斯涌出量很大、主平硐很长的矿井,井下需要的风量大,长平硐通风的风阻大,难以保证矿井通风的需要,条件合适时,可以开通风用的立井。图 17-11 所示为重庆中梁山煤矿平硐—立井的综合开拓,主平硐(1)全长 2 000 多米,另开副立井(2)做进风用,并担负平硐与其以下水平之间的辅助提升任务。其下水平出煤则经暗斜井(3)提至平硐水平,再转运井外。对于

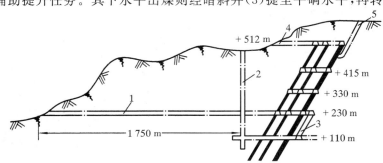

图 17-11　平硐—立井综合开拓

1——主平硐;2——副立井;3——暗斜井(箕斗斜井);4——回风小平硐;5——回风斜井

以平硐开拓的矿井深部,如无布置阶梯平硐的条件,根据地形,后期可用立井或斜井开拓,图17-12 是前期用平硐开拓浅部,后期用立井开拓深部井田的例子。当需加大矿区开发强度时,可以同时开发平硐水平上下的煤层,即上部的平硐和下部的斜井(或立井)同时开发,共用一个工业场地,其井下部分相当于两个水平同时生产,但应注意上下水平的压茬关系。

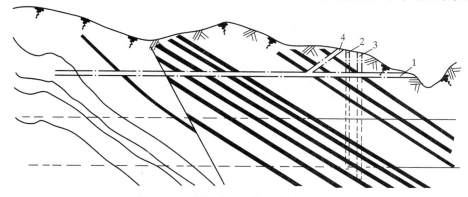

图 17-12　前期平硐后期立井综合开拓
1——主平硐;2,3——后期立井;4——进风井

在特殊地形条件下,如地面为自然坡度较大的沟谷,在地面布置斜井井口车场有困难,可以开一段平硐作为通道,以利于布置斜井井口车场,再向下掘斜井。

应该注意,采用综合开拓时,不同形式的井筒在地面及井下的联系与配合是十分重要的。以斜井—立井开拓为例,如果井口相近,则井底相距较远,井底车场布置、井下的联系就不太方便;如井底相近,则井口相距较远,地面工业建筑就比较分散,生产调度及联系不太方便,占地比较多,相应地增加煤柱损失。在具体情况下就必须联系井上下的布置,结合开拓的其他问题,寻求合理的方案。

第六节　多井筒分区域开拓方式

随着采煤技术的迅速发展,矿井开采的集中化程度日益提高,生产和新建矿井的井型日益增大,以胶带斜井或大型箕斗立井提煤,保证矿井年产数百万吨煤的提升是没有困难的。但当井田尺寸大,开采深度大,辅助提升任务重和瓦斯涌出量大时,矿井需要风量大,通风网路长,通风阻力大。为解决这一矛盾,可采用多井筒分区域开拓。分区域开拓是 20 世纪 60 年代出现的一种新的井田开拓方式,它与通常井田划分为阶段,阶段内再划分采区的概念不同,另有独特的涵义。“分区”是具有独立进、回风巷道系统的井田的一部分,即将井田划分为若干个分区,每个分区内可采用采区式、盘区式或带区式准备,每一分区有各自的辅助井筒,担负进风和回风任务,有时还担负辅助提升工作。井下出煤则由服务于全矿的主井集中提(运)出。这样,既能充分发挥主井集中提煤效率高的优点,又能解决特大型矿井通风和辅助提升困难的问题,使矿井生产(运输提升)更为集中,以获得更好的技术经济效果,也便于分区开拓分期建设,加快矿井建设的速度。我国一些生产矿井,或者由于合并了浅部矿井,或者几个矿井在深部开拓时合并,都充分利用原有的井筒及地面工业建筑设施,集中出煤,分区进回风、提矸、运料、升降人员,从而提高了矿井生产能力和技术经济效果,实质上也就是多井筒分区域开拓的运用。

国外对多井筒分区域开拓做过一些研究,其中可以英国塞尔比矿分区式开拓为典型。图 17-13 为英国塞尔比矿采用分区域开拓的示意图,该矿位于英国中部的约克郡,井田走向24 km,倾斜宽 16 km,面积 250 km²,总储量约 2.0 Gt,探明储量 0.6 Gt,矿井设计生产能力为 10.00 Mt/a,矿井服务年限 40 a。

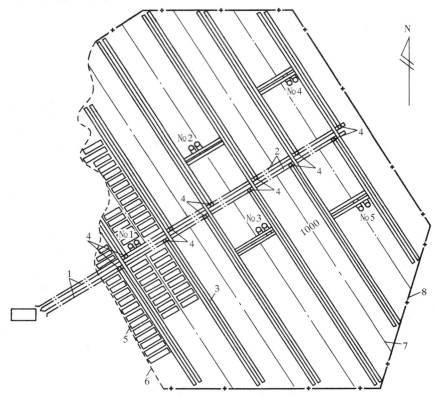

图 17-13 英国塞尔比矿分区式开拓示意图

1——双主斜井;No1,No2,No3,No4,No5——分区副立井(进、回风井);2——双岩石运输大巷;
3——分区主要大巷;4——煤仓;5——倾斜长壁采煤工作面;6——煤层露头;7——分区境界;8——井田境界

井田内共有 5 个可采煤层。现在设计开采的上部 B 煤层较稳定,其厚度为 2~3.25 m,倾角 3°~5°。煤层埋藏深度为 250~1 300 m。

该矿由 5 个生产能力为 2.00 Mt/a 的分区组成。每个分区有一对立井,分别担任提运人员、材料和通风任务,五对立井深度分别为 387 m,700 m,814 m,964 m,1 044 m。提升立井断面净直径为 7.3 m,装备带平衡锤的单罐笼,6 绳摩擦轮绞车提升,每次提人 70 名,有效载重量 16 t。风井装有一对罐笼,有效载重量 5 t,作为紧急提升设备。

井田中部开凿 2 个集中出煤的斜井,坡度约为 14°。斜井为圆形断面,直径 4.75 m,混凝土井壁,穿过含水层用注浆堵水。斜井自地表掘进 960 m 到达 B 煤层,与岩石集中运输巷相连,直达井田东部边界。集中运输巷倾角同煤层倾角。斜井与集中运输巷总长 15 km,装设两台带式输送机运煤,每台小时能力为 2 000 t,其中一台是强力钢芯带式输送机,一台是钢丝绳带式输送机。

　　两条岩石集中运输巷相距 70 m,开在 B 煤层下面 60 m 处,与左右两翼和中部的 5 个分区共 11 条运输大巷通过煤仓相连。煤仓容量 1 000 t,全矿共设有煤仓 11 个。

　　分区中,2、3、4、5 号分区形状较规则,每个分区走向长平均约 10 000 m,倾斜长约 4 000～5 000 m,分煤层布置分区大巷,采用倾斜长壁采煤法。分区中在 B 煤层沿走向开掘两组大巷,两组大巷分别与分区立井贯通。每组大巷两侧分别布置俯斜、仰斜工作面,工作面长度 250 m,推进长度 1 000 m 左右。

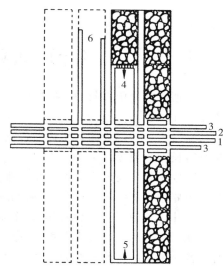

　　一组大巷共由 4 条大巷组成,如图 17-14 所示,中间两条,其中一条为带式输送机大巷,少量进风,直通煤仓;另一条为辅助运输大巷,为主要进风巷。两侧各有一条回风大巷。进回风大巷分别与分区进、回风井相连。

　　每个分区布置有 4 个综采工作面同采,每个面设计能力 0.50 Mt/a。工作面采出的煤经分区胶带机大巷至煤仓,由岩石运输大巷、主斜井运出,人员和材料由分区进风井中罐笼提升,在分组大巷内采用柴油机机车运输。

　　西欧和前苏联、波兰、日本等国的一些大型矿井也采用了分区式开拓,有的国家列为矿井设计的技术方向,这是发展特大型矿井值得注意的一个趋向。

图 17-14　塞尔比矿分区巷道布置图
1——分区带式输送机大巷;
2——分区运料行人大巷;3——分区回风大巷;
4——生产工作面;5——接替工作面;
6——准备中的工作面

　　在一般情况下,分区开拓的适用条件是,矿井生产能力大于 3.00 Mt/a,井田走向长度大于 10 km,以及瓦斯大,开采深度大于 600 m,或通风线路长的矿井。

　　前苏联对分区的合理范围和主要参数规定为:

井田走向长度	>10 km	分区走向长度	4～5 km
分区倾斜长度	1.6～2.2 km	分区生产能力	0.90～2.00 Mt/a
同时生产分区数目	1～3 个	分区服务年限	>20 a,或与矿井寿命相近

近几年来,随着生产技术的发展,我国特大型矿井逐渐增多,分区域开拓得到较快的发展。现生产的和在建的特大型矿井,有 19 处采用了分区域开拓,总能力达到 90.00 Mt/a。

复习思考题

1. 立井开拓方式的基本特征是什么?
2. 采用斜井开拓方式时,斜井井筒布置有几种? 其适用条件如何?
3. 简述平硐开拓的几种方式,说明其布置特点及适用条件。
4. 简述井筒(硐)形式的比较与选择。
5. 简述综合开拓的类型与应用。
6. 简述分区域开拓的基本特征及其适用性。

第十八章 井田开拓巷道布置

第一节 开采水平的划分及上下山开采

根据矿井井田斜长(垂高)的大小、开采煤层的多少和煤层倾角的陡缓,井田内可设一个或几个开采水平。

开采水平的划分与井田内阶段的划分密切相联系,而井田内划分阶段多少主要取决于井田斜长和阶段尺寸大小。

阶段倾斜方向尺寸大小以阶段垂高或斜长表示。前面说过,阶段是按标高划分的,阶段上下边界的标高一经确定,阶段垂高即为定值。然而阶段斜长却因煤层倾角的不同而变化。同一个井田的两翼,甚至相邻的两个采区,因倾角不同而阶段斜长不等是很普遍的。

开采水平的尺寸以水平垂高(或称水平高度)表示。水平垂高是指该水平开采范围的垂高。若一个开采水平只开采一个上山阶段,阶段的垂高就是水平的垂高,通常所说的水平高度,如不附加说明,即指阶段高度。若一个水平开采上下山各一个阶段,水平垂高就应是这两个阶段的总垂高。在极少数情况下,一个开采水平开采两个上山阶段(此时要在上一阶段下部设辅助水平),水平垂高就应包括两个上山阶段的垂高。

对开采近水平煤层的矿井,井田内各煤层的斜长可能很长,但其垂高并不大,也不划分为阶段,而是划分为盘区。如开采煤层不多、上下可采煤层的间距不大,可以采用单水平开拓。如开采煤层数目较多,上下可采煤层的间距较大,就要划分煤组,各煤组分别设置开采水平,实行多水平开拓。在这种情形下,水平垂高与煤层的斜长没有直接关系,这一点与以阶段划分开采水平是不同的。

一、合理的水平垂高

合理的开采水平垂高应以合理的阶段垂高(斜长)为前提,并使开采水平有合理的服务年限,有利于矿井水平和采区的接替,还要有较好的技术经济效果。合理的水平垂高应注意满足以下要求。

(一) 具有合理的阶段斜长

阶段划分为采区是普遍应用的一种准备方式。由于阶段内沿倾斜可布置几个区段,因此必须考虑以下因素对阶段斜长的影响。

1. 煤的运输

对缓斜和倾斜煤层,上山用输送机或溜槽运煤时,上山斜长(即阶段斜长)一般不因运煤而受限制。对急倾斜煤层,过高的溜煤眼在掘进和维护上都比较困难,并且大高度溜煤眼容易冲毁支护,造成堵眼事故,还会使煤破碎,故溜煤眼的高度一般不宜超过 $70\sim100$ m。

对于某些中小型矿井,采区上山用矿车运煤,只设一段绞车提升(两段就不合理了),上山斜长受绞车能力限制,应根据所要求的采区生产能力及采用的绞车型号验算所能达到的最大长度,验算时每班净提升时间按 6 h 计,运输不均衡系数取 1.5,除运煤工作量外,还应考虑矸石和物料的运量。

2. 辅助提升

采区一般均采用一段单钩串车提升,滚筒直径太大时,在井下运输、安装都不方便,故绞车滚筒直径一般不大于 1.6 m。上山斜长受绞车滚筒容绳量限制,一般不超过 600 m。一些矿区及机厂制造了直径 1.6 m 的加宽滚筒或直径 2.0 m 滚筒,则斜长可达 900 多米。采区内一般不采用两段提升。

3. 行人条件

阶段斜长过大时行人不便,要考虑机械升降人员,并为此增加辅助提升工作量。

因此,应综合考虑上述因素的限制,规定合理阶段斜长的范围。

(二) 具有合理的区段数目

所谓合理的区段数,是指能保证采区正常生产和接替的区段数。由于是在保证工作面长度合理的前提下划分区段,所以区段数目从另一个侧面反映了对阶段斜长的要求。

为合理集中生产,减少矿井内同时生产的采区个数,采区的生产能力一般较大,普采采区内同采的工作面数目一般达 2～3 个。特别当厚煤层采用分层分采、沿空掘巷时,要保证采区内工作面的正常接替,区段数目多一些是比较有利的。但是,区段增多将导致阶段斜长大,又会遇到前述上山提升运输方面的困难,根据这一对矛盾因素的相互制约和影响,应有一个比较合理的区段数,在我国目前的技术条件下,缓斜煤层可取 3～5,倾斜和急斜不少于 2～3。

(三) 要有利于采区的正常接替

为保证矿井均衡生产,一个采区开始减产,另一个新采区即应投入生产,为此,必须提前准备好一个新采区。所以,一个采区的服务年限应大于一个采区的开拓准备时间。由此看来,阶段斜长大,采区储量多,采区服务年限长,对采区的接替当然是有利的。

从开拓准备工程量来看,运输大巷、采区石门、采区硐室等的掘进工程量随着阶段斜长增大,分摊到每一吨煤上的这部分工程量则减少。换句话说,每掘一米这类巷道(如大巷)所获得的可采煤量就增多。应该指出,这一类巷道一般为岩石巷道,断面大,要求高,掘进速度较慢,一般不能与其他采区巷道平行施工,往往成为影响采区准备时间的主要因素。因掘进每米这类巷道获得的煤量较多,对缓和接替紧张大有好处,这也是近年来我国许多矿井采用较大的阶段垂高的主要原因。

(四) 要保证开采水平有合理的服务年限及足够的储量

开拓一个水平要掘进许多巷道,基建投资较大,为了充分发挥这些设施和投资的效果,应有合理的水平服务年限。很明显,井型越大,开采水平的工程量也越大,设施也更复杂,投资也越多,水平服务年限应更长。

从有利于矿井均衡生产和水平接替来看,开拓延深一个新水平一般需要 3～5 a,从上水平过渡到下水平也需要 2～3 a 以上,故水平接替时间一般需 5～8 a,为使开采水平的生产少受开拓延深的干扰,也应有合理的最低服务年限。我国对不同井型矿井的开采水平服务年限要求见表 16-1。

计算开采水平的设计服务年限 T_s 时,也应考虑储量备用系数 K,可按下式计算

$$T_s = \frac{Z_s}{AK} \quad 或 \quad T_s = \frac{(Z_{sc} - P)C}{AK}$$

式中 Z_s——水平内的可采储量;

Z_{sc}——水平内的工业储量。

表 16-1 中规定的水平设计服务年限下限值决定着对水平内可采储量的最低要求。要保证必要的水平可采储量,可以加大井田的走向长度或水平垂高。对新建矿井,在矿区总体设计时已考虑了这一要求,使矿井有合理的参数。对生产矿井,由于生产发展水平储量相对不足或者原来定的井田走向长度偏短,都要求增加水平的可采储量。如能扩大井田走向长度,将是比较有利的,但如两翼受到限制,则只有加大水平垂高。

(五)经济上有利的水平垂高

从技术与经济统一的观点来看,技术上合理的水平垂高,应能获得较好的经济效果,可以通过经济比较的方法,选择有利的水平垂高。

在实际工作中,一般是针对矿井具体条件提出几个方案,进行技术分析和经济比较。经济比较的项目包括:水平范围内的开拓工程量及掘进费,相应范围的井巷维护费,煤炭沿井筒的提升费、排水费等。如果采区巷道布置类型和参数不同,还应该比较采区的巷道掘进费、维护费及煤的运输费。根据比较的结果综合考虑技术、管理、安全等因素,最后确定。

综上所述,水平垂高受一系列因素的影响,它也是井下开采技术发展和生产集中程度的综合反映。20 世纪 50 年代矿井生产技术及集中化程度较低,水平垂高一般不超过 100 m。随着生产技术的发展,开采强度不断加大,相应地要求加大阶段斜长,所以不少矿井的水平垂高已达 150～250 m。设计规范规定:缓斜、倾斜煤层阶段垂高为 150～250 m;急斜为 100～150 m。

对于开采近水平煤层的矿井,用盘区上(下)山准备时,盘区上山长度一般不宜超过 1 500 m,盘区下山不宜超过 1 000 m。用石门盘区准备时,斜长不受此限。采用带区式准备(倾斜长壁采煤法)时,采煤工作面推进方向的长度可达到 1 000 m。

不难看出,表 16-1 所列数字是一个相当大的范围,在具体条件下选用多大的垂高,还要根据上述因素,并结合是否采用下山开采,是否设置辅助水平等,进行具体的划分。

二、下山开采的应用

为扩大开采水平的开采范围,有时除在开采水平以上布置上山采区外,还可在开采水平以下布置下山采区,进行下山开采。下山开采与上山开采的比较指的是:利用原有开采水平进行下山开采与深部另设开采水平进行上山开采的比较。

(一)上下山开采的比较

上山开采和下山开采在采煤工作面生产方面没有多大的差别,但在采区运输、提升、通风、排水和上山(下山)掘进等方面却有许多不同之处,其比较如图 18-1 所示。

上山开采时,煤向下运输,上山的运输能力大,输送机的铺设长度较长,倾角较大时还可采用自溜运输,运输费用较低,但从全矿看,它有折返运输。下山开采时,向上运煤,没有折返运输,总的运输工作量较少。

上山开采时,井下涌水可直接流入井底水仓,排水系统简单。下山开采时,各采区都要

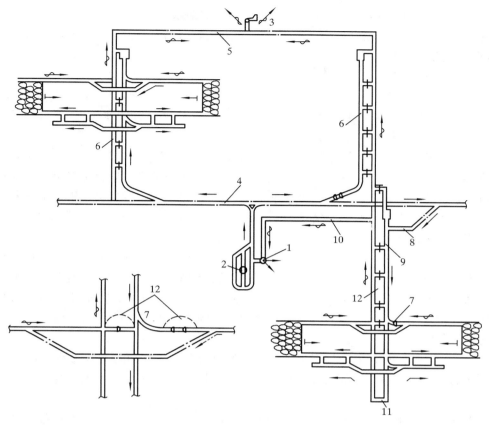

图 18-1　上下山开采比较

1——主井；2——副井；3——回风巷；4——运输大巷；5——总回风巷；6——采区上山；7——下山采区中部车场；
8——下山采区上部车场；9——采区下山；10——大巷配风巷（作为下山采区总回风巷）；
11——下山采区水仓；12——采区上下山之间的漏风

解决采区内的排水问题。如涌水量不大，可在每区段下部设临时排水硐室及小水仓，随采掘工作的向下发展，在相应的区段安装排水设备，将采区涌水排至大巷，这样就要多掘硐室及增加排水设备。较常用的做法是，将采区下山一次掘至终深，在其下部掘排水硐室、水仓和安装排水设备，这样将增加总的排水工作量和排水费用。此外，如排水系统发生故障（如水仓淤塞、管路损坏、水泵损坏等），将影响下山采区的生产，而上山开采则没有这个问题。

　　下山掘进的装载、运输、排水等工序比较复杂，因而掘进速度较慢、效率较低、成本较高，尤其当下山坡度大、涌水量大时，下山掘进更为困难。而上山掘进则方便得多。

　　上山开采时，新鲜风流由进风上山进入采区，清洗工作面后的污风经回风上山流入回风巷，新风和污风均向上流动，沿倾斜方向的风路较短。而下山开采时，新鲜风流由进风下山进入采区，清洗采煤工作面后的污风经回风下山到回风巷，风流在进风下山和回风下山内流动的方向相反，沿倾斜方向的风路较长，在通风最困难时，约比上山采区长一倍。并且，进风下山和回风下山相距一般约 20～30 m，下山之间有巷道连通，用风门控制风流，两下山之间的风压差较大，漏风较大，通风管理比较复杂，当瓦斯涌出量较大时，通风更困难。

　　下山开采的主要优点是充分利用原有开采水平的井巷和设施，节省开拓工程量和基建投资,可延长水平服务年限,推迟矿井下一水平延深的期限。

总的看来,上山开采在生产技术上较下山开采优越,但在一定的条件下,配合应用下山开采,在经济上则是有利的。

(二)下山开采的应用条件

(1)对倾角小于16°的缓斜煤层,瓦斯及水的涌出量不太大,前述下山开采的缺点并不严重,而其节约工程量的优点则较突出。如井田斜长不大,可采用单水平上、下山开拓;如井田斜长较大,可采用多水平上下山开拓。

(2)当井田深部受自然条件限制,储量不多、深部境界不一、设置开采水平有困难或不经济时,可在最终水平以下设一部分下山采区。例如井田深部境界以斜交断层划分,将不可避免地要采部分下山煤。对某些用多水平开采的矿井,最下一阶段如仍采用上山开采,需延深井筒和开掘井底车场、大巷,并需掘较长的石门,工程量大、投资多、工期长,如煤层倾角不大,就可采用下山开采。

(3)一些多水平开采的矿井,由于开采强度大、井田走向长度短、水平接替紧张、原有生产水平保证不了矿井产量时,可在井田中央部分(靠近井筒部分)布置一个或几个下山采区,安排一部分生产任务,同时通过采区下山掘一部分下开采水平的大巷、车场及硐室,以加快下水平的开拓延深。这种下山采区是生产水平过渡的临时措施,待大部分生产转入下开采水平时,将改为上山开采。

应当注意:用上下山开采时,上下山的采区划分与其位置尽可能对应一致,相对应的上下山采区的上山和下山尽可能靠近,使下山采区能利用上山采区的装车站及煤仓,并尽可能利用上山采区的车场巷道。

下山采区回风也有不同情况。对单水平开采的矿井或多水平开采的矿井第一水平,可维护上山采区的上山作为下山采区的回风巷,并利用上山开采的总回风巷、风井及通风设施为下山采区回风。如采区上山不易维护,可利用运输大巷的配风巷(副巷)回风,为此,要开掘或维护一些巷道,使配风巷与风井连通。对多水平上下山开采的第二水平,其上山部分的回风可采用不同方式;也可在一、二水平之间设辅助水平,直接与井筒连通,担负一水平下山的进风、出矸、排水,并为二水平回风,可参见图18-3。

必须指出,下山开采与利用主要下山来开采下水平是不相同的。利用主要下山开采是在主要下山下部设立开采水平,主要下山即为暗斜井,各采区仍为上山开采。

三、辅助水平的应用

由于要增加开采水平储量和服务年限等原因,有时需设置辅助水平。

辅助水平设有阶段大巷,担负阶段运输、通风、排水等项任务,但不设井底车场,大巷运出的煤需下达到开采水平,由开采水平的井底车场再运至地面。辅助水平大巷离井筒较近时,也可设简易材料车场,担负运料、通风或排水任务。主要适用条件如下:

(1)水平垂高过大,开采水平以上的上山煤斜长太大,用一个阶段开采,技术上有困难,安全上不可靠时,可将开采水平以上的煤分为两个阶段,利用辅助水平开采上一阶段。图18-2所示为平硐水平以上的上组煤斜长过大,在其上部设辅助水平,利用一对主要上山(4、5)与辅助水平大巷(6)联系,以加快矿井建设[先不开主石门(8)],并可最大限度地扩大平硐的开采范围,充分发挥平硐开拓的优点。

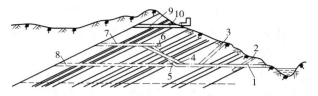

图 18-2　用辅助水平开拓平硐以上部分煤层

1——主平硐；2——运煤斜井；3——进风斜井；4——主要运煤上山；5——主要轨道上山；
6——辅助水平运输大巷；7——辅助水平石门；8——后期主石门；9——回风石门；10——回风平硐

（2）采用多水平上下山开采的矿井，上一开采水平下山采区的排水、通风及采区辅助提升比较困难，下开采水平的回风问题也需妥善解决，矿井和采区生产能力越大，这些问题就越突出。于是，可在两开采水平之间设辅助水平，使上述问题得到较合理的解决。

图 18-3 为某矿井开采缓斜煤层群，采用立井多水平上下山开拓，井田划分为两个开采水平，其标高分别为－600 m 及－1 050 m。在两开采水平之间设辅助水平，其标高为－850 m。另外由于第一开采水平上山采区斜长过大，故在－450 m 处也设辅助水平。开采第一水平时，上下山采区出煤均经－600 m 胶带运输大巷（5）运出，经煤仓（3）向主井（1）转载。辅助运输则由轨道大巷（6）承担。开采第一水平下山采区前，延深副井到－850 m 水平，并掘辅助水平大巷（11）。开采第一水平的下山采区即可由－850 m 辅助水平进风、泄

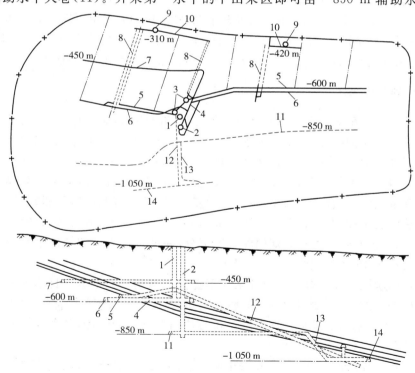

图 18-3　用辅助水平配合上下山开采

1——主井；2——副井；3——煤仓；4——主石门；5——－600 m 胶带运输大巷；6——－600 m 轨道运输大巷；
7——－450 m 辅助水平轨道巷；8——采区上山；9——边界风井；10——总回风巷；
11——－850 m 辅助水平轨道巷；12——二水平胶带暗斜井；13——二水平轨道暗斜井；14——二水平大巷

水、排矸。开采第二水平时不再延深原有主副井,而是设置胶带暗斜井(12)及轨道暗斜井(13),第二开采水平上下山各采区出煤经胶带暗斜井(12)直通一水平井底煤仓(3)。出矸则经暗斜井(13)提至−850 m辅助水平,再经副井提出地面,物料运输均需经−850 m辅助水平轨道大巷,再转运到各上下山采区。矿井通风由副井进风,污风由两翼风井排出。这一方案,−850 m辅助水平不设胶带运输大巷,不进行煤的运输,也就取消了煤的运输、转载、存储的设施。这样,辅助水平只担负进风、排水、辅助运输和升降人员的任务。

(3) 开采急斜煤层的矿井,由于受溜煤、运料、上下人员等技术和安全条件的限制,阶段垂高较短、水平储量较少、水平服务年限达不到规定要求,一些矿井加大了开采水平的垂高,一次延深两个阶段的高度,在两个阶段之间设置辅助水平,上阶段出煤利用设在井筒附近的溜煤眼溜放到下阶段,集中提出地面。很明显,这种方式增加了阶段运煤的环节和总的提升工作量,长距离溜煤易使块煤破碎,并有堵眼的危险,而节约的工程量并不多,如非迫不得已,一般不宜采用。

(4) 一些开采近水平煤层的矿井,采用分煤层开拓,即在主采层设开采水平,布置为全矿井服务的井底车场及设施,而在主采层以上或以下的煤层分别设辅助水平,开掘较简易的车场和煤层运输大巷、布置盘区,进行开采。辅助水平和开采水平之间用暗井或暗斜井联系,煤经溜井下放或暗井提升,矸石及物料要多段转运,井下运输环节较多,生产比较分散,对矿井合理集中生产不利,随盘区联合布置的发展,这种方式的应用日益减少。但如煤层距开采水平较远,而储量不甚丰富,不足以设开采水平时,这种方式也可以考虑采用。

如上所述,应用辅助水平能加大开采水平垂高。但设置辅助水平又增加了井下的运输环节,使生产系统复杂化,这是本质上的缺点。因此,除上述条件外,一般不考虑采用。

四、合理划分开采水平

合理划分开采水平应综合考虑前面分析的因素,并且要适应井田地质和开采技术特点。

对开采急斜煤层的矿井,每个开采水平只开采一个上山阶段,而阶段垂高主要决定于采煤方法和采区准备的合理性,其可供选择的范围是较小的。

对开采倾斜和缓斜的矿井,首先应研究煤层开采特点,从适合该煤层的采煤方法、准备方式及合理参数出发,结合井型大小、机械化程度要求,研究有利的阶段斜长及垂高。由于矿井地质构造的复杂性,井田各部分的倾角大小可能不同,一定的阶段垂高不一定能使阶段每一部分都有合理的斜长,这就只能照顾主要部分,并结合能否应用辅助水平等因素,综合考虑。对倾角小于16°的缓斜煤层,要结合上下山开采综合考虑。

研究合理的阶段垂高为合理划分开采水平提供了最主要的根据。具体划分时,还必须结合井田地质构造的特点,适当地进行调整。例如,煤层沿倾向倾角变化较大或有较大的走向断层切割,就可在基本上满足合理阶段垂高的基础上,以这些自然条件划分开采水平,以便为水平的开采创造较好的条件。

对开采近水平煤层的矿井,主要考虑开采水平在煤组内的合理位置及标高。对上下可采煤层相距不远、采用单水平开拓的矿井,一般应将开采水平设在煤组的底部,或者布置集中运输大巷及联合准备的盘区,或者在其上部设置辅助水平、分层布置大巷及盘区。如井田内可采煤层数目较多、上下可采煤层相距较远,就要划分煤组,分煤组设置开采水平。但应保证开采水平有足够的储量,满足关于水平服务年限的要求。

第二节　开采水平大巷的布置

一、对大巷布置的一般要求

大巷的主要任务是担负煤矸、物料和人员的运输,以及通风、排水、敷设管线。对大巷的基本要求是便于运输、利于掘进和维护、能满足矿井通风安全的需要。根据矿井生产能力和矿井地质条件的不同,大巷可选用不同的运输方式和设备,而不同的运输设备又对大巷提出了不同的要求。

（一）大巷的运输方式和设备

我国各类井型矿井的大巷一般采用矿车运输。少数大中型矿井大巷用带式输送机运煤,而矸石、物料仍采用矿车运输。

根据我国煤矿装备标准化、系列化和定型化的要求,不同矿井生产能力的大巷运输设备可参照表 18-1 选取。采用矿车运输时,选用架线电机车或蓄电池电机车主要决定于矿井瓦斯等级。一般低瓦斯矿井大巷运输采用架线电机车。高瓦斯矿井采用矿用安全型蓄电池机车。矿井的总回风巷 的瓦斯浓度不得超过 0.75%。有瓦斯喷出或有煤和瓦斯突出危险矿井的进风巷（距采煤工作面 50 m 以外）,使用防爆型蓄电池机车。

表 18-1　　　　　　　　　　　　不同矿井生产能力的大巷运输设备

矿井生产能力/（Mt/a）	运　　煤	辅　助　运　输	大巷轨距/mm
≥2.40	5 t 底卸式矿车	1.5 t 固定车厢式矿车	900
	带式输送机	1.5 t 固定车厢式矿车	600
0.90～1.80	3 t 底卸式矿车	1.5 t 或 1 t 固定车厢式矿车	600
	3 t 固定车厢式矿车 *	1.5 t 固定车厢式矿车	900
≤0.60	1 t 固定车厢式矿车	1 t 固定车厢式矿车	600

* 新设计矿井已不采用。

大巷运煤采用矿车或带式输送机各有不同的特点。采用矿车运煤可同时统一解决煤、矸、物料和人员的运输问题,能适应矿井两翼生产的不均衡性,且能满足井下不同煤种的煤层分采分运的要求,对巷道弯曲没有多大限制,运煤过程中产生的煤尘较少,对通风安全较为有利。另外,长距离运输没有什么困难。采用带式输送机运煤时为连续运输,运量大,效率高,易于实现自动化,对巷道坡度没有严格要求,但要求巷道直。其设备能力要考虑两翼产量分配不均的因素和每一翼运输的不均衡系数（后者可取 1.25）,因而每翼设备均应留有较大的富余能力。这样可能使设备利用不够充分。另外,为解决辅助运输问题,还需另开一条轨道辅助运输大巷。我国少数矿井大巷用带式输送机,其走向长度均较短。在特大型矿井的设计中,对大巷运输方式进行了技术经济比较,一些地质构造比较复杂的矿井采用了大容量底卸式矿车运煤;一些地质构造比较简单、煤层倾角平缓,采用上下山盘区或带区准备的矿井则采用了胶带运输,虽然这些矿井的井田走向长度大（8～10 km 以上）,又设两套运输系统,由于水平的服务年限长,设备利用还是较充分的。国外大巷用胶带运输的有所发展,德国井下矿车运输约占70%,胶带运输约占30%。他们认为:井田面积在10 km² 以下宜用胶带运输,30 km² 以上宜用矿车运输,10～30 km² 的矿井要做具体分析。沈阳煤矿设计院通过对国内一些矿井大巷运输方式的调查分析,主要对3 t底卸式矿车与钢芯带式输送机的基建费和生产经营费的分析比较,得出当矿井一翼年产量为1.50 Mt,运距在3 km以内时,采用胶带运输优越;运距大于3 km,采用矿车运输优越的结论。矿车运输适于运距长、拐弯多、不同煤种分运等条件。胶带运输则适于运量大、不存在多煤种分运、巷道又比较直等条件。

(二) 大巷的巷道断面和支护

大巷的断面要能满足运输、通风、行人和管缆敷设的需要,符合《煤矿安全规程》的规定。

采用矿车运输的大巷一般取双轨巷道断面。对于生产能力不大的中小型矿井,根据实际需要,也可以取单轨巷道断面。大巷铺单轨时,要在井底车场和采区车场之间设双轨错车场,其有效长度要大于一列车的长度,并且线路应有30%的富余通过能力。

大巷用带式输送机运输的矿井,一般采用两条大巷,分别铺设带式输送机及轨道。两条大巷同一水平且相互平行,每隔一定距离用联络巷贯通。为便于处理两条巷道的交叉关系,也可使带式输送机大巷略高于轨道大巷(4～10 m)。带式输送机大巷是否设检修道与轨道大巷的布置有关,可有不同的配合形式:带式输送机大巷设检修道,轨道大巷为单轨或双轨;带式输送机大巷不设检修道,轨道大巷要铺双轨。究竟采用哪种方式,要根据辅助运输工作量的大小及通风要求等因素合理确定。带式输送机大巷设检修道时,检修道与带式输送机之间应留适当的安全距离。

大巷断面要满足风速要求。当采用矿车运输时,大巷允许风速不大于8 m/s,设计时要留有余地,一般不大于6 m/s;采用带式输送机运输时,大巷风速不得超过4 m/s,通常只有少量进风。

当大巷采用矿车运输,而且矿井产量大,瓦斯涌出量大,需要风量大,因而要求巷道断面大时,可以布置一条大断面巷道或两条断面较小的巷道,应结合施工条件、运输要求等因素综合考虑,合理确定。

大巷的服务年限很长,一般应采用锚喷或砌碹。中小型矿井的服务年限不长的大巷,也可采用其他支护方式。当大巷设在具有自然发火威胁的煤层内时,可砌碹。

条件适宜时,在煤层大巷中可采用锚网支架,围岩松软时也可采用U型钢金属可缩性支架。

(三) 大巷的方向和坡度

大巷的方向应与煤层的走向大体一致。当煤层因褶曲、断层等地质构造影响,局部走向变化频繁时,为了提高列车运行速度,便于电机车行驶,也为了缩短线路及巷道长度,节约开拓工程量,要避免大巷转弯过多,使大巷尽量取直。但应注意,不要因取直巷道而造成大巷维护不利及煤层开采上的困难(如距厚煤层过近、穿至开采煤层的顶板等)。铺设带式输送机的大巷更要求巷道取直,当大巷不能成一直线时,可布置成段数较少的折线,由此要增加带式输送机铺设的台数,从而涉及采用带式输送机运煤是否合理的问题,应在选择大巷运输方式时合理确定。

对于近水平煤层,若煤层变化大,往往有小的波状起伏、局部隆起或低洼,煤层走向不明显,很难沿一定走向方向布置大巷。在这种情况下,大巷应与井田内煤层的主要延展方向一致,甚至根据煤层赋存状况将大巷分岔布置,以便于在其两侧布置盘区。当井田内开采煤层数目较多、分煤层(组)布置大巷时,上下煤层(组)内的大巷方向应一致,平面位置宜重叠,以便少留保护大巷的安全煤柱。

大巷的坡度要有利于运输和流水。采用电机车运输的矿井,一般使大巷向井底车场方向有 $0.3\%\sim0.5\%$ 的下坡。对井下涌水量很大的矿井,或采用水砂充填采煤法、大巷流水含泥量较多的矿井,为利于疏水及防止流水中泥分沉淀而淤塞水沟,大巷坡度可取上限。采用带式输送机运煤的大巷,其方向及坡度尽可能与轨道大巷一致。为便于两巷在井底车场内的布置,避免巷道交叉上的困难,带式输送机大巷向井底车场方向要逐步抬高,抬高的坡度要根据井底车场箕斗装载煤仓的上部标高及抬高的范围来确定。

二、开采水平大巷的布置方式

开采水平布置的核心问题是运输大巷的布置。运输大巷可有单煤层布置(称分煤层运输大巷)、分煤组布置(称分组集中运输大巷)或全煤组集中布置(称集中运输大巷),主要根据煤层的数目和间距来定。采用分煤层或分组集中大巷时,各煤层(组)大巷之间、各大巷与井底车场之间用主要石门联系;采用集中运输大巷时,各煤层(组)间用采区石门联系。由于煤层倾角不同,层间联系也可能是溜井或斜巷。

(一) 分煤层大巷和主要石门(主要溜井)

采用分煤层大巷和主要石门布置方式时,井筒开凿至开采水平之后,掘井底车场、主要石门(简称主石门,或称中央石门)直至最上可采煤层,如图 18-4 所示。在最上层掘分煤层运输大巷,布置采区,进行回采。然后,按一定的开采顺序在下部煤层掘该层的分煤层运输大巷,布置采区,顺序回采。这种布置方式的特点是在各可采煤层中都布置大巷,相应地在各煤层单层准备采区,就每一个采区来说,工程量较小,各分煤层大巷之间只开一条主石门,石门工程量不大,由于建井时可首先进行上部煤层的开拓和准备,初期工程量较少,加以沿煤层掘进、施工技术及装备均较简

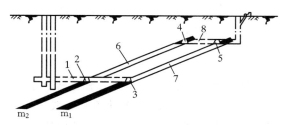

图 18-4　分煤层大巷和主要石门布置
1——主要石门;2——上煤层运输大巷;
3——下煤层运输大巷;4——上煤层回风大巷;
5——下煤层回风大巷;6——上煤层采区上山;
7——下煤层采区上山;8——主要回风石门

单,初期投资较少,建井速度较快。这种布置方式的缺点是:每个煤层均布置大巷,总的开拓工程量较大,相应的轨道、管线的占用量也较多;各煤层布置采区、总的采区数目多,生产采区比较分散,因而井下运输、装载也分散,占用辅助生产人员多,生产管理也不方便。由于大巷的数目多,总的维护工作量大,如大巷沿煤层布置,则维护大巷较困难;每条大巷均需留设护巷煤柱,故煤柱损失大。因此,目前对于单产较低,同采采区数较多条件下,一般不宜采用这种布置方式。只有当煤层间距大,集中布置在技术上有困难、经济上不合理时,才考虑采用这种方式。

对于近水平煤层,采用主要石门联系各分煤层大巷要掘很长的石门,技术经济不合理。于是可以采用主要溜井或暗井联系,如图 18-5 所示。实质上,即是在溜井上部(或暗井下

部)设置辅助水平,故此种情况下的大巷布置应结合辅助水平的应用,联系起来考虑。

(二)集中大巷和采区石门

采用集中大巷和采区石门布置时(图18-6),井筒开凿至开采水平之后,掘井底车场、集中运输大巷(当井筒距大巷较远时,还需掘一段连接集中运输大巷的主石门),到达采区位置后,掘采区石门及车场,进行采区准备。根据煤层间距大小、分组情况的不同,可布置集中联合采区,或分组集中联合采区,或单煤层采区。

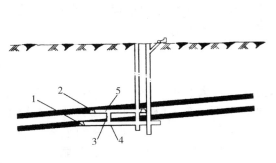

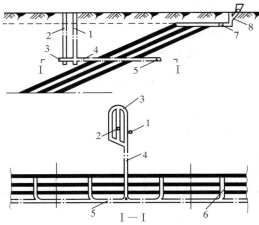

图 18-5　分煤层大巷和主要溜井布置
1——下煤层运输大巷;2——上煤层运输大巷;
3——主要溜煤井;4——溜井下部车场;
5——溜井上部车场

图 18-6　集中运输大巷和采区石门布置
1——主井;2——副井;
3——井底车场;4——主要石门;
5——集中运输大巷;6——采区石门;
7——集中回风大巷;8——回风井

这种方式的特点是开采水平内只布置一条或一对(采用胶带机时)集中运输大巷,故总的大巷开拓工程量、占用的轨道和管线均较少;大巷一般布置在煤组底板岩层或最下部较坚硬的薄及中厚煤层中,维护较易,维护的大巷少,总的开拓巷道维护工作量较少;生产区域比较集中,有利于提高井下运输效率;由于以采区石门贯穿各煤层,可同时进行若干个煤层的准备和回采,开采顺序较为灵活,开采强度可较大。这种布置方式的主要问题是矿井投产前要掘主石门、集中运输大巷、采区石门,才能进行上部煤层的准备与回采,煤组厚度大时,初期建井工程量较大、建井期较长;每一采区要掘采区石门,如煤层的间距大,采区石门就很长,总的石门工程量就更大,可能造成经济上的不合理。故这种方式适用于煤层层数较多、层间距不大的矿井。

(三)分组集中大巷和主要石门

这种方式如图18-7所示。井筒开凿至开采水平之后,掘井底车场、主要石门,分煤组布置运输大巷,在各煤组布置采区。这种方式可看做是前两种方式的综合,它兼有前两种方式的部分特点。当井田内各煤层的间距有大有小、全部煤组用单一的集中运输大巷有困难或不经济时,可以根据各煤层的远近及组成,将所有的煤层分为若干煤组,每一煤组布置分组集中运输大巷。

采用分组集中布置大巷时,必须伴随解决如何划分煤组。

对煤层群进行分组应注意以下问题：

（1）层间距较近的煤层可以划为一组，以减少采区石门的掘进工程量。

（2）有些煤层的间距虽较大，但煤层受断层切割或赋存不稳定，只有局部块段可采，储量较少，不宜单独设大巷，可根据情况与其邻近煤层划为一组。

（3）根据国家需要和用户要求，对不同煤种和煤质的煤层可分别划组，以便分采分运和分别提升，保证原煤质量。

（4）对瓦斯涌出量差异很大的几个煤层，有技术安全上的必要时，可分别划组，以便于风量分配和管理；对涌水量大、有突水威胁的煤层，可分层布置，便于采取防治水患的措施。

（5）为实现合理集中生产，同时生产的煤组一般不多于两个。

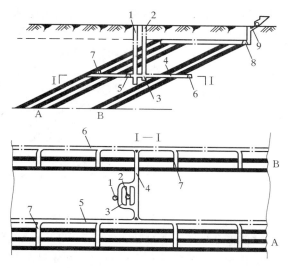

图 18-7　分组集中运输大巷

1——主井；2——副井；3——井底车场；
4——主要石门；5——A 煤组集中运输大巷；
6——B 煤组集中运输大巷；7——采区石门；
8——回风大巷；9——回风井

（四）几种布置方式的应用

开采水平的布置方式在我国许多矿区有一个演变的过程，并且表现出明显的趋势。新中国成立初期，主要沿袭旧的分层布置方式，随生产发展和采掘技术的提高及进一步集中生产的要求，许多矿逐步扩大了采区开采的范围，减少了巷道的数目，采用了分组集中或集中布置大巷的方式，取得了较好的技术经济效果。

采用集中或分组集中布置的基本出发点都是为了合理集中生产。但根据煤层间距大小不同，集中的程度也不一样，间距近可以全部集中，间距远则宜分组集中。我国一些矿区的实际情况是层间距小于 50 m 的煤层一般采用集中布置。采用分组集中布置的分组间距一般大于 70 m。在具体条件下难于确定集中或分组布置时，应根据煤层情况，结合采区布置提出几个方案，进行综合的技术经济比较。比较的内容是：

（1）各方案的开拓工程量，如大巷、采区石门和主要石门的工程量，并计算各方案的开拓费用和初期投资。

（2）各方案的巷道维护长度和时间，计算维护工作量及费用，其计算的范围与前项工程量的计算应一致。

（3）各方案的运输工作量和费用。

（4）各方案的煤柱损失。

根据比较的结果，选用较合理的方案。

在某些情况下，虽有集中布置的条件，但由于一些具体的原因，从有利于煤层的开采考虑，仍然采用分组集中布置。

对于可采煤层较多、煤系地层总厚度大的矿井，从各层间距来看，也可不分组，但在煤系底板设集中运输大巷，将造成初期的石门工程量大、建设时间长，且反向运输工作量大。为消除这一缺陷,可在上部煤层设分组集中运输大巷,先期开发上组煤,使矿井提前投产,如图18-8所示。

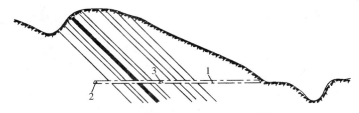

图 18-8 加快矿井建设的分组集中布置

1——平硐;2——集中运输大巷;3——分组集中运输大巷

如前所述,分层布置具有生产分散、总的大巷开拓工程量和巷道维护量大的缺点,适用于层间距较大(一般在 50～70 m 以上)的煤层,或井田走向短、煤层间距较大的小型矿井。应该指出,综合机械化采煤和掘进技术的发展,大大提高了开采强度,矿井有一个或两个工作面生产,出现了用开采一个煤层来保证矿井年产量的前景,配合采用大断面 U 型钢金属可缩性支架或锚网支架,巷道维护良好,维护困难的缺点就不严重,而其岩巷工程量少的优点就比较突出,这对倾角较小、煤及围岩较硬的煤层就可能是更有利的。如德国、英国的一些矿井及我国潞安漳村矿在厚煤层中成功地实现了煤层大巷布置。因此,随着生产技术的发展,这是今后值得注意的一个动向。不要把前面介绍的几种布置方式看做是静止不变的形式,而应该根据煤层的赋存情况,结合准备方式及开采技术的发展,仔细分析比较后再决定取舍。

三、运输大巷位置的选择

确定运输大巷在煤组中的具体位置是与选择运输大巷的布置方式密切联系的。由于运输大巷不仅要为上水平开采的各煤层服务,还将作为开采下水平各煤层的总回风巷,其总的使用期限达十余年至数十年,为便于维护和使用,应不受开采各煤层的采动影响,一般将运输大巷设在煤组的底板岩层中,有条件时,也可设在煤组底部煤质坚硬、围岩稳固的薄及中厚煤层中。

（一）煤层大巷

通常,分煤层运输大巷为煤层内大巷。条件适宜的集中大巷有时也在煤层内。大巷设在煤层内,掘进施工容易,掘进速度快,有利于采用综掘,沿煤层掘进能进一步探明煤层赋存情况。但是,煤层大巷有下列几项缺点。

（1）煤层大巷的巷道维护困难,维护费用高。尤其大巷设在厚煤层中时,其每米年维护费比薄及中厚煤层高出 2 倍以上,若受采动影响,维护更加困难。大巷内频繁的维修工作将影响井下正常运输,妨碍矿井正常生产。此外,路轨、架线、管路、水沟等的维修工作量也很大。

（2）当煤层起伏、褶曲较多时,如大巷按一定坡度沿煤层掘进,则巷道弯曲转折多,机车运行速度受到限制,将降低运输能力。如大巷按一定方向沿煤层掘进则大巷起伏不平,不能用机车运输。此时,虽可用带式输送机运煤,而物料及矸石仍需采用轨道运输,则将增加牵引绞车设备;为排除巷道低洼处积水,还要增加小型排水设备,同时增加了巷道维护工作量。

如大巷既要保证一定坡度,又要按照一定方向掘进,则巷道只能部分沿煤部分穿岩,岩石掘进工程量大,则失去了煤层大巷的优点。

（3）为便于巷道维护,需在煤层大巷上下两侧各留 40～50 m 以上的煤柱,煤柱回收困难,资源损失大。

（4）当煤层有自然发火危险时,一旦发火就必须封闭大巷,导致矿井停产,而且因煤柱受采动影响破坏,密闭效果不好,处理火灾更感困难。

从我国目前情况来看,煤层大巷的缺点是较严重的,因此,从 20 世纪 50 年代后期起,许多过去使用煤层大巷的矿区,已逐步废弃了这种方式而采用岩石大巷。如前所述,从世界各国技术发展来看,煤层大巷是发展趋势。就我国目前情况而言,在某些条件适合的情况下,可考虑使用煤层大巷。如:

（1）煤层赋存不稳定、地质构造复杂的小型矿井,尤其是地方小煤矿或生产勘探井,煤层大巷对探明地质情况、及早布置和准备采区有重要意义。

（2）井田走向长度不大或煤组中距其他煤层甚远的单个薄或中厚煤层,储量有限,服务年限不长。

（3）煤系基底有近距离富含溶洞水的岩层,不宜布置底板岩层大巷,而该煤层又有较坚硬的顶板,有设置大巷的条件。

（4）煤组底部有煤质坚硬、围岩稳固、无自然发火危险的薄或中厚煤层,经技术经济比较,也可在该煤层中设运输大巷。

（二）岩层大巷（岩石大巷）

岩石大巷一般作为集中或分组集中大巷,为单一厚煤层设置的岩石大巷,实质上也是集中大巷。

岩石大巷能适应地质构造的变化,便于保持一定的方向和坡度,可在较长距离内直线布置,弯曲转折少,利于提高列车运行速度和大巷通过能力;巷道维护条件好,维护费用低,并可少留或不留煤柱,对预防火灾及安全生产也是有利的;另外,岩石大巷布置比较灵活,有利于设置采区煤仓。岩石大巷的主要问题是岩石掘进工程量较大、要求的掘进设备多、掘进速度慢。

选择岩石大巷的位置时,主要考虑两方面的因素:一是大巷至煤层的距离;二是大巷所在岩层的岩性。

大巷至煤层的距离大小直接关系到大巷受采动影响的程度,这和第五章关于区段岩石集中巷位置的分析,基本原则是相同的,可参看图 5-5。由开采形成的支承压力经煤柱传递于煤层底板,在底板岩层内也形成一应力升高区。为避开支承压力的不利影响,大巷应对煤层保持一定必要的距离。支承压力在底板岩石内的传递因岩性不同而不同,岩石坚硬传递的范围广而向下的强度弱,大巷距煤层可近一些;岩石松软,传递的范围窄而向下强度大,大巷距煤层应远一些;为避开煤柱固定支承压力的影响,大巷应在压力传递影响角 φ 以外。当采用充填法管理顶板时,减少了基本顶的最终下沉量,支承压力的集中程度也较小,故其他条件相同时,大巷距煤层可较垮落法管理顶板近一些。我国各矿区围岩性质和管理顶板方法不同,岩石大巷至煤层的距离大小不等,一般为 15～30 m。

为避开支承压力形成的底板岩层应力升高区,我国一些矿井采用了所谓跨大巷回采,即在采区最下一个区段布置采煤工作面,其长度跨越大巷,工作面回采以后,大巷即处于采空区下。

对开采急斜煤层的矿井,一般采用多水平开拓,运输大巷或者作为下水平的回风巷,或者下水平开采时,上水平仍在开采,都要继续维护,应保证它在下水平开采时仍不受采动影响。当倾角大于 60° 时,煤层采动后不仅顶板岩层要垮落下沉,底板岩层也要向下滑动,为使运输大巷免受底板滑动的影响,应将其布置在底板滑动线之外,如图 18-9,并要留适当尺寸的安全岩柱,其宽度 b 可取为 10～20 m。

确定岩石大巷位置时,选择合适的层位极其重要,为便于大巷维护,应选择稳定、较厚且坚硬的岩层,如砂岩、石灰岩、砂质页岩等,避免在岩性松软、吸水膨胀、易风化的岩层中布置大巷。

当煤层底板岩层水文地质情况复杂时,应区别情况,慎重对待。如我国一些煤田煤系基底为奥陶纪石

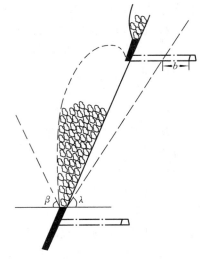

图 18-9　急斜煤层的运输大巷位置
β——岩层称动角;λ——岩层底板滑动角

灰岩,溶洞发育,含水丰富,甚至有时与地面河流有水力联系。为防止井下突然涌水淹没矿井,大巷应离这些岩层有一定安全距离。对有些水文情况复杂的岩层,经过深入的调查研究,采取了必要的防、堵、排措施后,仍可将大巷设在该岩层中,如江南、西南一些矿井成功地将大巷设在茅口石灰岩内,改善了巷道维护状况,取得了较好的技术经济效果。

在极少数情况下,煤组底部岩层水文条件复杂,煤组内煤岩均较松软,只有顶部有岩性较好的岩石,迫不得已,可考虑将大巷布置在顶板岩层内。由于采动影响,顶板岩石大巷不能为开采下水平服务,故是否采用应通过技术经济比较确定。

大巷通过断层时应与断层面大角度交叉,避免沿断层开掘巷道,以减少掘砌和维护上的困难。

为控制岩层大巷的方向与位置,使其与煤层能保持设计的合理距离,可在煤层内布置一条副巷(配风巷),超前于岩石大巷掘进,预先探明煤层走向变化,及时调整大巷方向。当煤层赋存稳定、构造简单、大巷预定位置有钻孔控制时,也可不掘副巷。

四、回风大巷布置

回风大巷的布置原则与前述运输大巷布置基本相同,并且对一个具体矿井来说,常采用相同的布置方式。实际上,上水平的运输大巷常作为下水平的回风大巷。

矿井第一水平回风大巷的设置应根据不同情况区别对待。

对开采急斜、倾斜和大多数缓斜煤层的矿井,根据煤层和围岩情况及开采要求,回风大巷可设在煤组稳固的底板岩层中;有条件时,可设在煤组下部煤质坚硬、围岩稳固的薄或中厚煤层中。

当井田上部冲积层厚和含水丰富时,要在井田上部沿煤层侵蚀带留置防水煤柱。在这种情况下,可将回风大巷设在防水煤柱内。

为便于总回风大巷的掘进和维护,全井田回风大巷的标高宜一致。当井田上部边界标高不一致时,回风大巷可按不同标高分段布置,兼作运料时分段间设必要的辅助运提设备,

但段数不宜分得过多。

对开采近水平煤层的矿井,回风大巷可位于大巷一侧平行并列布置,或设在下部煤层中,或设在下部岩层中,其选定的原则与运输大巷布置原则相同。

对于采用采区小风井通风的矿井,第一水平可不设回风大巷。多井筒分区式的矿井也不设全矿性的回风大巷。

对一些多水平生产的矿井,为使上水平的进风与下水平的回风互不干扰,有时要在上水平布置一条与集中运输大巷平行的下水平回风大巷。该回风大巷有时也可利用运输大巷的配风巷(掘进大巷时的副巷)。

第三节　井筒的位置

井筒的位置是与井筒的形式、用途密切联系的。井筒形式确定后,需要正确选择井筒位置。但在不少场合,井筒位置与井筒形式是伴随一起确定的。主副井筒位置一经确定和施工后,在其上部布置工业场地,进行工业和民用建筑建设,在其下部设置开采水平,进行开采部署,在整个矿井服务期间极难更改。因此,正确地确定井筒位置是井田开拓的重要问题。合理的井筒位置应使井下开采有利,井筒的开掘和使用安全可靠,地面工业场地布置合理。

一、对井下开采合理的井筒位置

对井下开采有利的井筒位置应使井巷工程量、井下运输工作量、井巷维护工作量较少,通风安全条件好,煤柱损失少,有利于井下的开采部署。应分别分析沿井田走向及倾向的有利井筒位置。

(一)井筒沿井田走向的位置

井筒沿井田走向的有利位置应在井田中央。当井田储量呈不均匀分布时,应在储量分布的中央,以此形成两翼储量比较均衡的双翼井田,应尽量避免井筒偏于一侧、造成单翼开采的不利局面。

(1)井筒设在井田中央(储量分布的中央),可使沿井田走向的井下运输工作量最小,而井筒偏在一翼边界时的相应井下运输工作量要较前者为大。

(2)井筒设在井田中央时,两翼产量分配、风量分配比较均衡,通风网路较短,通风阻力较小。井田偏于一侧时,一翼通风距离长,风压增大。当产量集中于一翼时,风量成倍增加,风压按二次方关系增加。如要降低风压,就要增大巷道断面,增加掘进工程量。

(3)井筒设在井田中央时,两翼分担产量比较均衡,各水平两翼开采结束的时间比较接近。如井筒偏于一侧,一翼过早采完,然后产量集中于另一翼,将使运输、通风过分集中,采煤、掘进互相干扰,甚至影响全矿生产。

在实际工作中,由于井田地质条件和其他因素的综合影响,只要尽可能使两翼较为均衡,同时可将井筒布置在靠近高级储量地段,使初期投产的采区地质构造简单、储量可靠,从而使矿井建设投产后能有可靠的储量和较好的开采条件,以便迅速达到设计能力。

(二)井筒沿煤层倾向的位置

斜井开拓时,斜井井筒沿煤层倾向的有利位置主要是选择合适的层位和倾角,其原则已如前述。

　　立井开拓时,井筒沿煤层倾向位置的几个原则方案可见图 18-10。井筒设于井田中部 B 处,可使石门总长度较短、沿石门的运输工作量较少;井筒位置设于 A 处时,总的石门工程量虽然稍大,但初期(第一水平)工程量及投资较少、建井期较短;井筒设于 C 处的初期工程量最大,石门总长度和沿石门的运输工作量也较大,但如煤系基底有含水特大的岩层,不允许井筒穿过时,它可以延深井筒到深部,对开采井田深部及向下扩展有利;而在 A、B 位置,井筒只能打到一、二水平,深部需用暗井或暗斜井开采,生产系统较复杂,环节较多。从保护井筒和工业场地煤柱损失看,愈靠近浅部,煤柱的尺寸愈小,愈近深部,则煤柱损失愈大。

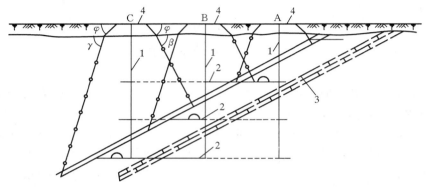

图 18-10　立井井筒沿煤层倾向位置的几个原则方案

1——井筒;2——石门;3——富含水岩层;4——需保护的场地范围

　　由于井田的地质条件不同,前面分析的各因素重要性也不一样。对单水平开采缓倾斜煤层的井田,从有利于井下运输出发,井筒应坐落在井田中部,或者使上山部分斜长略大于下山部分,这对开采是有利的。对多水平开采缓斜或倾斜煤层群的矿井,如煤层的可采总厚度大,为减少保护井筒和工业场地煤柱损失及适当减少初期工程量,可考虑使井筒设在沿倾斜中部靠上方的适当位置,并应使保护井筒煤柱不占初期投产采区。对开采急斜煤层的矿井,井筒位置变化引起的石门长度变化较小,而保护井筒煤柱的大小变化幅度却很大,尤其是开采煤层总厚度大的矿井,煤柱损失将成为严重的问题,井筒

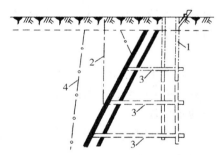

图 18-11　急斜煤层开拓的井筒位置

1——井筒位于煤层底板;

2——井筒位于煤层顶板;3——阶段石门;

4——工业场地煤柱边界线

宜靠近煤层浅部,甚至布置在煤系底板(如图 18-11)。对开采近水平煤层的矿井,无所谓深部、浅部,应结合地形等因素,尽可能使井筒靠近储量中央。对煤系基底有丰富含水层的矿井,既要考虑井筒到最终深度仍不穿过丰富含水层,又要考虑初期工程量和基建投资,还应考虑煤柱损失。应根据具体条件,结合是否采用下山开采等因素,合理确定。

二、对掘进与维护有利的井筒位置

　　为使井筒的开掘和使用安全可靠,减少其掘进的困难及便于维护,应使井筒通过的岩层及表土具有较好的水文、围岩和地质条件。

虽然用特殊凿井法可以在水文地质情况复杂的条件下掘砌井筒,但所需的施工设备较多,掘进速度慢,掘进费用高。因此,井筒应尽可能不通过或少通过流沙层、较厚的冲积层及较大的含水层。

为便于井筒的掘进和维护,井筒不应设在受地质破坏比较剧烈的地带及受采动影响的地区。

井筒位置还应使井底车场有较好的围岩条件,便于大容积硐室的掘进和维护。

三、便于布置地面工业场地的井筒位置

为合理布置工业场地,在选择井筒位置时,应贯彻农业为基础的方针,充分利用荒山、坡地、劣地,尽可能不占良田或少占农田,不妨碍农田水利建设,避免拆迁村庄及河流改道,也不要占用重要文化古迹和园林,并且应注意符合下列要求。

(1)要有足够的场地,便于布置矿井地面生产系统及其工业建筑物和构筑物,如主、副井绞车房及井口棚、井口车场,受煤仓,筛选厂(选煤厂)等。根据需要,还应考虑为以后扩建留有适当的余地。

(2)要有较好的工程地质和水文地质条件,尽可能避开滑坡、崩岩、溶洞、流沙层、采空区等不良地段,这样既便于施工,也可防止自然灾害的侵袭。

(3)要便于矿井供电、给水和运输,并使附近有便于建设居住区、排矸设施的地点。

(4)要避免井筒和工业场地遭受水患,井筒位置应高于当地最高洪水位,在平原地区还应考虑工业场地内雨水、污水排出的问题。在森林地区,工业场地和森林间应有足够的防火距离。

(5)要充分利用地形,使地面生产系统、工业场地总平面布置及地面运输合理,并尽可能使平整场地的工程量较少。

综上所述,选择井筒位置既要力求做到对井下开采有利,又要注意使地面布置合理,还要便于井筒的开掘和维护,而这些要求又与矿井的地质、地形、水文、煤层赋存情况等因素密切联系。在具体条件下,要同时满足这些要求往往是很困难的,因此,必须深入调查研究,分析影响因素,分清主次,寻求较合理的方案。

在一般情况下,如地面工业场地选择不太困难,应首先考虑井下开采有利的位置;如井田地面为山峦起伏、地形复杂的山区,则应首先考虑地面运输和工业场地的有利位置,并兼顾井下开采的合理性;如表土为很厚的冲积层,水文地质条件复杂,则应结合井下开采有利的位置及冲积层较薄的地点综合考虑。总之,要从实际情况出发,抓住主要矛盾,综合比较,合理确定。

四、风井布置及矿井通风系统

风井位置除应考虑地面因素、地下因素外,主要取决于矿井通风系统。按进风与回风井的相对位置分,有下列几种布置方式。

(一)中央并列式

进风井与回风井都位于井田中央的同一个工业场地内。一般利用主、副井分别作为进风井及回风井。这种布置方式称为中央并列式,如图18-12所示。其优点是工业场地布置集中,管理方便,井筒保护煤柱损失少,缺点是通风路线长,通风阻力大,井下漏风多。故一般用于井田范围较小、生产能力不很大、瓦斯等级低的矿井。投产初期不利于采用别的通风方式时，也可采用这种方式。图 17-2、图 17-4 所示即为中央并列式通风。

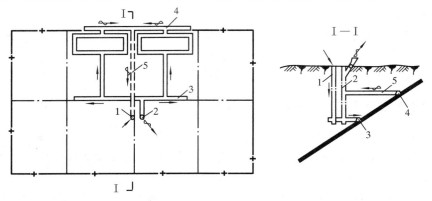

图 18-12　中央并列式通风示意图

1——主井；2——副井；3——主要运输大巷；4——主要回风大巷；5——回风石门

（二）中央边界式（中央分列式）

主、副井位于井田中央，副井兼作进风井，回风井设在井田上部边界的中部，这种方式称之为中央边界式通风，如图 18-13 所示。这种方式的优点是通风路线较短，通风阻力较小，井下漏风较少，回风井位于上部边界，工程量增加不多。其缺点是工业场地比较分散，保护井筒煤柱较多，当矿井转入深部开采后，需要维护较长的上山回风巷 。这种方式适用于煤层赋存不太深的缓斜煤层矿井或煤层赋存较深、瓦斯涌出量大的矿井，如图 17-1 所示即为中央边界式通风。

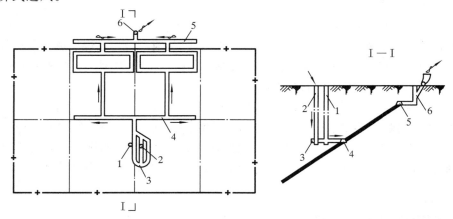

图 18-13　中央边界式通风示意图

1——主井；2——副井；3——井底车场；4——主要运输大巷；5——主要回风大巷；6——回风井

（三）对角式通风

主、副井设在井田中央，副井兼作进风井，回风井设在井田两翼的上部边界，成对角式布置，这种方式称之为对角式通风，如图 18-14 所示。其优点是通风路线长度变化小，风压比较稳定，有利于通风机工作。但这种方式因风井较多，所需通风设备较多，工业场地分散，主、副井与风井贯通需要较长的时间。因此,这种方式适用于对通风要求很严格的矿井,如高瓦斯矿井、煤层易自燃的矿井、有煤和瓦斯突出危险的矿井。

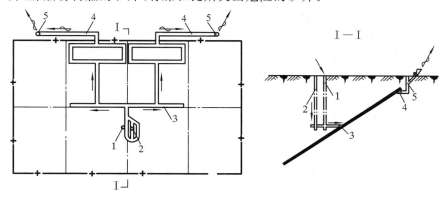

图 18-14　对角式通风示意图

1——主井;2——副井;3——运输大巷;4——回风大巷

(四) 采区式通风

回风井设在各采区,如图 18-15 所示。这种方式通风路线短,采区通风方便,风阻小,建井时还可以从几个采区同时施工,以加快矿井建设速度。但这种方式所需通风设备多,工业场地分散。故仅适用于井田上部距地表近、采(盘)区范围较大的矿井。图 17-7 所示为盘区风井通风。

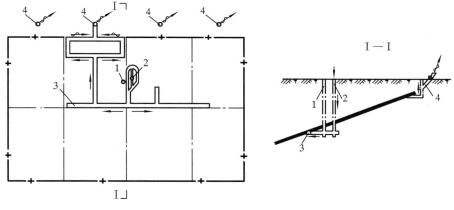

图 18-15　采区风井通风

1——主井;2——副井;3——运输大巷;4——回风井

(五) 分区式通风

采用多井筒分区域开拓时,每一个分区内均设置进风井及回风井,构成独立的通风系统。这种方式除具有通风路线短、几个分区可以同时施工的优点外,更有利于处理矿井事故。此外,运送人员及设备也方便。其缺点为工业场地分散,占地面积较大,井筒保护煤柱较多。这种通风方式适用于煤层很缓的特大型矿井,如图 17-13 所示。

复习思考题

1. 如何合理确定开采水平垂高?
2. 上下山开采的基本特点及应用是什么?
3. 什么情况下可设辅助水平? 辅助水平与开采水平有何区别?
4. 大巷运输方式有几种? 其对大巷布置各有何要求?
5. 如何确定大巷的断面、方向、坡度及支护方式?
6. 开采水平大巷的布置方式有几种? 分别说明其适用条件。
7. 如何选择确定大巷的位置?
8. 立井开拓时,如何确定井筒的位置?
9. 矿井通风系统、风井布置方式有几种? 分述其特点及适用条件。

第十九章 井底车场

井底车场是连接井筒和井下主要运输巷道的一组巷道和硐室的总称,是连接井下运输和提升两个环节的枢纽,是矿井生产的咽喉。因此,井底车场设计得是否合理,直接影响着矿井的安全和生产。

第一节 井底车场调车方式及线路布置示例

现以立井刀式环行井底车场(大巷采用固定式矿车运煤)为例说明,见图 19-1。

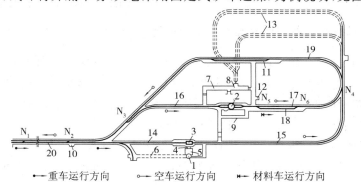

→ 重车运行方向　　→ 空车运行方向　　→← 材料车运行方向

图 19-1　立井刀式环行井底车场(固定式矿车运煤)

1——主井;2——副井;3——翻笼(翻车机)硐室;4——煤仓;5——箕斗装载硐室;6——清理井底斜巷;
7——中央变电所;8——水泵房;9——等候室;10——调度室;11——人车停车场;12——工具室;
13——水仓;14——主井重车线;15——主井空车线;16——副井重车线;17——副井空车线;
18——材料车线;19——绕道;20——调车线;N_1,N_2,N_3,N_4,N_5,N_6——道岔编号

由图可知,井底车场的巷道线路包括主井重车线(14)、主井空车线(15)、副井重车线(16)、副井空车线(17)、材料车线(18)、绕道回车线(19)、调车线(20)及一些连接巷道,井底车场的硐室主要包括有:主井系统硐室——翻笼(翻车机)硐室(3)、煤仓(4)、箕斗装载室(5)、清理井底撒煤斜巷(6)及硐室等;副井系统硐室——中央变电所(7)、水泵房(8)、水仓(13)及等候室等;其他硐室尚有调度室、电机车修理间、人车停车场等。

一、井底车场的调车方式

(一) 顶推调车

电机车牵引重列车驶入车场调车线(20),电机车摘钩、驶过道岔 N_1,经错车线,过 N_2 道岔绕至列车尾部,将列车顶入主(副)井重车线。然后,电机车经过道岔 N_1,绕道回车线

(19),入主(副)井空车线,牵引空列车驶向采区。以上是环行车场中常用的调车方式。

（二）专用设备调车

在调车线上设置专用调车机车、调车绞车或钢丝绳推车机等专用调车设备,当电机车牵引重列车驶进调车线后,电机车摘钩,驶向空车线牵引空车,调车作业由专用设备完成。这种方式车场内要设专用设备。

（三）甩车调车

电机车牵引重列车行至分车道岔 N_1 前 10～20 m 减速,并在行进中电机车与重列车摘钩,电机车加速驶过分车道岔后,将道岔扳回原位,重列车借助惯性驶向重车线。这种调车方式简单,可提高车场通过能力,但要求有一段甩车巷道,司机要熟练掌握行车速度及操作技术。有条件时应尽可能采用。分车道岔的操纵可采用电磁自动方式。

（四）顶推拉调车

在调车线上始终存放一列重车,在下一列重车驶入调车线的同时,将原存重列车顶入主井重车线,新牵引进来的重列车暂留在调车线内。这种方式避免了机车绕行至车尾顶车的麻烦,简化了调车作业,但造成了机车短时过负荷,如顶推距离长,不利于机车维护。

二、井底车场线路平面布置及存车线长度的确定

确定存车线长度是井底车场设计中的重要问题之一。如果存车线长度不足,将会使井下运输和井筒提升工作彼此牵制,影响矿井生产能力;但存车线过长,会使列车在车场内的调车时间增加,反而降低井底车场的通过能力,并增加井底车场的工程量。

井底车场各线段的起点及终点见图 19-2 和表 19-1。

根据我国煤矿多年实践经验,各类存车线可以选用下列长度:

(1) 大型矿井的主井空重车线长度各为 1.5～2.0 列车长;中小型矿井的主井空重车线长度各为 1.0～1.5 列车长。

(2) 大型矿井的副井空重车线长度各按 1.0～1.5 列车长,中小型矿井的副井空重车线长度按 0.5～1.0 列车长设计。副井提升矸石,矸石列车较煤列车短,但为使其长度留有调整的余地,并考虑到出矸工作不均匀、不连续,故副井空、重车线长度一般不小于 1.0 列煤车长度,小型矿井有时可按 0.5 列车长度设计。

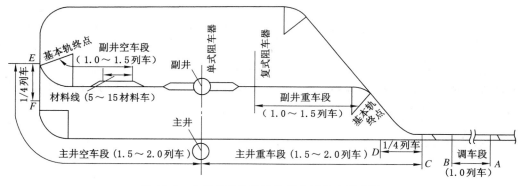

图 19-2 井底车场各段线路起点及终点示意图

CD 段——顶车调车时顶车距离;EF 段——电机车取空车驶入距离;A,B,C,D——基本轨终点

表 19-1   井底车场线路起点及终点布置

线路名称	起　　　点	终　　　点
箕斗井重车线	翻车机中心线	连接存车线与行车线的道岔的基本轨起点
箕斗井空车线	翻车机中心线	连接存车线与行车线的道岔的基本轨终点
罐笼井重车线	复式阻车器的轮轴	连接存车线与行车线的道岔的基本轨终点
罐笼井空车线	进材料车支线的道岔正常线路中心距起点	连接存车线与行车线的道岔的基本轨终点
材料车线	进材料车支线的道岔正常线路中心距起点	出材料车支线的道岔线路中心距起点
调车线	渡线道岔基本轨起点与调车线连接处	渡线道岔基本轨终点与调车线连接处

（3）大型矿井的材料车线长度应能容纳 10 辆以上材料车，一般为 15～20 辆材料车；中小型矿井的材料车线长度应能容纳 5～10 辆材料车。

（4）调车线长度通常为 1.0 列车和电机车长度之和。

三、井底车场线路的坡度

为了调车方便，一般主副井空车线、副井重车线设自动滚行坡度，其高差损失由回车线上坡（空列车不大于 1.0%）弥补。主井重车线矿车进入翻笼借助于设在翻笼前的推车机。各线段坡度可见表 19-2。

表 19-2   井底车场各段线路坡度

线路名称	线路区段	矿车载重/t	坡度/%	备注
主井重车线	推车机前	1 3	0.2～0.3 0.2～0.3	向翻车机下坡
	推车机至翻车机	1 3	0 0	包括翻车机
主井空车线	出翻车机后长度不少于 15 m	1 3	1.5～2.0 1.0	立井梭式车场不在此限
	随后的直线段	1 3	0.75～0.85 0.70～0.75	
	线路末端挂钩点前 30 m 内一段	1 3	0 或 0.2～0.3 0 或 0.2～0.3	反　坡
副井重车线	存车线处	1 3	0.7～0.9 0.5～0.7	
	复式阻车器至单式阻车器	1 3	1.5～1.8 1.5～1.8	
	单式阻车器至罐笼边	1 3	1.0～1.2 0.5～0.7	
副井空车线	由罐笼到第一个材料车线道岔上	1 3	1.5～1.8 1.0～1.3	
	副井空车线	1 3	0.7～0.9 0.5～0.6	
	在线路末端挂钩点前 15～20 m	1 3	0.2～0.3 0.2～0.3	
回车线		1 3	<1.0 <1.0	只过空车（上坡）

第二节 井底车场形式及其选择

由于井筒形式、提升方式、大巷运输方式及大巷距井筒的水平距离等不同,井底车场的形式也各异。按照矿车在井底车场内的运行特点,井底车场可分为环行式和折返式两大类型。固定式矿车运煤时,两类车场均可选用,底卸式矿车运煤时,则一般用折返式车场。

一、固定式矿车运煤时井底车场形式

（一）环行式井底车场

环行式井底车场的特点是空重列车在车场内的不同轨道上做相向运行,即采用环行单向运行。因而,调度工作简单,通过能力较大,应用范围广。但车场的开拓工程量较大。

按照井底车场存车线与主要运输巷道（大巷或主石门）相互平行、斜交或垂直的位置关系,环行式车场可分为卧式、斜式、立式（包括刀式）三种基本类型。按井筒形式不同,又可分为立井和斜井环行式车场。

1.立井环行式井底车场

立井卧式环行井底车场如图 19-3 所示。主副井存车线与主要运输巷道平行。主井、副井距主要运输大巷较近,利用主要运输巷道作为绕道回车线及调车线,从而可节约车场的开拓工程量。这种车场调车比较方便,但电机车在弯道上顶推调车安全性较差,需慢速运行。当井筒距主要运输巷道近时,可采用这种车场。

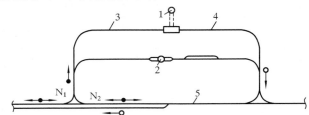

图 19-3 立井卧式环行井底车场

1——主井;2——副井;3——主井重车线;4——主井空车线;5——主要运输巷道

立井斜式环行井底车场如图 19-4 所示。其主要特点是主副井存车线与主要运输巷道斜交。右翼来重列车可顶推入主井重车线,比较方便;左翼驶来的重列车需在大巷调车线调车。当井筒距运输大巷较近且地面出车方向要求与大巷斜交时,可采用这种车场。

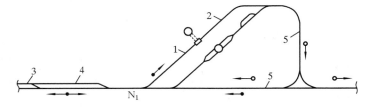

图 19-4 立井斜式环行井底车场

1——主井重车线;2——主井空车线;3——主要运输巷道;4——调车线;5——绕道回车线

立井立式环行井底车场如图 19-5 所示。主副井存车线与主要运输巷道垂直,且有足够的长度布置存车线。当井筒距主要运输巷道较远时,可采用这种车场。

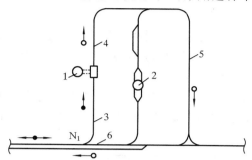

图 19-5　主井立式环行井底车场

1——主井;2——副井;3——主井重车线;4——主井空车线;5——绕道回车线;6——主要运输巷道

图 19-1 所示的环行刀式车场也是一种立式车场,适用于井筒距运输大巷远时。采用环行刀式车场比采用环行立式车场可减少工程量。而且,在直线段上顶推重车比较安全。若采用甩车调车,可以提高车场通过能力。

2. 斜井环行式井底车场

斜井与立井环行式车场的区别在于副井存车线的布置及副井与井底车场的连接方式。副斜井采用串车提升,空重车存车线可布置在同一巷道的两股线路上,副斜井与井底车场连接可用平车场或甩车场。

斜井立式环行井底车场如图 19-6 所示。存车线与运输大巷垂直,主、副井距主要运输大巷远,有足够的长度布置存车线,调车作业方便。副斜井采用平车场,适用于单水平开拓方式的矿井。若需延深井筒,则应用甩车场。

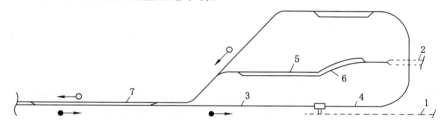

图 19-6　斜井立式环行井底车场

1——主斜井;2——副斜井;3——主井重车线;4——主井空车线;

5——副井重车线(矸石车线);6——副井空车线(材料车线);7——调车线

总之,环行式井底车场的优点是调车方便,通过能力较大,一般能满足大、中型矿井生产的需要。其缺点是巷道交岔点多,大弯度曲线巷道多,施工复杂,掘进工程量大,电机车在弯道上行驶速度慢,且顶推调车(特别在弯道上)不够安全,用固定式矿车运煤时翻笼卸载能力较小,影响车场能力进一步提高。

(二) 折返式井底车场

折返式井底车场的特点是空、重列车在车场内同一巷道的两股线路上折返运行,从而可简化井底车场的线路结构,减少巷道开拓工程量。

按列车从井底车场两端或一端进出车,折返式车场可分为梭式车场和尽头式车场。

1. 立井折返式车场

如图 19-7 所示的梭式车场适用于井筒距主要运输巷道较近,利用主要运输巷道作为主井空重车线和调车线。右翼来重列车驶过 N_1 道岔进调车线(6),反向顶推重列车进重车线;左翼来车进调车线,机车摘钩,经 N_1 道岔返回列车尾部,顶推列车入重车线。然后各自经通过线牵引空列车。这种调车比环行式列车单向运行通过能力小。由于主副井空车线采用自动滚行坡度,右翼重列车进通过线(7)时,为重车上坡运行,通过线(7)一般平均坡度不大于 0.7%。

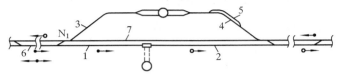

图 19-7　立井梭式车场

1——主井重车线;2——主井空车线;3——副井重车线;4——副井空车线;
5——材料车线;6——调车线;7——通过线

立井尽头式车场如图 19-8 所示,当井筒距运输大巷较远时采用。空重列车由车场一端进出,车场巷道另一端为尽头。车场尽头应有风道,以便尽头处通风。

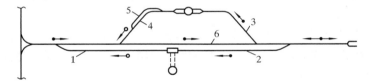

图 19-8　立井尽头式车场

1——主井空车线;2——主井重车线;3——副井重车线;4——副井空车线;5——材料车线;6——通过线

折返式车场的优点是:巷道工程量小,巷道交岔点和弯道少,施工容易,但车场通过能力较小。采用固定式矿车时一般用于中、小型矿井。为了充分利用这种车场的优点,扩大其应用范围,早期在大型及特大型矿井中,曾采用 3 t 固定式矿车,并增设车线,采用两套卸载线路的方法,提高了车场的通过能力。图 19-9 是大同云岗矿采用的尽头式车场,通过能力达 3.00 Mt/a 以上,并可满足分别运提两种牌号煤的要求。车场形状为环形,非环行调车。设环形道主要为了通风,同时增加车辆运行的灵活性。这种车场是在 20 世纪 70 年代以前设计的,目前新设计的大型、特大型矿井已改用底卸式矿车运煤。

2. 斜井折返式车场

主井采用带式输送机或箕斗提升的斜井折返式车场,与前述立井折返式车场相似,其主要区别在于副井存车线的布置及副斜井与井底车场的连接方式。图 19-10 所示为斜井梭式车场,利用运输大巷布置主井存车线及调车线,副井存车线设于大巷顶板一侧的绕道中(斜井井筒倾角小时,可设于大巷底板)。

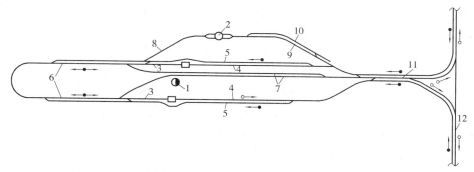

图 19-9　大同云岗矿尽头式车场

1——主井；2——副井；3——主井重车线；4——主井空车线；5——进线线；6——尽头顶车线；7——机车车线；

8——副井重车线；9——副井空车线；10——材料车线；11——空列车线；12——运输大巷

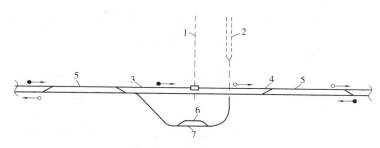

图 19-10　斜井梭式车场

1——主井；2——副井；3——主井重车线；4——主井空车线；5——调车线；6——材料车线；7——矸石车线

二、底卸式矿车运煤井底车场

当采用底卸式矿车运煤时，为了卸煤，要在井底车场内设置卸载站。列车在卸载站卸煤的原理如图 19-11 所示。

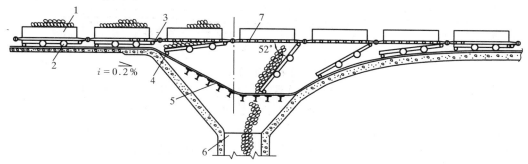

图 19-11　底卸式矿车卸煤原理

1——底卸式矿车；2——矿车车轮；3——缓冲器；4——卸载轮；5——卸载曲轨；6——煤仓；7——支承托辊

列车进入卸载站后，电机车可牵引重列车过卸载坑，由于煤尘大，应切断坑上架线电源。过坑时，机车、矿车车厢上两侧的翼板即支撑于卸载坑两侧的支承托辊上，使机车、矿车悬空。矿车底架前端与车厢为铰链连接。当矿车车厢悬空,并沿托辊向前移动时,矿车底架借其自重及载煤重量自动向下张开,车厢底架后端的卸载轮沿卸载曲轨向前下方滚动,车底门逐渐开大。由于所载煤炭重量及矿车底架自重作用,使矿车受到一个水平推力,推动列车继续前进。矿车通过卸载中心点,煤炭全部卸净。卸载轮滚过曲轨拐点逐渐向上,车底架与车厢逐渐闭合。由于卸载产生的推力使列车加速。电机车过卸载坑后,接上电源,进行制动减速,安全运行进入到空车线。这样,一列车卸载,不摘钩、不停车,只需 1 min 左右。因而调车辅助时间少、卸载快,缩短了矿车在井底车场内的周转时间,提高了井底车场的通过能力,并可减少运煤车辆,节约翻车设备及日常运转费用。

由于底卸式矿车的车底门只能一端打开,卸载坑的卸载曲轨、线路坡度只能按某一端进车来设置,这就要求进入卸载站的矿车其前后端不能倒置,矿车车位方向不能改变。由于采区下部车场装车站一般采用折返式调车,所以使用底卸式矿车的井底车场多为折返式车场。

底卸式矿车与同样容量固定式矿车相比,车厢较窄,可采用 600 mm 轨距,从而使车场及运输大巷的宽度减少,节省巷道工程量,且卸煤方便,效率高(为固定矿车及翻笼时的 6～8 倍),井底车场的通过能力大。因而,近年来,我国不少大型矿井及特大型矿井中大巷运输采用 3 t 或 5 t 底卸式矿车。

底卸式矿车运煤时井底车场空重车线的布置与图 19-7、图 19-8 所示的固定式矿车相比,主井车线布置有一定特点,可有下列 4 种形式,如图 19-12 所示。

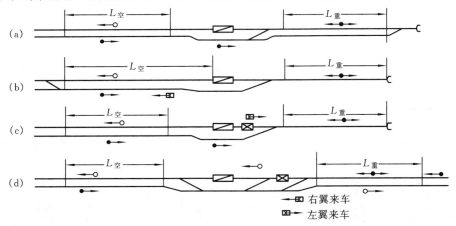

图 19-12　底卸式矿车井底车场调车方式及线路布置

(a) 机车牵引列车过卸载坑(井底无调车机车);(b) 机车顶推列车滑行过坑(机车不过坑)

(c) 机车牵引列车过卸载坑(井底有调车机车);(d) 同(c),当两翼进车时

图 19-12(a)(b)(c)均为尽头式车场,空重车线布置与调车方式有关。

如图 19-12(a)所示为机车牵引过坑的一种线路布置,重列车驶过卸载坑侧的通过线,进入尽头重车线,机车摘钩。从另一线返回,在机车尾部挂钩,牵引列车过坑。

如图 19-12(b)所示为机车顶推列车过坑,重列车进入尽头的重车线,机车反向顶推列车过坑,机车不过坑由通过线返回,进入空车线,再牵引空列车回采区。由于列车滑行过坑卸载,速度不好控制,列车要经过一段滑行后才能自动停止,所以要增加空车线的长度,通常在 1.5 列车长度以上,且空列车滑行不易控制,因此应用较少。

如图 19-12(c)所示为采用专用机车调车的线路布置。专用机车设在卸载坑靠尽头一侧附近,重列车进入尽头重车线,专用机车尾随而入,牵引机车摘钩,专用机车挂钩,牵引重列车过卸载坑,原牵引机车尾随入专用机车原处,等待下一个列车。这种调车方式速度快,采用较多,但车场中要设一台专用机车。

如图 19-12(d)为梭式车场时,设专用机车调车的线路布置。右翼来车时,专用机车驶入卸载坑侧通过线,让重列车牵引过卸载坑。专用机车进入空车线,在其尾部挂钩,将空列车驶回右翼,原牵引机车驶入专用机车位置,等待左翼来车。左翼来车时调车与图 19-12(c)基本相同。

图 19-13 为年产 3.00 Mt/a 的特大型矿井(淮南潘集第一煤矿)用底卸式矿车的折返式井底车场。为满足产量大的需要,设置了两个卸载站,并可满足两种牌号煤分卸分提的要求。掘进出煤仍采用 1.5 t 固定式矿车,为此,在井底车场另设翻笼设备及线路。

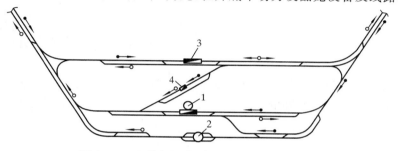

图 19-13　立井折返式(底卸式矿车)井底车场

1——主井;2——副井;3——底卸式矿车卸载站;4——翻笼卸载站

三、小型矿井井底车场形式及特点

小型矿井的生产能力小,但生产不均衡性大,故车场应有较大的富余能力。由于井下所需的材料较少,材料车下井后可与空车混合编组驶往采区,故不必在井底车场内设专用材料车线。

小型立井均采用 1 t 固定式矿车运煤,罐笼提升,装备两个井筒或一个井筒,实行混合提升。从井底车场形式看,仍可分为环行式及折返式两大类。

小型立井环行式车场的基本形式见图 19-14。图 19-14(a)为装备两个立井的环行式车场,除固定一个井筒升降人员外,两个井筒都担负煤矸及物料的提升,可用于小型、甚至中型矿井;图 19-14(b)为装备一个井筒的立井环行式车场(井底车场附近可能还有无提升设备的风井),由于采用混合提升,井底车场的线路也很简单,车场通过能力小,因此,适于井型更小的矿井。

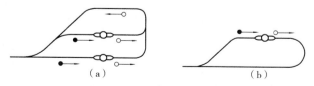

（a）　　　　　　　　　　　　　　　（b）

图 19-14　小型矿井立井环行式井底车场

小型立井折返式车场也可分为梭式车场及尽头式车场。图 19-15(a)为单立井梭式车场,利用大巷作为车场巷道,仅开一绕道为两翼来车调车,车场形式简单,可用于年产 0.21 Mt 的立井,并有较大的富余通过能力。图 19-15(b)为单立井尽头式车场,利用主石门为车场巷道,无交岔点及弯道,存车线设在井筒一侧的两股线路上,重车自左侧入罐笼时向右侧顶出下放的空车,空车要经罐笼回到左侧存车线,调车不方便,故只能用于井型更小的矿井。

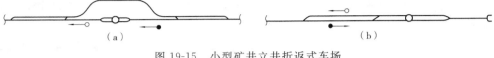

图 19-15 小型矿井立井折返式车场
(a)梭式车场;(b)尽头式车场

小型斜井一般采用串车提升,根据矿井井型大小,可以装备两个或一个井筒。采用串车提升的斜井,需延深井筒时,下部用甩车场,不需延深井筒时,可用平车场,井筒倾角甚小时,可用无极绳提升的井底车场。

主副井均采用串车提升的斜井甩车场如图 19-16 所示。设车场在主副井均向一翼甩车,并利用运输大巷作为主斜井的存车线,左右翼以绕道连通,左翼调车比较方便。

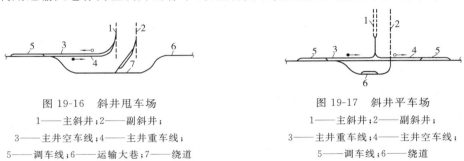

图 19-16 斜井甩车场
1——主斜井;2——副斜井;
3——主井空车线;4——主井重车线;
5——调车线;6——运输大巷;7——绕道

图 19-17 斜井平车场
1——主斜井;2——副斜井;
3——主井重车线;4——主井空车线;
5——调车线;6——绕道

主副井均采用串车提升的斜井平车场,如图 19-17 所示。这种车场利用运输大巷作为主井存车线及调车线,副斜井以绕道与运输大巷连接,根据井筒倾角大小不同,可设顶板或底板绕道。这种车场适应两翼来车调车的需要,实质上也是一种斜井梭式车场。右翼重车可经调车线(5)顶推重车入场,调度空车亦较方便,适于右翼产量较大的情况。当左翼产量较大时,可改换空重车线的相互位置。

采用无极绳绞车提升的斜井,其下部为平车场,故其井底车场形式与前述串车提升斜井平车场相似。图 19-18 为只装备一个井筒,并采用无极绳提升的井底车场。这种车场利用运输大巷调车,并需设置无极绳绞车硐室及三角交岔点。

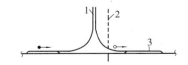

图 19-18 斜井无极绳井底车场
1——主斜井;2——副斜井;
3——运输大巷

四、大巷用带式输送机运煤的井底车场特点

采用带式输送机代替矿车运煤,煤炭经输送机

直接送入煤仓,井底车场只担负辅助运输任务,故车场形式和线路结构可简化。

某矿为年设计能力 4.00 Mt 的矿井,井下采用带式输送机系统,其井底车场线路布置如图 19-19 所示。

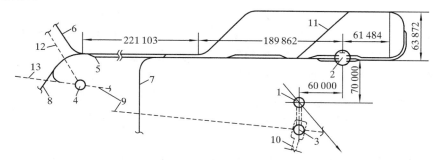

图 19-19 大巷用带式输送机的井底车场线路布置图

1——主井;2——副井;3——中央煤仓;4——中间煤仓;5——轨道主石门;6——西翼轨道巷;
7——东翼轨道巷;8——中区轨道巷;9——中、西上仓胶带机斜巷;10——东翼上仓胶带机斜巷;
11——机车绕道;12——西翼胶带机斜巷;13——中区胶带机斜巷

其运煤系统是:中区及西翼出的煤以带式输送机汇集到中间煤仓后,再经中、西上仓胶带机斜巷(能力为 2.00 Mt/a)翻入中央煤仓,东翼出煤则经东翼上仓胶带机斜巷(能力亦为 2.00 Mt/a)翻入中央煤仓,集中后由主井箕斗装载出井。该矿井底车场实际只担负辅助提升任务。副井设有一对双车罐笼和一套带平衡装置的单罐笼,后者除担负部分矸石提升任务外,主要用于下放材料设备。

由东、西翼及中区驶来的矸石列车于副井重车线解体后,电机车经机车绕道至副井空车线牵引空车出场。材料的运行线路与矸石空车相同。

主井运煤采用"胶带上仓方式",主井井底只掘至井底车场水平,煤仓及装载硐室均高于车场水平之上,清理井底洒煤直接在车场水平的主井井底清理通道进行,故主井清理洒煤系统简单、方便。

该车场由于采用了带式输送机系统,使车场形式大为简化,实际上这只是一个带有机车绕道的单环行车场,线路布置简单,坡度调整方便,工程量也较小。

五、井底车场形式选择

(一)影响选择井底车场形式的因素

1. 井田开拓方式

井底车场形式随井筒(硐)形式改变,同时还取决于主副井筒和主要运输巷道的相互位置,即井底距主要运输巷道的距离及提升方向。距离近时,可选用卧式环行车场或梭式折返车场;距离远时,可选用刀式环行车场或尽头式折返车场;距离适当时,可选用立式或斜式环行车场;当地面出车方向与主要运输巷道斜交时,应选择相应的斜式车场。当煤层(组)间距大,开采水平设置分煤层(组)大巷时,井底车场可布置在其中间,视主石门的长度,分别选用不同形式的车场。

2. 大巷运输方式及矿井生产能力

年产 0.90 Mt 及其以上矿井,通常采用底卸式矿车运煤,应选择折返式车场。特大型矿井可布置两套卸载线路;当大巷采用带式输送机运煤时,车场结构简单,仅设副井环行车场即可;中小型矿井通常采用固定式矿车运煤,可选择环行或折返式车场。

3. 地面布置及生产系统

地面工业场地比较平坦时,车场形式的选择一般取决于井下的条件。但在丘陵地带及地形复杂地区,为了减少土石方工程量,铁路站线的方向通常按地形等高线布置。地面井口出车方向及井口车场布置也要考虑地形的特点。因此,要根据铁路站线与井筒相对位置、提升方位角,结合井下主要运输巷道方向,选择车场布置的形式。

罐笼提升的地面井口车场及罐笼进出车方向应与各开采水平井底车场一致,因此有时为了减少地面土石方工程量,各开采水平井底车场存车线方向可与地面等高线方向平行。

4. 不同煤种需分运分提的矿井

此时,井底车场应分别设置不同煤种的卸载系统和存车线路。

(二) 选择井底车场形式的原则

在具体设计选择车场形式时,有时可能提出多个方案,进行方案比较,择优选用。井底车场形式必须满足下列要求:

(1) 车场的通过能力应比矿井生产能力有 30% 以上的富余系数,有增产的可能性。

(2) 调车简单,管理方便,弯道及交岔点少。

(3) 操作安全,符合有关规程、规范要求。

(4) 井巷工程量小,建设投资省,便于维护,生产成本低。

(5) 施工方便,各井筒间、井底车场巷道与主要巷道间能迅速贯通,缩短建设时间。

第三节 井底车场硐室

一、主井系统硐室

主井系统硐室有推车机及翻车机硐室(自卸矿车卸载站硐室)、井底煤仓及箕斗装载硐室、清理井底洒煤硐室及水窝泵房等。

上述硐室的布置主要取决于地质及水文地质条件。确定井筒位置时,要注意将箕斗装载硐室布置在坚硬稳定的岩层中,翻车机硐室布置在主井重车线末端,其他硐室的位置则由线路布置所决定。清理井底洒煤斜巷的出口要布置在主井的重车线侧。

二、副井系统硐室

副井系统硐室有副井井筒与井底车场连接处(马头门)、主排水泵房(中央水泵房)、水仓及清理水仓硐室、主变电所(中央变电所)及等候室等。

主排水泵房和主变电所应联合布置,以便使主变电所向主排水泵房的供电距离最短。主排水泵房和主变电所建成联合硐室,一般布置在副井井筒与井底车场连接处附近。当矿井突然发生水灾时,仍能继续供电,照常排水。为便于设备的检修及运送,水泵房应靠近副井空车线一侧。水泵房与变电所之间用耐火材料砌筑隔墙,并设置铁板门。为防止井下突然涌水淹没矿井,变电所与水泵房的底板标高应高出井筒与井底车场连接处巷道轨面标高 0.5 m,水泵房及变电所通往井底车场的通道应设置密闭门。

　　水泵房经管子道与井筒相连接,管子道与井筒连接处要高出水泵房底板标高 7 m 以上,管子道的倾角通常为 25°~30°,可保证水泵房与副井运输巷道之间有 10 m 以上岩柱。管子道的断面大小应保证敷设排水管路后,还能通过水泵、电机等设备,以便矿井发生水灾时,关闭水泵房的防水门后,仍可通过管子道增添排水设备,保证水泵房正常排水。水仓入口一般设在空车线车场标高最低点处。确定水仓入口时,应注意使水仓装满水。一般副井井底较深时,采用泄水巷至主井清理井底洒煤斜巷排水。当副井井底较浅时,可设水窝泵房单独排水。

三、其他硐室

　　其他硐室有调度室、医疗室、架线电机车库及修理间、蓄电池电机车库及充电硐室、防火门硐室、防水门硐室、井下火药库、消防材料库、人车站等。其位置应根据线路布置和各自要求确定,例如:充电硐室要有单独的回风巷 与总回风巷 相通;防火门硐室必须设置在进风井筒和各水平的井底车场连接处,并且在打开时不妨碍提升、运输和人员的通行。

　　推车机翻车机硐室、煤仓及装载硐室、清理井底硐室及斜巷、电机车及修理间、调度室及副井井筒与车场连接处等硐室已有单项标准设计可供采用。

　　由于井下火药库位置和通风系统有关,井下火药库应选择在干燥、通风良好、运输方便和容易布置回风巷 的地点,距井筒、井底车场的重要巷道及硐室应有必要的安全距离。火药库应有单独的进风风流,其回风巷与矿井总回风巷相连接,以保证独立通风。各矿井通风系统不尽相同,火药库容量又不完全取决于矿井的井型,因而在井底车场平面图上不予表示,设计单位可根据实际情况选用火药库的标准设计,并确定其位置。

复习思考题

1. 以刀把式井底车场为例说明井底车场的组成部分。

2. 井底车场的调车方式有几种? 试述刀把式井底车场的调车过程。

3. 按照矿车在井底车场内的运行特点,井底车场可分为几类? 各有何特点? 各有什么适用条件?

4. 底卸式矿车是如何卸煤的? 为什么大型和特大型矿井广泛采用底卸式矿车运输? 底卸式矿车运输的井底车场与固定式矿车运输的井底车场相比有何特点?

5. 小型矿井的井底车场与大型矿井的井底车场相比有何相同之处与不同之处?

6. 斜井井底车场与立井井底车场相比较有何区别?

7. 大巷采用带式输送机运输的井底车场与矿车运输的井底车场有何区别?

8. 选择井底车场形式时,需要考虑哪些因素? 必须满足哪些要求?

9. 井底车场的硐室有哪些? 以刀把式井底车场为例绘图说明各硐室的位置。

第二十章 矿井开拓延深与技术改造

第一节 矿井的采掘关系

采煤与掘进是煤矿生产的两个基本环节,采煤必须先掘进,掘进为采煤做准备。要保持矿井的稳产高产,必须根据采煤的需要,合理安排掘进工作。通常将采煤与掘进的配合关系称为采掘关系。"采掘并举,掘进先行"是煤炭工业的一项技术政策,为确保矿井的采掘平衡,必须认真制定开采计划和巷道掘进工程计划,并切实执行。

一、开采计划

根据市场对矿井的煤炭产量和质量提出的要求,按照地质情况和生产技术条件,统筹安排采区及工作面的开采与接替称为开采计划。开采计划包括采煤工作面年度接替计划(生产计划)、采煤工作面较长期接替计划和采区接替计划。

（一）采煤工作面接替计划

采煤工作面较长时期接替计划是指 $5\sim10$ a 的规划,在此规划中要考虑到采区与水平的接替,以保证矿井在长期生产过程中的采掘平衡与协调。

采煤工作面年度接替计划是根据采煤工作面较长时期接替计划与生产实际情况做出具体的安排,每年都要安排采煤工作面的年度接替计划和掘进工作面的掘进工程计划,要按采煤和掘进队组,落实具体的工作地点和时间。表 20-1 为某矿采煤工作面接替表。

1. 编制采煤工作面接替计划的方法和步骤

（1）根据采区和工作面设计,在设计图上测算各工作面参数如采高、工作面长度、推进度和可采储量等,并掌握煤层赋存特点和地质构造等情况。

（2）确定各工作面计划采用的采煤工艺方式,估算月进度、产量和可采期。

（3）根据生产工作面结束时间顺序,考虑采煤队力量的强弱,依次选择接替工作面。所选定的接替工作面必须保证开采顺序合理,满足矿井产量和煤质搭配开采的要求,并力求生产集中,便于施工准备等。

（4）将计划年度内开采的所有采煤工作面,按时间顺序编制成接替计划表。

（5）检查与接替有关的巷道掘进、设备安装能否按期完成,运输、通风等生产系统和能力能否适应。如果不能满足需要,或采取一定的措施,或调整接替计划。这样,经过几次检查修改,最后确定采煤工作面接替计划。

2. 编制采煤工作面接替计划的原则及应注意的问题

（1）年度内所有进行生产的采煤工作面产量总和加上掘进出煤量,必须确保矿井计划产量的完成,并力求各月采煤工作面产量较均衡。

表 20-1 采煤工作面接替表

生产采区	工作面编号	保有可采储量/kt	生产条件 面长×采高×进度	月产量/kt	19××	19××	19××
一采区	1122	60		20			
	1113	96		16			
	1114	96		16			
	1123	120		20			
	1124	120		20			
	1115	96		16			
	1116	96		16			接三采区
	1125	120		20			
	1126	120		20			
二采区	1211	45		15			
	1212	90		15			
	1221	126		21			
	1222	126		21			
	1213	90		15			
	1214	96		16			
	1223	126		21			
	1224	126		21			
	1215	96		16			
	1216	96		16			
	1225	126		21			

注：采煤工作面以四位数字编号，第一位数字代表水平序号，第二位数字代表采区编号，第三位数字代表煤层编号，第四位数字代表区段编号，南翼为单，北翼为双；1122 表示一水平南翼采区 m_2 煤层一区段北翼工作面，余类推。

（2）矿井两翼配采的比例与两翼储量分布的比例大体一致，防止后期形成单翼生产。

（3）为确保合理的开采顺序，上下煤层（包括分层）工作面之间，保持一定的错距和时间间隔；煤层之间，除间距较大或有特殊要求允许上行开采外，要按自上而下的顺序开采。

（4）为实现合理集中生产，尽量减少同时生产的采区数及工作面数，避免工作面布置过于分散。

（5）为便于生产管理，各采煤工作面的接替时间尽量不要重合，力求保持一定的时间间隔。特别是综采工作面，要防止两个面同时搬迁接替。

（二）采区接替计划

编制采区接替计划时，应使投产采区或近期接替生产的采区准备工程量小、时间短、生产条件好。同时生产和同时准备的采区数目不宜太多。几个采区同时生产的矿井，各采区接替的时间宜彼此错开，不宜排在同一年度。必须保证同时生产的采区能力之和能满足矿井设计能力或计划产量的要求。

二、巷道掘进工程计划

巷道掘进工程计划是按照井田开拓方式与采区准备方式,并根据开采计划规定的接替要求和掘进队的施工力量,安排各个巷道施工次序及时间,以保证采煤工作面、采区及水平的接替。

在接续时间上要留有富余时间,以免发生意外情况时接替不上。即在现生产的采区内,采煤工作面结束前 10～15 d 完成接替工作面的巷道掘进及设备安装工程;在现有开采水平内,每个采区减产前 1～1.5 月,必须完成接替采区和接替工作面的掘进工程和设备安装工程;在现有开采水平内,由于可采储量的减少,采区终会向下一个开采水平转移,要求在同采采区总产量开始递减前 1～1.5 a,完成下一个开采水平的基本井巷工程和安装工程。

（一）方法与步骤

一般地,回采巷道与开拓、准备巷道分别编制掘进施工计划,原则上可按下述方法与步骤进行:

（1）根据已批准的开采水平、采区以及采煤工作面设计,列出待掘进的巷道名称、类别、断面,并在设计图上测出长度。

（2）根据掘进施工和设备安装的要求,编排各组巷道(各采区、各区段及各工作面的巷道)掘进必须遵循的先后顺序。

（3）按照开采计划对采煤工作面、采区及开采水平接替时间的要求,再加上富余时间,确定各巷道掘完的最后期限,并根据这一要求编排各巷道的掘进先后顺序。

（4）根据现有掘进队及巷道掘进情况,分派各掘进队的任务,编制各巷道掘进进度表。

（5）根据巷道掘进进度表,检查与施工有关的运输、通风、动力供应、供水等辅助生产系统能否保证,需采取什么措施,最后确定巷道掘进工程计划。

（二）编制巷道掘进工程计划的原则及应注意的问题

（1）确定连锁工程,分清各巷道的先后、主次,确定施工顺序。

（2）尽快构成巷道掘进的全风压系统,以改善施工中通风状况,便于多个掘进工作面同时掘进施工。

（3）要尽快按岩巷、煤巷、半煤岩巷分别配置掘进队,施工条件要相对稳定,以利于掘进技术和速度的提高。

（4）巷道掘进工程量的测算既要符合实际,又要留有余地,计算时的取值一般按图测算值增加 10%～20%。

（5）巷道掘进速度,要根据当地及邻近矿井的具体条件选取。同时要考虑施工准备时间及设备安装时间,使计划切实可行。

三、采掘比例关系指标及计算方法

通常表达采掘比例关系的指标有产量与进尺比、采掘速度比、采掘工作面个数比、采掘工人数目比、三量与各类产量比以及三量与各类掘进进尺比。经常使用的有以下三个指标:

（1）采掘工作面个数比。它反映矿井每个采煤工作面需要配备几个掘进工作面为其做准备。从另一个意义上讲,它表明随采煤工作面个数的变化,需要调整掘进工作面个数,即调整采掘关系,其计算式为:

$$采掘工作面个数比 = \frac{年平均采煤工作面个数}{年平均掘进工作面个数} \tag{20-1}$$

矿井采掘工作面个数比与采煤工艺、掘进工艺方式等有关,目前我国通常在 $1:1.5 \sim 1:2.5$ 之间,一般为 $1:2$。

（2）掘进率。它是生产矿井在统计的时期内每产 10 kt 煤所分摊的掘进生产巷道总进尺数和开拓总进尺数。它反映在既定的煤层赋存情况、开拓准备方式、采煤方法及采掘工作安排等条件下的矿井总产量与总进尺的比例关系。其计算式如下：

$$生产掘进率 = \frac{生产掘进总进尺}{矿井产量} \tag{20-2}$$

$$开拓掘进率 = \frac{开拓巷道掘进总进尺}{矿井产量 + 工程出煤量} \tag{20-3}$$

$$生产矿井全部掘进率 = \frac{生产矿井全部井巷掘进总进尺}{矿井产量 + 工程出煤量} \tag{20-4}$$

（3）三量与各类产量比。它通常以三量可采期表示。三量可采期表示在正常条件下所进行的各类掘进工作能满足采煤工作面、采区及生产水平接替。三量可采期按原煤炭部规定为：开拓煤量 $3 \sim 5$ a 以上,准备煤量 1 a 以上,回采煤量 $4 \sim 6$ 月以上。

四、三量及三量可采期

为了及时掌握和检查各矿井的采掘关系,按开采准备程度,将可采储量中已经进行开拓准备的那部分储量分为开拓煤量、准备煤量和回采煤量,即所谓三量。

开拓煤量是井田范围内已掘进开拓巷道所圈定的尚未采出的那部分可采储量。

$$Z_d = (Z_{og} - Z_g - P_{dd})C \tag{20-5}$$

式中　Z_d——开拓煤量；

Z_{og}——已开拓范围内的地质储量；

Z_g——已开拓范围内的地质损失,是因地质、水文地质的原因而不能采出的煤量；

P_{dd}——开拓煤量可采期内不能开采的煤量,指留设的临时和永久煤柱；

C——采区采出率。

所谓已开拓范围,是指为开采该部分所需要的开拓巷道已经掘完。若未掘完,这一部分煤量不能列入开拓煤量。例如,当采用煤层大巷时,大巷应超过采区上山 100 m 才可将该采区划入开拓煤量范围；当采用集中大巷和采区石门开拓时,集中大巷应掘过采区石门 50 m、采区石门应掘至上部煤层,才可将该采区划入开拓煤量范围；当采用片盘斜井时,主斜井必须完成片盘甩车道掘进、副斜井应在甩车道之下再延深 $20 \sim 30$ m,才可将该片盘计入开拓煤量范围。总之,应以不影响继续开拓准备为原则。

准备煤量是指采区上山及车场（对煤层群联合准备采区,包括区段集中平巷及其必要的联络巷）等准备巷道所圈定的可采煤量。

$$Z_p = \sum (Z_{pg} - Z_g - Z_d)C \tag{20-6}$$

式中　Z_p——准备煤量；

Z_{pg}——各采区所圈定的工业储量；

Z_g——采区内的地质损失；

Z_d——呆滞煤量,即在准备煤量可采期内不能开采的煤量。

同样,准备巷道没有掘完,不能计入相应的准备煤量。如采区上山尚未掘完,整个采区的煤量不能列为准备煤量。

回采煤量是准备煤量范围内已有回采巷道及开切眼(或工作面)所圈定的可采储量,也就是采煤工作面和已准备接替的各工作面尚保有的可采煤量。当采煤工作面受开采顺序限制、暂时不能回采时(如上部工作面停采)不能计入回采煤量。

生产矿井或投产矿井的三量可采期按下式计算:

$$开拓煤量可采期 = \frac{期末开拓煤量}{当年计划产量或设计能力} \tag{20-7}$$

$$准备煤量可采期 = \frac{期末准备煤量}{当年平均月计划产量或平均月设计能力} \tag{20-8}$$

$$回采煤量可采期 = \frac{期末回采煤量}{当年平均月计划回采煤量} \tag{20-9}$$

在一般情况下,矿井的三量符合上述规定即能达到采掘平衡,并有一定的合理储备。但是三量毕竟是一个概括性指标,它本身只能说明已为开采准备了一定储量,而不能说明储量的分布性质及开采条件,它只是概括地、间接地反映了采掘关系,在有些情况下还不能确切地说明矿井能否正常接续。例如层数多、总厚度大的近距煤层或特厚煤层的矿井,开拓准备一个采区即可获得数百万至上千万吨可采储量,达到相当于全矿井的开拓煤量及准备煤量标准。但在配采上受开采顺序的限制,却不能安排较多的采煤工作面,采掘关系可能仍然很紧张。此外,违反技术政策、采厚留薄、采肥丢瘦等以及可采储量分布不合理时,三量可能符合要求,但不一定能满足接续要求。所以三量可采期只可作为掌握采掘关系的参考指标。

正确处理开拓、准备和回采的关系是整个煤矿生产过程中必须注意的一个根本问题。当前我国采煤机械化水平提高较快,采煤工作面的推进速度及单产水平都有较大幅度提高。相形之下,掘进机械化程度较低,再加上其他原因,掘进往往成为薄弱环节。因此,在处理好采掘关系的同时,要努力提高掘进机械化程度,加强地质工作,减少无效进尺,改进开拓部署和巷道布置,降低掘进率,做到采掘同步发展。

第二节　矿井开拓延深

多水平开拓的矿井,为了保持正常接续和均衡生产,需要每隔一定时期延深井筒,开拓新水平。在生产水平减产前必须完成井筒延深和新水平的开拓准备。应该说,在矿井初步设计中已考虑过开拓延深方案,但矿井投产后,随着生产发展与技术进步,原考虑的延深方案可能不适应当前的需要,所以实际工作中往往需重新研究。

一、选择开拓延深方案的原则及要求

(1) 保持或扩大矿井生产能力。

(2) 充分利用现有井巷、设施及设备,减少临时辅助工程量,降低投资。

(3) 积极采用新技术、新工艺和新设备。在新水平开拓时选择更为合适的采煤方法、先进的采掘技术和设备,改革矿井井田开拓和采区准备方式。

(4) 加强生产管理、延深的组织管理与技术管理,施工与生产紧密配合、协调一致,尽量减少延深对生产的影响。

（5）尽可能缩短新、旧水平的同时生产时间。

二、开拓延深方案

井筒开拓延深可有多种方案，应经过详细的技术经济比较后确定。

（一）延深原有主副井

该方案是将主、副井（立井或斜井）直接延深到下一个开采水平，如图 20-1 所示。

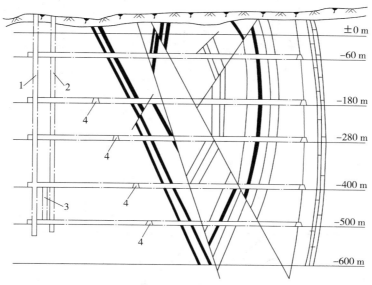

图 20-1　延深主、副井开拓新水平
1——主井；2——副井；3——溜井；4——运输大巷

延深原有主副井方案可充分利用原有设备和设施，提升系统单一，转运环节少，经营费用低，管理较方便。故除了井筒延深受地质、水文条件限制外，首先考虑采用这种方案。其缺点是：原有井筒同时担负生产和延深任务，施工与生产相互干扰；主井接井时技术难度大，矿井将短期停产；延深两个井筒的施工组织复杂；为延深井筒需掘凿一些临时工程；延深后提升长度增加，能力下降，可能需更换提升设备。

（二）暗井延深

该方案利用暗立井或暗斜井开拓下一个水平，原有主副井不延深。采用暗斜井延深是我国矿井开拓延深中应用较广的一种方法，如图 20-2 所示。

利用暗斜井延深，生产与延深相互干扰少；暗斜井的位置、方向、倾角以及提升方式均可不受原有井筒的限制；暗斜井作主井，系统简单且能力大，可充分利用原有井筒能力。这种方案的主要缺点是增加了提升、运输环节和设备，通风系统较复杂。

少数开采倾斜及急斜煤层的矿井，当井筒不宜直接延深时，可以采用暗立井延深，如图20-3 所示。

暗立井延深一般适用于下列条件：

① 受地质及水文条件限制，向下延深原井筒不安全（如有断层带、有突然涌水危险等）。

② 原有提升设备不能满足新水平需要，又没有条件更换提升设备。

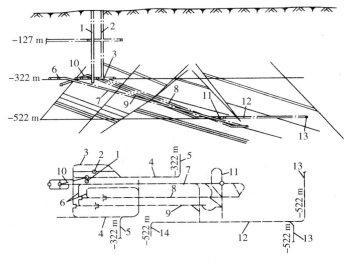

图 20-2 延深暗斜井开拓下水平

1——主井；2——副井；3———322 m 水平井底车场；4——−322 m 水平石门；5———322 m 水平上煤组大巷；
6——暗斜井上部车场；7——暗主斜井(胶带机斜井)；8——暗副斜井；9——暗副斜井；10——折返带式输送机道；
11——暗斜井下部车场；12——下水平石门；13——下水平上煤组运输大巷；14——下水平下煤组运输大巷

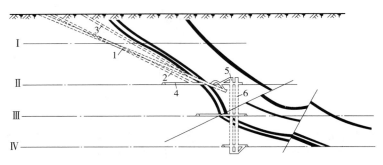

图 20-3 延深暗立井开拓下水平

1——箕斗主斜井；2——副斜井；3——副斜井；4——主石门；5——暗主立井；6——暗副立井

③ 延深原有井筒在技术经济上不合理。

④ 用平硐开拓的矿井，当生产水平以下没有另开下部阶梯平硐的条件，上部开立井或斜井又不合理时，可以采用暗立井开拓新水平。

(三) 延深一个井筒，新打一个暗井

这一方案是延深原主井或副井井筒，另打一个暗副井或暗主井。施工时可先打暗井，然后反接主井或副井。该方案延深与生产干扰少，施工较方便。其缺点是：主井或副井两段提升，增加了运输环节与设备，还需要为暗井布置车场。所以，只有在主井或副井提升能力不均衡，而打一个暗井方能满足新水平需要时，才考虑这种方案。

(四) 延深一个井筒，新打一个立井或斜井

该方案是在直接延深原有井筒的同时，从地面另打一个新井作为主井或副井，如图20-4所示。

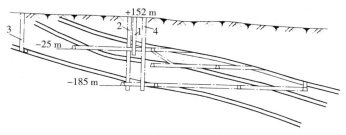

图 20-4　新打井与延深井筒结合开拓新水平

1——原主井；2——原副井；3——风井；4——新主井

这种方案的延深与生产相互干扰少，可大大提高生产能力。缺点是增加了井底车场工程量，还需要改造地面生产系统，总的基建工程投资大。适于扩大生产能力或要求分运分提不同煤种的大型矿井。

对于大型矿井，采用这种方案主要是为增加副井提升能力及通风断面，才新打立井。对采用平硐开拓的矿井，工业场地附近有条件布置井筒时，可另打新立井或新斜井以开拓平硐水平以下的煤层。

（五）几个矿井联合开拓延深

当煤田浅部为小井群开采时，随着向深部发展，如果每个小井都各自向下延深，将造成井口多，占用设备多，生产环节多，生产分散。所以，可将几个矿井联合开拓延深。该方案的实质是结合开拓延深，进行矿井合并改造。从开拓延深的角度分析，该方案的特点是：将各小井的深部合并为一个井田，建立统一的开采水平，即延深水平。延深时不影响生产。

三、生产水平过渡时期的技术措施

矿井的某一个开采水平开始减产直到结束，其下一个开采水平投产到全部接替生产，是矿井生产水平过渡时期。水平过渡时期，上下两个水平同时生产，增加了提升、通风和排水的复杂性，所以应采取恰当的技术措施。

（一）生产水平过渡时期的提升

生产水平过渡时期，上下两个水平都出煤。对于采用暗斜井延深的矿井、新打井的矿井或多井筒多水平生产的矿井，分别由两套提升设备担负提升任务，一般没有困难。对于延深原有井筒的矿井，尤其是用箕斗提升的矿井，则必须采取下列有效的技术措施。

（1）利用通过式箕斗两个水平同时出煤。所谓通过式箕斗，其实是通过式装载设备，即将启闭上水平箕斗装载煤仓闸门的下部框架改装成可伸缩的悬臂，提上水平煤时悬臂伸出；提下水平煤时，悬臂收回让箕斗通过。这种办法提升系统单一，并不增加提升工作量。但每变换一次提升水平时，都需调整钢丝绳长度，经常打离合器，增加了故障概率。当水平过渡时期不长时，可采用这种方法。

（2）将上水平的煤经溜井放到下水平，主井在新水平集中提煤。这种方法提升系统单一，提升机运转维护条件好，但要增开溜井，增加提升工程量和费用。上水平剩余煤量不多时，宜采用这种方法。

（3）上水平利用下山采区过渡。上水平开始减产时，开采 1～2 个下山采区（一般为靠近井筒的采区），在主要生产转入下一水平后，再将该下山采区改为上山采区。这种方法可推迟生产水平接替,有利于矿井延深,但采区提运系统前后要倒换方向,要多掘一些车场巷道。另外,只有煤层倾角不大时,方宜采用。

(4)利用副井提升部分煤炭。采用这种方式时,要适当地改建地面生产系统,增建卸煤设施。此外,如风井或主井有条件安装提升设备时,也可考虑增设一套提升设备,用来解决两个水平同时提煤问题。

(二)生产水平过渡时期的通风

生产水平过渡时期,要保证上水平的进风和下水平的回风互不干扰,关键在于安排好下水平的回风系统。通常,可以采取以下方法:

(1)维护上水平的采区上山为下水平的相应采区回风。

(2)利用上水平运输大巷的配风巷作为过渡时期下水平的回风巷。

(3)采用分组集中大巷的矿井,可利用上水平上部分组集中大巷为下水平上煤组回风。

(三)生产水平过渡时期的排水

生产水平过渡时期可采用下列排水方式:

① 一段排水,上水平的流水引入下水平水仓,集中排至地面。

② 两段分别排水,两个水平各有独立的排水系统直接排至地面。

③ 两段接力排水,下水平的水排到上水平水仓,然后由上水平集中排至地面。

④ 两段联合排水,上下两个水平的排水管路联成一套系统,设三通阀门控制,上下水平均可排水至地面。

具体采用哪种方式,需根据矿井涌水量大小、水平过渡时期长短、设备情况等因素,经方案比较后确定。

第三节　矿井技术改造

我国几十年煤矿生产实践的经验证明,生产矿井的技术改造,对发展煤炭工业同建设新井一样不可缺少。生产矿井技术改造的目的是:改变落后的技术面貌,提高矿井产量、劳动效率、资源采出率,降低成本,减轻工人体力劳动,改善劳动条件,使生产建立在更加安全的基础上,全面提高技术经济指标。为此,就要不断地依靠科学技术进步,提高采掘机械化程度,改革矿井巷道部署,合理集中生产,对各生产系统进行环节改造,使之与采掘机械化配套,以提高工作面、采区、水平和矿井的生产能力。为达到此目的,不可避免地还要增加或补充一些井巷或其他工程,使之与矿井改扩建结合起来,两者不可分割。

矿井技术改造内容很多,这里着重叙述以下三个方面。

一、矿井改扩建

矿井改扩建的直接目的是,在科学技术进步的基础上,提高矿井生产能力和技术经济效益。矿井产量增加,必须有足够的储量保证。现有生产矿井的井田范围都是已经圈定的,大多数情况下不能适应矿井改扩建对储量的要求,因此矿井改扩建往往伴随着扩大井田范围,增加矿井储量。通常有以下几种方法。

(一)直接扩大井田范围

如果井田深部有煤,随着勘探工作的进行,矿井可以向深部发展,但沿走向有条件时,也可向走向方向发展。我国不少改扩建矿井采用这种方式,取得了很好的效果。例如,大同口泉沟区的一些矿井,开采近水平煤层群,地质构造简单,储量丰富,都是大型矿井。而原设计井田走向长一般仅 3~4 km,面积 6~7 km²。各矿投产以来,产量均超过了原设计能力,矿井服务年限减少。为此,该矿区进行了两次技术改造,调整了技术边界,向尚未建井的西部扩大了开采范围,使井田走向长度增加到 8~10 km,面积在 20 km² 以上,储量达到 2 亿 t 以上,从而满足了矿井生产的发展。表 20-2 为大同矿区井田扩大情况。

表 20-2 大同矿区井田扩大情况表

矿井名称	设计能力 /(Mt/a)	原 设 计		扩 大 后		矿井储量增加 /%
		井田走向长度 /km	井田面积 /km²	井田走向长度 /km	井田面积 /km²	
煤峪口	0.90	3.52	6.8	8.5	15.83	248
永定庄	0.90/扩 1.20	2.7	5.4	10.5	21.39	293
同家梁	0.90/扩 1.20	3.8	7.3	11.4	19.22	167
四老沟	1.50	4.0	10.0	7.5	36.93	222
忻州窑	0.90	3.3	9.0	3.33	23.94	220
新白洞	0.90	3.0	7.5	8.0	19.94	117
雁 崖	0.90	4.0	8.0	7.0	14.5	66

（二）相邻矿井合并改造

有些矿井,特别是中小型矿井,生产能力小而且分散,有条件的应当合并改造,扩大井田储量,提高生产能力。

例如,石炭井二矿即采用这种方法。该矿开采缓斜煤层群,上煤组有 5 层煤,下煤组有 7 层煤。两组煤原各有一对串车提升的斜井出煤,设计能力分别为 0.60 Mt/a 和 0.30 Mt/a。提升环节多,生产能力低。后对矿井进行了合并改造,取消了串车提煤和地面相应的线路及设备,改原副井(1)为带式输送机主井,建立了集中的开拓系统及相应的运输系统,如图 20-5。改造后的矿井,简化了生产系统,克服了运输提升薄弱环节,矿井产量连年超过原设计能力。

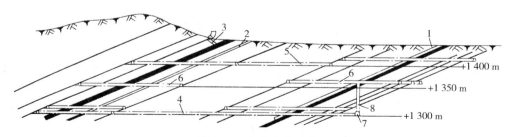

图 20-5 合并改建矿井

1——原下煤组副井(改为带式输送机斜井);2——上煤组副井;3——风井;4——运输石门;

5——回风石门;6——区段石门;7——运输大巷;8——煤仓

又如,在矿区规划中,范各庄矿与毕各庄矿原来是两个相邻的独立矿井。范各庄矿先行设计投产,后将尚未建设的毕各庄矿合并过来,归范各庄矿统一规划和开采,变成一个矿,如图 20-6 所示。这样,范各庄矿的井田走向长度从原来的 4.8 km 增加到 12 km,储量增加了 74%。但只增加了一个提升井和两个风井,就使范各庄矿设计能力由 1.80 Mt/a 扩大到 4.00 Mt/a,比单独建毕各庄矿少打 1~2 个立井,少建一个工业场地,少留煤柱数千万吨,节省投资数千万元。表 20-3 为两矿合并与毕各庄单独建井的经济比较。

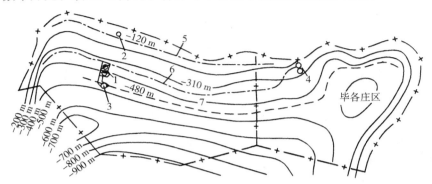

图 20-6 范各庄与毕各庄井田合并改造示意图

1——范各庄矿一水平主副井;2——范各庄矿风井;3——新打主井;4——新打风井;
5——范各庄矿一水平回风巷;6——范各庄矿一水平大巷;7——二水平大巷

表 20-3 开滦毕各庄与范各庄矿合并和单独建井的比较

方 案	项 目							
	矿井生产能力增加/(Mt/a)	建 井工 期/a	占 地面 积/亩	新建铁路/km	建筑面积/m²	增加人员/人	总投资/万元	吨煤投资/(元/t)
合并井田	2.20	5	60	—	15 917	2 240	6 219	26.63
单独建设	1.80	7	400	7	50 917	4 500	9 109	44.50
比 较	+0.40	−2	−340	−7	−35 000	−2 260	−2 890	−17.87

（三）结合矿井开拓延深进行合并改扩建

如前所述,开采煤田浅部的矿井,井田范围小、井型小,当发展到深部时,结合开拓延深将几个中、小型井合并改造为一个大型井,可以简化生产系统,减少设备,有利于井上下集中生产,提高技术水平和经济效益。

例如,鹤岗富力矿原用七对片盘斜井开采浅部各煤层。随着生产向深部发展,各井提升能力不足,占用设备多,系统复杂,生产分散,地面运输困难。为了保证矿井向深部发展时有足够的生产能力,改善矿井技术经济面貌,进行了两次重大技术改造。第一次是结合开拓延深,新打一个主斜井,在 +50 m 形成统一的开采水平。在 +50 m 水平以主石门贯穿各煤层大巷,负担运输任务;在新主斜井内铺设带式输送机,负担主提升任务;原有的斜井井筒改做辅助提升井和风井。这样,即把原斜井群合并成一个大型矿井,如图 20-7 所示。改造结果,简化了生产系统,实现了集中生产,节约了大量设备、管缆及井巷工程,生产能力由 7 对井总产 1.08 Mt/a,增加到由一个矿井生产 1.89 Mt/a。与原每对斜井单独延深比较,节省投资

3 000多万元,原煤成本降低了7.8％。后又进行了第2次技术改造,矿井生产能力已超过2.00 Mt/a。

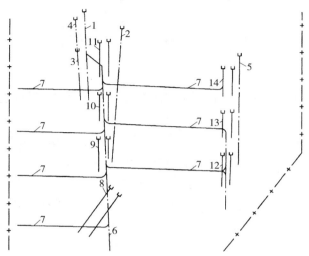

图 20-7　结合开拓延深进行矿井合并改建

1——带式输送机主斜井;2——材料井;3——矸石井;4——南风井;5——北风井;6——集中带式输送机石门;

7——＋50 m分组集中大巷;8,9,10,11,14——原一、二、三、五、六斜井;12,13——原四斜1、2井

淮北在矿井改扩建时,也进行了矿井合并改造。原规划的 26 个矿井,每个矿井平均设计能力为 0.47 Mt/a,改造为 9 个矿井后,1978～1981 年平均设计能力上升为 0.61 Mt/a,实际平均产量达到 1.22 Mt/a。此外,估算节约投资数亿元,减少了大量煤柱损失。由于实行集中开发,扩大了开采范围,充分发挥了矿井生产能力,提高了集中化程度,为长时间保持均衡生产创造了条件。

二、合理集中生产

不断改革生产矿井的开拓、准备与采煤系统,提高机械化程度,实现合理集中生产是我国煤炭工业的一项重要的技术政策。只有合理集中生产才能缩短战线,用最少的消耗,获得最大的效益。上述矿井改扩建,实质都是矿井的合理集中。此外,还有开采水平的集中、采区集中和采煤工作面集中。

（一）水平集中

水平合理集中生产的含义包括两个方面,其一是减少同时生产的水平数目,尽可能以一个水平满足全矿产量,同时应适当加大阶段垂高,条件适宜时采用上下山开采,减少开采水平数目,扩大水平开采范围,增加开采水平的可采储量和服务年限;其二是在开采水平内实现集中开拓。采用分组集中大巷时,尽可能在一个分组内满足全矿产量。条件适宜时可采用分煤层布置大巷,实现单一煤层集中开拓,集中生产。

水平合理集中生产,简化了巷道布置和生产系统,减少了初期的井巷工程量,便于生产管理,可取得很好的效果。

（二）采区集中

采区合理集中生产是指提高采区生产能力,尽可能减少矿井内同时生产的采区数目,同时应适当加大采区走向长度,增加采区的可采储量和服务年限,减少采煤工作面搬迁,实现采区稳产和高产;近距离煤层群采用集中平巷联合准备,是炮采、普采采区的一种集中方式,是单产较低、采区内同采面较多情况下的合理集中生产的成功经验。

在开采水平内,减少矿井同采采区数,减少了大量财力、物力、人力投入,可显著提高矿井生产的效益。

(三)工作面集中

采煤工作面合理集中生产是指提高采煤工作面的单产水平,尽可能减少采区内同采工作面数目。综采采区一般以一个工作面保证采区产量;炮采、普采采区,同采的采煤工作面数目一般为两个,不超过三个,可保证采区产量。同时适当增加采煤工作面长度,在条件适宜时推广对拉工作面等也是采煤工作面合理集中生产的有效措施。

采煤工作面合理集中生产是矿井、水平、采区集中生产的基础和核心。只有提高采煤工作面单产,才能为整个矿井集中生产创造条件。为此,提高采煤机械化程度,特别是综合机械化程度,努力实现采煤工作面日产万吨,是今后的发展方向。在矿井中,一个水平、一个采区、一个综采面保证特大型矿井的产量,在国外已是成功的经验,国内某些矿井也有较成功的实践,有的已达到国际先进水平。

三、矿井主要生产系统的环节改造

为了提高矿井的生产能力,矿井各生产系统必须配套,使之都有相应的生产能力。因此,要对其中薄弱环节进行技术改造,形成矿井的综合生产能力。

生产环节的单项工程改造,投资少、工期短,经济效益显著。薄弱环节得到改造后,矿井生产系统综合能力提高,又会出现另一个薄弱环节,应继续对此进行改造,不断提高矿井的生产能力。

矿井改扩建工程往往也离不开对生产系统薄弱环节的改造。

(一)矿井提升系统的改造

在矿井产量或开采深度增加后,主副井提升能力不足往往成为技术改造后矿井增加产量的瓶颈。为提高矿井提升能力,对提升系统的改造措施有:改装箕斗加大容量;罐笼提升改为箕斗提升;斜井串车提升改为箕斗提升或带式输送机运输;提升绞车由单机拖动改为双机拖动;加大提升速度或减少辅助时间;缩短一次提升时间和增加每日的提升时间;增加井筒数目,增加提升设备,以及斜井单钩改双钩、立井罐笼单层改双层、单车改双车提升等。

(二)大巷运输系统的改造

提高水平大巷运输能力的措施有:增加机车和矿车数目;单机牵引改双机;加大机车黏着重量和矿车容积;固定式矿车改为3 t、5 t容量的底卸式矿车;采用带式输送机连续运输;改换或增加电机,加快带式输送机运行速度,改用大能力高强度带式输送机,以及采用大巷运输的自动控制系统等措施。

(三)辅助运输环节的改造

目前,我国煤矿采区辅助运输环节的运输能力低,占用设备和人员多,对矿井产量和效率的影响较大。应该采用新的技术装备,代替目前广为使用的小绞车和无极绳牵引运输,如单轨吊车、卡轨车以及齿轨车等效果较好的辅助运输设备。

（四）井底车场的改造及设置井底缓冲煤仓

当矿井产量增大而井底车场通过能力不够，或大巷运输由固定式矿车改为底卸式矿车，或改为带式输送机运输而井底车场形式不适应时，需要改造井底车场，提高井底车场通过能力，如增加通过线或复线；设置新卸载线路等。

生产矿井设置井底大容量煤仓，可以对井下运煤起调节和缓冲作用，增加提升能力，并可缓解采煤工作面和采区出煤不均衡造成的大巷运输与井筒提升之间的矛盾，充分发挥大巷的运输能力。

（五）通风系统的改造

为了增加风量，提高通风机效率，降低耗电量，改善井下通风安全条件，通常采取的技术措施有：双主要通风机并联运转；更换高效通风机；改用大功率离心式通风机；更换主要通风机；改装叶片；离心式通风机更换高效转子等。在浅部用压入式通风，到深部改为抽出式通风；集中通风改为分区式通风；调整系统，增加并联风路；修整和扩大巷道断面；开掘新风井，缩短通风风路长度以及用箕斗井兼作风井等。

（六）排水系统的改造

主要是简化系统，缩短排水管路，对多水平同时生产的矿井，改多水平排水为集中排水；下山开采涌水量较大时，改各采区单独排水为设置排水大巷集中排水或采取从地面打钻孔，进行分区独立排水。

（七）地面生产系统的改造

主要是减少地面线路，简化地面运输和装载系统及地面主要设施的集中布置。一般矿井增加产量时，要考虑扩大地面储煤仓，扩大排矸能力。有条件的地方最好采用井下矸石充填地面塌陷区，造地复田。

复习思考题

1. 如何编制采煤工作面接替计划？在编制中应注意哪些问题？

2. 何谓"采掘平衡"，它在煤矿生产中具有什么意义？生产矿井如何协调采掘关系？

3. 选择开拓延深方案的原则及要求是什么？

4. 矿井技术改造有什么重要意义？其内容包括哪几个方面？

第二十一章　矿井开采设计

煤矿设计工作是煤炭工业基本建设的重要环节。按照基本建设程序,当具备必要的设计条件时,首先应对建设项目进行可行性研究,从井田开拓方式、工艺流程、总平面布置、机械装备等进行多方案比较,并优选出合理的方案。在可行性研究得到批准以后,才能按照计划任务书开始矿井的初步设计,初步设计被批准以后,这个建设项目才能正式列入计划。然后设计部门提出施工图。

第一节　矿井开采设计的程序和内容

一、矿井设计的依据

为顺利地进行矿井设计和保证矿井设计质量,必须具备下列设计依据。

(一) 设计任务书

设计任务书又称计划任务书,是生产管理部门向设计部门委托设计任务的文件。其中明确规定了拟建项目的任务和设计内容、技术方向、设计阶段、设计原则、计划安排以及配套工程的发展计划与要求。

设计任务书是确定基本建设项目和编制设计文件的主要依据,主要包括下列内容:

(1) 矿井建设目的。说明该项目在国民经济中的作用。

(2) 矿井建设规模。说明建设项目的井型、确定的根据及其技术经济合理性。

(3) 建设根据。包括地质资源资料、原材料、设备、动力供应和运输条件、技术人员和劳动力来源、生活资料供应条件、开采方式和煤的销售流向。

(4) 机械化程度。矿井的机械装备水平与煤层埋藏特征、井型大小、设备供应和国家经济状况等均有密切关系。为使所做的设计符合国情,井上下主要生产系统的装备水平要予以明确。

(5) 主要生产协作条件。包括生产所需原材料的数量、运输量和供应关系的协议(或建议),资源的综合利用和"三废"治理要求,建设所需的特殊材料和设备供应的建议、交通运输、供电、供水方式、铁路接轨、供电接线的协议以及城镇建设等设施。

(6) 产品的产量和品种。

(7) 拟建项目的工业与生活建筑占用土地估算、建设原则和建筑标准、职工单眷比等。

(8) 防空、防洪和防震等要求。

(9) 明确矿井投产标准(分期投产或是一次设计一次投产)及建设工期。

(10) 劳动定员、建设速度和投资估算,建设吨煤投资和总投资估算,预期达到的经济效益以及技术水平等。

改扩建大中型项目的计划任务书还应包括原有和现有地质资源情况、当前生产情况以及原有固定资产的利用程度和现有生产潜力发挥情况。自筹基建大中型项目的设计任务书应注明资金、材料、设备的来源，并附有同级财政和物资部门签署的意见。小型建设项目设计任务书的内容可参照上述内容，由各部门和省、市、自治区另行规定。

（二）精查地质报告

井田精查地质报告是为矿井初步设计提供可靠的资源储量的依据。保证井田境界和矿井井型不致因地质资料不准确而发生重大变化，影响煤炭资源既定的工业用途。对地质条件特别复杂的小型煤矿及地方小煤矿，可以详查最终地质报告作为资源储量的依据。

为保证矿井初步设计有可靠的储量资源基础，进行初步设计时，应有较可靠的地质资料，全矿井特别是第一水平必须有相当数量的高级储量（平衡表内的 A＋B 级储量）。根据矿井井型和地质条件的不同，设计矿井及其第一水平的高级储量应符合表 21-1 的规定。

表 21-1　　　　　　　　　　　矿井高级储量比例表

储量级别比例	地质及开采条件简单			地质及开采条件中等			地质及开采条件复杂	
	大型井	中型井	小型井	大型井	中型井	小型井	中型井	小型井
井田内 A＋B 级储量占总储量的比例/%	40	35	25	35	30	20	25	15
第一水平内 A＋B 级储量占本水平储量的比例/%	70	60	40	60	60	30	40	不做具体规定
第一水平内 A 级储量占本水平储量的比例/%	40	30	15	30	20	不做具体规定		不要求

注：上述规定，对一个水平开采的矿井系指先期开采地段。

（三）国家总的建设方针、政策及现行有关标准和规范的要求

为使煤炭工业基本建设健康发展，必须遵循国家正式颁布的与建设项目有关的方针政策、规程规范、规章制度和技术方向等；或国家对建设项目明确规定的有关文件，如指定采用某种设备或标准（通用、定型）设计等，并可作为设计依据。

（四）经批准的上阶段设计确定原则

经过批准的上一阶段设计中所确定的原则和技术标准，可作为下一阶段设计的依据。例如，井田划分、井型、开拓方式、机械设备选型、产品加工工艺等。除个别情况下，由于当时条件的限制或某种原因所致，允许初步设计做局部修改以外，矿井初步设计所确定的设计原则，在做施工图设计时，一般不允许做较大修改。

除上述设计依据外，已签订的与建设项目有关的外部协议、文件等，设计时也应遵循。

二、矿井设计程序

煤矿建设必须严格按照基本建设程序办事，在建设前应编制矿井开采设计。矿井开采设计是综合性的设计，既要对开拓部署、井巷布置进行设计，又要对生产系统、辅助环节、安全措施妥善安排。矿井开采设计又包括全部设计和局部设计。它既需要对开采部分在总体上各环节的相互配合进行部署，又需要对其每一个局部有详细的设计，以便进行施工。矿井设计的程序应为：根据批准后的矿区建设可行性研究报告进行矿区总体设计；矿区总体设计

批准后进行矿井可行性研究;矿井可行性研究报告批准后进行矿井初步设计;矿井初步设计审批后进行矿井施工图设计。

（一）矿区开发可行性研究

可行性研究是建设前期必不可少的一个设计阶段,搞好项目可行性研究可使基建投资发挥最大的经济效益。对大中型和复杂的建设项目,在编制矿区总体设计和矿井初步设计之前,应分别进行矿区建设可行性研究和矿井可行性研究报告的编制工作,对拟建项目进行全面的技术经济评价,作为主管部门决策的依据。矿区开发可行性研究的主要内容:

（1）根据矿区的煤炭资源和开发技术条件,在国家方针政策指导下,从技术经济上分析、论证、研究矿区开发的可行性。

（2）确定井田划分、矿区建设规模和矿井工程建设顺序。

（3）确定煤炭是否加工、产品用途、用户、矿区的辅助企业、附属企业及设施（例如总材料库、总坑木场、总火药库、机修厂、预制构件厂、水泥厂、采石场等）,以及矿区行政、文教、医疗和居住区、救护队的规模和布局。

（4）确定矿区内部和外部的交通运输、供电、通信、给水和排水、综合利用与环境保护的可行方案。

（5）提出矿区的劳动定员和投资估算,并论证矿区建设对发展国民经济的作用,以及预期取得的经济效果。

由于矿区开发建设涉及外部条件较多,例如,矿区供电涉及电力部门的区域电网规划,矿区地面运输涉及铁路和交通部门的路网规划等。因此,在可行性研究阶段,要同有关部门协商,做好协调工作。经过批准的矿区开发可行性研究,可作为与有关部门签订协议的依据,也是编制矿区总体设计计划任务书的依据。

（二）矿区总体设计

矿区总体设计是根据批准的矿区总体设计计划任务书、矿区详查地质报告和矿区开发可行性研究报告（总体设计方案）以及环境影响报告书等,在落实外部协作条件的基础上,通过更全面深入的工作和各种具体计算,进一步完善可行性研究所推荐并经审查批准的方案,去编制矿区总体设计。

矿区总体设计主要解决矿区开发的总体部署问题,它不仅要对井田划分和矿区规模做出合理决定,而且还要对矿区的地面运输、供电系统、供水系统以及矿区的辅助企业、文教、卫生及生活设施做出统一安排,它比可行性研究更细致具体。国家颁布有编制矿区总体设计内容的专门文件,做总体设计涉及内容的参考框架。矿区总体设计批准后,可作为指导安排煤炭工业矿区开发基本建设计划的外部协作项目的依据,并可作为矿井和矿区内各单位工程初步设计的依据,是指导矿区开发建设的重要文件。搞好矿区总体设计,是煤炭工业基本建设中一项战略性的任务。

（三）矿井可行性研究

矿井可行性研究是在初步设计以前,在已批准的总体设计的矿井中进行,一般可不编制正式的可行性研究文件。对条件较复杂的矿井在编制初步设计前进行可行性研究工作,有利于设计原则的正确贯彻。

在矿井可行性研究中应对建设项目的主要方面进行深入细致的研究,其主要内容包括:预测市场对煤的需求情况;分析煤炭资源条件和原始地质资料;确定矿井生产能力;择优确定先进可靠和符合我国技术政策及能源政策的开拓方案;选择矿井合理的工艺流程和主要设备;确定合理的矿井工业场地总平面布置以及环境保护方案、占地面积、居住区规划等;协调各方面的关系;对建设项目的经济效果进行总评价等。总之,矿井可行性研究是一项内容广泛、严肃而又科学的工作,应从技术经济上全面考虑,以便为编制矿井计划任务书和初步设计提供依据。

当可行性研究报告批准以后,可提供井筒检查钻孔的位置,测量工业场地地形,做必要的工程地质工作,为进行矿井初步设计创造条件。

（四）矿井初步设计

矿井初步设计是在井田精查地质勘探对煤层赋存情况及开采条件取得全面了解的基础上,并对井田的开发进行可行性研究以后,进一步通过技术经济分析和计算而确定的。初步设计文件经过审批,即成为控制投资、提供设备订货清单、征购土地的依据,也是今后矿井各项工程施工图设计、编制施工组织设计、组织施工和生产的依据。矿井初步设计的内容较为广泛（具体内容后面叙述）,其设计质量及技术水平直接影响着整个矿井生产过程的技术经济效果。

矿井初步设计经上级审查批准以后,方可进行施工图设计。

（五）施工图设计

施工图是施工单位进行施工的依据。施工图设计是根据已批准的初步设计所确定的原则、技术要求、建设标准、装备水平等意图而进行的一项工作。为矿井设计中的各项单位工程绘制施工图,并据此编制施工预算,以供基建单位施工之用。为此,设计部门要密切结合现场实际,加强与施工单位的商洽,使设计成果既便于施工,又利于生产,做到经济合理。

实践证明,设计中的重大质量问题往往是由于不坚持设计程序而造成的。也就是说,坚持矿井设计程序是保证设计质量的关键,也是坚持基本建设程序的基础。

矿井初步设计是进行煤矿建设的基本设计文件。在完成初步设计时,应提交设计说明书、设计图、机电设备和器材清册及设计总概算。

三、矿井初步设计内容

矿井初步设计应阐明设计的依据和指导思想,论证该矿井建设的重要性和合理性,矿井设计的主要技术原则,设计的主要特点,主要技术经济指标和分析,以及需在下一阶段设计中解决或提请审批机关决定和有关单位注意的问题与建议。矿井初步设计应阐明和确定如下主要问题。

（1）说明矿井的位置、交通、地形地貌、河流湖泊、沼泽的分布及范围、气象及地震、水文、工农业、建筑材料概况,现有水、电源、煤炭运销和经济效益情况,文物古迹、旅游区及其他地面建筑等情况;说明煤层地层、主要地质构造、煤层赋存状况、煤层及围岩特征、煤质及用途、瓦斯、煤尘、煤的自燃性、地温、水文地质情况,其他有益矿物的勘探、赋存及储量、开采情况;说明地质资料的勘探程度、存在的主要问题,必要时需提出补充勘探工作的建议。

（2）说明井田境界及其划分的依据,井田内各可采煤层的地质储量,计算矿井及各水平的可采储量,安全煤柱的留设及其计算方法,说明采用的设计工作制度,说明（必要时尚需分析论证）矿井设计生产能力及确定的依据。

（3）说明提出的几个主要开拓方案,列举各主要开拓方案的技术经济比较,阐明推荐开拓方案的主要内容及推荐理由。

选择采煤方法,确定采区巷道布置、矿井移交生产和达到设计能力时的采区布置、采掘机械配备、采区车场、装车点及硐室、采区煤矸运输和辅助运输方式及设备选型等。

确定井筒数目和位置,井筒断面,设计井底车场及硐室,验算井底车场通过能力。

说明巷道掘进方法和支护形式,确定通风方式和通风系统,计算风量、风压及等积孔,矿井降温措施及设备选型,说明预防井下灾害所需采取的措施及安全装备。

(4)确定矿井提升及大巷运输方式,选择矿井提升、运输、通风、排水、压气设备,并计算其能力。

(5)说明煤质及用途、煤的加工,确定煤的生产工艺流程、地面生产系统及其各环节的设备和能力;排矸系统设备及矸石处理能力;机修厂、化验室和坑木场的设备及面积。

(6)说明地面运输方式,设计运输线路(铁路及公路)、矿井装车站、桥涵及防排水、隧道、特殊路基防护措施、铁路经营管理方式等。同时,还要说明其他运输方式,例如场外窄轨铁路、水运、架空索道等。

(7)确定矿井工业场地总平面布置,说明平面布置、竖向布置及场内运输、场内排水;说明风井工业场地的选定及平面布置,爆破材料库库址选择,工业场地的防洪排涝措施。

(8)确定矿井供电电源、用电设备容量、井上下供配电系统、地面变电所位置、主要设备的控制、电机车运输、信号、照明、通信及调度,矿井的安全和生产监控与计算机管理系统。

(9)说明地面建筑设计需要的气象条件、工程地质及地震资料、建筑材料以及现场施工技术条件等。确定地面工业建筑物及其结构物,包括工业场地的建筑物及结构物,行政、生活建筑及居住区规划、居住区总平面布置等。

(10)确定全矿给水、排水、采暖、通风、供热、消防系统及设施;井下降尘洒水,井筒防冻以及地面生产系统的除尘。

(11)确定矿井环境保护标准,说明环境保护的设计依据及有关要求、地表塌陷治理、矸石处理、污水处理、烟尘处理、噪声治理和垃圾处理等措施。说明工业卫生设施及有关管理办法,绿化规划、结构及设施,环境监测任务、范围及其内容、监测站的设置,环境管理及投资,环境保护存在的问题及建议。

(12)计算矿井建设工程量,施工顺序、速度和工期,土建工程及施工顺序,说明并计算机电安装工程及其工程量,施工方法和顺序,三类工程综合排队和总工期。

(13)编制矿井劳动定员、原煤成本估算、技术经济分析以及总概算,编制矿井主要技术经济指标。

对于井型较大、技术条件比较复杂的矿井,为提高矿井初步设计的质量,使矿井设计的主要技术决定正确,在进行矿井初步设计以前,应先进行矿井方案设计。

矿井方案设计的重点是研究矿井开采及井上下生产系统等主要技术方案,提出主要设备器材及投资估算。它涉及的范围大体上与初步设计相同,而内容及深度则较为简略,其目的是为进行初步设计提供依据,不是设计程序的正式阶段。

四、矿井设计工作的原则

(一)提高设计水平,保证设计质量

设计单位要坚决贯彻国家的方针和政策以及煤矿安全规程、矿井设计规范,认真分析研究地质资料,努力提高设计质量,使设计的矿井既技术先进又能适应国情,还能够缩短建设工期和节省投资,生产时能取得最大的技术经济效果。

（二）要保证合理的设计周期

合理的设计周期是提高设计质量的重要保证,各个设计阶段都需要有一定的时间予以满足,如果设计周期过于紧迫,往往会使设计考虑不周,造成设计返工,甚至给矿井生产带来隐患,不能保证正常的安全生产,损失会更大。

（三）加强设计审批工作

设计审批是对设计文件进行全面的审查,以便决定是否可批准这部设计作为建设的依据。设计审批是确定建设项目的最后一个步骤。

设计审批是一项严肃的工作,要认真贯彻国家的有关规定。设计文件一经批准,就具有法律性,国家即按批准的设计安排投资。所以,任何单位和个人不经原审批单位同意,都无权更改批准设计中的重大设计原则。涉及一般设计的修改,亦必须经原设计单位同意由原设计单位进行,才能保证基本建设顺利地进行。避免由于任意修改设计,或不按设计施工,而造成经济损失或影响建设速度。

第二节　矿井开采设计方法及评价准则

一、确定矿井开采设计方案的方法

矿井设计包括井田开拓、采区准备和采煤方法,以及巷道掘进、矿井提升、运输、通风、排水、动力供应等各个生产系统,其中以井田的开采为中心。矿井开采设计主要应解决井田开采的技术方案和确定各项开采参数,如确定井田开拓方式、新水平开拓延深方案、采准巷道布置及生产系统,选择采煤方法,确定阶段垂高、采区走向长度、采煤工作面长度等,使所选用的方案及参数在技术上是优越的,经济上是合理的,安全上是可靠的。

技术上的优越,是指所选用的方案生产系统简单、可靠、安全,采用了适合于该矿具体条件的先进技术,有利于采用新技术新工艺,有利于实现生产过程的机械化、综合机械化及自动化,有利于生产的集中化,有利于提高资源采出率,有利于加强生产技术管理,有利于安全生产。

经济上合理是指所选用的方案吨煤生产能力的基建投资少,特别是初期投资少,劳动生产率高,吨煤生产费用低,矿井建设时间短,投资效果好,投资回收期短,利润高。

应当按照上述技术经济合理要求来确定开采设计需要解决的具体问题。由于矿井地质条件的多样化和技术条件的复杂性,随着煤炭工业的发展,所解决问题的性质、影响范围各不相同,研究和确定的开采设计方案也可以采用不同的方法。在我国目前条件下,通常采用方案比较法,个别问题辅以统计分析法、技术标定法（或称标准定额法）、数学分析法等。随着现代科学技术的发展,特别是电子计算机的应用,对于矿井这样一个复杂的系统工程,又发展了经济—数学规划法等。本节将对上述方法的实质和基本原则做简要介绍。

（一）方案比较法

方案比较法是我国目前确定矿井开采设计方案时应用最广泛的方法。方案比较法的实质就是对不同的方案进行技术经济分析和对比,从中选出在一定偏好准则下最优的方案。

这种设计方法称方案比较法。

1. 方案比较的内容

由于煤矿开采的影响因素很多，需解决问题的性质和涉及的范围不尽相同，在进行开拓方案设计时，应根据参加比较的方案特点、差别和复杂程度，确定方案比较的具体项目、内容和重点。在通常情况下，应比较的主要项目和内容有以下几类。

(1) 工程量。应分别按实物单位计算。其中包括：

① 井巷工程量(井巷长度或掘进体积，硐室掘进体积)。

② 地面建筑工程量(厂房及其他建筑物的建筑面积和结构物，轨道、管路、线路长度)。

③ 机电设备的安装工程量(设备台数或成套设备套数、管路和线路的长度)。

④ 其他工程量(占用的农田面积、平整土地土石方数量)。

(2) 基本建设投资。可分别按价值单位计算井巷和地面建筑、机电设备安装及其他工程的费用。在计算基建投资时，应当特别注意初期投资。

(3) 基本建设工期。

(4) 机电设备及主要材料需用量。

(5) 生产经营费用，可按矿井生产过程计算生产经营费用，其中包括巷道维护费、运输提升费、通风费和排水费等。

(6) 其他。矿井生产能力，煤炭采出率，巷道掘进率，生产过程机械化程度等。

2. 方案比较法的步骤

(1) 提出可行方案并进行技术比较。首先要明确设计的内容、性质、要求，以及设计要达到的目标等；熟悉和掌握设计任务或设计所要解决的总体或局部课题中的内外部条件，如井田的地质地形条件、交通情况及与邻近井田的关系等；根据井田的自然地质条件和采矿技术条件，深入细致地分析和研究设计中的有关问题，提出若干个在技术上可行的方案；对提出的可行方案进行技术经济分析，否定一些技术经济上比较容易鉴别的不合理方案；将剩余的两三个方案取长补短，使其更加完善；如果能够明显地判定出那一个方案最好，就可以确定其为最终采用的方案；如果不能明显地判定各方案在经济上的优劣，则必须对这两三个方案进行经济比较。

(2) 经济比较。将上述的两三个方案详细地进行经济计算与比较。进行开拓方案的经济比较时，要考虑下列费用：

① 基本建设费，其中有：井巷开凿费，建筑物及结构物的修建费及一些特殊的设备费等。

② 生产经营费，其中有巷道维护费、运输提升费、排水费、通风费等。

(3) 综合技术经济比较结果，确定合理的矿井开拓方案。在方案比较后，应对技术分析和经济比较的结果进行综合分析评价，权衡各方案的利弊，抓住关键问题，选择一个确实是各方案中能够较好地体现党的方针政策，技术上合理、经济效益高的方案。但是，应当指出，如将各方案的生产费用和基本建设费用相加简单相比，以方案总额最小确定为经济上最有利的方案，这无形之中就突出了生产经营费用的作用(因为它与基本建设费用相比，生产经营费用的比重很大)，还不能够反映出方案中的投资效果。因此，必须进行综合分析评价，将有关因素都考虑进去。例如，在某些情况下，虽然某一方案费用略高，但是初期投资少，建井工期短，可以早出煤，就可能是一个最优方案。所以，对某一矿井设计方案的最后确定，还必须根据具体情况做出全面的综合分析比较,而后做出决定。

（4）最后按设计任务的要求,编写出方案的详细文字说明,绘出说明方案的相关图纸。

3. 在进行方案比较时,应注意下列问题

（1）提出可行方案和技术分析是比较的重要步骤和基础,因此,必须认真全面地研究各种条件和因素;不要遗漏方案;对方案中应当列入的对比项目,要进行反复核对,以免遗漏。

（2）在进行经济计算时,只考虑重要项目的费用,因为各种费用的重要程度是相对的,例如费用是几千万元,则几万元的数字的比较意义就不大,可以不列入比较。

（3）相同费用项目可以不比较;对影响不大、差别很小的费用项目也可以不进行比较。应当指出,对哪些项目是重要的、影响不大的或相同的,要进行具体分析。在通常情况下,重要项目包括井巷工程费、地面建设费、煤的运输提升费、井巷维护费;对低瓦斯矿井的通风费和涌水量小的矿井的排水费可作为影响不大的项目不予计算;但是,如果比较的方案是专门研究通风或排水问题,则必须进行比较;关于某项费用是否相同的问题,也应具体问题具体分析,例如,两方案采用相同的井底车场及地面设施,当两方案井型相同时,可看做是相同的项目不予比较;但如两方案井型不同,则分摊于吨煤生产能力的投资就不同,不能认为是相同的项目,而必须进行全面的计算和比较。

（4）生产经营费用,一般是按一个水平或全矿服务期间的消耗总值计算。对于各项费用单价的选取必须比较可靠,并应适合比较方案的自然和技术条件,而且应当出自同一来源,尽可能使方案比较的数字和结果符合客观实际,否则,单价本身不准确,比较结果也就会失去意义。

（5）在进行大的方案比较之前,可先把一些相同类型的局部方案进行比较,求出合理的局部方案后,再进行整体的方案比较。

（6）在进行经济比较时,应将基本建设费用与生产经营费用分别列出。因为基本建设费用是国家以投资的形式集中拨出的,要考虑发挥投资效果,确保国家增加利润和税收;而生产经营费用则是逐年列入成本付出的,对国民经济的影响相对较小。此外,还应把基本建设费用的初期投资和后期投资分别列出,因为同样份额的资金在国民经济发展的不同时期,重要性是不同的。生产经营费用中应分别按项目列出,以利于全面分析经济效果,得出比较优越的方案。

（7）将各方案的矿井建设期限分别计算出来,作为方案比较的因素之一。因为缩短建设工期不仅可以提前为国家供应煤炭,还可节约施工费用。

（8）各方案的差别以百分比表示,将总费用最小的方案定为100％,其他各方案的费用与其相比较。如果各方案在经济上相差不大,就要根据技术上的优越性、初期投资的大小、施工的难易程度、建设期的长短、材料设备供应条件等因素,综合考虑,合理选定。

（9）由于原始资料不可能十分精确（例如费用单价、煤层储量和煤层赋存条件等）,所以计算出的费用是有误差的,误差一般估计为10％以下,这样,如果两个方案费用差额不超过10％时,即认为此两方案在经济上是相等的。有些项目的设计方案虽然相差在10％以内,但差值的绝对额很大时,也不能忽略,此时应以差值额作为对比的标准。

（10）对方案进行最终综合评价时,一定要正确估计各项影响因素在所研究方案中的重要性程度,以便根据给定的目标,选取最优方案。对于一个具体的煤矿企业而言,经济评价虽然是确定方案的主要标准,但不能作为唯一的标准,应根据具体情况,综合分析研究各影响因素的主次关系,择优选用。

（二）统计分析法

统计分析法就是根据现有生产矿井的实际情况,针对需要解决的问题进行调查统计,借以分析某些技术参数之间的关系,某些参数的合理平均值或可取值范围。例如,统计一定条件下的工作面长度与其技术经济指标之间的关系,以寻求合理的采煤工作面长度;统计分析采区设计的与实际的生产能力,以合理地确定同采工作面数目和采煤工艺方式;调查统计一定条件下的巷道维护费用,以确定相似条件下的费用参数;统计分析现有矿井的平均先进的技术经济指标,作为设计类似矿井的参考数值等。

统计分析法的理论基础是数理统计原理。由于采矿问题十分复杂,欲得到大量同类可比的统计资料比较困难,因此,对于条件多样、影响因素复杂的技术方案问题,不宜采用统计分析的方法。但是,从现有生产矿井的经验教训中,总结某些开采所需要的参数,还是可行的。因此,可作为一种辅助方法。值得注意的是,由于统计数据是在原有的生产技术条件下取得的,当采用新技术和新工艺时,原有数据则不能适应新的情况,为提高设计质量,应重新调查研究,获得新的参数。

（三）标准定额法

标准定额法是以规范、规程和规定的形式对开采设计中的某些技术条件或参数值做出具体规定,而后据此规定条件确定某设计方案内其他有关参数。例如,在井田范围和矿井生产能力一定的条件下,根据采区走向长度和倾斜长度的规定,可计算矿井划分的采区数目;根据规定的矿井工作制度(年工作日数、日提升小时数和生产班数等),计算各生产环节的能力;根据规定的巷道内允许风速,计算巷道的最小断面等。在具体的矿井条件下,受原有技术条件的限制,也可看做是标准定额法的具体应用。例如,按辅助运输设备的能力,确定上山或下山的长度;按局部通风机的供风能力,确定巷道的掘进长度等。

标准定额法的依据是在一定的条件下对技术可能性、安全性、经济合理性或技术管理的需要,具体表现为"定额值"(或约束条件),而其"定额"的规定要建立在专门的调查研究基础之上,所以,它不是一个独立的方法。但是,用来解决某些单个实际设计问题还是十分简便的。

（四）数学分析法

数学分析法通常是以吨煤费用最低为准则,列出吨煤费用与所求参数之间的函数关系,采用微分法求极值的原理求解开采设计方案中某些参数的有利值,这种方法称为微分求极值法,也称为数学分析法。适用于设计项目为定量参数,初始数据为确定型,变量数目较少的情况。

在解决具体问题时,首先要设法列出目标函数与参变量之间的函数关系式,然后用微分法求最高(如产量、盈利和效率)或最低(如成本、材料消耗、能源消耗)的极值,该极值就是在经济上(或其他指标)最优的参数值。此函数关系式可为单变量函数,也可为多变量函数。

这种方法多用来研究合理的工作面长度、采区或盘区走向长度,矿井生产能力、矿井分区数目和井田尺寸等定量参数的最优值。变量数目越多,求解越困难,所以一般只用到三个变量。

数学分析法是以一定的技术方案为前提,所拟定的技术方案不同,其费用项目及编列的函数方程也不同,故这种方法不能解决不同技术方案的对比,而只能用来研究某一方案的合理参数值。由于采矿问题十分复杂,受多种因素影响,为适应编列方程的需要,在应用数学分析法时,应将某些条件予以简化;数学分析方法不能全面考虑技术、安全和管理等因素,所以只能把由数学分析法求得的参数值看做是相当大的合理值范围,还必须结合其他因素综合考虑。这种方法尽管存在着上述问题,但是以数学形式反映各因素在量上的关系是很简明的,故可视为一种研究方法,作为方案比较法的一种补充。

(五) 经济数学规划法

随着现代应用数学的发展,尤其是电子计算机技术的应用,为发展新的设计方法提供了有效的手段。近年来,国内外逐步发展了经济数学规划法,应用电子计算机解决矿井开采设计问题。

矿井是复杂的煤炭生产工艺系统,也是一个复杂的工程系统,不仅要使各分系统合理化,而且要使它们组成最优的矿井系统,使整个系统达到最优,于是可运用规划论解决这一问题。经济数学模型由目标函数和约束条件组成。对矿井设计来说,根据拟订的方案、按照设计的要求(如吨煤费用最低、劳动生产率最高等)来编列函数方程,这就构成了规划论中的所谓目标函数;同时,设计方案的某些技术原则和参数,则必须满足一定的技术条件和"定额"的规定,若将其用数学式来描述,便形成了规划论中的约束条件。实践证明,多数矿井设计常为一非线性规划问题,应设法求解多元目标函数在一定约束条件下的最大值(如劳动生产率最高)或最小值(如吨煤费用最低),从而求出最佳配合的各项参数值。

矿井工艺系统的经济数学规划法对矿井进行优化设计,可以看成是上述方案比较法、数学分析法、标准定额法等设计方法的进一步发展,它规定要对最优性准则和矿井生产过程的定性、定量参数之间的关系编列出数学和逻辑表达式。

采用经济数学规划法进行矿井开采设计的主要步骤如下:

(1) 深入分析井田的矿山地质条件和采矿技术条件,在此基础上提出各分系统技术上可行的方案,例如井田开拓方式、采准巷道布置方式、采煤方法、运输、提升和通风系统等。

(2) 按技术合理的要求编列各分系统的组合方式,即提出若干个全矿井的工艺系统方案,并绘制出各方案的草图。

(3) 论证最优化准则,并确定实施方案的有关参数及其有关的费用项目,如与所求参数有关的基本建设费、运输费和生产经营费等。

(4) 根据矿山地质条件、矿井参数、最优化准则和有关费用数值,建立与各方案相对应的经济数学模型。

(5) 制定算法和编制计算机的程序框图和运算程序。

(6) 分析计算结果并选出最优方案和相应的最佳参数值。

采用这种方法进行矿井优化设计的过程中,还可结合层次分析法、模糊数学法来进行。

模糊综合决策法就是在进行矿井开采设计方案比较时,对其定性因素运用模糊综合评判的方法,得到评判结果,然后将评判结果与定量因素的经济比较结果组合在一起,采用多目标决策的方法得到最优方案。

采用系统工程的方法进行矿井优化设计时,由于影响矿井工艺系统的因素很多,并且随条件和时间而变化,所得到的最优结果只是相对的,还需要做大量的基础工作,不断加以完善。总的来说,这种方法还处于发展阶段,尚未得到广泛应用。

二、矿井开采设计的最优化准则

所谓矿井开采设计的最优化准则就是衡量矿井某项决策在技术、经济和社会等方面合理性的尺度。它应该具有完善地反映技术经济效果的广阔度,能够反映方案的多种差别的灵敏度和可以用来评价多种性质问题的适应性。

矿井建设方案所包括的技术经济指标是多方面的。具体地说,在建设时期有投资指标,在生产时期有年经营费用指标、劳动生产率指标、原材料消耗指标等。因此,在应用技术经济标准评价方案时,往往会产生过分强调一个侧面的片面观点。例如,从建设角度,容易强调投资最省的方案;从生产角度,又常常喜欢选择成本最低的方案;从理论上分析,劳动生产率最高是最合理的方案。但是,在实践中,各方案的投资、成本、物资消耗、劳动生产率等指标之间,常常是互相矛盾的。往往是一个方案投资大、劳动生产率高、生产成本低,而另一个方案则相反,即投资小、劳动生产率低而生产成本高。因此,为了能够比较全面地评价方案,指标体系可按技术、经济和社会分析等方面进行综合确定,这样对方案分析出来的结果,才具有实际的可行性。

评价矿井开采设计的最优性准则有:生产费用,吨煤成本,基建投资,初期投资,折算费用,利润,地面建筑费用,劳动生产率,劳动消耗量,资源采出率,矿井生产能力,建井工期,达到设计能力的时间,服务年限,初期和后期基建工程量,巷道维护长度,掘进率,采掘关系,巷道维护的有效性,开采系统变动的可能性(适应性),技术装备的先进性,生产系统的可靠性,生产集中化程度,开采强度,通风和运输的难易程度,生产施工的繁重程度,技术操作的安全性等。上述各项最优性准则,随着采矿技术的不断发展,也在不断地充实和完善。

实践证明,所解决课题的性质和范围不同,则所选用的最优性准则也不同。在现行的经济计算条件下,对开采范围较小、时间较短的问题(如采区巷道布置系统的优化问题)可不考虑换算费用和时间因素对费用的影响。反之,当进行矿井开拓方案问题的优化设计时,投资效果和时间因素就应该考虑。属于经济指标的准则,一般比较容易用定量数值表示,属于技术指标的准则,有些可以用数值表示,有些则难以用数值表示。目前,作为主要准则用于编制经济数学模型进行矿井开采优化设计的,基本有折算费用法、投资回收期法、劳动生产率、吨煤投资和吨煤成本、利润和多目标决策等。

(一)折算费用法(也称计算费用法)

方案的经济效果好坏,体现在所费与所得之比较的数值结果。如果所有对比方案的所得相同,则所费较小的方案就是经济效果较好的方案。在技术方案的所费中,包括基建投资和生产经营费用两个部分。而上述两项费用是性质不同的费用。其中基建投资属于一次性支出,非一次性消耗;而生产经营费用属于经常性支出,一次性消耗。因此,两者不能够简单相加。

折算费用法是对参与比较的各个技术方案的基本建设投资和生产经营费用(或成本)这两项性质不同的费用,利用投资效果系数这一折算比率,将基本建设投资折算成和生产经营费用类似的费用,然后与生产经营费用相加,折算出一个称为"折算费用"的数值,以其数值最小者作为最优方案,据此来确定方案的取舍。

折算费用法一般以年为计算周期,相应的折算费用为"年折算费用",其计算公式为:

$$S = C + E_0 K \tag{21-1}$$

式中　S——年折算费用(或吨煤年折算费用);

　　　　C——全部或计算项目的年度生产经营费用总和(或吨煤成本费用);

　　　　E_0——标准投资效果系数,一般为 $0.10 \sim 0.12$;

　　　　K——全部或计算项目的基本建设投资费用总和(或吨煤投资费用)。

　　上述方法把方案比较中的"二元值"(基建投资和生产经营费用)变为"一元值"(计算费用),这样,在进行多方案比较中,每一个方案只有一项对比数值,简化了经济比较工作,避免了像投资回收期法那样可能出现的 I,II,⋯,n 个方案之间相互比较的"循环赛"现象。它反映了经济效果的综合性指标。因此,以折算费用作为编制经济数学模型的目标函数被广泛采用。据统计表明,在设计方案的优选阶段,运用计算费用做统一的经济准则是合适的,不会使新的矿井设计和矿井参数在经济技术质量的概念上发生矛盾,具有较好的灵敏度和技术经济效果。

　　(二)投资回收期法

　　投资回收期法系指在设计方案中,用节约的经费来回收追加投资的年限,以此作为评价方案技术经济效果的方法,称为投资回收期法。

$$T = \frac{\Delta K}{\Delta C} = \frac{K_1 - K_2}{C_2 - C_1} \qquad (21\text{-}2)$$

式中　K_1,K_2——分别为第一与第二方案的投资总额(或吨煤投资);

　　　　C_1,C_2——分别为第一与第二方案的年成本总额(或吨煤成本);

　　　　ΔK——两个方案的投资差额;

　　　　ΔC——两个方案的年成本差额;

　　　　T——投资回收期,a。

$$E = \frac{1}{T} = \frac{C_2 - C_1}{K_1 - K_2} \qquad (21\text{-}3)$$

式中　E——投资效果系数。若 $E > E_0$ 或 $T < T_0$,则第一方案有利;

　　　　E_0,T_0——部门标准的投资效果系数和投资回收期,一般为 0.1 和 10 a。

　　投资回收期法适用于方案比较,并且是常用的一种方法,尤其是对于局部方案的比较。它的计算不涉及投资项目的生产总成本、产品价格和利润、税金等因素。

　　应当指出,在计算投资回收期时,为简化工作量,对于计算基建投资和生产经营费用范围时,习惯于采用相同部分不予计算的原则,在两个设计方案的规模相同时,这一原则是正确的。如果把这一原则误用到矿井生产能力不同的两个设计方案比较,就会犯严重错误。

　　(三)劳动生产率

　　劳动生产率就是指劳动者在单位时间内所能生产的产品数量。

$$P = Q_1/N_t \qquad (21\text{-}4)$$

式中　P——矿井生产工人劳动生产率,t/工;

　　　　Q_1——采煤工作面日产量,t;

　　　　N_t——采煤工作面昼夜出勤人数。

　　努力提高企业的劳动生产率是社会主义建设事业中一项重要的任务。它取决于煤层开采条件、采煤机械化程度、劳动组织形式和生产管理水平等因素。它是衡量矿井技术水平的综合指标,在方案比较中占有重要的位置,应用比较多。

（四）吨煤投资和吨煤成本

吨煤投资就是矿井建设投资总额除以矿井生产能力所得到的商。它是矿井建设水平的指标。我国对不同井型的矿井规定了相应的吨煤投资限额，这个限额就成为设计矿井系统的约束条件。

吨煤成本就是矿井生产总成本除以矿井产量所得到的商。

吨煤成本反映了产品生产活动的最终结果，是一项综合性的指标。无论是生产矿井，还是新建矿井都必须计算和比较这个项目。它是矿井开采经济最优性的重要指标之一。

（五）多目标决策评价

在实际矿井设计中，常常会遇到多目标优化。一方面希望其吨煤投资越低越好，另一方面又希望它投产后创造的价值越高越好，这就形成了多目标。特别是在多目标的目标之间，往往不可能直接用同一单位去度量，而且有些目标之间还可能相互矛盾。因此，如何统筹兼顾多种目标，选择合理的设计方案，就成为一个复杂的问题。多目标决策方法的实质，是将计量单位不同的评价指标转换成无量纲的值，转换后的无量纲指标可以按方案进行加、减、乘、除运算，以求得综合的数量指标，据此评价方案的优劣。根据国内外的经验，评价指标的选择应该以设计人员掌握的资料，选取对决策有重大影响的一些指标，并相应确定这些指标的重要性系数，使综合的无量纲指标值更符合实际。

多目标决策由于综合反映了矿井技术、经济等因素，因此越来越受到人们的重视，应用也日益广泛。

根据设计的内容和要求，选用几项指标作为设计目标，此时在评价某方案的优劣时，除主要技术决定必须正确外，应根据设计工作实际要求的各项目标数值及其重要程度，进行认真的综合分析评价，然后选出最优方案。

三、主要费用参数计算

在进行经济比较以前，对各项费用的计算方法简介如下。

（一）掘进费用

巷道：
$$C_j = Lj \tag{21-5}$$

式中　C_j——该巷道的掘进费用，元；

　　　L——该巷道的长度，m；

　　　j——单位长度掘进费用，根据岩层性质、断面大小、支护形式、施工管理等因素确定，元/m。

井底车场：
$$C_{ch} = j_d \cdot V_d \tag{21-6}$$

式中　C_{ch}——井底车场掘进费用，元；

　　　j_d——井底车场掘进单价，元/m³；

　　　V_d——井底车场掘进工程量，m³。

（二）运输提升费用

1. 运输费用
$$C_y = Q_b L_b y_b \tag{21-7}$$

式中　C_y——沿该巷道的运输费用，元；

　　　Q_b——货载运输量，t；

L_b——巷道长度,km;

y_b——运输单价,元/(t・km),运输距离不同,单价有时也不同。

2. 提升费用

$$C_t = Q_{t_1} H_1 Y_1 + Q_{t_2} H_2 Y_2 + \cdots \tag{21-8}$$

式中　C_t——提升费用,元;

$Q_{t_1}, Q_{t_2}, \cdots, Q_{t_n}$——一、二、$\cdots$、n 水平的提升煤量,t;

$H_1, H_2, \cdots, H_n$——一、二、$\cdots$、n 水平的提升距离,km;

$Y_1, Y_2, \cdots, Y_n$——一、二、$\cdots$、n 水平的提升单价,元/(t・km)。

（三）巷道维护费用

$$C_w = L_w T_w Y_w \tag{21-9}$$

式中　C_w——该巷道的维护费用,元;

L_w——巷道长度,m;

T_w——巷道维护时间,a;

Y_w——维护单价,元/(a・m)。

（四）排水费用

排水费用可分成两种情况进行计算:如已知含水系数时,则按斜井或立井提升费用的办法来求;如已知涌水量(m³/h),则可按下式计算:

$$C_p = 365 \times 24 (T_1 H_1 Q_1 Y_{p1} + T_2 H_2 Q_2 Y_{p2} + \cdots) \tag{21-10}$$

式中　C_p——矿井排水费用,元;

$T_1, T_2, \cdots, T_n$——一、二、$\cdots$、n 水平服务年限,a;

$H_1, H_2, \cdots, H_n$——一、二、$\cdots$、n 水平排水距离,km;

$Q_1, Q_2, \cdots, Q_n$——一、二、$\cdots$、n 水平的涌水量,m³/h;

$Y_{p1}, Y_{p2}, \cdots, Y_{pn}$——一、二、$\cdots$、n 水平的排水单价,元/(m³・km)。

除上述外,还有通风费用的计算。在低瓦斯矿井中此项费用仅占吨煤成本中的2%～5%,所以一般不予考虑。但是,在高瓦斯矿井,应将此项费用计算进去。

最后应当指出,由于主要费用参数的确定是矿井开采设计和研究的基础工作之一,故要长期、系统地积累有关资料,以提高设计质量。

第三节　矿井开拓设计方案比较示例

为了进一步说明矿井开拓设计方案的确定方法,现举例做简要说明。

一、井田概况

某矿位于平原地带,井田范围内地表标高为＋(80～90)m,表土及风化带厚度(垂高)约50～60 m,表土中央有厚度不一致的流沙层,井田中部流沙层较薄,靠井田境界处较厚。

本井田煤层上以＋30 m,下以－420 m底板等高线为界,两侧系人为划定境界。井田走向长9 000 m,倾斜长约1 740 m。井田内共有4个可采煤层,倾角均为15°左右。由上而下,各煤层的名称、厚度、间距及顶底板情况如表21-2所示。

表 21-2   煤层地质条件

煤层别	层厚/m	间距/m	顶 板	底 板
m_1	1.8		直接顶为厚 8 m 的页岩,基本顶为厚 4 m 的砂岩	直接底为厚 10 m 的页岩,下为40 m厚层砂岩
m_2	1.9	15	页岩、砂页岩、砂岩互层	
m_3	1.6	20	页岩、砂页岩、砂岩互层	
m_4	2.0	15	页岩、砂页岩、砂岩互层	
$\sum M$	7.3			

各煤层成层平稳,地质构造简单,无大断层,煤质中硬,属优质瘦贫煤,煤尘无爆炸性危险,煤层无自燃倾向,平均密度为 1.32 t/m^3。本矿属低瓦斯矿井,涌水量较大,矿井正常涌水量为 380 m^3/h。

井田内 m_4 煤层的底板等高线图及井田中部的地质剖面如图 21-1 和图 21-2 所示。

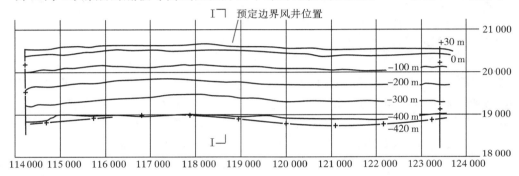

图 21-1 m_4 煤层底板等高线图(1∶50 000)

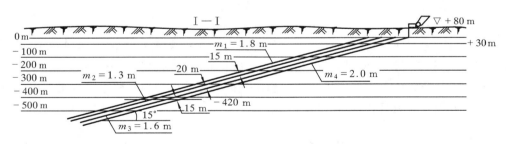

图 21-2   图 21-1 Ⅰ—Ⅰ剖面图

本井田已查明的工业储量为 150.90 Mt。估算本井田内工业场地煤柱、境界煤柱等永久煤柱损失约占工业储量的 5%。各可采层均为中厚煤层,按矿井设计规范要求确定本矿的采区采出率为 80%,由此计算确定本井田的可采储量为 114.68Mt。

根据煤层赋存情况和矿井可采储量,遵照矿井设计规范规定,将矿井生产能力确定为 1.20 Mt/a,储量备用系数按 1.4 计算,可得矿井服务年限为 68.3 a。在备用储量中估计 50% 为采出率过低和受未预知小地质破坏影响所损失的储量,即全井田实际采出储量约为 98.30 Mt。

二、开拓方案技术比较

由于本井田地形平坦,表土较厚且有流沙层,所以,确定采用立井开拓(主井设箕斗),并按流沙层较薄、井下生产费用较低的原则确定了井筒位于井田走向中部流沙层较薄处。

为避免采用箕斗井回风时封闭井塔困难和减少穿越流沙层开凿风井的数目,决定采用分列式通风,风井位置已标示于图 21-1 中。

根据井田条件和设计规范有关规定,本井田可划分为 1~3 个水平(即 2~3 个阶段);阶段内采用采区式进行准备,每个阶段沿走向划分为 6 个走向长 1 500 m 的采区。在井田每翼布置一个生产采区,并采用采区前进式开采顺序。

考虑到本井田涌水较大,如使用下山开采在技术上的困难较多,所以决定阶段内均采用上山开采并否定了单水平上下山开采的开拓方案。所划定阶段的主要参数如表 21-3 所示。

表 21-3　　　　　　　　　　　　　　　　　阶段主要参数

划分阶段数目/个	阶段斜长/m	水平垂高/m	水平实际出煤量/Mt	服务年限/a		区段数目/个	区段斜长/m	区段采出煤量/Mt	备　注
				水平	采区				
2	870	225	49.15	34.13	11.38+1	5	174	6×1.64	
3	740	191	41.81	29	9.7+1	4	185	6×174.19	第一阶段参数
	500	129	28.25	19.61	6.54+1	3	167	6×1.57	第二、三阶段参数
说　明	水平采出煤量计算中把储量备用系数 1.4 所指的备用储量,一半划为地质损失,另一半则为增产储量;该增产储量合并计入水平实际采出煤量中。采区服务年限按设计平均服务年限加上一年产量递增、减期计算								

考虑到各煤层间距较小,宜采用集中大巷布置。为减少煤柱损失和保证大巷维护条件,大巷设于 m_4 煤层底板下垂距为 30 m 的厚层砂岩层内。上阶段运输大巷留做下阶段回风大巷使用。采区采用集中岩石上山联合准备,除中央采区上山位于距 m_4 煤层底板 30 m 以上的砂岩中并在采后加以维护留做下阶段回风大巷及安全出口外,其他采区上山位于距 m_4 煤层底板约 20 m 的砂岩中并在采区回采后予以报废。

根据前述各项决定,本井田在技术上可行的开拓方案有下列数种,如图 21-3 所示。

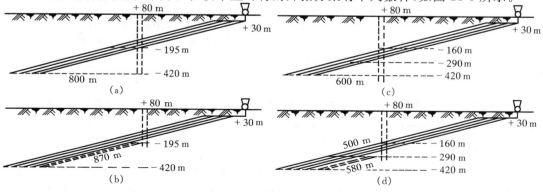

图 21-3　技术上可行的几种开拓方案

(a) 方案 1(立井两水平);(b) 方案 2(立井单水平加暗斜井);

(c) 方案 3(立井三水平);(d) 方案 4(立井两水平加暗斜井)

方案 1 和方案 2 的区别仅在于第二水平是用暗斜井开拓还是直接延深立井。两方案的生产系统较简单可靠。两方案对比，第 1 方案需多开立井井筒(2×225 m)、阶段石门(800 m)和立井井底车场，并相应地增加了井筒和石门的运输、提升、排水费用。而第 2 方案则多开暗斜井井筒(倾角 $15°$，2×870 m)和暗斜井的上、下部车场，并相应地增加了斜井的提升和排水费用。粗略估算(如表 21-4)表明：两方案费用相差不大。考虑到方案 1 的提升、排水工作的环节少，人员上下较方便，在方案 2 中未计入暗斜井上、下部车场的石门运输费用，以及方案 1 在通风方面优于方案 2，所以决定选用方案 1。

表 21-4　　　　　　　　　**各方案粗略估算费用表**

方案 项目		方案 1		方案 2
基建费 /万元	立井开凿 石门开凿 井底车场	$2 \times 225 \times 3\,000 \times 10^{-4} = 135.0$ $800 \times 800 \times 10^{-4} = 64.0$ $1\,000 \times 900 \times 10^{-4} = 90.0$	主暗斜井开凿 副暗斜井开凿 上、下斜井车场	$870 \times 1\,050 \times 10^{-4} = 91.35$ $870 \times 1\,150 \times 10^{-4} = 100.05$ $(300 + 500) \times 900 \times 10^{-4} = 72.00$
	小　计	289.0	小　计	263.4
生产费 /万元	立井提升 石门运输 立井排水	$1.2 \times 4\,915.05 \times 0.5 \times 0.5$ $= 2\,506.7$ $1.2 \times 4\,915.05 \times 0.80 \times 0.381$ $= 1\,797.7$ $380 \times 24 \times 365 \times 34.13 \times$ $0.152\,5 \times 10^{-4} = 1\,732.6$	暗斜井提升 立井提升 排水(斜、立井)	$1.2 \times 4\,915.05 \times 0.87 \times 0.48$ $= 2\,463.0$ $1.2 \times 4\,915.05 \times 0.275 \times 1.02$ $= 1\,654.4$ $380 \times 24 \times 365 \times 34.13(0.063 +$ $0.127) \times 10^{-4} = 2\,158.6$
	小　计	6 037.0	小　计	6 276.0
总　计	费用/万元	6 326.0	费用/万元	6 539.0
	百分率	100%	百分率	103.37%
		方案 3		方案 4
基建费 /万元	立井开凿 石门开凿 井底车场	$2 \times 130 \times 3\,000 \times 10^{-4} = 78.0$ $600 \times 800 \times 10^{-4} = 48.0$ $1\,000 \times 900 \times 10^{-4} = 90.0$	主暗斜井开凿 副暗斜井开凿 上、下斜井车场	$580 \times 1\,050 \times 10^{-4} = 60.9$ $500 \times 1\,150 \times 10^{-4} = 57.5$ $(300 + 500) \times 900 \times 10^{-4} = 72.0$
	小　计	216	小　计	190.4
生产费 /万元	立井提升 石门运输 排水费	$1.2 \times 2\,824.74 \times 0.5 \times 0.85$ $= 1\,440.6$ $1.2 \times 2\,824.74 \times 0.6 \times 0.381$ $= 774.9$ $380 \times 24 \times 365 \times 19.61 \times$ $0.152\,5 \times 10^{-4} = 1\,015.3$	暗斜井提升 立井提升 排水(斜、立井)	$1.2 \times 2\,824.74 \times 0.58 \times 0.48$ $= 943.7$ $1.2 \times 2\,824.74 \times 0.37 \times 0.92$ $= 1\,185.0$ $380 \times 24 \times 365 \times 19.61(0.053 +$ $0.14) \times 10^{-4} = 1\,259.9$
	小　计	3 230.8	小　计	3 388.6
总　计	费用/万元	3 446.8	费用/万元	3 579.0
	百分率	100%	百分率	103.8%

方案 3 和方案 4 的区别也仅在于第三水平是用立井或暗斜井开拓。粗略估算(如表 21-4)表明：方案 4 的总费用比方案 3 约高 4%。两者相差不到 10%，仍可视为近似相等。但方案 4 终究略高一些。再考虑到方案 3 的提升、排水等环节都比方案 4 更少，即生产系统更为

简单可靠,所以决定采用方案 3。

余下的 1、3 两方案均属技术上可行,水平服务年限等也均符合要求(大型矿井第一水平服务年限应大于 30 a,故确定其阶段斜长为 740 m)。两者相比,虽然方案 3 的总投资要比方案 1 高一些,但是其初期投资较少,生产经营费也可能要略低一些。因此,两方案需要通过经济比较,才能确定其优劣。

三、经济比较

第 1、第 3 方案有差别的建井工程量、生产经营工程量、基建费、生产经营费和经济比较结果,分别计算汇总于表 21-5～表 21-9。

表 21-5　　　　　　　　　　　　　　建井工程量

	项　　目	方　案　1	方　案　3
初　　期	主井井筒/m 副井井筒/m 井底车场/m 主石门/m 运输大巷/m	275＋20 275＋5 1 000 1 700	240＋20 240＋5 1 000 270 1 700
后　　期	主井井筒/m 副井井筒/m 井底车场/m 主石门/m 运输大巷/m	225 225 1 000 800 6 000＋7 700	260 260 2×1 000 0＋600 6 000＋2×7 700

表 21-6　　　　　　　　　　　　　　生产经营工程量

项　　目	方　案　1	项　　目	方　案　3
运输提升/(万 t·km)	工　程　量	运输提升/(万 t·km)	工　程　量
采区上山运输 　一区段 　二区段 　三区段 　四区段	$2×1.2×983.04×4×0.174$ $＝1 642.07$ $2×1.2×983.04×3×0.174$ $＝1 231.55$ $2×1.2×983.04×2×0.174$ $＝821.04$ $2×1.2×983.04×1×0.174$ $＝410.52$	采区上山 　一水平一区段 　　二区段 　　三区段 二、三水平 　一区段 　二区段	$1.2×1 045.14×3×0.185＝696.06$ $1.2×1 045.14×2×0.185＝464.04$ $1.2×1 045.14×1×0.185＝232.02$ $2×1.2×941.58×2×0.167$ $＝754.77$ $2×1.2×941.58×1×0.167$ $＝377.39$
大巷及石门运输 　一水平 　二水平 立井提升 　一水平 　二水平	$1.2×4 915.05×2.25＝13 270.64$ $1.2×4 915.05×3.05＝17 989.08$ $1.2×4 915.05×0.275＝1 621.97$ $1.2×4 915.05×0.5＝2 949.03$	一水平 二水平 三水平 立井提升 　一水平 　二水平 　三水平	$1.2×4 180.62×2.52＝12 642.19$ $1.2×2 824.74×2.25＝7 626.80$ $1.2×2 824.74×2.85＝9 660.61$ $1.2×4 180.62×0.24＝1 204.02$ $1.2×2 824.74×0.37＝1 254.18$ $1.2×2 824.74×0.5＝1 694.84$
维　　护 采区上山 维护/(万 m·a)	$1.2×2×6×2×870×12.38×10^{-4}$ $＝31.02$	维　　护 采区上山 维护/(万 m·a)	$1.2×6×2×740×10.7×10^{-4}＝11.40$ $1.2×2×6×2×500×7.54×10^{-4}＝10.86$
排水/万 m³ 　一水平 　二水平	$380×24×365×34.13×10^{-4}＝11 361.19$ $380×24×365×34.13×10^{-4}＝11 361.19$	排水/万 m³ 　一水平 　二水平 　三水平	$380×24×365×29×10^{-4}＝9 653.52$ $380×24×365×19.61×10^{-4}＝6 527.8$ $380×24×365×19.61×10^{-4}＝6 527.8$

表 21-7 基建费用表

项目		方案 1			方案 3		
		工程量/m	单价/(元/m)	费用/万元	工程量/m	单价/(元/m)	费用/万元
初期	主井井筒	295	3 000	88.5	260	3 000	78.0
	副井井筒	280	3 000	84.0	245	3 000	73.5
	井底车场	1 000	900	90.0	1 000	900	90.0
	主石门				270	800	21.6
	运输大巷	1 700	800	136.0	1 700	800	136.0
	小计			398.5			399.1
后期	主井井筒	225	3 000	67.5	260	3 000	78.9
	副井井筒	225	3 000	67.5	260	3 000	78.0
	井底车场	1 000	900	90.0	2 000	900	180.0
	主石门	800	800	64.0	600	800	48.0
	运输大巷	13 700	800	1 096.9	21 400	800	1 712.0
	小计			1 385.9			2 096.0
共计				1 784.4			2 495.1

表 21-8 生产经营费

项目			方案 1			方案 3		
			工程量/(万 t/km)	单价/[元/(t·km)]	费用/万元	工程量/(万 t/km)	单价/[元/(t·km)]	费用/万元
运输提升	采区上山	一区段	1 642.07	0.508	834.17	696.06	0.669	465.66
		二区段	1 231.55	0.652	802.97	464.04	0.760	352.67
		三区段	821.04	0.759	623.17	232.02	0.834	193.50
		四区段	410.52	0.832	341.55			
		一区段				754.77	0.762	575.13
		二区段				377.39	0.835	315.12
		小计			2 483.34			1 841.54
	大巷及石门	一水平	13 270.64	0.392	5 202.09	12 642.19	0.385	4 867.24
		二水平	17 989.08	0.381	5 414.71	7 626.8	0.392	2 989.71
		三水平				9 660.61	0.381	3 680.69
		小计			10 616.8			11 537.64
	立井	一水平	1 621.97	1.32	2 141.00	1 204.02	1.35	1 625.43
		二水平	2 949.03	0.85	2 506.68	1 254.18	1.00	1 254.18
		三水平				1 694.84	0.85	1 440.61
		小计			4 647.68			4 320.22
运提费合计					17 866.34			17 663.37
维护采区上山费			31.02/万 m·a[01]	35 元·(a·m)$^{-1}$	1 850.70	22.26/元·(a·m)$^{-1}$	35/元·(a·m)$^{-1}$	779.10

续表 21-8

项　目		方　案　1			方　案　2		
		工程量 /(万 t/km)	单　价 /[元/(t·km)]	费　用 /万元	工程量 /(万 t/km)	单　价 /[元/(t·km)]	费　用 /万元
排水费	一水平	11 361.19	0.083 9	953.2	9 653.52	0.073 2	706.64
	二水平	11 361.19	0.152 5	1 732.58	6 527.80	0.112 9	736.99
	三水平				6 527.80	0.152 5	995.49
	小　计			2 685.78			2 439.12
合　　计				39 504.16			38 641.43

表 21-9　　　　　　　　　　　费用汇总表

项　目	方　案　1		方　案　3	
	费用/万元	百分率/%	费用/万元	百分率/%
初期建井费	398.50	100	399.1	100.15
基建工程费	1 784.40	100	2 495.1	139.82
生产经营费	39 504.16	102.23	38 641.43	100
总　费　用	41 687.06	100.36	41 535.63	100

在上述经济比较中需要说明以下几点：

（1）两方案的各采区均布置有两条采区上山，且这些上山的开掘单价近似相同。考虑到全井田中采区上山的总开掘长度相同，即两方案的采区上山总开掘费近似相同，故未对比计算。另外，采区上部、中部、下部车场数目两方案虽略有差别，但基建费的差别很小，故也未予计算。

（2）在初期投资中，方案 3 可少掘运煤上山及轨道上山各 130 m，在比较中未列入。

（3）立井、大巷、石门及采区上山的辅助运输费用均按占运输费用的 20% 进行估算。

（4）井筒、井底车场、主石门、阶段大巷及总回风巷等均布置于坚硬的岩层中，它们的维护费用低于 5 元/(a·m)，故比较中未对比其维护费用的差别。

（5）采区上、中、下部车场的维护费用均按占采区上山维护费用的 20% 估算。采区上山的维护单价按受采动影响与未受采动影响的平均维护单价估算。

由对比结果可知，方案 1 和方案 3 的总费用近似相同（相差不足 1%）。所以，还需进一步做综合比较。

四、综合比较

从前述技术经济比较结果来看：虽然方案 1 的生产费用略高于方案 3，但是其基建投资费用则明显低于方案 3。由于基建费的计算误差一般比生产经营费的计算误差小得多，所以可以认为方案 1 相对较优。从建井期来看，虽然方案 1 初期需多掘主、副井筒各 35 m，运煤及轨道上山各 130 m，但是可以少掘 270 m 的主石门。因此，方案 1 的建井期仍大致与方案 3 相同。从开采水平接续来看，方案 1 仅需延深一次立井，对生产的影响少于方案 3（因方案 3 需延深两次）。

综上所述，可认为：方案 1 和方案 3 在技术和经济方面均不相上下，但方案 1 的基建投资较少,开拓延深对生产的影响期略少一些。所以决定采用方案 1,即矿井分为两个水平,第一水平位于－195 m,第二水平位于－420 m,两水平均只采上山阶段,阶段内沿走向划分为 6 个采区(每个采区长 1 500 m)。

复习思考题

1. 矿井设计时必须具备的设计依据是什么?
2. 试述矿井设计程序。
3. 简述矿井设计的内容。
4. 什么叫方案比较法? 在进行方案比较时有哪几个步骤,要注意哪些问题?
5. 试述矿井优化设计的优化准则,在矿井开采设计中目前常用哪一种? 为什么?

第四编

矿井其他开采方法

第二十二章 水力充填法采煤

第一节 概　述

如前所述,充填法是顶板管理方法的一种,它是利用沙子、碎石或炉渣等材料充填采空区,借以支撑围岩,防止或减少围岩垮落和变形。

充填方法分为 4 种,即自溜充填、机械充填、风力充填和水力充填。自溜充填只能在急斜煤层中应用,淮南、北京、北票及中梁山等矿区曾应用过这种充填法。机械充填所用的设备简单,对充填材料要求不严格,但充填能力低,充填质量差,在我国没有应用。风力充填时,充填料的运输比较简单,适应性强,充填能力大,但对充填料的要求较严格,电耗大,管路磨损快,这种充填方法在国外有一定应用,我国焦作和北京等矿区曾进行过工业试验,但未能推广,现仍在进一步试验。目前我国主要采用的是水力充填法。

我国是世界上使用水力充填最早的国家之一。扎赉诺尔矿区于 1901 年、抚顺矿区于 1912 年即采用水力充填法开采特厚煤层。1925 年抚顺在开采特厚煤层时开始采用倾斜分层 Ⅴ 型长壁上行充填采煤法。20 世纪 50 年代初期,阜新、辽源等矿区又应用了走向长壁上行充填采煤法。此外,新汶等矿区使用水力充填处理采空区,成功地解决了"三下"采煤问题。通过实践,我国在水力充填系统设计及水力充填采煤技术方面均已积累了丰富经验。

采用水力充填采煤法的矿井,必须建立水力充填系统。它是由几个相互联系的工艺系统组成,即充填料的开采、加工及选运系统,贮砂及水砂混合系统,输砂管路系统,供水及废水处理系统。图 22-1 表示某矿的水力充填系统。用矿车(16)将采出、破碎及筛分后的成品砂运到贮砂仓(2)贮存。在注砂室(3),砂与水[来自供水管(17)]混合成砂浆,经充填管(6)一直送到采空区,并在采空区脱水,沙子形成充填体,废水经采区流水上山(7)和流水道(8),再流入采区沉淀池(9)。经在沉淀池沉淀后,澄清的水流入水仓(11),用水泵(12)经排水管(15)排至地面贮水池(5),以供循环使用。在沉淀池内沉淀的淤泥用排泥罐排到矿车内,再将矿车提到地面除泥。

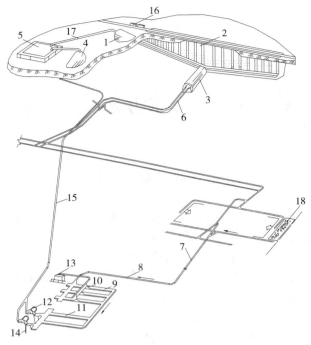

图 22-1 水力充填系统图

1——行人斜井；2——砂仓；3——注砂室；4——斜井；5——地面清水池；6——注砂管；
7——流水上山；8——流水道；9——沉淀池；10——排泥罐；11——水仓；12——水泵；
13——排泥矿车；14——吸水井；15——排水管；16——运砂矿车；17——供水管

第二节　充填材料的选择

我国常用的充填材料有河沙、山砂、炼油后的"废油页岩"、洗选后的矸石及露天矿剥离的废石等。

实践证明，充填材料的质量对矿井生产及安全条件有直接影响，而且充填料的用量大，费用高，所以对充填材料的选择要慎重。

一、对充填材料的要求

对充填材料总的要求是：数量足，取材容易，质量好，安全可靠，价格低，易加工。

具体要求如下：

（1）充填材料的质量应适合于管路水力输送。要求不黏结管壁，以保证管内畅通；不遇水溶解，并易脱水；不带棱角，减少管路磨损；相对密度不过大，便于输送。

（2）为避免堵管，要求最大粒径小于管径的 2/5。因此，当管径为 178 mm 时，最大粒径应不大于 70 mm。同时，最大粒径的含量应不大于总量的 10%。

（3）充填材料中应有适当的含泥量和合理的粒径配比，以使充填体致密、沉缩率小。沉缩率是指充填体受压后的沉缩高度与原充填高度之比，它是表达充填体物理力学性质的重要指标。

充填材料中不随水流出的泥分,脱水后充填于大颗粒之间,能使充填体变得致密;而随水流出采空区的泥分,则不仅会使充填体沉缩率增大,并使充填料的消耗量和矿井的排泥量增加,还会加剧水泵的磨损和巷道的污染。为此要控制充填料的含泥量,一般要求不超过10%～15%。含泥量不仅是选择材料的重要指标,也是确定沉淀池容积和排泥设备的参考数据。

合理的粒径配比是指充填体沉缩率最小或管路损失最小的一种粒径配比。不同材料的合理粒径配比应通过试验确定,一般情况下要保证沉缩率不大于10%～15%。抚顺废油页岩的合理粒径配比为:

粒径/mm	50～30	30～10	10～3	3～1	<1
含量/%	15	25	30	20	10

(4)充填材料具有较好的透水性,以使充填体易脱水。透水性的强弱以一定时间内透水数量的百分数表示,由试验来测定。当充填材料试件在10 min内尚不能把注入的水量渗出80%者,被视为透水性弱的材料。

(5)从井下安全考虑,充填材料中不应含有可燃物成分,以免由于充填引起井下火灾和污染井下空气。因此,除已知的安全材料,如河沙、山砂、风化岩石外,其他充填材料都应进行工业分析,以了解其化学成分和性质,不符合要求者不能用。

(6)充填材料应便于运输和贮存,当其含水多时,冬季易冻结,给运输和贮存带来困难。根据抚顺矿区的经验,含水率在3%以下,气温在零下29 ℃时尚不冻结。因此,要求含水率低于8%。

一般情况下,充填材料的生产、加工、装运费占充填成本的20%～40%,所以应尽量采用天然的、不需加工或加工量小的成品砂,也可以考虑几种充填材料混合使用。抚顺采用废油页岩掺入5%～10%的河沙或20%～30%的红页岩作为充填材料,效果较好。

如果充填材料中加入适量的胶结物质,如水泥等,则称胶结充填。它与普通水力充填相比,充填体强度大,沉缩率小,从而能更有效地控制围岩和减少地表下沉,但成本较高,工艺系统也较复杂。

二、充填材料的需要量

充填材料的数量均以体积单位(m^3)表示。

矿井对充填材料的需要量分为总需量和年消耗量。二者是水力充填矿井设计与编制生产计划的主要指标之一。

(1)充填材料的总需要量 Q_t 应根据井田内采用充填采煤法的煤炭可采储量和每采1 t煤所需充填材料的数量来确定,通常以下式计算:

$$Q_t = k Z_w S \tag{22-1}$$

式中　Z_w——井田内采用水力充填采煤法的煤层可采储量,t;

　　　k——富余系数,取1.2～1.4;

　　　S——充采比(依充填材料的种类和性质而定,一般为0.75～0.95,河沙可取0.8), m^3/t。

充采比 S 是每采1 t煤所需充填材料的立方米数,由于充填材料浸水脱水后会流失一

部分泥分及细末,体积减小,故应按下式计算:

$$S=\frac{1}{\gamma_{m}}(1+\varepsilon)\tag{22-2}$$

式中　γ_{m}——煤的密度,t/m^3;

　　　ε——充填材料浸水脱水收缩率,与充填材料的性质有关,需通过实测确定,一般在 0.05～0.2 之间;阜新矿区采用水力充填的风化岩石为 0.15。

充采比不仅是确定充填材料数量的主要依据,而且是衡量充填体致密程度的重要指标。矿井的实际充采比常小于计算值,但 S 值不应小于 0.6～0.7,否则充填质量差,可能造成上部煤层离层破坏。

(2) 充填材料的年消耗量 Q_a 由井田内用水力充填法采煤的年产量确定,即

$$Q_a=nA_aS\tag{22-3}$$

式中　A_a——井田内采用水力充填法采煤的年产量,t/a;

　　　n——不均匀系数,一般取 1.15～1.25。

充填材料的年消耗量 Q_a 是确定采石场规模和加工车间设备选型的主要依据。

第三节　水力充填系统及设施

全矿水力充填系统由几个工艺系统构成,其中以形成砂浆的水砂混合系统和输送砂浆的管路系统为基本环节。

水力充填大多是利用自然压头(即充填管上端与出口端的标高差)作动力来输送砂浆,习称静压充填。自然压头输送砂浆能力不够的局部地点则辅以砂浆泵,习称加压充填。无论是静压或加压充填都是以经济有效地把充填材料输送到采空区为目的。水力充填时,充填材料的固体颗粒需靠水流的驱动才能实现沿充填管的定向输送。能驱动固体颗粒的最低液流速度称为临界流速。固体颗粒的粒径和相对密度愈大,其临界流速也愈高。显然,充填管中的液流速度应恒高于所输送材料中最大固体颗粒的临界流速。否则,充填材料将沉积于充填管中并形成堵管事故。所以,水力充填的混合系统除要求其砂浆的水、砂均匀外,还应负责清除掉充填材料中粒度过大的大块颗粒和相对密度过大的铁质杂物。

一、贮砂及水砂混合系统

贮砂及水砂混合系统由贮存充填材料的砂仓和进行水砂混合的注砂室两部分组成。砂仓和注砂室可以建筑在地表或地下,若建筑在地下常合称为注砂井。我国常用地下注砂井。

图 22-2 为矩形注砂井的一般形式,图中(a)为注砂系统示意图,(b)为注砂井结构图。图中 2 为砂仓,用以贮存充填用的成品砂,其上方铺有铁轨(1)和铁箅子(15);仓底的硐室是注砂室,它通过多个出砂口(3)与砂仓相通。在注砂室底板上设 2～4 条半圆形混合沟(5),其作用是把充填材料与水混合成砂浆。混合沟中部设有铁箅子(6),以再次阻截超过输送要求粒径的大块进入充填管路。混合沟依次分为头道混合沟和二道混合沟,末段则为喇叭沟(8)。头、二道混合沟的长度与坡度一般分别为 6～12 m,12°～15°和 5～9 m,27°～30°。喇叭沟末端用一立墙封闭,其底部留设喇叭口(9)。喇叭口的大口接通混合沟,小口接注砂管(10),以保证混合好的砂浆汇流入注砂管内。喇叭沟的长度一般为 3～3.5 m,高 0.7～

2.0 m,坡度为30°左右。此外,注砂室还有与地面相通的行人斜井(16)(图22-1中之1),用于行人、通风、运设备及安设供水管(11)。供水管(11)上接地面贮水池,下接注砂室,其中在混合沟始端分出混砂注水管(12);在出砂口附近再分出喷射水管,以喷嘴(4)射出水流,将砂仓内充填材料冲入混合沟。出砂口上设有闸门(称为砂门),充填时操纵砂门以控制砂量。

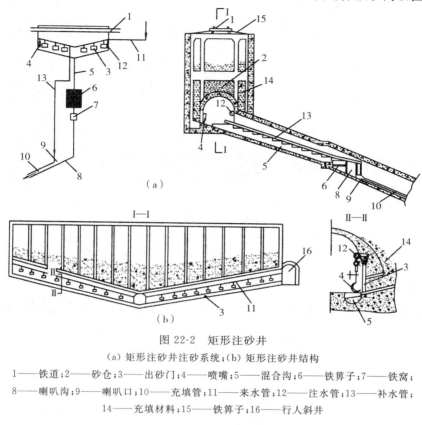

图 22-2　矩形注砂井

(a)矩形注砂井注砂系统;(b)矩形注砂井结构

1——铁道;2——砂仓;3——出砂门;4——喷嘴;5——混合沟;6——铁箅子;7——铁窝;
8——喇叭沟;9——喇叭口;10——充填管;11——来水管;12——注水管;13——补水管;
14——充填材料;15——铁箅子;16——行人斜井

砂仓及注砂室的形成及参数对提高充填能力、保证顺利输砂有着密切关系。

(一)砂仓

设置砂仓的目的是为了保证充填工作连续作业,防止由于运砂不及时或间断而影响充填。砂仓可分为地面砂仓和地下砂仓两类,其结构基本相同。地面砂仓在波兰等国家应用较多;我国多数为地下砂仓,仅辽源梅河矿用过地面砂仓。

地下砂仓按其断面形状可分为圆形(图22-3)、矩形(图22-2)及盆形(即砂盆)。砂盆是人工砌筑盆状半埋式砂仓,其底部设有砂浆混合槽,容积一般为150～400 m³,适用于有天然砂源的浅部中小型矿井。

(1)圆形砂仓。直径一般为8～12 m(小型为4～6 m),深度为10～35 m,容积600～3 000 m³。主要适用于小型矿井或大型矿井的分区注砂井。

(2)矩形砂仓。仓体与注砂室成"T"形或"一"字形连接。其规格一般为:长20～60 m,宽8～10 m,深15～18 m,容积1 400～4 000 m³。主要适用于大型矿井。

(3)简易砂仓。仓体四个面皆为斜坡,其边坡为1:10。砂仓边长22～23 m,宽10～11 m,深8～10 m,容积800～900 m³,仓底直通注砂室。这种砂仓适合于充填能力不大,充

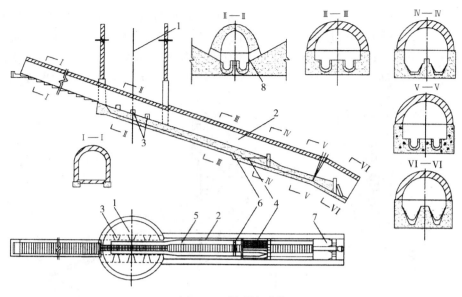

图 22-3　圆形注砂井

1——砂仓;2——注砂室;3——出砂口;4——二道算子;5——混合沟;

6——铁窝子;7——喇叭沟;8——V字形仓底

填范围较小的矿井或采区。

（4）砂仓容积。经验表明,为满足生产的需要,砂仓的容积(V_s)以能贮存一昼夜以上的耗砂量为宜。一般可按下式进行计算:

$$V_s = \frac{A_s Snb}{K_u} \tag{22-4}$$

式中　A_s——以充填法开采的煤产量,t;

S——充采比;

n——不均衡系数,一般取 1.15～1.25;

b——充填材料的运输不均衡系数,1.1～1.2;

K_u——砂仓利用率,圆形为 0.8～0.85,矩形为 0.65～0.70,砂盆为 0.65。

A_sS(耗砂量)以 Q_s 表示,则:

$$V_s = \frac{nb}{K_u} Q_s$$

代人上述各值后得:

$$V_s = (1.5～2.0)Q_s \tag{22-5}$$

由此可见,一般砂仓容积为充填材料日耗量的 1.5～2.0 倍。

关于砂仓的几何尺寸,据我国经验,圆形砂仓直径应不大于 10～12 m,矩形砂仓宽度不大于 10 m,长度可达 50～60 m。砂仓的深度不宜很大,特别是浅部充填时。如果深度太大,将使砂浆的自然压头降低,既降低充填能力,又缩小了充填范围。我国地下砂仓的深度一般不超过 35 m。

（二）地下注砂室

地下注砂室的布置形式与砂仓形式有关。矩形砂仓的注砂室平面布置多为"T"字形

（如图 22-2），也有布置成"一"字形的。圆形砂仓、砂盆一般采用"一"字形布置（见图 22-3）。注砂室的立面布置必须向喇叭口方向倾斜，便于输砂。

混合沟的断面形状多为半圆形，沟底衬以耐磨且可更换的瓷、铁或辉绿石等衬瓦。混合沟的净宽一般为 600 mm，净深 700 mm。

（三）地面注砂室

地面注砂室也称地面搅拌站，见图 22-4。地面注砂室与地面砂仓配合形成地面注砂系统。带式输送机（2）将充填材料运入室内，经混合水砂的溜槽（3）、二道算子（4）进入砂浆池（5）。砂浆池设有搅拌砂浆的喷嘴和溢流管（8），池底筑成三面斜坡的单侧漏斗形，以便向砂浆泵（1）注入砂浆。砂浆泵的吸浆管连接于砂浆池的漏斗口，排浆管直接与注砂管（7）连通。由地面贮水池接入室内的供水管（6）分为三路，一路引至混合槽上部供混砂；一路引至砂浆池的搅拌喷嘴；另一路接供砂浆泵用水的清水泵（10）。由清水泵排出的压力水经供水管（11）供给砂浆泵。

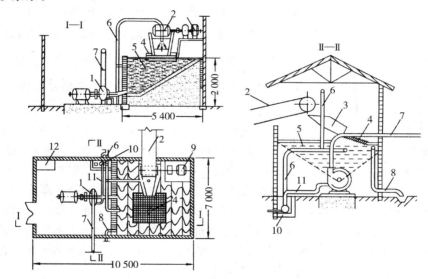

图 22-4　地面注砂室示意图

1——砂浆泵；2——带式输送机；3——水砂混合溜槽；4——二道算子；5——砂浆池；
6——供水管（水源来自地面贮水池）；7——充填管（接井下）；8——溢水管；9——带式输送机电机；
10——清水泵；11——水泵供水管；12——配电台

地面注砂室多用于加压充填。

二、砂浆输送的基本参数

管路敷设情况、砂浆在管路中的流动状态以及如何选择水力输送沙子的基本参数，对充填能力将产生直接影响。

砂浆的管路输送过程是水与充填材料的两相流动，所以它的流动状态比清水复杂得多。

砂浆的输送应在可靠的条件下，保证最大的充填能力（m³/h）。充填能力与压头、砂浆浓度、流量及流速等参数有密切关系。

（一）压头与倍线

如前所述,自然压头值是指喇叭口与管路末端的标高差。当采用加压充填时,其压头为砂浆泵的有效扬程加上自然压头值,即

$$H_m = h_p + H_s \tag{22-6}$$

式中　H_m——加压充填时的总压头,m;

　　　　h_p——砂浆泵的有效扬程,m;

　　　　H_s——自然压头值。

砂浆通过单位长度充填的总能耗(即单位长度管路的阻力损失)称为水力坡度。充填管的水力坡度与管材、管径、流速、砂浆浓度、填料的粒径和重力密度等因素有关,一般以输送清水的水力坡度为基础,再根据输砂的具体情况适当予以校正。

静压(或加压)充填时,自然压头 H_s(或 H_m)是克服充填管网阻力的唯一能源。由于充填管出口端的流速不高,其动能折算的压头很小,可加以忽略,即可以近似地认为,自然压头 H_s(或 H_m)均耗用于克服砂浆管的阻力。因此,每单位管长所能获得的平均压头值即平均水力坡度 $i = H_s / \sum L$,可视为充填管网可能获得的最大水力坡度,反映了该充填管网进行充填工作的难易程度。此处 $\sum L$ 表示管路的长度。我国习惯上使用该水力坡度的倒数作为判别指标,即充填倍线 $N = \sum L / H_s$,表示每单位压头所需负担的输砂距离。显然,倍线愈小,则平均水力坡度愈大,砂浆流速愈高,输砂也愈容易。

应当指出,增大倍线可增大水力充填系统的服务范围,从而相应地减少了开采吨煤所需的充填系统基建投资费用。但是,如果充填倍线过大,则充填系统的充填能力过小,将不能适应开采工作的需求,甚至可能因砂浆流速过低而形成堵管事故。我国经验认为,最大倍线一般以不超过 6 为宜。反之,充填倍线也不宜过小,否则,因砂浆流速过高,充填能力过大,将给充填作业带来巨大困难。要人为地控制注砂量和砂浆流量,则上部的充填管网将出现非满管流动,不仅会加剧管子的磨损,还可能由此诱发堵管等其他事故和影响充填工作的经济效果(我国将这类充填称为低效充填,力求予以避免)。所以,我国常将充填系统的倍线控制为 $2 \sim 6$,并常据此来确定注砂井的位置和套数。

（二）水砂比、充填能力

水砂比是指在一定体积砂浆中,水的体积与充填材料的体积之比,即

$$x = \frac{Q_w}{Q_s} \tag{22-7}$$

式中　x——水砂比;

　　　　Q_w——砂浆中水的体积,m³;

　　　　Q_s——砂浆中充填材料的体积,m³。

由于水砂混合后,充填材料中的空隙被水充满,因此砂浆中的充填材料体积 Q_{su} 是松散充填材料体积除去空隙的实体积,其值应为:

$$Q_{su} = (1 - P)Q_s \tag{22-8}$$

式中　P——充填材料的孔隙率,％。

若充填管径为 $D(m)$,砂浆流速为 $v(m/s)$,则砂浆的流量 Q_{sf} 为:

$$Q_{sf} = 3\,600\,\frac{\pi D^2}{4}v \tag{22-9}$$

水砂充填每小时输送充填材料的松散体积称为充填能力,充填能力 Q_s 可用下式计算:

$$Q_s = \frac{Q_{sf}}{x+1-P} \tag{22-10}$$

或

$$Q_s = \frac{3\,600}{x+1-P} \cdot \frac{\pi D^2}{4} v \tag{22-11}$$

由上式可知,充填能力与 x 成反比,与 Q_{sf} 或 v 成正比。这三者之间的关系,对充填工作有重大意义。

（三）输砂参数的确定方法

目前确定输砂参数的方法是实测图表法,也可以用计算法。由于对管路内水砂两相流的研究不够,用计算法得出的数据与实际出入较大,故在此不作介绍。

我国大部分水砂充填矿井,对所在矿井的输砂系统依其不同的倍线测定水砂比和充填能力,根据大量的实测数据编制出 N、x、Q_s 的关系曲线,以便控制各种消耗,进行充填作业管理及指导生产。同时也可作为新的水砂充填系统设计的参考。

（四）充填管路及布置

水力充填的压头较高,砂浆输送过程中固体颗粒对管壁的磨损剧烈,所以要求充填管坚固耐用。我国当前用得最多的是加铬铸铁管,有的矿使用球墨铸铁管和灰口铸铁管等,新汶矿区曾试用过硬质塑料管。

我国的充填管直径多为 152 mm 和 178 mm。管径大,则阻力小,流量大。例如后者较前者阻力小 40%,流量增加 50%。但管径大时,易出现非满管流动,不仅流动状态不稳定,且易混入空气,并引起崩管跑砂事故;此外,管径大时,每米的重量加大,会给搬运及架设带来困难。每节充填管的长度一般应小于 5 m,我国常用的管长为 2~3.5 m。常用充填管规格如表 22-1。

表 22-1　　　　　　　　　　　　　　　充填管规格表

充填管种类	规格尺寸			质量/kg		抗压强度/MPa
	内　径/mm	壁　厚/mm	长　度/m	每　根		
加铬铸铁管	178	20	2.4	105	250	3.0
锰　钢　管	178	15	3.5	71.4	250	5.0
灰口铸铁管	152	20	2.5	80	200	1.5~2.0
灰口铸铁管	178	20	2.5	100	250	1.5~2.0
白口铸铁管	152	20	2.0	80	160	
给水铸铁管	150	10	2~3	39	78~117	
球墨铸铁管	180	22	24	74.6	179	16.0~24.0

在实际生产中,充填管需采取措施减小管路的磨损,以延长管路的使用寿命。充填管内壁底部磨损最快,两侧次之,顶部最轻。定期翻转,可延长管路使用寿命。多数矿井翻转 3 次使用 4 面,每次翻转 90°。铸铁管每通过 4 万~5 万 m³ 充填材料时,即可报废,或用于工作面附近的经常拆卸地点。在管路易磨损的地方,还可采取加厚管壁,增加管衬等办法或采用易更换的短管等。

管路布置应以保证顺利输砂、充填能力大和经济上有利为原则。在管路布置中应注意下面几个问题：

（1）尽量利用开采巷道，非不得已不另开专用管子道。一般可在矿井回风系统的巷道中布置管路。

（2）由喇叭口至采区至少有一条管路，必要时再增设备用管路，管路应选择最短的线路，以降低充填倍线。

（3）避免上坡管路，并使所有管路均在水坡线以下。

（4）减少转弯次数，避免拐急弯。

管路中垂直、倾斜与水平部分的配合关系有两种基本类型。一种是 L 型，另一种是阶梯型。前者是由一段垂直或倾斜管路与一段水平管路连接组成，后者是由两段以上垂直或倾斜管路与水平管路连接而成。浅部充填时宜采用 L 型布置，充分利用压头，使管路具有较大的充填能力，同时在安装、维护和管理等方面都比较简单。但在深部开采时如仍用 L 型布置，其垂直（倾斜）管与水平管相连处压力太大，当该压力接近或超过充填管的抗压强度，就易发生堵管和崩管事故，故在深部充填时，阶梯式布置比 L 型布置好。

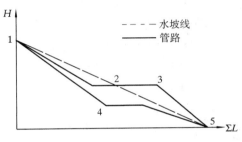

图 22-5　管路布置与水坡线关系

以 $\sum L$ 作横坐标，压头作纵坐标，通过 O、H_s（或 H_m）点的平均水力坡度斜线，称水坡线。

在阶梯布置中，如果任何一段管路超过有压流动的水坡线，则会产生非满管流动，如图 22-5 中的 1→2→3→5。此时应调整管路布置，使之在水坡线以下，如 1→4→5，以保证顺利输砂。

三、供水与污水处理系统

（一）供水

充填用水一般以井下涌水为水源，如井下涌水不足时，以矿区水源补给。

1. 供水量的确定

充填矿井的供水量应保证最大充填能力的需要。每昼夜耗水量 Q_w 除保证混砂用水外，还应供给冲洗管路用量，可用下式计算：

$$Q_w = K Q_s x_r \qquad (22\text{-}12)$$

式中　Q_s——每昼夜充填材料的消耗量，m^3/d；

　　　x_r——参考水砂比，取 3.5；

　　　K——水量富余系数，取 1.2。

2. 贮水池

为保证充填工作连续进行，在地面设置贮水池。贮水量一般以一昼夜的供水量为准。

$$V_w = Q_w(1+C) \qquad (22\text{-}13)$$

式中　C——污水系数，由实测确定。

贮水池的位置应设在注砂井附近，以减少管路长度。贮水池的形状一般为正方形或矩形倒锥台。尺寸依容积而定,深度宜小于 3～3.5 m。贮水池应为两个,以便交替清理。

(二)污水处理

污水处理主要是除去水中夹带的泥沙。为有效地处理污水中的泥沙,应合理设计和选择沉淀池的形式、规格及清理方式。

1.沉淀池的形式及规格

按服务范围不同,沉淀池可分为工作面临时沉淀池、采区沉淀池和中央沉淀池。

沉淀池的容积应以保证污水在池内停留期间泥沙全部沉淀为原则。

$$V_p = (Q_{st} + Q + Q')t \qquad (22\text{-}14)$$

式中　V_p——沉淀池容积,m³;

　　　Q_{st}——充填用水量,m³/h;

　　　Q——矿井涌水量,m³/h;

　　　Q'——矿井工业用水量,m³/h;

　　　t——污水沉淀时间,视沉淀要求而异,经验表明该值一般取为 4～12 h。

中央沉淀池 t 值可取为 4 h,因为其污水已经过采区沉淀池处理。

2.沉淀池的清理

沉淀池清理方式分为人工扫泥、机械扫泥和压气水力排泥等几种。人工扫泥是将矿车推入沉淀池内,人工挖泥装车。图 22-6 为耙斗装车采区沉淀池。清扫前须先将池内清水放净,然后打开闸墙,稀泥自动流入放泥漏斗(11)和装入矿车。等到不能自流时,安上耙斗,将污泥耙入漏斗装车。压风罐排泥是利用压缩空气将压风罐内污泥通过排泥管排至放泥漏斗装车或排入采空区,如图 22-7 所示。

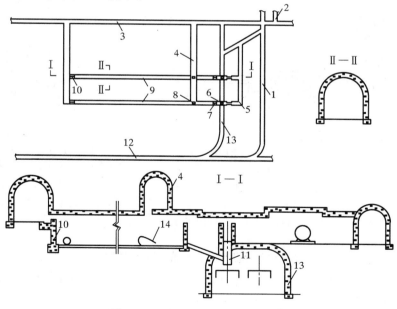

图 22-6　耙斗装车采区沉淀池布置

1——运输石门;2——流水上山;3——流水道;4——来水道;5——绞车房;6——溜泥井;

7——挡水闸墙;8——入水反井;9——沉淀池;10——出水侧挡水闸墙;11——放泥漏斗;

12——运输大巷;13——扫泥道;14——耙斗

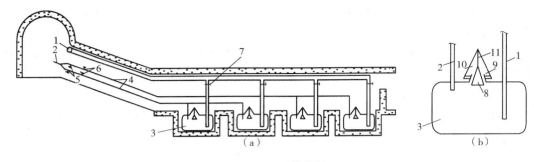

图 22-7　压风罐排泥

(a) 压风罐装车示意图；(b) 压风罐结构

1——排泥管；2——压风罐；3——排泥罐；4——压风罐给风管；5——操纵气阀；6——放气阀；

7——逆止阀；8——锥形罐砣；9——罐口；10——防护罩；11——罐绳吊线

图 22-8 为利用矿井排水管路排泥。充填污水由流水道流入沉淀池(2)，沉淀的污泥用压风罐(9)经排泥仓与矿井排水管路连通，污泥就由排泥管排到地面贮泥池(7)。

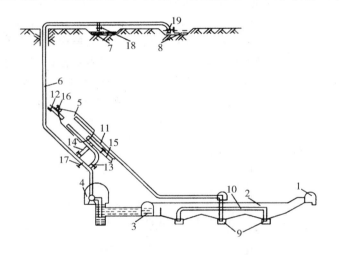

图 22-8　用排水管路的水力排泥系统

1——流水道；2——沉淀池；3——水仓；4——水泵房；5——排泥仓；

6——排水管；7——地面泥池；8——地面水池；9——压风罐；

·10——压风排泥管；11——进泥管；12——放气管；13——进水管；

14——排泥管；15——放水管；16——人孔；

17——排水管阀门；18——地面泥池阀门；19——地面水池阀门

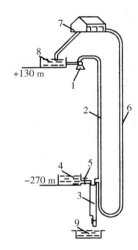

图 22-9　罐式 U 形管水力排泥系统

1——水泵；2——高压水管；

3——喂泥罐；4——贮泥仓；

5——阀门；6——排泥管；

7——煤回收站；8——地面水池；

9——水仓

还有罐式 U 形管水力排泥，它是利用高压水冲压喂泥罐中的泥浆，迫使其进入排泥管并排至地面，其系统如图 22-9 所示。泥浆由贮泥仓(4)通过管道由上部进入喂泥罐，然后经排泥管(6)排出。

第四节　水力充填采煤法

我国常用的水力充填采煤法主要有倾斜分层走向长壁上行充填采煤法及倾斜分层 V 型倾斜长壁上行充填采煤法。

一、倾斜分层走向长壁上行充填采煤法

(一) 准备方式及采煤系统

与垮落法比较,由于充填法采煤增加了管路系统和疏水系统,加上分层间以上行顺序开采,所以采区准备具有许多特点。

1. 采区准备与生产系统

图 22-10 为某矿采用走向长壁水力充填采煤法的采区巷道布置图。该采区走向长 550 m,倾斜长 300 m,煤层倾角 18°,为一结构复杂的特厚煤层,有两层夹矸,纯煤厚度平均 22.2 m,顶板为砂质页岩互层,底板为砂岩。由于采特厚煤层,又处在某露天煤矿边坡影响范围内,故采用水力充填采煤法。

采区内已有的开拓巷道有顶板运输大巷(2)、底板运输大巷(4)、主运输石门(1)、底板管子道(8)(与本区边界外的主充填管道相通)。该采区分两个区段,区段之间留 5 m 水平煤柱,双翼上山开采。

在采区中央,设运输石门(3),用它连通顶底板运输大巷(2 与 4),形成环形运输系统。在回风水平,一区段上部底板岩层中布置采区回风平巷(7),由采区回风平巷(7)每隔 50～60 m 向各分层开掘联络石门—煤门(11),与各分层平巷构成一区段回风系统。在一区段下部顶分层处布置一区段集中运输平巷(6),并以运输煤门(9)与各分层运输平巷联系。一区段运输平巷(6)与采区石门(3)之间以倾角 59°的煤仓(27)连接,构成运煤系统。

在采区中央开掘底板轨道上山,上、中及下部均用甩车场分别与一区段岩石风巷(7)、二区段岩石风巷(19)和采区石门(3)联系。一区段管子道(8)用斜巷(12)与各分层回风巷联系。沿煤层顶板开掘的一区段专用流水道(22)布置在区段煤柱内,其标高比带式输送机巷低 2.5 m,并用流水斜巷和运输煤门(9)与各分层运输巷联系。因该采区产量大、风量大,所以在采区中央沿煤层顶板布置两条流水上山(16),兼作入风、行人用。在煤层顶板岩层内布置三个采区沉淀池。采区变电所(28)布置在采区石门(3)与采区下部车场(26)之间。

二区段岩石回风巷(兼管子道)(19)布置在距煤层底板 18 m 的岩层中,在左部边界用斜管子道(33)与主要充填管子道联系,而在采区中央则以中部车场与轨道上山联系。二区段运输平巷(18)内设带式输送机仍沿煤层顶分层布置,并以带式输送机斜石门(29)和煤仓(31)与邻区运输石门(30)联系,形成二区段运煤系统。采区专用流水道兼作二区段流水道(17)布置在顶板岩石中,并为邻区服务。流水道(17)以石门(24)(入水道)与采区沉淀池相通。

两个区段的生产系统基本相同,一区段的生产系统如下:

运煤系统:工作面(15)→分层运输平巷(13)→煤门(9)→区段带式输送机平巷(6)→区段煤仓(27)→采区石门(3)→底板运输大巷→主要石门。

通风系统:顶板运输大巷(2)→流水上山(16)→带式输送机平巷(6)和流水道(22)→煤

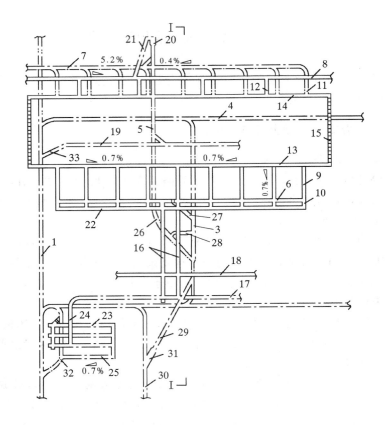

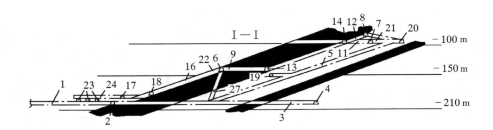

图 22-10　走向长壁水力充填法采区巷道布置图

1——主要运输石门；2——开采煤层顶板运输大巷；3——采区运输石门；4——开采煤层底板运输大巷；
5——轨道上山；6——带式输送机平巷；7——区段岩石风道；8——区段充填管子道；9——运输煤门；
10——流水斜巷；11——回风煤门；12——管子道斜巷；13——区段一分层运输平巷；
14——区段一分层回风平巷；15——采煤工作面；16——流水通风上山；17——二区段流水道；
18——二区段带式输送机平巷；19——二区段岩石回风平巷；20——轨道上山绞车房；
21——回风联络巷；22——区段流水道；23——采区沉淀池；24——来水道；25——泄水道；
26——采区下部车场；27——区段煤仓；28——采区变电所；29——带式输送机斜巷；
30——邻区石门；31——二区段煤仓；32——扫泥道；32——二区段斜管子道

门(9)→分层运输平巷(13)→工作面(15)→分层回风平巷(14)→回风煤门及石门(11)→区段岩石回风平巷(7)→风井。

充填系统:区段充填管子道(8)→管子道斜巷(12)→分层回风平巷(14)→工作面(15)。

流水系统:工作面(15)→分层运输平巷(13)→运输煤门(9)→流水斜巷(10)→区段专门流水道(22)→流水上山(16)→采区流水道(二区段流水道)(17)→采区沉淀池入水道(24)→采区沉淀池(23)→泄水道(25)→主石门(1)→水仓。

2. 采准巷道布置特点

走向长壁水力充填采煤方法在顶板管理、开采顺序、管路铺设及污水处理等方面,与垮落法采煤的采准巷道布置相比较有以下特点:

(1) 分层巷道布置及煤柱形式。充填采煤法的分层巷道布置形式与垮落法一样,有倾斜式、水平式和垂直式。

水平式布置(如图 22-10):由于在充填法开采中矿压显现较缓和,煤柱尺寸可以减小,但上行开采使煤柱易破碎,降低了隔离作用。因煤层倾角小、厚度大时煤损多,所以水平式适于煤层倾角较大时。

倾斜式(即梯形煤柱)和垂直式布置(如图 22-11、22-12 所示):这两种布置的优点是充填管路位置较高,有利于充填体致密;系统简单,易于煤水分家。缺点是运料不方便,各层平巷掘进困难。分别用于倾角较小、近水平的煤层。

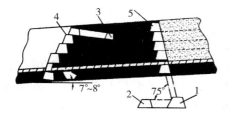

图 22-11　留梯形煤柱的分层平巷布置

1——区段带式输送机平巷;2——流水道;
3——区段回风平巷(兼管子道);4——分层回风平巷;
5——分层运输平巷

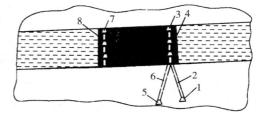

图 22-12　垂直重叠式布置

1——集中带式输送机平巷;2——煤仓;3——分层运输平巷;
4——自溜小上山;5——流水道;6——流水斜巷;
7——分层回风平巷;8——回风眼

(2) 区段集中巷的布置。走向长壁水力充填采煤法均采用分层同采,所以均设集中平巷,但一般不像在垮落法采区那样布置在底板中。由于充填法采用上行开采顺序,为避免在充填砂体中维护运输煤门,多将集中平巷布置在顶分层或顶板岩层中。应当指出,无论区段集中平巷布置在煤层顶板或底板中,当区段数目在 3 个以上或虽为两个区段,但区段高度较大,不宜采用高煤仓时,一般宜设置采区运煤上山。

(3) 充填管路布置。有两种形式,其一为材料兼管子道的布置方式,其巷道系统简单,掘进费用低。但巷道坡度经常与充填管路要求的坡度相反。在管路布置时,前一段充填管在巷道顶板,到开切眼处就铺到了底板,以抵消由于巷道逆坡致使管路出现的上坡。当管路很长时,这一矛盾难以解决。这种布置方式适合于小型矿井或采区走向长度不大的情况。另一种形式是将材料道与管子道分别布置,如图 22-10 中管子道(8)。单独布置时,管子道标高需高于材料道标高,以利于充填。这种布置解决了管路爬坡及影响材料运输问题,但掘进率高,掘进费增加,适合于采区产量大、瓦斯涌出量大、走向长度大的采区。

（4）流水巷道布置。分层运输平巷的疏水有两种方式:一是煤水在分层运输平巷内分家,如图22-13所示。在采用这种方式时,需在采空区保留一段分层运输巷。其二是煤水同向,如图22-14。在这种情况下将输送机设在分层运输平巷的上帮,其下部设水沟,并在巷道中加设立柱钉上半截门子,工作面污水经下机头（或机尾）导至水沟。

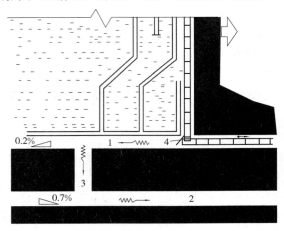

0.2%　　1　　4

3

0.7%　　2

图 22-13　分层运输平巷内煤、水反向流动

1——分层运输平巷;2——流水道;2——联络巷;4——挡水板

区段专用流水道和流水上山的布置有以下几种方式:一为流水道和上山均沿顶板,如图22-10中的22与16。另一种是提前掘进下区段的分层回风巷,作为上区段的专用流水道并起探煤作用。前者掘进率高,后者维护费用高。专用流水道和流水上山也可以布置在顶板或底板岩层中,但只有在厚煤层内难于维护流水道时才宜采用。

（二）采煤工艺

目前我国的水力充填工作面大部分采用炮采,也有少数采用普机采。而波兰、前苏联已实现综合机械化采煤。充填工作面的落、装、运、支工艺与垮落法相同。但由于采用全部充填法管理顶板,采场的矿压活动不明显,基本上没有周期压力,支承压力较小,顶板移动及下沉量较小。所以,工作面控顶距离可以适当加大,支护密度可以减小,能够采用点柱等简单支护方式,但增加了充填工艺和污水处理等措施。

1. 充填准备及充填工艺

充填准备工作包括钉砂门子、设临时沉淀池和连接充填管等。砂门子一般是用秫秸等材料制成的帘子,再用板条、草绳或废钢绳加固于排柱上形成的栅栏。它的作用是截留砂浆,滤出废水。根据其设置的位置、结构和铺设方向不同,砂门子分为拉帮门子、堵头门子、半截门子和底铺（门子）等。

图22-14为一水力充填工作面布置图。图中1为拉帮门子。拉帮门子沿工作面全长布置,用它来隔离采场和待充空间。底铺（3）的作用是防止底板沙子被水冲走。半截门子是控制水流方向和截留泥沙的,根据不同需要分别设在采场内、临时沉淀池内及分层运输巷内,如图中2、4。堵头门子是为保留采空区一侧的运输平巷而设的,不保留时不必设。工作面临时沉淀池布置在采场下方充填区一侧,斜长 15～25 m。

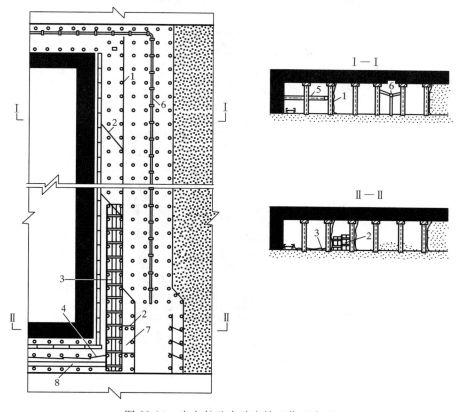

图 22-14 走向长壁水砂充填工作面布置
1——拉帮门子;2——半截门子;3——底铺;4——顺水门子;5——撑木;
6——充填管;7——临时沉淀池;8——水沟

充填准备可采用平行作业与充填工作同时进行,即拉帮门子沿倾斜向上钉好 30～40 m 后即可接管子充填。

2. 充填作业方式

采煤与充填的配合方式有两种。一是轮换式,即回采与充填分别在不同工作面进行,此时,回采工作面与充填工作面个数称为轮换比。另一种是平行式,即回采与充填同时在一个工作面进行。

平行作业的优点是:工作面利用率高;机电设备利用率高;工作面推进速度快,减少了空顶时间;可降低材料消耗;巷道维护量少;生产管理集中等。缺点是:煤水分离问题不易解决;要求有较好的顶板条件;采场中工序多,人员多,相互干扰。所以,若想搞好采充平行作业,首先需解决好煤水分离问题。使煤水分离的办法有:加大控顶距,在落煤空间与充填空间加设流水道;保留采空区一侧的运输平巷,使煤水背流;工作面调角 5°～8°。

充填废水的处理是这种采煤方法应解决的一项技术关键。除上述几种方法外,国外有采用水力输砂—风力充填方法的,效果较好。图 22-15 为前苏联的水力—风力充填工作面布置图。其特点是:充填材料的输送分两个过程,即从地面到工作面回风巷用管路借助水力输送;而从回风巷至采空区用管路借助风力输送,最后用风力充填。它集中了水力输送与风

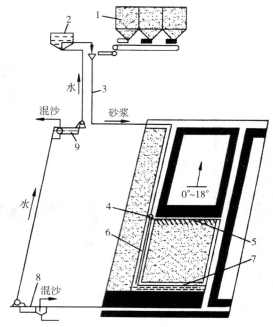

图 22-15 水力—风力充填工作面

1——砂仓;2——水仓;3——充填管;

4——水力—风力充填机;5——配水管;6——排水道;

7——采区沉淀池;8——中转泵站;9——排水站

力充填各自的优点,即长距离利用水力输送费用低,而风力充填可避免废水引起的麻烦。但缺点是,增加了风力充填设备,耗电量大,也增加了设备维护及搬运工作。

二、V 型倾斜长壁上行充填采煤法

由于工作面沿走向布置成 V 型且沿倾斜向上推进称其为 V 型采煤法,属于倾斜长壁采煤方法的一种形式。同时,由于采用全部水力充填管理顶板,巷道布置具有许多特点。

(一)采区准备方式及采煤系统

图 22-16 为 V 型采煤方法采区巷道布置的一般形式。采区准备时,首先从阶段运输大巷(1)开掘采区运输石门(2)和下部车场。在底板岩层中开掘材料上山(3)。在回风水平,从阶段回风大巷(4)和采区回风石门(15)开掘上部车场和材料上山绞车房(17)。材料上山、回风石门与运输石门连通后,构成初期通风系统。此时,先在一区段下部边界的煤层底板岩层大巷中,从材料上山开掘中部车场、区段集中平巷(12)与一区段带式输送机巷(8),并以石门(10)联系这两条区段平巷。再由运输平巷(8)每隔 80 m 开掘运输煤门(7)至煤层顶板。于一组底分层位置,自煤门向上开掘溜煤斜巷(16),再沿煤层倾斜掘进一区段的一段分层运输巷(6),从溜煤道向两侧掘进一组底分层开切平巷(20)。开切平巷与煤门之间保持 6 m 的煤柱。在采区中央以煤仓(9)连通一区段带式输送机平巷(8)与阶段运输大巷(1),从而构成运煤系统。

在 V 型采煤法的采区,煤的运输有输送机运输(机运)和水力运输(水运)两种方式。采

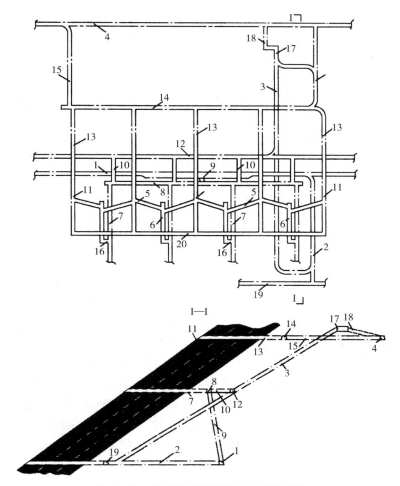

图 22-16　V 型长壁采煤法采区巷道系统

1——阶段运输大巷;2——采区运输石门;3——材料上山;4——阶段回风大巷;5——采煤工作面;
6——分层运输巷;7——运输煤门;8——区段带式输送机平巷;9——采区煤仓;10——联络石门;
11——分层回风管子道;12——区段集中平巷;13——回风煤门;14——区段回风平巷;
15——采区回风石门;16——溜煤斜巷;17——绞车房;18——回风联络巷;
19——二区段带式输送机平巷;20——区段 1 组底分层开切平巷

用水运时,采区内设集中流水道。采用机运时,一般并不另设流水道。这是由于在 V 型采煤法中不用采充平行作业,而充填废水多由轨道上山或邻区上山流入运输大巷流水沟。

　为防止污水携带煤块和碎矸石等进入大巷,可在带式输送机巷和区段集中平巷(12)的联络石门(10)中设水沟或简易沉淀池。污水经沉淀后流入区段集中平巷(12),沉淀的煤和矸石用捞煤机装入带式输送机后送入煤仓(9)。一区段运输平巷(8)和区段集中平巷(12)设在区段煤柱下方。这样不仅可作为下区段回风巷,也用以预排下区段的瓦斯。

　运煤(机运)系统:工作面(5)→分层运输巷(6)→溜煤斜巷(16)→煤门(7)→带式输送机平巷(8)→煤仓(9)→运输大巷(1)。

　通风系统:运输大巷(1)→运输石门(2)→材料上山(3)→区段集中平巷(12)→联络石门(10)→区段带式输送机平巷(8)→煤门(7)→溜煤斜巷(16)→分层运输巷(6)→工作面(5)→

两侧回风巷(11)→回风煤门(13)→区段岩石回风平巷(14)→回风石门(15)→回风大巷(4)→风井。

充填系统:充填井→回风大巷(4)→回风石门(15)→岩石回风平巷(14)→回风煤门(13)→回风巷→工作面(5)。

排水系统:工作面(5)→分层运输巷(6)→溜煤斜巷(16)→煤门(7)→联络石门(10)→区段集中平巷(12)→材料上山(3)→采区石门(2)→运输大巷(1)→沉淀池。

V 型采煤法的采区走向长一般为 320～400 m,沿走向可布置 4～5 个 V 型工作面,每个长 80～100 m。阶段内布置 2～3 个区段。根据煤层倾角不同,区段高度为 40 m、50 m、60 m,分层采高 2.0～2.5 m。

（二）采煤工艺

在 V 型采煤工作面,曾多次试验普采,但由于仰斜角度大等原因,至今未能实现,而仍沿用炮采。如前所述,工作面运煤用水运或用轻便的 6 kW V 型输送机,输送机的拆装搬运均较方便。

工作面支护采用戴帽点柱或一梁二柱顺山棚子,棚距 1 m,最大控顶距 3.6～4.2 m,最小控顶距 1.2～1.8 m,充填步距 1.8～2.4 m。采用两采一充、昼夜一循环的工作制度。

V 型工作面的充填准备工作与走向长壁工作面基本相同,也要铺设各种砂门帘子。在抚顺除了秫秸帘子外,还用一种塑料砂门帘子,是用低压聚乙烯、聚丙烯扁丝织成的网。这种帘子抗拉强度大,便于搬运和操作,减轻了体力劳动,简化了井上下运输及管理工作,节省了费用。缺点是其强度低,怕炮崩,怕利器刮割,易发生鼓肚。

与走向长壁水力充填采煤法相比较,V 型倾斜长壁采煤法的充填准备工作简单,工程量少,节省材料,事故少,采区产量高,在采区内可同时安排数个工作面生产。但它的巷道系统复杂,通风路线曲折,运输巷及管子道维护较困难。一般在倾角 20°～45° 的特厚煤层,地质条件复杂,走向断层较多时,可采用 V 型采煤法。

第五节　适用条件及评价

水力充填采煤法与倾斜分层下行垮落采煤法比较,具有以下特点:开采引起的岩层移动及地表下沉量小;采煤工作面顶板压力小;如充填致密,采空区内一般不易引起自然发火;采煤工作面空气湿润,煤尘少,可减少煤尘危害。

在 20 世纪 50 年代,水力充填采煤法在我国部分地区,如东北及华东地区使用较多。1957 年产量达到 11.171 Mt,产量比重 15.58%。70 年代后仍有发展,1975 年产量为 12.831 Mt,但产量比重却有所下降,当年只占 5.46%。到了 1996 年其产量比重已不到 1%,这是因为 50 年代中期开始,推广倾斜分层下行垮落采煤法,取得了较好的技术经济效果。相比之下,水力充填采煤法表现出许多缺点,如:增加了井上下充填系统及相应的设备及设施,从而增加了建设投资;生产过程中消耗大量的充填材料、管材、钉砂门材料及充填水,从而大大提高了吨煤成本;充填工艺复杂,全部人工操作;采煤工艺落后,难以实现机械化,劳动效率低。所以它的作用及应用范围逐渐被分层垮落法取代。

由于上述原因,目前我国只在某些特殊条件下,如“三下开采”煤层、特厚煤层以及极易自燃的煤层,才考虑用水力充填法开采。

　　由于水力充填采煤法的特殊作用,它仍然是不可缺少、不可忽视的采煤方法,今后应继续研究并改善。如尽量利用废弃材料(矸石、粉煤灰)代替沙子,以降低充填成本;研制机械化采煤设备,积极改革采煤工艺和充填工艺,降低劳动强度,改善技术经济指标。

复习思考题

1. 在使用水力充填法采煤时,对充填材料有什么要求?

2. 在水力输送砂浆过程中,应注意哪些基本参数,每个参数的概念及计算方法应如何表述?

3. 走向长壁水力充填法采区巷道布置有哪些特点?

4. 如何评价水力充填采煤法?

第二十三章 "三下一上"采煤

"三下一上"采煤是指建筑物下、铁路下、水体下和承压水体上采煤。在建筑物下和铁路下采煤时,既要保证建筑物和铁路不受到开采影响而破坏,又要尽量多采出煤炭。在水体下采煤和承压水体上采煤时,要防止矿井发生突水事故,保证矿井安全生产。当然,在水库、蓄水池和运河等地面水体下采煤时,除要防止矿井发生突水事故外,还要保证它们不受到开采的影响而破坏。

"三下一上"采煤技术最先在欧洲主要产煤国家得到发展。德国、波兰、前苏联和英国等国采用全部充填、部分开采、协调开采及建筑物加固等方法和措施,成功地在建筑物下和铁路下进行采煤,并建立了一系列的岩层与地表移动理论。

我国"三下一上"所造成的煤炭呆滞储量之多,在世界上是罕见的。据不完全统计,我国的"三下"压煤量达 12.2 Gt,其中建筑物及村庄下压煤 7.83 Gt,铁路下压煤 1.49 Gt。我国有 125 条较大的河流压煤,还有微山湖、太湖、大冶湖和渤海等湖海下压煤。在华北、东北和华东平原地区普遍有第四系的含水砂层覆盖,这些地区的煤田浅部开采都存在含水砂层下采煤问题。在华北和华东地区的主要矿区开采石炭—二叠纪煤层。石炭—二叠系的基盘是奥陶系石灰岩,厚度很大并含有丰富的岩溶承压水,煤底板突水会给矿井造成严重的威胁。

我国的"三下一上"采煤技术的研究与应用开始于 20 世纪 50 年代,到 80 年代已经取得了很大的成就。目前,我国有百余个煤矿、两千多个采煤工作面开采了"三下"压煤。经过多年的研究与实践,积累了经验,总结出了规律,编制了规程,在岩层与地表移动理论及与"三下"采煤有关的技术领域,都接近或达到了国际先进水平。近年来对于承压水体上采煤技术的研究也有很大突破。

尽管国内外在"三下一上"采煤方面都取得了很大成就,但在理论上和实践上还要进一步完善与发展,其中有不少课题还处于探索、研究和试验阶段。

第一节 岩层与地表移动特征

一、岩层移动及其特征

煤层被采出之后,形成了空间,其上覆岩层与底板岩层的原始应力平衡状态遭到破坏,从而发生移动、变形和破坏,这一过程称岩层移动。根据实际观测资料证明,上覆岩层移动稳定后,其移动、变形和破坏具有明显的分带性。采用长壁垮落采煤法,当采深为采高的 25 倍或以上时,上覆岩层移动、变形与破坏可分为三个带(见图 23-1)。

(一) 垮落带

垮落带位于上覆岩层的最下部。垮落带可分为两部分:下部为不规则垮落带,岩层破坏

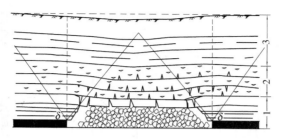

图 23-1 上覆岩层移动、变形和破坏分带示意图

1——垮落带；2——断裂带；3——弯曲带

严重，已失去原有的层次，破碎、杂乱，并堆积于煤层底板之上；上部为规则垮落带，岩层虽然呈巨块垮落而失去连续性，但大体上还保持原有的层次。垮落带的高度视覆岩性质不同一般为采高的 3～5 倍。

（二）断裂带或导水断裂带

断裂带位于垮落带之上。岩层虽然存在许多断裂，但仍从整体上保持原有的岩层层次。断裂带中的断裂主要有两种：垂直或斜交于岩层层面的断裂和平行于层面的离层。断裂带一般具有透水性，因此，断裂带又称导水断裂带。断裂带与垮落带的总高度根据覆岩岩性的不同，一般为采高的 9～35 倍。

（三）弯曲带或整体移动带

弯曲带位于断裂带之上直至地表。弯曲带中的岩层移动，基本上是成层地、整体性地移动。弯曲带的下部可能出现离层和不导水的细微断裂。

上述岩层移动的分带性特征可能随地质和采矿条件的变化而变化。例如，当采用长壁全部充填采煤法时，仅出现断裂带和弯曲带，而不出现垮落带；当煤层较厚而开采深度较小时，断裂带可能直接波及地表，而不出现弯曲带。开采急斜煤层时，不仅煤层顶板会出现垮落带、断裂带和弯曲带，底板也可能出现沿层面的滑动现象。开采厚度较大的急斜煤层时，在采空区上方的煤柱可能出现片帮或垮落，并扩大到地表，形成地表塌陷坑。

二、地表移动特征

（一）地表移动及移动盆地

采用长壁垮落采煤法，随着采空区面积的增大，岩层移动的范围也相应地增大。当采空区的面积扩大到一定范围时，岩层移动发展到地表，使地表产生移动与变形。这一过程和现象称为地表移动。当采煤工作面采完、地表移动稳定后，在采空区上方地表形成沉陷的区域，称为最终移动盆地或最终下沉盆地。对于水平煤层、矩形采空区，最终移动盆地直接位于采空区上方呈椭圆形，并与采空区互相对称，移动盆地边缘的界限取决于测量的精度，一般以 10 mm 的下沉等高线为移动盆地的边界线。水平煤层最终移动盆地特征见图 23-2。

（二）移动盆地的形成过程及种类

移动盆地的形成过程如图 23-3 所示。岩层移动发展到地表后，随采空区面积增大，移动盆地的面积及地表最大下沉值也增大，移动盆地的下沉曲线为 1、2、3，相应地最大下沉值为 W_1、W_2、W_3，盆地呈尖底的"碗状"，此时，地表的采动影响称非充分采动。随工作面推进、采空区面积继续增大时，移动盆地的下沉曲线为 4，最大下沉值为 W_4，该值不再随采空

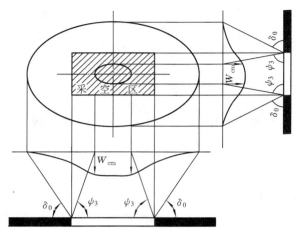

图 23-2 水平煤层最终移动盆地特征

区面积的增大而增大,但盆地仍呈尖低"碗状",此时,地表的采动影响称充分采动,采空区面积称临界开采面积。工作面继续推进,采空区面积超过临界开采面积时,移动盆地的下沉曲线为5,最大下沉值仍为W_4,但盆地呈平底的"盘状",此时,地表的采动影响称超充分采动。因此,根据开采深度、采空区面积以及上覆岩层性质,地表采动影响可能是非充分采动、充分采动或超充分采动。

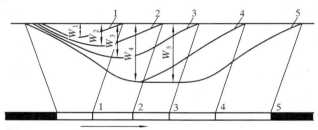

图 23-3 移动盆地的形成过程

1,2,3——非充分采动;4——充分采动;5——超充分采动

(三)移动盆地的主断面及其特征

通过最终移动盆地的最大下沉点沿煤层走向或倾向作断面,称移动盆地的主断面,前者称走向主断面,后者称倾斜主断面。地表移动和变形的最大值,位于移动盆地的主断面上。移动盆地主断面的范围、形状及有关尺寸,通常采用各种夹角加以估定。

1. 边界角

在充分采动或接近充分采动的条件下,利用移动盆地的主断面上实测下沉曲线,以下沉值为 10 mm 的点作为边界点,边界点至采空区边界的连线与水平线在煤柱一侧的夹角称边界角。当有松散层时,应先将边界点沿松散层移动角 φ 的方向投到基岩面上(见图 23-4)。边界角分走向边界角 δ_0、下山边界角 β_0、上山边界角 γ_0 及急斜煤层的底板边界角 λ_0。

2. 移动角

在充分采动或接近充分采动的条件下,利用移动盆地主断面上实测的倾斜曲线、曲率曲线和水平变形曲线,分别求出移动盆地外边界的倾斜值 $i=3$ mm/m、曲率值 $K=0.2\times$

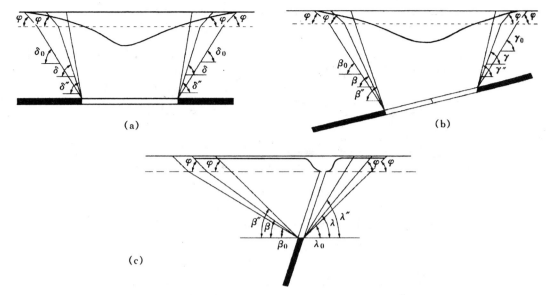

图 23-4 边界角、移动角和裂缝角

(a) 沿走向主断面;(b) 沿倾斜主断面;(c) 急斜煤层

$10^{-3}\,m^{-1}$或水平变形值 $\varepsilon = 2\,mm/m$ 的点,取其中最外边一个点至采空区边界的连线与水平线在煤柱一侧的夹角称移动角。当有松散层时,应先将最外边一个点沿松散层移动角 φ 方向投到基岩面上(见图 23-4)。移动角分走向移动角 δ、下山移动角 β、上山移动角 γ 和急斜煤层底板移动角 λ。

3. 裂缝角

在充分采动或接近充分采动的条件下,在移动盆地主断面上,盆地最外侧的裂缝至采空区边界的连线与水平线在煤柱一侧的夹角称裂缝角(见图 23-4)。裂缝角分走向裂缝角 δ''、下山裂缝角 β''、上山裂缝角 γ'' 和急斜煤层底板裂缝角 λ''。

4. 充分采动角

在充分采动(或超充分采动)的条件下,根据移动盆地主断面上实测下沉曲线,取盆地中心(或盆地平底边缘)点至采空区边界连线与煤层在采空区一侧的夹角称充分采动角(见图 23-5)。充分采动角分下山充分采动角 ψ_1、上山充分采动角 ψ_2 和走向充分采动角 ψ_3。

5. 最大下沉角

在移动盆地的倾斜主断面上,地表移动盆地在下山方向的影响范围扩大,最大下沉点不在采空区中央的正上方,而是向下山方向偏移,最大下沉点的位置用最大下沉角 θ 确定。非充分采动和充分采动时,在移动盆地倾斜主断面上,实测地表下沉曲线的最大下沉点至采空区中点连线与水平线在煤层倾向一侧的夹角为最大下沉角 θ[见图 23-6(a)]。超充分采动时,可根据充分采动角 ψ_1 和 ψ_2 作两直线,其交点至采空区中点连线与水平线在煤层倾向一侧夹角为最大下沉角 θ[见图 23-6(b)]。

$$\theta = 90° - K\alpha$$

式中 α——煤层倾角,(°);

K——开采影响的传播系数,$K = 0.5 \sim 0.80$

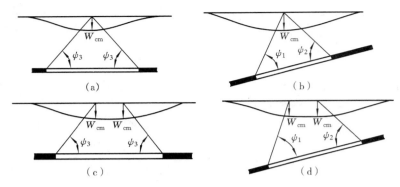

图 23-5　充分采动角

（a）沿走向主断面（充分采动时）；（b）沿倾斜主断面（充分采动时）；

（c）沿走向主断面（超充分采动时）；（d）沿倾斜主断面（超充分采动时）

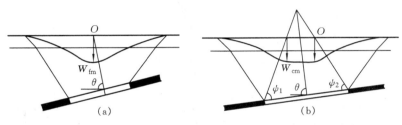

图 23-6　最大下沉角

（a）非充分采动或充分采动时；（b）超充分采动时

三、地表移动和变形的类型及规律

在地表移动盆地内，每点的移动除最大下沉点（或区间）外，均指向采空区中心，并分为铅直移动和水平移动两个分量（图 23-7）。此外，各点的铅直移动分量和水平移动分量均不相同，因此地表会出现各种不同类型的变形。

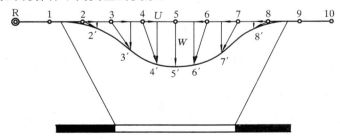

图 23-7　主断面上地表各点移动示意图

（一）反映地表移动和变形的主要参量

（1）下沉（W）。地表移动的铅直分量，其单位为 mm。

（2）水平移动（U）。地表移动的水平分量，其单位为 mm。

（3）倾斜（i）。倾斜系指地表单位长度内下沉的变化量。在移动盆地内有任意两点 A 和 B，其下沉值之差被两点之间的水平距离除，称倾斜，其单位为 mm/m。据图 23-8 可得：

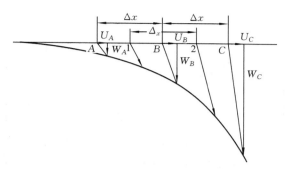

图 23-8 地表移动与变形分析示意图

$$i = \frac{W_B - W_A}{\Delta x} = \frac{\Delta W}{\Delta x} \quad 或 \quad i = \lim_{\Delta x \to 0} \frac{\Delta W}{\Delta x} = \frac{\mathrm{d}W}{\mathrm{d}x} \tag{23-1}$$

因此,地表倾斜是地表下沉的导数。

(4)水平变形(ε)。水平变形指地表单位长度内水平移动的变化量。在移动盆地内有任意两点 A 和 B,其水平移动值之差被两点之间水平距离除,称水平变形,单位为 mm/m。根据图 23-8 可得:

$$\varepsilon = \frac{U_B - U_A}{\Delta x} = \frac{\Delta U}{\Delta x} \quad 或 \quad \varepsilon = \lim_{\Delta x \to 0} \frac{\Delta U}{\Delta x} = \frac{\mathrm{d}U}{\mathrm{d}x} \tag{23-2}$$

因此,水平变形是水平移动的导数。

(5)曲率(K)。曲率系指地表单位长度内倾斜值的变化量。在移动盆地内有任意三点 A、B、C,AB 段的倾斜为 $i_{AB} = (W_B - W_A)/\Delta x$,$BC$ 段的倾斜为 $i_{BC} = (W_C - W_B)/\Delta x$,$i_{AB}$ 和 i_{BC} 分别相当于 AB 段中点 1 和 BC 段中点 2 的倾斜,即 $i_{AB} = i_1$,$i_{BC} = i_2$。1 和 2 点倾斜之差被两点之间距离除,称曲率,其单位为 km^{-1}。根据图 23-8 得:

$$K = \frac{i_2 - i_1}{\Delta x} = \frac{\Delta i}{\Delta x} \quad 或 \quad K = \lim_{\Delta x \to 0} \frac{\Delta i}{\Delta x} = \frac{\mathrm{d}i}{\mathrm{d}x} = \frac{\mathrm{d}^2 W}{\mathrm{d}x^2} \tag{23-3}$$

因此,曲率是倾斜值(i)的一阶导数,或下沉值(W)的二阶导数。

有时用曲率半径 R 来表示曲率大小,即 $R = 1/K$。

(二)地表的移动和变形规律

图 23-9 为在最终移动盆地的走向主断面上,非充分采动、充分采动和超充分采动时,下沉、倾斜、曲率、水平移动和水平变形的分布曲线。

图中各条曲线的原点设在移动盆地的中心,横坐标 x 表示地表各点距原点 O 的距离,纵坐标表示地表移动或变形值。曲线(1)为下沉曲线,沿纵坐标向下为正值。曲线(2)为倾斜曲线,左侧盆地的倾斜为正值,右侧盆地的倾斜为负值。曲线(3)为曲率曲线,凸起曲率为正值,凹陷曲率为负值。曲线(4)为水平移动曲线,左侧盆地的水平移动为正值,右侧盆地的水平移动为负值。曲线(5)为水平变形曲线,拉伸变形为正值,压缩变形为负值。曲率和水平变形为零的点相对应,在下沉曲线上为 E 和 E' 点,称为拐点,在走向主断面上拐点的位置一般在偏向采空区一侧的地表。

(三)采动过程中地表移动和变形发展规律

1.地表各点受开采影响的移动过程

图 23-10 表示在工作面推进过程中工作面上方地表各点的移动轨迹。工作面从 1 处推

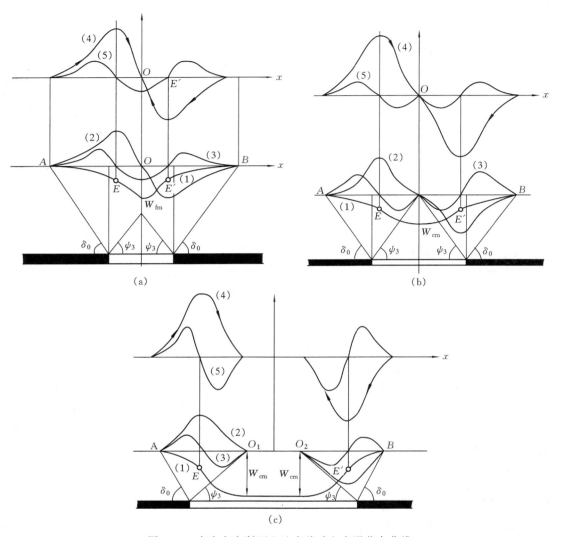

图 23-9　在走向主断面上地表移动和变形分布曲线

（a）非充分采动时；（b）充分采动时；（c）超充分采动时

（1）——下沉曲线；（2）——倾斜曲线；（3）——曲率曲线；（4）——水平移动曲线；（5）——水平变形曲线

A,B——移动盆地边界点；O——移动盆地中心；

O_1,O_2——超充分采动时移动盆地平底边界点；E,E'——拐点

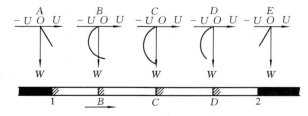

图 23-10　地表各点的移动轨迹

进至 2 处,工作面上方地表有 A、B、C、D、E 各点,A、E 在煤柱上方,C 在采空区中央。工作面从 1 处推进至 2 处,A、E 点的移动轨迹始终指向采空区中央。B、C、D 点的移动轨迹是:当工作面向该点接近时,该点向工作面推进的相反方向移动;当工作面通过该点下方并逐渐远离时,该点又向工作面推进的相同方向移动。当工作面推进至 2 处地表移动稳定后,除 C 点只铅直向下移动外,其余各点的移动方向均指向采空区中心。

2. 地表下沉的发展规律

工作面推进过程中地表下沉的发展过程见图 23-3,其特点为:采区面积较小时,下沉曲线近似对称分布;随采空区面积的增大,移动盆地的面积和最大下沉值也增大,其非对称性也越来越明显;当采空区面积达到充分采动时,最大下沉值不再增大,但工作面停采后地表下沉曲线范围继续扩大,直至地表移动稳定为止,5 为地表移动稳定后的下沉曲线。

3. 地表水平移动(或倾斜)的发展规律

图 23-11 为工作面推进过程中地表水平移动的发展规律。在开采过程中,随着采空区面积的增大,水平移动值也逐渐增大。当工作面位于 A、B、C、D 时,地表为非充分采动,水平移动曲线为 U_A、U_B、U_C、U_D。当地表达到充分采动后,工作面在不同位置时,其上方地表的水平移动曲线形状基本相似,最大水平移动值基本相等,如曲线 U_E、U_F。当工作面停采后,最大水平移动值继续增加,直至地表移动稳定为止,曲线 U'_F 为移动稳定后的水平移动曲线。

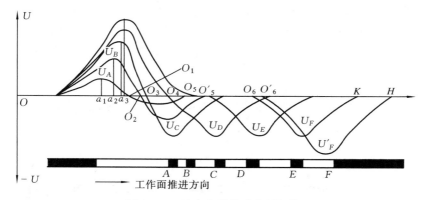

图 23-11　地表水平移动发展规律

U_A,U_B,U_C,U_D——非充分采动时水平移动曲线;

U_E,U_F——充分采动和超充分采动时水平移动曲线;U'_F——移动稳定后水平移动曲线

4. 地表曲率(或水平变形)的发展规律

图 23-12 为地表曲率的发展规律。工作面处于 A、B、C 位置时,地表为非充分采动,最大正曲率由小到大逐渐增加,到地表移动稳定时达到最大值;最大负曲率先由小到大逐渐增加,然后由大到小逐渐减少直到一固定值,如图相应的曲率曲线为 K_A、K_B、K_C。工作面处于 D 位置时,地表为充分采动,移动盆地内出现两个最大曲率,盆地中心曲率为零,相应的曲率曲线为 K_D。地表为超充分采动时,工作面在不同位置,地表曲率曲线形状基本不变,最大曲率值基本相等,相应的曲率曲线为 K_E。当工作面停采后,工作面上方地表曲率曲线仍继续向前移动,最大曲率值继续增加,直到地表移动稳定为止,相应的曲率曲线为 K'_E。

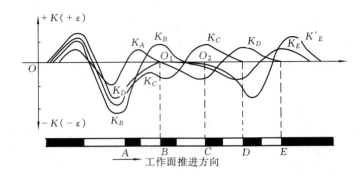

图 23-12　地表曲率发展规律

K_A、K_B、K_C——非充分采动时地表曲率；K_D——充分采动时地表曲率；

K_E——超充分采动时地表曲率；K'_E——地表移动稳定后的地表曲率

（四）地表下沉速度

在工作面推进过程中，地表移动盆地主断面上各点的下沉速度是不同的。非充分采动时，地表各点的下沉速度和最大下沉速度均随采空区的面积增大而增大，最大下沉速度点滞后于工作面，如图 23-13 的下沉速度曲线 v_A、v_D。充分采动和超充分采动时，地表下沉速度曲线和最大下沉速度基本上不再变化，如图 23-13 的下沉速度曲线 v_C、v_D、v_E，最大下沉速度 v_m 之点仍在工作面后方一定距离处。最大下沉速度的点至当时工作面所在位置的连线与水平线在采空区一侧的夹角 φ 称为最大下沉速度滞后角。

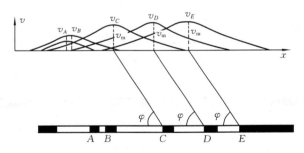

图 23-13　工作面推进过程中地表下沉速度变化曲线

地表移动开始与停止之间的时间间隔称地表移动的延续时间。下沉值达到 10 mm 时为移动开始时间；连续六个月下沉值不超过 30 mm 时，可认为地表移动停止。地表移动的延续时间可分为三个阶段：

（1）开始阶段：下沉速度小于 50 mm/月；

（2）活跃阶段：下沉速度大于 50 mm/月；

（3）衰退阶段：下沉速度小于 50 mm/月。

在活跃阶段内，地表下沉速度大，移动和变形剧烈，对地面建筑物有危害作用。一般说来，在活跃阶段内，地表点的下沉值占整个移动过程中总下沉值的 85% 以上。

四、地质和采矿条件对地表移动和变形的影响

（一）地质条件对地表移动和变形的影响

1. 上覆岩层的性质

上覆岩层的物理力学性质对地表最大下沉值、移动角、边界角、充分采动角与最大下沉角都有影响。一般说来，移动角和边界角随岩层坚硬程度的增大而增大；地表最大下沉值、充分采动角及最大下沉角随岩层坚硬程度的增大而减小。岩层的性质还影响下沉曲线的形状，决定拐点的位置。当岩层坚硬时，岩层远离采空区悬露，使拐点向采空区的偏移距离增大。

2. 煤层倾角

在水平煤层中，地表下沉方向与岩层层理面垂直。在倾斜煤层中，沿倾斜主断面上，地表下沉方向有两个分量，即垂直于层理面分量与平行于层理面分量，移动盆地最大下沉点的位置向下山方向偏移。

3. 开采深度与开采厚度

开采深度对地表下沉的影响，国内外文献资料中认识不同。总的来说，在充分采动与超充分采动的条件下，地表最大下沉值与开采深度关系不大；但在非充分采动的条件下，随开采深度的增大，地表最大下沉值减小。此外，随开采深度增大地表移动范围则相应扩大，因此地表移动盆地趋于平缓，水平变形、倾斜、曲率等变形值也随之减小。

开采厚度增大，地表下沉值增大，地表各种变形值也相应增大。

一般用深（H）与厚（M）之比（H/M）来表示地下开采对地表的影响。H/M越大，地表移动变形平缓；反之，H/M越小，地表移动变形剧烈，有时可能出现断裂、台阶或塌陷。

4. 水文地质条件

当上覆岩层为软弱或松散岩层时，岩层内的含水量对于岩层的物理性质影响很大，如泥质岩层，遇水后塑性增大，在移动过程中不易产生断裂。若冲积层中含水量较大，在岩层移动过程中产生疏干现象，使地表移动盆地范围扩大，最大下沉值增大。

5. 断层及其他弱面

断层的存在使地表移动过程复杂化，破坏了岩层与地表移动的正常规律。由于断层面的强度比其周围岩层的强度小得多，在岩层移动过程中会产生沿断层面剪切移动，断层露头处的地表常出现变形集中现象。

6. 地形

在地势高低不平地区，因地表覆盖层由地势高处向地势低处的堆积作用，使地势高处的下沉值大而地势低处的下沉值小。水平移动方向可能从地势高处向地势低处，并可能从采空区中央指向采空区边缘。若地表移动区内有陡坡，基岩的移动会影响陡坡的稳定性，引起滑坡。

（二）采矿条件对地表移动和变形的影响

1. 采煤方法及顶板管理方法的影响

采用长壁垮落采煤法时，若深厚比（H/M）较大，地表移动平缓，各种变形值较小，有可能在建筑物下采煤；若深厚比（H/M）较小，地表可能出现断裂、台阶或塌陷，采用全部充填采煤法、条带式采煤法或房式采煤法，地表移动和变形值大大地减小，但成本高或丢煤多。

2．采空区面积的影响

采空区面积的大小直接影响地表采动程度,出现非充分采动、充分采动或超充分采动。

3．重复采动的影响

采用倾斜分层下行垮落采煤法时,在开采完第一分层之后,开采第二分层时,地表移动区的范围扩大,地表最大下沉值和下沉速度值均有增大。但在开采完第二分层后,地表移动区范围和变形强度趋于稳定。

第二节　地表移动和变形的预计

地表移动和变形的预计是根据已知的地质条件和开采技术条件,在开采之前对地表可能产生的移动和变形进行计算,以便对地表移动和变形的大小和范围以及对地面建筑物或铁路的危害程度进行估计。我国常用的地表移动和变形预计方法有典型曲线法和概率积分法。

一、地表最大下沉值和最大水平移动值的预计

（一）充分采动或超充分采动时地表最大下沉值的预计

根据图 23-14 得出：

$$W_{cm} = qM\cos\alpha \qquad (23\text{-}4)$$

式中　W_{cm}——充分采动或超充分采动时地表
　　　　　最大下沉值,mm;

　　　M——煤层开采厚度,mm;

　　　α——煤层倾角,(°);

　　　q——充分采动时地表下沉系数。

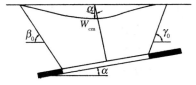

图 23-14　充分采动或超充分采动时
地表最大下沉值

地表下沉系数 q 与上覆岩层特性、采煤方法及顶板管理方法有关。一般说来,上覆岩层坚硬时,地表下沉系数小;上覆岩层松软时,地表下沉系数大。

各种不同的采煤方法的下沉系数 q 值见表 23-1。

表 23-1　　　　　　　　　　　各种采煤方法的下沉系数

采　煤　方　法	下沉系数 q	备　注
长壁垮落采煤法	0.6～1.0	
长壁水力充填采煤法	0.12～0.17	
长壁风力充填采煤法	0.4～0.5	
条带垮落采煤法	0.03～0.21	采出率40%～70%
条带水力充填采煤法	0.02～0.12	采出率40%～70%
房式采煤法	0.4～0.7	

（二）非充分采动时地表最大下沉值的预计

$$W_{fm} = qMn\cos \alpha \tag{23-5}$$

式中　W_{fm}——非充分采动时地表最大下沉值，mm；

　　　n——考虑开采不充分的采动系数，其值小于1。

（三）地表最大水平移动值预计

在充分采动或接近充分采动的条件下，沿走向主断面的最大水平移动值

$$U_{cm} = bW_{cm} \tag{23-6}$$

式中　b——水平移动系数，由实测资料分析确定。

国内外观测资料分析表明，对于长壁垮落采煤法水平移动系数比较稳定，一般为0.3左右。

典型曲线法是以矿区的大量实测资料为基础，以最终下沉曲线绘成无因次下沉曲线，通过综合分析得出典型曲线，作为地表移动和变形预计的依据。采用典型曲线法可预计移动盆地主断面的下沉曲线，而倾斜、曲率、水平移动和水平变形曲线则是按照它们之间或其与下沉曲线之间的数学关系，由下沉曲线导出。典型曲线法适用于矩形或近似矩形采区的地表移动和变形的预计。

二、概率积分法

（一）基本原理

（1）矿山岩体中分布着许多原生的节理、裂隙和断裂等弱面，因此可以将矿山岩体看成为一种松散介质。开采引起的岩层与地表移动过程类似松散介质的移动过程。这种移动过程是一个服从统计规律的随机过程，可应用概率论的方法来揭示岩层与地表移动随机分布的规律性。

（2）从统计的观点出发，可将整个采区的开采分解为无穷多个无限小的"单元开采"。在"单元开采"上方的地表形成"单元盆地"。"单元盆地"的下沉曲线为正态分布的概率密度曲线（图23-15）。

（3）整个采区开采对岩层与地表的影响，相当于这无穷多个"单元开采"对岩层与地表所造成的影响之和。地表无穷多个"单元盆地"的叠加构成总的地表移动盆地。这个过程的叠加与计算可以用概率分布密度曲线的积分来完成。

（4）如图23-16所示，在煤层中距原点 O 一段距离 S 处采出宽度为 dS 一段煤层，地表水平形成一个微小的下沉盆地 dW，其表达式为：

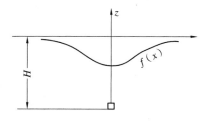

图 23-15　单元盆地

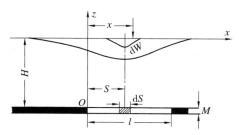

图 23-16　任意开采影响下的地表下沉曲线

$$dW = W_{cm} \frac{h}{\sqrt{\pi}} e^{-h^2 (x-S)^2} dS \qquad (23\text{-}7)$$

式中　W_{cm}——地表最大下沉值；

　　　h——常数。

根据叠加原理，当采出宽度为 l 时，地表下沉曲线表达式为：

$$W(x) = W_{cm} \frac{h}{\sqrt{\pi}} \int_0^l e^{-h^2 (x-S)^2} dS \qquad (23\text{-}8)$$

（二）半无限开采时走向主断面的地表移动和变形预计

如图 23-17，半无限开采时，开采宽度从
零增加到无穷远处，即 $l = \infty$。

1. 下沉

主断面上任意一点下沉值 $W(x)$ 为：

$$W(x) = W_{cm} \frac{h}{\sqrt{\pi}} \int_0^\infty e^{-h^2 (x-S)^2} dS \quad (23\text{-}9)$$

通过数学变换，得出：

$$W(x) = \frac{W_{cm}}{\sqrt{\pi}} \int_{-\sqrt{\pi}\frac{x}{r}}^\infty e^{-\lambda^2} d\lambda \quad (23\text{-}10)$$

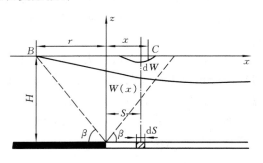

图 23-17　半无限开采时的地表下沉曲线

式中　$r = \dfrac{\sqrt{\pi}}{h}$，$\lambda = h(x-S)$。

r 称为主要影响半径，开采影响区在 $2r$ 范围以内，$2r$ 范围以外可看做不受开采影响。
若已知开采深度为 H，可根据主要影响角 β 来确定主要影响半径，计算式为：

$$r = \frac{H}{\tan \beta} \qquad (23\text{-}11)$$

主要影响角 β 的意义，是开采边界点与最大下沉点 C（实际下沉值为 $0.994W_{cm}$）或开采影响
边界点 B（实际下沉值为 $0.006W_{cm}$）的连线与水平线之间的夹角。

2. 倾斜

主断面上任意点的倾斜值为 $i(x)$，最大倾斜值为 i_{cm}。

$$i(x) = \frac{dW(x)}{dx} = \frac{W_{cm}}{r} e^{-\pi \left(\frac{x}{r}\right)^2} \qquad (23\text{-}12)$$

从上式可知，当 $x = 0$，地表倾斜值为最大：

$$i_{cm} = \frac{W_{cm}}{r} \qquad (23\text{-}13)$$

3. 曲率

主断面上任意点的曲率值为 $K(x)$，最大曲率值为 K_{cm}。

$$K(x) = \frac{di(x)}{dx} = -\frac{2\pi W_{cm}}{r^2} \left(\frac{x}{r}\right) e^{-\pi \left(\frac{x}{r}\right)^2} \qquad (23\text{-}14)$$

令 $\dfrac{dK(x)}{dx} = 0$，可求出在 $x = \pm 0.4r$ 处曲率达最大值：

$$K_{cm} = \mp 1.52 \frac{W_{cm}}{r^2} \qquad (23\text{-}15)$$

4. 水平移动

主断面上任意点的水平移动值为 $U(x)$，最大水平移动值为 U_{cm}。水平移动与倾斜之间的关系为：

$$U(x)=Bi(x)=B\frac{W_{cm}}{r}\exp\left[-\pi\left(\frac{x}{r}\right)^2\right] \tag{23-16}$$

当 $x=0$ 时，水平移动达最大值：

$$U_{cm}=B\frac{W_{cm}}{r} \tag{23-17}$$

式中 B——水平移动系数。

在充分采动条件下，最大水平移动值与最大下沉值之间的关系为：

$$U_{cm}=bW_{cm} \tag{23-18}$$

所以

$$B=br \tag{23-19}$$

式中 b——水平移动系数。

因此

$$U(x)=bW_{cm}\exp\left[-\pi\left(\frac{x}{r}\right)^2\right] \tag{23-20}$$

5. 水平变形

主断面上任意点的水平变形值为 $\varepsilon(x)$，最大水平变形值为 ε_{cm}。

$$\varepsilon(x)=\frac{dU(x)}{dx}=-2\pi b\frac{W_{cm}}{r}\left(\frac{x}{r}\right)\exp\left[-\pi\left(\frac{x}{r}\right)^2\right] \tag{23-21}$$

令 $\dfrac{d\varepsilon(x)}{dx}=0$，可求出在 $x=\pm0.4r$ 处水平变形达最大值：

$$\varepsilon_{cm}=\mp1.52b\frac{W_{cm}}{r} \tag{23-22}$$

应当指出，按概率积分法计算的下沉曲线拐点在开采边界的正上方，实际上存在拐点移距 S_0，一般 $S_0=0.3r$。此外，拐点两侧下沉曲线并不对称，通常煤体侧下沉曲线要向外延伸，即 $r_1>r_2$（见图23-18）。

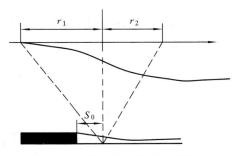

图 23-18 拐点平移及拐点两侧
下沉曲线的不对称性

为简化概率积分法的计算过程，可应用实用计算表进行计算。目前，我国已开发出概率积分法的计算机程序，利用微机进行计算。该计算机程序的特点是：可以预计半无限开采和有限开采时地表主断面上和非主断面上任一点的下沉、倾斜、曲率、水平移动和水平变形值。计算结果能够以数据文件方式储存，列表输出；还可以利用绘图仪绘出各类移动和变形的曲线图以及等值线图。

第三节 建筑物下及村庄下采煤

在建筑物下及村庄下采煤,建筑物所受的破坏不仅受开采引起的地表移动和变形的影响,而且与建筑物本身的形状、尺寸及结构类型有关。因此,在建筑物及村庄下采煤,除需设法减少地表移动和变形对建筑物的影响外,还要注重建筑物本身的设计和加固措施。

一、地表移动和变形对建筑物的影响

(一)下沉

处于地表均匀下沉区的建筑物,在工作面推进过程中,要先后受到暂时的拉伸变形和压缩变形的影响。只要建筑物能承受在回采过程中地表变形的作用,则处于地表均匀下沉区的建筑物受到危害不大。若地表均匀下沉值较大,将会造成坑洼积水,特别是当下沉后的地表标高低于地下潜水位时,建筑物会长期泡在水中,不仅影响建筑物的正常使用,而且影响建筑物本身的强度。

(二)倾斜

地表倾斜会使建筑物产生倾斜,重心偏移。倾斜对一些底面积小而高度大的建筑物如水塔、烟囱、高压输电线铁塔等影响较大。当倾斜较大时,建筑物重心的投影会转移到基础底面以外,可能造成建筑物倒塌,但这种情况极少出现。

(三)水平变形

水平变形对建筑物影响较大。水平变形通过建筑物基础的底面和侧面,使基础受到土壤的摩擦力、黏着力和被动土压力的作用,在建筑物上产生附加的水平拉伸或压缩应力。建筑物越长,其受到的附加水平应力越大。由于建筑物一般为脆性材料构成,抵抗拉伸变形的能力较小,在较小的拉伸变形作用下,建筑物的薄弱部分如门窗附近会出现与水平线约成 $60°\sim70°$ 角的断裂[见图 23-19(a)]。建筑物抵抗压缩变形的能力较大,但当压缩变形较大时,会使门窗洞口挤成菱形,并产生水平断裂[见图 23-19(b)],同时纵墙或围墙产生褶曲线、屋顶出现鼓包[见图 23-19(c)]。

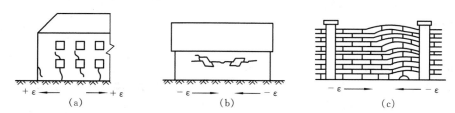

图 23-19 水平变形对建筑物的影响
(a)拉伸变形对建筑物的影响;(b),(c)压缩变形对建筑物的影响

(四)曲率

地表曲率有正(凸)曲率和负(凹)曲率两种。在正曲率的影响下,建筑物基础的两端处于"悬空"状态,建筑物成为中部有支点的双悬臂梁[见图 23-20(a)];在负曲率的影响下,建筑物基础成为两端支点的简支梁[见图 23-20(b)]。当曲率引起的附加应力超过其结构的承载能力时,建筑物会受到破坏,正曲率产生倒八字形断裂,负曲率产生正八字形断裂。曲

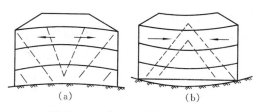

图 23-20　曲率对建筑物的影响

（a）正曲率对建筑物的影响；（b）负曲率对建筑物的影响

率一般对底面积小的建筑物影响很小，对长度大的建筑物影响较大。

建筑物遭受到开采影响而破坏，往往是两种或两种以上的地表变形共同作用的结果。一般说来，地表拉伸变形与正曲率、地表压缩变形与负曲率同时出现。

二、地表移动和变形与建筑物的变形和破坏的关系

（一）地表移动和变形与建筑物变形的关系

建筑物的变形是由于地表变形传递给基础而引起的。在采动过程中地表产生的下沉、倾斜、曲率、水平移动和水平变形都会影响到建筑物。观测资料表明，建筑物基础的下沉和倾斜与地表下沉和倾斜基本上一致；由于建筑物基础具有一定强度，建筑物基础的水平变形较地表水平变形要小。此外，加固后的建筑物，其水平变形大大地减小。

（二）地表移动和变形与建筑物破坏的关系

地表移动和变形对建筑物的破坏程度取决于地表变形值大小和建筑物本身抵抗变形能力。评定建筑物破坏程度和危险状况应以使用安全和结构破坏为依据。对于同一栋建筑物，由于用途不同，衡量其危险程度的标准则不同。当前，国内外评定建筑物破坏程度的标准不一，有的以倾斜、曲率（曲率半径）、水平变形来评定，有的用总变形指标来评定。

表 23-2 为用倾斜、曲率和水平变形值来确定长度（或变形缝区段）小于 20 m 的砖石结构建筑物的破坏等级（保护等级）。

表 23-2　　　　　　　　　　　砖石结构建筑物的破坏（保护）等级

破坏（保护）等级	建筑物可能达到的破坏程度	地表变形值			处理方式
		倾斜 i /(mm/m)	曲率 K /km^{-1}	水平变形 /(mm/m)	
I	墙壁上不出现或仅出现少量宽度小于 4 mm 的细微断裂	≤3.0	≤0.2	≤2.0	不修
II	墙壁上出现 4～15 mm 宽的断裂，门窗略有歪斜，墙皮局部脱落，梁支承处稍有异样	≤6.0	≤0.4	≤4.0	小修
III	墙壁上出现 16～30 mm 宽的断裂，门窗严重变形，墙身倾斜，梁头有抽动现象，室内地坪开裂或鼓起	≤10.0	≤0.6	≤6.0	中修
IV	墙身严重倾斜、错动，外鼓或内凹，梁头抽动较大，屋顶、墙身挤坏，严重者有倒塌危险	>10.0	>0.6	>6.0	大修、重修或拆除

三、建筑物下和村庄下采煤的开采措施

（一）减小地表最大下沉值

地表变形的大小与地表最大下沉值有关，减少地表最大下沉值是减小地表变形的主要

措施。减小地表最大下沉值的主要方法有：

（1）充填开采。采用水砂充填或风力充填采煤法，其下沉系数比长壁垮落采煤法要大大地减小。国内外有许多煤矿采用长壁充填采煤法成功地解决了建筑物下采煤问题。但充填采煤法需要设置一套专门的充填设备和设施，成本较高，并需要有足够的充填材料来源。

（2）部分开采。部分开采主要有条带式采煤法和房式采煤法。这两种采煤法的地表下沉系数较长壁垮落采煤法的地表下沉系数要小得多。国内在没有条件采用充填采煤法的矿区，采用条带式采煤法成功地在建筑物下采煤的例子是很多的。该方法靠留设尺寸足够的煤柱，以支撑上覆岩层的载荷，控制岩层与地表移动。部分开采的主要缺点是增加煤炭损失，特别是开采厚煤层时煤炭损失更多。

（3）分层开采。对于缓斜及倾斜厚煤层，采用倾斜分层采煤法，分层分采方案，可以减少地表一次下沉对地面建筑物的影响。分层开采时要控制每一分层的开采厚度，使其在开采时所造成的地表变形不超过允许地表变形值。根据概率积分法地表最大水平变形公式，可计算出每分层的允许开采厚度（M）：

$$M \leqslant \frac{\varepsilon_允 H}{1.52 bq\tan\beta} \tag{23-23}$$

式中　$\varepsilon_允$——允许地表水平变形值，mm/m，其他符号见第二节。

（二）消除或减少开采影响的叠加

（1）完全开采。在采空区内，残留煤柱会对地表产生不利影响。煤柱上方的地表变形是煤柱两侧采空区引起的地表变形叠加。如图23-21所示，宽度为AB的煤柱，在其上方地表水平变形ε可以看成是A点左侧采空区引起的地表水平变形ε_A与B点右侧采空区引起的地表水平变形ε_B的叠加。

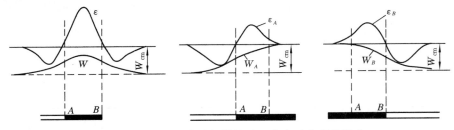

图23-21　采空区内残留煤柱对地表水平变形的影响

（2）顺序开采。对于煤层群或厚煤层倾斜分层采煤法，要求按一层一层或一分层一分层的顺序进行开采，待第一煤层或第一分层开采对地表的影响完全（或大部分）消失后，再开采第二煤层或第二分层。这样，可以消除或减少两个煤层或两个分层同时开采时使地表变形的叠加。

（3）合理地布置各煤层或各分层的开采边界。地下开采对地表的有害影响主要在开采边界附近的地表。对于煤层群或厚煤层分层开采时，合理地确定各煤层或各分层开采边界的位置，可以减少开采边界上方地表变形的叠加。图23-22（a）表示两个煤层开采边界的位置不合理，使地表水平变形增大；图23-22（b），表示两个煤层开采边界的位置合理，使地表水平变形相互抵消。

（4）正确地安排工作面推进方向。对于双翼采区，如采区上（下）山布置在采区中央，上

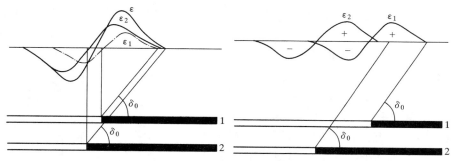

图 23-22 开采边界位置对地表水平变形的影响

（a）地表水平变形增大；（b）地表水平变形抵消

（下）山煤柱会使其上方地表变形加剧。为此，可采用跨上（下）山的推进方式，使工作面连续推进，取消上（下）山煤柱，避免地表变形的叠加。双面采区有时可考虑采用反向对称开采，在建筑物中央的下方布置开切眼，向采区两翼同时回采，随工作面向两翼推进，建筑物处在盆地的中央位置（见图 23-23）。这种方法，虽然在建筑物附近地表会出现较大的压缩变形和负曲率，但建筑物不受拉伸变形和正曲率的影响，且地表下沉速度将比单面采区时大一倍。因此，反向对称开采适用于对压缩变形抵抗能力大且对下沉速度不敏感的建筑物。

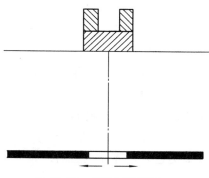

图 23-23 反向对称开采

（三）协调开采

协调开采就是当数个煤层或厚煤层数个分层同时开采时，控制各煤层或各分层工作面之间的错距，使地表拉伸变形与压缩变形互相抵消，以达到减小地表水平变形的目的。图 23-24（a）为数个煤层同时开采时的协调开采，上下煤层工作面错距 L 可按下式计算：

$$L = 0.4(r_1 + r_2) = 0.4\frac{H_1 + H_2}{\tan \beta} \tag{23-24}$$

式中 H_1，H_2——上煤层及下煤层的开采深度。

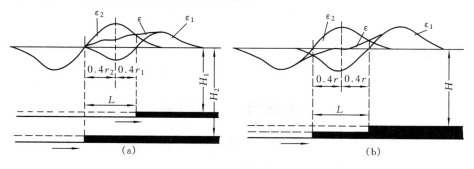

图 23-24 协调开采

（a）煤层群协调开采；（b）厚煤层数个分层协调开采

图 23-24(b)为厚煤层数个分层同时协调开采。上下分层工作面错距 L 可按下式计算：

$$L=0.8r=0.8H/\tan\beta \tag{23-25}$$

式中 H——厚煤层开采深度。

（四）消除开采边界的影响

当采用长壁式采煤法时，要确定合理的工作面长度与工作面推进长度，尽量使建筑物位于开采后的地表均匀下沉区，这时工作面长度（或工作面推进长度）D 应按图 23-25 的模型计算。

$$D=2H\cot\psi+l+2\Delta \tag{23-26}$$

式中 H——开采深度；

ψ——充分采动角；

l——建筑物的长度；

Δ——校正值，一般取 $\Delta=0.1H$。

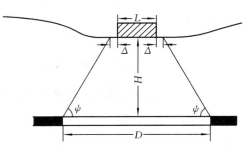

图 23-25 建筑物位于地表均匀下沉区

若采用一个工作面单独开采不能达到目的时，可采用台阶状工作面，向同一方向推进，使建筑物位于地表均匀下沉区。

采用边界充填方法可以减小开采边界上方的地表变形。当采用长壁垮落采煤法时，在采空区的边界进行矸石充填或水砂充填，充填带的宽度 $R=(4\sim6)\sqrt{H}$（式中 H 为开采深度）。图 23-26 中的曲线 1 为未进行边界充填时的地表下沉、倾斜、曲率和水平变形曲线；曲线 2 为进行边界充填后的地表下沉、倾斜、曲率和水平变形曲线。

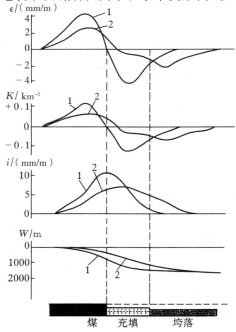

图 23-26 边界充填对地表移动和变形的影响

1——未进行边界充填时的地表下沉、倾斜、曲率和水平变形曲线；

2——进行边界充填后的地表下沉、倾斜、曲率和水平变形曲线

（五）合理地确定工作面与建筑物的相对位置

（1）平行长轴开采。在开采过程中,工作面上方地表拉伸应力产生的断裂,往往平行于开采边界。建筑物抵抗变形的能力取决于建筑物的平面形状,矩形建筑物在长轴方向抵抗变形的能力弱于在短轴方向。当地面有建筑物群时,工作面应平行于大多数建筑物的长轴布置,以使大多数建筑物具有较强的抗变形能力（见图 23-27）。

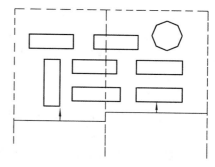

图 23-27 平行长轴开采

（2）合理地确定停采线与建筑物的相对位置。在某些情况下,由于停采线与建筑物相对位置不合理,可能因地表变形的叠加使建筑物遭到破坏,如图 23-28 所示。

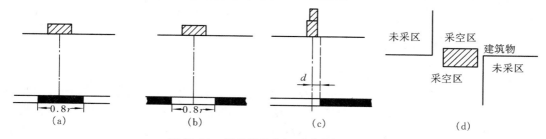

图 23-28 停采线的位置对建筑物的影响

(a) 建筑物受双倍拉伸变形；(b) 建筑物受双倍压缩变形
(c) 建筑物受最大倾斜；(d) 建筑物受最大剪切变形

（六） 合理地确定工作面推进速度

（1）连续匀速开采。连续匀速开采就是一个工作面接着一个工作面连续开采,中间不得有停顿或间隔时间过长。地表移动稳定后的变形较工作面推进过程中的变形（称动态变形）要大,工作面推进速度越大,动态变形值越小。因此,若工作面长期停留在建筑物下方,建筑物将受到较大的动态变形作用。

（2）确定合理的工作面推进速度。在开采过程中,工作面经过的地表各点,都要经受从拉伸、压缩到稳定的过程。工作面推进速度越快,地表动态变形值越小,对建筑物越有利；但加快工作面推进速度会使地表下沉和变形速度增加,对建筑物又是不利的。因此,确定合理的工作面推进速度,应综合考虑以上两方面的因素。

四、建筑物下和村庄下采煤的地面保护措施

对建筑物地面保护的原则是：在地表变形的作用下,允许建筑物出现断裂或轻微的破坏,但要采取加固措施,增加建筑物的抗变形能力,以便能够保证其正常使用。目前,根据我国的实践经验,对地面建筑物的保护措施主要有以下几种方法。

（一）变形缝

设置变形缝的作用是将建筑物自屋顶至基础切割成彼此不相连的独立单元体,使地表变形分散到各单元体上。这样,各单元体上受到的变形比整体上受到的变形要小,从而减轻变形的有害影响。

（二）钢筋混凝土圈梁或钢拉杆加固

钢筋混凝土圈梁或钢拉杆的作用是加固房屋和切割后的单元体，以便提高建筑物的整体性和刚度，增强建筑物的抗破坏能力。钢筋混凝土圈梁一般设在基础平面、地下室楼板、上部楼板及檐口水平面外墙的四周。钢拉杆一般只适用于建筑物的上部加固。

（三）液压千斤顶调整

采用液压千斤顶可以完全消除地表曲率的影响，也可以防止地表倾斜的影响。当采用液压千斤顶调整建筑物时，必须在内、外墙底部预先设置钢板或钢筋混凝土板，以便安放千斤顶，使房屋在千斤顶的作用下整体升降。

（四）变形补偿沟

变形补偿沟是在建筑物外侧从地表挖掘一定深度的沟槽，其作用是吸收地表压缩变形。在房屋四周挖掘变形补偿沟能减少地表土壤对房屋基础埋入部分和地下室的压力，也可用来减轻水平变形对基础底面的影响。

五、条带式采煤法的应用

（一）条带式采煤法的实质及类型

条带式采煤法是一种部分开采的采煤方法，其实质是在开采范围内沿一定的方向将煤层划分为若干个条带，采出一条，保留一条，相间排列（见图 23-29）。依靠保留的条带煤柱支撑上覆岩层的载荷，以控制岩层和地表移动，使地表移动变形减小，达到保护建筑物的目的。

条带采煤法可沿煤层倾斜划分条带［见图 23-29（a）］，也可沿煤层走向划分条带［见图 23-29（b）］。前者称走向条带，后者称倾斜条带。走向条带与倾斜条带的选择，应根据煤层赋存条件、掘进工程量的大小及工作面搬家次数等因素确定。

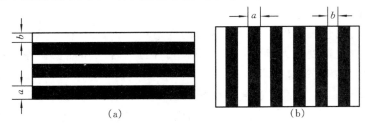

图 23-29 条带的划分

（a）沿煤层倾斜划分条带；（b）沿煤层走向划分条带

根据采空区处理方法，条带采煤法可分为垮落条带和充填条带。前者采用全部垮落法进行采空区处理；后者采用全部充填法进行采空区处理。充填条带可以大大地减少地表移动和变形值，但其采煤工艺复杂、生产成本很高，我国很少采用。

（二）条带采煤法的特点

条带采煤法保留的条带煤柱可支撑上覆岩层的载荷，控制围岩的运动。因此，条带采煤法的岩层和地表移动规律与长壁采煤法有较大的差别。

1. 地表移动变形小

条带采煤法的下沉系数、主要影响角的正切、拐点移距以及水平移动系数均较长壁采煤法为小,有利于建筑物下和村庄下采煤。

2. 围岩破坏削弱

条带采煤法的垮落带和断裂带高度均较长壁采煤法为小,有利于水体下采煤;条带采煤法的底板岩层破坏削弱,工作面基本顶来压轻微,有利于控制底板岩溶水的突出。

3. 岩层移动时间短

条带采煤法的岩层移动活跃期和岩层移动持续时间均较长壁采煤法短,有利于保护地面建筑物。

4. 长壁采煤法岩层和地表移动一般为平缓的无波浪形的下沉曲线

条带采煤法岩层与地表下沉曲线的特点是:在一定深度界线以下,岩层移动呈波浪形的下沉曲线,但在一定深度界线以上,岩层与地表移动仍为平缓的无波浪形的下沉曲线。实践证明,当开采深度大于条带采宽的3~4倍时,地表移动仅呈平缓的下沉盆地。

此外,由于保留有条带煤柱,条带采煤法的煤炭采出率降低,煤炭采出率只能达到40%~70%。

(三)条带采煤法主要参数的确定

条带采煤法的主要参数有采出条带宽度(采宽)和保留条带宽度(留宽)。

1. 采宽的确定

确定采宽的基本原则是:开采后地表移动不出现波浪起伏状,而是单一平缓的下沉盆地。地表移动是否出现波浪起伏状态,与采宽和采深有关。根据国内外开采经验与有限元计算,当采宽按下式计算时,地表不会出现波浪起伏状态:

$$\frac{H}{10} \leqslant b \leqslant \frac{H}{4} \tag{23-27}$$

式中 b——采宽,m;

H——采深,m。

2. 留宽的确定

留宽即条带煤柱的宽度,留宽应使煤柱本身有足够的强度与稳定性以便能有效地支撑上覆岩层的载荷,应根据以下因素计算留宽:

(1)开采后煤柱的应力状态和煤柱的形状。煤柱应力状态有三向应力与单向应力状态。采用全部充填法进行采空区处理或采用全部垮落法进行采空区处理且顶板垮落后能填满采空区时,为三向应力状态;采用全部垮落法进行采空区处理且顶板垮落后不能填满采空区时,为单向应力状态。条带煤柱的形状有长煤柱和矩形煤柱。当条带煤柱为一整体的、不被巷道切割的煤柱,称长煤柱;若在条带煤柱中开掘巷道,将煤柱切割成矩形,称矩形煤柱。

三向应力状态时长煤柱留宽的计算公式为:

$$a = 6.56 \times 10^{-3} MH + \frac{b}{3} - \frac{b^2}{3.6H} \tag{23-28}$$

三向应力状态矩形煤柱留宽的计算公式为:

$$a = \frac{6.56 \times 10^{-3} dMH + \dfrac{bd}{3} - 43.04 \times 10^{-6} M^2 H^2 - \dfrac{db^2}{3.6H}}{d - 6.56 \times 10^{-3} MH} \tag{23-29}$$

单向应力状态留宽的计算公式为:

$$a = \frac{bs}{1-s} \tag{23-30}$$

s 必须满足下式要求

$$s \geqslant \frac{\gamma H}{\sigma_c} \tag{23-31}$$

式中　　a——留宽，m；

　　　　M——开采煤层厚度，m；

　　　　d——矩形煤柱的长度，m；

　　　　s——煤炭损失率，$s = \dfrac{a}{a+b}$；

　　　　γ——上覆岩层的平均重力密度，kN/m^3；

　　　　σ_c——煤的允许抗压强度，kPa。

（2）条带煤柱是否存在核区。煤柱在受加载过程中，从煤柱应力峰值处到煤柱边缘这一区段，煤体应力已超过了屈服点，此区域称为屈服区，其宽度为 y；在煤柱两个应力峰值之间，煤体应力未超过屈服点，煤体的变形为弹性变形，此区称为煤柱核区，其宽度为 s。

试验证明，屈服区的宽度 y 与采深 H 和采厚 M 有关，其表达式为：

$$y = 0.005MH \tag{23-32}$$

根据实测资料，煤柱核区的宽度 $s \geqslant 8.4$ m，为可靠计条带煤柱的宽度 a 应按下式计算：

$$a \geqslant 0.01MH + 8.4 \tag{23-33}$$

（3）条带煤柱的宽高比。煤柱的强度和稳定性与煤柱的宽高比即 a/M 有关。a/M 愈大，煤柱的强度愈大，稳定性愈好。根据国内外开采的实践，煤柱的宽高比应根据下式选取：

采用垮落采带时

$$\frac{a}{M} \geqslant 5, a \geqslant 5M \tag{23-34}$$

采用充填采带时

$$\frac{a}{M} \geqslant 2, a \geqslant 2M \tag{23-35}$$

（4）条带采煤的采出率。合理的采出率与采宽、留宽、采厚、采深以及煤层和顶板岩石的力学性质等因素有关。，根据国内外开采实践，条带采煤法的采出率 P 一般为：

$$P = \frac{b}{a+b} = 40\% \sim 70\% \tag{23-36}$$

因此，留宽 a 应按公式（23-36）进行调整。

（四）条带采煤法地表移动变形预计

条带采煤，当地表是平缓的、无波浪形下沉盆地时，其下沉盆地曲线服从概率分布规律。因此，可采用概率积分法对条带采煤法的地表移动和变形进行预计。但其有关计算参数如下沉系数、主要影响角的正切、拐点移距及水平移动系数均较长壁采煤法为小。对于垮落条带采煤，其下沉系数 $q = 0.03 \sim 0.20$，主要影响角的正切 $\tan \beta = 1.0 \sim 2.0$；水平移动系数 $b = 0.2 \sim 0.3$；拐点移距 $s = (0.1 \sim 0.37)s_全$（式中 $s_全$ 为全部垮落采煤法的拐点移距），最大下沉角 $\theta = 90° - 0.68\alpha$（式中 α 为煤层倾角）。

第四节　铁路下采煤

我国有不少矿区都存在铁路干线、支线和矿区专用线的压煤问题。铁路的压煤不仅使矿区服务年限缩短,而且使井田或采区呈不规则形状,给矿井开采造成困难。

一、铁路下采煤的特点

铁路是一种特殊的构筑物,与建筑物下采煤相比,有以下特点:

(1)铁路担负着繁重的运输任务,尤其是国家铁路干线,是国民经济的大动脉。因此,在铁路下采煤必须保证列车安全和正常地运行。在安全上比一般建筑物要求更高。

(2)铁路列车重量大、运行速度快,铁路线路受列车的动载荷作用。在铁路下采煤时,又增加了地表移动对铁路的影响。因此,铁路线路的移动和变形较为复杂。

(3)铁路下采煤,铁路线路在开采影响过程中可以通过日常的维修及时消除自身的移动和变形,保证铁路畅通无阻。这对一般建筑物来说,是很难做到的。

二、地表移动和变形对铁路的影响

(一)地表移动和变形对路基的影响

(1)下沉和水平移动。地表下沉和水平移动会引起路基的下沉和水平移动。根据在铁路下采煤时对路基状态的观测,路基在采动过程中呈整体移动,下沉和水平移动对路基的承载能力没有影响,但垂直于线路的路基横向水平移动会改变路基的原有方向。

(2)倾斜。地表倾斜对路基的稳定性有很大的影响,特别是在高路堤、陡坡路堤及深路堑等原来稳定性较差的地段。当地表倾斜方向与滑坡方向相同时,会使这些路堤或路堑的稳定性降低。

(3)水平变形。地表水平变形使路基产生附加的拉伸或压缩变形。由于土质路基有一定的孔隙,压缩变形会使路基变得密实;拉伸变形会使路基内孔隙增大,甚至出现断裂,但变形量小而缓慢,且列车通过时的动载荷会将路基重新压实。

(二)地表移动和变形对线路的影响

(1)倾斜。沿线路方向的地表倾斜会使线路的原有坡度发生变化,从而引起列车运行阻力的变化。垂直于线路方向的倾斜,会使直线段线路两股钢轨的水平出现高差,使曲线段线路的超高增大或减小,因此必须对两股钢轨的水平进行调整。

(2)曲率。曲率会引起线路的竖曲线发生变化,对于竖曲线的变化必须进行调整。

(3)垂直于线路的水平移动。垂直于线路的水平移动会使线路发生横向移动。线路的横向移动使直线段线路变成曲率半径很大的曲线,使曲线段线路的曲线正矢发生变化。此外,垂直于线路的横向水平移动可能会引起轨距的变化。

(4)沿线路的水平移动。沿线路的纵向水平移动对线路的影响是通过路基、道床及轨枕最后传递到钢轨,引起线路爬行。一般说来,线路的爬行方向与地表纵向水平移动的方向是一致的,线路的爬行量小于地表纵向水平移动值。

(5)水平变形。线路上产生的纵向水平变形与地表水平变形分布的范围大致相同,即在地表拉伸区线路受拉伸变形,在地表压缩区线路受压缩变形。拉伸变形使轨缝张大,压缩变形使轨缝缩小或闭合。轨缝张大可能拉断鱼尾板或切断螺栓，轨缝缩小或闭合使钢轨接头或钢轨内产生附加应力。

三、铁路下采煤的安全技术措施

（一）开采技术措施

（1）防止地表突然下沉。开采缓斜厚煤层时，应采用倾斜分层采煤法，并适当地减小第一二分层的开采厚度；开采急斜煤层时，在露头处要留有足够尺寸的煤柱，且应防止采区上部煤柱的抽冒；若煤层浅部有充满水的老空区或煤层上方覆岩为石灰岩含水层，要防止采动时疏干老空积水或石灰岩含水层造成的地表突然塌陷。

（2）减少地表下沉。减少地表下沉最有效的方法是采用全部充填法，其次是采用条带式采煤法。当采用长壁垮落采煤法时，要有足够大的开采深度与开采厚度比（H/M），才能减少地表下沉，安全地在铁路下采煤。表 23-3 所列为《建筑物、水体、铁路及主要井巷煤柱留设与压煤开采规程》规定的数值。

表 23-3　　　采用长壁垮落法开采铁路压煤时，深厚比（H/M）的规定

铁路等级	深厚比（H/M）			
	采用长壁垮落法进行开采		采用长壁垮落法进行试采	
	薄及中厚煤层	厚煤层或煤层群	薄及中厚煤层	厚煤层或煤层群
国家一级铁路			＞150	＞200
国家二级铁路			＞100	＞150
国家三级铁路	＞60	＞80	＞40,≤60	＞60,≤80
工矿专用铁路	＞40	＞60	＞20,≤40	＞40,≤60

（3）消除和减轻地表变形的叠加影响。采用完全开采、顺序开采及协调开采等办法，可消除和减轻地表变形的叠加，减少地表变形对铁路的影响。采用协调开采时，常因几个工作面同时开采，使地表下沉速度增大，对铁路有危害，这时就要权衡协调开采的利弊。

（4）合理地布置工作面。铁路下采煤应尽量将采区布置在铁路的正下方，使线路处于移动盆地的主断面上，且工作面推进方向与铁路线路平行，以减少线路的横向变形量。

（二）维修技术措施

（1）路基的维修。在开采过程中，随线路的下沉和横向移动，对路基要进行阶段性的加高与加宽，使其尽量恢复到开采之前的状态。

（2）线路下沉的维修。采用起道和顺坡的方法消除线路下沉，使线路纵断面恢复到原有状态。

（3）线路横向移动的维修。采用拨道和改道的方法消除横向水平移动对线路的影响。

（4）线路纵向移动的维修。线路纵向移动主要反映在轨缝的变化上。因此，必须调整轨缝，消除其有害影响。

第五节 水体下采煤

水体下采煤包括地表水体、含水砂层水体及基岩水体下采煤。在水体下采煤时,既要防止上覆水体中的水或泥沙溃入井下,又要防止因矿井涌水量增大而过分增加矿井排水费用。

一、水体下采煤的特点

(1)水体下采煤着重研究岩层与地表的破坏规律以及可能造成的水力联系,而不考虑地表移动与变形情况。

(2)水体下采煤不仅要考虑到岩层与地表破坏规律,而且要考虑到水体的类型以及矿井地质和水文地质情况。

(3)水体下采煤的主要对策是"隔离"或"疏降"两类方案。前者适用于水量大、补给充分的条件;后者适用于水量小、补给有限的条件。因此,在水体下采煤时,要从安全、经济和煤炭采出率高等方面进行比较,确定合理的开采方案。

二、影响水体下采煤的因素

(一)水体的类型

在水体下采煤时,各类水体对矿井的威胁程度不同。根据我国水体下采煤的经验,一般有单纯地表水体、单纯松散层水体、单纯基岩含水层水体、地表水和松散层水构成的水体、松散层水和基岩水构成的水体、地表水和基岩水构成的水体以及地表水、松散层水和基岩水构成的水体等几种类型。

(二)上覆岩层的类型

根据水文地质特征,可将上覆岩层分为含水层(或透水层)和隔水层(或相对隔水层)两类,前者透水性大,对水体下采煤不利;后者隔水性好,对水体下采煤有利。

(三)地层的结构

地层的结构系指地层内含水层与隔水层在空间上的分布情况及相互关系。地层的结构可分为单一结构、复合结构、封闭或半封闭结构以及覆盖结构(图23-30)。单一结构的含水层水体集中,水量大,渗水性强;复合结构的含水层与隔水层互相间隔,水体分散,各含水层在铅直方向上互相阻隔,在水平方向上流动;封闭或半封闭结构,隔水层在一定范围内形成封闭或半封闭的储水条件,在铅直与水平方向上的补给是缓慢的和有限的,地下水以静储量为主;覆盖结构,隔水层与煤系地层呈不整合接触,地表水与地下水被隔水层阻隔。

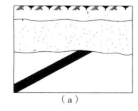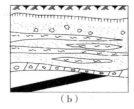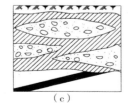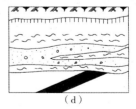

(a) (b) (c) (d)

图 23-30 地层结构

(a)单一结构;(b)复合结构;(c)封闭或半封闭结构;(d)覆盖结构

三、上覆岩层的破坏形态与规律

（一）上覆岩层破坏的空间形态

上覆岩层破坏的空间形态与煤层倾角有关。

（1）对于倾角为 0°～35°的煤层，垮落带的边界在采空区边界范围以内；导水断裂带的边界在采空区边界范围以外，超出采空区边界约 5～8 m。垮落带与导水断裂带均呈马鞍形，导水断裂带的最高点位于采空区倾斜的上方［见图 23-31(a)］。

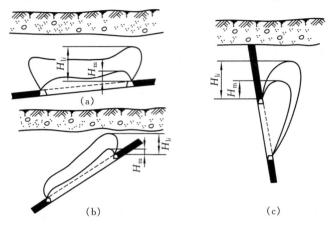

图 23-31　上覆岩层破坏的空间形态
(a) 倾角为 0°～35°；(b) 倾角为 36°～54°；(c) 倾角为 55°～90°煤层

（2）对于倾角为 36°～54°的煤层，由于倾角增大，采空区上部垮落的岩块下滑充填采空区下部，致使垮落带与导水断裂带的上部边缘增高，其上部边界大体上呈抛物线形状［见图 23-31(b)］。

（3）对于倾角为 55°～90°的煤层，垮落岩块滚动下滑加剧，充填采空区下部空间，限制了垮落带与导水断裂带下边缘的发展，而采空区上部的边界煤柱悬空，逐次发生片帮、裂开、垮落，致使导水断裂带上部边缘急剧向上发展，垮落带也可能超出采空区边界［见图 23-31(c)］。

（二）垮落带与导水断裂带高度的确定

垮落带与导水断裂带的高度与覆岩性质、煤层倾角、煤层厚度、厚煤层分层厚度、采空区尺寸、采煤方法和顶板管理方法以及地质构造等因素有关。采用长壁垮落采煤法时可参考下述垮落带与导水断裂带高度的计算公式。

1. 倾角为 0°～35°及 36°～54°煤层垮落带与导水断裂带高度

若煤层顶板覆岩内有极坚硬岩层，开采后能形成悬顶，垮落带高度 H_m 按式（23-37）计算：

$$H_m = \frac{M}{(K-1)\cos\alpha} \tag{23-37}$$

式中　M——开采煤层厚度，m；

$\quad\quad K$——垮落岩石碎胀性系数；

$\quad\quad \alpha$——煤层倾角，(°)。

若煤层顶板覆岩为坚硬、中硬、软弱、极软弱岩层及其互层,开采单一薄及中厚煤层时,垮落带高度 H_m 可按式(23-38)计算。

$$H_m = \frac{M-w}{(K-1)\cos\alpha} \tag{23-38}$$

式中 w——垮落过程中顶板下沉值。

采用厚煤层分层开采时,垮落带高度 H_m 可按表 23-4 的公式计算。

表 23-4 　　　　　　　　　　　**厚煤层分层开采时垮落带高度计算公式**

覆岩岩性(单向抗压强度及主要岩石名称)/MPa	计算公式/m
坚硬(40~80,石英砂岩、石灰岩、砂质页岩、砾岩)	$H_m = \dfrac{100\sum M}{2.1\sum M + 16} \pm 2.5$
中硬(20~40,砂岩、泥质灰岩、砂质页岩、页岩)	$H_m = \dfrac{100\sum M}{4.7\sum M + 19} \pm 2.2$
软弱(10~20,泥岩、泥质砂岩)	$H_m = \dfrac{100\sum M}{6.2\sum M + 32} \pm 1.5$
极软弱(<10,铝土岩、风化泥岩、黏土、砂质黏土)	$H_m = \dfrac{100\sum M}{7.0\sum M + 63} \pm 1.2$

注:$\sum M$——累计采厚;公式应用范围:单层采厚 1~3 m,累计采厚不超过 15 m,±号项为中误差。

若煤层覆岩为坚硬、中硬、软弱、极软弱或其互层,采用单一薄及中厚煤层或厚煤层分层开采时,导水断裂带高度 H_{li} 可按表 23-5 中公式计算。

表 23-5 　　　　　　**薄及中厚煤层和厚煤层分层开采时导水断裂带高度计算公式**

岩　　性	计算公式/m	计算公式/m
坚　　硬	$H_{li} = \dfrac{100\sum M}{1.2\sum M + 2.0} \pm 8.9$	$H_{li} = 30\sqrt{\sum M} + 10$
中　　硬	$H_{li} = \dfrac{100\sum M}{1.6\sum M + 3.6} \pm 5.6$	$H_{li} = 20\sqrt{\sum M} + 10$
软　　弱	$H_{li} = \dfrac{100\sum M}{3.1\sum M + 5.0} \pm 4.0$	$H_{li} = 10\sqrt{\sum M} + 5$
极软弱	$H_{li} = \dfrac{100\sum M}{5.0\sum M + 8.0} \pm 3.0$	

注:$\sum M$——累计采厚;公式应用范围:单层采厚 1~3 m,累计采厚不超过 15 m。

2. 倾角为 55°~90°煤层垮落带与导水断裂带高度

煤层顶板为坚硬、中硬、软弱岩层,用垮落法开采时,垮落带及导水断裂带高度可选用表 23-6 中的公式计算。

表 23-6   **倾角 55°～90°煤层垮落带与异水断裂带高度计算式**

覆岩岩性	垮落带高度/m	导水断裂带高度/m
坚　硬	$H_m = (0.4 \sim 0.5)H_{li}$	$H_{li} = \dfrac{100Mh}{4.1h + 133} \pm 8.4$
中硬、软弱	$H_m = (0.4 \sim 0.5)H_{li}$	$H_{li} = \dfrac{100Mh}{7.5h + 293} \pm 7.3$

注：h——区段或分段垂高；M——煤层法线厚度。

四、水体下采煤安全煤岩柱的留设

（一）水体的采动等级及允许采动程度

在水体下采煤时，必须严格控制地下开采对水体的影响。按照水体的类型、流态、规模、赋存条件以及水体的允许采动程度，将受地下开采影响的水体分为三个采动等级（见表 23-7）。不同采动等级的水体，必须留设相应的安全煤岩柱。

表 23-7   **水体采动等级及允许采动程度**

水体采动等级	水　体　类　型	允许采动程度	安全煤岩柱的类型
I	1. 直接位于基岩上方或底界面下无稳定的黏性土隔水层的各类地表水体； 2. 直接位于基岩上方或底界面下无稳定的黏性土隔水层的松散孔隙强、中含水层水体； 3. 底界面下无稳定的泥质岩类隔水层的基岩强、中含水层水体； 4. 急斜煤层上方的各类地表水体和松散含水层水体； 5. 要求作为重点水源和旅游地保护的水体	不允许导水断裂带顶点波及水体	防水安全煤岩柱
II	1. 底界面下为具有多层结构、厚度大、弱含水的松散层或松散层中、上部为强含水层，下部为弱含水层的地表中、小型水体； 2. 底界面下为稳定的厚黏性土水层或松散弱含水层的松散层中、上部孔隙强、中含水层水体； 3. 有疏降条件的松散层和基岩弱含水层水体	允许导水断裂带顶点波及松散孔隙弱含水层水体，但不允许垮落带波及该水体	防砂安全煤岩柱
III	1. 底界面下为稳定的厚黏土隔水层的松散层中、上部孔隙弱含水层水体； 2. 有疏干条件的松散层或基岩水体	允许导水断裂带顶点进入松散孔隙弱含水层，同时允许垮落带顶点波及该弱含水层	防塌安全煤岩柱

（二）安全煤岩柱的留设方法

1. 防水安全煤岩柱

留设防水安全煤岩柱的目的，是不允许导水断裂带波及水体。根据水体类型及地层结构，防水安全煤岩柱高度 H_{sh} 分以下几种情况：

（1）地表有松散覆盖层时（见图 23-32）

$$H_{sh} \geqslant H_{li} + H_b \tag{23-39}$$

式中　H_{li}——导水断裂带高度；

　　　　H_b——保护层厚度。

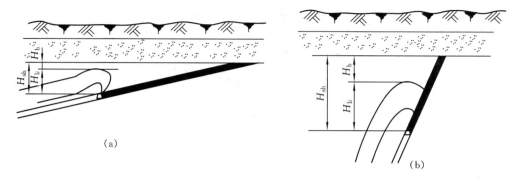

图 23-32　防水安全煤岩柱设计

(a) 缓斜煤层；(b) 急斜煤层

（2）当煤系地层无松散层覆盖且采深较小时，应计入地表断裂深度 H_{bili}（见图 23-33），此时

$$H_{sh} \geqslant H_{li} + H_b + H_{bili} \tag{23-40}$$

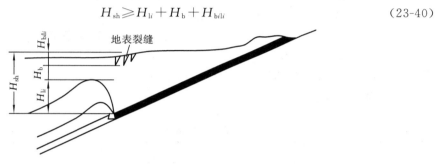

图 23-33　煤系地层无松散层覆盖时防水安全煤岩柱设计

（3）若基岩风化带亦含水，则应考虑基岩风化带深度 H_{fe}（见图 23-34），即

$$H_{sh} \geqslant H_{li} + H_b + H_{fe} \tag{23-41}$$

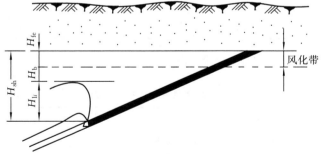

图 23-34　基岩风化带含水时防水安全煤岩柱设计

2. 防砂安全煤岩柱

留设防砂安全煤岩柱的目的是允许导水断裂带波及松散弱含水层或已疏降的松散强含水层，但不允许垮落带接近松散层底部（见图 23-35），此时

$$H_s = H_m + H_b \tag{23-42}$$

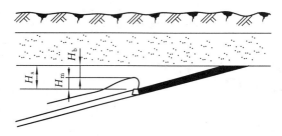

图 23-35 防砂安全煤岩柱设计

式中 H_s——防砂安全煤岩柱高度；

H_m——垮落带高度。

3. 防塌安全煤岩柱

留设防塌安全煤岩柱的目的是不仅允许导水断裂带波及松散弱含水层或已疏干的松散含水层，同时允许垮落带接近松散层底部。其高度 H_t 应等于或接近 H_m，即 $H_t \approx H_m$。

（三）安全煤岩柱保护层厚度的确定

安全煤岩柱保护层的厚度 H_b 与煤层倾角、水体的采动等级、地层构造、覆岩性质以及累计开采厚度等因素有关。

（1）对于倾角为 $0°\sim35°$ 及 $36°\sim54°$ 的煤层，防水安全煤岩柱的保护层厚度见表 23-8；防砂安全煤岩柱保护层厚度见表 23-9。

表 23-8   **防水安全煤岩柱保护层厚度**

覆岩岩性	保护层厚度/m			
	松散层底部黏性土层厚度大于累计采厚	松散层底部黏性土层厚度小于累计采厚	松散层底部无黏性土层	松散层全厚小于累计采厚
坚 硬	4A	5A	7A	6A
中 硬	3A	4A	6A	5A
软 弱	2A	3A	5A	4A
极软弱	2A	2A	4A	3A

注：$A = \dfrac{\sum M}{n}$；$\sum M$——累计采厚；n——分层层数。

表 23-9   **防砂安全煤岩柱保护层厚度**

覆岩岩性	保护层厚度/m	
	松散层底部黏性土层或弱含水层厚度大于累计采厚	松散层全厚大于累计采厚
坚 硬	4A	2A
中 硬	3A	2A
软 弱	2A	2A
极软弱	2A	2A

注：A 的意义同表 23-8。

（2）对于倾角为 $55°\sim90°$ 的煤层，防水安全煤岩柱与防砂安全煤岩柱的保护层厚度可按表 23-10 中的数值选取。

表 23-10　　　　　$55°\sim90°$煤层防水安全煤岩柱及防砂安全煤岩柱保护层厚度

覆岩岩性	保护层厚度/m							
	$55°\sim70°$				$71°\sim90°$			
	a	b	c	d	a	b	c	d
坚　硬	20	22	18	15	22	24	20	17
中　硬	15	17	13	10	17	19	15	12
软　弱	10	12	8	5	12	14	10	7

注：a——松散层底部黏性土层厚度小于累计采厚；b——松散层底部无黏性土层；
　　c——松散层全厚为小于累计采厚的黏性土层；d——松散层底部黏性土层大于累计采厚。

五、水体下采煤的安全技术措施

（一）防治措施

（1）留设安全煤岩柱顶水开采。留设防水安全煤岩柱可将水体与井下安全地隔开。不仅可以防止上覆水体中的水透入井下，而且不会增加矿井的涌水量。留设防砂安全煤岩柱或防塌安全煤岩柱只能起到隔离泥沙作用，或对上覆水体起到疏干作用，因此会增加矿井涌水量和工作面的淋水。留设安全煤岩柱的优点是：不改变原有的开采方法，不增加疏水系统和排水系统；但由于留设安全煤岩柱，增加了煤炭损失，增大了工作面的淋水。

（2）疏干、疏降开采。疏干、疏降开采就是疏干上覆水体或降低上覆含水层的水位。当上覆水体含水量小、补给不足时，采取疏干措施；当上覆水体含水量大、补给充足时，采取降低水位措施。疏干、疏降方法有：巷道疏干、疏降，钻孔疏干、疏降，巷道和钻孔联合疏干、疏降，采煤工作面后方采空区疏干、疏降以及多矿井分区联合疏干、疏降等。

（3）顶疏结合开采。若煤层的上覆岩层中有多层含水层，且含水层与隔水层相间排列，则对位于导水断裂带以上的强含水层实行顶水开采，而对导水断裂带以内的弱含水层实行疏干开采。

（4）帷幕注浆堵水。利用钻孔将黏土、水泥等材料注入含水层中，形成地下挡水帷幕，切断地下水的补给通道。帷幕注浆堵水在含水层厚度较小、流量较大、水文地质条件清楚及具备可靠的隔水边界地区，能取得较好的效果。

（5）处理好地表补给水源。采用河流改道、河流铺底、建立上游水库、筑拦洪坝、修拦洪沟、填渗水裂缝、架渡槽、设围沟以及排除内涝等措施，切断或改变地面补给水源。

（二）开采技术措施

（1）试探开采。试探开采的原则是：先远后近、先深后浅、先厚后薄（指隔水层）和先易后难，逐步接近水体。这样，不仅能确切地了解采动对防水安全煤岩柱的破坏情况，而且能摸索出适合于本地区的开采方法和技术措施。

（2）分区隔离开采。在采区四周均留设防水隔离煤柱，在运输水平的绕道和石门内设永久性的防水闸门，一旦发生突水事故，关闭防水闸门，将采区与外界隔离，缩小灾害的影响范围。

（3）全部充填、部分开采和分层间歇开采。采用这些开采方法可以降低覆岩破坏高度，即减小垮落带和导水断裂带高度。

（4）正常等速开采。采用长壁垮落采煤法时，要保持工作面正规循环和连续均匀推进，使工作面空间内顶板保持完整，从而顶板含水层中的水可随回柱放顶而涌入采空区。

第六节　承压水体上采煤

我国华北及华东地区的主要矿区开采石炭—二叠纪煤层。煤系的基底为奥陶系石灰岩（奥灰），其特点是厚度很大、岩溶裂隙发育、富水性极强、水的压头高。当遇有构造裂隙时，奥灰易与上覆本溪群或太原群的薄层石灰岩连通而发生水力联系，造成底板突水事故。有些煤层由于受奥灰承压水的威胁不能开采。因此，研究与解决受奥灰承压水威胁煤层的安全开采问题，对于矿井安全生产和解放呆滞的煤炭资源有重大现实意义。

一、底板突水的类型

按突水地点分，底板突水有巷道突水与采煤工作面突水。按突水的动态表现形式有：

（1）爆发型。直接在采掘工作地点附近发生，一旦突水，突水量在瞬间即达到峰值，突水峰值过后，突水量趋于稳定或逐渐减小。爆发型突水来势猛、速度快、冲击力大，常有岩块碎屑伴水冲出。

（2）缓冲型。直接在采掘工作地点附近发生，突水量由小到大逐渐增长，经几小时、几天甚至几个月才达到峰值。

（3）滞后型。采掘工作面推进到一定距离后，在巷道或采空区内发生突水，其滞后时间为几天、几个月甚至几年，突水量可急可缓。

按突水量的大小可分为：特大型突水事故，突水量为 50 m³/min 以上；大型突水事故，突水量为 20～49 m³/min；中型突水事故，突水量为 5～19 m³/min；小型突水事故，突水量小于 5 m³/min。当突水量大于矿井总排水能力时，就可能迅速淹没整个矿井或一个开采水平。

二、开采后煤层底板岩层的破坏规律

在开采过程中，煤层底板应力重新分布造成底板岩层的变形与破坏，削弱了底板岩层的阻水能力，甚至形成突水通道。因此，研究开采后煤层底板的应力重新分布、变形与破坏的规律是防止底板突水的基础。

（一）开采过程中工作面底板应力与变形情况

在开采过程中，工作面前方的煤壁和底板处在增压区内，在支承压力的作用下使煤层底板受到压缩。当工作面推进并跨过此处时，由于工作面及其后方的采空区处在减压区内，这部分底板岩层从压缩状态转为膨胀状态，工作面及其后方采空区的底板产生底鼓，可能出现顺岩层层理的断裂。随工作面推进，采空区中的垮落岩块被上覆岩层压实，这部分的底板重新处于增压区内，受工作面后方支承压力的作用，又从膨胀状态转为压缩状态。在工作面推进过程中，底板各处都要经受压缩、膨胀和再压缩作用的过程。当周期来压时，这种压缩量和膨胀量明显地增大。因此，底板沿工作面推进方向受到明显压缩、膨胀和再压缩的作用，其压缩膨胀量的变化周期大体上与周期来压相近(见图 23-36)。

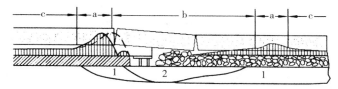

图 23-36 工作面底板应力与变形示意图
a——增压区;b——减压区;c——稳压区
1——压缩区;2——膨胀区

在支承压力的作用下,从工作面煤壁到采空区一定距离和一定深度范围内的底板中出现水平拉应力;在压缩区和膨胀区分界处的底板中出现剪应力。拉应力和剪应力使底板出现一系列垂直于层面的断裂。垂直断裂与顺层断裂交叉,形成底板破坏带。在采空区下方的膨胀区内,断裂呈松弛或张开状态,成为底板突水的诱发因素。

(二)煤层底板的"下三带"

根据煤层底板的破坏情况及地下水的导升情况,在工作面连续推进后,回采空间的煤层底板可分为"下三带"(见图 23-37)。

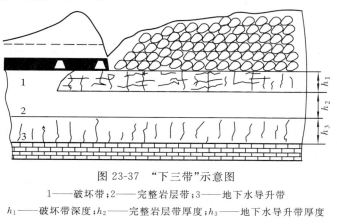

图 23-37 "下三带"示意图
1——破坏带;2——完整岩层带;3——地下水导升带
h_1——破坏带深度;h_2——完整岩层带厚度;h_3——地下水导升带厚度

(1)破坏带。直接邻接工作面的底板受到破坏,出现一系列沿层面和垂直于层面的断裂,使其导水能力增强,其厚度称底板破坏深度 h_1。底板破坏深度与开采深度、煤层厚度、煤层倾角、顶底板岩石性质和结构、采煤方法、顶板管理方法以及工作面长度等因素有关。根据现场实测资料,底板破坏深度 h_1 一般从几米到十几米。

(2)完整岩层带或保护层带。位于破坏带之下,在此带内岩层虽然受到支承压力的作用,甚至产生弹性或塑性变形,但仍然能保持连续性,其阻水能力未发生变化。因此,称完整岩层带或保护层带,其厚度为 h_2。

(3)地下水导升带。地下水导升带指底板含水层中的承压水沿隔水层底板中裂隙上升的高度,即由含水层顶面至承压水导升标高之间的部分,其厚度为 h_3(图 23-37)。地下水导升带的厚度取决于承压水的压力及隔水层裂隙的发育程度和受开采影响的剧烈程度,有的矿可能无地下水导升带。

根据"下三带"理论,对承压水体上采煤进行安全预测可能存在 4 种情况(参见表 23-11

所列）。

表 23-11　　　　　　　　　　根据"下三带"预测水体上采煤的安全情况

序　号	1	2	3		4
类　型	保护层厚强度大	保护层薄强度不够	无保护层		断裂异升带、原始导高接近或切穿煤层
			破坏带与导升带沟通	破坏带与含水层相接	
安全性	安全	不够安全	不安全	易突水	很危险
措　施	正常开采	缩小工作面斜长，减少破坏深度，增加保护层厚度	缩小采煤斜长，改变采煤方法，降低采出率，减少矿压破坏和破坏深度，甚至对底板进行注浆加固，以求保留一定厚度保护层		留煤柱，改变采煤方法，对破坏带以下断裂带封堵加固
图　示					

三、影响底板突水的因素

（一）水源条件

水源条件包括水量和水压，水量是突水的物质基础，水压是突水的动力。水量越丰富，突水量越大，危害性也大。水压的作用表现为：处于封闭状态的岩溶水不断地溶蚀、冲刷构造裂隙，形成通道，由含水层上升进入到底板隔水层，从而破坏了底板隔水层。水压越大，这种破坏作用越严重。

（二）矿山压力

矿山压力诱发底板突水，有如下规律：

（1）无周期来压或周期来压不明显的顶板，支承压力较小，对底板破坏轻，突水事故较少；有周期来压的顶板，突水多发生在初次来压或周期来压期间，因为在初次来压或周期来压期间，来压时的支承压力较正常推进时要大，对底板破坏严重。

（2）突水点的位置多数在工作面后部采空区边缘附近。因为该处顶板垮落不充分，底板处于膨胀状态，断裂张开，阻水能力最弱。

（3）顶板初次来压之前，在开切眼附近，由于基本顶大面积较长时间的悬露，或直接顶岩层垮落后不接顶，使底板岩层形成较大的自由面，给底板岩层的移动与破坏创造了条件。因此，开切眼附近是底板最易突水的位置之一。

（4）工作面推进速度慢、工作面突然停止推进或在工作面停采线处，容易发生突水事故。这是由于工作面推进速度慢或停止推进时，支承压力作用的时间较长，底板岩层破坏严重。工作面推进速度快时，采空区底板还来不及形成较大的断裂就会由膨胀状态变为压缩状态,有利于防止底板突水。

(5) 区段煤柱承受工作面侧向支承压力,随工作面推进,侧向支承压力越来越大,再加上区段煤柱边缘处采空区顶板垮落不充分。因此,区段煤柱附近也是发生底板突水的最可能位置之一。

（三）隔水层的阻水能力

隔水层的阻水能力取决于隔水层的强度、厚度和裂隙发育程度。强度越大、厚度越大、裂隙越少,其阻水能力越大。阻水能力一般以单位厚度所能承受的水压值表示,其单位为 MPa/m。根据现场实际资料,一般约为 $0.1\sim0.3$ MPa/m。

（四）地质构造

大量统计资料证明,底板突水事故 80% 以上发生在断裂构造附近。底板突水,首先要有带压的水体,其次要有突水的通道。隔水层的岩体强度要比底板岩溶水的压力大几倍至几十倍,底板突水的实际通道几乎都是利用底板隔水层中原有的断裂构造。断裂构造可以充水或导水,大大降低隔水层的实际强度,减小底板隔水层的有效厚度。图 23-38 表明,由于断层改变了煤层与含水层之间的相对位置,使隔水层的有效厚度变薄或消失。为防止底板承压水沿断层面进入煤层,需在断层两侧留设断层防水煤柱。

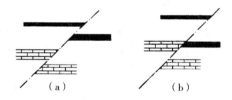

图 23-38 断层改变了煤层与含水层的相对位置
(a) 底板隔水层有效厚度减小;(b) 底板隔水层有效厚度消失

四、承压水体上采煤方案

在承压水体上采煤,要根据具体的地质和开采技术条件,选择合适的治理方案。根据我国历年来的实践,主要有以下几种方案。

（一）深降强排方案

所谓深降强排方案就是设置各种疏水工程,如疏水井巷、疏水钻孔等,将岩溶水水位人为地降低到开采水平以下,以确保安全地进行开采。这种方案的优点是防止底板突水效果最好,能确保矿井安全生产。其缺点是疏水工程量大、设备多、电耗大,因而投资大、成本高;由于疏水引起的水位降低,使附近的工农业用水缺乏,并造成地表下沉。此外,当井田内奥灰水量极为丰富、补给来源充足时,深降强排方案难以实现。

（二）外截内排方案

外截内排方案的实质是在井田或井田内某一区域外围的集中径流带采用钻孔注浆的方法建立人工帷幕,截断矿井的补给水,然后在开采范围内进行疏水,将承压水的水位降低到开采水平以下。这种方案可以确保矿井的安全生产,而且克服了深降强排的缺点。但这种方案只能适用于特定的条件,如水文地质条件清楚,补给径流区集中,帷幕截流工程易于施工等。

（三）带压开采方案

带压开采方案的实质是在开采过程中利用隔水层的阻水能力，防止底板突水。此时，承压水位高于开采水平，煤层底板隔水层要受到承压水压力的作用，因此称带压开采。带压开采无需事先专门排水，在经济上花费较少，并且也可能做到安全开采。但带压开采不能确保不发生底板突水事故，特别是在水文地质条件复杂的地区，底板突水的可能性更大。因此，在采用带压开采方案时，首先要对其可能性进行论证，并要采取一系列安全措施，还要有足够的备用排水能力。带压开采方案具有一定的局限性，当开采水平延深，承压水的压力增大时，带压开采方案的危险性也增大。

（四）带压开采综合治理方案

带压开采综合治理方案的实质是在清查区域地质、矿井水文地质及构造地质情况的基础上进行带压开采。在开采之前，要在矿区外围堵截地下水的补给水源；在开采过程中，视矿井涌水的水压大小，进行适当的疏水降压，从而达到安全开采的目的。这种方案具有相对安全、经济等优点，适用范围广。但要实现带压开采综合治理方案，还需采取一系列安全技术措施。

五、承压水体上采煤的安全技术措施

（一）防探水安全技术措施

（1）做好矿井水文地质及构造地质工作。要查清开采区域内的水文地质情况，如含水层与隔水层的赋存特征及岩溶发育分布规律，承压水的径流、赋存及补给来源，并应系统、综合地研究矿区的构造地质，分析开采区域内的断层分布规律与构造体系，同时查明断层的导水性能。

（2）加强防探水工作。在开采受承压水威胁的煤层时，应坚持超前探水工作。防探水工作包括：探测底板隔水层厚度及其变化；探测底板含水层的含水性能及地下水导升高度；探测断层的含水性能、断裂裂隙分布规律及富水程度。

（3）设置井上下水文工程设施。设置水文观测钻孔，建立水文观测制度，及时搜集和整理水文资料，做到全面掌握奥灰承压水的动态和变化规律。必要时在井下开采水平设置专门的疏水巷道和疏水钻孔。要具备足够的备用排水能力，在可能的情况下，各采区及各水平的排水设备采用并联方式，以提高排水能力。

（4）对底板进行注浆加固。对于底板破碎带及薄层石灰岩含水层（如肥城矿区的徐家庄石灰岩），通过钻孔进行注浆，堵塞石灰岩溶洞，加固破碎带和裂隙带，并封闭奥陶系石灰岩的补给通道，以实现在承压水体上安全采煤。

（二）开采安全技术措施

（1）选择开采。在查清矿区水文地质和构造地质的基础上，应本着先易后难、由浅到深、先简单后复杂的原则，对受承压水威胁的煤层进行全面规划，划分成不同的水文地质单元，进行开采。对于条件相同的煤层，应有计划地进行试采，总结经验，找出规律，再逐步进行推广应用。

（2）分区隔离开采。分区隔离开采，在采区四周要留设隔离煤柱，采区之间要设置水闸门，以缩小底板突水的影响范围。

（3）改革采区巷道布置。在设计采区巷道布置时，要注意采掘巷道与断裂构造的空间位置关系。尽可能地少穿过断层,尽量减少巷道交岔点并缩小交岔点的悬顶面积。交岔点和采煤工作面上下出口要尽量避开小断层,对于无法避开的小断层,若在掘进揭露时发现有渗水现象,要在开采之前予以加固。

(4)选择合理的采煤方法。充填开采不仅可以减小工作面前方的支承压力对底板的破坏作用,而且可以防止底鼓和底板断裂的张开。部分开采,保留的煤柱可支撑一部分上覆岩层的载荷,减轻矿山压力对底板的破坏作用。沿仰斜推进的倾斜长壁采煤法,一方面可以减小工作面前方的支承压力对煤层底板的破坏作用;另一方面沿仰斜推进使易发生突水的下部开采边界被顶板垮落的矸石压实,防止突水通道的扩展。厚煤层倾斜分层采煤法与一次采全高采煤法相比,底板破坏深度较小。此外,当第一分层开采后,以下各分层的周期来压不明显,因此矿山压力对底板影响较小,其破坏作用也较小。

(5)缩短工作面长度,提高工作面推进速度。缩短工作面长度,可以减小底板的破坏深度。提高工作面推进速度,可使采动后底板的裂隙不能得到充分扩展,从而减小底板的破坏深度。此外,应尽量使工作面保持匀速推进,避免工作面长期停顿不采。

(6)合理地确定工作面推进方向。在布置采煤工作面时,应尽量避免工作面的周边与高角度断层靠近和平行,避免工作面推进方向与高角度的断层走向垂直,但可以与断层走向斜交。其目的是避免工作面的底板剪切带与断层带重合,造成良好的突水通道。

复习思考题

1. 简述国内外"三下一上"煤炭开采的发展概况。

2. 说明地表的非充分采动、充分采动和超充分采动的意义,分析非充分采动、充分采动及超充分采动时地表移动和变形特征。

3. 说明在开采过程中地表移动和变形的发展规律。

4. 分析说明上覆岩层性质、开采深度、开采煤层厚度、煤层倾角、采区尺寸及断层等对地表移动和变形的影响。

5. 说明地表移动和变形预计的概率积分法原理;分析有关计算参数(下沉系数、开采不充分的采动系数、主要影响角的正切、水平移动系数、拐点移距等)的意义及确定方法。

6. 分析说明在建筑物及村庄下采煤时,地面建筑物的破坏特征以及在建筑物和村庄下采煤时的开采技术措施。

7. 说明条带采煤法的实质,分析条带采煤法有关参数(采宽和留宽)的确定原则和方法。

8. 说明铁路下采煤的特点和铁路下采煤的安全技术措施。

9. 说明水体下采煤的特点和水体下采煤应采取的安全技术措施。

10. 说明防水安全煤岩柱、防砂安全煤岩柱及防塌安全煤岩柱的意义、适用条件及确定方法。

11. 说明承压水体上采煤的特点,分析地质条件和矿山压力对底板突水的影响。

12. 说明承压水体上采煤的开采方案及安全技术措施。

第二十四章　深矿井开采

第一节　概　　述

一、深矿井开采的主要特征

深矿井开采就是指开采埋藏在距地表一定深度（一般大于 800 m）的煤炭。在地表平坦的矿区，煤炭的埋藏深度与矿井井筒深度（垂直深度）大体相当，所以有人把深矿井开采叫深井筒开采。深矿井开采具有如下主要特征。

（一）地压大

深矿井开采的地压大主要表现为：

（1）原岩应力大。原岩应力包括自重应力、构造应力以及赋存在岩体中的水和瓦斯对岩体的压力等：自重应力与埋藏深度的关系为 $\sigma_z = \gamma H$，$\sigma_x = \sigma_y = \lambda \gamma H$（$\sigma_x$、$\sigma_y$、$\sigma_z$ 分别表示铅直方向和水平方向的自重应力；γ 为上覆岩层的平均重力密度；H 为埋藏深度；λ 为侧向应力系数，与岩性有关），当 H 大时，σ_x、σ_y、σ_z 也大。构造应力实际上是构造残余应力。当开采深度大时，构造应力由于释放困难，残余构造应力大。地下水和瓦斯赋存在岩体中，一般情况下，其赋存量和压力随赋存深度增大而增大。因而，在深矿井开采中原岩应力大。

（2）岩体塑性大。岩石的变形特性与受力状态有关：当侧向压力由零（单向受力）逐渐增加时，岩石的塑性会逐渐增加。在深矿井开采中，由于原岩应力大，主要是侧向应力的增加使岩体的塑性增大。当开采到一定深度时，岩体会进入完全塑性状态，此时，原岩应力为三向等压，即所谓的静水压力状态。

（3）矿山压力显现剧烈。矿山压力显现剧烈是深矿井开采中原岩应力大和岩体塑性大的主要表现。矿山压力显现剧烈表现为：

①　围岩移动量大，移动速度快。一般情况下，深矿井开采的巷道闭合量（顶底板移近量和两帮移近量）可达数百毫米，严重者会超过 1 000 mm。围岩移动速度最大为每日数毫米到数十毫米，甚至更大。有些巷道在开出后很短一段时间内就无法使用。如前联邦德国在采深为 1 200 m 时，巷道围岩移近量达原始的 40％ 以上；而前苏联统计表明采深从 600 m 开始，每增加 100 m，巷道顶底板移近率平均增加 10％～11％。当回采巷道在接近 1 000 m 采深时，顶底板移近率就达 40％，其中底鼓量占总移近量的 80％。底鼓量所占比重随采深增大而增大。

②　冲击地压发生频度高，冲击能量大。冲击地压是发生在巷道或采场围岩中的一种复杂的动力现象，以围岩的突然破坏为特征，当岩石受力达到岩石强度极限时，岩石将出现破坏，对于脆性大的岩石，其破坏伴随着弹性能的突然释放，而这种弹性能的突然释放，又会加

速岩石的破坏,形成煤(岩)炮或煤(岩)抛出或片帮。这就是冲击地压发生的机理和冲击地压显现。由此可知,冲击地压的发生取决于岩石的力学性能和受力状态。在深矿井开采中,岩体受力大,此时,若存在脆性大的岩层,就可能发生冲击地压。一般情况下,冲击地压发生的频度和冲击的能量会随开采深度的增大而增高,但当开采超过一定的深度时,随岩石塑性增大,冲击的频度和能量又会减小。

（二）地温高

地温是指井下岩层的温度。一般情况下,地温随深度增加而呈线性增加,其增高率用温度梯度(℃/hm)表示。在不同地质条件(不同地区,不同矿井)下,地温梯度不同。根据各国统计,地温梯度在 4 ℃/hm 左右。因此,在深矿井开采中地温一般都比较高。如前联邦德国煤矿平均采深为 900 m 时,平均地温 41 ℃,最大采深为 1 530 m 时,地温高达 60 ℃;法国劳伦煤矿采深在 1 000～1 300 m 时,地温为 30～45.5 ℃;波兰煤矿平均采深为 575 m,平均地温为 30～43.5 ℃。我国平顶山八矿采深为 550 m 时,地温为 33.2～36.6 ℃;孙村矿采深为 576～776 m 时,地温为 25～34.9 ℃。地温决定着井下采掘工作面的环境温度,即矿井温度。在深矿井开采中,矿井温度一般都比较高,会影响人体健康,有时甚至会远高于人体所能承受的最高温度。因此,在深矿井开采中,要保证工人身体健康,保证矿井正常生产,必须采取必要的降温措施。

（三）矿井瓦斯大

在深矿井开采中,矿井瓦斯大表现为:

（1）矿井瓦斯(绝对)涌出量大。矿井瓦斯(绝对)涌出量随开采深度增加而增大。据前苏联 1960～1985 年统计,平均开采深度增加 1 倍,矿井瓦斯涌出量却增加了 2.1 倍。顿巴斯矿区在 1990 年前的 10 a 中,由于开采深度的增加,矿井平均瓦斯涌出量由 20 m³/min 增至 35 m³/min,个别矿井高达 150～180 m³/min。矿井瓦斯涌出量随采深增加而增大的原因是:

① 一般情况下,煤层埋藏深,煤层瓦斯含量大。这主要由瓦斯的赋存条件决定。如图 24-1 所示是英国的研究成果。

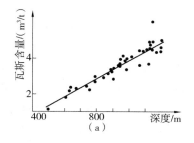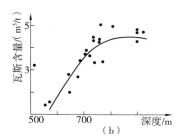

图 24-1　英国煤田地表钻孔中煤层瓦斯含量随深度变化曲线
(a)煤层瓦斯含量随深度增加呈线性增高;(b)煤层瓦斯含量随深度增加呈曲线增高

② 煤炭开采强度随采深增加而增大。矿井开采深度增加,开采难度增大。为保证矿井生产效率,需要加大矿井生产能力。

（2）瓦斯突出(煤与瓦斯突出)频度大,突出物量大。瓦斯突出的机理目前还没有定论,但人们公认与瓦斯突出有关的因素有:瓦斯赋存量和压力;煤(岩)物理力学性质和所受地压;地质条件等。这些因素随开采深度增加而增大。因此,一般情况下,瓦斯突出的频度和突出物量也随采深增加而增大。如前联邦德国,煤矿采深年平均增加 10～12 m,1971～1975 年间发生瓦斯突出次数为 80 次(年平均 16 次),为此 1976 年矿业安全管理局制订了防突规程并强制实施。但在 1976～1981 年间仍发生瓦斯突出 169 次(年平均 28 次)。前联邦德国统计的瓦斯突出物量与开采深度的关系如图 24-2 所示。我国近年来随着开采深度的增加,瓦斯突出的频度也明显增大。

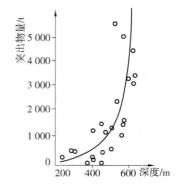

图 24-2 前联邦德国矿井平均煤(岩)与瓦斯突出物量和开采深度的关系

但当开采达到一定深度时,瓦斯突出的频度又会减小。

对于深矿井开采的这些特征,在不同地质条件下表现的深度不同;因此,不能简单地用开采深度来定义和判断一个矿井是否属深矿井开采。但是为了讨论方便,可以用平均开采深度来划分深井。如前苏联的划分标准为深度大于 1 000 m,南非为深度大于 1 500 m,我国为深度大于 800 m。仅可作为参考。

二、深矿井开采的发展

深矿井开采作为煤炭开采的一个阶段具有普遍性。一般当浅部煤炭采完后,开采逐渐向深部发展而进入深矿井开采。对于深矿井开采的研究也是随着开采深度的增加而深入。表 24-1 是 1994 年世界一些主要产煤国家的矿井平均开采深度。

表 24-1　　　　　　　1994 年世界一些主要产煤国家矿井平均开采深度　　　　　单位:m

中国	美国	俄罗斯	印度	德国	澳大利亚	波兰	南非	英国
370*	90	514	150	928	250	610	200	570

* 为 1993 年资料。1995 年国有重点煤矿做过统计,平均深度达 428 m。

由表 24-1 可知,德国目前的开采深度最大,波兰、俄罗斯、英国等次之。这些国家同时也是对深矿井开采研究较早、较多的国家。它们在深矿井开采的地压控制、制冷降温以及瓦斯管理等方面做了大量研究,并取得了许多成功的经验。如前苏联在 20 世纪 60 年代就开始对深矿井地压进行研究,前联邦德国 1976～1987 年曾多次举行"深部岩层控制理论与实践"研讨会。英国在 20 年代就开始在采区使用制冷机,南非在 60 年代开始使用矿井集中式空调。前联邦德国在 80 年代末矿井空调使用率就已接近 100%。矿井制冷设备总台数超过 500 台,总制冷能力超过 300 MW。波兰使用矿井空调较晚,但发展很快,从 1983 年开始到 1991 年井下空调装置的总制冷量达 72 MW。前苏联从 60 年代开始,在研究深井地压的同时,就在不同矿区采取预抽采瓦斯超前孔、煤层注水、放震动炮等防止煤和瓦斯突出的措施,并取得显著效果,前联邦德国在 1976 年就制定了有关防止煤和瓦斯突出的规程。

与上述国家相比,我国目前矿井平均开采深度还不算很深。但是由于我国煤炭开采早,煤炭产量大,我国深矿井开采的历史比较长,目前深矿井开采的矿井数目也比较多。据统计,1995 年我国开采深度超过 800 m 的国有重点煤矿已有 25 个,这些矿井的开采深度和开拓特征见表 24-2。

表 24-2　　　中国国有重点煤矿目前采深≥800 m 的生产矿井的采深和开拓特征

序号	矿区　矿	目前采深/m	设计生产能力/(Mt/a)	开拓方式	序号	矿区　矿	目前采深/m	设计生产能力/(Mt/a)	开拓方式
1	沈阳　红菱	812	1.50	立井多水平	11	开滦　马家沟	936	0.90	立井多水平
2	开滦　吕家坨	828	1.50	立井多水平	12	新汶　华丰	942	0.90	斜井
3	徐州　权台	833	0.90	立井多水平	13	北票　台吉矿立井	972	0.75	立井多水平
4	抚顺　龙凤	834	1.80	立井多水平	14	开滦　唐山	977	2.10	立井多水平
5	抚顺　老虎台	844	3.00	综合(主斜副立)	15	北京　门头沟	1 008	1.20	综合(主斜副立)
6	舒兰　营城九台立井	856	0.75	立井多水平	16	徐州　庞庄张小楼	1 038	0.45	立井
7	鸡西　小恒山	880	2.40	综合(主斜副立)	17	新汶　孙村	1 055	0.60	综合(主斜副立)
8	开滦　林西	900	2.30	立井多水平	18	北票　冠山	1 059	0.81	立井多水平
9	阜新　王家营	906	1.20	立井单水平	19	开滦　赵各庄	1 160	2.30	综合(主斜副立)
10	长广　牛头山七矿	924	0.45	立井	20	沈阳　彩屯	1 199	1.50	立井多水平

　　根据我国目前煤炭工业发展的速度,矿井开采深度每年平均增加约 9 m,这就是说,今后每年都有一些矿井进入深矿井开采。

　　我国对深矿井开采的研究还较少。但是,随着矿井的增多、深矿井开采问题的日益突出,必然会推动我国深矿井开采研究的迅速发展。

第二节　深矿井井田开拓

一、开拓方式

（一）立井开拓

　　立井开拓是深矿井开采中使用最多的一种开拓方式。表 24-2 中所列的 20 个矿井中,有 14 个矿井采用立井开拓,这是因为立井(和斜井相比)具有如下特点:

　　（1）井筒短。作为副井相当于相同垂深斜井(25°)长度的 42％,作为主井仅相当于相同垂深斜井(带式输送机运煤,17°)长度的 29％。

　　（2）井筒开凿工程量小,建井工期短。

　　（3）提升距离短,一次提升时间短,辅助提升能力大。

　　（4）管缆敷设距离短,有利于排水、供电、供水、供压气以及通信等。

　　（5）用做通风井时,通风距离短,风压损失小。

　　上述优点随开采深度的增加而更加突出,因此立井开拓在各种开拓方式中所占比重随开采深度增加而增大。

（二）主斜井、副立井综合开拓

在深矿井开采中,使用较多的另一种开拓方式是主斜井、副立井的综合开拓方式,在表24-2中所列的矿井中有5个矿井采用这种开拓方式。采用这种开拓方式的优点是:

（1）主斜井采用带式输送机运输,运输能力大,运输连续性和稳定性好,运输安全,容易管理,容易实现自动化。

（2）用立井做副井充分利用了立井的长处。

这种开拓方式发展的基础是斜井大运量、大长度带式输送机的应用。另外,随着大倾角带式输送机的研制,斜井长度可缩短,斜井作为主井的优点将更加突出,这种开拓方式的应用前景将更好。

（三）平硐开拓和斜井开拓

这两种开拓方式目前应用较少。

综上所述,在选择深矿井开拓方式时,一般应优先考虑立井开拓或主斜井副立井综合开拓,而且还要根据具体条件认真分析有没有采用其他开拓方式的可能,在确定开拓方式时要进行技术分析和经济比较。

二、井筒位置和数目

井筒和工业场地的压煤量一般随开采深度增加而增大,过多的压煤不仅会影响矿井可采储量和服务年限,而且会影响矿井的开拓部署。因此在选择井筒位置时,应尽量减少压煤量。

深井筒开掘工程量大,开掘时间长,投资大,所以在深矿井开采中,尤其是深井筒的深矿井开采中井筒数目较少,一般一个主井,一个副井,分别兼做进、回风井;但当矿井生产能力大时,需要布置一个专门的风井,为了保证风量,风井断面可适当加大。

三、大巷布置

在深矿井开采中,为了减少大巷的维护工程量和维护费用,实现矿井集中生产,目前在煤层群开采中,运输大巷更多采用集中布置,大巷位置选择在坚硬而稳定的岩层中。上山布置可视煤层层间距不同采用集中上山或分层（组）上山布置。

四、深矿井延深

根据深矿井开采的概念,深矿井可以分为:

① 直接开凿井筒至深矿井的深部,如淮南谢李深部。

② 经过若干次延深而形成的深矿井,如开滦唐山矿。

第三节　深矿井开采的矿压控制

在深矿井开采中,由于地压大,巷道从掘进到报废要经受比较大的变形和破坏。有些巷道需要反复维修,从而造成巷道的维护费用高出掘进费数倍。有些巷道甚至掘成后就无法使用,而且难以维修,需要报废重掘,严重影响矿井生产。如新汶孙村矿在-600 m 水平（距地表垂深 800 m）开采中,某工作面回风巷在掘成后不到一个月,巷道断面由 5.2 m² 缩小为

$1\sim2\ m^2$ 且受采动影响继续收缩;另一工作面回风巷掘进断面 $5.7\ m^2$,使用前已大修 3 次且使用时只能维持 $1\sim2\ m^2$ 断面,该巷维修费相当于掘进费的 $3\sim4$ 倍。因此,掌握深矿井地压规律,合理布置、支护和维护巷道就成为深矿井开采的一项重要任务。

一、巷道布置

根据深矿井地压的特点,巷道布置要掌握好以下三个原则:

(1) 开拓和准备巷道应布置在岩石力学性能好的岩(或煤)层中。岩石力学性能好指岩石强度大、破坏小(弱面少)。

(2) 巷道应布置在受采动影响小的位置。具体做法有:

① 在采空区下方掘巷。

② 在采空区垮落矸石中成巷。

③ 加大大巷或上山距煤层底板的垂直距离,如新汶孙村矿由 $-450\ m$ 水平的 $28\ m$ 增大到 $-600\ m$ 水平的 $40\sim50\ m$。

④ 跨巷道(大巷或上山)采煤。

⑤ 沿空掘巷。

⑥ 沿空留巷。

(3) 缩短巷道服务年限。缩短巷道服务年限主要是指缩短准备巷道和回采巷道的服务年限,而且重点是那些变形大、破坏严重需要反复维修才能继续使用的巷道。

缩短区段平巷服务年限的措施有:

① 采用区段集中平巷,分层或分煤层平巷采用超前平巷。这种方法虽在浅部开采中使用越来越少,但在深部当巷道维护困难、维护费用增大时,它将是一种较好的办法。

② 采用前进式开采。

③ 减小工作面推进长度。工作面推进长度是工作面的一个重要参数,近几年我国综采面一直在加大推进长度,有些目前已超过 $2\ 000\ m$,其目的是为了减小工作面搬家的影响。但当巷道维护困难、维护费用增大时,即使是综采,也应适当缩短推进长度,以求缩短区段平巷的服务时间,减少巷道维护费用。一些既能缩短区段平巷服务时间又能保证工作面推进长度的方法也值得借鉴,如跨上山采煤和设前上山连续采煤等。

缩短准备巷道服务时间的途径是增加采区的集中生产程度,提高采区生产能力,能够缩短准备巷道服务年限,但应保证采区正常接替。

二、巷道支护

在深矿井开采中,巷道支护结构应满足如下要求:

(1) 支护强度大,能抵抗高地压。

(2) 可缩性能好,可缩量大,能适应围岩的大变形。

(3) 封闭性能好,能够有效地防止底鼓。

一般单一品种的支架很难同时满足这些要求,因此在高地压区或软岩巷道,多采用封闭的多种支架共用的复合支护结构。

在我国煤矿,目前还极少使用圆形断面的巷道,因为这种巷道断面的利用率很低。但有采用拱形断面加反拱或加底梁的情况。较多采用以锚杆或拱形可缩支架为主体的复合支护结构,如锚喷,锚—喷—网,锚—网—梁—喷,锚—喷—网—架以及混凝土(料石)拱—架等。实践证明锚喷和拱形可缩支架具有良好的可缩性,只要增加自身的支护强度或与其他支护结构相结合能够满足高地压、大变形巷道的支护要求,具有施工简单、方便、支护费用低等优点。前苏联研究表明,用锚杆或锚杆配合架棚支护的巷道,巷道围岩移动量比单用架棚小33.3%～67%。

三、巷道维护

在深矿井开采中,对于在高地压区掘进的巷道,除了采取有效的支护结构来控制巷道的变形和破坏外,还可以在巷道形成前后或形成期间采取相应的措施来减小巷道受压,即卸压或加固围岩,以达到保护巷道的目的。

(一) 卸压法

1. 超前导硐

超前导硐是在大断面巷道中先开一个小断面导硐,然后扩大导硐达到设计断面。导硐和扩巷相隔一定时间,其目的就是通过导硐释放围岩压力以减小成巷后支架的受力和变形。

这种方法卸压效果明显,对后期巷道维护十分有利,一般不需要增加支护费用,但要影响巷道掘进速度。

2. 爆破卸压

爆破卸压就是用爆破松动围岩,实现卸压。最常见的是底板卸压,即在巷道掘进工作面后方一定距离,由底板向下打一组钻孔(至少 3 个),装入炸药爆破,在孔底形成爆破松动区,各孔松动区相连而在底板中形成松动带。松动带岩石吸收和减缓了外部压力对底板的作用,从而减小了巷道底鼓量。

爆破卸压的技术难点是确定爆破参数:钻孔直径、钻孔深度、钻孔间距、装药量和钻孔的方向等。爆破参数因围岩条件不同而不同,因此,各矿井在采用时应进行必要的试验。

爆破卸压操作简便,费用低,当爆破参数选择合理时能够收到较好的卸压效果。

爆破卸压的另一种形式是在工作面向前方打深钻孔进行爆破卸压,这种卸压与底板卸压机理不同,属超前卸压。超前松动卸压不但能够减小巷道后期变形,更重要的是能够预防瓦斯突出和冲击地压。因此在瓦斯突出和冲击地压严重的情况下使用较多。

3. 钻孔卸压

钻孔卸压就是在围岩中打钻孔,通过钻孔变形实现卸压。卸压钻孔布置如图 24-3。钻孔卸压的卸压效果与钻孔直径、孔间煤体宽度、钻孔深度、钻孔与工作面的相对位置以及钻孔布置的范围等参数有关。前苏联的研究表明,钻孔孔间煤体宽度与钻孔直径之比为 0.8～1,且钻孔紧跟工作面时卸压效果最好。他们的经验是:钻孔直径 300 mm,孔间

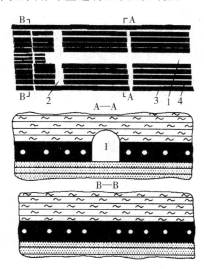

图 24-3　卸压钻孔布置图

1——运输平巷;2——开切硐室;

3——钻孔;4——孔间煤柱

煤体宽 $150\sim300$ mm，孔深 10 m。钻孔范围视围岩条件决定。

钻孔卸压对减小巷道底鼓、两帮移近量以及冲击地压都有显著的效果。但是由于钻孔工作量大，耗工耗时多，费用高，这种方法目前应用很少。

4. 宽巷卸压

巷道掘进宽度大于使用宽度，仅支护使用宽度，宽掘部分可自由变形。这就是宽巷掘进。与此类似的方法是在巷道底脚向两帮掏槽。用这种方法进行卸压，就是宽巷卸压。宽巷卸压对底鼓和两帮移近量大的巷道有较好的卸压效果，但由于巷道宽度增大，支架受力加大。

除上述卸压方法以外，还有一些专门用于控制冲击地压的卸压方法，如开采解放层、煤层注水等。

（二）围岩加固法

围岩加固的目的是提高围岩的自支撑能力。围岩加固的方法有两种：机械加固，锚杆是最常用的机械加固方法；化学加固，即将化学材料注入围岩裂隙内，凝固后能在围岩中起到黏结的作用，从而达到加固的目的，这就是化学加固。

目前化学加固所用的化学材料有水泥浆、合成树脂和聚氨酯等。水泥浆成本低，但加固效果差；聚氨酯在与围岩反应时发泡，体积膨胀，凝固迅速且具有塑性和较高的黏着能力，因此加固效果最好，但成本高；合成树脂加固效果和成本介于二者之间，是目前国内外使用最多的一种化学加固材料。

化学加固多用于围岩裂隙发育的巷道中。

第四节　深矿井开采的地热和瓦斯控制

地热和瓦斯在煤矿开采中普遍存在。解决地热和瓦斯问题的传统方法是加强矿井通风。但是当进入深矿井开采后，由于地热和瓦斯大，仅靠通风有时不能使矿井温度和瓦斯达到规定的环境标准。因此，在深矿井开采中，要有效地控制地热和瓦斯，除了搞好矿井通风外，还要采取一些专门的方法和措施。

一、地热控制

地热控制就是控制矿井温度，即把较高的矿井温度降低到允许的温度。地热控制有效的方法是在矿井或采区安装空调机，进行制冷降温。

安装矿井空调需要增加制冷设备投资和制冷设备运行费用，从而增加矿井投资和煤炭成本。矿井空调在一些发达国家使用早、发展快。他们使用和发展的情况如下：

（一）空调的安装采用集中式和分散式两种

集中式空调安装在地面或井底车场，为全矿井服务；分散式则安装在采区或工作面，为采区或工作面服务。分散式设备投资小，安装简单，使用较早，但制冷量小，降温调节范围小，运行费用高，故目前多使用集中式设备。

（二）空调机制冷量大

随着矿井空调由分散向集中发展，以及地温增高，空调制冷量有加大趋势。如前联邦德国地面集中空调的制冷量大都在 10 MW 左右，平均每个矿井的制冷机容量为 8.5 MW。

（三）矿井空调发展快

随着对矿井空调研究的深入，安装空调的矿井越来越多，矿井空调的总制冷量逐年增加。如前联邦德国在 20 世纪七八十年代，大规模发展空调，空调制冷量平均每年增加 30 MW。前苏联、波兰等国也在不同时期经历了大规模发展的阶段。这些国家矿井空调技术都达到了比较高的水平。与这些国家相比，我国在矿井空调发展方面存在较大差距：

（1）矿井空调发展缓慢。我国从 20 世纪 80 年代开始研究矿井空调，"平顶山八矿矿井降温技术研究"是"七五"国家科技攻关项目。但到目前，仅有少数矿井采用空调，矿井空调总制冷量小。

（2）空调安装多采用分散式，大多仅用于采掘工作面降温。

（3）空调设备质量不过关，使用中故障多，使用寿命短。

在矿井空调技术方面的以上差距也反映了我们在深矿井开采中的差距。对矿井空调的认识不足，重视不够。空调虽然会增加矿井负担，但它是我们深矿井开采中解决热害问题的一种必要手段。

二、瓦斯控制

深矿井开采的瓦斯控制有两个内容：一是控制矿井瓦斯涌出量；二是防止煤与瓦斯突出。相比之下，后者更为重要。由于深矿井开采中瓦斯特征与浅部开采的高瓦斯及煤与瓦斯突出矿井的瓦斯特征基本相似，作为瓦斯控制的方法和手段也基本相同，如开采解放层、瓦斯抽采、煤层注水、放震动炮等。在深矿井开采中瓦斯控制有如下特点：

（1）瓦斯赋存条件及作用机理复杂，防止瓦斯突出难度大。高瓦斯压力、高地压单独或共同作用都可能引起煤与瓦斯突出。因此，预防瓦斯突出应采取综合措施，如卸压与防突并重的深孔卸压，煤层注水松动，放震动炮等措施。

（2）瓦斯突出的地点和时间不确定，防止瓦斯突出工作量大。在浅部开采中，煤与瓦斯突出一般发生在比较固定的地点，如在石门揭煤处。但在深矿井开采中，瓦斯突出则可能在任何时间发生在采掘工作面任意位置。所以，瓦斯控制的措施主要是防突。

（3）瓦斯抽采是降低矿井瓦斯涌出量的有效手段。当开采深度大，矿井通风难度大，要靠通风降低矿井瓦斯需要花费很大代价，甚至不可能。因此，瓦斯抽采就成为深矿井瓦斯控制的重要手段。

复习思考题

1. 深矿井的含义是什么？为什么说对深矿井开采的研究具有重要意义？

2. 从目前世界上的深矿井开采来看，在深矿井开采的研究中要重点解决哪些问题？我国与先进国家在研究解决这些问题上存在的主要差距有哪些？

3. 深矿井开采中地压大主要表现在哪几个方面，它给开采会造成哪几个方面的影响？

4. 深矿井开采中的巷道地压控制主要有哪些方法和措施？

5. 地热给深矿井开采造成什么影响，目前在深矿井开采中控制地热的主要方法是什么？

6. 在深矿井开采中，矿井瓦斯涌出有什么特征，主要采取哪些措施来预防？

7. 在深矿井中为什么多采用立井开拓方式或主斜井—副立井综合开拓方式？

第二十五章 水力采煤

水力采煤是指利用水力来完成矿井生产中采煤、运输、提升等生产环节的全部或部分工作的开采技术,简称水采。

继前苏联在 20 世纪 30 年代首次试验成功和应用水采之后,中国、波兰、德国、日本、英国、印度、美国和加拿大等国自 50 年代中期均相继进行了研究、试验,曾达到一定生产规模的有前苏联、中国、日本、德国和加拿大。到 90 年代保持一定规模、年产量 8.00～10.00 Mt 的只有中国和俄罗斯。

我国是试验和应用水采较早的国家之一,自 1956～1957 年在开滦和萍乡矿区试用水采成功之后,相继在峰峰、淮南、北票、鹤壁、肥城、枣庄、南票、通化和鹤岗等十余个矿区的新老矿井中推广应用,并取得了较好的经济效益,为实现煤炭机械化开采的技术途径之一。

第一节 水力采煤的生产系统

一、水采矿井的基本类型

水采矿井按其生产系统的水力化程度可分为全部水力化矿井和水旱结合的部分水力化矿井两种类型。

(一)全部水力化矿井

这类矿井的绝大部分产量都是利用水力来完成的。按其煤的运提方式的不同又可分为:

(1)全部水力采、运、提的水力化矿井。在这种水采矿井中,煤的破落、运输和提升工作全部利用水力完成(如枣庄八一矿),其生产系统如图 25-1 所示。

清水池(1)的清水通过高压供水泵(2)变为 6～20 MPa 的高压水,经高压供水管路(3)向采煤工作面水枪(4)供水。由水枪喷嘴喷射出的高压水射流冲击煤体并使其破碎。破落下来的煤和水混合成煤浆,由采煤工作面经过具有一定坡度的溜槽(5)自流到煤水硐室,在煤水硐室入口处设有脱水筛(6),粒度小于筛条间隙的筛下品进入采区煤水仓(9),而粒度超限的筛上品用输送机(7)运到破碎机(8)加以破碎,使其粒度符合要求后运送回采区煤水仓。采区煤水仓中的煤浆由煤水泵(10)经煤水管路(11)排到井底煤水仓(12),再用煤水泵将其提升到地面选煤厂(13)进行洗选和脱水。脱水后的煤运送到铁路煤仓(14)并装车外运,析出的水经清除其中所含固体微粒后输回清水池循环使用或作为废水外排。矿井的矸石、材料和设备等的运提仍采用旱运、旱提方式,因此,它的辅助运输系统与旱采矿井大体相似,只是运输能力较小。

(2)分级运提的全部水力化矿井。这种矿井与全部水力采、运、提的矿井主要区别在于

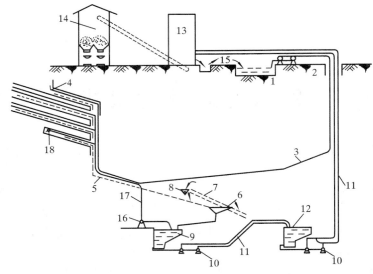

图 25-1　全部水力采、运、提的水力化矿井生产系统示意图

1——清水池；2——高压供水泵；3——高压供水管路；4——采煤工作面水枪；5——溜槽；
6——脱水筛；7——带式输送机；8——破碎机；9——采区煤水仓；10——煤水泵；
11——煤水管路；12——井底煤水仓；13——选煤厂；14——铁路煤仓；15——补给循环水；
16——掘进供水泵；17——掘进供水管路；18——掘进水枪

煤的运输和提升采用水旱分级运提方式，即从采区到地面，粒度较小的煤采用水力运提，而粒度较大的煤则采用旱运、旱提方式（如开滦吕家坨矿）。其分级粒度界限视具体选煤工艺等条件而定，我国当前多按 1 mm、3 mm、6 mm 或 25 mm 分级，大于分级粒度的采用旱运、旱提。其生产系统如图 25-2 所示。

与图 25-1 的对比可见，两者生产系统基本相同。其区别仅在于，在图 25-2 所示的水采矿井中，煤浆经脱水筛(6)分离出来的筛上品由输送机(11)运送到采区煤仓(12)，再装入矿车(13)用电机车运到井底车场，卸入箕斗煤仓(14)，用箕斗(15)提至地面。而筛下品则采用水力运提方式运送至地面。

这种水采矿井采区以外的辅助运提工作可利用其运煤的旱运、旱提系统完成，一般不再另设专门的供辅助运提用的生产系统。

（二）水旱结合的部分水力化矿井

这类矿井中仅部分产量是利用水力完成的。它包括：

（1）水旱两套生产系统的矿井。在这种矿井中，由于井田内煤层赋存及地质条件变化较大，为取得好的经济效益，既有水采采区，又有旱采采区，矿井设有水采和旱采两套生产系统。

（2）用水力完成部分生产环节的矿井。这种矿井中只有一部分生产环节用水力完成，而其余部分则采用旱采的设备及生产方法进行。例如，采用水力落煤和运煤，而用箕斗或罐笼提煤；或采用普通机械化落煤，而用水力运煤和提煤等。

水旱结合的部分水力化开采矿井，在我国目前的水采井（区）中占有一定数量（如枣庄陶庄矿、鹤岗峻德矿等）。

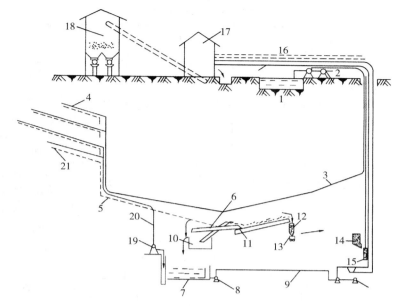

图 25-2　分级运提的全部水力化矿井生产系统示意图

1——清水池；2——高压供水泵；3——高压供水管路；4——采煤工作面水枪；5——溜槽；
6——脱水筛；7——煤水仓；8——煤水泵；9——煤水管路；10——斗子捞坑；11——输送机；
12——采区煤仓；13——矿车；14——箕斗煤仓；15——提升箕斗；16——带式输送机；17——选煤厂；
18——铁路煤仓；19——掘进供水泵；20——掘进供水管路；21——掘进水枪

二、水采生产系统简介

综上所述，水采生产系统主要包括高压供水系统、煤水运提系统和脱水系统。

（一）高压供水系统

包括供水水源、高压供水泵、高压供水管路和水枪。

（1）供水水源。充足适用的水源是水采的必要前提之一。对水源的基本要求是：水量充足，水中含固体颗粒杂质少，酸度低，取用方便。地面的河流、湖泊、水库、矿井涌水及用钻孔从含水岩层或溶洞取水均可作为供水水源。今后应在研制新型高效耐蚀供水泵的基础上，发展利用矿井涌水作为供水水源，这样不仅可缓解一些水采矿井水源匮乏的矛盾，而且可大大节省矿井能耗。

高压供水方式视水源的补给方式不同可分为开式供水和闭式供水两种方式。开式供水时，水采各生产环节用水全部由水源供给，而生产用过的水不再复用，作为废水排放。闭式供水时，生产用过的水经澄清净化后，再输回供水系统予以循环使用，因此又称循环供水。闭式供水方式不仅节约水资源、降低电耗，而且克服了开式供水时大量废水外排，污染环境的问题。近年来，随着水采工艺及技术装备的不断完善和发展，生产用过的水，经过处理可以满足供水的水质要求，加之随着环境保护日益受到重视，循环供水势在必行。因此，宜优先采用这种供水方式。

（2）高压供水泵。它是高压供水系统的核心设备，常用的有往复泵和离心泵两类。目前我国水采井（区）中均采用分段式多级离心泵，常用的供水泵型号及性能见表 25-1。

表 25-1　　　　　　　　　　　　　常用供水泵主要技术特征

型　　号	级数	扬　程 /m	流量 /(m³/h)	效率 /%	电机功率 /kW	转数 /(r/min)	注
200D—65	6～10	369～610	280	68	680～850	1 480	不能串联
150D—170	7～9	1 138～1 462	162	65	1 000～1 250	2 980	不能串联
DQ DZ 280—100	8～12	800～1 200	280	70	1 000～1 600	2 950	DQ——前段泵，DZ——后段泵，串联运转时最高出口压力 20 MPa
GZ270—150	5～9	750～1 350	270	70	1 000～1 600	2 980	可串联运转(做后段泵)，最大允许出口压力 20 MPa
DZW300—60	3～12	180～720	300	70	300～1 050	1 480	可串联运转，允许出口压力 12 MPa
D DZ 300—65	3～10	195～650	300	76	300～850	1 480	D，DZ 前后段泵，串联运转时最高出口压力 13 MPa
D DZ 300—80	6～12	480～960	300	72	680～1 250	1 480	串联运转时最高出口压力 19 MPa

目前水采井(区)中，供水压力一般为 12～20 MPa。在开采较硬煤层而需要较高供水压力时，可串联使用高压供水泵。高压泵站可设于地面或井下，原则上使泵站位于供水水源附近较为有利。

现在我国水采井(区)均采用一泵一枪的集中供水方式，即各生产工作面按统一作业图表依次轮流用水，同一时间内一套供水泵只向一台水枪供水，以保证破煤时所需要的射流流量，提高破煤能力。

此外，我国目前多数水采井(区)中的巷道掘进采用炮掘(或机掘)水运方式，该方式用水次数多，时间长且不固定，一般只需用低、中压水(0.6～2 MPa)；掘进供水的要求与回采水枪用水不同。因此，一般设有单独的掘进供水系统。常用的掘进供水方式有污水泵供水(以煤水仓污水为水源，用污水泵把污水排往掘进工作面)、排水泵供水(将排水管与掘进用水管接通，靠排水泵压力供水)、地面静压供水(以地面清水池为水源，利用静压直接通过管路把水输往掘进工作面)。这三种方式各有优缺点，选择时应根据矿井具体条件进行比较后再予确定。

(3)高压供水管路。水采矿井的高压供水管路一般比排水管路复杂，而且经常随开采工作的进展而拆移。高压水管一般采用无缝钢管，其管径的选用要视具体情况而定。管径愈大，阻力损失愈小，但是管径过大时，不仅投资增大，而且增加了装卸和搬运的困难。

高压供水管按设置地点和使用期限分为主干管、支干管和支管。主干管铺设在井筒、井底车场、运输大巷和石门等巷道中。由于它的使用期长，拆运条件好，可选用较大的管径，目前多采用内径 250 mm 或 300 mm、壁厚 10～15 mm 的钢管。支管铺设在采区上山、区段运输巷和分段上山等巷道中，由于它的使用期不太长，拆运条件不太好，应适当减小管径，目前多采用内径 150 mm 或 200 mm、壁厚 7～10 mm 的钢管。支管铺设在回采眼或回采巷中，由于它的使用期短，需要经常拆移，且拆运条件差，宜选用较小的管径，目前多采用内径 125 mm 或 150 mm、壁厚 7 mm 的钢管。

　　高压供水管间的连接,过去干管多采用法兰盘或焊接,支管则采用快速接头连接。近年来,由于快速接头逐渐改善,干管中也逐渐改用快速接头连接。此外,为调节控制供水,在管路中需设置各种闸门。

　　(4)水枪。它是水采矿井主要采掘设备之一,是形成高压水射流和控制射流冲击方向而进行破煤的主要工具。按其操作和移动支设方式可分为手动水枪、液控水枪(包括程序自动控制水枪)、自移液控水枪。

　　手动水枪结构简单,维护方便,造价低,操作人员可直接监视破煤情况。但手动水枪操作的劳动强度大,由于是跟枪操作,冲采时易发生返煤伤人,特别是在射流水压较高的情况下,安全性较差。

　　液控水枪机械化程度高,动力单一,射流破煤效果好,可离枪操作,安全性较好,是今后的技术发展方向。近年来,我国已研制成功几种性能较好的液控水枪,如 YSS 型水介质液控水枪和 YSA 型油介质液控水枪,二者的工作介质不同,但动力源均是水枪压力水,离枪操作距离 5～10 m,经现场试用,已取得显著效果,现正在进一步改进和研制其他新型液控水枪。

　　我国已试制了多种型号的水枪,目前在我国的水采井(区)主要用的是手动水枪,其一般工作参数为:压力 12～20 MPa,流量 180～300 m³/h,有效射程为 15～20 m,喷嘴直径一般为 20～25 mm。常用的几种国产水枪性能如表 25-2 所示。

表 25-2　　　　　　　　　　　我国常用水枪性能特征表

水枪型号		工作水压 /MPa	外形尺寸 长×宽×高 /mm	重量 /kg	干管直径 /mm	操作力矩/N·m		5～15 m 间 射流传输效率
						上下	左右	
手动水枪	L—W	16	1 526×686×853	113.5	83	80	65	67%～75%
	吕—4	16	1 620×590×818	115	71	44	100	43%～44%
	QSSQ—200	20	1 520×600×829	145	96	235	137～275	64%～75%
	上海—14	12	1 480×620×815	120	90	147	110	52%～56%
液控水枪	YSS—2	20	1 561×676×961	175	96	118	147	54%～57%
	YSA	5～20	1 774×686×912	247.5	96			52%～57%

　　L—W 型水枪是性能较好的一种,我国应用比较广泛,其外形如图 25-3 所示。

　　冲采时,水枪司机操纵操作手把(4),高压水经枪筒(2)从喷嘴(1)喷出高压水射流,枪体上有垂直回转接头(3)和水平回转接头(5),便于枪筒向上下左右转动以调整射流方向。

　　(二)煤水运提系统

　　水采中煤的运提是借助水力完成的。水力运输是水采的一个基本生产环节。水力运输具有运输工作连续、设备简单、工作可靠、维修工作量较少及生产效率较高等优点。尽管它存在管路磨损较大、水力运输设备的能耗较多以及增加煤浆制备和脱水环节等问题,国内外仍十分重视发展这种运输方式。

　　水力运输按其设备和工作方式的不同,可分为明槽自流水力运输(也称无压水力运输)和管路水力运输(也称有压水力运输)。水采时,通常同时采用这两种水力运输方式。

明槽自流水力运输是指煤浆沿具有一定坡度的溜槽自流运输。除在巷道坡度较大,且其底板岩层遇水后不会膨胀或泥化的情况下,可直接沿底板进行水力运输外,一般均需沿巷道底板铺设溜槽。运煤溜槽多采用梯形或矩形断面的铁溜槽,也有采用料石、混凝土砌成的槽沟或辉绿岩铸板镶衬的铸石溜槽。为使煤水能将 200～300 mm 的大块煤顺利运走,要求巷道和溜槽具有一定的坡度,使煤水具有 2～3 m/s 以上的流速。影响明槽自流水力运输坡度的因素很多,主要有溜槽的材质、煤的密度、粒度、含矸率、煤水比以及巷道的平直程度和溜槽铺设质量等。一般情况下,其最小水力运输坡度如表 25-3 所示。

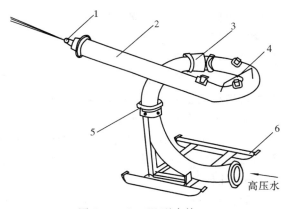

图 25-3 L—W 型水枪

1——水枪喷嘴;2——枪筒;3——垂直回转接头;
4——操作手把;5——水平回转接头;6——底座

表 25-3   溜槽的最小水力运输坡度

溜槽种类	铁溜槽	搪瓷或铸石溜槽	混凝土溜槽	直接沿煤层底板
最小水力运输坡度	4%～5%	2%～3%	7%	7%～9%

实际应用中,为保证溜槽自流水力运输可靠和畅通,常采用比该表所列数值略大的坡度。例如,采用铁溜槽时的坡度一般不小于 5%～7%,且煤的密度、块度、含矸率及煤水比愈大,溜槽愈不平直,所需的坡度愈大。近年来,我国一些矿区采用镶衬超高分子量聚乙烯塑料作底板的低阻溜槽,其实际应用坡度降到 3%～5%,降低水运巷道坡度,可减少三角煤损失和有助于解决 5°～7° 近水平煤层的水力开采问题。

我国水采井(区)中水采采区内部煤的运输一般都采用这种水力运输方式。

管路水力运输是利用机械设备的动力使煤浆沿管路输送,实现煤水的运提。我国常用的设备有煤水泵和喂煤机两类。

煤水泵管路水力运输是使煤和水都通过煤水泵升高压力,然后靠其与煤水管路出口端的压力差来驱动煤浆。它是我国水采井(区)中广泛采用的一种管道水力运输方式。该方式允许运输线路曲折变化,并且不受巷道坡度限制,既可用于水平巷道中煤的运输,又可用于倾斜巷道或垂直巷道中煤的向上运提。因此,水力采煤中,煤从采区到地面的运提常采用这种方式。我国常用煤水泵型号和主要技术特征如表 25-4 所列。

喂煤机管路水力运输是利用水力冲刷或机械输送方式把煤喂入排煤管路,然后借助清(污)水泵的排水压力,将喂入管路中的煤随水一起排往输送地点。该方式一般限用于全矿井的水力提升。它与煤水泵管路水力运输相比,因煤不经泵体,因此该方式具有机械磨损小、泵效率和扬程较高、排煤粒度较大等优点。但是,由于它存在系统比较复杂、硐室工程量较大、置换水处理较困难等缺点,目前只有个别水采矿井采用。

煤水管一般也使用无缝钢管,管径根据其输送能力大小选用,多为 200 mm、250 mm、300 mm 或 350 mm。

表 25-4   **煤水泵的型号和主要技术特征**

煤水泵型号	流量/(m³/h)	扬程/m	允许排煤粒度/mm	电动机功率/kW
12M×6×2A	800	300	50	1 250
M450—150/200	450 450	150 200	50 50	500 650
M750—250/300	750 750	250 300	50 50	1 050 1 250
DM300—60×3—13	300	180～780 240～600	3	240～1 050 320～800
DM360—75×3—12	360	225～900 240～600	3	360～1 600 320～800
DWB—200/8 或 10	300	630,790	3	1 000,1 250

　　煤水泵和煤水管磨损较快,为延长其使用寿命,煤水泵可采用耐磨的合金材料制作叶轮口环,在泵壳内镶嵌可更换的耐磨衬套,在煤水管中加设耐磨衬管等。

　　在明槽自流水力运输和管路水力运输连接处必须设置煤水硐室,以调节煤水来量、煤浆浓度,保证煤水泵的连续工作。它主要包括筛机硐室、煤水仓、煤水泵房及煤水通道等。煤浆经脱水筛分离,筛上品用输送机装仓旱运、旱提或用破碎机破碎后再和筛下品一并进入煤水仓,再用煤水泵经管路向外输送。

　　煤水仓分为压入式煤水仓和吸入式煤水仓。如煤水仓中的煤浆液面高于煤水泵时,称为压入式煤水仓,如低于煤水泵则称为吸入式煤水仓。与吸入式煤水仓相比,压入式煤水仓的主要优点是:输送煤浆的平均浓度较高,其平均水煤比为 2～3(吸入式为 4～6),因而输煤电耗较小;煤水仓的有效容积较大,对水采煤浆量变化的适应性较强;煤水泵房的布置和煤水泵的操作比较方便。其缺点是:煤水仓的标高损失较大,增大了呆滞煤量;仓体结构比较复杂,开拓工程量较大。总体来看,全部水力运提时压入式煤水仓较为优越,仅排细煤泥时吸入式较好。

　　(三)脱水系统

　　脱水是指把煤浆中的煤水分开,使煤中残留的水分达到国家规定的销售标准,并使脱出的水能够循环使用。水采矿井的脱水系统有与选煤厂相结合、地面专用脱水车间、简易脱水系统三种方式。

　　与选煤厂相结合的脱水方式是将煤浆经管路直接输送到本矿井或附近的选煤厂,结合选煤工艺进行脱水,这样既产精煤,又达到脱水的目的。这种方式具有脱水效果好、可提高煤质、经济效益显著等优点,是水采脱水较理想的方式,是今后的发展趋势。目前,我国水采矿井除少数外均已采用这种脱水方式。

　　地面专用脱水车间是为没有选煤厂的水采矿井而设置的,其脱水设备和脱水工艺与选煤厂相似,但没有煤的洗选设备。与选煤厂相比,两者的总投资和生产费用相差不多,但由于它没有洗选环节,煤质和经济效益不如选煤厂。因此,除特殊情况外,今后不宜采用这种脱水方式。

　　在简易脱水系统中,块煤用振动筛(或刮板筛)进行脱水,而粒度较小的末煤和粉煤则分别用捞煤机和沉淀池进行脱水。该脱水方式具有设备简单、投资少、建设期短等优点。但由于其脱水效果较差、含水率偏高、水质的净化处理效果不好、沉淀池占地多及清理沉淀池作业条件较差等缺点，一般限用在储量和产量都比较小的水采井（区）或水力复采区。

三、水采矿井的开拓特点

水采矿井的开拓原则与旱采矿井是一致的，二者的开拓部署基本相同。但由于生产工艺的差异，水采矿井开拓有下列主要特点：

（1）井田的划分。由于水采的生产能力高、增产潜力大，而采出率较低（一般约比旱采长壁工作面低 5％～10％），因此，为保证水采矿井能有足够的服务年限，井田的开采范围要大，矿井的可采储量要多。

（2）开采水平的划分。基于上述同样的原因，又考虑到水采的回采速度快、巷道掘进率高、易造成采区和水平接续紧张等因素，应适当加大开采水平（或阶段）垂高。这样，不仅使采区和水平的储量增加，缓和接续紧张的矛盾，而且可减少巷道工程量，改善矿井有关经济技术指标。但应注意，在加大水平垂高时，应使其与煤水泵的扬程、排量以及矿井的生产能力互相适应。

（3）水平大巷的布置。它与所选用的水力运输方式密切相关，当水平大巷采用明槽自流水力运输时，大巷应有 5％～7％以上的坡度；而当大巷采用管道水力运输时，其坡度一般为 0.3％～0.5％，而在各采区需建有采区煤水硐室。水平大巷采用明槽自流水力运输多限于井田一翼长度小于 1 000～1 500 m 的条件，如井田一翼长度较大或地质构造比较复杂，则宜选用管路水力运输。

（4）井巷断面。水力运提的设备简单，占用巷道断面小，所以，如无通风等其他条件的限制，水采矿井的井巷断面比旱采矿井小。我国水采矿井现用回采巷道的净断面，视煤层条件和工作面生产能力的不同，一般为 4.5～7.0 m²。

第二节　水力落煤与水力采煤方法

一、射流的破煤作用与破煤能力

从水枪喷嘴喷射到空气中的高速水流称为水枪射流。

视喷嘴出口处的水压不同，射流可分为低、中、高压和超高压射流。当前的水采均采用 3～8 MPa 和 8～20 MPa 的中、高压射流。

中、高压射流大致呈圆台形，其结构如图 25-4 所示。射流在喷离喷嘴（1）后，其断面不断扩大，密实的水流也逐渐分散为气液双相流。在最初的一段射流长度中，其水射流的中心部位保持一个密实的等速核心（2），该区间称为起始段；完全是气液双相流的区间（Ⅰ）称为基本段。

射流的轴向平均流速以单位时间内通过单位面积的液体流量来计算。在起始段中，射流轴线处的轴向平均流速近似不变，而在基本段中则随着与喷嘴距离的增大而减小（如图 25-4 中曲线 4 所示）。

当射流冲击煤体时，产生作用于煤体的压力，该压力称为射流的动压。它大体上正比于

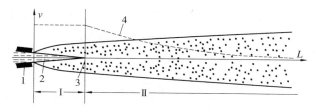

图 25-4　水枪射流的结构及轴向平均流速示意图

1——喷嘴;2——密实的等速核心;3——过渡断面;4——射流轴线处的平均轴向流速与离喷嘴距离的关系曲线

Ⅰ——起始段;Ⅱ——基本段

轴向流速的平方。整个射流的总作用力则称为射流的总打击力。

当射流冲击煤面时,如果射流的动压和由动压所衍生的拉应力、剪应力超过了煤体强度,则该范围内的煤体将被破碎。射流破煤一般分成两个步骤:第一步用射流在煤体中切割出具有一定面积和深度的裂隙或空洞,俗称掏槽;第二步用射流逐步破落洞隙周围的煤体,俗称落煤。

射流在单位时间内的破煤量称为破煤能力,俗称水枪生产能力。影响射流破煤能力的主要因素有:

(1)煤的力学特性。主要有煤体的强度和裂隙性,一般煤的抗压、抗剪、抗拉强度愈低,裂隙愈发育则破煤能力愈高。

(2)射流的力学性能。主要有射流的工作压力(或喷嘴出口处的水压)、射程和流量。实测表明,对各种煤体均有一临界压力,当射流的工作压力低于该临界压力时,射流的破煤能力趋近零。工作压力愈高则射流的轴向流速愈大,射流的动压总打击力愈大,从而破煤能力愈大。图 25-5 所示是我国部分水采矿井的水枪破煤能力与工作压力关系的统计资料。

选择合理的射流工作压力,要综合考虑煤层条件和生产条件等因素的影响,不宜过低或过高。过低时会降低射流的破煤能力,而过高时会造成经济上不合理。对此目前国内外尚没有比较切合实际的计算方法,主要是通过长期广泛的生产实践来进行类比确定。表 25-5是根据我国生产实践总结出的在不同类型煤层条件下,较合理的射流工作压力。

从喷嘴出口到冲击点的射流行程称为射程。由于射流的轴向流速随射程的增加而减小,因此其破煤能力也随射程的增加而下降。图 25-6 所示是破煤能力与射程关系示意图。

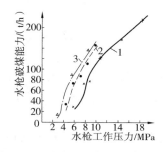

图 25-5　水枪工作压力与统计的水枪破煤能力的关系

1——杨庄矿;2——枣庄八一矿;3——北票冠山矿

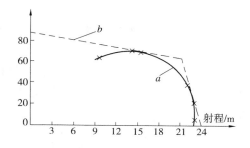

图 25-6　射流破煤能力与射程关系示意图

a——某矿实测曲线;b——K. Matsmmoto 理论折线

由图 25-6 可见,当射程增加到一定值时,水枪破煤能力随射程的增加而急剧下降到趋于零。把水枪破煤能力开始急剧下降时的射程称为水枪有效射程。我国现用水枪有效射程一般为 15～20 m(煤愈软、工作压力愈高、喷嘴直径愈大则有效射程也愈大)。

表 25-5　　　　　　　　　　　　　合理的射流工作压力

煤层类别	软硬程度	普氏系数	工作压力推荐值/MPa	备　注
Ⅰ	极　软	$f \leqslant 0.5$	$\leqslant 6 \sim 8$	
Ⅱ	软	$0.5 < f < 0.8$	$8 \sim 12$	
Ⅲ	中　硬	$0.8 < f < 1.2$	$12 \sim 16$	
Ⅳ	硬	$1.2 < f < 1.5$	$18 \sim 20$	
Ⅴ	坚　硬	$f \geqslant 1.5$	> 20	个别遇到,多以炮助采

生产实践表明,在射流的工作压力合理确定后,适当增大射流的流量(即增大喷嘴直径),可使射流的有效射程增加,因此射流的破煤能力也将增大。但是,水枪的流量不可能超过供水设备的能力,否则将因流量过大而使供水压力急剧下降并带来不利效果。我国水采现用供水泵的流量有限(约 300 m³/h),为增大水枪流量提高水采工作面单产,目前正在研制大流量的高效供水泵。表 25-6 是根据国内有关水采井(区)的实践经验总结出的水枪流量推荐值。

表 25-6　　　　　　　　　　　　　水　枪　流　量

序　号	水采煤层类型	水枪流量推荐值/(m³/h)
1	薄及中厚煤层	$160 \sim 250$
2	厚煤层	$250 \sim 300$

此外,射流的工作条件、水枪质量及操作技术水平等都对射流的破煤能力有较大影响。

二、水力采煤方法

我国水采井(区)中,目前普遍采用短壁无支护水力采煤法。这种采煤方法有其独特的工艺特点:

(1)它以水射流实现落煤和运输两个主要生产环节,把落煤和运输简化成单一的连续工序。

(2)这种水采方法对回采空间的煤层顶板不进行支护,作业人员不进入采煤工作面内。这样,不仅简化了采煤工作面的顶板管理和减轻了工人的劳动强度,而且提高了生产的安全性。

(3)这种水采方法的采煤工作面以短壁形式布置,具有较强的机动性和灵活性。

常用的短壁无支护水力采煤法主要有倾斜短壁式(漏斗式)采煤法和走向短壁式采煤法。

(一)倾斜短壁式采煤法

倾斜短壁式采煤法是我国在缓斜煤层条件下常用的水采方法,又称漏斗式采煤法。

1. 采准巷道布置

采煤法分为双面冲采(双面漏斗)和单面冲采(单面漏斗)两种方式。图 25-7 所示为双面冲采式的采区准备巷道布置。

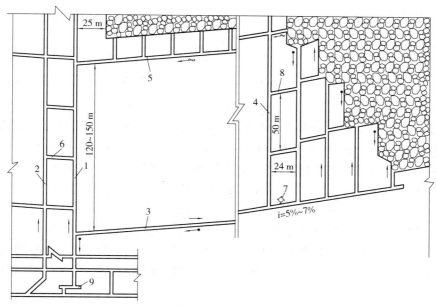

图 25-7 倾斜短壁式采煤法采准巷道布置

1——煤水上山;2——轨道上山;3——上山联络巷;4——区段运输巷;5——回采眼;
6——回采眼联络巷;7——区段回风巷;8——煤水硐室;9——局部通风机

(1) 采区准备工作顺序

自水平运输大巷沿煤层倾斜开掘一对采区煤水上山(1)和轨道上山(2),两上山间距 20~25 m,并每隔一定距离以联络巷(3)连通。采区上山与水平回风大巷连通后,由上山向两翼开掘区段回风巷(7)和区段运输巷(4)。为保证溜槽水力运输,区段运输巷坡度为 5%~7%,掘到采区边界后,沿煤层倾斜向上开掘回采眼(5)与区段回风巷连通。为避免底煤丢失,区段运输巷和回采眼需沿煤层底板掘进。回采眼间距视水枪有效射程及回采眼维护状况而定,一般为 18~24 m。在掘进区段巷道的同时可在采区下部开掘煤水硐室。在完成设备安装及完善通风构筑物之后即可进行回采。

由于水采工艺特点的限制,采区内均采用后退式下行开采顺序,即水枪安设在回采眼中,自区段回风巷开始由上而下依次冲采回采眼两侧的煤带。

单面漏斗式是安设在回采眼中的水枪自上而下依次冲采回采眼一侧的煤带,其巷道布置除回采眼间距较小(一般 10~16 m)外,其他与双面漏斗式相同。

(2) 采区参数

采区参数主要指采区生产能力和采区尺寸。

在目前条件下,每个采区一般配备一套水采生产系统,因此采区生产能力则等于一套水采生产系统的生产能力。在合理配置设备时,一套水采生产系统的生产能力视开采条件而定。我国目前一套水采生产系统的生产能力如表 25-7 所示。

表 25-7　　　　　　　　　　一套水采生产系统在不同煤层条件下的生产能力

煤 层 条 件	生产能力/(Mt/a)	备　注
顶板较好的缓斜中厚煤层	0.30～0.45	顶板较差时为 0.21～0.30 Mt/a
顶板较好的缓斜厚及特厚煤层	0.70～0.80	各方面条件均好时可达 1.00 Mt/a
急斜中厚煤层	0.21～0.30	
倾斜、急斜厚及特厚煤层	0.30～0.45	
地质条件复杂的煤层	0.15～0.30	
水力复采残煤	0.15～0.21	

采区斜长等于阶段斜长,其值主要取决于开采水平的划分。

采区走向长度因受采区内明槽自流水力运输的限制,为避免采区下部的三角形呆滞煤量过大,其一翼的走向长度不宜过大,而采区走向长度过短又将造成采区服务年限过短、采区的吨煤投资过大及采掘接续紧张等问题,所以采区有其合理的走向长度。目前我国的水采井(区)多采用双翼采区,采区一翼的走向长度在开采缓斜煤层时一般为 500～800 m,急斜煤层时为 200～500 m。近年来,一些水采井(区)为增加采区服务年限,缓解采掘接续紧张的矛盾,增大了采区走向长度(缓斜煤层的采区翼长有的已达 1 000 m 以上,急斜煤层达600 m 以上),并采取在区段巷道使用 U 型钢可缩支架、在三角煤区域增设辅助煤水硐室、小型化辅助硐室等措施。实践证明这些措施是有效的。因此,今后采区走向长度将会有所增大。

区段斜长一般为 120～150 m,根据回采眼的维护状况可适当加长或缩短,若维护困难可缩至 60～80 m。

2. 采区生产系统

(1) 运煤系统。由水枪冲采下来的煤沿溜槽由回采眼经区段运输巷和煤水上山到采区煤水硐室(如图 25-7 中箭头所示)。

(2) 高压供水系统。采区中的高压供水管路沿与运煤相反的路线铺设并连接于回采眼中的水枪。

(3) 运料系统。由于是无支护采煤且设备简单,所以辅助运输的工作量较小。但因为采区内多为倾斜巷道,使运料工作比较困难。通常材料和设备在轨道上山中采用矿车沿轨道提升,而在区段巷道中用单轨吊车或简易吊挂无极绳运输。

(4) 通风系统。风流路线如图 25-7 中箭头所示。新风沿采区上山到区段运输巷,再经回采眼到采煤工作面。乏风经采空区到区段回风巷和采区上部回风巷道。

由于清洗工作面后的乏风要流经已垮落的采空区(俗称"老塘窜风"),如果采空区已冒实,则风流阻力很大,可能会导致采煤工作面供风不足,此时则在区段运输巷中增设局部通风机加强通风。

各掘进工作面采用局部通风机进行通风。

3. 采煤工艺

水采工作面的采煤工序包括:水力落煤;拆移水枪、管道及溜槽;支设护枪支架及重新安设水枪等。

(1) 水力落煤(落垛)

在进行水力冲采时,水枪受其有效射程及顶板允许暴露面积等因素的限制,需经常拆移。水枪每拆移一次在巷道一侧能冲采的范围称为煤垛。冲采煤垛的工作称为落垛。每次拆移水枪的距离称为移枪步距。

煤垛参数是无支护水采法的一个重要基础参数,它主要包括煤垛的宽度(移枪步距)、煤垛的长度和煤垛的最终冲采角(参见图 25-9)。不同的煤垛参数会直接影响破煤效率及回采率等,因此合理确定煤垛参数十分重要。影响煤垛参数的因素除水枪的有效射程、煤层顶板稳定性外,煤的硬度、厚度及矿压等对其也有较大影响。

漏斗式采煤法的煤垛参数确定一般按下列原则和步骤进行:

① 确定煤垛的最终冲采角。合理的最终冲采角既要保证垛内煤水能通畅外流(即煤垛下帮边界线必须有 7%～10% 以上的坡度),又要减少三角煤呆滞煤量。最终冲采角不宜过大或过小,过大时易造成煤水外流不畅,而过小时会导致三角煤呆滞煤量的增加。较适宜的最终冲采角一般为 70°～75°。

② 确定煤垛的最小宽度(最小移枪步距)。为防止来自采空区的矸石压埋水枪,最小移枪步距应大于采空区矸石在回采眼方向上可能窜入的距离。其窜矸距离 L 可按下式求得(见图 25-8):

$$L = m[\cot(\beta - \alpha) - \tan \alpha] \qquad (24-1)$$

式中　　m——煤层厚度,m;

　　　　α——煤层倾角,(°);

　　　　β——垮落矸石的自然安息角,一般为 38°
　　　　　　　～45°。

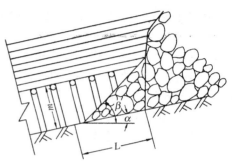

图 25-8　窜矸距离示意图

按上式计算,漏斗式采煤法的最小移枪步距应不小于 3～4 m,实际应用中,煤垛的宽度(移枪步距)多采用 4～8 m。

③ 确定煤垛的长度。煤垛的最大允许长度一般以最小移枪步距和最终冲采角为基础,按最大冲采距离等于或略小于水枪有效射程以及煤垛面积应略小于顶板允许暴露面积的原则来确定。水枪的有效射程和顶板允许暴露面积都应考虑到地质条件、技术条件及矿压作用的影响。实际应用中,漏斗式采煤法的煤垛长度一般为 8～15 m。

落垛过程中,垛内不设支架,为能在其顶板垮落前顺利采完煤垛,落垛时要有一定的冲采顺序(也称落垛顺序)。根据煤层顶板条件的不同,落垛顺序可分为开式、闭式、半闭式三类,如图 25-9 所示。

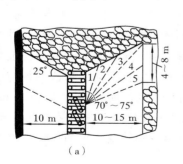

(a)

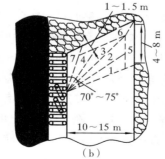

(b)

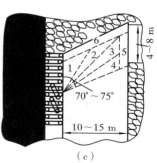

(c)

图 25-9　倾斜短壁式采煤法落垛顺序示意图
(a) 开式;(b) 闭式;(c) 半闭式;1～6——垛内冲采顺序

开式落垛时首先冲采靠近回采眼一侧的煤帮，然后按图中所示序号依次冲采；在冲采过程中煤垛靠上方采空区侧不留临时隔离煤柱。这种落垛方式利用回采眼的侧帮作为自由面，减少了掏槽作业，破煤效果较好，射流的平均生产能力较高。但由于水枪附近的煤垛顶板最早暴露及不暂留采空区隔离煤柱，使在落垛过程中垛内顶板提早垮落及采空区向垛内窜矸的可能性增加。因此这种落垛方式一般适用于顶板较稳定及倾角较小的煤层。

闭式落垛时首先进行水力掏槽冲采煤垛内部，而在煤垛周边上暂留隔离煤柱，以临时支撑煤垛顶板和阻挡采空区矸石向垛内窜入，待煤垛内部的煤量冲采完之后，再按照自下而上、先远后近的原则冲采隔离煤柱。这种落垛方式有利于防止冲采过程中垛内顶板提早垮落及采空区向垛内窜矸，对于保证正常地采完煤垛具有一定效果。但其破煤效果不如开式落垛。因此这种落垛方式一般适用于顶板稳定性较差或倾角较大的煤层。

采用半闭式落垛时，在煤垛靠采空区侧暂留隔离煤柱留待最后冲采，而煤垛其他部分的冲采顺序与开式落垛相同。这种落垛方式的优缺点及适用条件介于前述两种落垛方式之间。

水枪附近是人员作业较集中的地点，为确保安全，该处应加强支护，增设护枪支架。常用护枪支架形式有单斜抬棚（图 25-9 中所示）、八字抬棚等。

（2）其他辅助工序

煤垛冲采完毕后，关闭阀门停止供水，进行拆移水枪、水管及溜槽，这些工作可以平行作业。然后拆除原护枪支架，并在新的水枪位置支设护枪支架，为下一煤垛的冲采做好准备。

为保持生产的连续性，每个采区一般配置 3 个采煤工作面，其中一个生产，另一个进行拆移水枪、水管及溜槽等准备工作，第三个备用。相邻的两采煤工作面要保持适当错距，其错距的选定既要考虑到利于防止两工作面相互影响及充分利用矿压的作用采煤，又要避免回采眼维护困难，其错距一般取 8～15 m。

（二）走向短壁式采煤法

走向短壁式采煤法在我国水采井（区）中应用最为广泛，常用于倾角较大的缓斜、倾斜和急斜煤层的开采。

1. 采准巷道布置

走向短壁式采煤法的采准巷道布置如图 25-10 所示。

（1）采区准备工作顺序

在图 25-10 中，自水平运输大巷沿煤层倾斜开掘一对采区煤水上山（1）及轨道上山（2），两上山间距 20～25 m，每隔一定距离以联络巷（3）连通。采区上山与水平回风大巷连通后，由上山向两翼开掘区段回风巷（7）和区段运输巷（4），区段运输巷的坡度为 5%～7%，并当其掘到采区边界后若为缓斜煤层可在该巷道中每隔 80～150 m 沿倾斜向上开掘分段上山（5）（急斜煤层一般不开掘）与区段回风巷相通。然后在分段上山中自上而下依次开掘与区段运输巷平行的回采巷（6）（坡度也为 5%～7%），相邻两回采巷的间距一般为 10～15 m。为避免底煤丢失，缓斜和倾斜煤层的区段运输巷、分段上山和回采巷均需沿煤层底板掘进。在掘进区段巷道时可在采区下部开掘煤水硐室（8）。在完成设备安装及完善通风设施后即可进行回采。

水枪安设在回采巷中，由上部的回采巷开始依次由上而下向采区或分段上山后退冲采其上帮的煤垛。

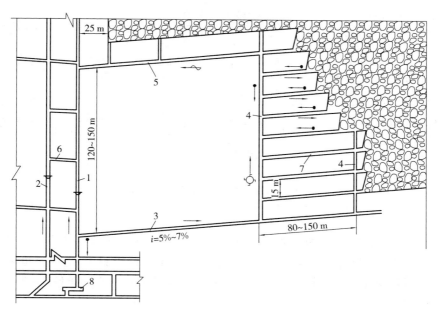

图 25-10 缓斜煤层走向短壁式采煤法

1——煤水上山；2——轨道上山；3——上山联络巷；4——区段运输巷；5——分段上山；
6——回采巷；7——区段回风巷；8——煤水硐室

增掘分段上山是我国在缓斜和倾斜煤层中应用走向短壁式采煤法中的经验之一。尽管这样会使巷道掘进率有所增加，但它具有下列明显优点：

① 便于及时调整回采巷间距，以消除由于煤层条件变化或掘进误差所引起的间距过大变化，利于提高采出率。

② 有利于增加掘进工作面数目，缓解采掘接续紧张的矛盾，保证采区生产能力。

③ 有助于按地质条件分区，提高其对地质条件变化的适应能力。

所以我国缓斜煤层水采井（区）中在应用走向短壁式采煤法时普遍采用这种形式。

（2）采区参数

走向短壁式采煤法的采区参数的确定原则与漏斗式采煤法相同。

2. 采区生产系统

其采区生产系统与漏斗式采煤法相似（如图 25-10 中箭头所示）。采煤工作面的通风也采用"采空区窜风"，如果风量不足则在分段上山中增设局部通风机加强通风。

3. 采煤工艺

该法的回采工艺与漏斗式采煤法相似。其落垛顺序也分为开式、闭式、半闭式三类（如图 25-11）所示。

煤垛参数的确定原则和步骤与漏斗式采煤法相同。实际应用中，煤垛宽度（移枪步距）一般为 4～8 m，煤垛长度（回采巷间距）为 10～15 m，最终冲采角（θ）为 65°～75°。

采区内一般也配置三个采煤工作面轮流生产，相邻两采煤工作面错距一般为 8～15 m。

（三）倾斜短壁式与走向短壁式采煤法的比较

在倾斜短壁式采煤法中，安设在回采眼中的水枪可向其两侧冲采，冲采范围较大，因此

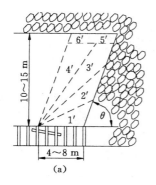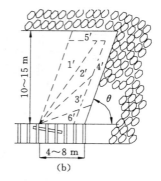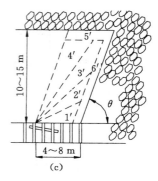

图 25-11　走向短壁式采煤法落垛顺序示意图

(a) 开式；(b) 闭式；(c) 半闭式；1′～6′——垛内冲采顺序

该法具有巷道掘进率较低、水枪及管道等拆移工作量较小、效率较高等优点。但是当煤层倾角较大时，回采眼坡度也较大，这样采空区垮落矸石易窜入回采眼中，造成压枪和危及作业人员的安全，并降低采出率。因此该采煤方法适用于煤层倾角较小的条件，一般多用于倾角为 7°～15°的煤层。

在走向短壁式采煤法中，安设水枪的回采巷坡度较小(5%～7%)，且不受煤层倾角大的影响，因此采空区窜矸压枪的可能性及对作业人员安全的威胁均较小，并利于提高采出率，同时由于增设分段上山，提高了它对地质条件变化的适应能力。所以该法具有生产安全、采出率较高及对地质条件变化适应能力较强等优点。但是由于水枪只向回采巷上帮侧冲采，冲采范围较小，从而巷道掘进率较高。该采煤方法适用范围广泛，凡适于水采条件的倾角大于 12°～15°的煤层均可应用此方法，尤其当煤层的倾角和厚度较大时应用此法更为有利。

第三节　评价及其发展趋势

水力采煤是一项比较适合我国国情的实用采煤技术。作为实现煤炭开采机械化的手段之一，在条件适宜的煤层中应用可取得较好的技术经济效果，有关情况见表 25-8。

一、水力采煤的优点

与普通机械化开采相比，水采具有下列主要优点：

（一）生产能力较高，增产潜力大

由于水采工艺简单、生产连续，因此水采生产系统的生产能力较高，并有较大的增产潜力。在 3～8 m 厚的缓斜及倾斜煤层中，一套水采生产系统的年生产能力可达 0.60～0.80 Mt，开采条件好时可达 1.00 Mt，可与综采媲美。

（二）工艺简单，效率较高

无支护水采法的开采工艺比较简单，特别是采煤工作面采用无支护采煤，大大简化了采煤工序，使回采工效大为提高。

（三）设备简单，材料消耗少，吨煤成本较低

无支护水采法的设备简单，采煤作业空间除水枪外无需其他机械装备，坑木及钢材等材料消耗较少，吨煤成本较低，约为相同条件下普通机械化开采成本的 2/3 左右。

表 25-8 我国部分水采井(区)的主要技术经济指标

水采井(区)		1989 年主要指标						备　注
矿区	矿	矿年产量 /(Mt/a)	水采产量 /(Mt/a)	原煤成本 /(元/t)	原煤全员效率 /(t/工)	回采工效 /(t/工)	采出率 /%	
开　滦	吕家坨	1.871	1.871	41.2	1.28	13.2	72.99	
枣　庄	八　一	0.775	0.775	65.5	1.63	16.43	77.98	
	陶　庄	0.607	0.203	91.1	0.63	8.16	75.5	有冲击地压
肥　城	杨　庄	0.644	0.146	62.1	1.15			
通　化	湾　沟	0.860	0.448	42.0	1.07	9.21	64.1	断层多,不稳定
	大　湖	0.635	0.317	51.1	0.88	7.47	67.1	断层多,不稳定
北　京	房　山	0.453	0.310	53.7	0.61	12.37	73.5	
北　票	冠　山	1.120	0.626	53.5	0.79	8.70	74.1	高瓦斯,有突出危险
	台吉立井	0.901	0.798	59.5	0.72	7.85	84.3	高瓦斯,有突出危险
南　票	小凌河	0.364	0.348	57.2	0.87	9.16	65.3	不稳定煤层
	邱皮沟	0.536	0.336	46.6	1.06	7.56	64.1	不稳定煤层
	三家子	0.706	0.663	41.6	1.14	9.47	64.2	不稳定煤层
福　建	邵　武	0.430	0.164	46.8	0.78	24.64	69.09	复　采

(四)安全条件较好

回采时人员均在巷道中作业而不进入采煤工作面,因此生产比较安全,并且顶板、机电、运输等事故也较少。

(五)对地质变化的适应能力较强

短壁无支护水采法具有较好的机动性和灵活性,使其对地质变化有较强的适应能力,特别是在地质构造复杂及煤厚、倾角变化大的不稳定煤层中应用水采常可取得比同样条件下旱采更好的技术经济效果。

二、水力采煤存在的问题及改进途径

(一)采出率较低

目前采用的无支护水采法,在冲采煤垛过程中,易发生垛内顶板提早垮落或采空区向垛内窜矸,挡住水枪射流去路,迫使终止开枪而结束一个煤垛的冲采,降低了采出率。

为提高采出率可采取如下措施:

① 适当提高水枪的供水压力或水枪流量,以提高射流破煤能力,从而缩短冲采一个煤垛所需的时间,使水力落煤工作抢在垛内顶板垮落或采空区向垛内窜矸之前结束。

② 根据具体的开采条件合理确定煤垛参数及落垛顺序。

③ 提高巷道支护质量,推广采用 U 型钢可缩支架或梯形工字钢可缩支架,以减小顶板在煤垛冲采前的破坏。

④ 进一步完善和改进现有水采方法并研究和发展长壁有支护水采方法等。

(二)巷道掘进率较高

由于短壁无支护水采法的采煤工作面以短壁形式布置,巷道多,掘进率高。而目前我国水采矿井的回采巷道掘进多采用炮掘水运方式,机械化程度低,掘进速度慢、效率低,难于满足回采速度快的要求,容易造成采掘接续紧张。

为此,今后在完善和改革现有水采方法、降低巷道掘进率的同时,要大力发展水采矿井的掘进机械化,推广采用快速、高效的机破水运掘进机。我国在应用 EMS$_1$—30 型和开吕—1 型机破水运掘进机的基础上,又研制了适于硬煤和半煤岩巷道掘进的 EMS—75 型机破水运掘进机,它适用于 $f<2.5$ 的煤巷和夹矸 $f<6$ 的半煤岩巷道掘进。开滦吕家坨矿使用该机曾取得单孔单机平均月进尺 $600\sim800$ m、直接工效为 $0.6\sim0.8$ m/工(最高月进尺达 $1\ 052$ m,直接工效为 $0.90\sim1.10$ m/工)的效果。

(三) 通风系统不够完善

无支护水采法的采煤工作面采用"采空区窜风"并辅以局部通风机通风,这种方式存在风阻大、窜风量有限、风量不稳定、采空区的有害气体易造成隐患等问题,尤其是开采高瓦斯煤层时问题更为突出。

为解决上述问题,可采取以下办法:改进巷道布置,完善现有水采方法;对高瓦斯煤层进行预先抽采瓦斯及排放采空区有害气体;健全监测和预警系统等措施。

(四) 电耗较大

水采矿井的电力消耗较大,主要消耗在高压供水和水力运提工作中。据初步统计,水采的吨煤电耗为 40 kW · h 左右,约为普通机械化开采的 $1.5\sim2.0$ 倍。

降低水采电能消耗的主要途径是:改进和提高现有水采设备的效率;研制新型高效水采设备;加强用电管理等。

三、水力采煤的适用条件

为使水采能取得较好的技术经济效果,在应用水采时应考虑下列因素:

(一) 煤层的倾角

为保证溜槽水力运输的畅通和可靠,煤层的倾角不宜过小。目前国内的经验是煤层倾角一般不小于 7°。而对目前旱采机械化开采有困难的倾斜、急斜煤层,应用水采更能发挥其机械化开采的优势。

(二) 煤层的顶板

实践表明,在倾角小于 35°的煤层中应用水采时,如果顶板较软或破碎,其采出率会明显下降。因此,对于倾角小于 35°的煤层,水采宜用于煤层顶板比较稳定的条件下。

(三) 煤层的底板

如果煤层底板遇水泥化或易于底鼓,则巷道需经常卧底才能保证煤水的正常流运。因此这种条件下一般不宜应用水采。

(四) 煤层的厚度

国内外均曾在 0.9 m 以上的煤层中成功地应用过水采,但当煤层厚度过小时,由于存在工作环境及掘进速度等方面的问题,会影响水采的技术经济指标。因此水采一般用于开采厚度大于 1.5 m 的中厚和厚煤层。

(五) 煤层的硬度及裂隙发育程度

目前我国虽已将供水压力提高到 $20\sim22$ MPa、水枪流量达到 $250\sim300$ m^3/h,但在开采裂隙不发育的坚硬煤层时仍难保证足够的破煤能力,且破煤电耗过高,技术经济指标显著降低。因此,在新型大流量供水设备开发使用之前,水采宜用于煤质中硬或中硬以下的煤层。

（六）煤层的瓦斯含量

从有利于通风考虑,水采宜用于低瓦斯煤层,不过采取适当措施后也可用于高瓦斯煤层,如北票等矿区已有在高瓦斯煤层中应用水采的成功经验。

综上所述,水采宜应用于下述条件:

（1）旱采机械化开采有困难的倾斜、急斜煤层以及煤层倾角在 7°以上、地质构造复杂、煤层厚度中厚以上的不稳定煤层。

（2）顶板稳定或中等稳定,瓦斯含量小,煤质中硬或中硬以下(不含硬而厚的夹矸),底板遇水不泥化,倾角 7°～35°,煤厚 3～8 m 的缓斜、倾斜煤层。

（3）煤尘危害较大,工作面淋水严重或丢失残煤较多需复采的井区,若其煤层条件基本符合水采要求,应用水采有利于解决这些特殊问题。

四、我国水采的发展趋势

我国煤炭资源丰富,埋藏条件多种多样,其中有相当部分的煤层适于使用水力开采。

近年来,在缓斜中厚及厚煤层的水采矿井中,生产持续保持良好的指标,而且在不稳定煤层和倾斜、急斜煤层的水采井(区)中,水采的优势更为显著。

今后水采发展的目标是紧密结合生产需要,以提高经济效益为中心,提高单产、单进,合理集中生产,实现高产、高效、节能降耗;治理瓦斯,保证安全生产;开发新工艺,研制新设备,使水采技术进一步发展。

为实现上述目标,要加强以下几个方面的工作:

（1）进一步改革和完善水采生产工艺,开发适用于台枪年产 1.00 Mt 以上、回采工效达 50 t/工以上的高产高效大型水采新系统和适用于生产规模不大的井(区)的"小型化"水采工艺系统。

（2）研制和开发高效水采设备,如新型液控水枪、综合机械化水力机组、新型供水泵和煤水泵以及煤泥水设备等。

（3）提高水采机械化程度,尤其要实现掘进和辅助运输的机械化。

（4）加强对水采方法、水采工作面矿山压力控制、利用及治理瓦斯的研究。

复习思考题

1. 何谓水力采煤? 按煤的运提方式水采矿井可分为哪几种类型?

2. 简述全部水力化矿井主要包括哪些系统?

3. 水采矿井的开拓与旱采矿井比较有何主要特点?

4. 我国目前常采用哪些水采方法? 各适用于何条件?

5. 说明倾斜短壁式采煤法的采区生产系统。

6. 说明走向短壁式采煤法的采区生产系统。

7. 水力采煤有哪些主要优点和缺点? 其适用条件是什么?

第二十六章　煤炭地下气化

第一节　煤炭地下气化原理

煤炭地下气化是开采煤炭的一种新工艺。其特点是将埋藏在地下的煤炭直接变为煤气,通过管道把煤气供给工厂、电厂等各类用户,使现有矿井的地下作业改为采气作业。煤炭地下气化的实质是将传统的物理开采方法变为化学开采方法。

煤炭地下气化最早是由俄国门捷列夫在1888年提出的,英国威廉·拉姆赛在都贺姆煤田首先进行了实验,并用煤气发了电。

煤炭地下气化因具有安全、高效、低污染等优点,所以世界各国对此都非常重视。我国于1958年在几个矿区曾进行过地下气化的实验,最近又在马庄矿、新河矿进行了试验,取得了一些经验。

煤炭地下气化的原理如图26-1所示。首先从地表沿煤层开掘两条倾斜的巷道1和2,然后在煤层中靠下部用一条水平巷道将两条倾斜巷道连接起来,被巷道所包围的整个煤体就是将要气化的区域,称之为气化盘区,或称地下发生炉。

最初,在水平巷道中用可燃物质将煤引燃,并在该巷形成燃烧工作面。这时从鼓风巷道1吹入空气,在燃烧工作面与煤产生一系列的化学反应后,生成的煤气从另一条倾斜的巷道即排气巷道2排出地面。随着煤层的燃烧,燃烧工作面逐渐向上移动,而工作面下方的采空区被烧剩的煤灰和顶板垮落的岩石所充填,但塌落的顶板岩石通常不会完全堵死通道而仍会保存一个不大的空间供气流通过,只需利用鼓风机的风压就可使气流顺利地通过通道。这种有气流通过

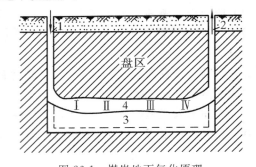

图 26-1　煤炭地下气化原理

1——鼓风巷道;2——排气巷道;3——灰渣;4——燃烧工作面
Ⅰ——氧化带;Ⅱ——还原带;Ⅲ、Ⅳ——干馏—干燥带

的气化工作面被称为气化通道,整个气化通道因反应温度不同,一般分为气化带、还原带和干馏—干燥带三个带。

（一）气化带

在气化通道的起始段长度内,煤中的碳和氢与空气中的氧化合燃烧,生成二氧化碳和水蒸气:$C + O_2 \rightarrow CO_2$;$2H_2 + O_2 = 2H_2O$。在化学反应过程中同时产生大量热能,温度达 $1\,200 \sim 1\,400\ ℃$,致使附近煤层炽热。

（二）还原带

气流沿气化通道继续向前流动，当气流中的氧已基本耗尽而温度仍在 $800\sim1\,000\ ℃$ 以上时，二氧化碳与赤热的煤相遇，吸热并还原为一氧化碳 $CO_2+C\rightarrow2CO$。同时空气中的水蒸气与煤里的碳起反应，生成一氧化碳和氢气以及少量的烷族气体：$4C+3H_2O\rightarrow CH_4+3CO+H_2$，这就是还原区。

（三）干馏—干燥带

在还原反应过程中，要吸收一部分热量，因此气流的温度就要逐渐降低到 $700\sim400\ ℃$，以致还原作用停止。此时燃烧中的碳就不再进行氧化，而只进行干馏，放出许多挥发性的混合气体，有氢气、瓦斯和其他碳氢化合物。这段称为干燥带的干馏部分。

在干馏之后是脱水干燥。混合气体此时仍有很高的温度可气化其中的水分，混合气体干燥后，最后可得到 CO_2、CO、O_2、H_2、CH_4、H_2S 和 N_2 的混合气体，其中 CO、H_2、CH_4 等是可燃气体，它们的混合物就是煤气。

气化通道的持续推移，使气化反应不断地进行，这就形成了煤炭地下气化。根据国内外资料，燃烧 $1\ kg$ 煤约产生 $3\sim5\ m^3$（热值 $4\,200\ kJ/m^3$）左右的煤气。国内外煤炭地下气化煤气的成分见表 26-1 所列。

表 26-1　　　　　　　　　各国地下气化煤气的主要参数

国家	地　点	气化剂	出口煤气主要成分/%						热值/ (kJ/m^3)
			CH_4	H_2	CO	CO_2	N_2	O_2	
前苏联	安格兰	空气	$1.8\sim1.9$	$17.6\sim17.9$	$4.5\sim7.5$	$17.2\sim20$	$42.7\sim58$	$0.3\sim0.4$	$3\,192\sim3\,570$
前苏联	莫斯科近　郊	富氧65%	1.9	35.0	15.3	28.1	16.2	0.2	6 728.4
美国	佳怀明北	空气	0.4	20	10	16	50	—	$3\,780\sim5\,460$
中国	头山矿	空气	$0.3\sim6.3$	$6.4\sim14.3$	$4.6\sim18.5$	$3.9\sim16.4$	$45.5\sim65$	$2.3\sim4.8$	$3\,251\sim5\,515$
中国	马庄矿	空气	$3.0\sim9.0$	$10\sim20$	$10\sim25$	$20\sim35$	$40\sim60$	$0.0\sim0.2$	$4\,200\sim5\,250$
中国	实验室	空气＋水蒸气	$0.9\sim2.0$	$10.6\sim21.7$	$12.2\sim54.1$	$4.6\sim57.2$	$29.5\sim57.2$	$0\sim1.19$	$4\,943\sim8\,583$

第二节　煤炭地下气化方法及生产工艺系统

一、煤炭地下气化方法

气化方法通常可分为有井式和无井式两种。所谓有井式地下气化法如前所述（见图 26-1）。无井式地下气化是应用定向钻进技术，由地面钻出进、排气孔和煤层中的气化通道，构成地下气化发生炉，如图 26-2 所示。

有井式气化法需要预先开掘井筒和平巷等，其准备工程量大、成本高，坑道不易密闭，漏风量大,气化过程难于控制,而且在建地下气化发生炉期间,仍然避免不了要在地下进行工作。

而无井式气化法是用钻孔代替坑道,以构成气流通道,避免了井下作业和有井式气化的其他问题,使煤炭地下气化技术有了很大提高,目前它已在世界上被广泛采用。

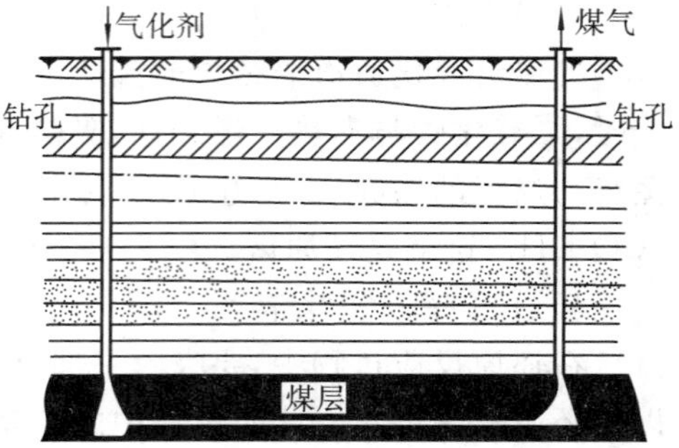

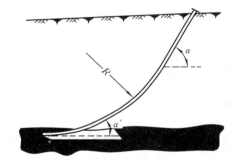

图 26-2　无井式地下气化法

二、无井式气化法的生产工艺系统

（一）无井式气化法的准备工作

无井式气化法的准备工作包括两部分,即从地面向煤层打钻孔和在煤层中准备出气化通道。

1. 打钻孔

从地面向煤层打钻孔可以采用三种形式的钻孔:垂直钻孔、倾斜钻孔和曲线钻孔。

一般情况下,常选用垂直钻孔。这种钻孔可以在气化薄煤层及中厚煤层时长期使用。当不能用垂直钻孔时,或者必须将钻孔布置在气化区上部岩层移动带以外时,就需要使用倾斜钻孔。垂直钻孔和倾斜钻孔如图 26-3 所示。

曲线钻孔(又称弯曲钻孔)是在特殊情况下使用,例如用于沿走向或沿缓斜煤层某一方向钻进气化通道,见图 26-4。

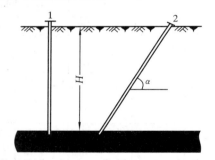

图 26-3　垂直钻孔和倾斜钻孔图
1——垂直钻孔;2——倾斜钻孔
H——煤层埋藏深度;α——倾斜钻孔的倾角

图 26-4　曲线钻孔图
α——曲线钻孔直线段倾角;α'——曲线钻孔与煤层的夹角;
R_k——钻孔曲线半径

2. 贯通工作

当钻孔钻至煤层后,在钻孔底部的煤层里,准备出气化通道的工作叫做钻孔贯通工作。贯通的方法目前有以下几种:

(1) 空气渗透火力贯通法

如图 26-5 所示,当钻孔打好以后,在一个钻孔(5,点火钻孔)里用烧红的焦炭或其他引燃物将煤点燃,从另一个钻孔(6,鼓风钻孔)压入 0.1～0.6 MPa(1～6 个大气压)的压缩空气,空气借助于煤层中的自然裂隙渗透到点火钻孔,于是火焰逐渐迎着风流方向蔓延,最后将两个钻孔烧通。这种方法叫做反向燃烧贯通法。

若由点火钻孔进入压气,气流由相邻钻孔排出,此时风流方向与燃烧方向一致称顺向燃烧贯通法,这种方法空气消耗量较多,贯通速度较慢,已很少应用。

本法要求煤层有较多的天然裂隙,在气化褐煤时常常使用。

当煤层的透气性较差,不能利用一般鼓风机的风压实现贯通时,可采用高于贯通地点岩石压力的鼓风压,以便冲破煤层,造成大量的人工裂隙,实现火力烧穿贯通(称高压火力渗透贯通法)。

(2) 电力贯通法

如图 26-6 所示,电力贯通法是将电极通过钻孔插入煤层,通以高压电,在电流热力的作用下,使煤层的结构和物理性质发生变化,形成多孔的透气性很强的焦化通道。然后在正式气化之前再用压缩空气将通道扩大。

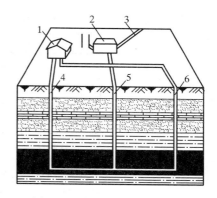

图 26-5　常压火力渗透贯通法
1——压风机房;2——煤气清净室;3——去电厂;
4,6——鼓风钻孔;5——排煤气钻孔

(3) 定向钻进贯通法

这种方法是采用定向钻进技术,即打拐弯钻孔,见图 26-7。带有导向传感装置的钻头垂直打入地下,当接近煤层时拐弯。进入煤层后,沿煤层水平钻孔,与另一垂直钻孔连接贯通。定向钻进贯通的通道规整,贯通速度较快,电耗少,成本低,因此世界各国对定向钻进贯通法都非常重视。目前利用定向钻进技术可使气化通道的长度达 100 m 左右。

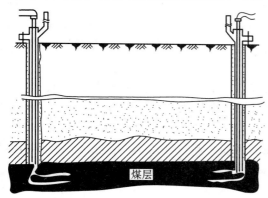

图 26-6　电力贯通法

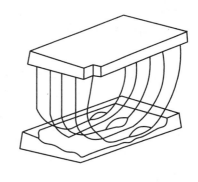

图 26-7　定向钻进贯通法

(4) 水力压裂法

水力压裂法即向煤层内注入高压水,压裂煤层,提高煤层的透气性。当煤层埋藏较浅时,可以用 30～50 MPa 的高压水进行水力贯通,贯通速度可达每天 0.5～1.0 m(莫斯科近郊煤田气化站)。

(二) 无井式地下气化法生产工艺系统

根据煤层赋存条件的不同,其生产工艺系统也有差异。

1. 近水平煤层和缓斜煤层的地下气化生产工艺系统

对于近水平煤层和缓斜煤层,在规定的气化盘区内,先打好几排钻孔。钻孔采用正方形或矩形布置方式,孔距 20～30 m,如图 26-8 中的(a)所示。钻孔沿煤层倾向成排地布置,每排钻孔的数目取决于气化站所需的生产能力。

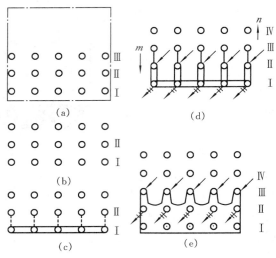

图 26-8 逆流火力作业方式

按作业方式的不同,生产工艺系统可分为两种,即逆流火力作业方式和顺流火力作业方式。

(1)逆流火力作业方式

如图 26-8(b)所示,首先贯通第一排钻孔,形成一条点燃线。然后将第二排钻孔与此点燃线贯通,如图 26-8(c)所示,贯通后即可进行气化。气化时向第二排钻孔鼓风,由第一排钻孔排煤气。

在气化第一二排钻孔之间的煤层时,还要进行第二三排钻孔间的贯通工作,如图 26-8(d)所示。此项贯通工作应在一二排之间的煤层全部气化以前结束,以便按时向第三排钻孔鼓风,而由第二排钻孔排出煤气,如图 26-8(e)所示。以后的火力作业顺序依此类推。

这种燃烧方式的特点是两个钻孔都按照下列顺序起三种作用:贯通、鼓风和排出煤气。这种方式煤层的气化方向与鼓风和煤气的运动方向相反,所以称为逆流式火力作业方式。

(2)顺流火力作业方式

钻孔布置与逆流火力作业方式相同。气化开始前先将第一排钻孔贯通,如图 26-9(b)所示。随后将第二排钻孔与第一排的点燃线贯通,如图中的(c)所示,贯通后即可进行气化。气化时先由第一排钻孔鼓风,由第二排钻孔排出煤气,如图中的(d)所示。第一二排钻孔进行气化的同时,贯通第二三排钻孔。当一二排钻孔间煤层气化所得的煤气热值降低到最低标准时,就开始把第三排钻孔投入生产。此时向第二排钻孔鼓风,而由第三排钻孔排出煤气,如图中的(e)所示。余下依次类推。

顺流火力作业方式的特点是煤层气化方向与鼓风和煤气运动方向相同。由于顺流火力作业方式能够利用煤气的余热使煤层受到预热,因而能够改善气化过程,提高煤层气化程度,从而使煤层的生产成本降低。

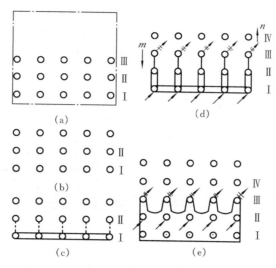

图 26-9　顺流火力作业方式

2. 倾斜及急斜煤层

在倾斜煤层和急斜煤层中进行气化时,一般都采用垂直钻孔和倾斜钻孔相结合的布置方式。垂直钻孔间距为 10 m,用来贯通,贯通之后即行封闭,正式的气化工作由间距为20 m 的倾斜钻孔来进行,如图 26-10 所示。

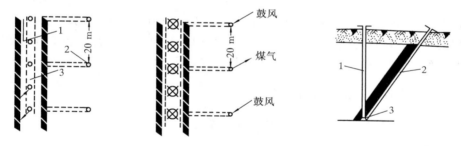

图 26-10　垂直和倾斜钻孔相结合的钻孔布置

1——垂直钻孔;2——倾斜钻孔;3——点火通道

有时垂直钻孔完成贯通工作之后并不封闭,而被用来在气化过程中鼓风或排出煤气。在这种情况下,可采用两种不同的火力作业方式。

一种是从倾斜钻孔中鼓风由垂直钻孔排煤气,即逆流方式;另一种是用垂直钻孔鼓风,倾斜钻孔排煤气,即顺流方式。

有井式地下气化的生产工艺系统如第一节所述,此处不再重复。

三、地下气化发生炉的分类与常用参数

地下气化的生产系统包括地面和地下两个部分。其地面部分由鼓风和排气钻孔的送风、供水管路、排气管路,清洗和冷却气体的设备,以及监视和控制仪表装置等组成。而地下部分则包括:鼓风和排气钻孔、气化通道以及排水、疏干和观察钻孔等。

地下气化盘区可分为有隔离通道和无隔离通道(即所有通道都与同一个点火通道相连)

两类。图 26-11 中的(a)(b)(c)(d)为有隔离通道的地下气化盘区的结构要素。这种气化盘区的准备工作如下:在倾斜和急斜煤层中,气化通道沿煤层布置。首先要钻出排气钻孔,在钻孔中放入金属管,并在管外注入水泥浆。然后再开始钻一定长度的气化通道和鼓风钻孔。在鼓风钻孔与气化通道连通以后,开始气化通道的燃烧工作。对于近水平煤层和缓斜煤层,通常用打钻孔方法准备气化通道,如图 26-11(c)所示。

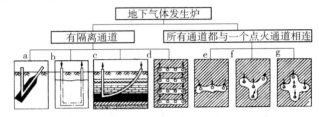

图 26-11　地下气化发生炉的结构与分类

对气化盘区的尺寸,前苏联学者认为,厚度为 2~10 m 的煤层,其沿煤层倾斜的尺寸为400~500 m,走向尺寸取决于气化的生产能力和适宜的气化强度;厚为 2~10 m 的煤层,走向长度的适宜产气量分别为 $2 \times 10^4 \sim 10 \times 10^4$ m^3。鼓风钻孔直径应当不小于 250~300 mm,而排气钻孔直径为 350~400 mm。排气孔之间的距离应为 50~60 m。

对于倾斜煤层和急斜煤层可以沿煤层走向进行气化开采。

对于近水平煤层和缓斜煤层,地下气化发生炉的结构可以有前方排气式和侧方排气式。第一种情况,在煤田中按正方形或矩形网布置各排钻孔,每排中钻孔间的距离为 25~60 m,根据煤层的气化程度进行选择。在这种结构的气化炉中,每个钻孔都交替地进行鼓风和排气。与此相反,在侧方排气方式中,一些钻孔作为鼓风用,而另一些钻孔只用于排气。

四、地下气化效果的主要影响因素

影响地下气化的因素很多,但主要的影响因素有以下几个方面。

(一) 供氧量

鼓风的压入强度和鼓风中的氧气浓度对地下气化的效果有直接影响。前苏联分别用空气和富氧空气作为气化剂进行试验,所得的煤气成分见表 26-2 所列。实验表明,供风量越大,气化剂含氧量越高,煤气的热值就越高。

表 26-2　　　　　　　　　　　　　烟煤气化数据

气化剂种类	生成气体所占体积/%						热值/(kJ/m³)
	H_2	CH_4	CO	CO_2	O_2	N_2	
空　气	14.0	1.8	16.2	10.2	0.2	57.6	4 229
富氧空气(O_2,37%)	21.0	2.5	22.1	15.5	0.2	38.7	5 987
富氧空气(O_2,48%)	28.2	3.5	26.1	15.4	0.3	26.5	7 645

采用富氧鼓风,不仅可以提高煤气的热值,而且在制氧过程中还可以从空气中分离出氩气、氙气和氪气等惰性气体,这不仅在技术上可行,经济上也是合理的。

（二）温度与含水量

气化通道中的温度、煤田的含水量也是影响地下气化的因素。保持高温是提高地下气化强度的必要条件之一。高温可以加快物质之间的化学反应速度,但目前对温度的控制比较困难。另外,在相同的条件下,气化通道内气体流动状态也直接影响着气化反应速度,采用脉动鼓风可以使煤气的热值提高 2～3 倍。适量含水有助于提高煤气质量,而含水过多将使温度降低,影响气化效果。含水量的适宜性随气化工作面温度的高低而变,目前,在温度不易控制的条件下,其含水量亦难以控制。

（三）其他因素

气化通道的长度是影响气化的另一个重要因素。目前定向钻进技术限制了通道的贯通长度,但一致认为,通道应满足气化反应四个区的要求,一般认为通道长些较为有利,100 m以上才能满足气化的实际要求。对于不同的煤层,不同的通道断面,不同的气化剂,气化通道存在一个合理的长度范围。此外,煤层的赋存条件也是影响气化过程的一个因素。通道的断面大小对气化过程也有影响。

第三节　适用条件及发展方向

煤炭地下气化可以使埋藏过深或过浅不宜用井工开采的煤层得到开发,它不但改善了矿工的劳动条件,而且气化对地表破坏较小,没有废矸,还有利于防止大气污染。煤炭地下气化的经济效益较好,其投资仅为地面气化站的 1/2～1/3。

一般来说,多孔而松软的褐煤及烟煤厚煤层比较容易气化,而薄煤层、含水分多的煤层和无烟煤较难气化。稳定而连续的煤层,顶底板的透气性小于煤层的透气性以及倾角超过 35°的中厚煤层对气化更为有利。

利用气化法回收报废矿井的煤柱、边角煤也是国内外煤炭地下气化的一个方向。

煤炭地下气化自试验以来,得到了较迅速的发展,但至今尚未进入实用推广阶段。世界各国对煤炭地下气化均相当重视,投入了大量的物力和人力来发展和完善这一新型采矿技术。因此煤炭地下气化也出现了许多新的动向。

一、无井式长壁气化法

为了提高煤气的质量和产量,国外实验了无井式长壁气化法。它是从地面钻定向弯曲钻孔,当钻孔通达煤层后,在煤层中直接贯通。贯通后,在钻孔的底部点火进行地下气化。由钻孔的一端鼓风,从钻孔的另一端排出煤气,如图 26-12 所示。

这种方式完全取消地下作业,但钻孔和定向弯曲钻孔要求技术水平高。该站的煤层条件是煤厚 2 m,埋藏深度 300 m,钻孔水平钻进 50 m。实际上水平钻进可达 90～100 m。

二、煤炭地下燃烧工艺

用煤炭地下燃烧工艺来回收被以往采煤所遗弃的煤柱。目前,该试验正在国外几个煤田进行工业性实验,其目的是将煤的热值转化为热能,以供民用或工业使用,提高煤炭资源的利用率,同时还可以获得化学能（H_2、CO、CH_4）。所采用的煤炭地下燃烧工艺如图 26-13 所示。

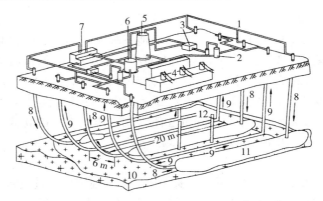

图 26-12 长壁气化法及地面电站简图

1——压缩空气；2——气液分离器；3——热交换器；4——发电厂；5——煤气净化设备；

6——水净化循环装置；7——压缩与燃烧气体混合器；7——空气；9——煤气；

10——煤层；11——气化带；12——监测与控制钻孔

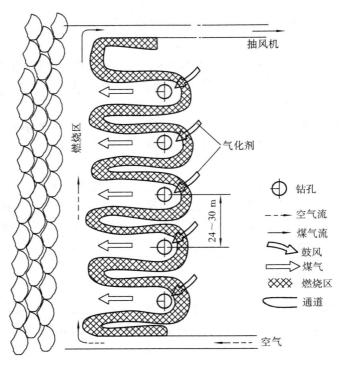

图 26-13 煤炭地下燃烧工艺

　　该工艺主要是采用抽风机造成负压，将燃烧产生的高温气体（300～600 ℃）通过热交换器使水变为蒸汽供发电和民用。钻孔为进气孔，根据煤层的赋存条件进行布置。

三、对地下气化区燃烧面位置与温度的控制

　　地下气化燃烧面位置与温度的控制是一个难题，目前美国已试用卫星红外摄影进行监控。它可以探明燃烧面的确切位置和温度情况，从而用调节供氧量和供水蒸气量来控制其温度,提高或降低燃烧面的气化强度,提高煤气热值,试用效果良好。该矿气化产品价格已达商业应用标准,但卫星监控费较高,若计入卫星租用费成本仍然太高,而不用卫星监控则地下气化情况不明,气化效果和煤气质量难以控制。

四、气化、化工联合企业的发展

地下气化得到的煤气不仅可供民用,还可发电。煤气中除可燃气体以外,还伴生有许多重要的化学物质,如酚、苯、吡啶、油酸、硫等物质。因此地下气化站不仅可以作为动力企业,而且作为化学联合企业也是合适的。表 26-3 为煤进行气化和焦化时产生的化学产品资料。

表 26-3　　　　　　　　　　　　　煤气化或焦化的产品

化学产品	吨煤产量/kg	
	地下气化	焦　化
氨	3～12	2～4
吡啶基	0.3～2.4	0.12～0.20
苯系碳化氢	3～12	9～16
硫化氢	1～2	0.6～2
树脂	1.5～2	20～50

煤炭地下气化作为一种开发地下煤炭资源的新技术,目前在世界各主要产煤国均在进一步研究,煤炭地下气化的理论也在不断地深化与完善。

复习思考题

1. 叙述煤炭地下气化的原理及过程。
2. 试分析煤炭地下气化方法的种类及其优缺点。
3. 试分析缓斜煤层各种气化工艺系统的优缺点和适用条件。
4. 如何提高煤炭地下气化的效果和煤气的质量?
5. 试分析煤炭地下气化的适用条件和发展前景。

第五编

露天开采

第二十七章 露天开采概述

第一节 开采特点及工艺环节

一、露天开采特点

露天开采的特点是采掘空间直接敞露于地表,为了采煤需剥离煤层上覆及其四周的土岩。因此,采场内建立的露天沟道线路系统除担负着煤炭运输外,还需将比煤量多几倍的土岩运往指定的排土场。所以,露天开采是采煤和剥离两部分作业的总称。

二、生产工艺环节

露天开采工艺环节分主要生产环节和辅助生产环节两类。

(一)主要生产环节

(1)煤岩预先松碎。采掘设备的切割力是有限度的,除软岩可以直接采掘外,对中硬以上的煤岩必须进行预先松碎后方能采掘。

(2)采装。利用采掘设备将工作面煤岩铲挖出来,并装入运输设备(汽车、铁道车辆、输送机)的过程(图 27-1)。

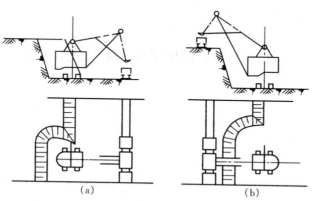

图 27-1 机械铲作业方式

(a)平装车;(b)上装车

(3)运输。采掘设备将煤岩装入运输设备后,煤被运至卸煤站或选煤厂,土岩运往指定的排土场。

(4)排土和卸煤。土岩按一定程序有计划地排弃在规定的排土场内,煤被卸至选煤厂或卸煤站。

（二）辅助环节

辅助环节包括动力供应、疏干及防排水、设备维修、线路修筑、移设和维修、滑坡清理及防治等。

三、露天开采的优缺点

露天开采与地下开采相比较，有以下特点：

（1）矿山生产规模大。山西平朔安太堡露天矿年产原煤 15.00 Mt。黑岱沟、霍林河、元宝山和伊敏河露天煤矿计划规模为 5.00～12.00 Mt/a。国外已有规模达 50.00 Mt/a 的露天煤矿，年剥离量可达 1 亿～3 亿 m^3。

（2）劳动效率高。1996 年霍林河南露天煤矿原煤全员效率达 19 t/工；平朔安太保露天煤矿全员效率 36.6 t/工。

（3）生产成本低。露天开采成本的高低与所选择的工艺、煤岩运距、开采单位煤量所需剥离的土岩数量等有关。但与地采相比是低的，世界露天采煤成本约为地下开采采煤成本的 1/2。

（4）资源采出率高。一般可达 90％以上，还可对伴生矿产综合开发。

（5）作业空间不受限制。露天矿由于开采后形成的是敞露空间，可以选用大型或特大型的设备，因而开采强度较大。

（6）木材、电力消耗少。

（7）建设速度快，产量有保证，生产安全，劳动条件较好。

（8）占用土地多，污染环境。露天开采后的复田作业需花费相当数量的时间与资金。

（9）受气候影响大。严寒、风雪、酷暑、暴雨等会影响生产。

（10）对矿床赋存条件要求严格。露天开采范围受到经济条件限制，因此覆盖层太厚或埋藏较深的煤层尚不能用露天开采法。

第二节 采场要素及开采工艺分类

一、采场要素

（一）露天开采境界及边帮要素

1. 露天开采境界

露天开采终了时的空间状态。它包括开采终了时的地面境界 AB，边帮 AC、BD 和底部境界线 CD（图 27-2）。

2. 边帮

由采场四周坡面及平台组合成的表面总体。其中包括：

（1）工作帮（图 27-2 中 GE）。由工作台阶所组成，正在进行开采的边帮或一部分。

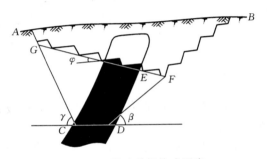

图 27-2 露天采场构成要素

（2）非工作帮（图 27-2 中 AG,BF）。由非工作台阶所组成的边帮。

3. 边帮角

（1）工作边帮角（图 27-2 中 φ）。工作帮最上台阶和最下台阶坡底线形成的假想平面与水平面的夹角。

（2）最终边帮角（图 27-2 中 β,γ）。露天采场终了时，最上台阶坡顶线和最下台阶坡底线组合成的假想平面与水平面的夹角。

（二）台阶要素

1. 台阶

在开采过程中，为满足采运作业的需要，往往把露天采场划分为具有一定高度的水平（或倾斜）分层，每一个分层称一个台阶（图 27-3、图 27-4）。

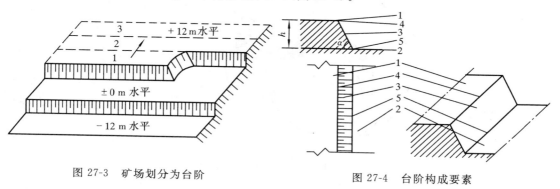

图 27-3　矿场划分为台阶　　　　　　图 27-4　台阶构成要素

（1）台阶坡面。台阶朝向采空区一侧的倾斜面，如图 27-4 中的 3。

（2）台阶坡面角。台阶坡面与水平面的夹角，如图 27-4 中的 α。

2. 台阶坡顶线

台阶下部平盘与坡面的交线，如图 27-4 中的 4。

3. 台阶坡底线

台阶上部平盘与坡面的交线，如图 27-4 中的 5。

4. 台阶高度

台阶上平盘与下平盘的垂直距离，如图 27-4 中的 h。

（三）开拓及开采要素

1. 出入沟

建立采场与地表运输通路的露天沟道。

2. 开段沟

开掘某标高采掘工作面的沟道。

3. 开采程序

采场内土岩的剥离和采煤工程，在空间与时间上合理配合的发展顺序。

二、开采工艺分类

无论是采煤或是剥离，其开采工艺都与所使用的设备有关。因此可以分为：机械开采工艺和水力开采工艺两大类。机械开采工艺在露天开采中占的比重较大，按主要采运设备的

作业特征,又可分为:

(一)间断式开采工艺

此种开采工艺中的采装、运输和排土作业是间断进行的,见图 27-5。

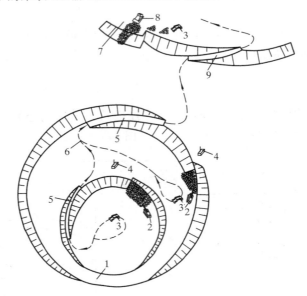

图 27-5 单斗铲—卡车间断式开采工艺

1——露天矿;2——单斗铲;3——自卸汽车;4——穿孔机;5——倾斜坑线;

6——工作面道路;7——排土场;8——推土机;9——排土场坑线

(二)连续式开采工艺

该工艺在采装、运输和排卸三大主要生产环节中,物料的输送是连续的(见图 27-6)。

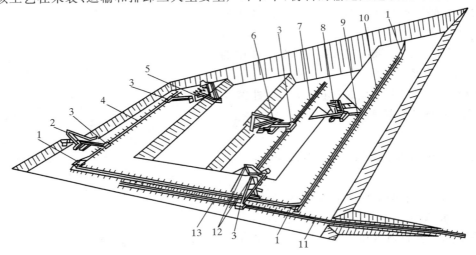

图 27-6 轮斗铲—带式输送机连续式开采工艺

1——输送机驱动站;2——剥离轮斗铲;3——装载漏斗;4——剥离台阶输送机;

5——链斗铲;6——采煤轮斗铲;7——输送机;8——悬臂排土机;9——卸料车;

10——排土台阶输送机;11,12,13——采煤、爬坡、剥离端帮输送机

（三）半连续式开采工艺

整个生产工艺中，一部分生产环节是间断式的，另一部分生产环节是连续式的，如图27-7所示。

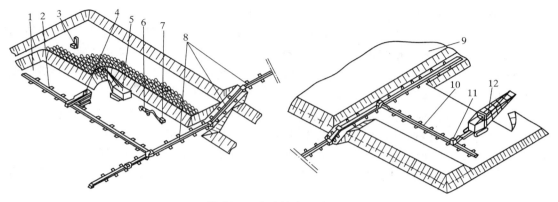

图 27-7　半连续式开采工艺

1——露天采场；2——输送机；3——钻机；4——移动破碎机；5——机械铲；6——大块；
7——重锤；8,10——干线、排土台阶输送机；9——排土场；11——卸料车；12——悬壁排土机

上述各种机械开采工艺各有其适用条件和优点，主要是：间断式开采工艺适应于各种硬度的煤岩和赋存条件，故在我国及世界上得到广泛使用。而连续式开采工艺生产能力高，是开采工艺的发展方向，但对岩性有严格要求，一般适用于开采松软土岩。

半连续开采工艺是介于间断式和连续式工艺之间的一种方式，具有两种工艺的优点，在采深大及矿岩运距远的露天矿山中有很大的发展前途。

水力开采工艺主要是利用水枪冲采土岩进行剥离。运输可以是自流式，也可以利用管道加压运输至水力排土场。

上述各种开采工艺，在适宜的条件下都会产生较好的经济效益。所以，如何根据矿山条件来选择开采工艺是采矿工作者的一项重要任务。

第三节　露天和地下联合开采

在我国，因煤层赋存深度、煤层厚度及其他条件的差异，矿区开采方式可以分为两类：

（1）大多数矿区，采用单一地下或露天方法回采，形成单一的地下或露天开采矿区。在上述矿区中，如小龙潭、昭通、伊敏河、霍林河等少数矿区，因煤层赋存深度较浅，绝大部分或全部煤层均宜用露天方式采出，从而成为单一的露天开采矿区。

（2）也有少数矿区，因煤层延深较大和覆盖层较薄，同一矿区内可以地下和露天开采方式并存，或者煤层上部先用露天方式开采，深部煤层再转为地下开采，则该矿区统称为露天和地下联合开采矿区。这类矿区，在矿区总体规划、设计及开发时，应从露天和地下开采的不同特点出发，使两者统筹兼顾、合理安排及相互配合，以合理利用煤炭资源和提高整个矿区的开发效益。

露天和地下联合开采时，按同一矿区中露天和地下开采的存在方式、相互影响及联合方式的不同，联合开采的分类及开采特点可以概述如下。

一、露天和地下同时联合开采

这一方式，又依露天和地下同时开采所在位置的差异分为以下几种。

（1）在同一矿区内，露天和地下同时开采。如平庄、元宝山、鹤岗、扎赉诺尔、义马、平朔、准格尔等矿区。在上述矿区，由于两种开采方式系在独立或相邻井田内开采，故两者间相互影响不大，主要是考虑两者间的相互配合问题。例如：露天和地下共用工业场地、交通运输系统和行政生活福利设施，以减少占地面积和基建投资的可行性；地下开拓巷道的设置，能否用于露天矿深部水平的运输等。

（2）在同一井田内，同时进行露天与地下开采。即用露天开采上部煤层时，用地下同时开采深部煤层。例如抚顺西露天煤矿与深部井同时开采井田内煤层即为一例。这类联合开采方式，由于两种开采方式在立面上同时实现，必须解决一系列工艺技术问题：

① 由于在露天矿场边坡下面进行地下开采并形成采空区，显著地降低了边坡强度和稳定性。

② 为了防止露天矿重型采运设备可能陷落到地下巷道或采空区中去，造成地下和露天采矿作业的复杂化。

③ 为了保证露天作业的安全，在地下开采时采用顶板垮落等采煤法受到限制。

④ 露天边坡管理与残柱回采方法。

⑤ 合理确定露天开采深度以及露天采场与地下开采之间的顶柱与缓冲垫层问题等。

另一方面，同时开采也为两者间的结合创造了条件，提高了矿山企业的效益。诸如：把地下开拓巷道用于露天矿深部水平的运输、排水以及人员、材料的提运，以缩短矿岩运输距离和降低生产费用；利用露天矿剥离废石充填地下采空区，以保证露天矿边帮的稳定、防止地面岩层移动、减少排土场占地和保护环境；利用地下开采回采露天矿境界外的残留矿柱，以采出矿产资源；露天和地下可共用工业场地、交通运输设施等。

二、露天转地下开采

这一方式，其工艺技术基本上与同一井田内露天和地下联合开采相同。但由于露天转地下开采时两种开采作业在立面上相距较近，故对作业安全尤应重视。

在我国煤矿中，由于露天开发起步较晚，多数露天煤矿均未达到其最终开采境界而无此类实例。

三、露天复采地下残煤

这一类方式，主要是利用露天开采的特点以最大限度地回收矿井采后残煤。

新邱露天煤矿于建矿后 38 a 内先后经历 7 次扩采（图 27-8），其中第六次扩采及东北帮扩采区，即复采矿井残煤。鹤岗岭北露天矿南采区也是为复采矿井残煤而开发的。采区走向长 2.3 km，宽 1.1 km，煤层倾角 7°～26°。地质储量 10.11 Mt，可采储量 9.09 Mt，剥离量 63.16 Mm³，平均剥采比 6.9 m³/t。采区设计能力 0.30 Mt，服务年限 26 a。

露天复采地下残煤，主要是防止空巷对露天作业安全的威胁，预防钻机、电铲、运输设备在采空区内作业时发生掉铲、掉钻等事故。因此，必须在生产过程中加强对空巷的管理，做好空巷探测与处理工作。其次，应注意预防煤自燃并做好灭火工作。

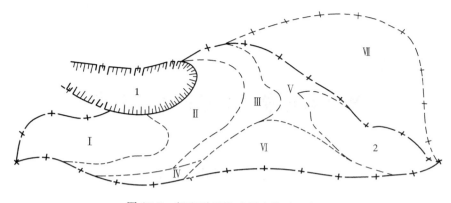

图 27-8　新邱露天煤矿历次扩采示意图

1——原北露天;2——南露天;

Ⅰ,Ⅱ,…,Ⅵ——第一、二、……、六次扩采;Ⅶ——东北帮扩采区

第四节　露天开采现状及技术发展方向

露天开采在新中国成立后得到了很大发展。目前我国开采各类矿石的露天矿约有1 500个,年产在0.70 Mt以上的露天煤矿约近30个,重点铁矿40个,重点有色金属矿12个,重点化工原料矿7个及众多建筑材料矿等。20世纪80年代露天开采出的有用矿物占总量的百分比为:铁矿石86%;化工原料矿石70%;黑色冶金辅助原料矿石90%;有色金属矿石50%;建筑材料约100%;煤炭占4%。国外露天采煤比重较大。据中国煤炭工业年鉴1996年资料显示,世界主要产煤国在1994年,露天采煤量占总量比重为:美国占61%,俄罗斯56%,澳大利亚70%,原东德100%,原西德64%,印度74%,加拿大88%。

20世纪50年代,新建和改建的海州、新邱、抚顺等露天煤矿,采用3~4 m³单斗挖掘机、80 t及150 t准轨电机车或蒸汽机车运输,生产能力为1.50~4.00 Mt/a。60年代起,建设起一批从设计、施工及露天主要设备均立足于国内的露天煤矿,如:河南义马,新疆三道岭,内蒙古平庄,黑龙江岭北及宁夏大峰等露天煤矿,生产能力为0.60~1.50 Mt/a。80年代,除对原已开采的露天煤矿进行了扩产外,还先后开发了五大现代化露天矿区(山西平朔,内蒙古霍林河、伊敏河、元宝山、准格尔矿区)以满足我国国民经济对煤炭产量的需求。

我国露天煤矿开采的技术发展方向是:

① 开采规模大型化,开发一批大型和特大型露天矿山,能力为10.00~30.00 Mt/a。

② 工艺连续化,为了加大开采规模,在露天煤矿中对条件适宜的矿山尽量采用连续工艺;对于岩石较硬的矿山,可采用移动式或半固定式破碎机来扩大生产环节中的连续作业部分。

③ 应用联合开拓方式,根据矿山不同的条件,选用多种开拓开采方式配合,进行扬长避短的强化开采,如可利用横采加大工作线推进强度等。

④ 工艺设备大型化,穿孔、采装、运输、排土等环节应采用一系列大型设备,如斗容10~30 m³的挖掘机、载重100~154 t的卡车、带宽2~3 m的输送机等。

⑤ 加强计算机在露天矿设计、管理中的应用。

第二十八章 露天矿开采工艺

第一节 间断开采工艺

一、煤岩预先松碎

露天开采所用的采装设备切割力是有限制的。采掘设备可以直接铲挖软岩,但更多的中等硬度以上的煤层和岩层难以直接挖掘。因此,必须对这些煤岩进行预先松碎。图 28-1 是露天开采工艺的基础设备——钻机。煤岩预先松碎效果的好坏将影响到采装、运输、排土设备的效率及采煤成本。如有大块煤必须进行二次破碎,就会提高成本,影响装车效率;若松碎过细,则又会影响煤的质量和价格。

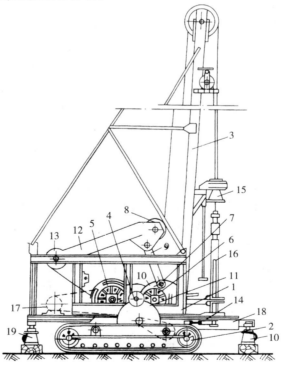

图 28-1 钢绳冲击式钻机

1——框架;2——履带;3——大架;4——主轴;5——工具卷筒;6——泥泵卷筒;7——曲柄销子;
8——拉紧轮;9——连杆;10——冲击轮;11——行走机构;12——冲击梁;13——导向轮;
14——拧紧机构;15——导向钟;16——钻具;17——电机;18——工作台;19——千斤顶

露天矿广泛采用的预先松碎方法是穿孔爆破，即选用合适的穿孔设备，按一定规格打出孔眼，再进行装药爆破，爆破后使煤岩松散成一定规格的块度，便于采装。

（一）穿孔

1. 钢绳冲击式钻机

在 20 世纪 70 年代以前，钢绳冲击式钻机（见图 28-1）是我国露天煤矿中的主要穿孔设备，它的工作原理如图 28-2 所示。靠钻具（1）自由下落冲击孔底而凿碎岩石。经一定时间向孔内注入定量的水，使孔底岩粉与水混合形成悬浮岩浆，再定时用取渣筒取出泥浆。

这种穿孔机结构简单，适应性强，易于维修，备件充足。但作业是间断式的，故穿孔效率低，劳动强度大。在岩性适宜的矿山（$f=6$ 以下），月效率可高达 5 000 m，故仍有相当应用。

2. 潜孔钻机（图 28-3）

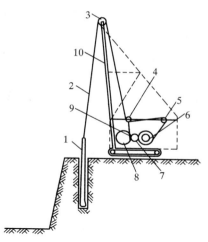

图 28-2　冲击式穿孔机工作原理示意图
1——钻具；2——钢绳；3——天轮；
4——压轮；5——压绳轮；6——卷筒；
7——主动齿轮；8——冲击轮；
9——连杆；10——桅架

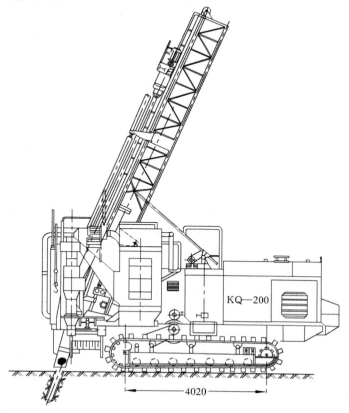

图 28-3　KQ—200 型潜孔钻机

潜孔钻机是一种风动冲击式钻机。工作时将冲击器和钻头一起潜入钻孔,压缩空气经钻杆送入冲击器冲击钻头,孔底岩粉由压气排出孔外。

潜孔钻机结构简单,钻机机架和水平面的夹角可以改变(60°~90°),故可以穿凿倾斜孔,满足控制爆破要求。穿孔成本较低,穿孔效率一般比钢绳冲击钻机高2~3倍。由于此钻机钻孔直径较小,故爆破后产生的煤岩块度较小。

潜孔钻机适用于中等硬度的岩石。国产潜孔钻机主要技术规格如表28-1所示。

表28-1 国产潜孔钻机主要技术规格

技术规格名称		钻 机 型 号				
		CLQ—80	YQ—150A	KQ—150	KQ—200	KQ—250
钻孔直径/mm		80~130	150~160	150~170	200~220	230~250
钻孔方向/(°)		0~90	60~90	60~90	60~90	90
钻孔深度/m		20	17.5	17.5	19	18
钻杆直径/mm		60	108	133	168	203,219
钻杆长度/m		2.5	0	0	10.2	10
行走方式			履 带	履 带	履 带	履 带
爬坡能力/(°)		20	20	14	14	10
行走速度/(km/h)		5	1.5	1.0	0.75	0.77
钻机自重/t		4.5	12	14	41.5	15
外形尺寸	工作状态 长/m	2.8	5.83	6.59	9.76	10.2
	工作状态 宽/m	2.1	3.45	3.12	5.74	5.93
	工作状态 高/m	4.56	11.75	12.9	14.38	15.33
	运输状态 长/m		11.5	12.0	13.7	14.4
	运输状态 宽/m		3.45	3.12	5.74	5.93
	运输状态 高/m		3.6	3.86	6.6	5.12

3. 牙轮钻机(图28-4)

牙轮钻机是一种回转钻机,工作时借助推压提升机构向钻头施加高钻压和扭矩,将煤岩在静压、少量冲击和剪切作用下破碎,岩渣通过压缩空气吹出孔外。

牙轮钻机效率高,适应性强,在各种硬度岩石中作业效果比其他钻机都好。在相同的穿孔条件下,牙轮钻机的穿孔效率比钢绳冲击钻机高4~5倍,比潜孔钻机高1~2倍,且成本亦低。牙轮钻机穿孔费用中以钻头费用所占比例最高。我国牙轮钻机主要技术规格如表28-2。

(二)爆破

爆破工作是将煤岩从整体中分离下来,并按一定块度和工程要求堆积成一定的几何形体。

1. 矿用工业炸药

主要应用以硝酸铵为主加适量可燃剂组成的干爆炸剂和以硝酸铵水溶液为主加敏化剂等组成的含水炸药。如铵梯炸药、铵油炸药及铵沥蜡炸药。

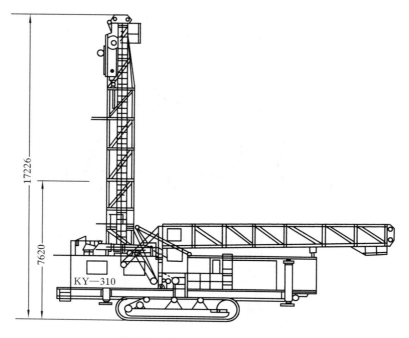

图 28-4 KY—310 型牙轮钻机

表 28-2 国产牙轮钻机主要技术规格

名 称	钻 机 型 号					
	KY—310	YZ—55	KY—250	YZ—35	KY—150	ZX—150A
钻孔直径/mm	250～310	250～380	220～250	170～270	120～150	150
钻孔方向/(°)	90	90	90	90	60,75,90	90
钻孔深度/m	17.5	16.5	17	16.5	19.3	21
钻杆直径/mm	219,273	219,273,325	159,194	140～219	104,114	114
钻杆长度/m		15,16,18.5			9.2	7.5
钻机爬坡能力/(°)	12	14	12	8	14	15
行走方式	履 带	履 带	履 带	履 带	履 带	履 带
排渣方式	干、湿式	湿 式	干、湿式	干、湿式		干 式
钻架立起时规格/m （长×宽×高）	13.8×5.7 ×17	14.5×6.1 ×27	11.9×5.5 ×17.9	13.3×5.9 ×24.5	7.8×3.2 ×14.5	7.2×3.2 ×11.7
钻机总重/t	118.5	130	88	85	35	30

2. 起爆方法及器材

起爆方法应力求安全、可靠和炸药能量得到充分利用。起爆方法可分电起爆和非电起爆两类。电起爆有电雷管(即发、秒差和毫秒电雷管三种)和起爆器(电容式和毫秒起爆器)两种,非电起爆有火力起爆(导火索和火雷管)及导爆索起爆。

(三)爆破参数确定

常用的爆破方法有深孔爆破、浅孔爆破、裸露爆破和药壶爆破四种。

深孔爆破是露天矿应用最广泛的爆破方法。实践证明,深孔爆破的效果与布孔方式、孔网参数、起爆方法和顺序、地质条件及装药结构等有关。

1. 钻孔布置参数(图 28-5)

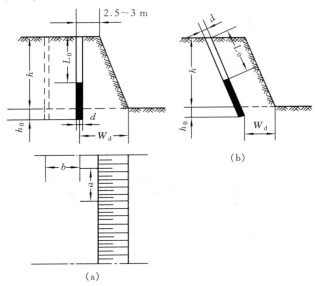

图 28-5　钻孔布置及爆破参数

(a) 垂直钻孔;(b) 倾斜钻孔

各参数间相互关系为

$$W_d = (0.6 \sim 0.9)h \tag{28-1}$$

式中　　W_d——底盘抵抗线,m;

　　　　h——台阶高度,m。

$$a = mW_d \tag{28-2}$$

式中　　a——孔距,m;

　　　　m——钻孔间距系数,$m = 0.7 \sim 1.3$。

$$b = a\sin 60° \tag{28-3}$$

式中　　b——行距,m。

$$h_0 = (0.15 \sim 0.35)W_d \tag{28-4}$$

式中　　h_0——超钻长度,m。

$$L_0 \geqslant 0.75W_d \tag{28-5}$$

式中　　L_0——填塞长度,m。

2. 装药量计算

每个钻孔的装药量计算式为

$$Q = qhaW_d \tag{28-6}$$

式中　　Q——钻孔装药量,kg;

　　　　q——单位炸药消耗量,kg/m³。

3. 装药方法（图 28-6）

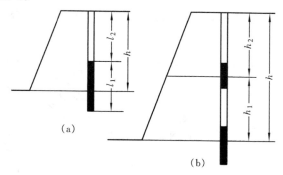

图 28-6 装药方法
(a) 集中装药；(b) 分段装药

通常采用集中装药和分段装药。其选择取决于在一个钻孔内铅直方向岩性变化的程度。

4. 起爆方法

采用单排孔即发和多排孔毫秒爆破。两者相比，前者一次爆破量少，大块多；后者利用毫秒爆破，增加后排孔自由面，并使爆炸能量在岩体内分布更加均匀，改善破碎质量。

二、采装

采装工作是将软岩或被预先松碎了的煤岩，通过机械设备采挖并装入运输设备中，或倒卸在指定地点。

广泛得到应用的间断式采装设备有：单斗挖掘机、前装机和铲运机等几种形式。

（一）单斗挖掘机

单斗挖掘机按其工作装置可分如下几种：正铲、反铲、刨土铲、拉铲和抓斗铲（图 28-7）。

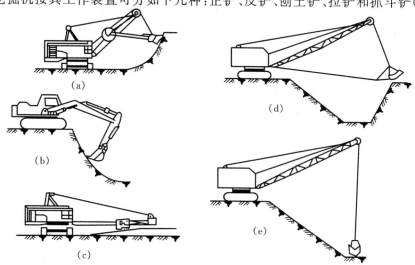

图 28-7 各种工作装置的单斗铲挖掘机示意图
(a) 正铲；(b) 反铲；(c) 刨土铲；(d) 拉铲；(e) 抓斗铲

1. 正铲

(1) 正铲由底座(行走装置和转向架)、机体、臂架和工作机构(铲斗和推压杆)组成。

(2) 工作规格(如图 28-8 所示)：

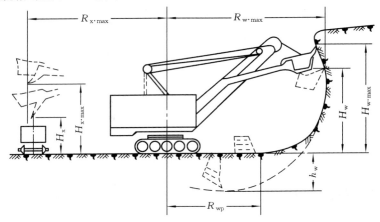

图 28-8　正铲工作面规格

挖掘半径 R_w：挖掘时由挖掘机回转中心至铲斗斗尖的水平距离。推压杆最大水平伸出时的挖掘半径为最大挖掘半径 $R_{w \cdot max}$；铲斗平放在站立水平面上时的挖掘半径称站立水平挖掘半径 R_{wp}。

挖掘高度 H_w：铲斗齿尖距站立水平的垂直距离。当推压杆伸出最大，提到最高位置时的垂直距离称为最大挖掘高度 $H_{x \cdot max}$。

卸载半径 R_x：卸载时由挖掘机回转中心至铲斗中心的水平距离。当推压杆水平伸出最大时的卸载半径称最大卸载半径 $R_{x \cdot max}$。

卸载高度 H_x：卸载时被打开的斗门下缘距站立水平的垂直距离。当推压轴以最大伸出和提到最高位置时，斗门下缘距站立水平的垂直距离称最大卸载高度 $H_{x \cdot max}$。

下挖深度 h_w：铲斗下挖时由站立水平至铲斗齿尖的垂直距离。

国产机械单斗铲主要技术规格如表 28-3。

表 28-3　　　　　　　　　国产机械式单斗挖掘机主要技术特征表

参数名称	型　　　号								
	WD—200 (WK—2)	WD—300 (W—3)	WB—30 (WP—3)	WD—400 (WK—4)	WD—1000 (WK—10)	WD—1200 (WD—12)	WB—400 (WP—4)	WB—600 (WD—600)	WB4/40 拉　铲
标准铲斗容积/m³	2	3	3	4	10 (4~4.6)	12 (10~14)	4 (10~15)	6	4
悬架长度/m	9	10.5	15.5	10.5	13	15.30	23.3	27.5	40
最大挖掘半径/m	11.6	14	17.9	14.4	18.9	19.0	24.9	29.5	45
最大挖掘高度/m	9.5	7.4	15.1	10.1	13.63	13.5	22.1	23.0	
最大卸载半径/m	10.1	12.76	16.42	12.65	16.35	17.0	23.35	27.5	39
最大卸载高度/m	6.0	6.6	11.4	6.3	8.6	8.3	18.3	18.0	19.4
最大爬坡能力/(°)	15	12	10	12	13	18.8	10	17	12

（3）工作面及参数：

① 正铲的装载方式根据运输设备与挖掘机所在水平的关系分为平装车和上装车。图 28-9 是在松软土岩中挖掘时采掘工作面形状。图 28-10 是硬岩中的采掘工作面形状。

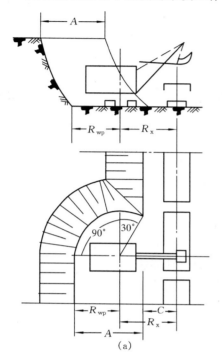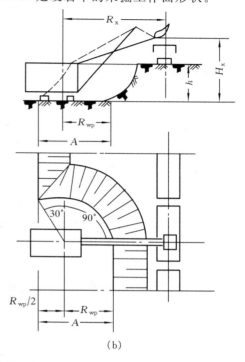

（a）　　　　　　　　　　　　　（b）

图 28-9　松软岩石采掘工作面

（a）平装车；（b）上装车

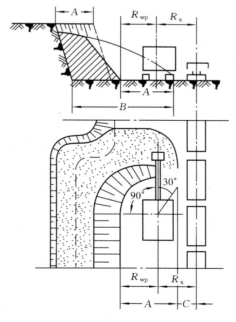

图 28-10　硬岩中采掘工作面

② 工作面参数主要是台阶高度 h 和采宽 A,两者与单斗铲工作规格有关。

不需要爆破的松软煤岩:

$$\frac{2}{3}H_t < h \leqslant H_{w \cdot max} \tag{28-7}$$

式中　H_t——单斗挖掘机推压轴高度,m;

　　　h——台阶高度,m。

需要爆破的硬岩:

$$\frac{2}{3}H_t \leqslant h \leqslant (1 \sim 1.3)H_{w \cdot max} \tag{28-8}$$

采掘带宽度 A 和挖掘半径、卸载半径有关,一般为:

$$A \leqslant (1 \sim 1.5)R_{wp} \tag{28-9}$$

铁道运输时 A 值可以为:

$$A \leqslant f(R_{wp} + R_{x \cdot max}) - C \tag{28-10}$$

式中　f——挖掘规格利用系数,$f = 0.8 \sim 0.9$;

　　　C——铁道中心线至台阶坡底的距离,$C = 2 \sim 5$ m。

（4）生产能力

目前确定单台挖掘机的生产能力的方法有类比法和分析计算法。

① 类比法。按国内外类似矿山挖掘机实际生产能力较先进值选取。

② 分析计算法。单斗挖掘机台班生产能力为:

$$Q_w = 60nVT\frac{K_m}{K_s}\eta \tag{28-11}$$

式中　Q_w——单斗挖掘机班生产能力,m³/班;

　　　V——铲斗容积,m³;

　　　n——每分钟挖掘次数,$n = \dfrac{60}{t}$,次/min;

　　　t——一次挖掘循环时间,s;

　　　T——班工作小时数;

　　　K_m——满斗系数;

　　　K_s——松散系数;

　　　η——班工作时间利用系数。

表 28-4 为我国几个露天煤矿单斗挖掘机的实际年生产能力值。

表 28-4　　　　　　　　　部分露天矿机械铲生产能力指标

露天矿名称	抚顺西露天煤矿				海州露天煤矿			平庄西露天煤矿		新邱北露天煤矿
挖掘机型号	200—B	120—B	CЭ—3	ЭКГ—4	CЭ—3У	CЭ—3	ЭКГ—4	CЭ—3	ЭКГ—4	CЭ—3,ЭКТ—4
生产能力/(万 m³/a)	39.7	76.3	95.0	104.7	69.5	81.5	104.6	70.9	81.1	88.5

2. 液压铲

液压铲在内蒙古霍林河、山西平朔安太堡煤矿及云南小龙潭露天煤矿得到应用。此设备质量轻,挖掘过程灵活平稳,效率高,利于选采。缺点是设备制造工艺要求高,维修复杂,在严寒地区作业需要特备低温油等。液压铲在边远新建矿区以及基建时期因主要是油压动力而显得更合适。

（二）前装机

该机将采装、短距离运输、排弃和辅助作业集于一台设备。它灵活机动,运行速度高,缓坡作业性能好,维护费用低。前装机多是轮胎式的,运输距离一般不超过 150 m。国产的前装机斗容为 5 m³,国外有斗容达 22m³ 的前装机。

前装机(图 28-11)和斗容相同的机械铲相比质量轻,价格便宜,操作简单。但前装机生产能力低,仅是同斗容机械铲能力的 1/2。此设备寿命短,轮胎和燃料消耗亦很大。因此,该机多作为辅助设备配合单斗挖掘机工作。

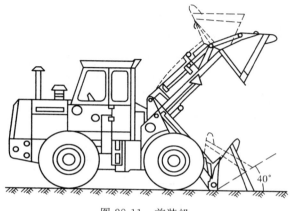

图 28-11　前装机

三、运输

煤岩从工作面经采装设备挖掘装入运输设备后,煤被运往卸煤站或选煤厂,岩被运往排土场;生产上所需材料等被运往指定地点。运输工作是采装和排卸的连接环节,起着"纽带"的作用,也决定着整个生产任务完成的好坏。

我国露天煤矿中常采用的运输方式有:准轨和窄轨铁路运输;公路运输;箕斗运输及联合运输。

（一）铁路运输

1. 运输特点

准轨铁路运输在 20 世纪 50 年代设计和建设的露天煤矿中应用较多。它适宜长距离、较大运量、采场尺寸也较大的矿山。此种运输方式具有:运输成本低,运输能力大(每年可达 50.00～80.00 Mt),设备及备件供应可靠,对煤岩硬度适应性强等优点。

此种运输方式需在露天矿场内及地表铺设铁路线路,故地形复杂的矿山由于线路难以铺设而不能采用。此外,还有基建工程量大,投资高,建设速度慢等不足之处。

2. 机车车辆

（1）机车

常用的机车有直流与交流电力机车、内燃机车、蒸汽机车和复合能源机车。国产直流机车技术性能见表 28-5,蒸汽机车的主要技术特征如表 28-6。

表 28-5 　　　　　　　　　　国产直流电机车技术性能

项　　目	ZG 80—1500 型	ZG 100—1500 型	ZG 150—1500 型
黏着质量/t	80	100	150
额定电压(直流)/V	$1\,500 \pm 15\%$	$1\,500 \begin{smallmatrix} +20\% \\ -30\% \end{smallmatrix}$	$1\,500 \begin{smallmatrix} +20\% \\ -33\% \end{smallmatrix}$
小时功率/kW	880	1 400	2 100
小时速度/(km/h)	22.4	29.3	29.3
最大速度/(km/h)	75	65	65
牵引电机功率/kW	220	350	350
车体长度/m	14.76	14.76	20.16
牵引电机数/台	4	4	6
最小曲率半径/m	80	60	

表 28-6 　　　　　　　　　　两种蒸汽机车的主要技术特征

指　　标		解放(JF₁)	建设(JS)
机车质量/t	整　　备	103.85	104.2
	空　　车	92.07	93.0
煤水车质量/t	整　　备	58.02	82.2
	空　　车	24.62	32.1
机车黏着质量/t		79.94	79.78
最大有效牵引力/kg		19 500	19 000
最大容许速度/(km/h)		80	85
车体长度/m		21.9	21.6

直流电机车牵引在我国许多露天煤矿中得到应用。因其牵引性能好,功率高,牵引力大,允许的爬坡能力强,故在相同的高差条件下线路最短,司机劳动条件好,设备启动快。

交流电机车除具有直流电机车的优点外,尚有空转稳定性能好、黏着系数高、较直流电机车有更大的爬坡能力等。

蒸汽机车适用于服务年限不长的中型露天煤矿或大型露天煤矿的基建时期,新建的露天矿山一般已不再使用,目前多用于矿山零杂作业。

(2)车辆

准轨自翻车车辆多使用铸钢侧架式,其主要技术数据如表 28-7。

表 28-7 　　　　　　　　　　准轨自翻车主要技术数据

项　　目	自　翻　车　型　号					
	KF—60	KF—60—5A① (KF—60—5B)	KF—70	KF—100③	KF65	KF—100②
自身质量/t	33.5	33.4(32.5)	34	49.8	33	59
载物质量/t	60	60	70	100	65	100

续表 28-7

项　目		自　翻　车　型　号					
		KF—60	KF—60—5A① (KF—60—5B)	KF—70	KF—100③	KF65	KF—100②
容积/m³		27	27	29	44	29	55
外形尺寸	长/mm	13 064	13 890 (13 070)	12 106	15 446	12 238	16 878 (18 078)
	宽/mm	3 325	3 340	3 322	3 288	3 300	3 384
	高/mm	2 462	2 491	2 853	2 950	2 661	3 100(4 511)
车厢尺寸	长/mm	11 628	11 420	10 850	14 850	10 966	15 642 (内长 15 290)
	宽/mm	3 325	3 340	3 322	3 288	3 330	3 384 (内宽 3 026)
	高/mm	880	902	990	1 144		
速度/(km/h)		80	50	80	80	80	80
通过最小曲线半径/m		80	80	80	80	80	80

注：① 括号内数据均为 KF—60—5B 数据；② 适于露天煤矿运载散物料密度为 1.6～1.8 t/m³；③ 在设计试制中。

（3）铁道线路

露天矿铁道线路按生产需要分为三类：

① 固定线路。指露天矿地面干线、站线，采场、排土场内服务年限在 3 a 以上的线路。

② 半固定线路。指采场、排土场内移动干线和站线，平盘联络线等。其服务年限一般在 1 a 以上，3 a 以下。

③ 移动线路。采场工作面的采掘线和排土场内翻车线。

露天煤矿铁路按其运量和通过的列车数分为三级（表 28-8）。标准轨距铁道线路由两条内距 1 435 mm 的钢轨组成。我国生产的标准钢轨有：60 kg/m、50 kg/m、45 kg/m、43 kg/m、38 kg/m 等。

表 28-8　　　　　铁　路　等　级

等　级	列车对数/(对/d)	重车方向年运量/Mt
I	＞100	＞8.00
II	50～100	4.00～8.00
III	＜50	＜4.00

铁道线路由上部建筑和下部建筑组成。钢轨、轨枕、道床、钢轨扣件等为上部建筑；路基、桥涵等为下部建筑。

连接不同铁道线路的设备是道岔，分单开道岔、单式对称道岔和复式交分道岔三种。

为了提高铁路运输能力和保障运行安全，须将线路系统适当划分成若干区间，每一个区间只允许运行一列车，相邻区间的交界处设分界点。如露天矿的剥离站、采煤站、坑内折返站、会让站等。铁路通过能力是指区间（车站）在单位时间内所能通过的最大列车数，即对/班或对/d。

(4) 列车运行周期时间和列车运输能力

列车运行周期时间是一个重要的技术经济指标。列车周期时间(又称列车一次作业时间)组成如下:

$$T_z = t_1 + t_2 + t_3 + t_4 + t_5 \tag{28-12}$$

式中　T_z——列车运行周期时间,min;

　　　t_1——装车时间,min;

　　　t_2——列车往返运行时间,min;

　　　t_3——卸载时间,min;

　　　t_4——车站等进站时间,min;

　　　t_5——其他时间,min。

列车运输能力可按下式计算:

$$Q = \frac{T}{T_z} nq \tag{28-13}$$

式中　Q——列车运输能力,t(m^3)/d;

　　　T——昼夜工作时间,min;

　　　n——自翻车数目,辆;

　　　q——每个自翻车载矿物量或装载容积,t(m^3)/辆。

(二) 公路运输

1. 运输特点

公路运输主要设备是自卸汽车,它具有较高的机动灵活性,爬坡能力比铁路列车大,曲线半径小;建设速度快,基建投资低等均是其优点。

主要缺点是运输成本高[$0.3 \sim 0.6$ 元/(t·km),而铁道仅为 $0.05 \sim 0.1$ 元/(t·km)],合理运距小(一般在 3 km 以内,随车型的加大,合理运距有所增大)。

2. 矿用自卸汽车

自卸汽车按其传动方式可分为:机械传动、液压传动、电力传动。我国露天煤矿多应用机械传动卡车,20 世纪 80 年代新建设的几个露天煤矿有的已采用了电力传动的电动轮卡车。

我国能够制造载矿量为 7 t,20 t,32 t,68 t,100 t 的自卸卡车。载矿量 350 t 级的特大型电力传动汽车已在美国矿山试用。所以,矿用汽车在向大吨位发展。

对于露天煤矿来说,卡车选型应考虑的因素主要有:和采装挖掘机斗容的配合,运输量的多少,运输距离等。车厢容积和挖掘机斗容比以 $3 \sim 6$ 为宜;运输量大时宜选用大型卡车。

国产部分常用自卸汽车的主要技术性能见表 28-9。

表 28-9　　　　　　　　　　部分自卸汽车的主要技术性能

参数名称	国　产 SH—380A	国　产 CA—390	国　产 SF—3100
载矿量/t	32	60	100
自身质量/t	22	43.5	73
车厢容积/m³	16	31	50

续表 28-9

参数名称		国　产 SH—380A	国　产 CA—390	国　产 SF-3100
整车尺寸/mm	长	7 410	9 200	10 795
	宽	3 550	4 665	5840
	高	3 475	4 300	4 950
最大车速/(km/h)		38	50	47.6
功　率/kW(hp)		294(400)	529(720)	882(1 200)
最小转弯半径/m				11.85

3. 道路

露天矿道路路面质量好坏直接影响到汽车运行速度、燃料消耗、轮胎磨损和汽车保养。因此矿山应十分重视道路养护工作。

露天矿道路分为生产干线、生产支线、联络线和辅助线四种类型。矿山道路按其任务、性质、行车密度分为:一级道路(年运量>12.00 Mt,单向行车密度>85 辆/h);二级道路(年运量 2.50~12.00 Mt,单向行车密度 25~85 辆/h);三级道路(年运量<2.50 Mt,单向行车密度<25 辆/h)三种级别。

(三) 联合运输

除铁道、汽车运输外,还有箕斗运输、斜坡卷扬串车运输、重力运输(溜井)等。后述几种运输方式不能作为独立的运输方式,仅能与其他运输方式组成联合运输方式。联合运输的目的在于充分利用各种运输方式的优点,以达到最优的运输效果。

1. 铁路—汽车联合运输

此种联合运输方式矿山应用较多,一般铁路运输用于露天矿上部,到深部后,由于露天矿线性尺寸太紧而改用汽车,由此出现汽车运输向铁路运输转载的问题。转载方式可以是直接转载,也可以由电铲转载(图 28-12)。

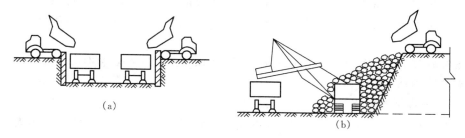

(a) 　　　　　　　　　　　　　　(b)

图 28-12　铁路—汽车联合运输转载方式
(a) 汽车直接转载;(b) 电铲转载

2. 箕斗运输

箕斗作为联合运输中的提升或下放的运输设备,需设立栈桥。一般由汽车将物料从工作面运至箕斗卸载,而后提升或下放。我国抚顺西露天煤矿曾长期采用箕斗运输提升煤炭。西露天矿纯煤厚度 30~120 m,南帮采煤选用东西两个箕斗道,分别称为东大卷和西大卷提升,其能力为 3.20 Mt/a 和 5.50 Mt/a(见图 29-10)。箕斗提升倾角通常为 5°~40°。

箕斗—汽车—铁道联合运输如图 28-13 所示。

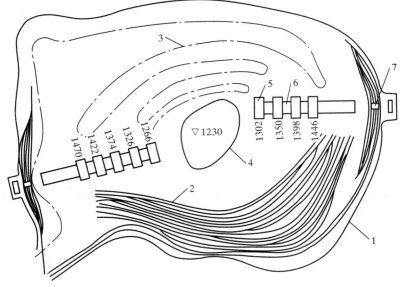

图 28-13　汽车—箕斗—铁道联合运输

1——露天矿场境界；2——铁路；3——公路；4——露天采矿场底；
5——箕斗道；6——箕斗栈桥；7——地面矿仓

3. 提升机运输

串车提升机运输常用倾角 25°,最大允许值为 30°。云南可保露天煤矿即采用串车提升运输。此运输方式运量不大,故只能用于小型露天煤矿。

四、排土

露天开采为了采煤而必须剥离的土岩,经运输设备运至一定地点排弃,这个排弃的场所称排土场。排土场可选在开采范围外称外排土场,也可利用已开采的空间进行排弃称内排土场。

由于被剥离的土岩往往是采煤量的好几倍,所以场地的选择、容量大小、距离采场的远近都将直接影响到剥离成本。

(一) 排土场位置选择

位置选择首先应考虑近距离排土,少占或不占农田,尽可能减少对环境的污染。为此,在近水平和缓斜煤层条件下,从开采设计上应尽可能采用采场内采空区排土;在倾斜与急斜煤层条件下,可利用分区开采实现内排,或将剥离物排至已采尽的采空区,这些均为内排土。内排时,采掘工作面和排土工作面间应留一定的安全距离。

为了达到近距离排土,降低采煤成本,于采场附近选择的近距排土场不一定是一个,可以是两个或多个。但总的排弃空间应能满足全部剥离量排弃的要求。

(二) 排土设备及排弃方式

1. 铁道运输

应用铁道运输的矿山,排土设备目前较多的采用机械铲排土。

（1）机械铲排土（图 28-14）

机械铲排土的主要工序是翻土、挖掘机堆垒、线路移设。扫土台阶分为上下两个台阶，挖掘机站在中间平盘上，将列车排弃的土倒向外侧及堆垒上部分台阶。

这种排土方式排土段高随岩性变化，可达 40～50 m；排土线长不小于 600 m。

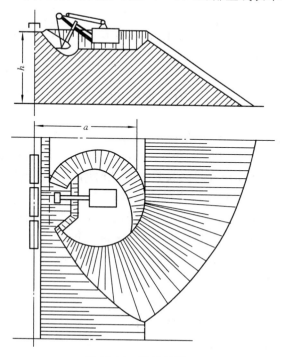

图 28-14　机械铲排土

（2）推土犁排土

排土工序为：列车翻土、推土犁推土、平整台阶和移道（图 28-15）。

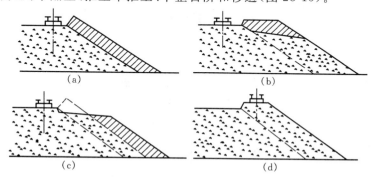

图 28-15　推土犁排土作业过程

（a）翻土；（b）推土犁推土；（c）平整台阶；（d）移道

推土犁排土台阶高度通常只有 12～20 m；排土线长 800～1 000 m；移道步距一般为2.6～2.8 m。

（3）比较

机械铲排土能保证较高的排土台阶,线路移设量小,线路质量好,脱道事故少,生产能力大,劳动生产率高。但需购置挖掘机,投资大,单位排土成本高。

推土型排土设备投资少,单位排土成本低,翻车时间较短,可压缩列车运行周期时间。但排土线生产能力低,线路质量低,排土高度不易保持,移道步距小,排土线移设频繁。

2. 汽车运输

汽车运输的矿山主要采用推土机排土,作业也较简单。汽车将岩土卸倒在排土场边缘后,由推土机配合将土岩推至排土场边缘外侧,而平整排土场亦同时完成。

第二节　连续开采工艺

间断开采工艺系统适应性强,故得到广泛应用。但是,由于它是间断作业,与作业的直接目的有关的工作时间短。就以单斗挖掘机铁道工艺而言,挖掘机的采装时间仅占班作业时间的 $30\%\sim50\%$,而用于纯挖掘时间又仅占采装时间的 $33\%\sim50\%$。为了克服其不足,相应地出现了煤岩的采装和移运连续进行的连续开采工艺系统。

露天开采中使用的连续工艺系统有:水枪或挖泥船→水力运输→水力排土(图28-16);轮斗铲或链斗铲→带式输送机→排土机;轮斗铲或链斗铲→运输排土桥或悬臂排土机等工艺系统。其中,轮斗铲→带式输送机→排土机系统在松软岩层中得到广泛应用。我国云南小龙潭煤矿即应用上述开采工艺。

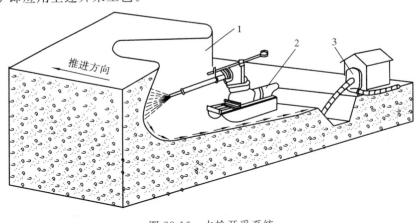

图 28-16　水枪开采系统
1——工作面;2——水枪;3——泥泵

一、采装设备—轮斗铲挖掘机(轮斗铲)

(一) 结构(图 28-17)

(1)斗轮是轮斗挖掘机切割物料的机构。在斗轮轮周上装有铲斗,挖掘机工作时,铲斗随斗轮体同时旋转,在旋转中切割物料。

(2)装载臂的结构形式有三种(图 28-18)。

① 悬臂式。这种方式在工作中要求轮斗挖掘机与带式输送机之间严格保持等距离,以利于对中装载。

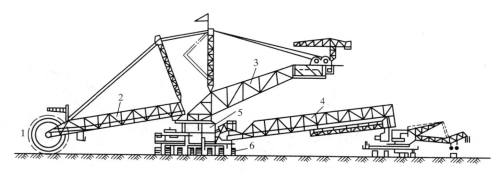

图 28-17　轮斗挖掘机结构

1——斗轮;2——斗轮臂;3——平衡臂;4——装载臂;5——可回转机体;6——行走履带

② 桥式。桥式结构装载臂是将悬臂改为两支点桥式结构,桥内设一条 S 形胶带,桥为可伸缩式,故轮斗与带式输送机间形成了一个可伸缩的空间,便于在轮斗工作面推进时,与带式输送机的对中装载、减少带式输送机移设次数和形成组合台阶开采。

③ 胶带车配合式。胶带车配合式结构使轮斗挖掘机和带式输送机之间有一个可活动的空间距离,胶带车成为轮斗挖掘机和带式输送机间的转载工具。

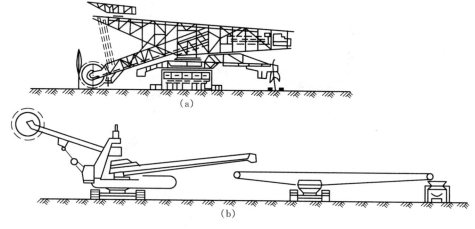

图 28-18　轮斗挖掘机装载方式

(a) 悬臂式;(b) 胶带车配合式结构

(3) 平衡臂、斗轮臂、可回转机体、行走履带都是轮斗挖掘机机体结构的重要部分。

(二) 物料流程

工作面上煤岩(物料)被斗轮切割后,经斗轮臂上胶带、机体内部、转入装载臂,装载到工作面胶带上。

(三) 工作面采掘方式

轮斗挖掘机广泛采用端工作面采掘方式(图 28-19)。切割的基本方式有水平切片和垂直切片两种(图 28-20)。垂直切片使用比较广泛。

工作面参数有:采高 H、采宽 A、采区长度 L 及工作平盘宽度 B。采高、采宽主要取决于轮斗挖掘机的工作规格。工作平盘宽度除与轮斗铲的规格有关外,还与工作面运输类型

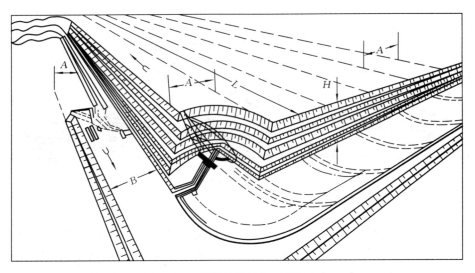

图 28-19　轮斗铲端工作面采掘方式

H——采高；A——采宽；L——采区长度；B——工作平盘宽度

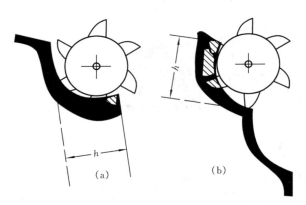

图 28-20　轮斗铲的切片形式

（a）水平切片；（b）垂直切片

有关。采区长度增长，由于减少了开切量及端部作业量，使轮斗铲作业率增大，但又会增加胶带机长度及煤岩运距。

由于带式输送机较昂贵，为减少运输水平数，应尽可能增大一台轮斗铲的采掘总高度。一般通过转载设备来实现组合台阶式采掘（图 28-22）。

切片主要参数为切片高度、切片厚度及宽度（图 28-21）。为了满斗，应使 $h=(0.4\sim0.6)D$（D 为斗轮直径），最大为 $0.75D$，否则物料易撒落。

组合台阶的最大组成高度为：

$$H=H_{ws}+H_z+H'_z+H_{wx} \tag{28-14}$$

式中　H_{ws}——主台阶高度，m；

　　　H_{wx}——下挖高度，m；

　　　H_z，H'_z——站立水平上部及下部分台阶高度，m。

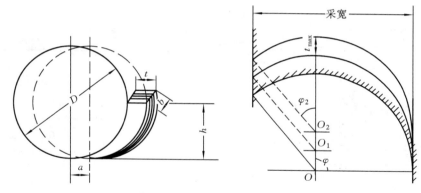

图 28-21　轮斗挖掘机切片参数

h——切片高度；b——切片宽度；t_{max}——切片最大厚度；

O——轮斗铲站立中心；D——斗轮直径；a——斗轮中心前进距离

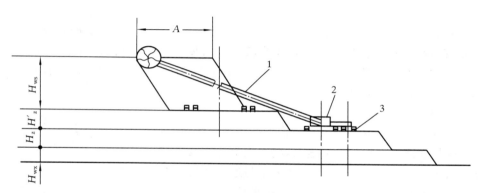

图 28-22　组合台阶布置

1——轮斗挖掘机；2——转载机；3——带式输送机

二、运输设备——带式输送机

带式输送机是一种连续化输送机械，其优点是：

① 能克服较大的坡度。

② 便于实现生产过程中的集中控制。

③ 设备利用率高，生产能力大。

④ 结构简单，便于制造和维修。其不足是：

① 胶带成本高；胶带是带式输送机中价格高而且磨耗较快的部件，服务年限仅为 5～10 a。

② 对运输的物料块度有限制，最大块度一般为胶带带宽的 1/3，否则将增加运行阻力，缩短胶带寿命。

（一）结构（图 28-23）

带式输送机的结构比较简单，分机头、机架、胶带和机尾四部分。物料由轮斗挖掘机装载臂卸到带式输送机上的漏斗车中，再装到槽型胶带上，通过驱动滚筒与胶带之间的摩擦力

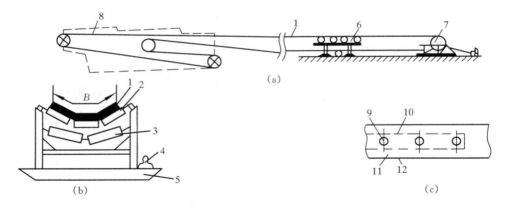

图 28-23 带式输送机结构示意图

（a）带式输送机；（b）机架；（c）胶带断面

1——胶带；2——重载托辊；3——空载托辊；4——移设钢轨；5——底架；6——机架；

7——机尾；8——机头；9——钢丝绳；10——面胶；11——芯胶；12——底胶

带动胶带运转，从而实现物料的输送。机头为胶带机驱动部分，包括电动机、减速箱传动系统、滚筒、支承机架及移行机构等。机尾有滚筒和拉紧装置，有时也设有电机和传动系统。胶带类型决定于芯层性质，露天矿常用夹钢芯胶带，因为此型胶带强度大，性能好。机架用来支承重行和空行胶带托辊。

（二）主要参数

（1）胶带宽度主要取决于要求的输送量和输送物料的块度。

（2）胶带速度可按要求的输送量、物料类型等因素确定。

（3）槽角一般选用 40°～45°，槽角大小与运量及物料类型有关。

（4）胶带强度指带宽方向上平均每厘米长度可承受的抗拉力，它决定单机的最大长度。

（三）分流设备

物料由于用途和流向的不同，带式输送机从工作面运来的物料，必须根据不同流向进行分流。分流设备有下列形式。

1. 回转式分流转载机

利用可回转悬臂进行多点分流的设备（图 28-24）。

2. 伸缩机头式分流站

用于固定分流站。物料分流通过卸载机头伸缩实现（图 28-25）。

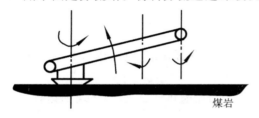

图 28-24 回转式分流转载机示意图

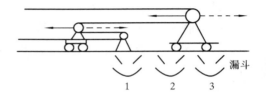

图 28-25 伸缩机头式分流站示意图

1,2,3——表示不同物料类型或流向

三、排土设备——悬臂排土机、排土桥

（一）悬臂排土机主要结构（图 28-26）

物料由工作面胶带经过胶带卸料车、排土机受料臂，通过排料臂回转排土。

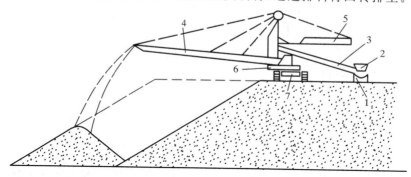

图 28-26　悬壁式排土机

1——工作面来料胶带；2——胶带卸料车；3——受料臂；4——排料臂；

5——平衡臂；6——可回转机体；7——行走机构

（二）排土桥

由主桥和排土悬臂组成（图 28-27）。两者都是桁架结构，用于支设输送机、传动装置、转载设备和卸料设备。排土桥由两个走行架支承，支架在轨道上走行。

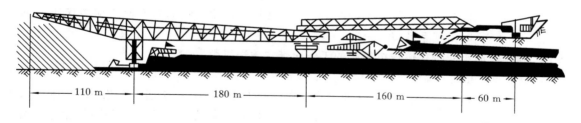

图 28-27　运输排土桥横向内排

悬臂排土机可以用在外排土场和内排土场。排土机横跨于采掘与排土台阶之间。当煤层呈近水平或缓斜埋藏时，悬臂排土机与轮斗挖掘机配合，形成横向内排土（图 28-28）。

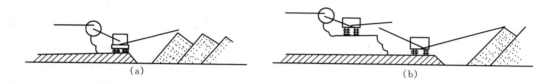

图 28-28　悬臂排土机横向内排

（a）直接内排；（b）转载内排

四、系统生产能力

（一）轮斗挖掘机实际能力（Q）

$$Q=60\frac{K_{m}}{K_{s}}EnK_{g} \tag{28-15}$$

式中　Q——轮斗挖掘机实际能力，m^3/h；

　　　K_{m}——满斗率；

　　　K_{s}——铲斗中物料松散系数；

　　　E——铲斗容积，m^3；

　　　n——轮斗每分钟卸斗次数，斗/min；

　　　K_{g}——工作面时间利用系数。

（二）带式输送机生产能力

计算原则以保证轮斗铲能力发挥为准，工作面带式输送机应考虑轮斗铲作业的能力波动；干线胶带应考虑各台阶上轮斗铲高峰能力变化。

以轮斗铲实际能力 Q 为基础，工作面带式输送机能力为：

$$Q_{工}=K_{波}Q\gamma \tag{28-16}$$

式中　$K_{波}$——能力波动系数，一般取 $1.3\sim1.5$；

　　　γ——物料实方体重，t/m^3。

干线带式输送机能力 $Q_{干}$ 为：

$$Q_{干}=K_{同}\,nQ_{工} \tag{28-17}$$

式中　$K_{同}$——同时系数，干线带式输送机上所集载各台轮斗铲的高峰能力应考虑不会同时出现系数，$K_{同}=0.7\sim0.75$；

　　　n——向干线带式输送机集载的工作面带式输送机数。

（三）排土机生产能力

其能力应与进入排土场的工作面带式输送机能力相一致。由于连续工艺系统中采、运、排环节紧密联系，三者之间无相对独立性。故三者间环节能力配合应能使各环节能力得到充分发挥。一般以轮斗挖掘机能力作为计算基础，后一环节能力应稍大于先行环节，即具有一个"开放度"。

第三节　半连续开采工艺

露天开采工艺中，如部分工艺环节为连续的，部分为间断的，即煤岩流部分为连续流，部分为间断流，称半连续工艺系统。

半连续工艺系统的产生，目的在于扩大连续工艺系统的适用范围，半连续工艺是在中硬及硬岩条件下使用带式输送机运输。为此，本系统必须有合适的破碎设备；煤岩块度应适于带式输送机运输；破碎费用和带式输送机运输费用之和不应大于采用间断工艺时的运输费用。

半连续开采工艺作业过程如图 27-7 所示。根据煤岩大块含量的多少及其他条件，半连续工艺系统有如下几种形式。

一、带筛选设备的半连续工艺系统

煤岩爆破后,如 85%~90% 的物料可以用带式输送机直接输送,则物料不必再进破碎机,而直接选用筛分设备即可,对筛上物料进行重新破碎或处理,以降低破碎费用。

二、带破碎机的半连续工艺系统

煤岩爆破后,所含大块比例较大,可在工作面设置移动破碎机或设半固定、固定破碎机(图 28-29,图 28-30)。

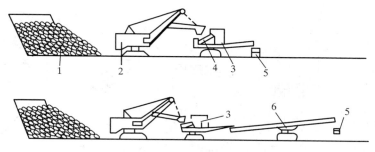

图 28-29 移动破碎机的半连续工艺系统

1——爆堆;2——机械铲;3——移动式破碎机;4——给料装置;

5——工作面带式输送机;6——胶带转载机

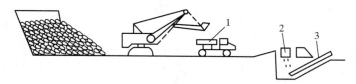

图 28-30 半固定破碎机的半连续工艺系统

1——汽车;2——半固定式破碎机;3——固定式带式输送机

移动破碎机在作业过程中要随工作面推进而移动。采用固定或半固定破碎机时,机械铲所采煤岩要通过中间运输设备(汽车、机车等)运往固定、半固定破碎机,而后经过带式输送机运往目的地。所以,固定破碎机应设在非工作帮或地面境界以外;而半固定破碎机,可设在采场内或地表某处,但需定期移设。移设的次数和时间视经济因素而定,倾斜矿床一般为 50~80 m 深度移设一次。

第四节 综合开采工艺

一个露天矿场内采用两种或两种以上开采工艺,称综合开采工艺。

由于开采总厚度、覆盖物厚度、岩性、内外排土场容量及物料运距等的不同,可充分利用各种不同开采工艺的长处,在一个露天矿场内选用两种或两种以上的开采工艺配合作业。

就各种开采工艺的单位剥岩费用指标而言,其值差异很大。一般以倒堆开采费用最低,其次为轮斗挖掘机—悬臂排土机(或排土桥)开采工艺。这两种开采工艺都省略了运输设备,而由采装设备本身(或加一个悬臂排土机)一机来完成。其他工艺系统费用都较高。

一、倒堆开采工艺

倒堆开采工艺如图 28-31 所示。

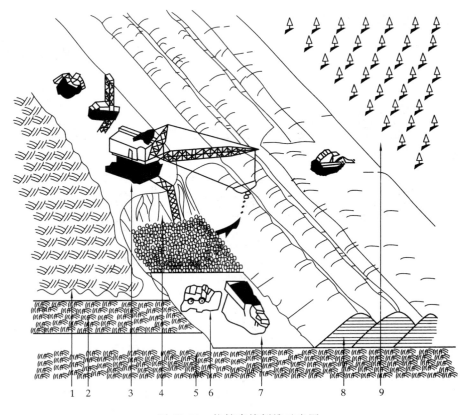

图 28-31　拉铲直接倒堆示意图

1——未开采地区;2——覆盖层;3——剥离电铲;4——坡面;5——煤层;
6——前装机;7——运煤卡车;8——排土;9——已复土区

当煤层的覆盖层不厚,且又呈水平或近水平赋存时,在采掘设备线性尺寸允许的条件下,可以采用向内部排土场直接倒堆的开采工艺。由于集采煤、运输、排土作业于一个设备,是最简单的露天开采工艺。

当覆盖层较厚或采用设备线性规格不足时,可以采用 2 台设备"接力"的再倒堆方式。如图 28-32 为机械铲—拉铲再倒堆方案,两种设备分别承担一定的倒堆任务。

在综合开采工艺系统中,倒堆开采一般处于采场剥离阶段的底部,上部由其他工艺方式开采。

图 28-33 为轮斗铲与拉铲倒堆组成的剥离综合开采工艺方案。

二、其他综合开采工艺

(1) 铁道/斜井带式输送机联合工艺(图 28-34)。

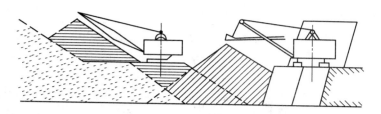

图 28-32　再倒堆示意图

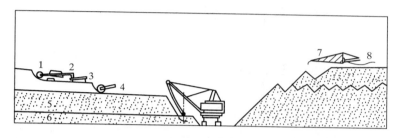

图 28-33　轮斗挖掘机—带式输送机/拉铲倒堆综合开采工艺

1——轮斗挖掘机；2——胶带车；3——工作面带式输送机；4——松散剥离物；

5——固结剥离物；6——煤层；7——排土机；8——卸料车

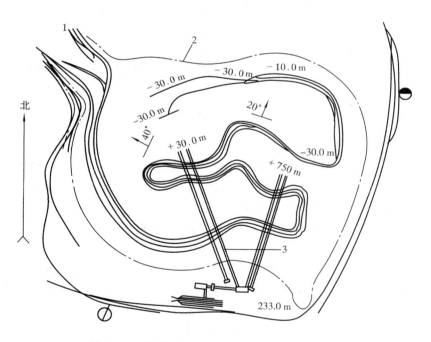

图 28-34　铁道/斜井带式输送机联合工艺系统

（2）轮斗挖掘机—带式输送机/单斗挖掘机—汽车—带式输送机联合开采工艺（如图 28-35 所示）。

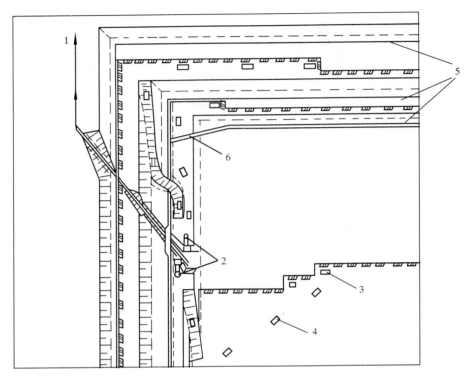

图 28-35　轮斗—胶带/单斗—汽车—胶带联合工艺
1——地面运煤输送机；2——破碎机；3——单斗挖掘机；
4——卡车；5——工作面输送机；6——爬坡胶带桥

三、综合开采中应注意的问题

（一）开采工艺间配合

从生产能力、开采强度、开采参数、开拓运输系统等方面实现相互配合，获得较好的经济效果。

（二）合理划分各开采工艺的开采范围

应使综合开采费用最低；应使各工艺的设备能力充分发挥并相互适应；应让各工艺推进速度协调。

综合开采工艺设备类型多，生产管理较复杂，但它能适应各种不同的开采条件，比单一开采工艺经济效果好。所以，采用综合开采工艺是采矿开采工艺发展的必然趋势。

复习思考题

1. 煤岩为何要预先松碎？松碎方法和要求有哪些？

2. 简述几种主要穿孔设备、穿孔原理及其特征。

3. 深孔爆破时的爆破参数如何确定？

4. 单斗挖掘机按其工作装置可分为哪几种？正铲的工作规格、工作面及其参数、生产能力如何确定?

5. 露天矿铁道运输的特点有哪些? 铁道线路按生产需要如何分类?

6. 简述露天矿列车运行周期时间的组成和运输能力的计算方法。

7. 露天矿公路运输的特点有哪些?

8. 何谓露天矿联合运输? 联合运输方式有哪些?

9. 什么是间断开采工艺、连续开采工艺? 两种开采工艺的主要特点是什么?

10. 连续开采工艺系统中采装、运输、排土主要设备有哪些配合方式? 工艺系统中的生产能力如何确定?

11. 何谓半连续开采工艺,主要特点及系统的配合方式有哪些?

第二十九章　开采程序及开拓运输系统

第一节　开采程序

露天矿场开采程序系指在露天开采范围内采煤、剥岩的顺序,即采剥工程在时间和空间上发展变化的方式。诸如采剥工程台阶划分,采剥工程初始位置确定,采剥工程水平推进、垂直延深方式,工作帮构成等。

一、采剥工程台阶划分及台阶开采程序

露天矿场内,采煤、剥离工程通过划分成台阶来开采。台阶的划分应利于设备效率的发挥、作业安全及提高煤质。对勺斗斗容为 $3\sim4\ m^3$ 的单斗挖掘机,台阶高度一般为 $10\sim12\ m$;大规格的挖掘机,台阶高度可达 $20\sim25\ m$;大型倒堆挖掘机,台阶高度可在 $30\ m$ 以上;轮斗挖掘机,组合台阶高度可达 $40\sim50\ m$。

台阶划分,一般按水平划分,称水平分层;有时是倾斜的表面,称倾斜分层。水平分层利于采掘、运输设备作业,多采用此方式;在某些缓斜煤层条件下,为了提高煤质,减少顶底板岩石的混入,可在煤层开采中选用倾斜分层开采程序(图 29-1)。

图 29-1　倾斜分层与水平分层
1——倾斜分层;2——水平分层

对每个单台阶来讲,台阶的开采程序为:开掘倾斜的出入沟,开掘开段沟,进行扩帮(图 29-2)。

在图 29-2 中,AB 为出入沟(图中 a);BC 为开段沟(图中 b),BC 掘完后进行扩帮(图中 c)。当扩帮到一定宽度后又可进行下一个台阶的出入沟、开段沟、扩帮。

二、工作帮及其推进

(一) 开段沟初始位置确定

第一个台阶的开段沟位置一般选在剥离量少的煤层露头处,可设在煤层底板,也可设在煤层顶板。沟道可以平行煤层走向,也可以平行煤层倾向,如图 29-3 中(a)和(b)。沟道亦可呈圈形布置图[29-3(c)(d)]。

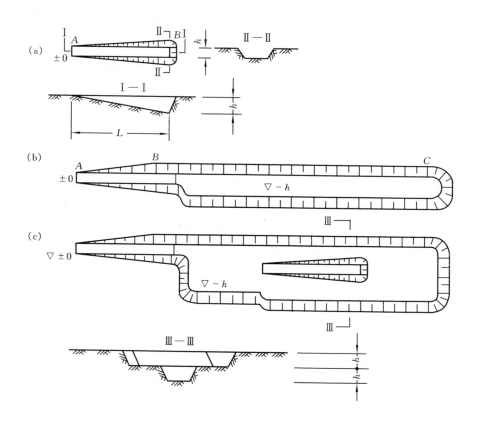

图 29-2　台阶开采程序

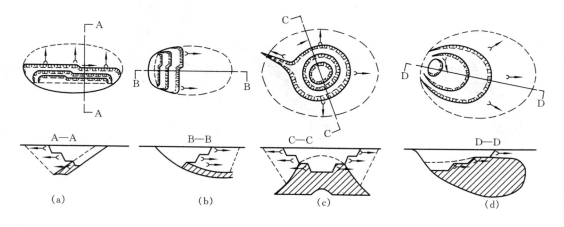

图 29-3　开段沟位置

（二）工作帮构成

工作帮形态决定于组成工作帮的各台阶之间的相互位置,通常可用工作帮坡角大小来表示(图 29-4)。

$$\varphi = \arctan \frac{h_2 + h_3 + h_4 + h_5}{B_1 + h_2 \cot \alpha_2 + B_2 + h_3 \cot \alpha_3 + B_3 + h_4 \cot \alpha_4 + B_4 + h_5 \cot \alpha_5} \qquad (29\text{-}1)$$

式中　φ——工作帮坡角,(°);

　　　h_2, h_3, h_4, h_5——各台阶高度,m;

　　　B_1, B_2, B_3, B_4——各台阶工作平盘宽度,m;

　　　$\alpha_2, \alpha_3, \alpha_4, \alpha_5$——各台阶坡面角,(°)。

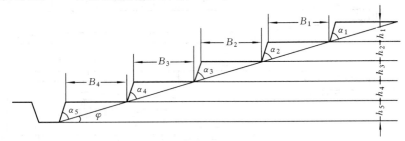

图 29-4　工作帮坡角

（三）工作帮推进(图 29-5)

工作帮推进方向与矿山工程开段沟初始位置有关。图 29-5(a)是煤层底板拉沟,向顶帮推进,即一个工作帮。图 29-5(b)是从煤层顶板拉沟,工作帮向顶、底帮两个方向推进,形成一个剥离工作帮,一个采煤工作帮。这两种台阶工作帮的推进方式均为平行推进。有的可以扇形方式推进(图 29-6)。

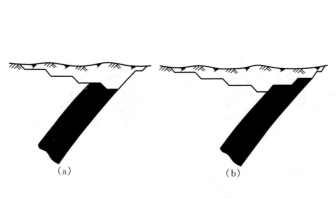

图 29-5　工作帮推进图

（a）一个工作帮;

（b）一个剥离工作帮,一个采矿工作帮

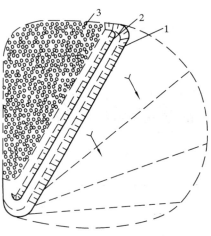

图 29-6　工作帮扇形推进图

1——剥离台阶;2——采矿台阶;

3——内部排土场

三、影响开采程序的因素

影响开采程序选择的因素有:煤岩赋存条件;露天矿场的尺寸和几何形状;工艺类型;开拓方式以及煤产量、质量、投产时间、达产时间等。

煤岩赋存条件主要为:煤层倾角大小;覆盖层厚薄;走向长度等。在开采程序选择时,应考虑可否形成内排土场,因为这既是近距离排土,又是少占地的措施。走向长度(或倾向长度)与工作线长度、产量有关。根据赋存条件和矿场尺寸,可以考虑台阶划分及台阶高度、设备的选型、开拓运输系统及第一个沟位的确定。同一个矿山,所选的开采程序、工艺系统、开拓方式不同,将有不同的经济技术效果。所以,决定方案时,应拟多个方案从中择优。

第二节　开拓运输系统

通过开掘的坑道,把矿场内台阶与台阶、各台阶与地面设施(包括外排土场、选煤厂、地面生产系统)联系起来的坑道称坑道系统。坑道内铺设运输线路时称开拓运输系统。所以,其目的是建立地面到各台阶的煤岩通道,并及时准备出新的工作水平。

开拓沟道及铺设的运输线路形式由所选运输设备决定。运输设备及运输成本占设备总投资和总成本比重比较大。因此,建立合理的开拓运输系统是很重要的。区分露天矿开拓运输系统特征的主要依据是露天矿的基本运输方式,进一步区分该系统的特点则以坑道形式、坑线位置、坑线数量、平面形状及其固定性与否来进行。开拓运输系统分类见表29-1。

表 29-1　　　　　　　　　　　　　开拓运输系统分类

类　别	主要特征	一般特征
1. 铁　路 2. 公　路 3. 带式输送机道 4. 提升机道 5. 溜　道	(1) 采用露天坑道或地下坑道; (2) 坑线设置在露天采场境界内部或外部,设置于境界的顶帮、底帮或端帮	(1) 坑线服务水平数及每个水平沟道数〔单沟、组沟、总沟、对(双)沟〕; (2) 坑线平面形状〔直进、折(回)返、螺旋〕; (3) 坑线固定性〔固定及移动〕
6. 联　合	几种运输方式、坑道形态及坑线特征的联合	

注:溜道是利用重力溜放矿岩的运输道路(包括露天明溜槽及地下溜井)的统称。它存在的坡度一般较斜坡提升机道还要大。

一、铁道运输开拓系统

铁道运输开拓在我国露天煤矿中占有较大比重,如抚顺西露天、阜新海州露天、新邱露天、新疆三道岭露天、河南义马北露天煤矿等。该开拓系统运量大,成本低,运输设备及线路结构坚实,能适应各种气候条件下作业。但爬坡能力低,要求的曲线半径大,基建工程量大,新水平开拓延深工程缓慢为其不足。

铁道运输分准轨和窄轨两种。上述大中型露天矿均采用准轨(轨距1 435 mm)运输。对运量小、矿场尺寸不大、运距小的小型矿山,可采用窄轨运输,如云南可保煤矿。

(一) 坑线布置形式

坑线布置形式见图29-7,从纵断面图可以看出:台阶高度为 h,L 为露天矿底长,i 为限制坡度，l 为通过站长度，l_c 为折返站长度。列车从地表经过三次直进到折返站，由于受采场长度的限制，必须折返到达第 4 个台阶。其中，直进式列车运行条件好，而采用折返式时，列车需要停车再启动向反向运行，故在走向长度允许条件下，尽可能采用直进式。但由于受矿场长度限制不可避免要采用折返式。所以，在铁路开拓矿山，无论是山坡露天还是凹陷露天，坑线布置一般是直进和折返两种方式的结合。此外，为了提高列车运行速度，当上部台阶到边界后，可以废除原折返坑线，而全部采用沿边界直进延深，形成螺旋式坑线（图 29-8）。图示表明，原来开拓方式是一台阶一折返，当上部几个台阶到边界后，坑线在直进到第二个台阶后，沿端帮（图上点直线）继续直进到▽－24，再直进到▽－36，▽－48。下部未到边界的台阶，仍按折返式延深。

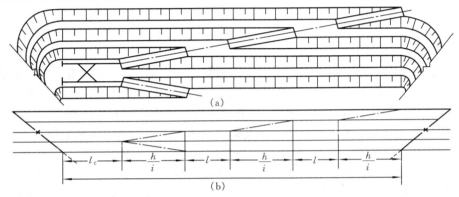

图 29-7　上部直进、下部折返坑线

(a) 平面投影；(b) 纵断面

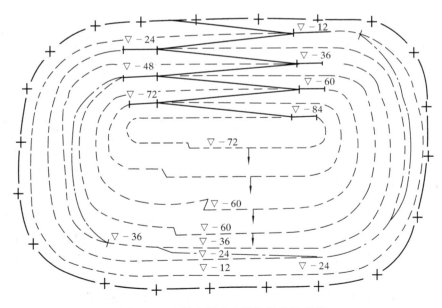

图 29-8　上部水平改为螺旋坑线示意图

（二）坑线固定性

坑线设于非工作帮上称固定坑线，坑线设于工作帮上称移动坑线。固定坑线在生产中不受工作帮推进的影响，生产中不需定期移设，线路质量好。但矿床埋藏条件及水文、工程地质条件要清楚，并应有确定的最终边帮位置。移动坑线在一定条件下采用也有许多优点，如抚顺西露天煤矿和义马北露天煤矿。它可以减少运距，减少基建工程量，减少初期生产剥采比从而降低投资和成本，利于新水平准备等。但由于移动坑线穿过的台阶被斜切成上下两段，在纵断面上呈"三角台阶"（图 29-9）。"三角台阶"加大了穿爆作业量和炸药消耗量，电铲勺斗满斗率下降，干线质量较差，移设线路时影响生产等。

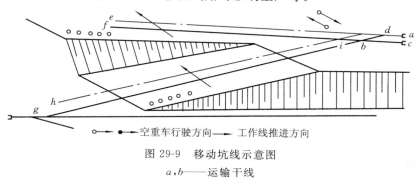

图 29-9　移动坑线示意图

a,b——运输干线

（三）多坑线系统

当露天矿场煤岩运量很大，一个坑线系统的运输能力不够或煤岩流向不一致时，可以设立两个或两个以上的沟道系统来满足不同需要，如抚顺西露天煤矿曾采用三组坑线系统（图29-10）。该矿北帮（工作帮）建立移动坑线系统，将岩石运往西排土场；南帮东部是固定坑线，将此处岩石运至东排土场；南帮窄轨——箕斗提升用来运煤，形成煤岩分运。哈密露天矿亦是铁路运输方式的多坑线系统，南帮（顶帮）设有移动坑线的东部沟、中部沟和后期的西部沟用来剥离；煤由北帮（底帮）铺设"之"字形折返固定坑线运输系统运往卸煤站，以提高线路质量，形成煤岩分流分运。

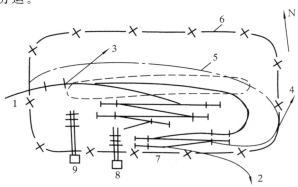

图 29-10　抚顺西露天开拓坑线系统示意图

1——至西排土场；2——至东排土场；3,4——油页岩流向；

5——现采边界；6——最终边界；

7——非工作帮；8——东大卷；9——西大卷

在运输量很大的长深露天矿开采时,还可成对建立坑线系统,分别通行空重列车(图29-11)。空车坑线可设置较重车坑线更大的坡度。

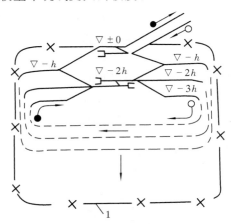

图 29-11 对沟(双坑线)开拓运输系统

二、公路运输开拓系统

(一) 公路运输开拓特点

(1) 机动灵活,利于选采。

(2) 矿场可设置多出入口,分采分运,运输效率高。也便于采用高、近、分散的排土场。

(3) 能适应各种开采程序的需要,工作线长度可以很短,可采用无段沟或短段沟开掘新水平,以减少掘沟工程量。

(4) 比铁道运输开拓时线路工程量小,基建时间短,基建投资少。

(5) 矿岩吨公里运输成本高于铁道运输。

(二) 公路运输开拓系统的适用条件

(1) 地形复杂的山坡、凹陷露天矿。

(2) 煤层赋存复杂(夹矸、断层多),煤质变化、要求分采的矿山。

(3) 运距不长的山坡露天矿,一般不大于 3 km(当采用大吨位设备时,合理运距可大于 3 km)。

(4) 作为露天矿联合开拓方式的组成部分。

(三) 坑线布置方式

公路开拓采用的运输设备是汽车,坑线坡度可达 8%,转弯半径小,故坑线布置较为灵活。坑线的平面形状可为直进、回返或螺旋方式(图29-12,图29-13)。在汽车运输条件下,移动坑线的缺点已不明显,故实践中为缩短汽车运距,多采用移动坑线、多出口的开拓系统。

三、带式输送机开拓系统

带式输送机开拓的主要特点是:生产能力大;爬坡能力比铁道和汽车强(可达 16°～18°),可缩短运距;吨公里运输成本比汽车低;但对煤岩块度有要求,敞露的带式输送机受气候条件影响。在露天矿采用连续工艺时,开拓系统比较单一。当采用半连续工艺时,物料进带式输送机前要通过移动（或固定）破碎机，将物料破碎为合适的块度后再进入带式输送机系统，布置方式亦较简单。

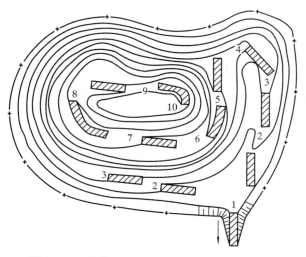

图 29-12 直进—回返—螺旋坑线联合开拓系统
→排土、卸矿方向；1，2，…，10——开采水平号

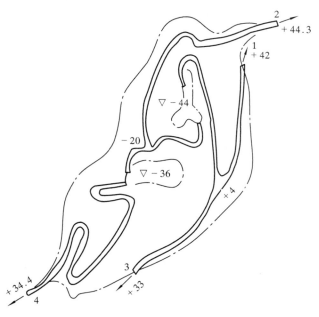

图 29-13 汽车多出口坑线系统
1，2，3，4——汽车出口编号

除上述三种类型开拓系统外，尚有提升机—溜道开拓系统。使用提升机可以克服较大的开拓坑道高差，建立工作面与地表的运输联系。这种运输系统运营费用低，节约能耗；但运输环节多，生产能力受限。在山坡陡峻、相对高差较大的地形条件下，为降低费用，常用放矿溜道作为中间环节建立开拓运输系统。溜道和平硐应开凿于 $f \geqslant 5 \sim 6$、没有较大断层破

碎带和软岩夹层的岩层中。

复习思考题

1. 何谓露天矿开采程序？影响开采程序的因素有哪些？
2. 采剥工程台阶划分的方法及根据何在？
3. 开段沟初始位置是按什么原则确定的？工作帮推进方式有哪几种？
4. 何谓露天矿开拓运输系统？
5. 铁路运输开拓运输系统坑线布置形式、坑线固定性与否的依据是什么？
6. 铁路运输开拓、公路运输开拓及带式输送机开拓各有什么特点？试比较之。

第三十章　露天矿生产能力

露天矿的生产能力不仅指年产煤量,还有年剥离土岩量。年产煤量的确定比较复杂,应根据国家的需要、国内外市场的供求关系、矿山资源条件、开采范围大小、开采技术上的可能性、合理的服务年限、矿山建设的外部条件等,从经济上、技术上进行综合分析确定。

第一节　露天开采境界

露天开采境界系指露天矿场开采终了时形成的空间轮廓。它由矿场的地表境界、底部境界和四周帮坡组成。

一、影响露天开采境界的因素

(1) 自然因素。包括煤层埋藏条件,如赋存状态、厚度、倾角、煤质、围岩岩性、地形地貌、工程和水文地质条件等。

(2) 技术组织因素。包括开采技术水平、装备水平、地面主要建筑物、城市、厂房、铁路等。

(3) 经济因素。包括基建投资、基建期和达产时间、煤炭的开采成本及销售价格、开采中煤炭的贫化损失、设备供应情况及国民经济发展水平等。

二、合理开采深度的确定原则

当一个煤田或煤田的一部分被确定用露天法开采时,首先必须确定以什么原则圈定其合理的开采范围。现以图 30-1 所示倾斜煤层横断面为例加以说明。设煤层厚度为 m,顶帮边帮角为 β,台阶高度为 h,露头上部岩土量为 V_0。每向下延深一个高度 h 采出煤量为 P,为此所需剥离岩土量为 V。则 h_1 时采出煤量为 P_1、剥离岩土量为 V_1;h_2 时采出煤量、剥离岩量为 P_2 和 V_2;……;直至 h_i 时为 P_i 和 V_i。从中可以看出,在 m、h 不变时,各水平采煤

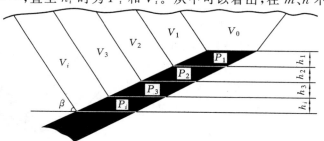

图 30-1　露天矿横断面开采示意图

量 P 值变化不大,而 V 值随着深度的加大和 β 的减小而增加。由此见,露天开采的范围(深度)必然有一限度,即

$$C_L P_i \geqslant aP_i + bV_i \tag{30-1}$$

式中　C_L——露采煤炭售价,元/t;

　　　　P_i——第 i 标高采出煤量,t;

　　　　V_i——第 i 标高所需剥离土岩量,m³;

　　　　a——露天纯采煤成本,元/t;

　　　　b——露天纯剥离成本,元/m³。

式(30-1)说明了每延深一个深度所采出的煤量,市场上销售所得金额应大于或等于采煤费用和为采煤而必须剥离岩土的费用两项之和。上式亦可表示为:

$$\frac{V_i}{P_i} \leqslant \frac{C_L - a}{b} \tag{30-2}$$

左式 V_i/P_i 表明采出的煤量和所需剥离岩量的比值;公式右边 $(C_L - a)/b$ 为煤售价与单位采剥成本间的关系,表明采出单位煤量经济上允许的最大剥离量值。由上可知,合理开采深度的确定主要取决于经济因素和受赋存条件决定的煤量与岩量之比值。

露天矿合理开采深度的确定,实质上就是对煤、岩比值大小的控制,使其不超过经济上允许的 $(C_L - a)/b$ 值。

三、确定境界的方法和步骤

在境界圈定之前,必须解决露天矿生产工艺、开采程序和开拓运输系统等主要技术问题。在煤矿中,确定境界深度主要在横断面图上进行。其步骤为:

(1)先确定有关经济指标(C_L,a 及 b)

① C_L 可以是煤炭售价,也可以用条件类似的地下单位开采成本,若用设计露天矿附近地采煤炭成本时,则说明露天开采时的最大成本为地采成本。按售价时则应扣除税金和盈利率。

① a、b 值指纯采煤、剥岩成本,它与工艺方式、开采程序及开拓运输系统等有密切关系。对一个露天矿设计而言,通常选用条件类似的露天矿的实际 a、b 值作为基础,对有差异之处进行适当调整,如开采深度上的差异、内外排土场引起的运距不同的差异、剥离物内有无伴生的可顺便采出的有益矿物以抵消部分剥离费用以及技术进步对 a、b 值的影响。

③ 根据确定的 C_L、a、b 值,计算出 $(C_L - a)/b$ 值。

(2)在断面图上计算不同标高和位置时的煤岩量比值 V/P

① 确定露天矿场底宽,最小值应等于开段沟底宽。

② 确定并选取露天矿场最终帮坡角,根据露天矿场四周围岩性质,进行边坡稳定性计算,得出稳定条件下最大的允许帮坡角;再按开拓运输系统的要求调整,使其满足稳定及运输两方面的要求。

③ 按上述确定的底宽,最终帮坡角及台阶高度计算断面上的 V、P 值。如图 30-2,在断面

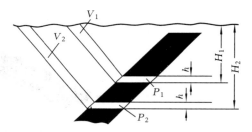

图 30-2　任意深度时的 V、P 值计算示意图

上任选一深度 H_1，向上取一台阶高度 h，再按顶帮和底帮最终帮坡角(β)绘出最终帮坡线间所夹煤岩量 V_1、P_1；H_2 深度时的 V_2、P_2；……；用这种方法就可以计算出任何一个深度的 V、P 值。

（3）求出 $V/P=(C_L-a)/b$ 的深度。如上所述把任意深度的 V、P 值求出后，用内插法找出该断面 $V/P=(C_L-a)/b$ 的深度，此深度即为该断面经济合理的开采深度。

（4）对各断面合理深度进行调整，以满足线路曲线半径和坡度要求。

（5）按调整后的底标高和平面位置，自下而上绘出最终开采位置平面图。

第二节　剥　采　比

如前所述，露天开采剥离的岩石量比采煤量大很多，所谓剥采比即是开采单位煤量所需剥离的岩石量。下面简单介绍平均剥采比、境界剥采比、生产剥采比和经济合理剥采比。

一、平均剥采比 n_p

露天开采境界内，全部岩石量与采出煤量之比，如图 30-3 所示。

$$n_p=\frac{V}{\eta P} \tag{30-3}$$

式中　n_p——平均剥采比；

V——开采境界内全部岩土量，m³ 或 t；

η——采出系数；

P——开采境界内全部工业储备量，m³ 或 t。

二、境界剥采比 n_k

当露天开采境界做少量变化（扩大或减少 Δh）所引起的岩土量与煤量变化之比值，如图 30-4 所示。

$$n_k=\frac{\Delta V_k}{\eta \Delta P_k} \tag{30-4}$$

式中　n_k——境界剥采比；

ΔV_k——境界少量变化扩大的岩土量，m³ 或 t；

ΔP_k——境界扩大后增加的煤量，m³ 或 t。

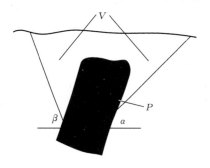

图 30-3　平均剥采比计算示意图

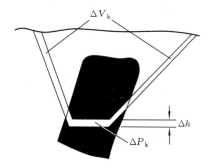

图 30-4　境界剥采比计算示意图

由图 30-4 和公式(30-4)可知,境界剥采比实为边界岩煤增量之比。在露天矿圈定境界时,多采用境界剥采比作为公式(30-2)中左边计算内容。

三、生产剥采比 n_s

露天矿某一生产时期剥离的岩土量与采出煤量之比,如图 30-5 所示。

$$n_s = \frac{\Delta V_s}{\eta \Delta P_s} \qquad (30-5)$$

式中　n_s——生产剥采比;

　　　ΔV_s——某一生产时期剥离的岩土量,m³ 或 t;

　　　ΔP_s——同一生产时期采出的工业煤量,m³ 或 t。

露天矿生产时,上下台阶间应保持工作平盘宽度,由此构成工作帮坡角 φ。φ 的变化会直接影响 n_s 的变化,生产中亦正是利用调整工作帮坡角 φ 来均衡生产剥采比,以达到在某一较长时期(5~10 a)内设备数量和人员的稳定。

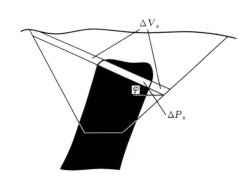

图 30-5　生产剥采比计算图

四、经济合理剥采比 n_j

n_j 系指分摊到单位煤量上的最大允许的剥离量,该值为一系列经济因素所决定。主要的计算方法有:

(1)露天、地下开采单位煤量成本相等,即

$$C_d = a + nb \qquad (30-6)$$

式中　C_d——地下开采单位煤量成本,元/t;

　　　a、b——露天开采纯采煤、剥离单位成本,元/t、元 m³;

　　　n——允许剥采比,m³/t。

式(30-6)可转换为:

$$n = \frac{C_d - a}{b} \qquad (30-7)$$

此公式表明若露天开采单位采煤成本不高于地下单位采煤成本时,允许的经济剥采比为

$$n_j = \frac{C_d - a}{b}$$

(2)露天开采法采出煤的成本与其售价相等,即

$$C_L = a + nb \qquad (30-8)$$

则

$$n_j = \frac{C_L - a}{b} \qquad (30-9)$$

在境界圈定中,广泛采用境界剥采比小于等于经济合理剥采比的原则,即

$$\frac{\Delta V_k}{\eta \Delta P_k} \leqslant \frac{C_L - a}{b} \left(或 \frac{C_d - a}{b} \right) \qquad (30\text{-}10)$$

即
$$n_k \leqslant n_j \qquad (30\text{-}11)$$

式子左边是煤岩量的比值,右边是由经济因素确定的最大剥采比值。

第三节　露天矿生产能力

露天矿生产总能力应为年采煤和剥离两个量之和,亦即年采剥总量为:

$$A = A_p + A_v = A_p + n_s A_p = A_p (1 + n_s) \qquad (30\text{-}12)$$

式中　A_p——年采煤量,t(m³)/a;

　　　A_v——年剥岩量,m³(t)/a;

　　　n_s——生产剥采比,m³(t)/m³(t)。

从上式可以看出,露天矿的煤岩生产能力 A 除受到煤层的生产能力影响外,还受到生产剥采比 n_s 的影响。它还决定着煤炭开采成本、工效、设备数量、人员、投资的多少等。

一、剥采比的变化及其调整

如图 30-6 所示,露天矿开采境界为 ORQ,如沿 CD 即煤层底板延深,一侧推进时,从建矿至开采终了,要经历:基建期;投产、达产期;剥离高峰期;减产结束期。在这几个时期里,当工作帮坡角 φ 不变时,台阶数目由少变多,达地表最远处(R 处)时,台阶数目最多,而后减少。如煤层厚度不变,则剥采比的变化规律也是:由小到大,达地表最远处时达到最大值(又称剥离高峰),而后再变小,如图 30-7 所示。

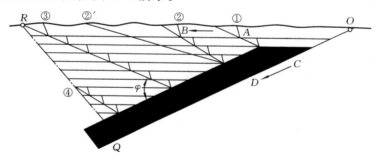

图 30-6　沿煤层底板延深时生产剥采比变化示意图
①,②,②′,③,④——不同开采时期代号

图中煤(矿)量不变,延深一个水平获得的煤量相同,但岩量却变化较大。因此,各水平的剥采比亦不稳定,这一特点是倾斜煤层露天矿共有的。

剥采比的这种变化规律,给按照设计煤炭生产能力计划生产带来了困难。故必须对其进行调整,使其在相当长时间内能按一个剥采比进行生产,这就是均衡剥采比。一个露天矿根据其产量和服务年限,可以划分 2~3 个时期,每一时期按一个均衡剥采比组织生产,其目的是保持在一个时期内设备数量、人员的相对稳定。

求得每一期均衡剥采比,实质上是调整各期的剥岩量。从图 30-6 中可知,③期剥岩量最大,设法将③期的岩量一部分调到②期提前剥离(称超前剥离),一部分留到④期剥离(称

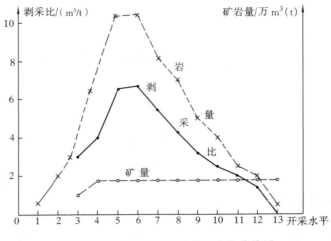

图 30-7 延深每个水平岩煤量变化曲线图

滞后剥离）。超前和滞后剥离可以用调整台阶平盘宽度来实现。如②不按原工作平盘宽度,在剥离台阶上加大平盘宽度,至②′位置则将原来属于后一期的剥离量提前进行剥离,从而达到剥离量的调整;滞后亦同理。当然超前剥离量不宜多,否则会影响经济效果。

二、露天矿生产能力确定

(一) 按技术条件确定生产能力

技术条件主要是可能布置的挖掘机工作面数目、矿山工程延深速度、运输线路的通过能力等。

1. **按可能布置挖掘机的工作面数目确定生产能力**

$$A_{p_1} = N_w n_w Q_w \gamma \tag{30-13}$$

式中 A_{p_1}——可能达到的采煤生产能力,t/a;

      N_w——个采煤台阶可能布置的挖掘机台数;

      n_w——可能同时采煤的台阶数;

      Q_w——每台采煤挖掘机的生产能力,m³/a;

      γ——煤密度,t/m³。

2. **按矿山工程延深速度确定生产能力**

对于倾斜和急斜煤层,要获得煤量必须不断地进行新水平延深工程。每延深一个台阶花费的时间 T,称延深一个台阶所需时间。若延深某水平获得煤量为 ΔP,则此时可能有的生产能力为:

$$A_{p_2} = \frac{\Delta P}{T} \tag{30-14}$$

从上式可以看出,加快延深速度或缩短新水平开拓准备时间 T,就可以提高煤炭生产能力。所谓延深速度指单位时间内的下降深度,即

$$v = \frac{h}{T} \tag{30-15}$$

不同的生产工艺方式,其延深速度不同。单斗铁道工艺时,$v=6\sim12$ m/a;单斗汽车工

艺时,$v=15\sim30$ m/a。

3. 按运输线路的通过能力验证生产能力

技术上可能的生产能力还受到运输能力的限制。对新建的露天矿,设计的运输能力应与露天矿生产能力相适应。对改扩建矿山,对其运输能力限制,要进行分析和验算。

（二）按经济条件确定生产能力

按经济条件确定煤炭生产能力包括:合适的矿山服务年限,可能的投资额和经济效果最优来确定。

（三）按需求量确定生产能力

按需求煤量确定生产能力时,必须对市场的需求量进行预测。首先要对国内外历年煤炭供求情况做一统计分析,其次对今后若干时间的需煤前景做一估计,在此基础上预测未来的供求关系及风险,从而确定生产能力。

三、露天开采进度计划

开采进度计划是指导矿山计划生产的重要指导性文件,是对计算确定的生产能力的验证。其目的和要求为:

(1) 保证对煤炭数量和质量上的要求。

(2) 考虑露天矿各生产工艺环节间的合理配合,使初步确定的生产能力和生产剥采比通过编制进度计划最终确定下来。

(3) 确定矿山投产和达产时间、基建剥采量、矿山采掘总量及主要设备数量。

(4) 确保矿山工程计划的实现。

(5) 留有足够的开拓和回采储量。

(6) 充分发挥主要设备能力,尽量减少设备在上下台阶间的调动次数。

复习思考题

1. 何谓露天开采境界,影响开采境界的因素有哪些?

2. 露天矿合理开采深度确定的原则是什么?

3. 何谓平均剥采比、境界剥采比、生产剥采比、经济合理剥采比?

4. 剥采比的变化规律如何,其调整对生产有何意义,如何调整?

5. 何谓露天矿生产能力,生产能力如何计算?

参考文献

[1] 北京矿业学院,等.采煤学[M].北京:煤炭工业出版社,1959.

[2] 中国矿业学院,等.采煤学[M].北京:煤炭工业出版社,1979.

[3] 王家廉,吴绍倩.煤矿地下开采方法[M].北京:煤炭工业出版社,1985.

[4] 陈炎光,徐永圻.中国采煤方法[M].徐州:中国矿业大学出版社,1991.

[5] 徐永圻.中国采煤方法图集[M].徐州:中国矿业大学出版社,1990.

[6] 洪允和.煤矿开采方法[M],徐州:中国矿业大学出版社,1991.

[7] 王刚.煤矿地下开采[M].徐州:中国矿业大学出版社,1990.

[8] 张文生,王树仁.开采方法[M].北京:煤炭工业出版社,1986.

[9] 张希峻.煤矿开采方法[M].煤炭部教材编辑室,1985.

[10] 岑传鸿.采煤概论[M].徐州:中国矿业大学出版社,1989.

[11] 麦加滕,史国华.采煤概论[M].徐州:中国矿业学院出版社,1986.

[12] 焦作矿业学院,等.采煤概论[M].北京:煤炭工业出版社,1986.

[13] 魏同.煤矿总工程师指南[M].北京:煤炭工业出版社,1988.

[14] 孙宝铮,刘吉昌.矿井开采设计[M].徐州:中国矿业学院出版社,1986.

[15] 刘吉昌.煤矿施工设计基础[M].太原:山西人民出版社,1983.

[16] 刘吉昌,王庆康,吕光华.倾斜长壁采煤法[M].北京:煤炭工业出版社,1981.

[17] 徐永圻,王悦汉.短壁开采技术[M].徐州:中国矿业学院出版社,1987.

[18] 徐永圻.矿井技术改造[M].太原:山西科教出版社,1986.

[19] 煤炭工业部.煤矿安全规程[M].北京:煤炭工业出版社,1986.

[20] 煤炭工业部生产司.矿井开拓与巷道布置改进[M].北京:煤炭工业出版社,1978.

[21] 煤炭工业部生产司.采煤十二项经验[M].北京:煤炭工业出版社,1979.

[22] 中国统配煤矿总公司生产局.综合机械化采煤十五年经验汇编[G].北京:[出版者不详],1989.

[23] 王焕文.矿井技术改造[M].北京:煤炭工业出版社,1990.

[24] 淮南矿业学院.井巷设计[M].北京:煤炭工业出版社,1983.

[25] 阜新矿业学院.井巷工程[M].第4分册.北京:煤炭工业出版社,1979.

[26] 煤矿矿井采矿设计手册编写组.煤矿矿井采矿设计手册[M].北京:煤炭工业出版社,1984.

[27] 煤炭工业部.煤炭工业技术政策[M].北京:煤炭工业出版社,1988.

[28] 王玉浚.国外矿井开拓与巷道布置[M].北京:煤炭工业出版社,1985.

[29] 李栖凤.急倾斜煤层开采[M].北京:煤炭工业出版社,1984.

[30] 岳翰,等.采煤法[M].太原:山西科教出版社,1986.

[31] 洪允和.水力采煤[M].北京:煤炭工业出版社,1988.

[32] 范维唐.中国煤炭工业的发展与展望[J].世界煤炭技术,1990(4).

[33] 陈炎光.提高工作面单产是挖掘矿井生产潜力的主要途径[J].煤炭科学技术,1989(3).

[34] 陈炎光,等.中国采煤方法发展的途径及方向[C]//中国矿业大学第二届国际采矿会议论文集.徐州:[出版者不详],1991.

[35] 焦书印,王升鸿.陷落再生恒底分层采煤法的由来和发展[C]//中国矿业大学第二届国际采矿会议论文集.徐州:[出版者不详],1991.

[36] 吴健,于海勇.我国放顶煤开采工艺的理论研究与实践[C]//中国矿业大学第二届国际采矿会议论文集.徐州:[出版者不详],1991.

[37] 吴健.放顶开采的高产和煤炭损失[J].矿山压力与顶板管理,1991(1).

[38] 贾悦谦.综采放顶煤的主要问题对策[J].矿山压力与顶板管理,1991(1).

[39] 魏方图.综采放顶煤一次采全高的研究[J].矿山压力与顶板管理,1991(1).

[40] 王庆康,等.放顶煤工作面矿压显现特征及顶煤运动规律初探[C]//现代采矿技术国际学术讨论会论文集.[出版者不详],1988.

[41] 王庆康,张顶立.放顶煤工作面顶煤破碎效果分析[J].西安矿业学院学报,1989(2).

[42] 钱鸣高,等.坚硬顶板的初次断裂及对工作面来压的影响[C]//第三届采场矿压研讨会论文集.[出版者不详],1986.

[43] 吴健.放顶煤开采的顶煤活动规律及矿压显现[C]//第四届采场矿压研讨会论文集.[出版者不详],1989.

[44] 于政喜等.综放开采矿山压力范畴的几个问题探讨[C]//东煤公司放顶煤研讨会论文集.[出版者不详],1990.

[45] 耿兆瑞.井下水平煤仓[J].山东煤炭科技,1988(2).

[46] 耿兆瑞.采用新型技术装备加速发展矿井辅助运输系统机械化[J].煤炭科学技术,1987(7).

[47] 钟德辉.英国水平煤仓[J].煤矿设计,1987(2).

[48] 杨永翔.新型运输设备运输间距的确定方法[J].煤矿设计,1988(8).

[49] [苏]А.С.布尔恰可夫,等.采矿工艺学.王庆康译.北京:煤炭工业出版社,1982.

[50] 刘可任.充填理论基础[M].北京:冶金工业出版社,1978.

[51] 孙宝铮,海国治.对水砂充填采煤法几个问题的探讨[J].阜新矿业学院学报,1985(1).

[52] 海国治,张春良.水砂充填工作面实现综合机械化开采的若干问题探讨[J].阜新矿业学院学报,1987(1).

[53] 曹志伟,翟厥成.岩层移动与"三下"采煤[M].北京:煤炭工业出版社,1986.

[54] 中国矿业学院,等.煤矿岩层与地表移动[M].北京:煤炭工业出版社,1981.

[55] 煤炭工业部.建筑物,水体,铁路及主要井巷煤柱留设与压煤开采规程[M].北京:煤炭工业出版社,1986.

[56] 荆自刚,等,矿井特殊开采[A].泰安:山东矿业学院特殊开采研究室,1987.

[57] 周国铨,等.建筑物下采煤[M].北京:煤炭工业出版社,1983.

[58] 煤科院北京开采所.煤矿地表移动与覆岩破坏规律及其应用[M].北京:煤炭工业出版

社,1981.

[59] 煤炭工业部生产司.水体下建筑物下铁路下采煤技术经验选编[M].北京:煤炭工业出版社,1979.

[60] 仲维林.国内外"三下"采煤概况[J].东北煤炭技术,1990(增刊).

[61] 李白英,肖洪天.中国特殊开采技术新发展[C]//现代采矿技术国际学术讨论会论文集.[出版者不详],1988.

[62] 梁士儒,王培彝.肥城矿区奥陶系石灰岩溶水害的防治技术[C]//中苏双边岩石力学/矿山压力和岩层控制国际学术讨论会论文集.[出版者不详],1991.

[63] 蒋金泉,宋振骐.回采工作面底板活动及其对突水影响的研究[J].山东矿业学院学报,1987(4).

[64] 李海洲.水力采煤技术论文集[M].北京:煤炭工业出版社,1987.

[65] 水采专业委员会.关于中近期发展水采技术的战略设想及攻关重点[J].水力采煤与管道运输,1990(3).

[66] 朱永德.中国水力采煤技术的发展与展望[J].世界煤炭技术,1991(7).

[67] 彭毓全.关于水采设计规范的修订及说明[J].水力采煤与管道运输,1991(3).

[68] 张达贤,范奇文.露天开采基本知识[M].北京:煤炭工业出版社,1982.

[69] 骆中洲.露天采矿学[M].上册.徐州:中国矿业学院出版社,1986.

[70] 杨荣新.露天采矿学[M].下册.徐州:中国矿业大学出版社,1991.

[71] 徐长佑.露天转地下开采[M].武汉:武汉工业大学出版社,1990.

[72] П. В. Левиовиу. Технология Безлюдной Выемки Угля Киев. 1980.

[73] PENG S S,CHIANG H S. Longwall Mining. John Wiley & SODS. Inc,1984.

[74] Subsidence Engineers Handbook. National Coal Board(U. K.),1975.

[75] 殷永龄.煤炭科技名词[M].北京:科学出版社,1997.

[76] 陈炎光,陈冀飞.中国煤矿开拓系统[M].徐州:中国矿业大学出版社,1996.

[77] 姜学云.综采面工艺参数研究[M].徐州:中国矿业大学出版社,1994.

[78] 刘过兵.无人工作面采煤[M].北京:煤炭工业出版社,1993.

[79] 汪理全.煤层群上行开采技术[M].北京:煤炭工业出版社,1995.

[80] 陈炎光,等.中国煤矿开采准备系统的改革及发展方向[J].煤,1996(3).

[81] 陈炎光,等.中国煤矿开拓系统的改革及发展方向[M].荷兰 A. A. BLAKEMA 出版社,1993.

[82] 徐永圻.国内外采煤技术现状与发展[J].煤矿技术,1996(2).

[83] 徐永圻.加强矿井开采技术对策研究,提高矿井技术经济效益[J].煤,1998(2).

[84] 徐永圻.煤矿地下开采技术发展与展望[J].煤炭学报,1997(增刊).

[85] 潘春德,周国才.深井巷道支护与维修技术[J].矿业译丛,1991(4).

[86] 刘听成.苏联煤矿深井巷道矿压显现研究[J].井巷地压与支护,1989(2).

[87] [苏]Ц. M. 佩图霍夫.煤矿冲击地压[M].北京:煤炭工业出版社,1980.

[88] 胡春胜.矿井空调现状及评述[J].煤矿设计,1991(5).

[89] 沈峰,张瑞鹤.深井煤与瓦斯突出的研究现状[J].矿业译丛,1991(4).

[90] 乌荣康.中国煤炭生产的发展与趋势[J].中国煤炭,1996(12).

［91］陈昭宁.西德煤矿物深井降温［J］.煤矿设计,1991(3).

［92］庄文芳.徐州矿区深井延深开拓方式初探［J］.徐煤科技,1989(4).

［93］卢喜庸,周德华.深部水平的矿压显现与巷道布置［J］.煤炭科学技术,1985(2).

［94］［苏］H. Л.切尔尼亚克,等.深矿井采准巷道矿压控制［M］.北京:煤炭工业出版社,1989.

［95］煤炭工业部技术咨询委员会,等.我国水采生产技术发展现状及今后工作意见［J］.水力采煤与管道运输,1996(4).

［96］阎鹏,等.跨世纪我国水采技术的发展［J］.水力采煤与管道运输,1997(3).

［97］胡省三,李秉顺,刘修源.高新技术在煤矿中应用［M］.徐州:中国矿业大学出版社,1996.

［98］王显政.加快高产高效矿井建设,促进煤炭工业增长方式的转变［J］.煤炭科学技术,1997(1).

［99］张顶立,钱鸣高.综放工作面覆岩结构型式及矿压显现［J］.矿山压力与顶板管理,1994(4).

［100］王庆康,宋振骐,张顶立.综放工作面顶煤破碎机理探讨［J］.矿山压力,1989(2).

［101］于海涌,吴健.放顶煤开采理论与实践［M］.徐州:中国矿业大学出版社,1992.

［102］吴健.我国放顶煤开采的理论研究与实践［J］.煤炭学报,1991(3).

［103］吴健,张海戈.“三软”厚煤层放顶煤丁作面控制架前冒顶的理论与实践［J］.岩石力学与工程学报,1993(1).

［104］陈炎光,钱鸣高.中国煤矿采场围岩控制［M］.徐州:中国矿业大学出版社,1995.

［105］石平五.急倾斜长壁面顶板破断和空间结构特征［J］.矿山压力,1989(2).

［106］刘长友,李树刚,张顶立,等.减少综放末采损失的研究［J］.矿山压力与顶板管理,1995(3/4).

［107］陈学伟,金泰,等.鲍店矿综放面沿空巷道矿压控制［J］.矿山压力与顶板管理,1997(2).

［108］中华人民共和国煤炭工业部.煤炭工业矿井设计规范［M］.北京:中国计划出版社,1995.

［109］［美］S. S.彭.煤矿地层控制［M］.北京:煤炭工业出版社,1984.

［110］［美］A. B.卡明斯,等.采矿工程手册［M］.北京:冶金工业出版社,1982.

［111］［苏］H. П.巴仁,等.无煤柱护巷［M］.北京:煤炭工业出版社,1979.

［112］［苏］А. П. Kцлуков. ГОРНОЕДЕЛО. АВ. БРАЙЦЕВ. МОСКВА"НЕДРА". 1989.

［113］岑传鸿.顶板灾害防治［M］.徐州:中国矿业大学出版社,1994.

［114］［苏］Ю. Л.胡金,等,煤层无煤柱开采［M］.徐州:中国矿业大学出版社,1991.

［115］［苏］A. C.布尔查科夫,等.矿井设计［M］.北京:煤炭工业出版社,1982.

［116］［英］J.克拉克,J. H.考尔顿,［美］欧内斯特,A.柯思.薄煤层开采技术［M］.北京:煤炭工业出版社,1990.

［117］刘吉昌.倾斜长壁开采［M］.北京:煤炭工业出版社,1993.

［118］煤炭工业部技术咨询委员会,中国煤炭学会.我国水采生产技术发展现状及今后工作意见［J］.水力采煤与管道运输,1996(4).